面向核聚变应用钨基材料的制备与关键性能

吴玉程　著

科学出版社

北　京

内 容 简 介

本书基于作者及其团队长期从事该领域研究的成果以及核聚变装置中面向等离子体钨基材料的最新研究，系统地阐述了钨基材料的制备原理与其使役性能，较为全面地反映了第一壁钨基材料的研究状况和发展趋势。

全书共 8 章，包含不同复合掺杂改性钨基材料的成分与结构设计以及力、热、辐照特性、再结晶对钨基材料组织性能影响等内容，除钨基材料制备传统内容外，还论述材料在异常严苛环境下力与热、辐照交叉而形成的研究领域。本书针对聚变堆面向第一壁的钨基材料，阐述复合粉体湿法液相掺杂新技术和高性能钨合金制备，进而介绍不同类型使役条件下钨基材料的微观组织演化和力学性能评定，为实现核聚变装置关键部件的全钨化设计提供了理论依据和技术支持。

本书可供从事聚变装置设计和制造、核材料等研究相关领域的学者及技术人员、高等院校师生、企业工程技术及管理人员等参考，旨在帮助读者了解钨基材料的制备与性能的研究现状，进而促进我国核聚变事业发展。

图书在版编目（CIP）数据

面向核聚变应用钨基材料的制备与关键性能 / 吴玉程著. —北京：科学出版社，2021.11

ISBN 978-7-03-068087-7

Ⅰ. ①面…　Ⅱ. ①吴…　Ⅲ. ①钨基合金-复合材料-材料制备-研究 ②钨基合金-复合材料-性能-研究　Ⅳ. ①TG147

中国版本图书馆 CIP 数据核字（2021）第 029237 号

责任编辑：杨　震　杨新改 / 责任校对：杜子昂
责任印制：吴兆东 / 封面设计：东方人华

科学出版社 出版
北京东黄城根北街 16 号
邮政编码：100717
http://www.sciencep.com
北京虎彩文化传播有限公司印刷
科学出版社发行　各地新华书店经销
*
2021 年 11 月第 一 版　开本：720 × 1000 1/16
2024 年 5 月第四次印刷　印张：21 3/4
字数：435 000

定价：150.00 元

（如有印装质量问题，我社负责调换）

作 者 简 介

吴玉程 1962年11月生，博士，材料学教授、博士生导师，曾任合肥工业大学副校长(2008～2017年)、太原理工大学党委书记(2017～2020年)等，现任合肥工业大学副校长(2020 年—，正厅级)。德国斯图加特大学高级访问学者，澳大利亚皇家墨尔本理工大学、英国圣安德鲁斯大学荣誉教授等，中国机械工业青年科技专家，享受国务院政府特殊津贴专家。担任教育部材料科学与工程专业教学指导委员会委员，中国材料科学与工程专业认证委员会委员，中国材料热处理学会副理事长，中国仪表功能材料学会副理事长等；任有色金属与加工技术国家地方联合工程研究中心主任，国家“清洁能源新材料与技术”高校学科创新引智基地、“先进能源与环境材料”国家国际科技合作基地负责人等；兼任《中国有色金属学报》、《功能材料》和《材料热处理学报》等编委，《机械工程材料》副主任委员。

主要从事能源材料、纳米功能材料等研究。近年来，先后主持科技部国家重大基础研究 IETR 专项、科技部国际合作项目，国家自然科学基金重点项目(联合基金、国际合作)、面上项目等，科技部其他平台类项目、教育部科学技术研究重大项目等 40 余项研究，主持研制的功能复合材料成功应用于“神六”“神七”载人航天通信与测控系统；在 *Nature Communications*、*Materials Today*、*Science Advances*、*Advanced Materials*、*Advanced Energy Materials*、《物理学报》、《金属学报》和《机械工程学报》等国内外学术刊物发表论文 300 多篇；主编国家精品课程《工程材料基础》教材 1 部，出版著作 11 部，授权发明专利 50 余项。获原机械工业部教书育人特等奖、优秀青年科学技术奖，省级科学技术奖一等奖多项等。

前　言

差不多四十年前，正值大学本科毕业之际，我来到合肥西郊的董铺岛开展毕业论文实验，感到这里是一个非常神秘的世外桃源，尤其是那几栋大别墅和别墅里的大型仪器装备等等；二十年后，岛上的自然和研究条件大为改观，成为名副其实的科学岛，在这里我完成了凝聚态物理学博士学位。由此，对超导托卡马克核聚变实验装置“合肥超环”HT-7、全超导托卡马克核聚变实验装置、“东方超环”EAST 这些有关聚变的名词和故事有了印象和兴趣，启始了针对核聚变应用钨基材料的研究；同时，赴德国与德国斯图加特大学和马普金属所开展了纳米复合材料的界面结构和缺陷合作研究。从此，一直开展钨基材料的组成设计、制备和界面结构控制，以及热学和辐照损伤等性能的探讨。

这些年，研究得到了科技部国家重大基础研究国际热核聚变实验堆(ITER)专项、国家自然科学基金等资助，以及安徽省发改委、科技厅的支持，获批了国家高校学科创新引智(教育部-国家外专局联合支持)国际合作项目、科技部支持的国际合作示范基地和国家发改委有色金属与加工技术国家地方联合工程研究中心等，与德国于利希研究中心、日本京都大学和九州大学、丹麦技术大学等国际著名高校和科研机构建立了密切的合作关系，联合培养了多位博士生、青年学者。在此，特别感谢中国工程院院士、中国科学院等离子体物理研究所李建刚研究员长期以来的支持和指导,感谢中国科学院等离子体物理研究所万元熙院士的指导，以及陈俊凌研究员、罗广南研究员的帮助，还有中国工程物理研究院汪小琳研究员、中国科学院固体物理研究所刘长松研究员、中国核工业西南物理研究院刘永研究员和刘翔研究员、北京科技大学万发荣教授、北京航空航天大学吕广宏教授等的支持。无论主办还是参加相关聚变材料国内(际)学术会议，和他们的交流讨论都受益匪浅。

本书包含从钨基材料的成分与结构设计到力学、热学等性能内容，是笔者团队这些年来研究工作的初步总结，合肥工业大学黄俊副教授为书稿内容的整理、编辑作出贡献。罗来马教授、刘家琴研究员、朱晓勇和昝祥副研究员各自都很努力，协助我在研究和研究生培养等方面做了很多工作，程继贵教授、李萍教授、刘宁教授和杜晓东教授尽力支持，笔者的研究生丁孝禹博士、谭晓月博士、陈泓谕博士、陈勇博士、汪峰涛博士，以及黄丽枚、王爽、赵美玲、张俊、施静、王康、黄科、林锦山、姚刚、徐梦瑶、谌景波、于福文和侯庆庆硕士等，他们中大多在德国、日本相关大学和科研机构有过联培和访学经历，参加过有关国际、国内学术会议，积极开展学术交流，取得了很好的成效，有力地推动了本团队钨基材料的研究进展。

我受邀参加北京 ITER 十周年纪念活动、合肥国家聚变堆主机关键系统综合研究设施工程奠基庆典等，并被聘请为国家聚变堆主机关键系统综合研究设施工程科学技术委员会委员，有幸进入聚变研究的行列。“双碳”发展目标已定，清洁能源是中国发展优先课题。由此感慨，问渠那得清如许，为有源头活水来！中国核聚变事业蒸蒸日上，“人造太阳”不是梦想，材料科技工作者大有可为。

限于时间有限，书中难免存在不足之处，敬请赐教指正！

吴玉程

2019 年 12 月于合肥

目 录

第 1 章　面向核聚变应用钨基材料

随着社会进步和科技发展，人们对于绿色出行、能源利用、环境保护和健康生活的期盼日益增高。由此，能源革命应运而生，对现有的化石能源提出环保高效利用，同时不断开发新能源技术如太阳能、风能、核能等。有效利用这些新的清洁能源不仅可以避免生态环境的进一步恶化，也可大大减少碳排放。特别是使用核能发电，不仅不会向大气排放巨量的污染物质和二氧化碳，更不会造成空气污染与温室效应，是可持续促进社会发展、生产稳定运行的能源方案。核聚变能更是作为下一代清洁能源的代表，其聚变所产生能量可高于同质量化石燃料的上百万倍，且燃料自身成本占比较低，安全可控，对于节能并减少碳的排放意义尤显重要。

1.1　聚变堆服役条件及参数需求

聚变堆装置大多采用由俄罗斯科学家提出的磁约束托卡马克(Tokamak)设计，即在环形真空室中通电情况下利用强螺旋形磁场约束高温等离子体。作为潜在能源，聚变能有可能成为能够在不损害环境情况下提供连续大规模电力的可持续能源。为此，聚变能作为新型可再生能源受到国际社会的广泛关注，几个大型国际合作项目均着眼于聚变反应堆相关研究，典型的有美国建设的托卡马克装置TFTR(Tokamak fusion test reactor，托卡马克聚变试验反应堆)，欧洲联合建设的JET(Joint European Torus，欧洲联合环)装置及日本的JT-60U装置。为了验证和平利用核聚变能发电的科学和工程技术可行性，国际热核聚变实验堆(International Thermonuclear Experimental Reactor，ITER)计划经过多国联合得以启动[1]，这是目前世界上仅次于国际空间站的国际重大科学工程计划，中国积极参与其中，承担了包括线圈在内的多个采购包任务，为ITER装置建造提供了必要的人力物力。我国计划建造的中国聚变工程实验堆(China Fusion Engineering Test Reactor，CFETR)也在积极准备[2]，基础研究、工程化验证和装备部件研发等均在同步进行。

1.1.1　聚变堆工作条件及设计参数

针对装置的整个系统，直接面对等离子体的材料承受工况条件最为严苛，一般称为面向等离子体材料(plasma facing materials，PFMs)，其应用在与等离子体具有广泛接触的第一壁及在真空室下部最容易受到轰击的偏滤器部位。偏滤器负责排除氦灰、杂质及等离子体边界区域产生的热量。由于偏滤器位于磁场线的交叉点，将遭受低能量(约 100 eV)、高通量(约 10^{19}～10^{20} cm^2/s)氢氦等离子体的打击进而影响整个设备运行[3]。此外，偏滤器由于等离子体破裂也将承受远超于 10 mW/m^2 的热负荷[4]。因此，PFMs 不但需要耐受高热负荷，还要承受高通量低能离子辐照及中性粒子照射，更需抵抗高能中子辐照等严苛服役条件[5]。截至目前，能够完全满足上述条件的材料尚未找到，不过多国研究者对 PFMs 进行了大量的探索工作，业已取得一定程度的进展。图 1.1 为 ITER 装置的结构示意图，相关设计参数如表 1.1 所示。

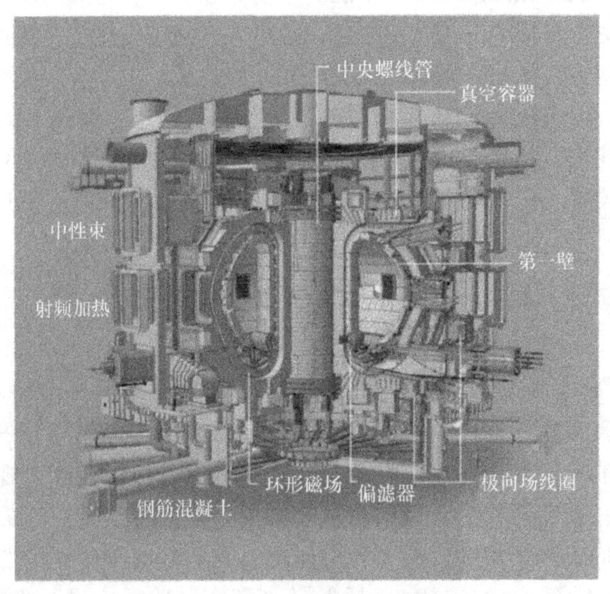

图 1.1　ITER 装置结构示意图[2]

表 1.1　ITER 装置设计参数[4]

设计参量	服役参数
聚变总功率	500 MW (700 MW)
Q(聚变功率/加热功率)	>10
14 MeV 中子平均壁负荷	0.57 MW/m^2 (0.8 MW/m^2)
重复持续燃烧时间	>500 s
等离子体大半径(小)	6.2 m (2.0 m)
等离子体电流	15 MA (17 MA)
小截面拉长比	1.7
等离子体体积(表面积)	837 m^3 (678 m^2)
加热及驱动电流总功率	73 MW

1.1.2　面向等离子体材料服役条件及性能要求

由于受控核聚变与太阳释放热量的原理基本一致，受控核聚变也被称为“人造太阳”，相当于把太阳放入盒子里，那么如何制作这个盒子以及与等离子体有何交互作用也成为重要课题[5]。过往研究中人们认识到，要促成聚变能的成功应用，其运行过程中所涉及的材料问题与等离子体约束问题同样重要。毋庸置疑，现阶段许多工程和技术问题，特别是磁约束聚变反应堆潜在核物理以及等离子体问题亟待解决，但如果聚变装置部件不能承受并抵抗等离子体运行时的极端服役条件，聚变能商业运用只能是纸上谈兵。因此，探索并制备出能够胜任极端服役条件的高性能材料，探究等离子体与材料交互作用及其所导致的材料结构特性变化亦是重中之重[6]。

PFMs 的主要作用是防止杂质进入等离子体进而污染等离子体内部环境，快速地将等离子体辐射产生热量传输出去，并防止瞬态事件发生时所导致的其他部件损伤进而危及人身及设备安全。核聚变的反应原理如下：

$$\mathrm{D}\,(\text{氘}) + \mathrm{T}\,(\text{氚}) \longrightarrow \alpha\,(\text{氦-4}) + \mathrm{n}\,(\text{中子}) + 17.6\ \mathrm{MeV} \tag{1.1}$$

其中，中子携带能量高达 14.1 MeV，产生 α 粒子携带能量也达到 3.5 MeV[7]。

因此，聚变反应进行中将产生高于 10～20 $\mathrm{MW/m^2}$ 的热负荷、1×10^{20}～$1\times10^{24}\ \mathrm{m^{-2}/s}$ 的高能 H、He 等离子体通量以及高达 14 MeV 的中子辐照，此外，PFMs 还不可避免地遭受各种逃逸粒子的碰撞。特别是在各种稳态及瞬态事件的作用下，材料的损伤情况将变得更加严重。PFMs 与等离子体之间的交互作用如图 1.2 所示[8]。

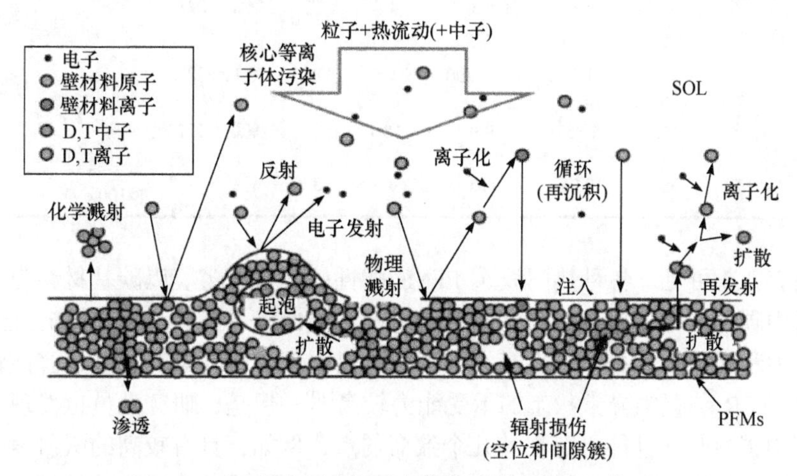

图 1.2　面向等离子体材料与等离子体之间交互作用[8]

SOL：边界刮削层(最后闭合磁场和第一壁材料表面区域)

这就要求 PFMs 具备极为优异的传热及抗辐照特性，具体的要求如下：

(1) 为了热量的传输，材料的导热性能、熔点及抗热负荷性能应十分优异；

(2) 为了降低杂质对聚变反应的干扰以及确保反应原料和产物情况，材料应具有低的溅射产额，也就是说应尽量减少聚变反应进行时材料的物理溅射、化学溅射及辐照增强引发升华等现象所造成的杂质数量；

(3) 为了保证聚变反应正向进行，材料对于氢同位素的滞留应较低；

(4) 基于放射性考量，材料应具有低的放射性，也就是材料应是低活性材料[5]。

1.1.3 面向等离子体材料的探求及选取

PFMs 承受的是一种极端恶劣的环境，因此寻求及设计能够满足实际服役条件的 PFMs 成为 ITER 装置能否正常运行中不可忽视的关键要素。PFMs 选取可分为低原子序数(低 *Z*)和高原子序数(高 *Z*)材料。低 *Z* 材料包括石墨、硼、锂和铍等，可以有效减少杂质对等离子体稳定性的影响；如果边缘等离子体温度足够低，使得等离子体不易受到 PFMs 溅射产额的影响时，就可使用高 *Z* 难熔金属或合金，比如钼和钨等。目前备受关注的 PFMs 候选材料主要有碳基材料(石墨、C/C 复合材料)、铍、钨和钨基复合材料等，表 1.2 中展示了几种热门候选材料在 600℃下的基本特性[9]。

表 1.2 几种面向等离子体材料在 873K 下的基本性能[9]

材料	原子数	熔点(K)	密度(g/cm³)	热导率[W/(m·K)]	热胀系数(10^{-5}/K)	弹性模量(GPa)	运行温度(K)	自溅射率(1273 K)	氚滞留率(%)
石墨	6		1.8～2.1	90～300	4.5	8.2～28.0	室温～2273	>1	>1(辐照后)
C/C	6		1.8	100～400	1.5	11.3	室温～2273	>1	>1(辐照后)
Be	4	1557	1.85	96	18.4	200	室温～1273	<1	<1
W	74	3673	19.25	176	4.5	370	室温～1273	<1(>100 eV)	<1

由表 1.2 可见，各种热门候选 PFMs 的性能各有优劣。以碳基材料为例，碳基材料中碳元素原子序数很低，具有良好的导热性能、高熔点、很好的抗热负荷冲击能力和无毒性，并可以在高温下保持较高强度，且与等离子体相容性较好，以及对 ITER 装置中异常状态的承受能力较高[10]。但是，研究人员也发现，在实际应用中碳材料在性能上存在着几个致命弱点，例如：具有较高的溅射速率，滞留氢同位素较多；经中子辐照后容易脆化且韧度和热导性能快速减低等。

另一热门候选材料如铍(Be)，其原子序数低、弹性模量高、抗氧化能力强、导热性能优异。同时氢同位素在铍中的滞留量及溶解度都很低。不过实际服役中，中子辐照会导致晶体结构较大改变进而会产生大量的嬗变产物(He 与 H 同位素)，进而导致 Be 的膨胀，从而影响 Be 的相关热力学性能。同时，Be 熔点也比较低，抗热负荷损伤的能力有限并且毒性很强。目前，世界范围内已探明的金属铍的资源储备超出 80 000 t，并且一些铍矿石由于其含量过低而不可能应用于核反应堆装置中。所以相对其他材料而言，铍较为稀少，这一点也限制了其的广泛使用[11]。近些年来，人们将更多关注点转向钨基材料。由于钨(W)具有高原子序数、低蒸气压、低热膨胀率、高强度和低的氢及同位素滞留率等优异特性，已经被认作核聚变应用中最有前景的面向第一壁候选材料。

在核反应堆极端环境下，钨基合金可以抵抗辐射损伤，保持固有力学性能和结构强度。证实了相较于低 *Z* 材料，作为高 *Z* 材料代表的钨基材料，其使用周期更长。对上述各 PFMs 在实际服役时的优劣性能特征进行了总结，如表 1.3 所示[12]。

表 1.3　面向等离子体第一壁材料的主要优势与不足

材料	优点	缺点
石墨	高抗热性能和热疲劳能力；高温下升华而不融化；高热导	氚滞留能力高；物理溅射阈值低；高温辐照升华增强
C/C	具有石墨材料优点；在过载温度条件下不变形；质量数低，流入等离子体辐射损失低；有助于偏滤器等离子体辐射冷却，降低靶材功率	化学刻蚀导致寿命降低，刻蚀碳再沉积导致氚的滞留；易产生尘埃；辐照导致热导发生变化
Be	与等离子体相容性好；较高的热导率；低活性；无化学溅射；成熟的连接工艺	低熔点；耐腐蚀性差；耐氧化性差；BeO 有剧毒
Mo	高熔点；高热导；溅射产额低；高温强度高；抗等离子体冲刷能力强	高温发生再结晶；辐照引起脆化
W	高熔点；高热导；低的物理溅射率；低氢滞留；成熟的连接工艺	低温脆性；高温强度低；高温重结晶

1.2　面向等离子体钨基材料体系设计与强韧化途径

虽然钨基合金具有许多优异性能，但在热核聚变装置的实际应用中仍然存在着若干问题，有诸多缺陷，如室温脆性、辐照敏感性及高温氧化严重[12]。在冷却剂失效的情况下，由于核衰变热的作用，几十天内核聚变反应堆第一壁的温度将会升高到1450 K。此时空气进入，大量的钨将会快速氧化形成氧化钨。当温度达到 1300 K 时，这种氧化反应几乎以挥发的形式进行，这对聚变堆的安全性提出了严峻挑战。此外，对于核能源领域应用而言，钨基材料高的韧-脆转变温度(ductile-brittle transition temperature，DBTT)限制了其作为结构材料的更加广泛的应用。粉末冶金生产过程中，杂质元素在晶界及残留孔隙处的偏聚行为都会导致钨的晶间脆化。高能离子注入会在钨表面诱导产生严重的辐照损伤，这会在材料表面形成绒毛状(fuzz)结构，而且还会在内壁表面上形成气泡从而造成其形态的改变，这些都可能造成等离子体核心的污染[13]。因此，需要通过成分调控和工艺优化等手段来改善钨基材料的服役性能。

具体来说，在成分设计方面，通常采用合金化、弥散强化以及复合强化等方式提升钨基材料特性，主要强化手段有：在W中加入合金元素以起到固溶强化效果；或者在W中均匀加入少量细小碳化物或稀土氧化物形成弥散强化；此外，还可以同时添加多种元素达到复合强化效果[14]。在工艺优化方面，采用机械合金化或液相掺杂制备W基复合粉体，然后通过放电等离子体烧结或热压烧结对复合粉末进行致密化，制备W基复合材料块体；还可以对W基复合材料块体采用塑性变形加工(轧制、挤压等)获得高致密度、机械性能优异的超细晶/纳米晶W材料。

1.2.1 弥散强化钨基材料

弥散强化确实是实现钨基材料强韧化的主要手段，也能尽可能保证钨基材料的高温性能和抗蠕变强度。作者以往研究多侧重于通过向W中加入碳化物和稀土氧化物以实现钨基材料的强韧化。

1.2.1.1 稀土氧化物弥散强化钨基材料

稀土氧化物(La_2O_3、Y_2O_3、CeO_2和ThO_2等)因其高熔点、优良的热稳定性和化学性质稳定等优点，被广泛地添加在W中以改善其综合性能[15, 16]。这些弥散分布的稀土氧化物能够阻碍晶界迁移、抑制烧结及服役过程中晶粒的长大，从而有效降低DBTT并能同时提高再结晶温度，改善材料的高温强度和塑性韧性。对于上述稀土氧化物掺杂的研究以La_2O_3及Y_2O_3最为普遍。

作者[17]采用机械球磨结合热等静压制备了 W-1% La_2O_3 复合材料①，发现晶粒显著细化(图 1.3)，抗弯强度值为 475 MPa，在相同密度条件下比纯 W 烧结体高约 35%。通过断口分析发现，经过弥散强化的 W-1% La_2O_3 也从单一的沿晶断裂转变为沿晶和穿晶复合断裂模式。同时，W-1% La_2O_3 复合材料具有良好的热负荷性能[18]，如图 1.4 所示，在承受 3 MW/m^2 的能量密度沉积后，表面只出现微小的裂纹，并无明显失效。另外，作者发现 W-La_2O_3 复合材料具有良好的抗烧蚀性能[19]。在 5 MW/m^2 电子束热通量密度辐照条件下，W-1% La_2O_3 复合材料样品表面层下方十几微米的深度发生了约十次熔化，基体微观组织基本保持不变，烧蚀率较低且变化不大；但是随着入射电子束热通量密度的增大，材料的抗烧蚀性能下降，烧蚀率逐渐增大。当热通量密度为 8 MW/m^2 时，质量烧蚀率

① 本书中，未特殊说明时，复合材料中含量均指质量分数。

达到 2%。

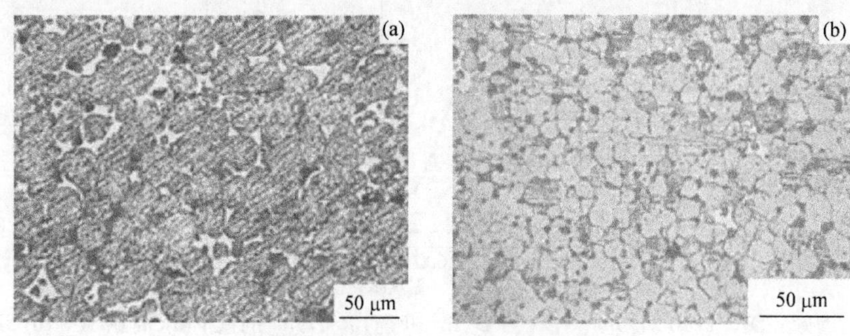

图 1.3　钨基材料显微组织形貌[17]

(a) 纯 W；(b) W-1% La_2O_3

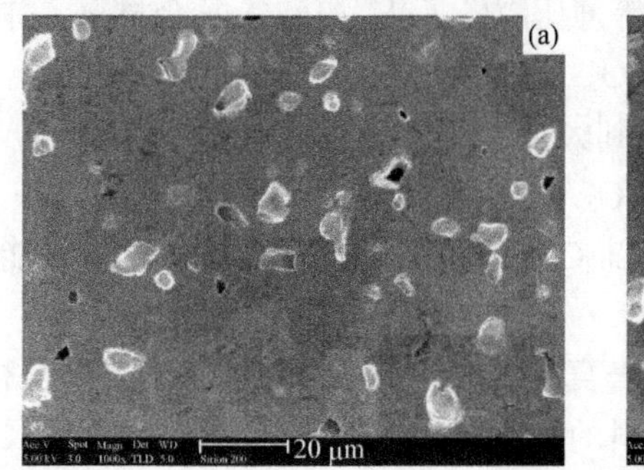

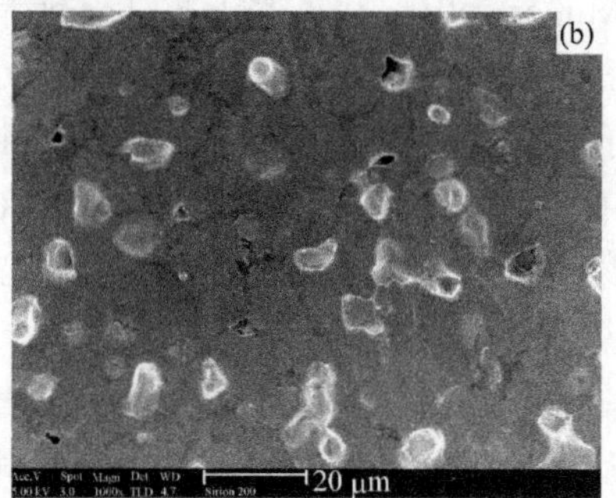

图 1.4　W-1% La_2O_3 热负荷前后表面组织演化[18]

(a) 原始试样；(b) 3 MW/m² 能量密度沉积实验后

作者[20]进一步研究了 La_2O_3 颗粒对钨基材料 D/He 滞留的影响，发现 W-La_2O_3 复合材料在密度低于商业钨的情况下，不同剂量时的 D 滞留情况依旧与商业纯钨相当，且抗滞留能力优于自制的放电等离子烧结(spark plasma sintering，SPS)-W，如图 1.5 所示。此外当 He 辐照剂量大于 1.8×10^{21} He/m² 时，W-La_2O_3 复合材料的抗辐照性能比商业纯钨优异。

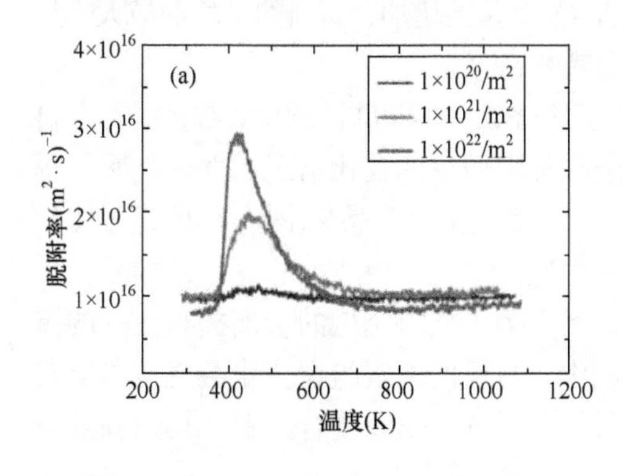

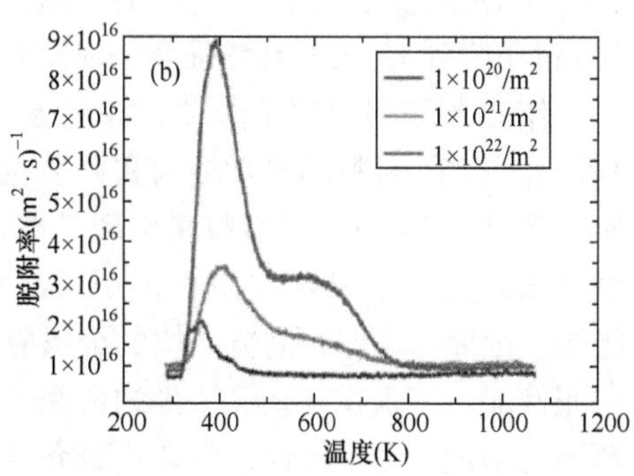

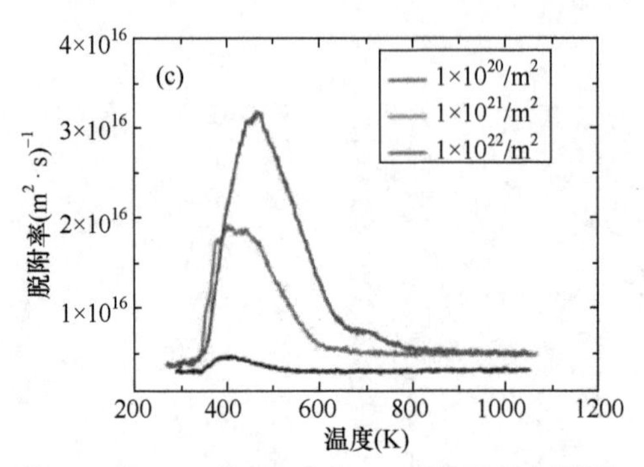

图 1.5　5 keV D_2，1×10^{20} D_2/m^2、1×10^{21} D_2/m^2 和 1×10^{22} D_2/m^2 剂量下(a) 商业 W、(b) SPS-W 及(c)W-La_2O_3 复合材料中氘的热解析图[20]

Muñoz 等[21]采用球磨工艺结合热等静压制备了 W/V-La_2O_3复合材料，并对制备的材料展开了一系列的研究。W-La_2O_3 复合材料烧结不致密，样品内部含有大量的孔隙；而在 W-V 样品中可以观察到大量的富 V 相，表明 V 尚未完全扩散到 W 基体中；在 W 中同时加入 V 和 La_2O_3，材料的致密度明显提高；并且 V 的加入可以有效抑制 La_2O_3 的团聚，促进 La_2O_3 在基体中的均匀分布，两者都能起到抑制晶粒生长的作用。

Battabyal 等[22, 23]采用粉末冶金结合真空烧结制备了 W-2% Y_2O_3 复合材料并进行后期热加工。W-2% Y_2O_3 复合材料的相对密度高达 99.3%，基体晶粒尺寸在 1～2 μm 之间，Y_2O_3 颗粒大小在 300 nm～1 μm 之间。三点弯曲实验表明，添加的 Y_2O_3 颗粒可有效减缓晶界的滑移，从而降低材料的脆性，使 W-2% Y_2O_3 复合材料的机械性能得到提高，约 400℃达到韧性断裂。且有研究表明，在相同的制备方法下，Y_2O_3 比 La_2O_3 颗粒具有更显著的抑制晶粒生长的作用，因此 W-2% Y_2O_3 的硬度高于 W-2% La_2O_3 复合材料[24]。

王迎春等[25]通过冷等静压结合高温液相烧结制备了不同 Y_2O_3 质量分数的 W-Y_2O_3 复合材料，研究了 Y_2O_3 含量对材料微观结构和机械性能的影响。当添加的 Y_2O_3 质量分数为 0～2.0%时，随着 Y_2O_3 含量的增加，材料的平均晶粒大小从 30 μm 下降到 15 μm；压缩强度呈现先增后减的趋势。

作者[26]采用湿化学法结合放电等离子体烧结，成功制备出 W-Y_2O_3 复合材料，并研究了材料的显微结构和力学性能在氦辐照后的变化情况。发现类服役辐照条件下，W-Y_2O_3 复合材料出现晶格失真、多晶化和非晶化(图 1.6)后，晶体类型从体心立方 α-W 相向面心立方 γ-W 相过渡(图 1.7)。由于面心立方结构是密排结构，因而具有面心立方结构的金属应比具有体心立方结构的金属拥有更好的抗辐照性能。特别在复杂又苛刻的聚变环境中，材料的微观组织变化会直接影响其辐照与物理、力学特性，由这一研究结果揭示了 W-Y_2O_3 复合材料非均匀辐照条件下的晶格畸变和多晶型转变，对更深入了解该材料在类服役条件下的组织特性变化就尤显重要。

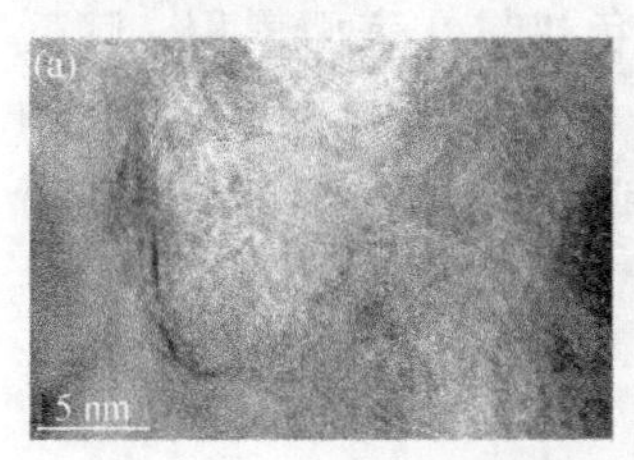

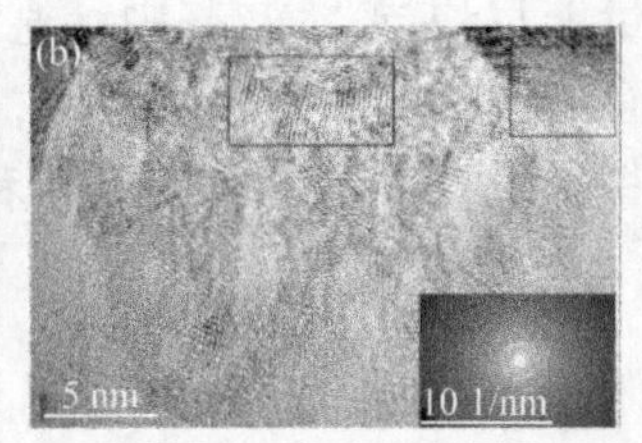

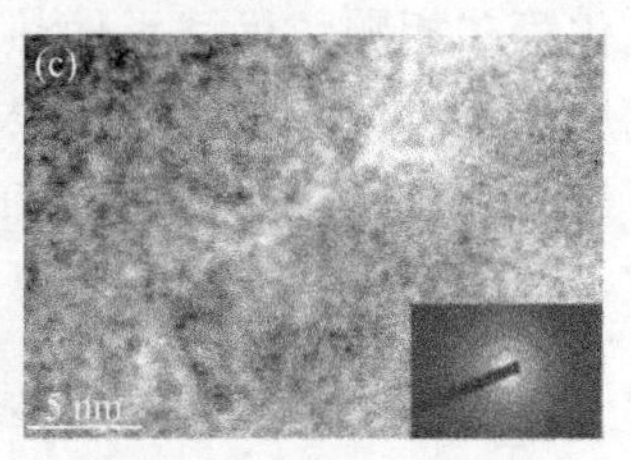

图 1.6　(a)非均匀辐照强度引起的晶格畸变程度不同；(b)多晶结构的高分辨率透射电镜(HRTEM)图像；(c)非晶结构的 HRTEM 图像[26]

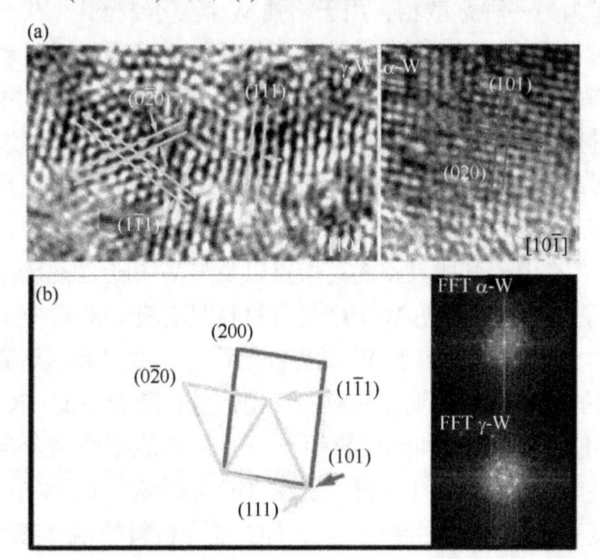

图 1.7　辐照后钨中发生了α-W 到γ-W 的相转变[26]

Liu 等[27]通过溶胶方法制备了 W-1%Y_2O_3 复合粉末，然后采用放电等离子体烧结技术制备了 W-1%Y_2O_3 块体，发现 Y_2O_3 颗粒基本呈球形，颗粒大小约为 30 nm，基本均匀分布在 W 晶界处。W 晶粒内的纳米 Y_2O_3 颗粒可以产生和储存位错，而不会在颗粒边界处产生局部裂纹，从而提高 W 材料的强度和可塑性。另外，溶剂凝胶法制备的块体复合材料具有良好的强度和塑性，易于工业化。

作者[28]同期研究了不同含量的 Lu_2O_3 对纯钨性能的影响，发现 W-Lu_2O_3 复合材料的相对密度和硬度均随 Lu_2O_3 含量的增加而增加。此外，添加 Lu_2O_3 有利于降低 W 材料中的氘滞留量，提高 W 材料的抗热负荷性能。

显然可见，稀土氧化物在提高材料的热力学性能方面具有明显的优势，但在热冲击方面的劣势也是非常明显的[29]。由于添加的稀土氧化物熔点和导热率均比纯 W 低，因此承受瞬态热冲击时，稀土氧化物优先在材料表面熔化甚至溅出，即所谓的“烧蚀”，在 W 材料表面留下凹坑。凹坑边缘类似于裂缝的边缘，由于局部过热效应，裂缝更容易熔融和烧蚀。目前，最有效的方法为细化第二相颗粒尺寸，使热量能尽快导入 W 基中，避免热量在表面累积，降低烧蚀量，从而避免材料表面出现凹坑的现象。因此，对弥散强化 W 基材料的研究重点是寻找合适的二相，并控制其含量、尺寸和分布状态，平衡其热-力学性能[30]。

1.2.1.2 碳化物弥散强化钨基材料

碳化物(如 TiC、ZrC、TaC、HfC 等)因其高熔点、低密度、良好的热稳定性等优点，而被作为另一种弥散相，用于增强 W 基复合材料[31, 32]。在 W 基复合材料中，碳化物弥散分布于 W 晶粒内部和晶界处，以阻碍位错运动；另外碳化物还能起到钉扎晶界和细化晶粒的作用，从而提高 W 基材料的再结晶温度，改善 W 基复合材料的高温力学性能。此外，在烧结过程中，碳化物还将与 W 基体形成固溶体，形成稳定(Ti、W)C 相或(Zr、W)C 相等，从而避免形成亚稳相或低熔点相，以提高 W 基材料的热力学性能[33]。

迄今为止，TiC 由于其所具备的高熔点以及与 W 相近的热膨胀系数而备受关注。Kurishita 等[34]的研究表明 W-TiC 复合材料具有良好的耐中子辐照性能和高温特性。添加的 TiC 弥散分布于 W 晶界和晶内处，并且和基体紧密结合，可有效抑制 W 晶粒的长大，具有细化晶粒的作用，并且随着添加 TiC 含量的增加，该作用将更加明显[35]。作者和陈俊凌等[35, 36]采用高能球磨结合真空热压烧结，成功制备出高性能 W-TiC 复合材料，发现 TiC 纳米粒子的添加可显著提高复合材料的相对密度和室温力学性能。W-1% TiC 复合材料的相对密度、维氏硬度、弹性模量和弯曲强度分别由纯 W 的 95.6%、3.32 GPa、345 GPa 和 730 MPa 提高到 98.4%、4.33 GPa、396 GPa 和 1065 MPa。同时发现，W-1% TiC 中的晶粒尺寸明显小于未经掺杂改性的纯 W，两种材料均为混合断裂模式，但纯 W 中沿晶断裂占比较大，而 W-1% TiC 则以穿晶断裂为主(图 1.8)。此外，还对该材料进行了电子束热负荷实验。发现 TiC 颗粒的添加能有效提高钨基材料的热负荷承载能力，其中以 1% TiC 的添加量为最优。Kurishita 等[37, 38]研究了 W-TiC 复合材料的辐照行为，发现在低能(～55 eV±15 eV)、高通量(4.5×10^{26} m^{-2})的氘辐照下，W- TiC 复合材料与再结晶后的纯 W 相比，材料表面没有明显气泡或孔洞产生，且相应的 D 滞留量比纯 W 低了约两个数量级。在 600℃时，中子辐照剂量为 2×10^{24} n/m^2，不同球磨条件下制备的 W-TiC 复合材料均没有辐照硬化现象。对比纯钨试样在 2×10^{22} He/m^2(550℃，3MeV)的 He^+辐照作用后，表面出现裂缝和脱落现象；W-TiC 显现出更加优异的抗辐照特性，实验表明，当辐照剂量达到

2×10^{23}～3×10^{23} He/m^2 时才会有类似纯钨的开裂和脱落现象产生。由此可见，适量添加 TiC 可有效提高钨基材料的抗氘、中子和 He 辐照特性。

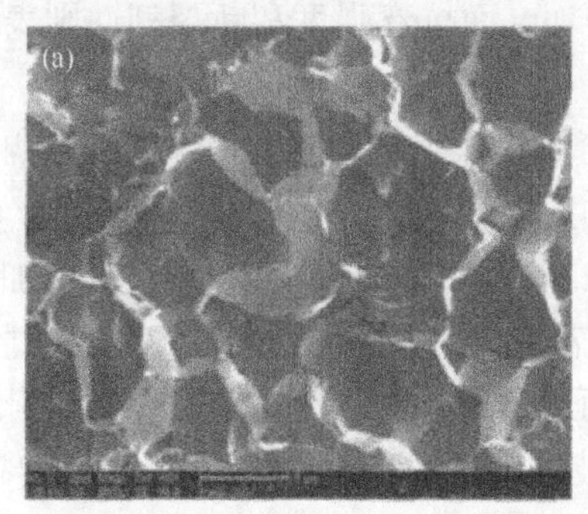

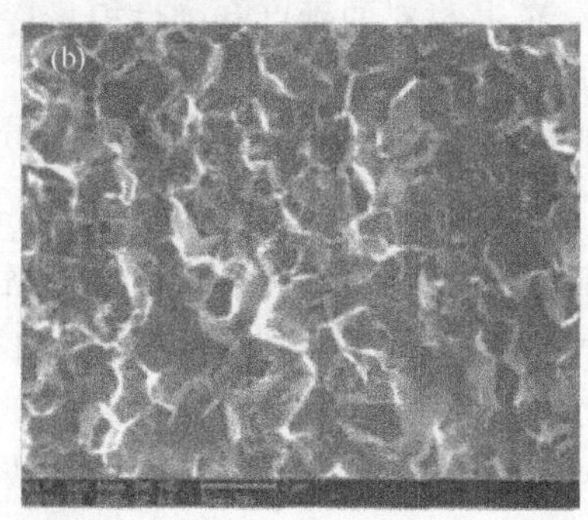

图 1.8　钨基材料断口形貌[35]

(a) 纯 W；(b) W-1%TiC

作者[39]采用湿化学法制备 W-TiC 复合材料时，在化学还原前对原始 TiC 粉体进行了活化预处理，使得 TiC 表面的缺陷更多且分布更均匀。再采用 SPS 技术获得超细晶 W-TiC 复合材料块体，块体的致密度可以达到 95%，显微硬度为 1280 HV。

作者[40]又采用放电等离子烧结制备了弥散强化的 W-1% TiC 和 W-2% TiC 复合材料，并通过正电子湮灭技术研究发现，第二相 TiC 粒子在 100～1000℃热处理过程中都一直稳定存在于两种 W-TiC 复合材料中。如图 1.9 所示，对两种 W-TiC 复合材料和商业纯钨进行高能氦离子辐照发现，TiC 粒子的加入抑制了氦泡的形成，并随着 TiC 含量的增加，抑制程度也随之增强。

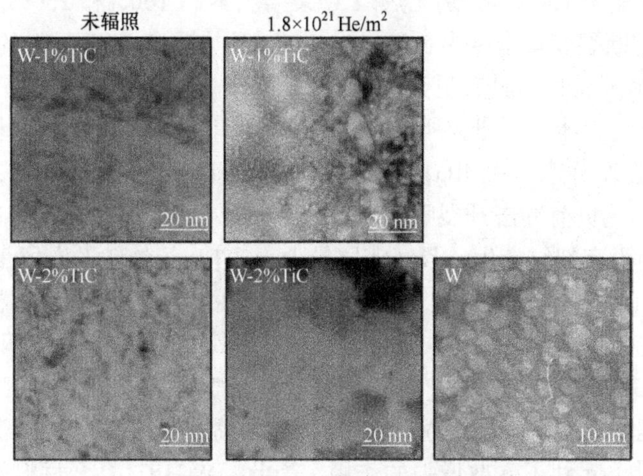

图 1.9　900℃下 5 keV He$^+$辐照 W-TiC 复合材料和商业钨后的 TEM 图像[40]

与 TiC 掺杂 W 基复合材料相比，国内外关于 ZrC 掺杂 W 基复合材料的研究相对较少。周玉等[41]制备了不同添加量的 W-ZrC 复合材料，发现随着 ZrC 含量增加，W 基材料的硬度和弹性模量逐渐增加，而抗弯强度和断裂韧性则表现为先升后降。

范景莲等[42]研究了 ZrC 掺杂对 W 复合材料微观结构和力学性能的影响，发现 ZrC 弥散分布于 W 基体材料中，并且还能与基体冶金结合生成$(W, Zr)_xO_yC_z$复合颗粒，因而能显著提高材料的相对密度和抗拉强度。随着 ZrC 含量的增加，W 晶粒尺寸减小，并且其断裂方式也由沿晶转变为混合断裂模式。然而，过量的 ZrC 将会聚集在晶界处形成条状结构，进而给材料的力学特性带来不利影响。

罗广南等[43, 44]通过放电等离子体烧结技术制备了 W-(0.2%、0.5%、1.0%)ZrC 复合材料，并研究了 ZrC 含量对复合材料微观结构和力学性能的影响规律。经过掺杂后的 W-(0.2%、0.5%、1.0%)ZrC 样品，其相对密度均超过 97%，晶粒尺寸约为 2.7 μm，较纯钨大为降低，表明烧结过程中添加 1% ZrC 能够抑制晶粒长大。与纯 W 相比，其抗拉强度和伸长率分别增加了 59%和 114%。位于 W 晶界处的纳米 ZrC 颗粒可以与晶界处残留的 O 结合形成 Zr-C-O 的立方结构或具有单斜结构的 ZrO_2，净化晶界，从而提高 W 基材料的塑性。位于晶粒内部的 ZrC 颗粒和位于晶界的新相将会阻碍位错和晶界的移动，从而提高 W-ZrC 复合材料的高温强度。随后研究了热冲击对热轧和热锻后 W-0.5%ZrC 复合材料微观结构的影响。发现经过电子密度为 0.66 GW/m^2 的热冲击后，热轧的 W 复合材料表面没有出现明显裂纹或熔融，而热锻 W 复合材料在能量密度为 0.44 GW/m^2 热冲击后便出现了大裂纹。此外，三点弯曲结果表明，热轧 W 复合材料的弯曲强度达到 2.4 GPa 且室温下总应变为 1.8%，分别比热锻 W 复合材料高 100%和 260%。同时，热轧 W 复合材料的断裂能量密度为 3.23×10^7 J/m^3，是热锻 W 复合材料的 10 倍。可以看出，热轧 W 复合材料具有更为优异的塑韧性。

中国科学院固体物理研究所[45-47]制备出高性能 W-5%ZrC 复合材料，发现其 500℃时拉伸强度可达 580 MPa，延伸率为 45%，DBTT 低于 100℃，再结晶温度高达 1400℃，热负荷冲击开裂阈值为 4.4 MJ/m^2，200℃下 100 次 1 MJ/m^2 的热冲击后材料表面没有裂纹产生，且氘滞留量少于 ITER 级纯钨的滞留量。

TaC 和 HfC 等也常被用作 W 基材料的强化相。Lee 等[48]通过机械合金和放电等离子体烧结技术制备了 W-HfC 复合材料，其中 HfC 含量(体积分数)分别为 10%、20%、30%。发现加入的 HfC 能够明显地细化 W 晶粒，并且在 W-HfC 粉体的烧结过程中形成了(Hf、W)C 固溶体。这种固溶体的形成能够增加 W 基体的结合力，同时也起到了弥散增强的作用。因此，W-HfC 复合材料的室温及高温性能均得到了显著提高。

1.2.2　合金元素强化钨基材料

合金化亦是改善钨基材料特性的常用手段，合金元素(如 Re、Ti、V、Zr、Nb、Y、Cr 等)通过扩散溶解于钨基体中，作用于缺陷和杂质，改变了钨基材料的组织结构进而改善了钨基合金的性能，可有效降低 DBTT、提高 RCT 和热稳定性。过往研究还表明，合金元素还可以降低空位和间隙之间的原子扩散系数，提高辐照过程中产生的缺陷复合概率，有效减少辐照缺陷，从而提高其抗辐照特性，这种效应在低能量和高离子通量[49, 50]辐照过程中作用尤为明显。

1.2.2.1　Re 元素强化钨基材料

Re 元素改性通常被称为“Re 效应”，纯 Re 具有较高的熔点，质软并具有良好机械性能。如果不考虑高额成本，Re 的加入不但可以显著改善纯 W 材料的低温脆性、高温强度和可塑性，并且也是适用聚变堆服役条件最合适的合金元素[51]。少量 Re 就可以明显地降低中子辐照硬化，同时抑制孔洞和位错的产生，还可以有效地减少 W 合金的氘滞留[51, 52]。

Hatano 等[53]研究了不同温度下 W 和 W-5Re 在中子辐照后 D 的滞留情况。发现 6.4 MeV 能量的 Fe 离子束辐照下，W-5Re 合金的 D 滞留量远小于纯 W 的 D 滞留量，并认为导致 W-5Re 样品中 D 滞留量急剧降低的主要原因是 W-Re 的哑铃式配合方式，旋转能量壁垒较低，以至于 Re 间隙原子有着三维运动，代替了 W 间隙原子的一维移动。

Yi[54]等对 W 以及 W-5Re 在 500℃进行自离子辐照实验(150 keV W^+)，辐照剂量为 10^{16}～10^{18} W^+/m^2，并进行了辐照损失以及动力学研究，确定了几个位错环间相互的弹性作用产生的效果。这种效果体现在：①位错环合并形成带状物；②当较小的位错环与较大的位错环相互作用时，较小位错环的伯氏矢量发生改变；③促进位错反应，在 W 和 W-5Re 中，大多数位错环的伯氏矢量为 $\boldsymbol{b}$ = ½<111>，少数的伯氏矢量为 $\boldsymbol{b}$ = <100>。在辐照剂量最高时，与纯钨对比，W-5Re 中位错环的尺寸更小，表明辐照过后 Re 可以抑制 W 基材料中位错环的长大，也表明了 Re 的加入可以提高钨的抗辐照性能。因此，单质掺杂钨不仅有利于提高钨基材料的机械性能，并且还会影响材料的抗辐照性能。铼的加入可以抑制许多缺陷如位错环的形成，但铼的加入量比较大时，会导致高温抗辐照性能下降。

1.2.2.2　Ti 元素强化钨基材料

Ti 元素具有较高的亲氧性，可在烧结过程中与 W 基体中的某些杂质元素(O、N、P 等)结合，净化晶界进而增加晶界的结合强度，从而提高了钨基合金的断裂韧性[55, 56]。此外，Ti 具有较高的塑韧性，其添加可有效提升钨基材料的力学特性[57]，这一现象在相似合金中通过第一性原理计算得以验证[58]。

Monge 等[59-61]采用粉末冶金法制备了多元掺杂的 W-Ti-Y_2O_3 复合材料，并在不同温度下(25～1000℃)测试复合材料的韧性。结果表明，当温度低于 600℃时，添加 Ti 元素有助于显著提高材料的硬度和韧性；然而，当温度高于 600℃时，材料的韧性明显降低。此外，当温度低于 600℃时，W-Ti 合金的强度和韧性高于 W-Ti-Y_2O_3 复合材料的强度和韧性；当温度大于 600℃时，W 的氧化将会大大降低 W-Ti 合金的性能。与 W-Ti 合金相比，W-Ti-Y_2O_3 复合材料致密度较低，含有大量的孔隙导致其晶间结合力强度较低，强度和韧性下降。

1.2.2.3 Ta 元素强化钨基材料

相较于 W，Ta 具有更好的抗辐照性能和力学特性，其添加可以有效地提高 W-Ta 合金的低温可塑性和韧性。由于 W、Ta 两种元素都具有体心立方结构，因此烧结过程中氢的扩散激活能相对较低。然而 Ta 具有较大晶格常数，因而会提高 W-Ta 氢扩散率，进而降低合金的氘滞留特性[62]。Mateus 等[63]通过机械球磨结合 SPS 技术制备出 W-Ta 合金，研究了氦、氘辐照下 W-Ta 合金的稳定性，并对不同成分的 W-Ta 合金进行了 He^+和注 D^+辐照实验。结果发现，材料中先注入氦后，D 在 Ta 中的滞留率显著增加，且在 W 中的滞留率更大。辐照后将形成 Ta_2H 或 Ta_2D，该成分在纯 Ta 中更易形成，然而在 W-Ta 合金中显著减少，并通过烧结温度可以控制。Zayachuk 等[64]在高流强 D 等离子体中对 W-Ta 复合材料进行辐照，并测量其滞留量。发现与纯 W 相比，不同含量、不同辐照条件的 W-Ta 合金的 D 滞留率没有显著差别，均不超过 24%。Wurster 等[65]对 W-Ta 固溶体合金的力学性能进行了深入研究，发现随着温度升高，合金的断裂韧性随之增加，但 Ta 含量增加时，断裂韧性反而呈下降趋势。由此可见，相比纯 W 材料，高温下 W-Ta 合金的穿晶断裂韧性更低。

1.2.2.4 其他合金元素强化钨基材料

W 晶界处杂质元素(如 O、N、P 等)的偏聚会减小钨晶界结合力，进而导致钨基材料的高脆性，因此合理降低杂质含量也成为提高 W 基材料力学特性的主要途径[55]。通过第一性原理模拟计算发现，Zr 元素与 W 基体具有良好的固溶性，可以与 W 晶界结合，但是 Zr 和 W 之间的价位相差较大，因而最佳掺杂量不应超过 1%(原子分数)[52]。Xie[56]等通过机械球磨结合 SPS 技术制备出不同 Zr 含量(0.1%、0.2%、0.5%和 1%，质量分数)的 W 合金。在烧结过程中，部分 Zr 与 W 基体形成 Zr-W 固溶体和 ZrW_2 中间相，并有部分 Zr 与粉末中 O 发生反应，分别于晶粒内部和晶界处生成纳米 ZrO_2 颗粒，有效阻碍了位错迁移，提高了钨基材料的强度和硬度。当 W 中 Zr 含量从 0 增至 0.2%时，合金断裂强度从 154 MPa 增加到 265 MPa，断裂能量密度从 3.73×10^4 J/m^3 增长至 9.22×10^4 J/m^3。然而，过量 Zr 将导致 ZrO_2 颗粒长大，从而降低钨基材料的断裂强度和韧性。

在 W 中加入适量的钾(K)而制备的 W-K 合金是一种潜在 PFMs。在烧结过程中，合金中的K将会形成K泡，起钉扎晶界的作用，从而抑制晶粒长大；另外，还将增加其再结晶阻力[66]。当 W-K 合金受到热冲击时，在高温下 K 泡可以在材料表面形成热屏障，从而阻碍热传递。

Ta、Mo、V 和 Nb 都可以与 W 形成无限的固溶体，由于 V 具有良好的抗中子辐照能力，因此钒合金被认为是非常好的核反应堆结构材料[67]。

Arshad 等[68]研究了 V 含量对 W-V 合金致密化、显微结构和力学性能的影响。研究发现，当 V 含量为 10%(质量分数)时，合金不需要经过任何处理就可以实现完全致密。SPS 可抑制钨晶粒长大，当 V 含量为 7% 时，可以获得 1 μm 的细晶 W-V 合金。W-V 合金的显微硬度和弯曲强度均随着钒含量的增加而增加，并且钒颗粒在钨基体中的均匀分布提高了合金材料的密度和力学性能。

Mo 也可以作为改善 W 合金性能的元素，在烧结过程中可以形成 W-Mo 固溶体，从而提高 W 基材料与第二相之间的界面结合力，并且增加 Mo 含量有助于 W 合金的烧结致密化[69]。

Ohser-Wiedemann 等[70]将 W 粉和 Mo 粉进行机械合金化，随后分别在 1900℃和 2000℃的温度下进行放电等离子体烧结，在晶界处发现许多封闭小孔，且孔隙度和孔隙大小均随 Mo 含量的增加而增大。由于这些孔隙可以有效抑制晶粒长大，故而可以通过调控孔隙度和孔径来有效改善材料的组织特性。

但从实际服役角度来说，Mo 和 Nb 具有非常长期的放射性，考虑到对不同活化时期残留物的接受程度，特别是 Nb，不是很适合使用在聚变反应装置中。

作者等采用机械球磨结合 SPS 技术制备了 W-Nb/TiC 复合材料，并对其热机械性能展开了研究，发现添加的 Nb 元素能够显著提高 W 的相对密度、热导率和拉伸强度。此外，Nb 与杂质元素(C 和 O)具有较高的亲和力，有利于吸附晶界处的杂质进而提高晶间结合力；并且形成的 NbC 颗粒和添加的 TiC 颗粒均匀地分布在晶界处(图 1.10)，有助于钉扎晶界并细化 W 晶粒。

在 W 中添加适量的 Cr 元素有利于改善 W 合金的高温抗氧化性能。Telu 等[72]通过粉末冶金路线制备了不同 Cr 含量的 W-Cr 合金，其中富 W 相和富 Cr 相构成了双相间隔分布的结构。在 800℃、1000℃和 1200℃的空气环境中分别对 W-Cr 合金进行循环氧化实验，发现 W-Cr 合金的抗氧化性能与合金中 Cr 含量有关。在氧化过程中，Cr 在合金表面形成保护性 Cr_2WO_6 氧化层，显著提高了 W-Cr 合金在高温氧化环境中的抗氧化性能。

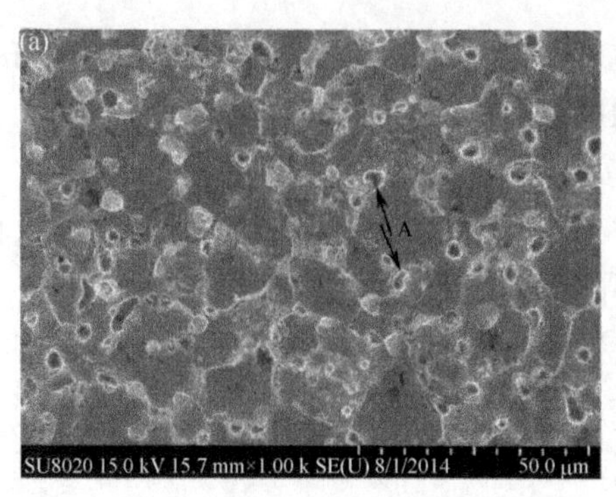

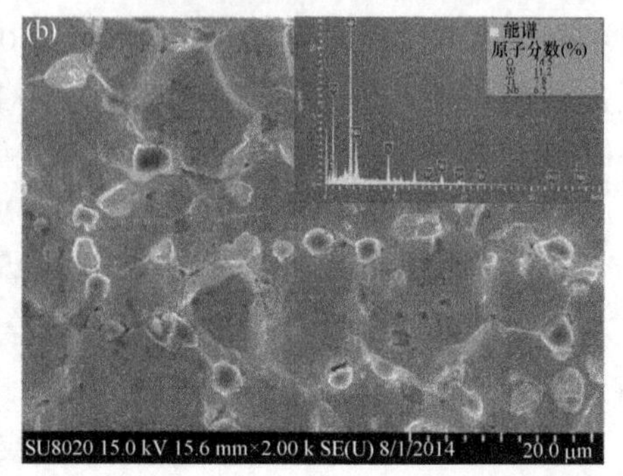

图 1.10　(a)W-1%TiC-1%Nb 表面的低倍放大像；(b)W-1%TiC-1%Nb 表面的高倍放大像(插图为 EDS 能谱图)[71]

1.2.3　纤维增韧强化钨基材料

纤维增韧 W 基材料依靠的是 W 纤维与基体之间的良好浸润性，通过良好的界面结合来提高材料的塑韧性和强度。材料受应力作用时，W 纤维可以有效地传递、承载应力；同时 W 纤维拔出、脱黏过程中会消耗一部分能量，进而改善材料脆性。

能量的吸收机制主要有：裂纹弯曲和偏转、纤维脱黏(debonding)、纤维拔出(pull-out)、分层裂纹(delamination cracks)、纤维桥接(fiber bridge)及裂纹扩展受阻等。目前，国内外对纤维增韧机理相关的研究较少，主要问题在于复杂的材料制备过程，其中长纤维的编织或定向排列仍是一大难题[73, 74]。Riesch 等[75]通过化学气相沉积(chemical vapor deposition，CVD)技术成功地制备了定向排列的长纤维增强 W_f/W 复合材料。在夏比冲击测试过程中，W 纤维产生塑性变形，导致材料的断裂能增加。W_f/W 复合材料的成功制备能够显著地拓宽 W 基复合材料的应用温度范围，能够缓和循环热冲击过程中材料深部裂纹导致的材料失效的问题。然而，纤维增韧 W 基材料的研究依然任重道远。

通过粉末挤压成型技术实现了短纤维或晶须在挤压棒中的定向排布[76]，能够显著提高 W 基材料的韧性，也可以通过对 W 丝表面进行涂层改善界面性能，从而提高 W 基体的韧性。Du 等[77]将 ZrO_x 涂覆在 W 纤维的表面，并且制备出 W_f/W 复合材料，发现涂覆 ZrO_x 后的 W_f/W 复合材料(单涂层和多涂层)，在变形时需要更大的载荷才能产生相同的位移，有利于提高材料的切变强度和断裂韧性。三点弯曲结果表明，W 基体产生的裂纹扩展至 W 纤维处将沿 W_f-W 界面发生偏转剥离，W 纤维作为裂纹的桥接，符合 CMC 增韧原理，从而显著地增加了材料的断裂韧性。随后对 W 纤维进行了 C 涂层处理，并制备出 W_f/W 复合材料。发现经过 C 涂层处理的 W_f/W 复合材料最大载荷明显要小于 ZrO_x 涂层处理的 W_f/W 复合材料。然而，与未进行涂层处理的材料相比，显著提高了 W_f/W 复合材料断裂性能。

1.3　钨基复合材料的制备

近年来，钨基材料中掺杂稀土氧化物(Y_2O_3、ZrO_2、Sc_2O_3 等)是研发新型钨基复合材料的研究热点，这种稀土掺杂弥散强化钨合金称为 ODS-W(氧化物弥散强化钨)复合材料。目前常见的烧结 ODS-W 复合合金的方法有：真空热压烧结、传统烧结、放电等离子烧结、微波烧结等。

此外，掺杂第二相的超细晶钨基材料比纯钨强度高、硬度大，并且其低温脆性、辐照脆性以及再结晶脆性均得到明显改善，常见掺杂粉体有 TiC、ZrC 和 TaC 等。超细钨基复合粉体是形成超细晶钨基合金的重要条件，其制备技术可分为自下而上和自上而下两类。自下而上通常指使用化学方法合成超细粉体，如湿化学法、溶胶凝胶法、蒸馏沉淀法等；自上而下的方法是指使用机械研磨使粉末成超细粉体，如机械合金化法。

1.3.1　钨基复合粉体的制备

1.3.1.1　机械合金法制备钨基复合粉体

机械合金化法制备钨基复合粉体，是用高能球磨机对钨及掺杂粉末进行混粉搅拌，粉末成形机理如图 1.11 所示。球磨时粉末不断与球磨球碰撞摩擦，机械力使粉末破碎、变形、冷焊、融合，即颗粒扁平化→颗粒冷焊→形成等轴晶→随机薄片化→稳定合金化。

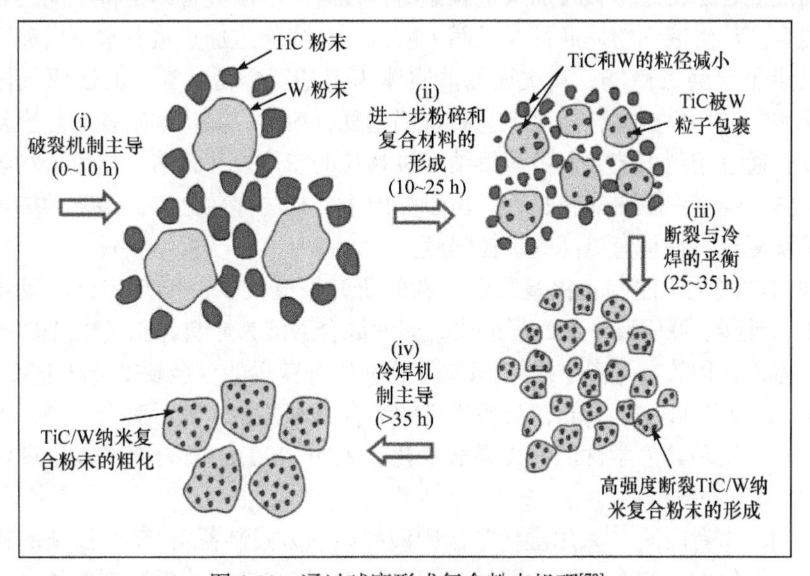

图 1.11　通过球磨形成复合粉末机理[78]

范景莲团队通过机械合金化方法制备了不同质量分数的氧化钇掺杂钨基复合粉末[79]，发现经过 Y_2O_3 掺杂的钨基材料，其延伸率和抗拉强度得到明显改善，其中抗拉强度高于 1050 MPa，延伸率最大可达 30%。

Zhang 等[80]采用高能球磨机制备了 TiC 增强钨合金，并研究了球磨时间对复合粉末的影响机制。发现球磨时间在 0～10 h 阶段时，粉末粒度下降较快，TiC 在这个过程中使钨颗粒破碎加速；在 10～25 h 阶段时，颗粒发生脆性断裂，同时随着球磨时间的增加，粉末粒度降至纳米级别，此阶段中的 TiC 会融入钨基体中；球磨时间超过 25 h 时，粉末尺寸继续降低且发生冷焊；达到 35 h 时，粉末的破裂和冷焊达到平衡状态，此时的颗粒尺寸最小；球磨时间超过 45 h 时，重焊开始发生在粉末的碰撞挤压中，此阶段的粉末颗粒变粗且较大颗粒上附着有大量小颗粒，小颗粒集聚成团。

机械合金化工艺是制备钨基复合粉末的常用工艺方法，存在着如下缺点：①容易引入杂质，经过长时间的高能球磨，球磨罐内衬和球磨球的材料会有少量掺入复合粉体中，降低复合粉末材料的有效性；②粉体经过长时间球磨后，表面能会显著提高，从而导致烧结时的晶粒异常长大；③粉末制备的耗时长，效率较低，大批量的工业化制造受到限制；④球磨能耗大，经济成本较高。

1.3.1.2 湿化学法制备钨基复合粉体

湿化学法是对含有目标元素的混合溶液蒸发沉淀、脱水干燥、加热还原以获得目标元素粉体的制粉工艺方法。混合溶液的制备分为固液混合和液液混合两类，固液混合是将固体颗粒加入金属盐溶液混合，液液混合则是将不同的金属盐溶液混合。从溶液到粉体通常经过两个阶段：首先通过加热蒸发水析出前驱体，并对其烘干研磨成粉体；其次还原前驱体为钨基复合粉，常用的还原气体有氢气、甲烷等。相比机械合金化工艺制备钨基复合粉体，湿化学制备的复合粉体纯度较高，通过控制工艺参数可获得纳米级颗粒的粉体，并且第二相粒子均匀地包覆钨基体，烧结中阻碍晶粒长大。由于晶内第二相的弥散分布，湿化学掺杂第二相的钨基复合材料具有更高的抗拉强度。

国内对湿化学法制备钨基复合材料的研究报道较多，作者[81, 82]以氯化钨、水合肼、乳酸、联吡啶、TiC 等组成的固液混合溶液为原料，制备出 TiC 掺钨基复合粉体，并用放电等离子烧结(SPS)复合粉体，获得的合金硬度 471 HV，致密度 98.6%，平均晶粒度 3 μm，具备优良的综合力学性能。随后对合金进行不同温度热处理，发现其力学性能并无显著变化，表明 W-TiC 复合材料具备良好的热稳定性。

同期，作者团队[83]采用湿化学法固液掺杂的方式制备出 TaC 掺杂的钨基复合粉体，粉体的形貌和组分如图 1.12 所示。固液掺杂湿化学法制备的复合粉体可使烧结后的合金中第二相粒子均匀分布，实现弥散强化效应，提升合金的力学性能[84]。稀土氧化物掺杂的钨基复合粉体可通过液液掺杂湿化学法制备，如制备偏钨酸铵和硝酸钇混合溶液，蒸馏沉淀脱水干燥氢气还原出钨氧化钇复合粉体。

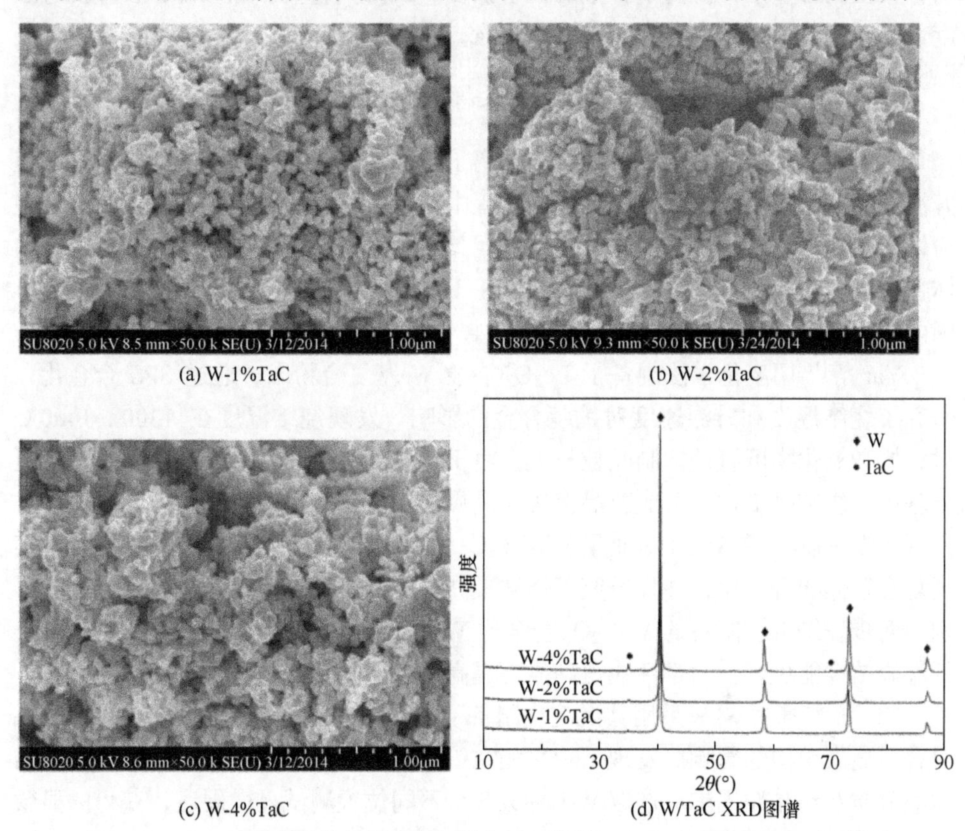

(a) W-1%TaC　(b) W-2%TaC

(c) W-4%TaC　(d) W/TaC XRD图谱

图 1.12　W/TaC 复合粉体的场发射扫描电子显微镜(FESEM)形貌和 XRD 图谱[83]

1.3.2　钨基材料烧结工艺

1.3.2.1　传统烧结制备钨基材料

Veleva 等[85]通过球磨混粉、冷压成型制备了不同 Y_2O_3 含量的钨基烧结坯料，并分别于 1800℃真空和 1800℃氩气的条件下将坯料烧结成钨基合金。发现所制成 W-Y_2O_3 合金的硬度比纯钨有所提高，并且当 Y_2O_3 含量为 2%时，合金硬度最大。同时发现传统法烧结的氧化钇掺杂钨基合金致密化程度不高。

Kim 等[86]利用高温将 W-Y_2O_3 复合粉末烧结成合金，并研究了烧结温度、掺杂含量对合金性能的影响。发现当烧结温度达到 2200℃时，Y_2O_3 的增加则会使得合金的致密度增加。

范景莲等[87]基于湿化学法原理，结合喷雾干燥和煅烧工艺制备出 La_2O_3 掺杂钨基复合材料，并用传统法在 1950℃下烧结生成 W-La_2O_3 合金。掺杂的 La_2O_3 均匀分布在钨合金中，提高了合金的抗弯强度。La_2O_3 含量为 0.7%时，合金抗弯强度最大，相较于纯钨合金提高了 335 MPa。

1.3.2.2 放电等离子体烧结制备钨基材料

放电等离子烧结是利用高频放电等离子体脉冲短时间内放出大量热量，迅速升温使模具中粉末烧结成形。在烧结过程中，放电等离子体提高了粉体活性，使粉体产生热塑变形，烧结温度有所降低，具备高电流、低电压的特性，可实现粉体快速致密化，并且致密化程度高。SPS 工艺升温快、时间短、致密化程度高，国内外学者常用此工艺制备钨基复合材料，并对其组织性能进行研究[88-93]。

Yar 等[16]用湿化学法制备了 La_2O_3 掺杂 W 基复合粉末，通过 SPS 合金化，研究了烧结温度和升温速度对钨基合金的影响。发现烧结温度在 1300～1400℃时，掺杂氧化物可有效抑制晶粒长大。由于湿化学法工艺可使得掺杂相均匀包覆于基体，烧结时 La_2O_3 形成亚晶聚集在晶界，形成复杂 W-O-La 相。同时通过改进湿化学法制备了掺杂 1%(质量分数)Y_2O_3 的钨纳米复合粉体，利用 SPS 技术实现复合粉体的合金化，并且研究了烧结最高温度和高温保温时间对材料性能的影响。两步烧结工艺制备的 W-Y_2O_3 合金比 W-La_2O_3 合金的晶粒度小、致密度高、低温烧结性能更好，力学性能得到显著提高[91]。

Xia 等[92]通过 SPS 采用共沉淀法制备了 W-La_2O_3 复合粉末，并研究了 La_2O_3 对合金显微结构的影响。发现 La_2O_3 相在钨晶粒中以立方晶体的形式存在，均匀弥散分布在钨晶粒周围。选取 W-La_2O_3 合金不同位置测试显微硬度，获得的显微硬度值并无显著变化，均高于纯钨合金。

1.3.2.3 热等静压烧结制备钨基材料

热等静压(hot isostatic pressing，HIP)烧结是在烧结过程中对生坯施加各向同性的相等压力，使粉末合金化的工艺。热等静压使生料在高温炉中各个方向上均匀受压，增大了粉末接触面积并促进了粉末的高温扩散，使生坯均匀收缩，从而强化烧结致密化过程，加速合金晶粒的成形[35, 36]。

Savoini 等[57]通过机械球磨制备了 W-4V-1La_2O_3、W-4Ti-1La_2O_3 复合粉，随后使用热等静压烧结制备出高性能合金。发现 La_2O_3 颗粒在合金中弥散分布，而 V 和 Ti 却极易聚集于在钨晶间，导致合金的热稳定降低。两种合金的显微硬度随温度变化的趋势相反，W-4Ti-1La_2O_3 的硬度随温度升高而增加，而 W-4V-1La_2O_3 合金的硬度随温度升高而降低。

Martínez 等[93]在 1573 K、195 MPa 的条件下，分别通过热等静压工艺烧结出 La_2O_3 和 Y_2O_3 掺杂的钨基合金。制备的钨合金致密度进一步提升并具备超细晶结构，且显微硬度高达 7～13 GPa。此外，研究者还对 W-2V-Y_2O_3 进行热处理，研究其晶体结构的热稳定性[94]。发现掺 Y_2O_3 的 W-2V 合金性能有较大提高，不同热处理条件下相比于 W-2V 合金，其显微硬度值均提高 2.5～3 倍。

1.4　钨基材料高温服役再结晶行为

核聚变堆运行时，面向等离子体材料的服役温度往往低于再结晶温度，主要发生的是静态再结晶行为。

1.4.1　回复、再结晶与织构演变

静态回复主要驱动力为晶体先前经过塑变随之产生的弹性内应力与点缺陷，这些点缺陷大多被晶界吸收或在位错攀移时消失，同时位错总密度在回复阶段并没有明显降低，但内应力变化与回复过程紧密相关，特别是回复形态[95]。过往研究发现，回复所引起微观组织演化很难被捕捉观察，可通过测量回复诱导的材料性质变化来间接定量地表征回复过程，包括使用量热法测量回复阶段释放的储存能，或者通过测量等温或等时退火条件下电导率等随时间变化的曲线来判断 [96]。最常见的经验关系公式为 Kuhlmann 回复动力学模型，主要表明回复阶段相关性能变化与退火时间成反比[97]：

$$\frac{\mathrm{d}X_{\mathrm{R}}}{\mathrm{d}t}=-\frac{c_1}{t}\rightarrow X_{\mathrm{R}}=c_2-c_1\cdot\ln t \tag{1.2}$$

其中，X_{R} 为任意条件下所测得性能，$\mathrm{d}X_{\mathrm{R}}/\mathrm{d}t$ 为测得性能的变化率，c_2 是积分常数，c_1 则是与回复动力学直接相关的常数。该动力学公式通常可用于描述多晶回复，并可通过热力学温度与激活能之间的关系计算回复的激活能[98]。

施加在位错上的外部应力与释放捕获位错所需要的活化能以及位错自由移动的体积 V 之间可以用式(1.3)表示：

$$\frac{\mathrm{d}\sigma}{\mathrm{d}t}=-A\cdot\exp\left[-\left(\frac{Q-\sigma V}{KT}\right)\right] \tag{1.3}$$

其中，σ 是施加在位错上的真实应力[等同于式(1.2)中的 X_{R}]，Q 是位错移动所需要的激活能，K 是玻尔兹曼常数，T 是开尔文温度。在数学上，式(1.3)可以转换成式(1.4)，则可以得到维氏硬度在回复阶段的变化规律。应力与维氏硬度之间的近似关系为 HV=3σ[99]：

$$\frac{\mathrm{d}\sigma}{\mathrm{d}t} = -A \cdot \exp\left[-\left(\frac{Q-\sigma V}{KT}\right)\right] \to \sigma = \sigma_0^* - \frac{KT}{V}\ln t \to \mathrm{HV} = \mathrm{HV}_0^* - \frac{3KT}{V}\ln t \quad (1.4)$$

再结晶过程往往伴随储存能释放，形成新的无畸变等轴晶粒并长大，达到新的热力学稳定性。无论晶核的形成或长大都需要原子扩散，故而必须将形变金属加热到一定温度以上，以提高原子的活动能力，达到原子激发条件使其迁移，持续再结晶过程[100]。尤其形核过程中，一方面，储存能减小(Δu)可以消除位错密度(ρ)形成新的无缺陷晶粒；另一方面，回复基体上生长出的新晶核具有更高的边界能量(γ_b)，为了获得这两种能量间的平衡，再结晶形核晶粒可能的最小半径 R 需要满足一定的公式条件[式(1.5)][101]：

$$R = \frac{2\gamma_\mathrm{b}}{\Delta u} \approx 1\ \mu\mathrm{m} \quad (1.5)$$

由于形核通常发生在再结晶起始阶段，形核密度 N 及其形核率 $\dot{N} = \mathrm{d}N/\mathrm{d}t$ 的设定非常重要，将决定最终的再结晶晶粒尺寸和晶粒取向[97]。

晶界迁移的速度如式(1.6)所示，这里 P 等于再结晶驱动力 P_d 与再结晶阻碍力 P_c 之差。再结晶的驱动力 P_d 对应于回复基体中位错密度的储存能，如式(1.7)所示。

$$v = MP \quad (P = P_\mathrm{d} - P_\mathrm{c}) \quad (1.6)$$

$$P_\mathrm{d} = \alpha\rho G B^2 \quad (1.7)$$

其中，α 是接近 0.5 的常数，ρ 是位错密度，G 是剪切模量，B 是伯氏矢量。

同样存在阻碍晶核长大的力 P_c，其阻力与晶核的边界能量相关:

$$P_\mathrm{c} = \frac{2\gamma_\mathrm{b}}{R_\mathrm{n}} \quad (1.8)$$

其中，γ_b 是边界能量，R_n 是再结晶形核的半径。晶核长大驱动力与阻力之间的共同作用将决定长大阶段晶界迁移的速度，在这两种力的作用下，可以看到生长速率 V 在初始储存能较高时更快，在随后的退火期间由于回复后的基体储存能减少导致速率变慢[102]。尽管晶界迁移速率 M 与晶粒取向有关，但是再结晶晶核长大期间生长速率变化的主要原因还是总驱动力的变化。由于回复导致位错密度减小以及晶界迁移的局部不均匀性，驱动力将随退火时间变化。

再结晶整体上是一个热激活过程，定义整个过程的激活能为 Q、再结晶时间为 t、退火温度为 T。再结晶时间、退火温度和激活能之间的关系可以用阿伦尼乌斯(Arrhenius)关系式(1.9)来表示：

$$t = t_0 \exp\left(\frac{Q}{RT}\right) \quad (1.9)$$

其中，t_0 是指数因子，R 是标准气体常数，Q 是退火期间形核和长大所需的激活能，T 是退火温度。

由于再结晶动力学研究需综合考虑形核和长大过程，通常使用 JMAK(Johnson-Mehl-Avrami-Kolmogorov)模型描述再结晶晶粒的体积分数 X 与退火时间 t 之间的函数关系[101]：

$$X = 1 - \exp(-Bt^n) \tag{1.10}$$

其中，B 是表示热活化系数；n 是阿夫拉米(Avrami)指数，其与长大过程的形核性和维数性质相关。

过往研究发现，经过掺杂改性的钨基材料在退火时，由于晶界处内应力累积，再结晶过程中更易引起脆化效应，直接影响关键部件寿命。因此，研究钨基材料在高温服役条件下的再结晶脆化特性尤为重要。

1.4.2　再结晶对面向等离子体钨基材料组织性能影响

再结晶引起的微观结构和织构变化会影响钨在聚变反应堆中的应用，最主要是钨基材料的抗辐照性能[103]及其机械特性[104]。过往研究发现，细化晶粒尺寸可能会导致抗辐射性能的提高[105]。更多研究[106]发现钨晶粒的抗辐照性能与其晶体取向密切相关，即晶粒<100>方向与样品表面法向平行时，抗辐照能力最强；而<111>方向与样品表面法向平行时，抗辐照能力最弱。Ran 等[107]研究了多晶纯钨材料被 Ga^+轰击后，表面刻蚀程度与晶体取向之间的关系，结果表明，晶粒<001>方向与样品表面法向平行时，抗 Ga^+刻蚀能力最强。Lindig[108]也报道了钨基材料抗辐照特性与其晶体取向之间存在必然联系，发现晶粒的晶体取向对暴露于高通量等离子体时表面起泡的数量和结构有决定性作用，其中<001>取向具有最高的抗氘起泡性[109]。Yuan 等[106]研究了熔化再凝固纯钨材料经高热流中性氦束辐照后的表面、截面形貌及晶粒起泡程度与晶体取向之间的关系，发现(001)晶粒只出现轻微起泡，(011)晶粒起泡程度居中，(111)晶粒起泡程度最严重，并出现明显脱落现象。此外，钨在聚变服役过程中，辐射诱导缺陷捕获 He 的能力也表现出明显的取向依赖性，这严重影响了 PFCs(plasma facing components，面向等离子体部件)的稳定性[110]。

Parish 等[110]研究了钨基材料经受氦离子辐照前后的表面形貌与晶体取向之间的关系，发现<100>//ND 的晶粒更容易形成锥状形貌，<112>//ND 的晶粒更容易形成波浪状或者台阶状形貌，而<103>//ND 的晶粒更容易形成光滑平坦形貌。这一类似现象同样被 Kajita 等证实[111]。

人们发现钨基材料的机械性能同样也受材料织构的影响。例如，作为典型 *bcc* 结构，沿{110}、{112}面，[111]最密排方向的滑移是纯钨塑性变形的基本机制[112]。此外，高温时滑移也会沿着{111}面发生，并且孪生和开裂都均受到织构影响[112]。Uytdenhouwen 等[113]研究了单晶钨在不同取向裂纹系统下的 DBTT 和断裂韧性，发现室温下{110}的断裂韧性明显高于{100}。

轧制钨织构也被认作是“典型的 BCC 轧制织构”，即由 γ 纤维{111} <*uvw*> 和 α 纤维{*hkl*} <110>组成[112]。其中，γ 纤维织构通常更加不均匀[114]，这种不均匀性主要源自热轧工艺，并且钨的再结晶织构相较其他材料并不明显且较为随机，这种现象也在以往研究中得以证实[115]。

钨基材料作为 ITER 中直接面向高温等离子体的第一壁材料，会遭受极端热负荷、高温、强束流离子和中子辐照等的协同作用[116]。而对于钨基材料来说，这种静态再结晶一般会导致新晶粒边界的形成，并且取向随机，这些随机的晶界在不稳定的高能状态下更易开裂，即再结晶脆化现象，进而引发材料性能退化和关键部件断裂，导致不可逆损伤。

基于回复再结晶对钨基材料的显著影响，国内外学者做了诸多相关方面的研究。Ciucani 等[117]对纯钨在 1150℃和 1300℃下进行等温退火，发现当钨晶体部分再结晶时，材料性能退化就会发生停滞。

作者[118]系统研究了不同轧制比下纯钨的再结晶行为，发现较大的轧制量可以加速钨的再结晶过程，轧制量越大，钨板原始晶粒尺寸就越小，完全再结晶后的晶粒尺寸也就相对较小(图 1.13)。随后通过粉末冶金和轧制工艺制备了 Y_2O_3 含量为 2%的 W-Y_2O_3 复合材料[119]，发现与纯钨相比，Y_2O_3 的掺杂抑制了再结晶过程发生，再结晶温度明显升高。史洪刚等[120]对不同变形量的钨合金组织性能及再结晶行为进行了研究，发现变形量的增加直接导致钨合金组织的“纤维化”，提高了强度，但是再结晶之后变形强化效果消失，力学性能明显下降。

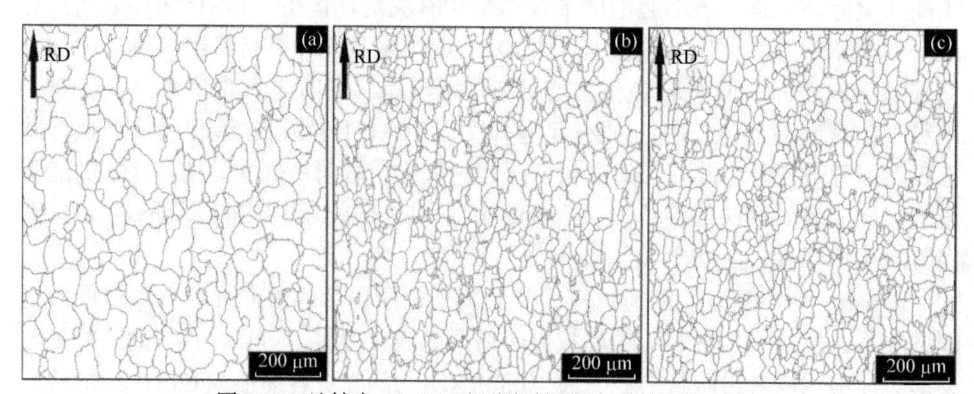

图 1.13　纯钨在 1350℃下不同时间退火后的边界图[118]

(a) 23 h 的 W50；(b) 15 h 的 W70；(c) 11 h 的 W90

Pintsuk 等[121]对于轧制钨板和锻造钨棒分别进行了再结晶和热疲劳性能测

试，发现两种材料经过再结晶后晶粒均明显长大，但是轧制钨的再结晶晶粒尺寸要明显小于锻造钨，且显示出更好的抗热疲劳能力。并且完全再结晶后，轧制钨材料的非均质性几乎完全消失，而锻造钨依然存在。Terentyev 等[122]对经过 2300℃退火 30 min 的钨丝进行 600℃以下的力学性能测试，发现退火后的钨丝屈服应力和抗拉强度均明显降低，由于再结晶导致了晶粒长大，消除了加工硬化影响。

掺杂于钨基体的氧化物颗粒形态和尺寸对再结晶的影响复杂，尤其是不同晶粒度会在再结晶软化过程中生成不同变化机制。细颗粒在塑性变形过程中，由于表面张力的作用在材料内部产生钉扎，阻碍亚晶结构运动，晶体内部位错增殖[123]，在一定程度上延长了回复阶段时间并提高了再结晶所需驱动力。再结晶过程中，钉扎作用阻碍亚晶运动和大角度晶界迁移运动，形核初期，部分新形成的再结晶晶粒通过大角度晶界迁移长大，因此细颗粒通过阻碍大角度晶界运动减缓再结晶速度[97]。粗颗粒更易在塑性变形过程中，在颗粒周围形成一些无位错区，该区域界面能较高，可以为再结晶提供形核点，促进再结晶的形核速率，但是粗颗粒对材料回复阶段的影响却不如细颗粒明显。不仅仅是颗粒的大小会影响再结晶的过程，颗粒的形貌、分布和数量也会对再结晶的过程有不同程度的影响。

1.4.3　钨基材料再结晶过程演化

虽然可通过硬度和电阻率等性能变化间接判断回复、再结晶过程，但再结晶阶段相关的微区组织演化很难测量。这主要归因于形核过程通常发生在亚晶尺度，其实际形核点难以预测；另外，形核一般起源于严重扭曲的晶界或具有应变梯度和高晶格曲率的异质界面，以及局部位错高密度微剪切带等[124]，须综合考虑其相互作用[125]；此外，再结晶过程进展很快，极易受先前冷加工变形影响；最为重要的是，回复和再结晶过程中充斥着很多难以测量的参数，诸如材料纯度、晶界类型、储存能分布、相变现象以及对冷加工形变亚结构的继承度等[125]。这些原因都表明再结晶过程非常复杂，需要先进物理实验和建模方法对其进行多尺度研究。

Clarebrough 等[126]通过对铜棒进行等温退火，发现退火过程中硬度和电阻率呈现“反 S 型”下降，中间下降最快的曲线部分对应释放能量最大的区域，体现了再结晶过程中释放了大量的结晶潜热。Hölscher 等[127, 128]通过取向密度分布研究了不同轧制量的钢在 700℃下退火时织构的演变规律。作者[129]通过差示扫描量热仪(DSC)表征了高压扭转(HPT)纯钨再结晶过程的热稳定性，如图 1.14 所示。

燕青芝团队[130]通过电子背散射衍射(EBSD)等手段表征了各种轧制条件下纯钨的织构演变，发现热轧钨晶粒经历了原始晶粒破碎、新晶粒形核再生长以

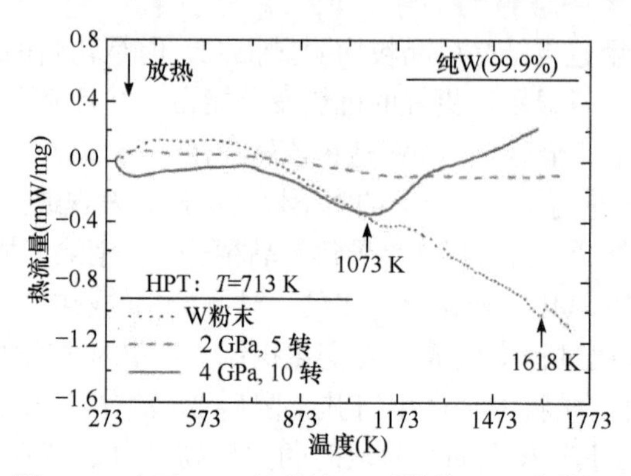

图 1.14　有无 HPT 处理的 W 试样的 DSC 曲线[129]

及形成纤维状结构的过程。不同轧制比(40%、60%和 90%)的钨基合金在 2073 K 下退火 2 h 后均发生了完全再结晶，其中 40%、60%、90%轧制的钨主要以 γ 织构为主，而 80%轧制的钨则具有更多的高斯和 θ 织构以及最优的抗辐照特性，进一步证明塑性变形后的组织与织构会对钨基材料类服役条件下的力学和辐照特性产生深远影响。

参 考 文 献

[1] Manheiemr W. Can fusion and fission breeding help civilization survive. Journal of Fusion Energy, 2006, (25): 3-4.

[2] 李建刚. 我国超导托卡马克的现状及发展. 中国科学院院刊, 2007, (5): 404-410.

[3] 彭先觉, 师学明. 核能与聚变裂变混合能源堆. 物理, 2010, 39(6): 15-19.

[4] 冯开明. 可控核聚变与 ITER 计划. 现代电力, 2006, 23(5): 82-88.

[5] 朱士尧. 核聚变原理. 合肥: 中国科学技术大学出版社, 1992: 1-520.

[6] 周张健, 钟志宏, 沈卫平, 等. 聚变堆中面向等离子体材料的研究进展. 材料导报, 2005, (12): 5-12.

[7] Knaster J, Moeslang A, Muroga T. Materials research for fusion. Nature Physics, 2016, 12(5): 424-434.

[8] Aymar R. Status of ITER. Fusion Engineering and Design, 2002, 61-62: 5-12.

[9] 许增裕. 聚变材料研究的现状和展望. 原子能科学技术, 2003, (S1): 105-110.

[10] 王明旭, 张年满, 王志文, 等. 等离子体与石墨及其涂层相互作用的研究. 核聚变与等离子体物理, 2000, (1): 33-39.

[11] Kolbasov B N, Khripunov V I, Biryukov A Y. On use of beryllium in fusion reactors: Resources, impurities and necessity of detritiation after irradiation. Fusion Engineering and Design, 2016: 109-111.

[12] Rieth M, Dudarev S L, Gonzalez de Vicente S M, et al. Recent progress in research on tungsten materials for nuclear fusion applications in Europe. Journal of Nuclear Materials, 2013: 482-500.

[13] Bolt H, Barabash V, Federici G, et al. Plasma facing and high heat flux materials—Needs for ITER

and beyond. Journal of Nuclear Materials, 2002: 307.
[14] 王爽, 罗来马, 赵美玲, 等. 钨基材料强韧化技术的现状与发展趋势. 稀有金属, 2015, 39(8): 741-748.
[15] Dong Z, Liu N, Ma Z Q, et al. Synthesis of nanosized composite powders via a wet chemical process for sintering high performance W-Y_2O_3 alloy. International Journal of Refractory Metals and Hard Materials, 2017, 69: 266-272.
[16] Yar M A, Wahlberg S, Bergqvist H, et al. Chemically produced nanostructured ODS-lanthanum oxide-tungsten composites sintered by spark plasma. Journal of Nuclear Materials, 2010, 408(2): 129-135.
[17] 陈勇, 吴玉程, 于福文, 等. La_2O_3 弥散强化钨合金的组织性能研究. 稀有金属材料与工程, 2007, (5): 822-824.
[18] 种法力, 陈勇, 吴玉程, 等. La_2O_3弥散增强钨合金面对等离子体材料及其高热负荷性能. 材料科学与工程学报, 2009, 27(3): 415-440.
[19] 陈勇, 吴玉程, 于福文, 等. W-La_2O_3 合金的电子束热负荷性能研究. 功能材料, 2007, 38(A04): 1669-1671.
[20] Xu Q, Ding X Y, Luo L M, et al. D_2 retention and microstructural evolution during He irradiation in candidate plasma facing material W-La_2O_3 alloy. Journal of Nuclear Materials, 2017, 496: 227-233.
[21] Muñoz A, Monge M A, Savoini B, et al. La_2O_3-reinforced W and W-V alloys produced by hot isostatic pressing. Journal of Nuclear Materials, 2011, 417(1-3): 508-511.
[22] Battabyal M, Schäublin R, Spätig P, et al. W-2wt.%Y_2O_3 composite: Microstructure and mechanical properties. Materials Science & Engineering A, 2012, 538: 53-57.
[23] Battabyal M, Spätig P, Murty B S, et al. Investigation of microstructure and microhardness of pure W and W-2Y_2O_3 materials before and after ion-irradiation. International Journal of Refractory Metals and Hard Materials, 2014, 46: 168-172.
[24] Liu R, Zhou Y, Hao T, et al. Microwave synthesis and properties of fine-grained oxides dispersion strengthened tungsten. Journal of Nuclear Materials, 2012, 424(1-3): 171-175.
[25] 王迎春, 姚志涛, 程兴旺, 等. Y_2O_3 对钨合金微观组织与性能的影响. 北京理工大学学报, 2007, 27(9): 824-827.
[26] Tan X Y, Luo L M, Chen H Y, et al. Mechanical properties and microstructural change of W-Y_2O_3 alloy under helium irradiation. Scientific Reports, 2015, 5: 12755.
[27] Liu R, Wang X P, Hao T, et al. Characterization of ODS-tungsten microwave-sintered from sol-gel prepared nano-powders. Journal of Nuclear Materials, 2014, 450(1-3): 69-74.
[28] Wang S, Zhang J, Luo L M, et al. Properties of Lu_2O_3 doped tungsten and thermal shock performance. Powder Technology, 2016, 301: 65-69.
[29] Zhang X X, Yan Q Z. Morphology evolution of La_2O_3 and crack characteristic in W-La_2O_3 alloy under transient heat loading. Journal of Nuclear Materials: Materials Aspects of Fission and Fusion, 2014, 451(1-3): 283-291.
[30] Tan J, Zhou Z J, Zhu X P, et al. Evaluation of ultra-fine grained tungsten under transient high heat flux by high-intensity pulsed ion beam. Transactions of Nonferrous Metals Society of China, 2012,

22(5): 1081-1085.

[31] Miao S, Xie Z M, Yang X D, et al. Effect of hot rolling and annealing on the mechanical properties and thermal conductivity of W-0.5wt.% TaC alloys. International Journal of Refractory Metals and Hard Materials, 2016, 56: 8-17.

[32] Wang Y K, Miao S, Xie Z M, et al. Thermal stability and mechanical properties of HfC dispersion strengthened W alloys as plasma-facing components in fusion devices. Journal of Nuclear Materials, 2017, 492: 260-268.

[33] Song G M, Wang Y J, Zhou Y. Thermomechanical properties of TiC particle-reinforced tungsten composites for high temperature applications. International Journal of Refractory Metals and Hard Materials, 2003, 21: 1-12.

[34] Kurishita H, Amano Y, Kobayashi S. Development of ultra-fine grained W-TiC and their mechanical properties for fusion applications. Journal of Nuclear Mater, 2007, 367: 1453-1457.

[35] 于福文, 吴玉程, 陈俊凌, 等. W-1wt%TiC 纳米复合材料的组织结构与力学性能. 中国科学技术大学学报, 2008, 38(4): 429-433.

[36] 种法力, 于福文, 陈俊凌. W-TiC 合金面对等离子体材料及其电子束热负荷实验研究. 稀有金属材料与工程, 2010, 39(4): 750-752.

[37] Kurishita H, Matsuo S, Arakawa H, et al. Development of re-crystallized W-1.1%TiC with enhanced room-temperature ductility and radiation performance. Journal of Nuclear Materials, 2010, 398: 87-92.

[38] Kurishita H, Kobayashi S, Nakai K, et al. Development of ultra-fine grained W-(0.25-0.8) wt%TiC and its superior resistance to neutron and 3 MeV He-ion irradiations. Journal of Nuclear Materials, 2008, 377: 34-40.

[39] 丁孝禹, 罗来马, 黄丽枚, 等. 湿化学法制备 W-TiC 复合粉体及其 SPS 烧结行为. 中国有色金属学报, 2014, 24(10): 2594-2600.

[40] Xu Q, Ding X Y, Luo L M, et al. Thermal stability and evolution of microstructures induced by He irradiation in W-TiC alloys. Nuclear Materials and Energy, 2018, 15: 76-79.

[41] 宋桂明, 王玉金, 周玉. ZrC 颗粒含量对钨基复合材料力学性能的影响. 有色金属, 2001, 53(1): 101.

[42] 张顺, 范景莲, 成会朝, 等. ZrC 对 W 合金性能与组织结构的影响. 稀有金属材料与工程, 2013, 42(7): 1429-1432.

[43] Xie Z M, Liu R, Miao S, et al. High thermal shock resistance of the hot rolled and swaged bulk W-ZrC alloys. Journal of Nuclear Materials, 2016, 469: 209-216.

[44] Xie Z, Liu R, Fang Q, et al. Microstructure and mechanical properties of nano-size zirconium carbide dispersion strengthened tungsten alloys fabricated by spark plasma sintering method. Plasma Science and Technology, 2015, 17(12): 1066.

[45] Xie Z M, Liu R, Miao S, et al. Extraordinary high ductility/strength of the interface designed bulk W-ZrC alloy plate at relatively low temperature. Scientific Reports, 2015, 5: 16014.

[46] Xie Z M, Miao S, Liu R, et al. Recrystallization and thermal shock fatigue resistance of nanoscale ZrC dispersion strengthened W alloys as plasma-facing components in fusion devices. Journal of Nuclear Materials, 2017, 496: 41-53.

[47] Xie Z M, Zhang T, Liu R, et al. Grain growth behavior and mechanical properties of zirconium micro-alloyed and nano-size zirconium carbide dispersion strengthened tungsten alloys. International Journal of Refractory Metals & Hard Materials, 2015, 51: 180-187.

[48] Lee D J, Malik A U, Ryu H J, et al. The effect of HfC content on mechanical properties HfC-W composites. International Journal of Refractory Metals and Hard Materials, 2014, 44: 49-53.

[49] Schmid K, Rieger V, Manhard A. Comparison of hydrogen retention in W and W/Ta alloys. Journal of Nuclear Mateials, 2012, 426: 247-253.

[50] Zayachuk Y, J't Hoen M H, Zeijlmans van Emmichoven P A, et al. Surface modification of tungsten and tungsten-tantalum alloys exposed to high-flux deuterium plasma and its impact on deuterium retention. Nuclear Fusion, 2013, 53: 013013.

[51] Tyburska-Püschel B, Alimov V Kh. On the reduction of deuterium retention in damaged Re-doped W. Nuclear Fusion, 2013, 53(12): 139-143.

[52] Setyawan W, Kurtz R J. Effects of transition metals on the grain boundary cohesion in tungsten. Scripta Materialia, 2012, 66: 558-561.

[53] Hatano Y, Ami K, Alimov V Kh, et al. Deuterium retention in W and W-Re alloy irradiated with high energy Fe and W ions: Effects of irradiation temperature. Nuclear Materials and Energy, 2016, 9: 93-97.

[54] Yi X, Jenkins M L, Briceno M, et al. *In situ* study of self-ion irradiation damage in W and W-5Re at 500℃. Philosophical Magazine, 2013, 93(14): 1715-1738.

[55] Liu R, Xie Z M. Fabricating high performance tungsten alloys through zirconium micro-alloying and nano-sized yttria dispersion strengthening. Journal of Nuclear Materials, 2014, 451: 35-39.

[56] Xie Z M, Liu R. Spark plasma sintering and mechanical properties of zirconium micro-alloyed tungsten. Journal of Nuclear Materials, 2014, 444: 175-180.

[57] Savoini B, Martínez J, Muñoz A, et al. Microstructure and temperature dependence of the microhardness of W-4V-1La_2O_3 and W-4Ti-1La_2O_3. Journal of Nuclear Materials, 2013, 442: S229-S232.

[58] Ma Y M, Han Q F, Zhou Z Y, et al. First-principles investigation on mechanical behaviors of W-Cr/Ti binary alloys. Journal of Nuclear Materials, 2016, 468: 105-112.

[59] Monge M A, Auger M A, Leguey T, et al. Characterization of novel W alloys produced by HIP. Journal of Nuclear Materials, 2009, 386/388: 613-617.

[60] Aguirre M V, Martín A, Pastor J Y, et al. Mechanical properties of Y_2O_3-doped W-Ti alloys. Journal of Nuclear Materials, 2010, 404: 203-209.

[61] Aguirre M V, Martín A, Pastor J Y, et al. Mechanical properties of tungsten alloys with Y_2O_3 and titanium additions. Journal of Nuclear Materials, 2011, 417: 516-519.

[62] Moitra A, Solanki K. Adsorption and penetration of hydrogen in W: A first principles study. Computational Materials Science, 2011, 50(7): 2291-2294.

[63] Mateus R, Dias M, Lopes J, et al. Effects of helium and deuterium irradiation on SPS sintered W-Ta composites at different temperatures. Journal of Nuclear Materials, 2013, 442(1): S251-S255.

[64] Zayachuk Y, J't Hoen M H, Zeijlmans van Emmichoven P A, et al. Deuterium retention in tungsten and tungsten-tantalum alloys exposed to high-flux deuterium plasmas. Nuclear Fusion, 2012,

52(10): 103021.

[65] Wurster S, Gludovatz B, Hoffmann A, et al. Fracture behaviour of tungsten-vanadium and tungsten-tantalum alloys and composites. Journal of Nuclear Materials, 2011, 413(3): 166-176.

[66] Shu X Y, Qiu H X, Huang B, et al. Preparation and characterization of potassium doped tungsten. Journal of Nuclear Materials, 2013, 440(1-3): 414-419.

[67] Chen J M, Chernov V M, Kurtz R J, et al. Overview of the vanadium alloy researches for fusion reactors. Journal of Nuclear Materials, 2011, 417(1-3): 289-294.

[68] Arshad K, Zhao M Y, Yuan Y, et al. Effects of vanadium concentration on the densification, microstructures and mechanical properties of tungsten vanadium alloys. Journal of Nuclear Materials, 2014, 455(1-3): 96-100.

[69] Kurishita H, Kitsunai Y J, Shibayama T. Development of Mo alloys with improved resistance to embitterment by recrystallization and irradiation. Journal of Nuclear Mater, 1996, 233-237: 557-564.

[70] Ohser-Wiedemann R, Martin U, Müller A, et al. Spark plasma sintering of Mo-W powders prepared by mechanical alloying. Journal of Alloys and Compounds, 2013, 560: 27-32.

[71] Luo L M, Chen J B, Chen H Y, et al. Effect of doped niobium on the microstructure and properties of W-Nb/TiC composites prepared by spark plasma sintering. Fusion Engineering and Design, 2015, 90: 62-66.

[72] Telu S, Patra A, Sankaranarayana M. Microstructure and cyclic oxidation behavior of W-Cr alloys prepared by sintering of mechanically alloyed nanocrystalline powders. International Journal of Refractory Metals and Hard Materials, 2013, 36: 191-203.

[73] 陈泓谕, 罗来马, 谭晓月, 等. 纤维增韧钨基复合材料等研究现状. 机械工程材料, 2015, 39(8): 10-15.

[74] 何新波, 杨辉, 张长瑞, 等. 连续纤维增强陶瓷基复合材料概述. 材料科学与工程, 2002, 20(2): 273-278.

[75] Riesch J, Aumann M, Coenen J W, et al. Chemically deposited tungsten fiber-reinforced tungsten: The way to a mock-up for divertor applications. Nuclear Materials and Energy, 2016, 000: 1-9.

[76] 李锐, 陈文革, 王雷. 钨纤维的排布方式对钨纤维增强铜基复合材料密度和导电性的影响. 稀有金属, 2013, 37(2): 243-248.

[77] Du J, Höschen T, Rasinski M. Feasibility study of a tungsten wire-reinforced tungsten matrix composit with ZrO_x interfacial coating. Journal of Composites Science and Technology, 2010, 70: 1482-1489.

[78] Wang Q X, Wang X H, Yang Y, et al. Preparation of W-15 wt%Ti prealloyed powders. International Journal of Refractory Metals and Hard Materials, 2009, 27: 847-851.

[79] Fan J L, Liu T, Cheng H C, et al. Preparation of fine grain tungsten heavy alloy with high properties by mechanical alloying and yttrium oxide addition. Journal of Materials Processing Technology, 2008, 208(1-3): 463-469.

[80] Zhang G Q, Gu D D. Synthesis of nanocrystalline TiC reinforced W nanocomposites by high-energy mechanical alloying: Microstructural evolution and its mechanism. Applied Surface Science, 2013, 273: 364-371.

[81] Ding X Y, Luo L M, Lu Z L, et al. Chemically produced tungsten-praseodymium oxide composite

sintered by spark plasma sintering. Journal of Nuclear Materials, 2014, 454(1-3): 200-206.
[82] Luo L M, Tan X Y, Chen H Y, et al. Preparation and characteristics of W-1 wt.% TiC alloy via a novel chemical method and spark plasma sintering. Powder Technology, 2015, 273: 8-12.
[83] Tan X Y, Luo L M, Lu Z L, et al. Development of tungsten as plasma-facing materials by doping tantalum carbide nanoparticles. Powder Technology, 2015, 269: 437-442.
[84] Tan X Y, Luo L M, Chen H Y, et al. Synthesis and formation mechanism of W/TiC composite powders by a wet chemical route. Powder Technology, 2015, 280: 83-88.
[85] Veleva L, Okstuta Z, Vogt U, et al. Sintering and characterization of W-Y and W-Y_2O_3 materials. Fusion Engineering & Design, 2009, 84(7): 1920-1924.
[86] Kim Y, Hong M H, Lee S H, et al. The effect of yttrium oxide on the sintering behavior and hardness of tungsten. Metals and Materials International, 2006, 12(3): 245-248.
[87] 范景莲，周强，韩勇，等. La_2O_3对超细钨复合粉末烧结性能与钨合金显微组织的影响. 粉末冶金材料科学与工程, 2014, 19(3): 439-445.
[88] Ding X Y, Luo L M, Tan X Y, et al. Microstructure and properties of tungsten-samarium oxide composite prepared by a novel wet chemical method and spark plasma sintering. Fusion Engineering and Design, 2014, 89(6): 787-792.
[89] Zhang J, Luo L M, Zhu X Y, et al. Effect of doped Lu_2O_3 on the microstructures and properties of tungsten alloy prepared by spark plasma sintering. Journal of Nuclear Materials, 2015, 456: 316-320.
[90] Chen H Y, Luo L M, Chen J B, et al. Effect of Sc_2O_3 particles on the microstructure and properties of tungsten alloy prepared by spark plasma sintering. Journal of Nuclear Materials, 2015, 462: 496-501.
[91] Yar M A, Wahlberg S, Bergqvist H, et al. Spark plasma sintering of tungsten-yttrium oxide composites from chemically synthesized nanopowders and microstructural characterization. Journal of Nuclear Materials, 2011, 412(2): 227-232.
[92] Xia M, Yan Q Z, Xu L, et al. Bulk tungsten with uniformly dispersed La_2O_3 nanoparticles sintered from co-precipitated La_2O_3/W nanoparticles. Journal of Nuclear Materials, 2013, 434(1-3): 85-89.
[93] Martínez J, Savoini B, Monge M A, et al. Development of oxide dispersion strengthened W alloys produced by hot isostatic pressing. Fusion Engineering and Design, 2011, 86(9-11): 2534-2537.
[94] Martínez J, Monge M A, Muñoz A, et al. Thermal stability of the grain structure in the W-2V and W-2V-0.5Y_2O_3 alloys produced by hot isostatic pressing. Fusion Engineering and Design, 2014, 88(9-10): 2636-2640.
[95] Koo R C. Recovery in cold-worked tungsten. Journal of The Less-Common Metals, 1961, 3(5): 412-428.
[96] Alfonso A. Thermal stability of warm-rolled tungsten. Copenhagen: Technical University of Denmark, 2015.
[97] Humphreys F J, Hatherly M. Recrystallization and Related Annealing Phenomena. Second Edition. Pergamon: Elsevier, 2004.
[98] Kuo C M, Lin C S. Static recovery activation energy of pure copper at room temperature. Scripta Materialia, 2007, 57(8): 667-670.
[99] Cahoon J R, Broughton W H, Kutzak A R. The determination of yield strength from hardness measurements. Metallurgical and Materials Transactions B, 1971, 2(7): 1979-1983.

[100] 崔忠圻, 覃耀春. 金属学与热处理. 北京: 机械工业出版社, 2009.

[101] Callister W D, Rethwisch D G. Fundamentals of Materials Science and Engineering. 北京: 化学工业出版社, 2004.

[102] Vandermeer R A, Jensen D J. The migration of high angle grain boundaries during recrystallization. Interface Science, 1998, 6(1): 95-104.

[103] Michael J R. Focused ion beam induced microstructural alterations: Texture development, grain growth, and intermetallic formation. Microscopy & Microanalysis: the Official Journal of Microscopy Society of America Microbeam Analysis Society Microscopical Society of Canada, 2011, 17(3): 386.

[104] Hu H. Texture of metals. Texture, 1974, 1(4): 233-258.

[105] Kurishita H, Matsuo S, Arakawa H, et al. Current status of nanostructured tungsten-based materials development. Physica Scripta, 2014, T159.

[106] Yuan Y, Greuner H, Böswirth B, et al. Surface modification of molten W exposed to high heat flux helium neutral beams. Journal of Nuclear Materials, 2013, 437(1-3): 297-302.

[107] Ran G, Wu S, Liu X, et al. The effect of crystal orientation on the behavior of a polycrystalline tungsten surface under focused Ga^{+} ion bombardment. Nuclear Instruments and Methods in Physics Research Section B, 2012, 289: 39-42.

[108] Lindig S, Balden M, Alimov V K, et al. Subsurface morphology changes due to deuterium bombardment of tungsten. Physica Scripta, 2009, T138.

[109] Zhang X X, Yan Q Z, Yang C T, et al. Recrystallization temperature of tungsten with different deformation degrees. Rare Metals, 2016, 35(7): 566-570.

[110] Parish C M, Hijazi H, Meyer H M, et al. Effect of tungsten crystallographic orientation on He-ion-induced surface morphology changes. Acta Materialia, 2014, 62(1): 173-181.

[111] Kajita S, Yoshida N, Ohno N, et al. Helium plasma irradiation on single crystal tungsten and undersized atom doped tungsten alloys. Physica Scripta, 2014, 89.

[112] Lassner E, Schubert W D. Tungsten: Properties, Chemistry, Technology of the Element, Alloys, and Chemical Compounds. New York: Kluwer Academic/Plenum Publishers, 1999.

[113] Uytdenhouwen I, Decréton M, Hirai T, et al. Influence of recrystallization on thermal shock resistance of various tungsten grades. Journal of Nuclear Materials, 2007, 363: 1099-1103.

[114] Raabe D, Lücke K. Annealing textures of BCC metals. Materials Science Forum, 1992, 157-162(11): 597-610.

[115] Park Y B, Lee D N, Gottstein G. The evolution of recrystallization textures in body centred cubic metals. Acta Materialia, 1998, 46(10): 3371-3379.

[116] Merola M, Loesser D, Martin A, et al. ITER plasma-facing components. Fusion Engineering and Design, 2010, 85(10): 2312-2322.

[117] Ciucani U M, Pantleon W. Stagnant recrystallization in warm-rolled tungsten in the temperature range from 1150℃ to 1300℃. Fusion Engineering and Design, 2019, 146(SI): 814-817.

[118] Wang K, Zan X, Yu M, et al. Effects of thickness reduction on recrystallization process of warm-rolled pure tungsten plates at 1350℃. Fusion Engineering and Design, 2017, 125: 521-525.

[119] Zan X, Gu M, Wang K, et al. Recrystallization kinetics of 50% hot-rolled 2% Y_2O_3 dispersed

tungsten. Fusion Engineering and Design, 2019, 144: 1-5.

[120] 史洪刚, 齐志望, 尚福军, 等. 钨合金材料锻造变形强化的组织与性能及其再结晶行为. 兵器材料科学与工程, 2006, 29(1): 34-37.

[121] Pintsuk G, Antusch S, Weingaertner T, et al. Recrystallization and composition dependent thermal fatigue response of different tungsten grades. International Journal of Refractory Metals and Hard Materials, 2018, 72: 97-103.

[122] Terentyev D, Riesch J, Lebediev S, et al. Mechanical properties of as-fabricated and 2300℃ annealed tungsten wire tested up to 600℃. International Journal of Refractory Metals and Hard Materials, 2017, 66: 127-134.

[123] Rohrer S G. "Introduction to Grains, Phases, and Interfaces: An Interpretation of Microstructure," Trans. AIME, 1948, vol. 175, pp. 15-51, by C.S. Smith. Metallurgical & Materials Transactions A, 2010, 41(3): 457-494.

[124] Raabe D. Recovery and recrystallization: Phenomena, physics, models, simulation. Physical Metallurgy, 2014: 2291-2397.

[125] Miodownik M A. A review of microstructural computer models used to simulate grain growth and recrystallisation in aluminium alloys. Journal of Light Metals, 2002, 2(3): 125-135.

[126] Clarebrough L M, Hargreaves M E, West G W. The release of energy during annealing of deformed metals. Proceedings of the Royal Society A: Mathematical Physical & Engineering Sciences, 1955, 232(1189): 252-270.

[127] Tamura N, Macdowell A A, Spolenak R, et al. Scanning X-ray microdiffraction with submicro meter white beam for strain/stress and orientation mapping in thin films. Journal of Synchrotron Radiation, 2003, 10(2): 137-143.

[128] Hölscher M, Raabe D, Lücke K. Rolling and recrystallization texture of bcc steels. Steel Research International, 1991, 62(12): 567-575.

[129] Li P, Wang X, Xue K M, et al. Microstructure and recrystallization behavior of pure W powder processed by high-pressure torsion. International Journal of Refractory Metals and Hard Materials, 2015, 54: 439-444.

[130] Zhang X, Yan Q, Lang S, et al. Texture evolution and basic thermal-mechanical properties of pure tungsten under various rolling reductions. Journal of Nuclear Materials, 2016, 468: 339-347.

第 2 章　Y_2O_3/TiC 掺杂钨基复合材料的制备及性能

面向等离子体钨基材料大多通过传统烧结、放电等离子体烧结、热等静压烧结以及超高压烧结等粉末冶金方式制备而得。根据已公布的聚变实验装置设计思路[1]，面向等离子体钨基材料厚度至少需要 3 mm。一般聚变实验装置的内壁可达数千平方米，也就意味着所需钨材料至少要数十吨。这还仅是实验装置，将来工程化应用时，会对钨基材料提出更多的形状尺寸和性能要求，也正因此，基于未来工程化考量，突破规模化批量化制备瓶颈实现聚变堆工程化应用至关重要。考虑到满足未来反应堆需求的批量化生产，并且为减少杂质对材料的劣化，探索在传统烧结基础上采用湿化学法制备 W-Y_2O_3 复合粉体，并通过后续多种塑变方法对材料进行细晶处理，以期获得类服役性能。

2.1　W-Y_2O_3 复合材料制备及组织结构表征

2.1.1　W-Y_2O_3 复合材料制备与测试

选择体积比为 2%的 Y_2O_3 制备 W-Y_2O_3 复合材料，制备流程如图 2.1(a)所示，首先分别选择偏钨酸铵 $(NH_4)_6H_2W_{12}O_{40} \cdot xH_2O$ (AMT) 与六水合硝酸钇 $Y(NO_3)_3 \cdot 6H_2O$ 作为 W 与 Y_2O_3 来源，先后将此两种原料和一定量草酸 $C_2H_2O_4 \cdot 2H_2O$ 溶于去离子水中并加入玻璃反应釜，反应过程中搅拌杆搅拌并伴以超声分散，油浴环境下一直反应直至蒸干，取出粉体在烘箱中烘干，其次用粉碎机粉碎得到前驱体粉体。将前驱体粉体还原得到 W-Y_2O_3 复合粉体，先后采用冷等静压和高温烧结方式获得坯体和烧结坯，对烧结体均匀轧制直至获得轧制比 50%的 W-Y_2O_3 复合材料，轧制后材料不同方向示意图如图 2.1(b)所示。

2.1.2　W-Y_2O_3 复合材料微观结构表征

2.1.2.1　W-Y_2O_3 复合粉体表征

氢气还原后的 W-Y_2O_3 复合粉体表面形貌及对应的 XRD 图谱如图 2.2 所示。粒径分布情况呈现“双峰结构”特征，大颗粒达微米级呈现多边形特点，小颗粒具有亚微米级近球形结构，这一形貌特点可能与氢气还原气氛相关，整个过程通过连续式氢气还原炉进行，存在三个不同的温度区间。

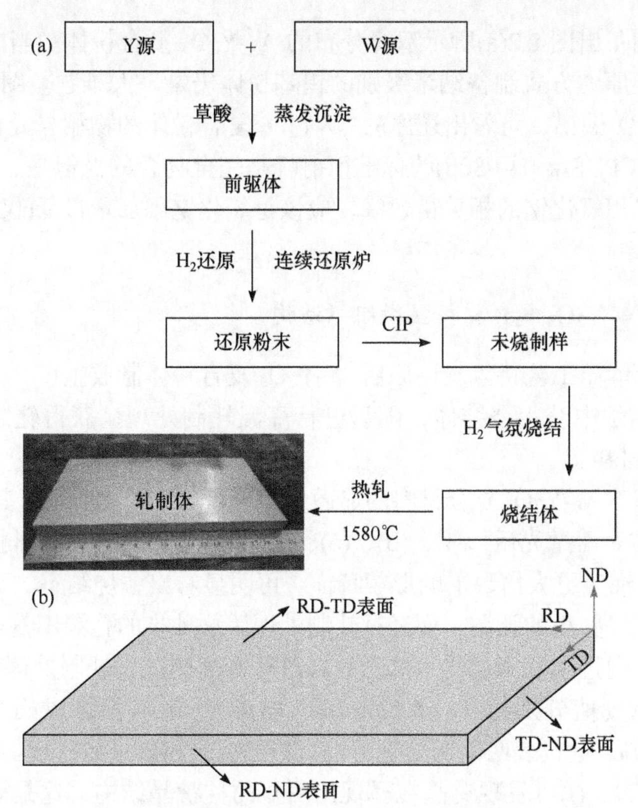

图 2.1　(a) W-Y_2O_3 块体材料批量制备流程图；(b) 轧制后材料不同方向示意图，其中 RD、TD 和 ND 分别代表轧制方向、轧制横向和轧制法向

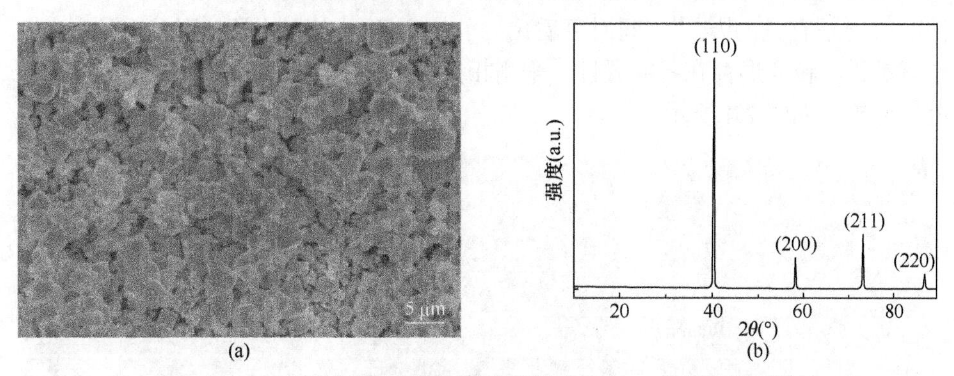

图 2.2　(a) 还原后的钨氧化钇复合粉体形貌和(b) 粉末衍射图谱

作为常见强韧化机制，细晶强化钨基材料确实不但能获得力学性能的提升，也能提高材料的抗辐照损伤特性[3-6]。过往研究[7-11]都倾向于制备纳米级粉体，进而在烧结过程中获得超细晶甚至纳米晶钨基材料。对 W-Y_2O_3 复合材料而言，由于规模化及批量化的考量，太细的粉体其流动性会变差而且在还原后存在自燃风

险，由此，制备出图 2.2(a)所示双峰分布的 W-Y_2O_3 复合粉体。当前，工厂中通过传统氢气还原的方式制备纳米级别的钨基粉体仍是一大难题。图 2.2(b)为还原后粉体的 XRD 图谱，可看出还原的 W-Y_2O_3 复合粉体的物相与最常见的体心立方结构的钨(JCPDS # 04-0806)的标准衍射峰是完全吻合的。但是，XRD 图谱中尚未发现第二相氧化钇的相关衍射峰，应该是氧化钇添加量过低(仅有 2%，体积分数)导致。

2.1.2.2　W-Y_2O_3复合材料显微组织结构

使用冷等静压工艺将氢气还原后 W-Y_2O_3 复合粉体制成生坯，随后在氢气气氛的高温烧结炉中获得烧结体，随后进行高温轧制处理，获得轧制比为 50%的 W-Y_2O_3复合材料。

各种状态下 W-Y_2O_3 复合材料的显微组织形貌如图 2.3 所示，其中(a)、(d)、(g)、(j)为晶体表面抛光后形貌，(b)、(e)、(h)、(k)为腐蚀后表面形貌，(c)、(f)、(i)、(l)则为腐蚀后更大倍数下的形貌特征。可明显看出，烧结态的 W-Y_2O_3 复合材料表面存在一些小的孔洞，而经过轧制处理后这种小的孔洞不复存在，表面变得异常致密。通过阿基米德排水法对材料进行密度测试，轧制处理前后 W-Y_2O_3 复合材料的密度值分别为 18.68 g/cm^2 和 18.95 g/cm^2，换算成相对密度也就是 98.5%和 99.9%。这也表明轧制处理可以大幅度提升材料的致密度。

由图 2.3(h)、(j)可发现钨晶粒呈现出明显的柱状晶结构，这是轧制后的典型层状结构。也可以从图 2.3(f)、(i)、(l)中看出第二相 Y_2O_3 不仅在晶界处均匀分布，也在晶内均匀分布，由此可见，第二相 Y_2O_3 在上述区域的分布对材料塑韧性的改善是有益的[12, 13]。同时可看出，轧制后不同表面的晶粒形状有所差异，也就是说晶粒变形存在各向异性。采用相关软件对不同表面晶粒形貌及尺寸分布进行分析，如图 2.4 所示。

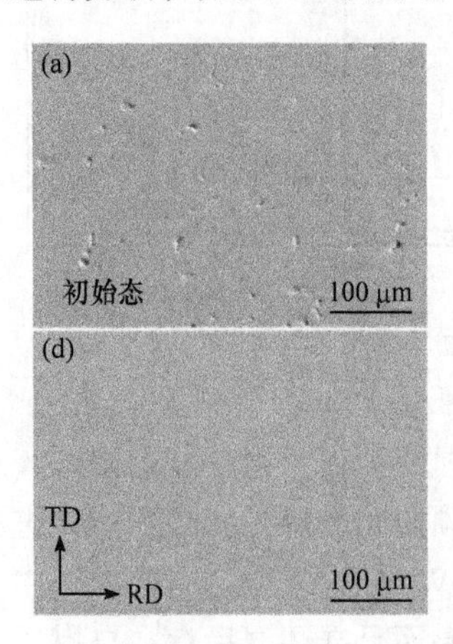

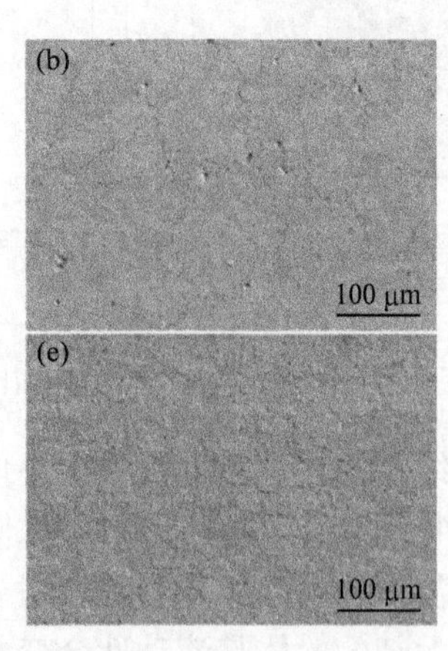

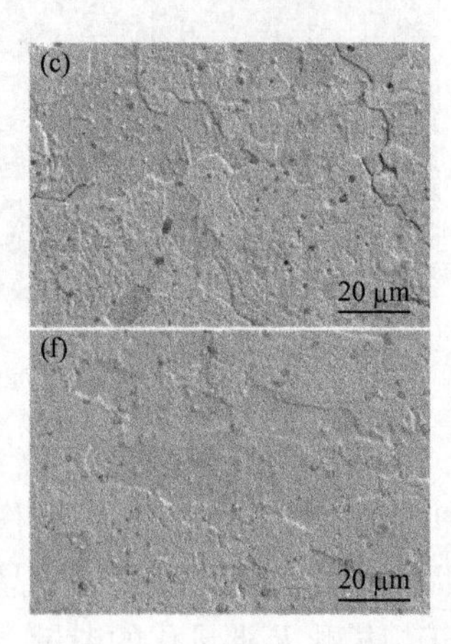

图 2.3　(a)～(c) W-Y_2O_3 烧结体的显微组织和轧制后不同表面的显微组织；(d)～(f) RD-TD 面；(g)～(i) RD-ND 面；(j)～(l) ND-TD 面

从图 2.4(a1)～(c1)可看出，ND-TD 面和 ND-RD 面上的晶粒尺寸相比于 RD-TD 面的分布范围更为集中，也就是说轧制变形后沿着 ND 方向的平面的晶粒更为细小。由图 2.4(a2)～(c2)可以看出，与 RD-TD 面相比，沿着 ND 方向的平面也就是 ND-TD 面和 ND-RD 面上长宽比较大。长宽比值越小则晶粒越等轴分布，晶粒的变形越不显著。可见材料在后续轧制过程中，沿着 ND 方向的两个平面(ND-TD 面和 ND-RD 面)变形更严重，这与轧制时应力分布不均有关。

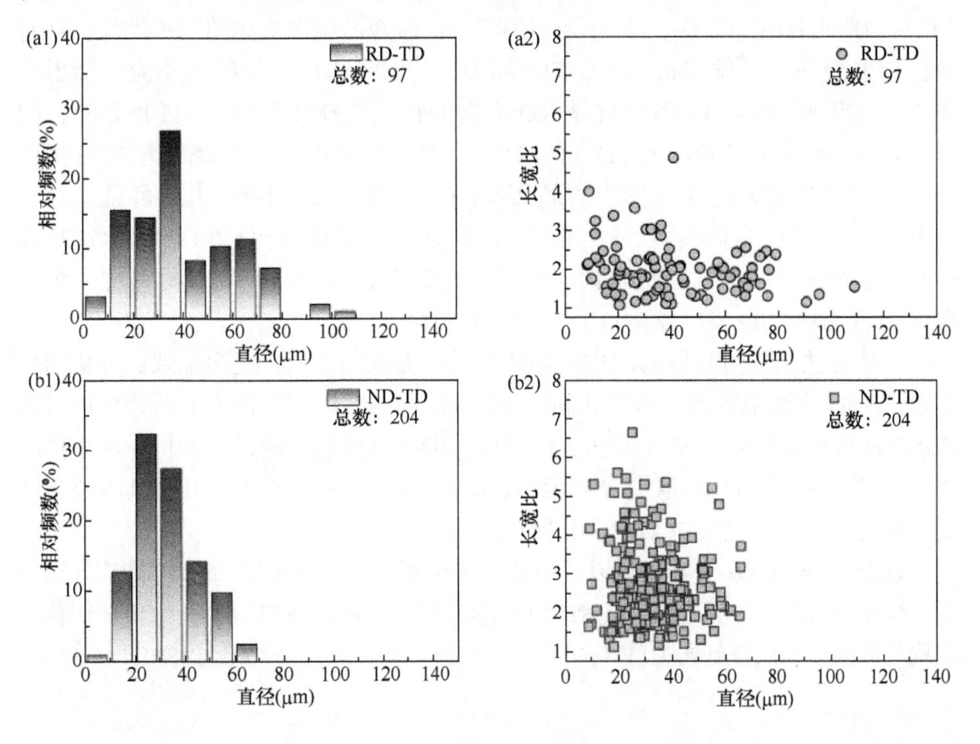

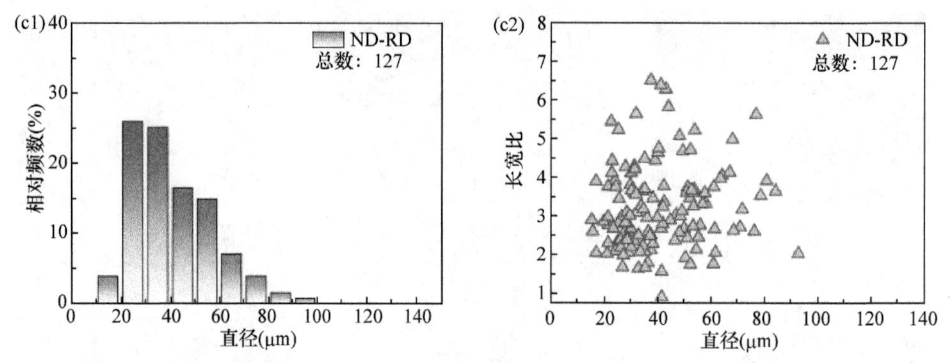

图 2.4　轧制后 $W\text{-}Y_2O_3$ 复合材料不同表面的晶粒尺寸分布[(a1)～(c1)]和长宽比[(a2)～(c2)]

2.1.2.3　$W\text{-}Y_2O_3$ 轧向分布与织构分析

一般钨及钨基材料经轧制后得到的是板织构。为了探究轧制后钨基材料的织构分布情况，通过 XRD 分别对 $W\text{-}Y_2O_3$ 复合材料的烧结坯体及轧后试样进行分析。对于烧结坯体来说，晶粒取向不存在各向异性，因此选取所测衍射峰作为对比峰。随后将轧后试样的衍射峰与其进行比较，对比强度变化情况进而判断相应面的取向分布情况。

图 2.5 为所测不同面的 XRD 衍射图，其中(a)为 $W\text{-}Y_2O_3$ 复合材料的烧结坯及轧后试样不同面的 XRD 衍射总谱(30°～120°)。由于钨是典型体心立方晶体，30°～120°中(110)、(200)、(211)及(222)四个衍射峰可包含主要的织构类型。通过分析衍射峰强度，发现材料 ND-TD 面(110)衍射峰相比于烧结坯相应的衍射峰要强，这说明 ND-TD 面也就是 RD 方向的钨晶粒择优取向为<110>方向；同时，RD-TD 面中(200)、(211)及(222)三个衍射峰强度均大于烧结坯相关衍射峰，表明 RD-TD 轧面中择优的晶面有(100)、(211)及(111)。由此可见，对于所制备 $W\text{-}Y_2O_3$ 晶体而言，<110>为 RD 方向上择优取向；<100>、<112>和<111>为 ND 方向上的择优取向。因此，轧制后的 $W\text{-}Y_2O_3$ 复合材料主要织构取向为{100}<110>、{112}<110>及{111}<110>。

上述方法只能对材料的织构取向情况进行大致的分析，更为细致的分析需要通过 EBSD 方法来实现。由于轧制后 RD-ND 面的变形情况最为显著，所以采用 EBSD 探头对轧制后的 $W\text{-}Y_2O_3$ 复合材料的 RD-ND 面进行测试与分析。对于体心立方金属，φ_2 为 45°的取向分布函数(ODF)图可反映出材料的相关织构分布情况。因此主要对该角度的 ODF 图进行分析。

轧制后 $W\text{-}Y_2O_3$ 复合材料以及体心立方金属 φ_2 为 45°时的 ODF 图[14]分别如图 2.6(a)、(b)所示。可看出，轧制后 $W\text{-}Y_2O_3$ 复合材料存在典型 γ 织构和 α 织构。织构的取向分布从强到弱为{111}<112>、{112}<110>、{111}<110>及{001}<110>，

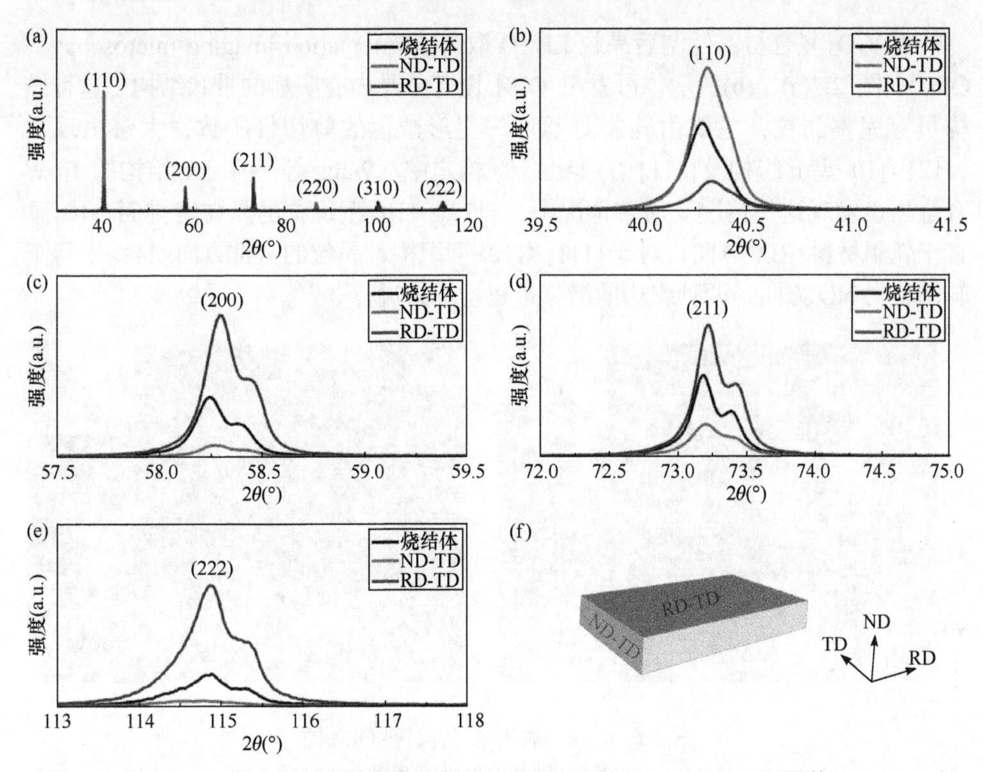

图 2.5　(a) W-Y_2O_3 复合材料原始态及轧制后 ND-TD 面和 RD-TD 面 XRD 图谱；(b)～(e) 相应放大后的 XRD 峰；(f) XRD 检测面的示意图

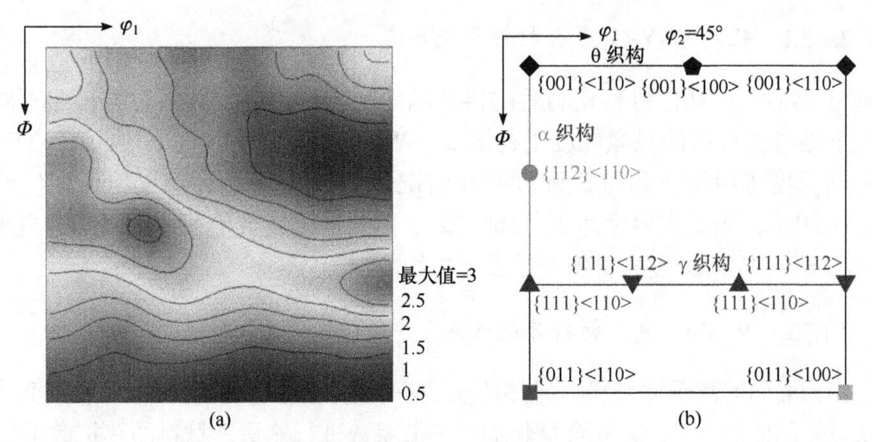

图 2.6　(a) W-Y_2O_3 复合材料轧制变形后的 ODF 截面图 (φ_2=45°)；(b) 体心立方结构金属经变形后织构及取向示意图[14]

除因 XRD 消光规律影响而无法确认的{111} <112> γ 织构，其他结果均与 XRD 数据分析吻合。

$W\text{-}Y_2O_3$复合材料轧制后晶粒 EBSD 取向图(orientation imaging microscopy，OIM)如图 2.7(a)、(b)所示，可看出 OIM 图部分晶内有明显的带状结构。这种结构贯穿完整晶粒，主要由轧制时不均匀变形产生的剪切带所致，大多出现在{112}<110>型 α 织构及{111}<112>型 γ 织构之中。Wang 等[15]在 *bcc* 结构的 Ta-W 合金内也发现这一情况。通常情况下，{112}<110>型织构的晶粒密排面{110}垂直于轧制材料 RD 方向；对于{111}<112>型织构，晶粒的密排方向<111>平行于轧制材料 ND 方向，两种织构的滑移过程均不易进行[16, 17]。

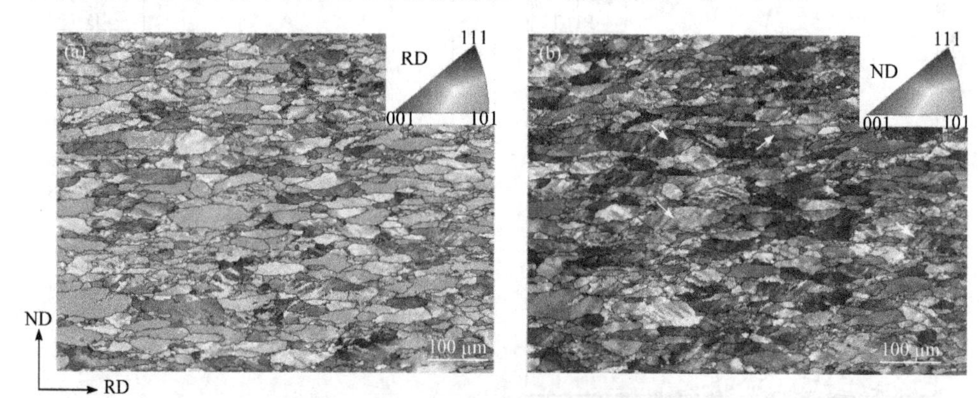

图 2.7　轧制钨氧化钇复合材料 OIM 图

(a) RD 取向图；(b) ND 取向图

2.1.3　$W\text{-}Y_2O_3$复合材料力学物理特性

2.1.3.1　轧制 $W\text{-}Y_2O_3$复合材料显微硬度

对 $W\text{-}Y_2O_3$ 复合材料轧制后的再结晶情况进行探究，故而对材料在不同温度点下等时退火后的显微硬度进行测试。$W\text{-}Y_2O_3$ 复合材料轧制后，RD-TD 面经不同温度等时退火后维氏硬度变化情况如图 2.8 所示，退火前硬度值约为 440.05 HV_{10}，当退火温度达到 1300℃时，材料的硬度数值开始下降，这也表明在该温度下 $W\text{-}Y_2O_3$复合材料开始发生再结晶情况。

2.1.3.2　$W\text{-}Y_2O_3$复合材料导热性能

作为面向等离子体材料，导热性能是一个重要的服役性能指标。利用激光导热仪对轧制前后 $W\text{-}Y_2O_3$复合材料的热扩散系数进行测量。材料的热扩散系数(α)对温度尤其是高温极其敏感，由此，根据阿伦尼乌斯方程[18]画出 $\ln\alpha$ 关于 $1/T$ 的关系图。温度大于 500 K 后，$\ln\alpha$ 和 $1/T$ 存在明显的线性关系，对应拟合出的直线及方程如图 2.9 所示。对拟合方程进行分析可看出，随着温度的升高，材料的热扩散系数呈降低趋势，其中，沿 RD 方向拟合的方程斜率最低，这也就表明该

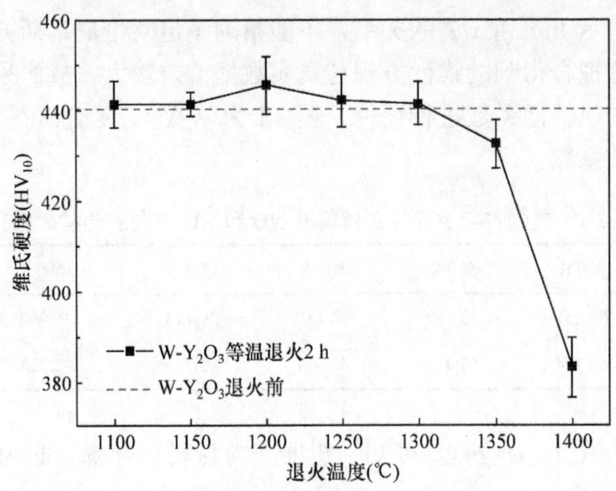

图 2.8　轧制 W-Y_2O_3 复材料不同温度退火后 RD-TD 面显微硬度变化

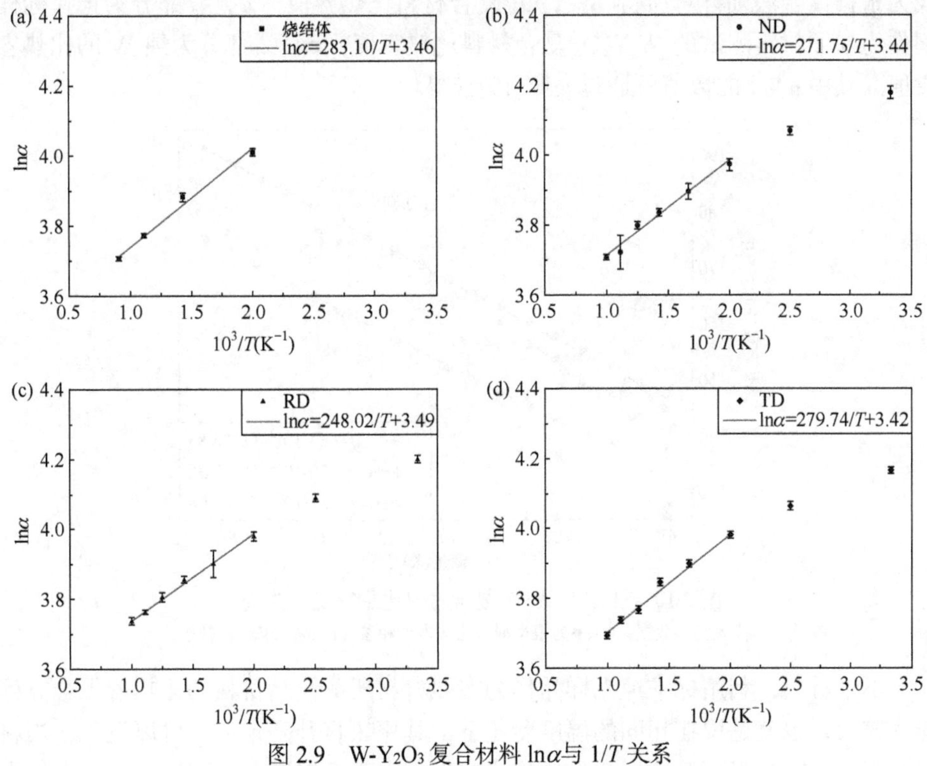

图 2.9　W-Y_2O_3 复合材料 $\ln\alpha$与 $1/T$ 关系

(a) 烧结体及轧制后(b) 沿 ND；(c) 沿 RD；(d) 沿 TD

方向的热扩散系数下降最为迟缓，并且拟合方程的截距相互靠近，这也就表明随着温度达到一定程度后，材料的热扩散系数将保持大致稳定。同时意味着，织构取向差别对于材料的干扰变得越来越不显著。

由于图中所示 lnα 和 1/T 的关系并不能精确满足阿伦尼乌斯方程，并且按照阿伦尼乌斯方程拟合得到的线性方程与真实数据偏差较大，故而采用线性方程对材料在高温时的热扩散系数进行评价，表 2.1 为 W-Y_2O_3 复合材料沿着 RD 及 ND 方向上的热扩散系数。

表 2.1　轧制 W-Y_2O_3 复合材料沿 ND 和 RD 方向的热扩散系数

α(mm²/s)	300 K	500 K	800 K	1200 K	1600 K	2000 K
ND	65.257	53.127	44.682	39.113	36.960	35.726
RD	66.704	53.453	44.961	40.313	38.283	37.115

由热导率公式 $\lambda=\alpha\cdot\rho\cdot C_p$ 可知，想要获得材料热导率，必须要了解材料比热容大小，图 2.10 为 W-Y_2O_3 复合材料及作为参照材料纯 W 的比热容数值。■直线为根据混合法则计算所得 W-Y_2O_3 复合材料比热容值；▲直线部分为选择标样铜作为参照材料测试的 W-Y_2O_3 复合材料比热容值；●直线部分为纯 W 的比热容数值。其中■与●的数值可通过文献[19]查得。

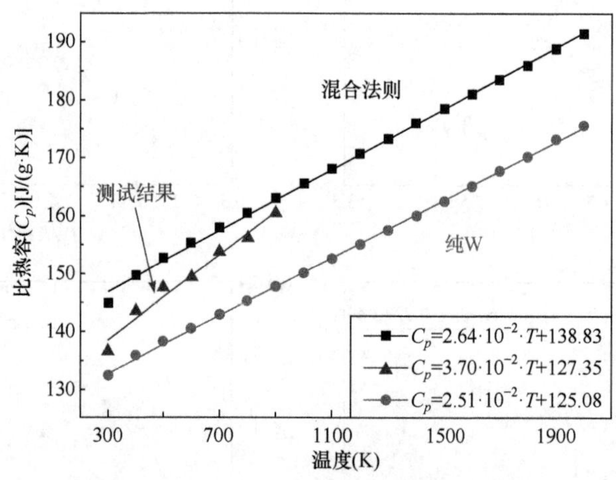

图 2.10　轧制 W-Y_2O_3 复合材料比热容变化曲线[19]

▲代表实验数据，■及●为根据混合法则得到和参考样品纯 W 的比热容

不难看出，利用标准纯铜样品作为参照材料所测钨基材料的比热容拟合方程斜率较大，也就是说在相同的温度变化下，其比热容升高较多。可以发现，当材料升到 1100 K 附近时，拟合的比热容数值将高于根据混合法则得出的数据。由于纯铜的熔点问题，没有对材料在更高温度下的比热容情况进行测量。一般来说，在温度作用下点阵离子的振动及体积膨胀做的功是金属材料热容变化的来源[20]。对于轧制变形的材料，材料内部将产生大量的缺陷，在受热的情况下，材

料内部由于塑性变形储存的原子畸变能将释放出来，晶格原子振动进一步加剧，这也许是 W-Y_2O_3 复合材料轧制后在不同温度下测得的比热容变化速率较大的原因。

另外，纯铜的热导率相较于钨材料是很高的，室温下纯铜为 401 W/(m · K)[21]。选用纯铜作为参照材料，测试所得钨基复合材料的热导率偏高，故而当忽略 Y_2O_3 对基体比热容影响时，可以获得较为精准的数据。同时通过表 2.3 可以看出，氧化钇掺杂钨基材料在 1200～2000 K 高温下依旧保持良好的导热特性，甚至在 2000 K 高温时热导率要优于纯钨材料。

由表 2.2、表 2.3 及热导率计算公式，可推算出轧制后的 W-Y_2O_3 复合材料沿着 RD 和 ND 方向的热导率情况。由上述两表可知，若按照钨及氧化钇的比热容数值，尤其高温条件下，采取混合法则得到的轧制的 W-Y_2O_3 复合材料的热导率数值明显高于纯钨材料。一般来说，复合材料的热导率低于纯钨，这也就说明采用复合材料混合法则对轧制 W-Y_2O_3 复合材料的比热容计算不太合适。根据实验测得的比热容数值来分析轧制钨基复合材料热导率，可看出复合材料在室温下是略低于纯钨材料热导率的，不过当温度大于 500 K 时，钨基复合材料显示出热导率的优势。由于选用纯铜作为参照材料，测试得到的数值应存在一定程度的偏差。虽然如此，若忽略第二相对比热的影响，也就是说认为第二相在材料中以孔洞的形式存在，由这个方式得到的材料比热容数值肯定是偏小的。但从表 2.3 可看出，轧制 W-Y_2O_3 复合材料在 1200 K 时导热性能是十分优异的，当温度达到 2000 K 时，沿不同方向的热导率优于纯钨。

表 2.2　W-Y_2O_3 复合材料不同温度下的比热容

C_p[J/(g · K)]	300 K	500 K	800 K	1200 K	1600 K	2000 K
1	136.457	147.494	156.027	—	—	—
2	144.651	152.497	160.406	170.633	180.975	191.506
3	129.634	135.243	142.185	151.815	161.721	172.252

表 2.3　W-Y_2O_3 复合材料和参比纯钨在某些温度条件下的热导率

λ[W/(m · K)]		300 K (室温)	500 K	800 K	1200 K	1600 K	2000 K
纯 W[21]		174	146	125	112	104	98
W-Y_2O_3 (ND)	1	168.75	148.49	132.11	—	—	—
	2	178.88	153.53	135.82	126.47	126.75	129.65
	3	160.31	136.16	120.39	112.52	113.27	116.62
W-Y_2O_3 (RD)	1	172.49	149.40	132.34	—	—	—
	2	182.84	154.47	136.67	130.35	131.29	134.69
	3	163.86	136.99	121.14	115.98	117.32	121.15

综上所述，作者通过添加 Y_2O_3 制备出具有良好性能的 W-Y_2O_3 复合材料。采用湿化学方法制备 W-Y_2O_3 复合前驱体，氢气还原得到 W-Y_2O_3 复合粉体；接着采用传统烧结方法制备 W-Y_2O_3 复合材料坯体，通过轧制进一步制备 W-Y_2O_3 复合材料块体；继而研究 W-Y_2O_3 复合材料的组织结构及相关热学性能。得到的相关结论如下：①通过 XRD 及 EBSD 对材料织构取向进行分析，表明轧制后 W-Y_2O_3 复合材料存在 γ 织构及 α 织构。材料内部织构取向分布从强到弱为{111} <112>、{112} <110>、{111} <110>及{001} <110>。②对 W-Y_2O_3 复合材料轧制后的再结晶情况进行分析，当退火温度达到 1300℃时，材料的硬度数值开始下降，这也就表明在该温度下 W-Y_2O_3 复合材料开始发生再结晶情况。③通过分析 W-Y_2O_3 复合材料的比热容值，实际测试得到的比热容值在测温范围中与材料理论计算出的比热容相比具有更显著的变化趋势，应该与材料塑性变形后产生缺陷导致金属离子的振动加剧有关。④制备的轧制 W-Y_2O_3 复合材料具有优异导热性能，尤其是高温下的导热性能。轧制 W-Y_2O_3 复合材料在 1200 K 时导热性能是十分优异的，当温度达到 2000 K 时，沿不同方向的热导率是优于纯钨的。

2.1.3.3　W-Y_2O_3 复合材料强韧化行为

钨作为本征脆性材料，在原子结构和原子键的层面上，因具有高的派-纳力从而限制变形时位错的可动性[22]。因此在未来核聚变装置中，钨作为 PFMs 候选材料，不仅会承受因等离子体所造成的再结晶脆性，还可能会承受因辐照造成的辐照脆性。当存在外力作用时，材料因变脆更易发生脆性开裂。除此之外，当钨被用作面向等离子体部件(PFCs)偏滤器及 FW 时，亦会产生使钨发生脆性开裂行为的热应力。

目前，大多数的研究是在 W 基体中添加不同种类的第二相颗粒(如碳化钛[23]、氧化钇[24]、氧化镧[25, 26]、碳化锆[27]等)并通过加工后处理来制备 W 基复合材料，以改变其微观组织和结构，从而达到降低脆性的目的。通过对试样进行夏比冲击实验、拉伸实验及抗弯实验来检测复合材料的塑韧性和脆性性能，发现经过后续变形处理的 W 基复合材料具有良好的综合性能。Ding 等[28]通过对 W-0.5%(质量分数)ZrC 进行多次轧制并对其在不同温度进行拉伸实验，发现复合材料在 50℃拉伸时，出现屈服现象；在 80℃拉伸时，其断后伸长率约为 4%且塑性明显增加。但该实验的拉伸试样尺寸较小(5 mm × 1.5 mm × 0.75 mm)，若对 W 材料进行拉伸实验时拉伸试样尺寸较小，会导致较大的实验误差(例如：对于长 5 mm 的拉伸试样，当实验误差为 0.1 mm 时，会造成 2%伸长率的实验误差)，还会存在比较大的尺寸效应[29-32]，不能对材料的真实力学行为进行准确反映。

因在核聚变装置的实际应用中，PFMs 在高温等离子体的作用下极易发生再结晶脆性现象，故对再结晶态的 W-Y_2O_3 复合材料进行了拉伸实验测试，其中拉伸温度为 300～800℃，并研究其在不同的温度状态下拉伸行为。又因拉伸试样过小会因尺寸效应而不能反映材料的真实力学行为，故本实验根据国标制备了较大的拉伸试样，其尺寸为 30.0 mm × 6.0 mm × 1.5 mm。

W-Y_2O_3 复合材料采用冷等静压方式制备，其轧制变形比为 50%。在制备拉伸试样之前，首先对此复合材料进行再结晶退火处理，退火温度为 1550℃，保温 2 h；其次利用线切割将再结晶退火后的板材加工成上述拉伸试样尺寸。另外，为了更好地证明 W-Y_2O_3 复合材料的优良性能，引入纯 W 进行对比实验，其中纯 W 的轧制变形比也为 50%。纯 W 经过 50%的轧制变形后再进行再结晶退火处理会导致其力学性能显著下降，即出现再结晶脆性现象[33]，故对纯 W 进行去应力退火处理，退火温度为 1100℃，保温 1 h。最后分别对两种材料(室温至 800℃)进行不同温度条件下的静载拉伸实验。

由于拉伸试样为轧制板材，为了避免不同样品间存在微小差异，故选择拉伸样品销孔附近区域作为样品，用于拉伸前样品显微组织的观察。因拉伸时间持续较短，拉伸的最高温度为 800℃且不超过拉伸样品的相变温度，且在拉伸过程中销孔附近几乎不会产生拉伸，故选取此位置作为拉伸前显微组织观察的样品。利用钨灯丝 SEM(JSM-6490LV)对纯 W 和 W-Y_2O_3 拉伸试样进行断口形貌分析，利用配备有 EBSD 探头的 SEM(S-3400N)对拉伸前的纯 W 和 W-Y_2O_3 及拉伸后具有最大断后伸长率的纯 W 和 W-Y_2O_3 进行织构分析，其中断口的表征位置为具有均匀变形位置区域的侧面，即轧制变形样品的 ND-RD 面。利用 HKL 公司的 Channel 5 软件对所获得的 EBSD 数据进行分析。

1. 金属材料的形变与强化理论

金属材料的拉伸变形主要包括弹性变形、屈服变形、强化和缩颈阶段，最后发生断裂。其中，强化阶段发生均匀的塑性变形，在此阶段材料必须依靠外力才能继续发生变形，抵抗塑性变形的能力提高，即发生应变硬化(形变强化)[32]。为了准确描述金属材料在强化阶段，即均匀塑性变形阶段的应变硬化行为，通常采用本构关系来描述材料的真实应力-应变之间的关系[34]。

1) 幂函数强化

金属材料受拉伸时在强化阶段发生均匀的塑性变形，此时材料表现出应变硬化行为，为了准确描述这一行为，通常用表示真实应力-应变关系的本构关系式来表示，其中以 Ludwik 方程和 Hollomon 方程最为著名。由式(2.1)和式(2.2)可知，其真实应变均是幂函数的形式，故将这种幂函数形式的本构关系所表示的应变硬化行为称为幂函数强化。Ludwik 方程关系式如下[35]：

$$\sigma_t = \sigma_{t0} + L \cdot \varepsilon_t^n \tag{2.1}$$

其中，σ_t 为真实应力；σ_{t0} 为屈服强度在真实应力-应变曲线中所对应的应力；

ε_t 为真实应变；L 为强度指数；n 为应变硬化指数。从式(2.1)可以看出，材料应变硬化是指材料发生屈服后屈服强度与真实应变所施加的应力，其应力值与屈服强度和应变硬化有关。Hollomon 方程是大多数应力应变均遵循的方程式，也是应用最频繁的本构方程，其表达式如下[36, 37]：

$$\sigma_t = K \cdot \varepsilon_t^n \tag{2.2}$$

其中，σ_t 为真实应力；ε_t 为真实应变；n 为应变硬化指数；K 为强度系数，其表示的含义为在真实应变为 1.0 时真实应力所对应的值。对 Hollomon 方程进行变形，也可以得到真实应力(σ_t)和材料屈服强度在真实应力-应变曲线中所对应的应力(σ_{t0})之间的关系，其关系式如下：

$$\ln\sigma_t = n \cdot \ln\varepsilon_t + \ln\sigma_{t0} - n \cdot \ln\varepsilon_{t0} \tag{2.3}$$

即

$$\sigma_t = \frac{\sigma_{t0}}{\varepsilon_{t0}^n} \cdot \varepsilon_t^n \tag{2.4}$$

式(2.3)和式(2.4)中的 σ_{t0} 和 ε_{t0} 分别表示材料发生屈服时对应的真实应力和应变。由式(2.4)可以看出，材料的强度系数 K 值与材料的屈服强度、屈服时的伸长率(屈服时应力与应变的比值)和应变硬化指数有关。对于受拉伸的韧性金属材料而言，随着应变硬化的增加，受拉伸试样的截面减小，当应变硬化与均匀塑性变形不一致时，即应变硬化小于均匀塑性变形程度，材料将会在某一特定的区域发生变形，从而导致缩颈现象的产生。缩颈点意味着材料开始发生集中的塑性变形，即材料开始塑性失稳(plastic instability)，故缩颈点也是塑性失稳点。当金属材料的真实应力-应变关系满足式(2.5)时，即应力与应变硬化速率相等时[32]，则开始发生缩颈：

$$\sigma_t = \frac{\mathrm{d}\sigma_t}{\mathrm{d}\varepsilon_t} \tag{2.5}$$

由式(2.5)可以看出，当真实应力值与材料的真实应力-应变曲线在该点的斜率，即应变硬化速率相等时，材料开始发生缩颈现象。根据 Hollomon 方程也可知，材料发生缩颈时的缩颈点，其应变硬化速率如式(2.6)所示：

$$\frac{\mathrm{d}\sigma_t}{\mathrm{d}\varepsilon_t} = K \cdot n \cdot \varepsilon_t^{n-1} = n \cdot \frac{\sigma_t}{\varepsilon_t} \tag{2.6}$$

由式(2.5)和式(2.6)可知，当 $\varepsilon_t = n$，金属材料开始发生缩颈，即发生缩颈的判据为：$\varepsilon_t = n$。由此判据可知当金属材料的应变硬化指数等于最大均匀塑性应变量，即最大真实应变时，缩颈开始产生。材料发生缩颈意味着材料的强化阶段结束，不再发生均匀的塑性变形，此时进入缩颈阶段，材料开始发生断裂。因此，在使用 Hollomon 方程来描述金属材料的真实应力-应变时，其应变硬化指数(n)是反映金属材料应变硬化行为的一个重要指标，即n的大小可以准确反映金属材料均匀塑性变形能力的大小。

2) 对数函数强化

根据实验研究结果可知，利用 Ludwik 方程或 Hollomon 方程对 W-Y_2O_3 复合材料在高温下拉伸后的真实应力-应变曲线进行拟合时，发现与真实应力-应变曲线存在较大的偏差。但采用类似于对数函数的形式作为本构方程来拟合再结晶态 W-Y_2O_3 复合材料的真实应力-应变关系时，拟合结果一致。因此，将满足这种对数函数形式所表示真实应力-应变曲线的本构方程的应变硬化行为称为对数函数强化。其对数函数的本构方程关系式如下：

$$\sigma_t = a \cdot \ln \varepsilon_t + b \tag{2.7}$$

其中，σ_t 为真实应力；ε_t 为真实应变；a 和 b 为常数，a 表示材料屈服时对应的真实应力，b 表示真实应变等于 1.0 时的真实应力。为了准确表示 a 和 b 的物理含义，作出以下假设：①当真实应变 ε_t = 1.0 时，此时 $a \cdot \ln \varepsilon_t = 0$，则定义 $\sigma_{t1.0} = b$，故而 b 的物理意义表示真实应变等于 1.0 时的真实应力；②当受拉伸的金属材料处在弹性变形阶段时，其应力与应变的关系满足胡克定律，即 $\sigma_t = k \cdot \varepsilon_t$，其中 k 表示在弹性阶段应力-应变曲线上的斜率，当受拉伸材料刚进入屈服阶段时，二者斜率相等，即 $k = a / \varepsilon_{t0}$，由此可知 $a = \sigma_{t0}$，因此 a 的物理意义表示材料在屈服阶段时所对应的真实应力。

根据以上分析，式(2.7)可进一步描述为

$$\sigma_t = \sigma_{t0} \cdot \ln \varepsilon_t + \sigma_{t1.0} \tag{2.8}$$

也可以改写为

$$\sigma_t = \sigma_{t0} + \sigma_{t0} \cdot (\ln \varepsilon_t - \ln \varepsilon_{t0}) \tag{2.9}$$

或

$$\sigma_t - \sigma_{t0} = \sigma_{t0} \cdot (\ln \varepsilon_t - \ln \varepsilon_{t0}) \tag{2.10}$$

结合式(2.7)和式(2.9)可知：$b = \sigma_{t0} \times (1 - \ln \varepsilon_{t0})$，$b$ 的大小可用当材料发生屈服时其所对应的真实应力 (σ_{t0}) 和真实应变 (ε_{t0}) 来表示。对式(2.10)进行微分，可知材料应变硬化速率为

$$\frac{d\sigma_t}{d\varepsilon_t} = \frac{\sigma_{t0}}{\varepsilon_t} \tag{2.11}$$

由此可知，当受拉伸材料满足对数函数的本构方程关系式(2.7)时，其应变硬化速率与真实应变 ε_t 成反比，当 ε_t 增加时，其应变硬化率会减小，则真实应力-应变曲线斜率越小，曲线则越平缓。

2. W-Y_2O_3复合材料的形变与强化行为

选择去应力退火后的纯钨材料及再结晶退火后 W-Y_2O_3 复合材料在室温至800℃进行不同温度下的拉伸实验，然后分析材料拉伸时的应力-应变曲线、拉伸后的断口区域形貌及微观织构变化情况。另外，由于纯钨材料在 300℃以下显示出脆性断裂行为，当施加到样品上的载荷很小时材料就发生脆性断裂行为。

1) 工程应力-应变曲线

纯钨材料及 W-Y_2O_3 复合材料在各个温度点拉伸后的工程应力-应变如图 2.11 所示。不难看出，纯钨材料在 300℃进行拉伸时表现出脆性断裂行为，当拉伸温度达到 400℃时，材料显示出明显的塑性变形行为，材料的断裂后伸长率可达到30%。与之对应，W-Y_2O_3 复合材料在室温及 200℃下表现出脆性断裂行为，也就是材料还未屈服就产生断裂行为；当温度达到 300℃时，材料显现出明显的屈服行为，此时材料的断后伸长率为 6%，出现韧性断裂[32]。而 600℃拉伸后 W-Y_2O_3 复合材料的断后伸长率可达 46%。

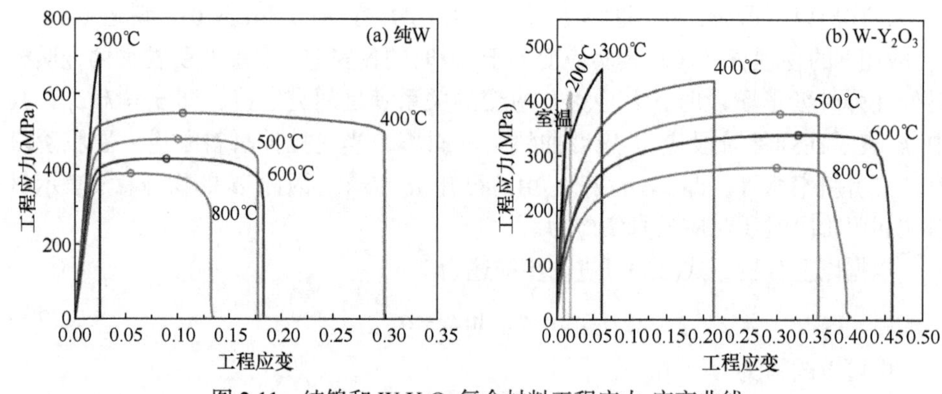

图 2.11　纯钨和 W-Y_2O_3 复合材料工程应力-应变曲线

根据断后伸长率的变化情况，纯钨及 W-Y_2O_3 复合材料均随拉伸温度的升高呈现先增后减的情况。纯钨在 500℃及 600℃拉伸后的断后伸长率有些许异常，这应该是与拉伸时样品选择相关，但并不影响材料断后伸长率的变化。纯钨及W-Y_2O_3 复合材料在 300～800℃范围内进行拉伸时，断裂强度值均随着温度的升高而降低。当温度为 300℃以下时，纯钨及 W-Y_2O_3 复合材料未显示出塑性行为，这也就表明材料的断裂强度是小于屈服强度的。基于以上情况，后续只对纯钨和 W-Y_2O_3 复合材料在 300～800℃之间的拉伸行为进行分析。一般来说，材料发生缩颈时的应力，也就是材料的抗拉强度，也称为材料的极限抗拉强度(ultimate tensile strength，UTS)。若材料在拉伸时没有发生缩颈而直接出现断裂，则断裂强度就是材料的极限抗拉强度。

表 2.4 为纯钨及 W-Y_2O_3 复合材料在 300～800℃拉伸后材料抗拉强度(σ_u)及对

应的伸长率(ε_u)情况。结合图 2.11 可知：纯钨材料及 W-Y_2O_3 复合材料的 UTS 随着拉伸实验温度升高而降低；而相应的伸长率随着温度升高，呈现先增后减的趋势。纯钨材料拉伸时，400℃时的伸长率最大，与之对应，W-Y_2O_3 复合材料拉伸时最大伸长率在 600℃。在相同的拉伸温度下，W-Y_2O_3 复合材料的伸长率均比纯钨材料的要高。

表 2.4　纯钨和钨氧化钇复合材料的抗拉强度和相对应的伸长率

T(℃)		300	400	500	600	800
纯 W	σ_u (MPa)	702.5	546.9	478.3	426.1	387.0
	ε_u (%)	2.4	11.1	10.0	9.4	5.5
W-Y_2O_3	σ_u (MPa)	458.0	436.5	376.7	338.3	278.2
	ε_u (%)	6.1	21.3	30.3	32.7	30.7

对于一般金属材料来说，材料的抗拉强度随着温度升高呈现降低趋势，而塑性一般随温度升高而升高。但是，纯钨材料及 W-Y_2O_3 复合材料在不同温度下进行拉伸实验后，伸长率随着温度的上升呈先增后减趋势。

通常来说，拉伸时材料发生变形即表现为塑性行为，材料发生缩颈即表现为韧性行为[32]。对于纯钨材料，在 400℃拉伸时同时表现出韧塑性；但 W-Y_2O_3 复合材料在 300℃及 400℃仅表现出塑性行为，到 500℃时才表现出明显的缩颈行为。

除此之外，在纯钨材料中，均匀塑性变形量是低于集中塑性变形量的；但在 W-Y_2O_3 复合材料中，均匀塑性变形量是大于集中塑性变形量的。这表明，W-Y_2O_3 复合材料相比于纯钨材料有更好的均匀变形能力。从另一个角度来看，材料发生缩颈后，W-Y_2O_3 复合材料断裂相比纯钨材料断裂要快得多，也就是材料发生缩颈时，裂纹在 W-Y_2O_3 复合材料中扩展比在纯钨材料中要快得多。这应该是由于在 W-Y_2O_3 复合材料缩颈时受到三向的拉应力，这易于导致第二相 Y_2O_3 颗粒破裂或者第二相与基体的相界面处脱离进而形成细小的微孔，快速聚集使得材料发生断裂。

2) 材料断口形貌

纯钨材料及 W-Y_2O_3 复合材料通过不同温度拉伸后，对其断口形貌进行表征。图 2.12 为纯钨材料经不同温度拉伸后的断口形貌，可以看出，随温度上升，穿晶及沿晶脆性断口向着板纤维状的塑性断口进行转变，接着向撕裂、韧窝状的韧性断口转变。

纯钨材料在 300℃进行拉伸后的断口如图 2.12(a)所示，显示出沿晶及穿晶解理断裂的形貌，表现出典型脆性断裂行为。图 2.12(b)、(c)分别为纯钨材料在 400℃及 500℃拉伸后断口形貌，都显现出板纤维状的形貌，只不过 500℃拉伸后呈现的板纤维状结构较为粗大。很显然，纯钨材料在 400℃及 500℃表现出塑性与这种板纤维的结构是有关的。通过产生这种板纤维的结构进而改善材料塑性行为的方法，可称之为结构增塑。

纯钨材料在 600℃及 800℃进行拉伸后的断口表面形貌如图 2.12(d)、(e)所示，可以看出，断口除了存在轻微板纤维状形貌外，还显示出纤维状及韧窝的韧性断口形貌。随加热温度升高，图 2.12 中轧制板材的纤维结构变得越来越细密，这种断口形貌与图 2.11(a)中纯钨材料的工程应力-应变曲线所显示的强韧性结果相互吻合。

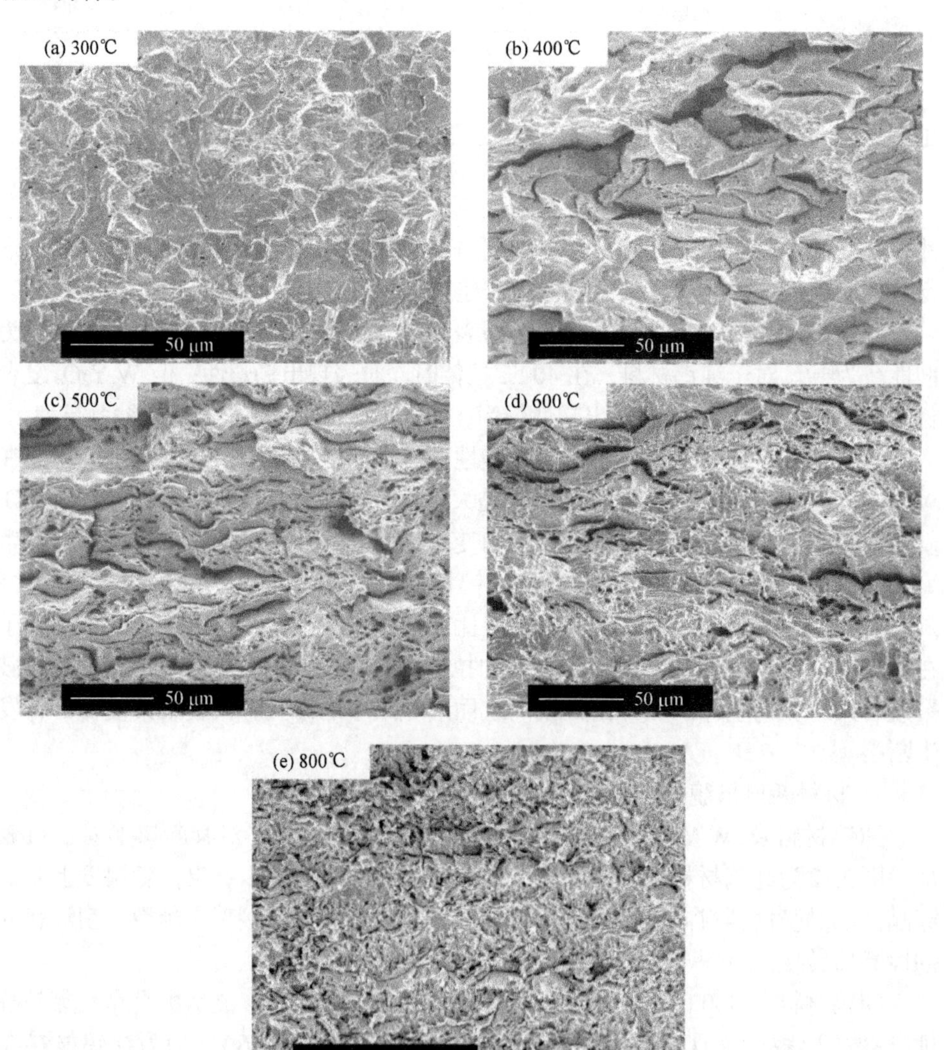

图 2.12　纯钨在不同温度条件下的拉伸断口形貌

再结晶退火后 W-Y_2O_3 复合材料经不同温度拉伸后的断口表面形貌如图 2.13 所示。图 2.13(a)～(c)分别为 W-Y_2O_3 复合材料在室温、200℃及 300℃拉伸测试后的断口形貌，均显示出脆性断裂形貌。

但从图 2.11(b)中可看出，W-Y_2O_3 复合材料在 300℃拉伸时发生屈服且具有 6%的断后伸长率，表现出塑性拉伸行为。这应该与添加的第二相 Y_2O_3 颗粒有关，或许也与 W-Y_2O_3 复合材料经再结晶退火后产生的再结晶织构有一定的关系。图 2.13(d)、(e)为 W-Y_2O_3 复合材料在 400℃与 500℃拉伸后断口处形貌，可看出存在晶粒拉断、晶粒变形及晶粒拔出等现象。当拉伸温度为 500℃时，上述断裂形式的晶粒变得更多，也就是表现出来更好的塑性行为，图 2.11(b)也证明了上述论点。图 2.13(f)为 W-Y_2O_3 复合材料经 600℃拉伸后的断口形貌，相较于 500℃，

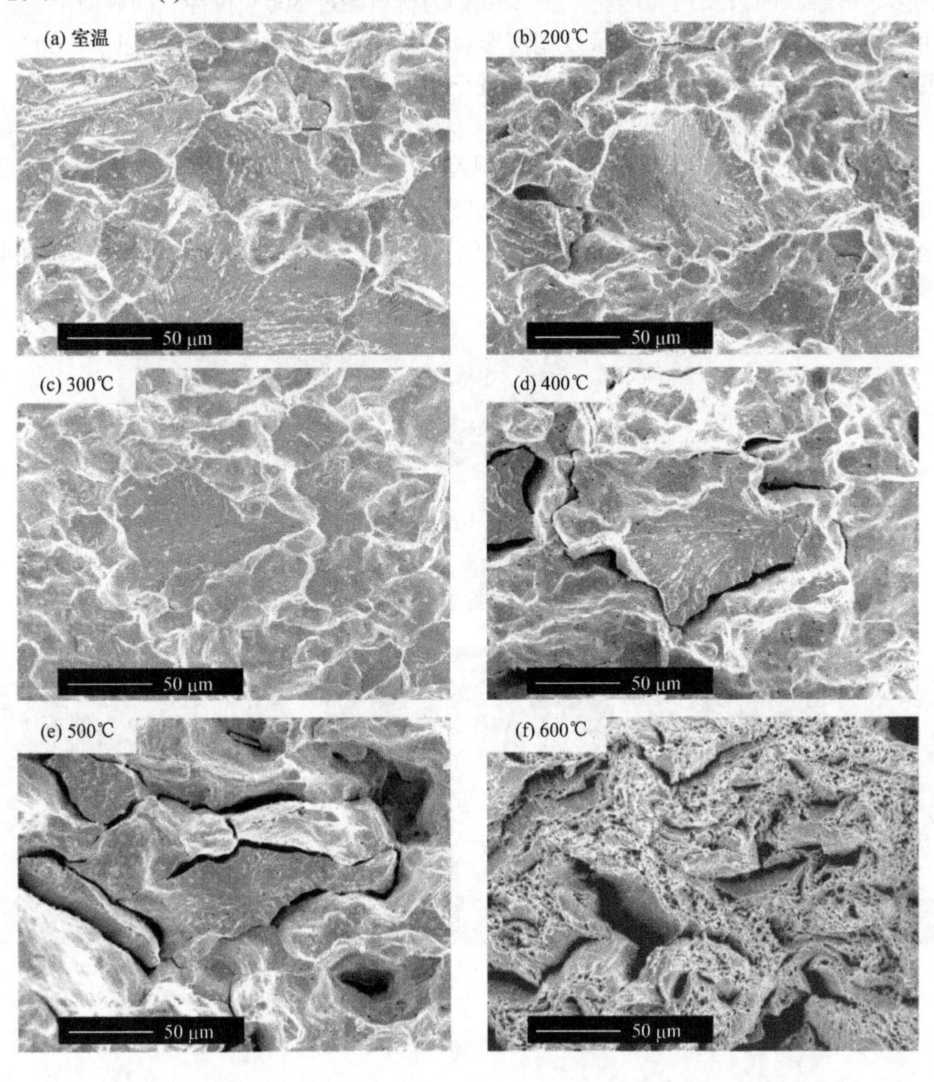

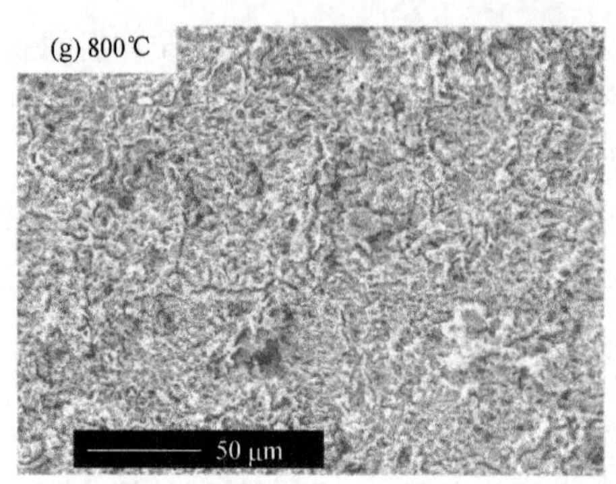

图 2.13　$W\text{-}Y_2O_3$ 复合材料在不同温度条件下的拉伸断口形貌

又多了纤维状断口及韧窝形貌。图 2.13(g)为材料经过 800℃拉伸后的表面形貌，可观察到材料仅表现出纤维状及韧窝形貌的韧性断口形貌，这也就说明了 600℃和 800℃拉伸后，$W\text{-}Y_2O_3$ 复合材料显现出本征塑性行为。

3) 材料拉伸织构演变

根据图 2.11 中拉伸曲线，纯钨材料及 $W\text{-}Y_2O_3$ 复合材料在 400℃及 600℃温度条件下表现出最优力学特性，因此选取这两个温度点及原始的样品进行 EBSD 测试，并分析材料拉伸前后的织构变化情况。图 2.14(a)、(b)为轧制比为 50%的纯

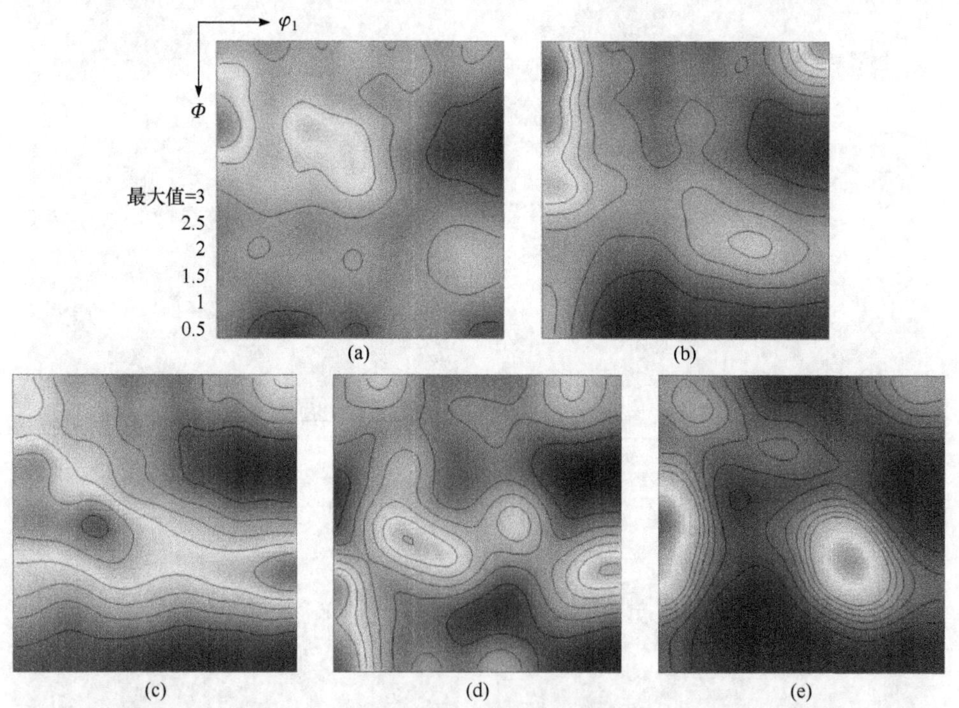

图 2.14　纯钨材料 ODF 截面图(φ_2=45°)：(a) 去应力退火后，(b) 400℃拉伸后；$W\text{-}Y_2O_3$ 复合材料 ODF 截面图(φ_2=45°)：(c) 去应力退火后，(d) 再结晶退火后和(e) 600℃拉伸后

钨材料经去应力退火后及去应力退火后的纯钨材料 400℃拉伸实验之后 φ_2 为 45°时的 ODF 图。不难观察到：轧制比为 50%的纯钨材料经去应力退火之后，它的主要织构类型为{112} <110>型的 α 织构；不过经过 400℃的拉伸实验之后，它的主要织构类型仍是 α 织构，但还存在着{001} <110>及{112} <110>这两种织构类似。也就表明纯钨材料经 400℃的拉伸实验之后，α 织构有所增强。对于传统的体心立方金属结构，α 织构{*hkl*} <110>为常见的拉伸织构。面心立方金属材料在拉伸时，其余的取向晶粒会在拉力的作用之下，向着<110>方向发生倾转，进而显示出 α 织构增强的情况。

图 2.14(c)～(e)为轧制 W-Y_2O_3 复合材料去应力退火及再结晶退火处理和 600℃拉伸实验后 φ_2 为 45°时 ODF 等截面。不难看出，轧制 W-Y_2O_3 复合材料的织构类型为 γ 织构与 α 织构；不过再结晶退火后材料的 α 织构有所减弱，这时主要为再结晶的{111} <112>型的 γ 织构；随后在 600℃拉伸实验之后，W-Y_2O_3 复合材料从原先再结晶的{111} <112>型 γ 织构转变为拉伸的{111} <110>型 γ 织构。W-Y_2O_3 复合材料在进行拉伸实验时，别的取向的晶粒会向着<110>方向倾转，进而形成拉伸织构；不过垂直于法线方向的晶粒在拉伸情况下基本没有影响，则仍会保持原有的晶粒取向状态，也就是{111} <110>型的 γ 织构。

工程应力-应变曲线很难全面反映出材料拉伸时均匀的塑性变形产生的应变硬化的行为，因此需探究材料真实应力-应变曲线的变化情况。选用适合的本构方程进行拟合不同温度下纯钨材料及 W-Y_2O_3 复合材料拉伸下的真实应力-应变曲线情况；接着由本构方程的参数来解释材料拉伸变形的行为，其中包含材料的应变硬化指数及材料发生的缩颈现象、材料的屈服强度值的变化情况等；接着探讨材料的屈服强度数值、抗拉强度数值和缩颈现象及相应的伸长率变化情况，最后大致给出更高温度下材料的力学性能情况。

4) 材料拉伸本构方程拟合

选择相应的本构方程对不同温度下纯钨材料及轧制 W-Y_2O_3 复合材料真实应力-应变曲线进行拟合，Hollomon 方程可以阐释纯钨材料在均匀塑性变形时的本构关系，也可以描述在后续的集中塑性变形阶段的相关本构关系。但对于轧制的 W-Y_2O_3 复合材料而言，均匀塑性变形的前期阶段，选择对数函数方程(2.7)描述其本构关系更为合适；然后在均匀塑性变形的后期阶段，Hollomon 方程则可用来解释其本构关系。

纯钨材料在 400℃时进行拉伸后的工程及真实应力-应变曲线，以及对应的本构方程拟合的曲线如图 2.15(a)所示，分别对应图中的灰色实线、灰色虚线及黑色实线的情况，圆圈处的标记为拉伸时缩颈点的位置及在真实应力-应变曲线上对应的区域。在对真实的应力-应变曲线采用本构方程进行拟合时，不难看出缩颈点前与后的本构关系均可通过采用 Hollomon 方程进行表述。通常来说，由于材料颈缩后为集中塑性变形阶段，缩颈后区域受到的真实应力一般大于曲线中所示应力，所以仅采用本构方程对材料缩颈前的均匀塑性变形阶段的情况进行描述。但是可以发现，这一集中塑性变形阶段还是可以采用 Hollomon 方程来进行拟合的。图 2.15(c)为纯钨材料拉伸前后的实物图像，纯钨材料发生了明显缩颈，但是缩颈后集中变形作用局部区域是比较大的。这也就说明了纯钨材料进行拉伸时缩颈前后的受力情况及作用的区域变化并不明显，这也应该就是纯钨材料在缩颈之后还能采用 Hollomon 方程进行拟合的原因。

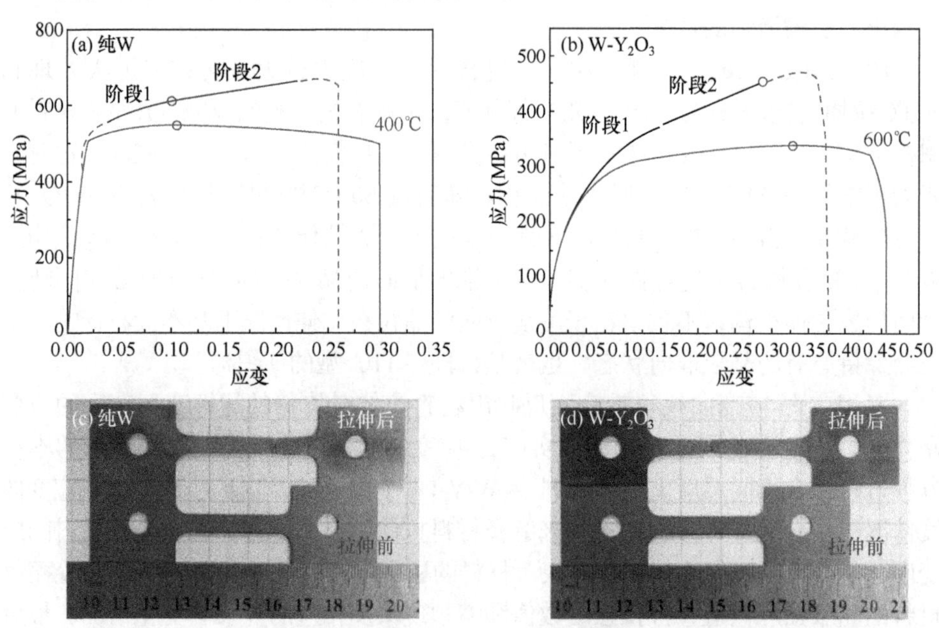

图 2.15　纯 W 及 W-Y_2O_3 复合材料在(a) 400℃及(b) 600℃的工程应力-应变曲线、真实应力-应变曲线及本构方程拟合曲线，以及拉伸后(c)纯钨材料和(d)钨氧化钇复合材料的实物图

通过本构方程对轧制 W-Y_2O_3 复合材料拉伸过程中均匀塑性变形这一阶段真实应力-应变曲线拟合时观察到：均匀塑性变形的前期阶段，对数函数方程(2.7)是可对材料本构关系进行相当程度的准确描述；但在均匀塑性变形的后期阶段，本构关系满足构造的 Hollomon 方程。这也就说明了轧制 W-Y_2O_3 复合材料的均匀塑性变形的前后期塑变行为是有所不同的，也表明了主导的形变强化行为有所差异。轧制 W-Y_2O_3 在均匀塑性变形的前期，是以对数函数强化形式；但后期，则按照 Hollomon 方程主导的幂函数强化形式，与纯钨一致。

根据上述分析，采用相应本构方程对纯钨材料及 W-Y_2O_3 复合材料在相应温度下真实应力-应变曲线进行处理。不同温度下真实应力-应变曲线及相应拟合的曲线如图 2.16 所示，采取不同颜色虚线及实现表示不同拟合情况，对应的图中圆圈区域是相应材料产生缩颈时的对应区域。

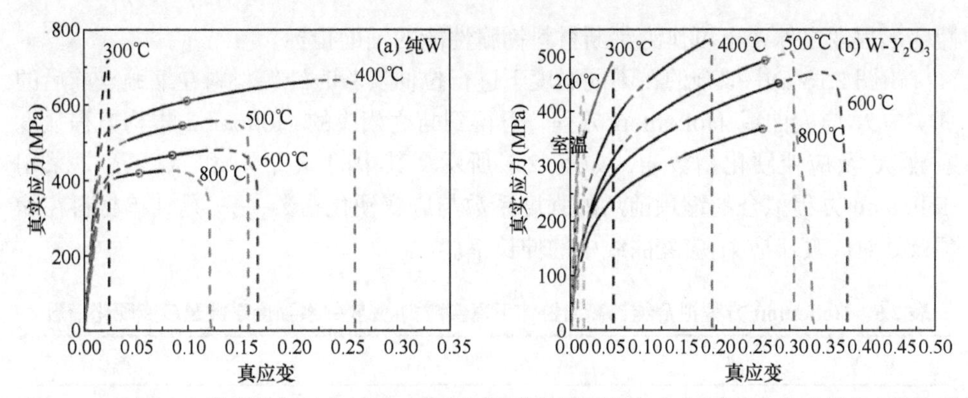

图 2.16　纯钨(a)和钨氧化钇复合材料(b)在不同温度拉伸后真实应力-应变曲线及相应本构方程拟合曲线

真实应力-应变曲线及其拟合的曲线是吻合度非常高的，这也就表明选用本构方程及采用的拟合方式很适合。因此，对于纯钨材料的拉伸情况，Hollomon 方程适合对材料产生缩颈前后的塑性变形时的真实应力-应变进行描述。对于轧制 W-Y_2O_3 复合材料来说，在 400～800℃拉伸时，拉伸过程中的均匀塑性变形阶段的真实应力-应变曲线在曲线的前期可采用对数函数(2.7)进行拟合，但是在拉伸曲线的后期，可采用 Hollomon 方程进行方程的拟合。

图 2.16(b)显示出 300℃下对材料进行拉伸实验时，均匀塑性变形阶段的真实应力-应变关系，发现轧制 W-Y_2O_3 复合材料在 300℃下进行拉伸时，没有对数函数强化阶段。这也就说明使用轧制 W-Y_2O_3 复合材料进行拉伸实验时，通过对数函数进而主导的形变强化方式，不但与均匀塑性变形阶段有所关联，也极有可能与拉伸实验时的温度相关联。除此之外，参考对数函数的应变硬化速率公式[式(2.11)]可知，轧制 W-Y_2O_3 复合材料在拉伸实验时均匀塑性变形的前期产生的应变硬化速率是较低的。也就是说材料拉伸时到达极限抗拉强度之前，应该有着比较长的变形时间，这就阐释了为什么 W-Y_2O_3 复合材料相比纯钨材料在拉伸时具有比较大的均匀塑性变形量。

5) 材料的缩颈与应变硬化指数

对于常规的金属材料，颈缩的发生意味着开始出现集中塑性变形阶段，也就是说材料开始发生塑性失稳并且材料趋向断裂失效。金属材料拉伸曲线的本构关系满足 Hollomon 关系时，材料发生缩颈判据一般为：$\varepsilon_t = n$，这也就表明缩颈发生时，材料的应变硬化指数(n)是等于最大的真实均匀塑性变形量的。除此之外，材料发生缩颈断裂也就表明它的断裂行为是韧性断裂的。所以，ε_t 值远远小于 n 值时，材料显示出的是脆性的断裂行为；ε_t 值远远大于 n 值时，材料显示出的是韧性断裂行为的。因此，材料的应变硬化指数(n)除可表示材料的均匀塑性变形程度之外，也可作为判断材料韧脆性能的辅助指标。

由图 2.16(a)中拟合的在不同温度下进行拉伸实验时纯钨材料在缩颈点前后的真实应力-应变曲线 Hollomon 方程，可得到与之相应的 Hollomon 本构方程强度系数 K 及应变硬化指数 n，如表 2.5 所示。其中的 K_1、n_1 和 K_2、n_2 是采用 Hollomon 方程拟合的缩颈前后的强度系数与应变硬化指数；ε_{ut} 是纯钨材料在缩颈点处对应真实应力-应变曲线中的伸长率。

表 2.5　Hollomon 方程拟合纯钨高温拉伸下真实应力-应变关系强度系数及应变硬化指数

T(℃)	K_1	n_1	K_2	n_2	ε_{ut}(%)
400	781.7	0.109	770.1	0.102	10.3
500	674.6	0.092	664.6	0.085	9.3
600	574.0	0.085	565.5	0.079	8.8
800	486.0	0.052	477.1	0.045	5.2

由表 2.5 可知，K 与 n 值都随温度的上升显现降低趋势。由缩颈发生判据可知，对照表 2.5 中的 n_1 及 ε_{ut} 值，不难看出在数值上是基本相等的，产生的最大偏差也仅为 0.6%，这与纯钨材料在 400～800℃进行拉伸实验时表现出的缩颈现象一致。也表明纯钨材料在进行拉伸实验时，是按照 Hollomon 方程主导的形变强化行为的。除此之外，根据公式(2.4)可知，Hollomon 关系式中 K 值是与材料的屈服强度 σ_{t0}、伸长率 ε_{t0} 及应变硬化指数 n 相关的一个系数。通常，一般金属材料的 ε_{t0} 是小于 0.2%的，n 在 0.1～0.5 之间，一般材料的屈服强度随着温度的上升而减小[32]，这也就是说 K 值随着温度上升而减小。

由图 2.16(b)中的在不同温度下进行拉伸实验时轧制 W-Y_2O_3 复合材料在均匀的塑性变形时真实应力-应变曲线本构方程，也可推算出上述参数，如表 2.6 所示。a 与 b 是选择对数函数方程(2.7)作为本构方程拟合，根据均匀塑性变形前期的真实应力-应变曲线推算所得相关参数；K 与 n 为使用 Hollomon 方程为本构方程时拟合的均匀塑性变形后期真实应力-应变曲线，然后算得的硬化系数与应变硬化指数。

表 2.6　W-Y_2O_3 复合材料经本构方程拟合在不同温度下拉伸后真实应力-应变之间关系参数

T(℃)	a	b	K	n	ε_{ut}(%)
300	—	—	1228.2	0.3213	5.8
400	139.7	772.5	818.5	0.2613	19.3
500	126.8	672.1	712.8	0.2782	26.4
600	96.1	554.9	651.4	0.2933	28.2
800	80.2	465.5	531.3	0.2743	26.4

根据本构方程[公式(2.7)]轧制 W-Y_2O_3 复合材料发生均匀塑性变形时，参数 a、b 均明显随温度上升而下降(见表 2.6)。由于 $a = \sigma_{t0}$，$b = \sigma_{t0} \times (1 - \ln\varepsilon_{t0})$，通常来说 ε_{t0} 小于 0.2%，也就表明 a 与 b 都是和材料屈服强度相关，故而会出现随温度升高数值降低的情况。由 Hollomon 方程对轧制 W-Y_2O_3 复合材料的均匀塑性变形的后期真实应力-应变曲线计算的 K 与 n 值，不难看出 K 值变化与纯钨材料中的 K 值变化情况一样随温度的上升而下降。表中的 ε_{ut} 为轧制 W-Y_2O_3 复合材料进行拉伸实验时断裂强度对应真实应力-应变曲线的伸长率情况。与 n 值进行一并分析可发现：①300℃与 400℃拉伸实验时，ε_{ut} 是小于 n 的，也就是说材料的均匀塑性变形未发生缩颈就导致了材料的断裂，这也就说明轧制 W-Y_2O_3 复合材料在 300℃与 400℃温度下拉伸时产生的断裂实为脆性断裂行为，然而根据断口形貌，出现明显的韧窝等塑性断口特征，由此可以认为，该温度区域中晶体的塑变状况为伪塑性。②当拉伸温度在 500℃与 800℃之间时，ε_{ut} 值是比 n 值约小 1%的。材料在这一温度的范围内表现出明显的缩颈行为。与纯钨材料进行比较，最大偏差仅仅为 0.6%，这也就说明 1%左右的偏差是有点大的。

造成上述偏差的可能原因如下：首先是 Hollomon 方程仅仅拟合了均匀塑性变形后期的真实应力-应变曲线，不能真实地反映 W-Y_2O_3 复合材料的整个均匀塑性变形阶段的变形行为；其次是 Hollomon 方程不适合拟合完整的均匀塑性变形阶段真实应力-应变曲线。因此，存在这些偏差是合理的，这也说明了采用对数函数方程(2.7)非常适合拟合均匀塑性变形的前期阶段。

6) 材料拉伸屈服强度与抗拉强度

当钨及钨基材料承受瞬态及稳态热载荷时，材料的塑性变形及开裂行为与材料的屈服强度、抗拉强度有密切关系。所以要想了解较高温度下钨及钨基材料的屈服强度、抗拉强度就显得尤为重要。

根据上述实验结果，对轧制 W-Y_2O_3 复合材料进行温度大于 400℃的拉伸实验时，材料的拉伸曲线在均匀塑性变形的前期，真实应力-应变之间本构关系是满足对数函数(2.7)方程的。由上述分析结果，对数函数方程式中的 a 值对应材料的屈服强度所对应的真实应力 σ_{t0}。由表 2.6 可知，a 值与拉伸实验的温度变化有关。通常认为金属材料屈服强度满足阿伦尼乌斯方程[18]。图 2.17 为根据阿伦尼乌斯方程，采用表 2.6 中的不同温度下 W-Y_2O_3 复合材料的 a 值(即 σ_{t0}，不同温度下 W-Y_2O_3 复合材料产生屈服对应的真实应力值)，建立了 $\ln\sigma_{t0}$ 与 $1/T$ 的关系。然后对数据进行线性拟合，如图 2.17 所示，得到 $\ln\sigma_{t0}$ 关于 $1/T$ 的关系式。虽然图 2.17 中只有四个数据点，实际情况与拟合结果可能存在一定程度的偏差，但也可以用来辅助评估 W-Y_2O_3 复合材料在高温下屈服强度的变化情况。

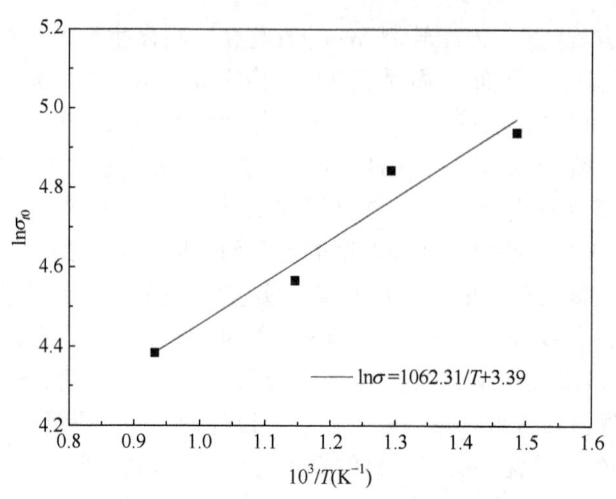

图 2.17 轧制 $W\text{-}Y_2O_3$ 复合材料 $\ln\sigma_{t0}$ 与 $1/T$ 之间关系曲线

一般来说，金属材料进行拉伸实验时的拉伸强度所对应的真实应力是材料能够真正承受的最大应力，也就是真实的抗拉强度 σ_{ut}。由图 2.18 可知，材料的真实抗拉强度 σ_{ut} 与材料温度紧密相关。根据阿伦尼乌斯方程，可构造 $\ln\sigma_{ut}$ 与 $1/T$ 之间的关系。对于纯钨材料来说，在 400℃与 500℃时，虽显示为伪塑性的行为，但却均发生了缩颈现象，这也就说明钨材料在相应的温度下，已经达到所能承受的最大真实抗拉强度。

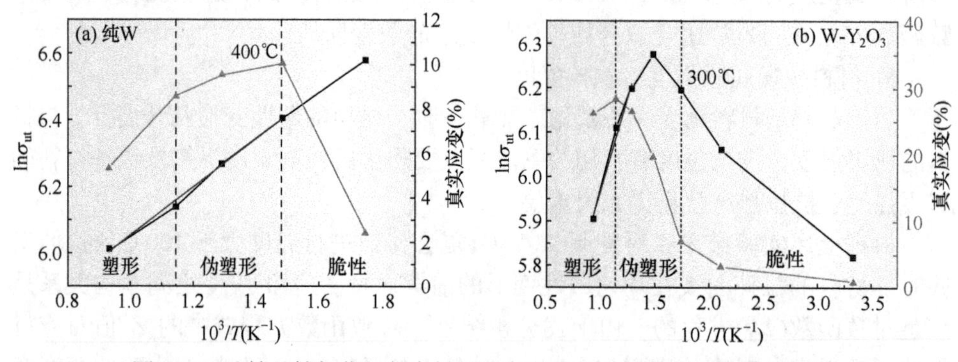

图 2.18 纯钨及钨氧化钇复合材料的真应变和 $\ln\sigma_{ut}$ 与 $1/T$ 的关系曲线

由图 2.18(b)可知，对轧制 $W\text{-}Y_2O_3$ 复合材料，在温度为 300℃及 400℃情况下进行拉伸时，均表现为伪塑性现象，但却都没有发生缩颈现象。这也就是说，轧制 $W\text{-}Y_2O_3$ 复合材料在进行 300℃及 400℃的拉伸实验时，材料的抗拉强度也就是材料的断裂强度，但并不能完全显示出温度对性能的影响。轧制 $W\text{-}Y_2O_3$ 复合材料在 500℃进行拉伸时，也表现出了伪塑性行为，出现缩颈现象。

与图 2.18 结合分析可知：纯钨材料在温度区间为 400～800℃进行拉伸时，

$\ln\sigma_{ut}$ 与 $1/T$ 呈现线性关系；轧制 W-Y_2O_3 复合材料在温度区间为 500～800℃进行拉伸时，其 $\ln\sigma_{ut}$ 和 $1/T$ 也呈现出线性关系。然后对相应的数据线性拟合得到的相应线性方程为

纯钨材料：
$$\ln\sigma_{ut} = 5.33 + 718.9 \times \frac{1}{T} \tag{2.12}$$

W-Y_2O_3 复合材料：
$$\ln\sigma_{ut} = 5.15 + 821.3 \times \frac{1}{T} \tag{2.13}$$

总而言之，由图 2.17 与图 2.18 中拟合的线性方程，可分别得到在不同温度下进行拉伸实验后轧制 W-Y_2O_3 复合材料的屈服强度和抗拉强度，这也便于分析不同温度下材料的力学行为。

在未来核聚变装置中，W 作为 PFMs 候选材料，在稳态热负荷和高能瞬态热冲击的作用下会出现再结晶脆性特征[33]，由此可见，钨基材料的韧塑性研究至关重要。采用冷等静压方法制备出 W-Y_2O_3 块体并进行 50%轧制处理，对其在不同温度下的静载拉伸特性进行测试。同时引入去应力退火态的纯 W 试样进行比较，得出结论：①300～800℃温度区域内，纯 W 和 W-Y_2O_3 在拉伸过程中，抗拉强度均随温度的升高而降低，断后伸长率均呈先增后减趋势，相同温度条件下，W-Y_2O_3 的塑性变形量是纯 W 的 1～4 倍。纯 W 在 400℃时开始屈服，塑韧性也最好，断后伸长率最高可达约 30%；W-Y_2O_3 试样在 300℃拉伸时就开始发生屈服，但在 600℃时才表现出最好的塑韧性，断后延伸率最高可达 46%。②对纯 W 和 W-Y_2O_3 在不同温度下进行拉伸时，二者出现一致的脆韧转变现象。③纯 W 和 W-Y_2O_3 拉伸前后织构发生不同程度变化。纯 W 在 400℃时塑性良好，主要为 α 织构，由拉伸前的{112} <110>型织构转化为拉伸后的{001} <110>和{112} <110>类型。W-Y_2O_3 则在 600℃时表现出最优塑性，织构由{111} <112>型再结晶 γ 织构转变为{111} <110>型拉伸 γ 织构。④利用不同类型本构方程对反映材料应变硬化行为的真实应力-应变曲线进行拟合时发现：纯 W 在缩颈前后的均匀塑性变形符合幂函数强化类型的 Hollomon 方程；W-Y_2O_3 在均匀塑性变形前期，符合对数函数强化类型，在均匀塑性变形后期，与纯 W 保持一致，符合幂函数强化类型的 Hollomon 方程。⑤对于 W-Y_2O_3 拉伸试样，在均匀塑性变形前期，其对数函数强化行为表现为：应变硬化速率总体较低。这表明在材料达到抗拉强度之前，W-Y_2O_3 可以进行长时间的均匀变形，从而使 W-Y_2O_3 复合材料可以出现较大的均匀塑性变形量。⑥根据 Hollomon 本构方程可知：纯 W 的应变硬化指数(n)值随温度的升高而降低，即纯 W 的均匀塑性变形量随温度升高而降低；W-Y_2O_3 试样在不同温度下进行拉伸时，其应变硬化指数(n)值无明显变化，即 W-Y_2O_3 材料的均匀塑性变形量受温度影响较小，从而使其具有较好的高温塑性。

2.1.4　W-Y_2O_3复合材料氦离子辐照损伤行为

氦是聚变反应产物，当钨及钨基材料受到氦离子辐照时，会导致材料微观结构产生变化，如气泡、孔洞、纳米级 fuzz 结构形成。这些微观结构改变会导致材料产生辐照硬化和辐照脆化。因此，进一步研究氦离子辐照后钨及钨基材料表面损伤层在温度场下显微组织的演变规律显得尤为重要。

作者通过 1373 K、1 h 去应力退火后 W-Y_2O_3 复合材料及作为参比样品纯钨材料进行了氦离子辐照实验。氦离子辐照后，去应力退火样品后续进行不同温度等时退火处理，分别在 1173 K、1373 K 和 1573 K 进行 1 h 退火处理，退火实验在氢气气氛下进行，观察氦离子辐照及后续退火后表面及截面形貌与结构变化，探讨纯钨及 W-Y_2O_3 复合材料表面损伤演变情况。

氦离子辐照后 W-Y_2O_3 复合材料与纯钨材料中钨晶粒表现出不同损伤形貌，在 W 与 Y_2O_3 相界面交界处 fuzz 结构更为致密与细小，氦离子辐照后材料表面产生损伤层经后续退火后消失，并且相界面存在有利于氦泡在钨基体距离表面更深位置处形成。

选择轧制比均为 50%的 W-Y_2O_3 复合材料与纯钨材料 RD-TD 面为氦离子束垂直注入平面，样品预先进行 1373 K、1 h 去应力退火处理，然后进行辐照实验。相关参数如下：辐照能量为 50 eV，辐照剂量为 9.9×10^{24} m^{-2}，辐照通量为 1.5×10^{22} m^{-2}/s，辐照时间为 11 min，辐照时测得样品表面温度为 1503～1553 K。对辐照后样品进行等时退火处理，实验参数如下：在氢气气氛下进行 1173 K、1373 K 和 1573 K，1 h 退火，升温与降温速率保持在 5 K/min。

2.1.4.1　氦离子辐照表面组织结构演化

对于 W-Y_2O_3 复合材料，RD-TD 面金相腐蚀后形貌如图 2.19 所示，晶界与晶内分布第二相颗粒粒径统计后显示第二相在晶内与晶界处均匀分布，粒径≤1 μm

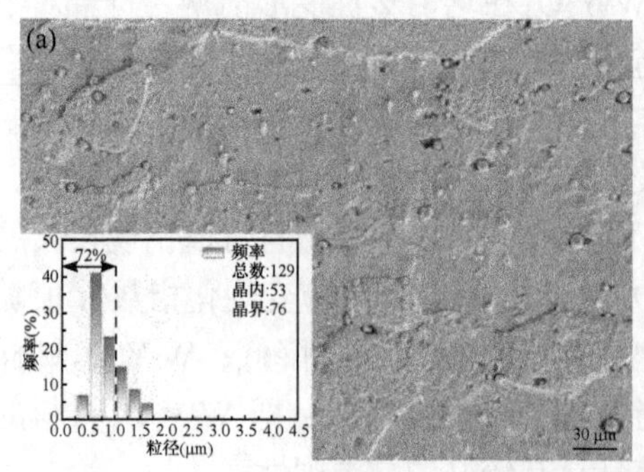

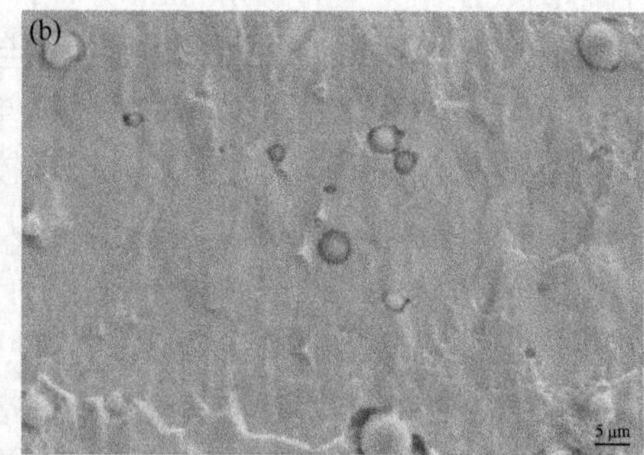

图 2.19　W-Y_2O_3复合材料腐蚀后表面形貌

(a) 低倍形貌(插图是对晶内与晶界处不同晶粒尺寸的分布统计)；(b) 高倍形貌

的第二相 Y_2O_3 颗粒占比达到 72%。较多大于 1 μm 粒径的第二相 Y_2O_3 颗粒分布在晶界处，应是细小第二相 Y_2O_3 颗粒在前驱体制备及后续轧制过程中第二相迁移、聚集与生长导致的。

许多研究均表明材料表面不同晶粒取向经氦离子辐照后导致表面形貌有所差异，Parish 等[38]发现钨颗粒晶粒取向中低指数晶面具有最优辐照抵抗能力。Ohno 等[39]证明晶粒取向与最密排面{110}之间角度决定了辐照后晶粒表面损伤形貌。图 2.20 中晶体内不同辐照区域的晶粒损伤形貌也不尽相同，相较钨基体中 fuzz 结构形貌，W 与 Y_2O_3 相界面处产生的 fuzz 结构更加致密细小。当 Y_2O_3 颗粒粒径小于 1 μm 时，氦离子辐照后材料表面产生 fuzz 结构甚至可包裹住 Y_2O_3 颗粒。样品辐照区域为直径 10 mm 圆形区域，存在辐照区域、影响区域与未影响区域。在未影响区域，Y_2O_3 内部观察到明显开裂现象，这种现象与热腐蚀后陶瓷材料晶界显现十分类似[42]，应是由于辐照时产生温度效应导致 Y_2O_3 内部晶界出现。在影响区域，长度约为 440 μm，钨基体呈现不同损伤形貌，应是由于辐照实验时束流不稳定导致该区域受到较小剂量氦离子辐照作用结果。在第二相 Y_2O_3 颗粒与钨基体相界面处可观察到较为严重损伤，表面相界面相对于钨基体吸引更多氦离子。

Zhou 等[43]通过第一性原理研究发现晶界作为缺陷捕获阱更利于捕获氦离子。这一发现通过 Wang 等[44]实验研究得以印证。根据 Kajita 等研究[45]，fuzz 结

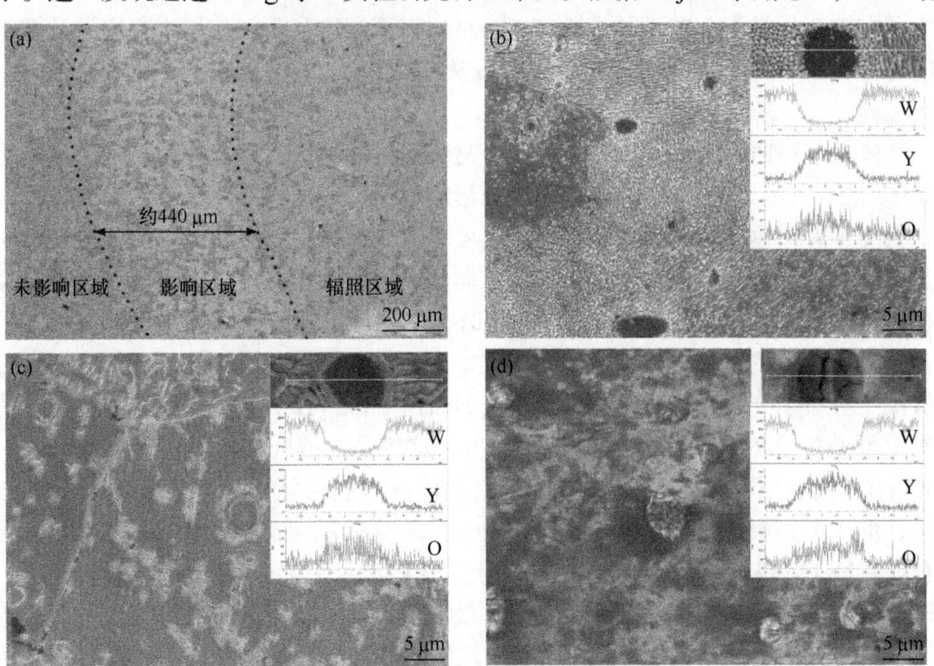

图 2.20　W-Y_2O_3 复合材料辐照损伤表面形貌

(a) 辐照损伤表面低倍形貌；(b) 辐照区域高倍形貌；(c) 影响区域高倍形貌；(d) 未影响区域高倍形貌

构形成归因于氦泡聚集和孔洞加深。由于相界面处产生致密 fuzz 结构，可见氦离子更易在相界面处捕获。

辐照前后及后续退火后样品 XRD 图谱均未观察到 Y_2O_3 衍射峰存在，这应是由于添加 Y_2O_3 仅占总体积 2%，导致 Y_2O_3 衍射峰强度十分微弱，因此在 XRD 图谱中未观察到 Y_2O_3 衍射峰存在。辐照实验前，相对于 α-W 标准衍射峰(JCPDS# 04-0806)，纯钨及 W-Y_2O_3 复合材料有一定程度峰位移动，纯钨材料(110)衍射峰相对于标准衍射峰向右移动 0.0020°，W-Y_2O_3 复合材料(110)衍射峰相对于标准衍射峰向左移动 0.0042°，这应是 Y_2O_3 颗粒添加导致材料更难轧制进而产生更大残余应力导致晶格参数增加。氦离子辐照后，两种材料(110)衍射峰峰位均向右移动，W-Y_2O_3 复合材料相对于纯钨材料向右移动值更大。

Wan 等[46]研究发现氦离子辐照在材料表层产生大量缺陷，如空位及晶格畸变等，这些缺陷与辐照时产生压应力导致衍射峰峰位移动。此外，(110)衍射峰半高宽在辐照及后续退火后逐渐减小，这一现象与薄膜材料退火后衍射峰半高宽变化相似[47]。

2.1.4.2　退火对辐照表面结构的影响

辐照过程中温度效应会对钨基材料的显微组织产生明显影响[48, 49]，考虑到氦离子在钨基材料中存在不同逃逸峰，当材料表面温度高于损伤层中氦离子逃逸温度时，表面损伤将消失[50, 51]，由此分别选择 1173 K、1373 K 和 1573 K 进行 1 h 退火实验。

氦离子辐照后纯钨及 W-Y_2O_3 复合材料经后续退火后表面损伤层的结构演化如图 2.21 所示。1173 K 退火后，表面形貌相对于辐照样品几乎完全一致，这应是氦离子尚未达到逃逸温度；当退火温度为 1373 K 时，对于纯钨材料及 W-Y_2O_3 复合材料表层辐照损伤均消失，不同取向晶粒处表面形貌变光滑，但纯钨材料存在一些斑点，这些斑点在随后 1573 K 退火后变得更为显著，特点是存在氦离子辐照损伤严重的区域。此外，晶界处亦可观察到明显斑点存在，这应是辐照时氦离子在晶界处大量捕获导致。图 2.21(d)中插图为纯钨材料斑点粒径统计情况，可见粒径在 200 nm 下颗粒占到 88%，这应是氦泡向材料表层迁移导致的。W-Y_2O_3 复合材料中未观察到这一现象，该现象应与氦离子在相界面处聚集有关，但 Y_2O_3 颗粒有显著变化，与 Santos 等[52]实验结果类似。辐照后 W-Y_2O_3 复合材料经 1573 K 退火后仅产生很少斑点，这些斑点大都分布在 Y_2O_3 颗粒周围，所有白点粒径都在 75 nm 以下。这些白点与图 2.21(e)中轻微损伤钨晶粒中白点相似，对白点进行能谱分析未观察到 Y 元素，可判断白点是氦离子在温度场作用下向材料表层迁移所致。基于以上分析，氦离子辐照后材料内部氦离子在温度场作用下向材料表层迁移是一个动态过程，1573 K 退火后 W-Y_2O_3 复合材料损伤相

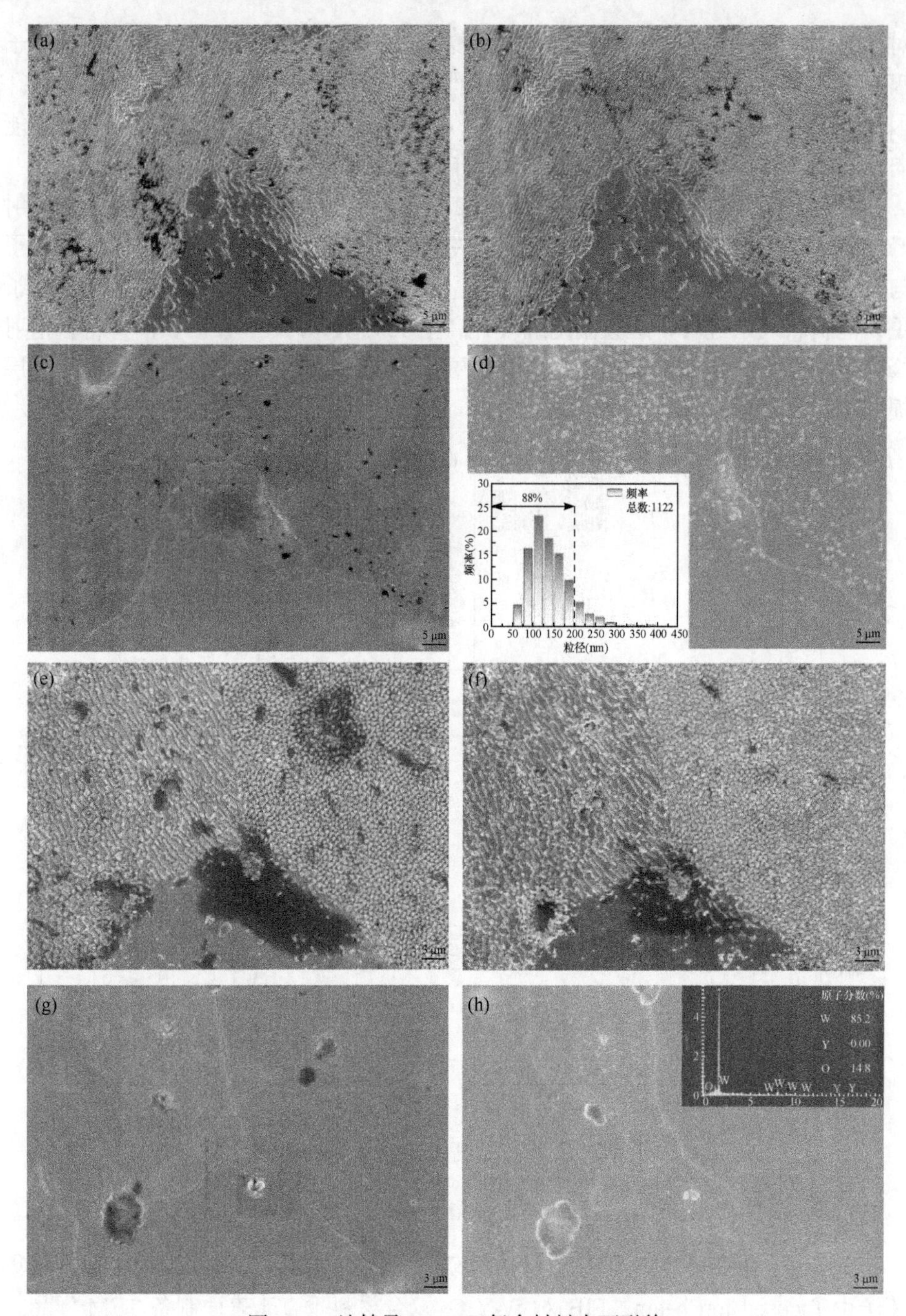

图2.21　纯钨及W-Y_2O_3复合材料表面形貌

(a) 辐照后纯钨；(b) 1173 K退火后纯钨；(c) 1373 K退火后纯钨；(d) 1573 K退火后纯钨；(e) 辐照后W-Y_2O_3；(f) 1173 K退火后W-Y_2O_3；(g) 1373 K退火后W-Y_2O_3；(h) 1573 K退火后W-Y_2O_3

对于纯钨材料更为轻微，表明 W-Y_2O_3 复合材料相对于纯钨而言，其抵抗氦离子辐照能力明显提升。根据 Debelle 等[53]研究表明，氦离子在材料某一深度聚集。因此，表面损伤形貌在一定温度下消失，但在这一温度，聚集区域的氦离子不能向外迁移，需要更高温度才能导致氦离子向材料外部迁移。

对(110)衍射峰峰位进行研究(图 2.22)，发现 1173 K 退火后，纯钨(110)衍射峰右移而 W-Y_2O_3 复合材料(110)衍射峰左移，可理解为退火纯钨材料内部氦离子与空位或其他缺陷进一步结合，而 W-Y_2O_3 复合材料中由于相界面存在，氦离子更易向材料表层迁移；退火温度继续升高至 1373 K 和 1573 K 后，两种材料衍射峰峰位均左移，这应是氦离子向材料表层进一步迁移导致的，最终使得材料表层损伤在退火后消失。

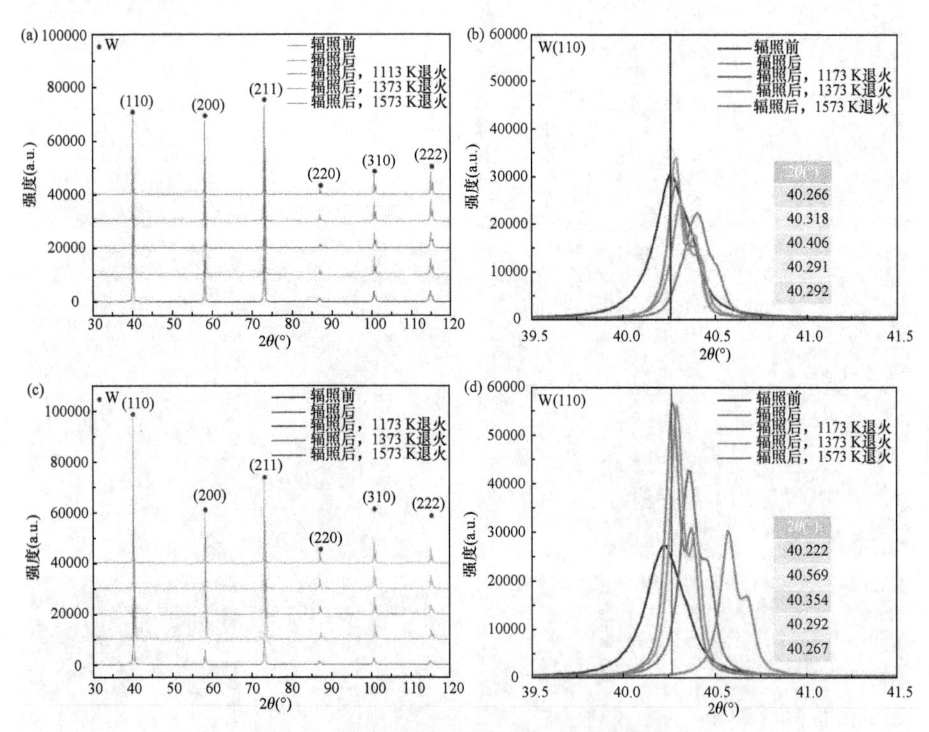

图 2.22 辐照前后及后续退火后 XRD 图谱

(a) 纯钨；(b) 纯钨(110)衍射峰；(c) W-Y_2O_3；(d) W-Y_2O_3(110)衍射峰

(扫描封底二维码可查看本书彩图内容，余同)

为了进一步观察氦离子辐照材料后续退火后氦泡沿截面分布情况，通过聚集离子束(focused ion beam，FIB)对 W-Y_2O_3 复合材料垂直于表面制备 TEM 样品。图 2.23 为氦离子辐照 W-Y_2O_3 复合材料经 1573 K 退火后截面形貌，可见沿表面到晶体内部 100 nm 区域内有少量氦泡存在(以钨基体与 Y_2O_3 颗粒相界面作为参照面)。根据 Wang 等研究[44]，晶界与位错更易捕获氦离子，因此氦离子辐照时由于 W 与 Y_2O_3 热膨胀系数不一致导致相界面产生大量缺陷，从而更易捕获氦离子并有利于氦离子向晶体内部迁移。

2.1.5 Y_2O_3 掺杂对钨基材料辐照损伤行为影响

为了进一步表征 Y_2O_3 颗粒对氦离子辐照后钨基材料损伤影响，选择对样品进行 1973 K/1 h 完全再结晶退火处理，随后进行氦离子辐照实验：能量 50 eV，剂量 9.9×10^{24} m^{-2}，通量 1.5×10^{22} m^{-2}/s，时间 11 min，辐照时测得样品表面温度为 1503～1553 K。通过统计辐照表面形貌的结构演化并结合再结晶退火后的晶粒度分布分析 Y_2O_3 掺杂对钨基材料辐照损伤的影响，同时使用正电子湮灭技术与 FIB+TEM 方法分析材料截面缺陷情况。

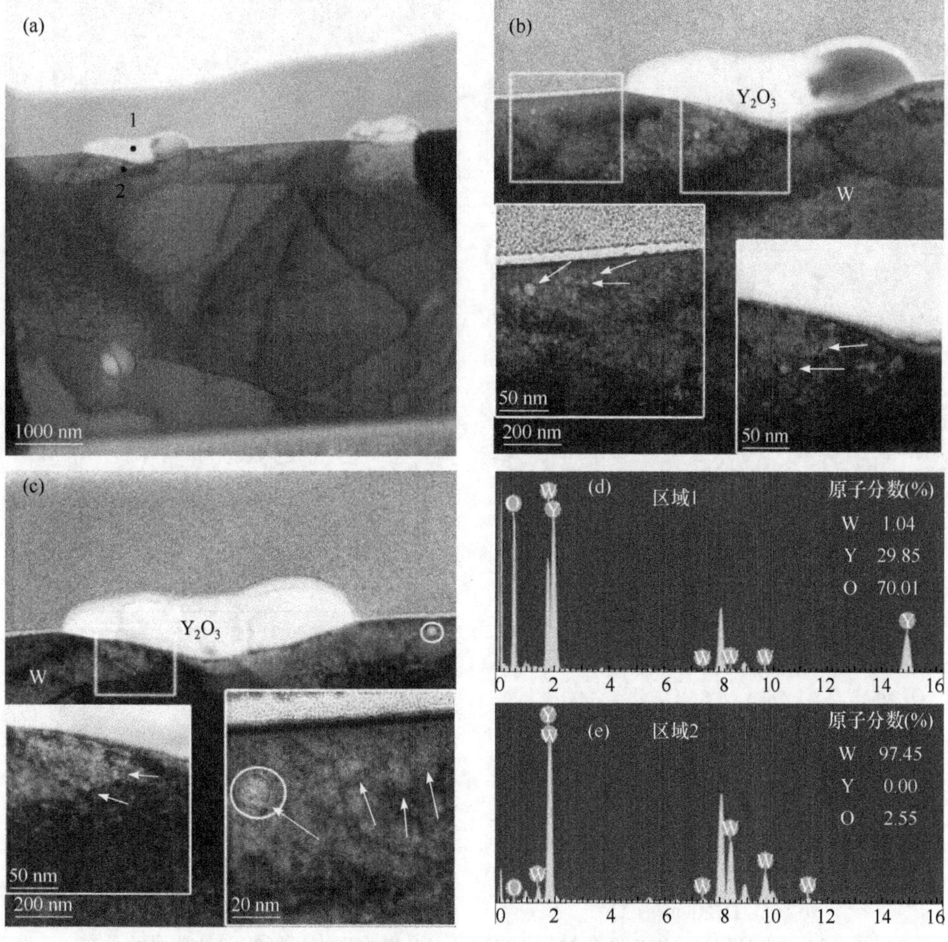

图 2.23 氦离子辐照 W-Y_2O_3 复合材料经 1573 K 退火后截面形貌：(a, b, c)辐照 W-Y_2O_3 复合材料退火后截面形貌 TEM 明场相；(d, e)相应 EDS 谱图

2.1.5.1　高温退火材料表面形貌演化

为了使纯钨和钨基材料完全回复再结晶并消除晶体内部缺陷，对材料进行 1973 K/3 h 高温退火处理，两种晶体的表面形貌及晶粒尺寸统计分别如图 2.24 所示。

图 2.24(a)、(d)分别为纯钨和 W-Y_2O_3 显微结构，进一步放大[图 2.24(b)、(e)]可见纯钨晶体中有明显孔洞，而 W-Y_2O_3 则相对孔洞数量减少，致密度相应提高。图 2.24(c)、(f)为根据金相形貌统计出的晶体中晶粒粒径分布情况，可看出 W-Y_2O_3 复合材料相较于纯钨而言存在更多细晶粒，这主要归因于第二相 Y_2O_3 颗粒对晶

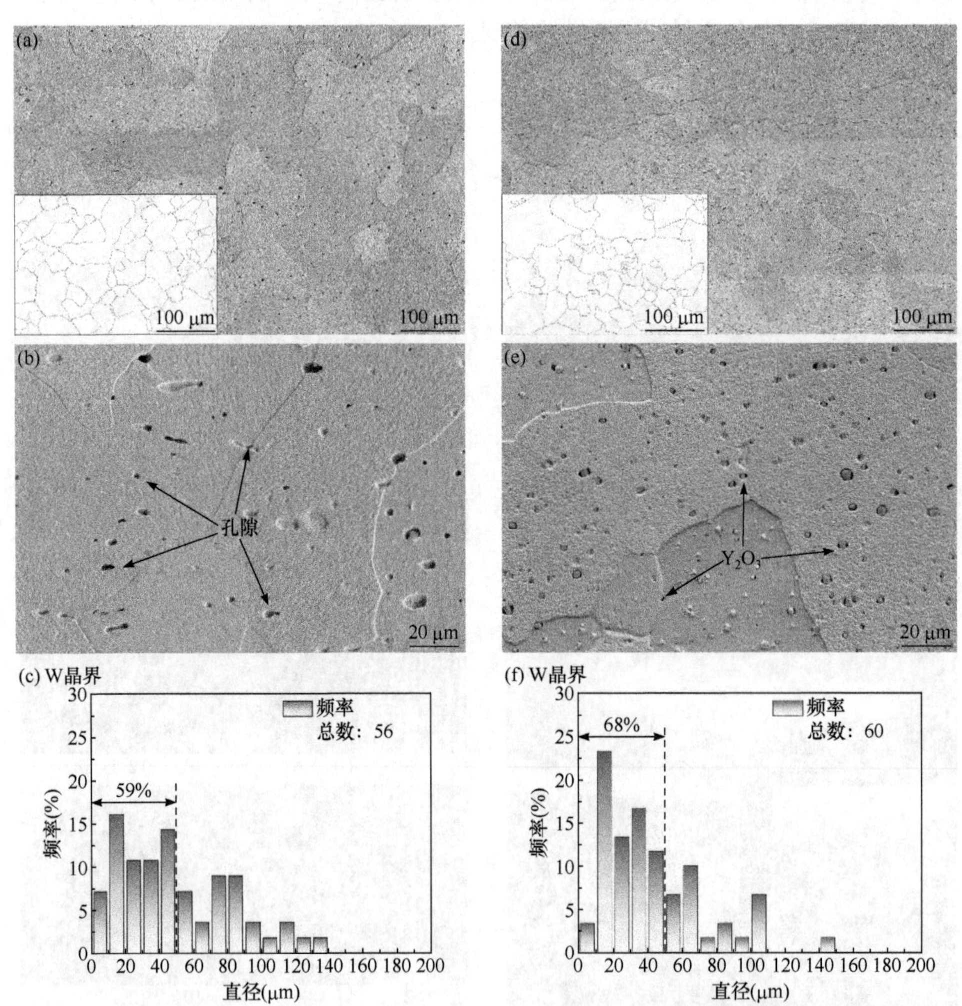

图 2.24　纯钨和 W-Y_2O_3 复合材料 1973 K、3 h 退火后表面形貌和晶粒尺寸分布

(a)、(b) 纯钨材料表面形貌；(c) 纯钨材料钨晶粒尺寸分布图；(d)、(e) W-Y_2O_3 复合材料表面形貌；(f) W-Y_2O_3 复合材料钨晶粒尺寸分布图

界的钉扎作用[54]。如果不考虑晶界宽度，纯钨材料晶界总长度为 11189.57 μm，W-Y_2O_3复合材料晶界总长度为 11132.92 μm，可见两种材料钨晶界总长度近乎一致。因此，钨基体与 Y_2O_3 颗粒处相界面对两种材料氦离子辐照损伤行为有显著影响。

2.1.5.2　氦离子辐照材料表面形貌演化

图 2.25 为纯钨及 W-Y_2O_3 复合材料氦离子辐照前后的表面结构演化，发现不同材料，甚至同一材料的不同辐照区域表面损伤形貌均存在明显差异。W 基体与 Y_2O_3颗粒相界面处产生致密细小 fuzz 结构[图 2.25(g)～(i)]，当 Y_2O_3颗粒尺寸达到纳米尺度时，相界面产生致密 fuzz 结构甚至可将 Y_2O_3颗粒完全包裹，如图 2.25(i)

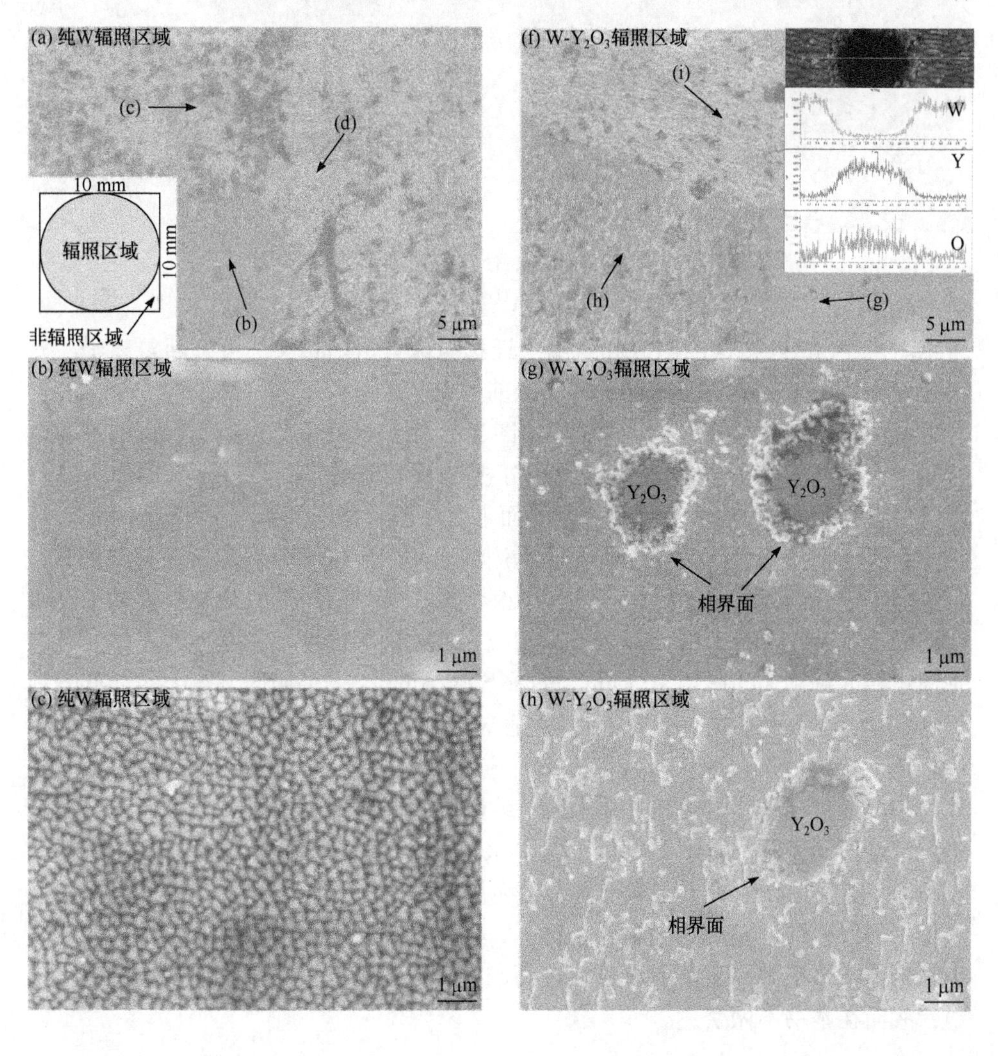

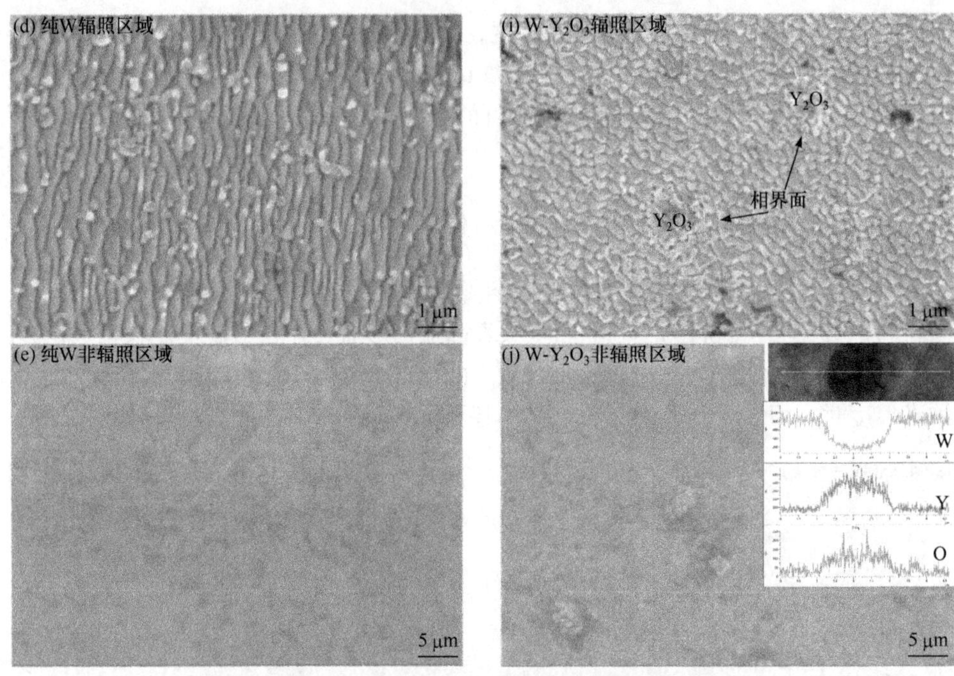

图 2.25　纯钨和 $W\text{-}Y_2O_3$ 复合材料氦离子辐照后表面形貌

(a)～(d) 纯钨辐照区域；(e) 纯钨未辐照区域；(f)～(i) $W\text{-}Y_2O_3$ 辐照区域；(j) $W\text{-}Y_2O_3$ 未辐照区域

所示。由于 fuzz 结构的形成和氦离子迁移与聚集密切相关，可判断氦离子注入时在相界面处发生聚集。两种材料辐照前的钨基体形貌基本一致，但 $W\text{-}Y_2O_3$ 复合材料中 Y_2O_3 颗粒内部产生细小裂纹[图 2.25(j)]，这种现象在热腐蚀后的陶瓷颗粒中也十分常见[42]。根据第一性原理分析[55]及实验结果[44,56]，晶界可作为缺陷湮灭位点，钨基体与 Y_2O_3 颗粒的相界面也有相似现象。

为了分析晶体表面的损伤情况，运用激光共聚焦技术分别对两种材料辐照与未辐照区域表面粗糙度进行表征，图 2.26 为纯钨及 $W\text{-}Y_2O_3$ 复合材料氦离子辐照后相应区域表面 3D 形貌，表 2.7 为相应区域表面粗糙度值，发现两者辐照区域表面粗糙度分别为(138.5±3.5) nm 和(136.5±3.0) nm，未辐照区域表面粗糙度分别为(84.0±3.5) nm 和(120.5±3.5) nm，可见 $W\text{-}Y_2O_3$ 复合材料未辐照区域表面粗糙度值略低于纯钨，但辐照区域数值更高，应是 Y_2O_3 与钨基体相界面开裂所致。此外，相界面处易产生致密细小的 fuzz 结构进而增加了表面粗糙度，但纯钨材料辐照区域不同晶粒间高度差相对于 $W\text{-}Y_2O_3$ 复合材料更为明显，基于以上数据，$W\text{-}Y_2O_3$ 复合材料相对于纯钨材料有更为优异的抗辐照性能。这一结论也在后期模拟中得以验证，发现相同辐照条件下，氦离子在 Y_2O_3 和钨基体中的扩散速度不同，钨基体中更易滞留形成氦泡进而产生辐照损伤，但由于该项工作尚在完成中，故而在本书不做赘述。

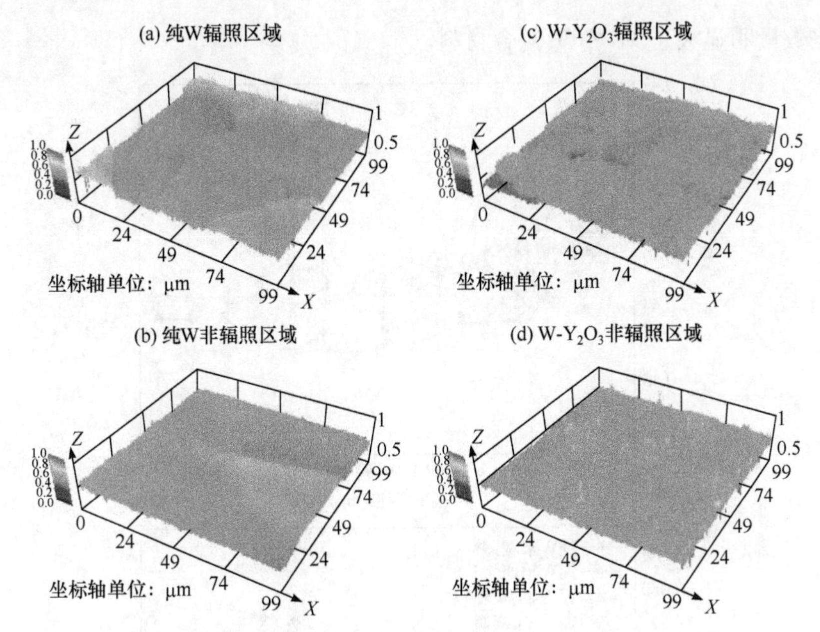

图 2.26　纯钨和 W-Y_2O_3 复合材料氦离子辐照后表面 3D 形貌

表 2.7　纯钨和 W-Y_2O_3 复合材料氦离子辐照后不同区域的表面粗糙度

材料	纯钨	W-Y_2O_3
辐照区域(nm)	138.5±3.5	136.5±3.0
未辐照区域(nm)	84.0±3.5	120.5±3.5

2.1.5.3　复合材料氦离子辐照前后正电子湮灭表征

正电子湮没技术在研究固体材料表面结构缺陷方面具有独特优势，对空位等相关缺陷极为敏感[57]，*S*(*W*)参数用于表征材料中缺陷浓度和不同类型缺陷随深度变化[58]。其中，*S* 参数主要反映低动能电子与正电子之间湮灭信息，即正电子与价电子或传导电子之间湮灭信息；*W* 参数主要反映高动能电子和正电子之间湮灭信息，即正电子与物质电子湮灭信息。因此，*S* 和 *W* 参数在同一材料中具有相反变化趋势。

为了进一步研究氦离子在辐照区域晶内的分布情况，通过正电子湮灭技术与 FIB-TEM 方法对辐照区域进一步表征。

图 2.27 为氦离子辐照前后纯钨材料和 W-Y_2O_3 复合材料的多普勒展宽参数。由于正电子在材料中的散射作用，退火后材料 *S*(*W*)参数随着正电子能量增加而减少(增加)。入射正电子在材料近表面湮灭导致高的 *S* 参数与低的 *W* 参数。两种材料经辐照后生成的缺陷类型基本一致，近表面几纳米区域的 *S*(*W*)参数明显增加(减少)，一定量正电子在材料表面损伤区域捕获，且发现该区域相同深度，纯

钨缺陷数量明显大于 $W-Y_2O_3$ 复合材料。

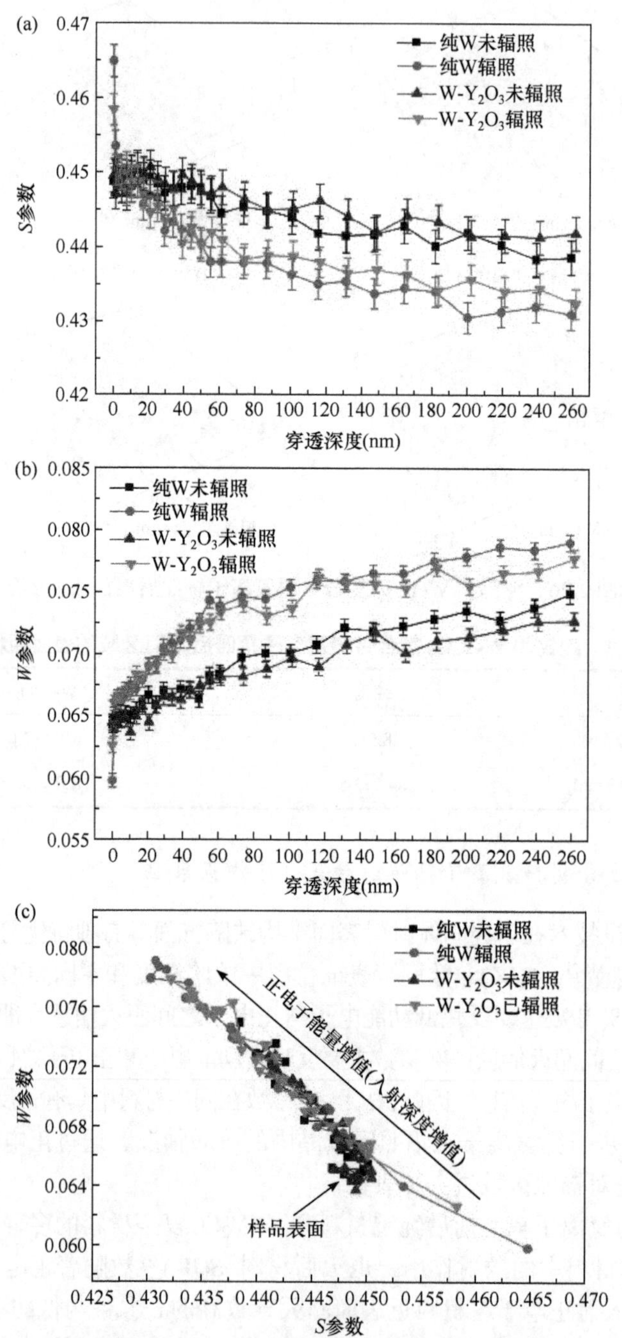

图 2.27　纯钨和 $W-Y_2O_3$ 复合材料氦离子辐照前后多普勒展宽参数

(a) *S-E* 曲线(*S* 参数与注入深度曲线)；(b) *W-E* 曲线(*W* 参数与注入深度曲线)；(c) *S-W* 曲线(*S* 参数与 *W* 参数的曲线)

氦离子辐照过程中缺陷产生和湮灭一般如下所述：氦离子轰击材料导致缺陷产生；氦离子轰击材料产生温度效应导致一部分缺陷湮灭；氦离子与空位结合形成氦空位复合体和氦泡进而降低空位数量[59]。当正电子入射能量低于 5 keV 时，对应入射深度距样品表面 30 nm 以内，如图 2.28 所示，在这一区域可观察到氦泡存在。$S(W)$参数在辐照后材料这一区域相对于辐照前材料没有明显变化，该现象说明这一区域缺陷产生与湮灭近乎一致。

氦离子辐照后材料内部 $S(W)$参数显著降低(升高)，与氦离子轰击表面产生大量缺陷相比，氦离子轰击导致材料内部产生缺陷数量明显降低。材料在氦离子辐照之前，由于机械抛光原因导致表面产生空位团簇进而 S 或 W 参数在曲线上表现出团聚现象[60]。氦离子辐照后由于辐照时产生温度效应导致缺陷回复进而团聚现象消失，然而，氦离子轰击导致材料表面产生更多空位。如图 2.28(a)所

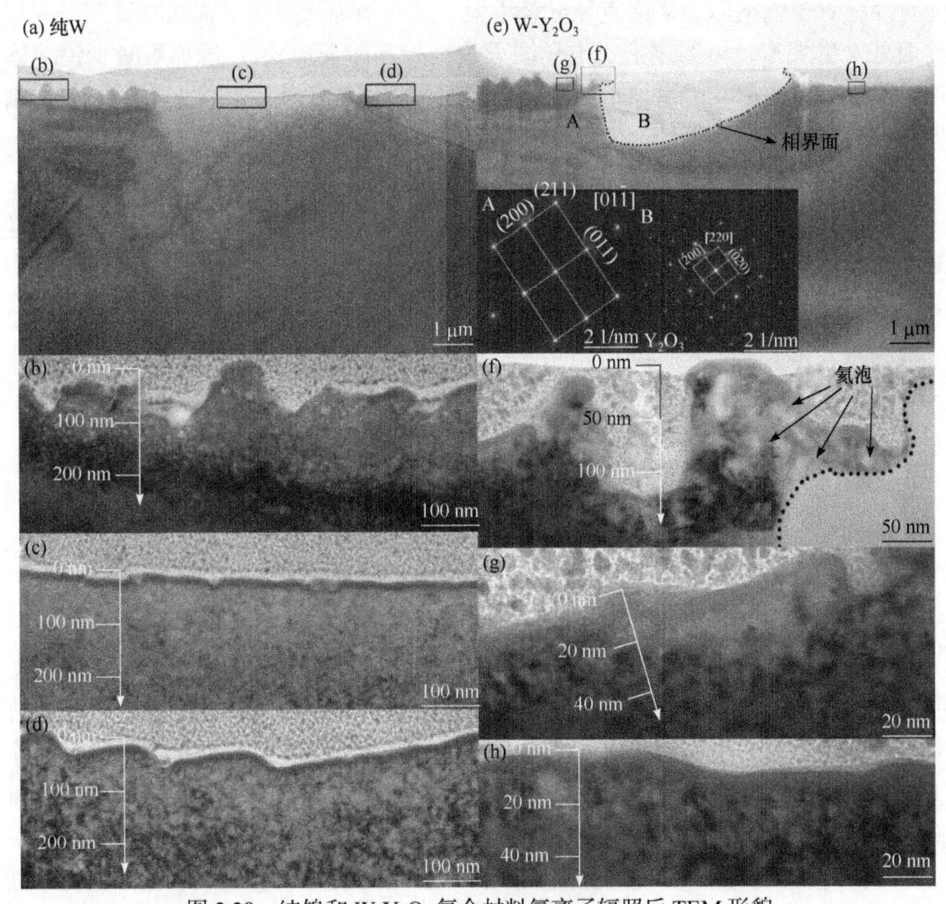

图 2.28　纯钨和 W-Y_2O_3 复合材料氦离子辐照后 TEM 形貌

(a) 纯钨辐照区域截面 TEM 明场相，(b～d) 图(a)中相应区域放大形貌；(e) W-Y_2O_3 辐照区域截面 TEM 明场相，(f～h) 图(e)中相应区域放大形貌

示，如果不考虑材料近表面区域情况，*S*-*W* 曲线在辐照前后斜率未产生变化，表明材料在辐照后没有新类型(空位型)缺陷产生[61]。

2.1.5.4　复合材料氦离子辐照材料截面组织演化

为了观察材料内部氦泡分布情况，运用 FIB 技术垂直于辐照后材料表面制备 TEM 样品。纯钨材料截面形貌及氦泡沿深度方向分布情况如图 2.28(a)～(d)所示，不同钨晶粒均在近表面 30 nm 范围内观察到氦泡存在，随着表面起伏越剧烈，氦泡数量随之增加，Ohno 等[39]认为这一现象与钨晶粒表面与最易滑移面夹角有关。W-Y_2O_3 复合材料截面形貌及氦泡沿深度方向分布如图 2.28(e)～(h)所示，在钨基体近表面区域氦泡数量明显低于纯钨材料，尽管如此，如图 2.28(f)所示，W-Y_2O_3 复合材料近表面层相界面处观察到明显氦泡聚集现象，相界面处氦泡直径相对于钨基体中氦泡直径显著增大，进一步确认氦离子辐照时氦离子在相界面处发生聚集，可与之前正电子湮灭数据相互印证。Y_2O_3 添加可减少钨基体近表面层空位数量，但氦离子辐照时相界面处不可避免产生空位，导致氦泡在相界面处聚集及在相界面处产生致密 fuzz 结构。

图 2.29 为氦离子辐照过程示意图，由于氦离子不断轰击材料表面(阶段Ⅰ)，一定数量氦泡在钨材料近表面处形成并向材料相界面处迁移(阶段Ⅱ)，进而导致氦泡在相界面处聚集并进一步形成 fuzz 结构(阶段Ⅲ)。

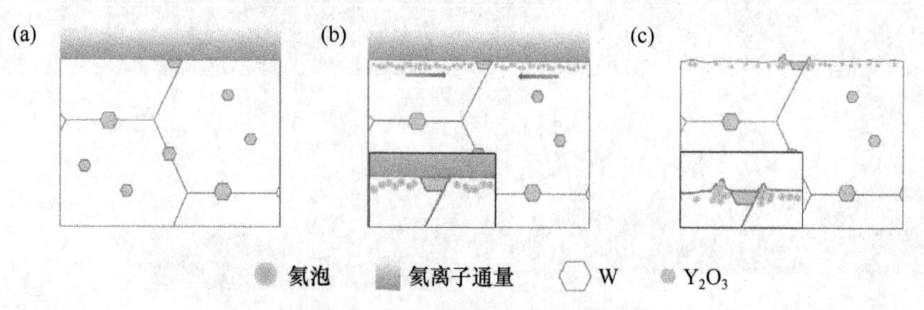

图 2.29　W-Y_2O_3 复合材料氦离子辐照过程示意图

(a) 阶段Ⅰ；(b) 阶段Ⅱ；(c) 阶段Ⅲ

作者主要研究了 Y_2O_3 颗粒对氦离子辐照后钨基材料损伤影响。为尽可能降低晶界对辐照损伤影响，选择在氦离子辐照前对样品进行 1973 K、1 h 完全再结晶退火处理，氦离子辐照后通过多种方法对材料损伤情况进行分析。结果表明：①氦离子辐照后 W-Y_2O_3 复合材料与纯钨材料中钨晶粒由于取向差异表现出不同损伤形貌；②氦离子辐照后氦泡在纯钨材料近表面层广泛分布，与之相比，W-Y_2O_3 复合材料钨基体近表面层中氦泡数量显著降低，但氦泡在相界面处明显聚集；③氦离子辐照后 W-Y_2O_3 复合材料辐照区域表面粗糙度值低于纯钨材料表面粗糙度值，表明 W-Y_2O_3 复合材料相对于纯钨材料有更为优异辐照抵抗能力。

2.1.6　激光热冲击对 W-Y_2O_3 辐照损伤行为影响

聚变反应堆运行时，典型ITER环境下产生稳态热负荷近似为5～10 MW/m^2。相对于稳态热负荷，瞬态热负荷将在极短时间内对面向等离子体材料表面产生极高热负荷，如等离子体破裂、边界局域模、垂直位移模式，进而导致钨材料表面产生塑性变形，开裂甚至熔化。因此，在极端条件下，钨基材料抵抗瞬态热负荷以及氦离子轰击对材料损伤是确定材料是否适合聚变堆运行先决条件。之前许多研究仅仅单一研究瞬态热负荷或粒子轰击对材料影响。一些研究也探究了瞬态热负荷与粒子轰击协同作用，但选用材料均为纯钨材料。因此，有必要研究掺杂第二相钨基材料经瞬态热负荷及氦离子轰击后材料性能影响。

分别选择 W-Y_2O_3 与纯钨样品的 RD-TD 面为激光束与氦离子束垂直入射平面，样品预先进行 1373 K/1 h 去应力退火处理，然后进行相关实验。为了减小样品表面粗糙度对实验结果影响，对待测试样品表面进行机械抛光处理。激光热冲击实验在氩气气氛保护下进行，气流量为 10 L/min。激光束能量分布沿中心到四周服从高斯分布，激光扫描频率为 5 Hz，激光光斑直径为 0.3 mm，扫描时间为 1 ms，激光电流为 60 A，激光束平均功率密度为 21.0 MW/m^2，但激光束冲击中心部位功率密度远大于平均功率密度。氦离子辐照实验相关参数如下：辐照能量为 80 eV，辐照剂量为 9.9×10^{24} m^{-2}，辐照通量为 1.5×10^{22} m^{-2}/s，辐照时间为 11 min，辐照时测得样品表面温度为 1503～1553 K。对激光热冲击及氦离子辐照后材料表面形貌及横截面缺陷进行分析。

对 W-Y_2O_3 复合材料及作为参比样品纯钨材料进行激光束热冲击及氦离子辐照实验，由于激光热冲击后第二相存在明显溅射现象，对该区域截面进行分析，观察氦泡在不同深度与组分内的分布情况。结果表明相同激光热冲击测试条件下，W-Y_2O_3 复合材料相对于纯钨而言，抵抗热冲击开裂能力更为优异。根据激光热冲击不同区域表面形貌显著差异，也可佐证上述观点，相关的数值模拟结果也证实这一观点[62]。氦离子辐照后，在裂纹内部观察到致密 fuzz 结构，并且在钨基体，fuzz 结构及 Y_2O_3 颗粒内部均观察到氦泡存在。

2.1.6.1　复合钨基材料组织及织构

图 2.30 为去应力退火后纯钨及 W-Y_2O_3复合材料 RD-TD 面的显微组织及钨晶粒尺寸统计，由图(b)、(e)可看出，纯钨表面存在大量孔洞，但 W-Y_2O_3 复合材料孔洞相对较少，表明 Y_2O_3添加有利于提高晶体的致密度。通过钨晶粒尺寸统计发现，由于 Y_2O_3 掺杂作用，W-Y_2O_3 复合材料相对于纯钨细晶效果明显[63]。此外，对晶粒尺寸进一步分析发现，忽略晶界宽度影响，纯钨与 W-Y_2O_3 复合材料的钨晶粒晶界总长度分别为 5625.51 μm 和 6896.24 μm，可见 W-Y_2O_3 复合材料钨

晶粒晶界长度相对于纯钨材料增加 20%，若考虑 Y_2O_3 颗粒与 W 基体相界面长度，$W\text{-}Y_2O_3$ 复合材料界面长度则更多，直接影响晶体的激光热冲击和辐照损伤效应。

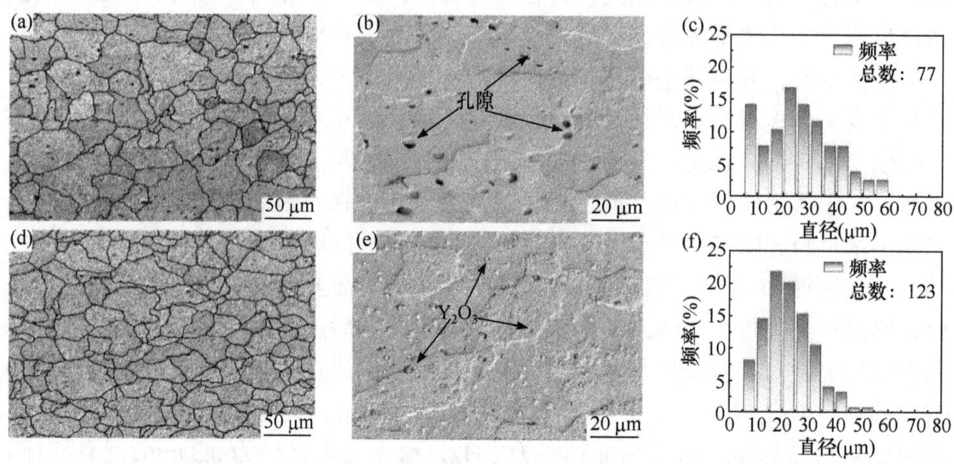

图 2.30 纯钨和 $W\text{-}Y_2O_3$ 复合材料 1373 K，1 h 退火后的表面形貌和晶粒尺寸分布

(a)、(b) 纯钨表面形貌；(c) 纯钨晶粒尺寸分布图；(d)、(e) $W\text{-}Y_2O_3$ 表面形貌；(f) $W\text{-}Y_2O_3$ 晶粒尺寸分布图

图 2.31 与图 2.32 分别为去应力退火后纯钨及 $W\text{-}Y_2O_3$ 复合材料的 RD-TD 面宏观织构情况。图 2.31(a)与图 2.32(a)为测得{110}、{200}、{211}不完全极图数据，图 2.31(b)与图 2.32(b)为根据极图数据得到的反极图数据，图 2.31(c)

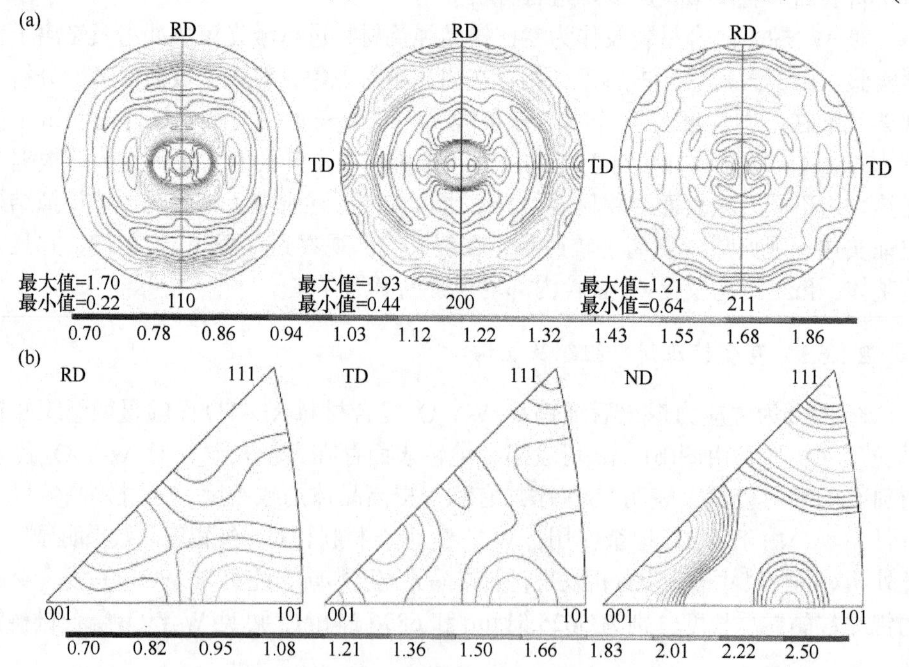

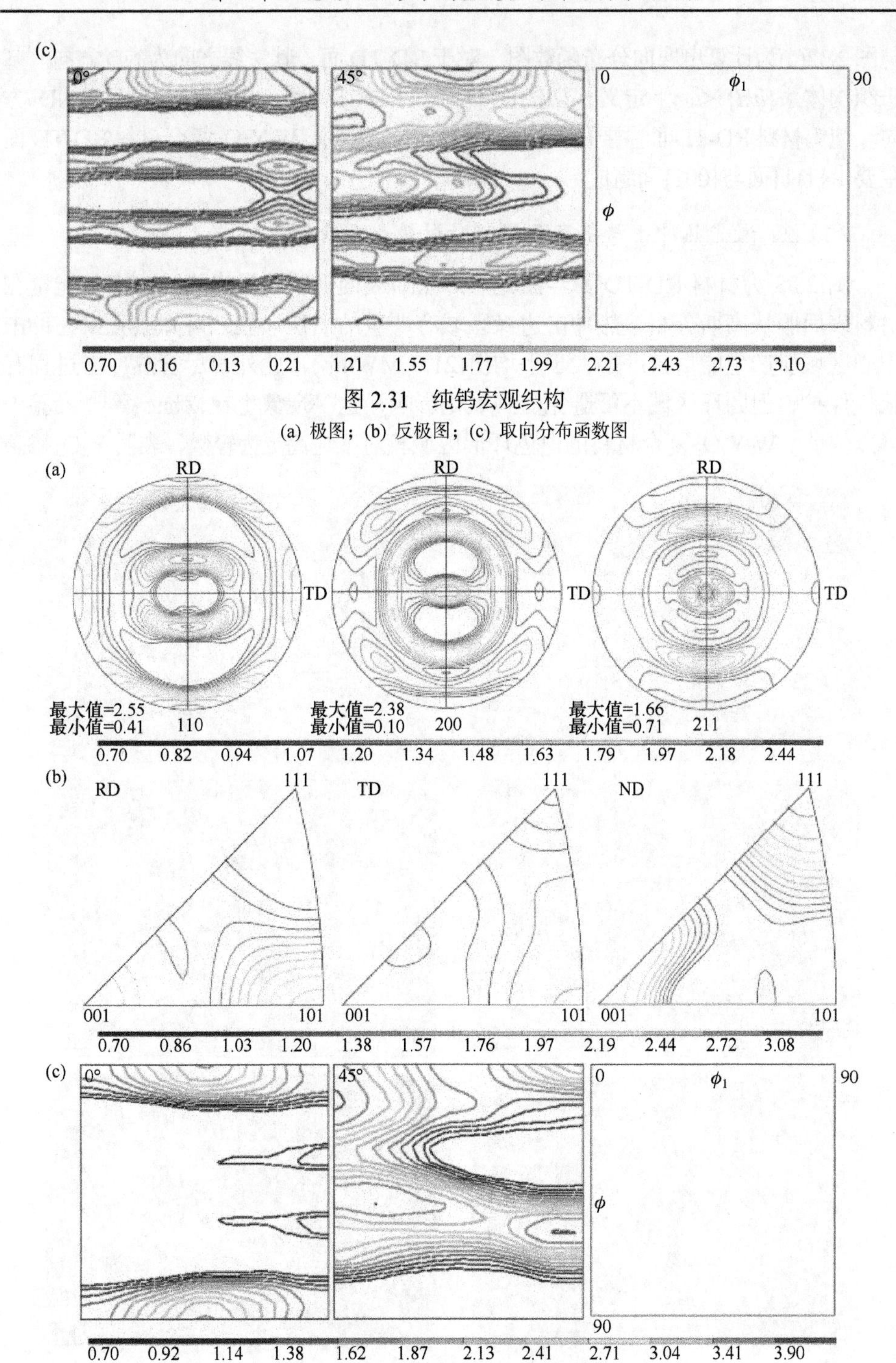

图 2.31　纯钨宏观织构

(a) 极图；(b) 反极图；(c) 取向分布函数图

图 2.32　W-Y_2O_3 复合材料宏观织构

(a) 极图；(b) 反极图；(c) 取向分布函数图

与图 2.32(c)为计算出取向分布函数图。对于 RD-TD 面，其法线方向为 ND 方向。基于织构体系{*hkl*} <*uvw*>定义，{*hkl*}面平行于 RD-TD 面，也就表明<*hkl*> // ND 方向。纯钨材料 RD-TD 面主要由{114}面与{881}面组成，W-Y_2O_3 复合材料 RD-TD 面主要由{111}面与{001}面组成。

2.1.6.2　激光热冲击与氦离子辐照对材料表面结构影响

图 2.33 为材料 RD-TD 面经激光热冲击后表面形貌，激光热冲击产生能量在材料表面服从高斯分布，热冲击边缘区域有严重的损伤形貌，可知激光束在冲击中心区域所产生能量密度远大于平均值(21.0 MW/m^2)，此外，尽管热冲击过程有氩气保护，但圆环区域不可避免受到氧化影响，这一现象也在 Zhao 等[64]实验中得以佐证。W-Y_2O_3 复合材料的白色环形区域相对于纯钨更为轻微，表明 Y_2O_3 掺杂

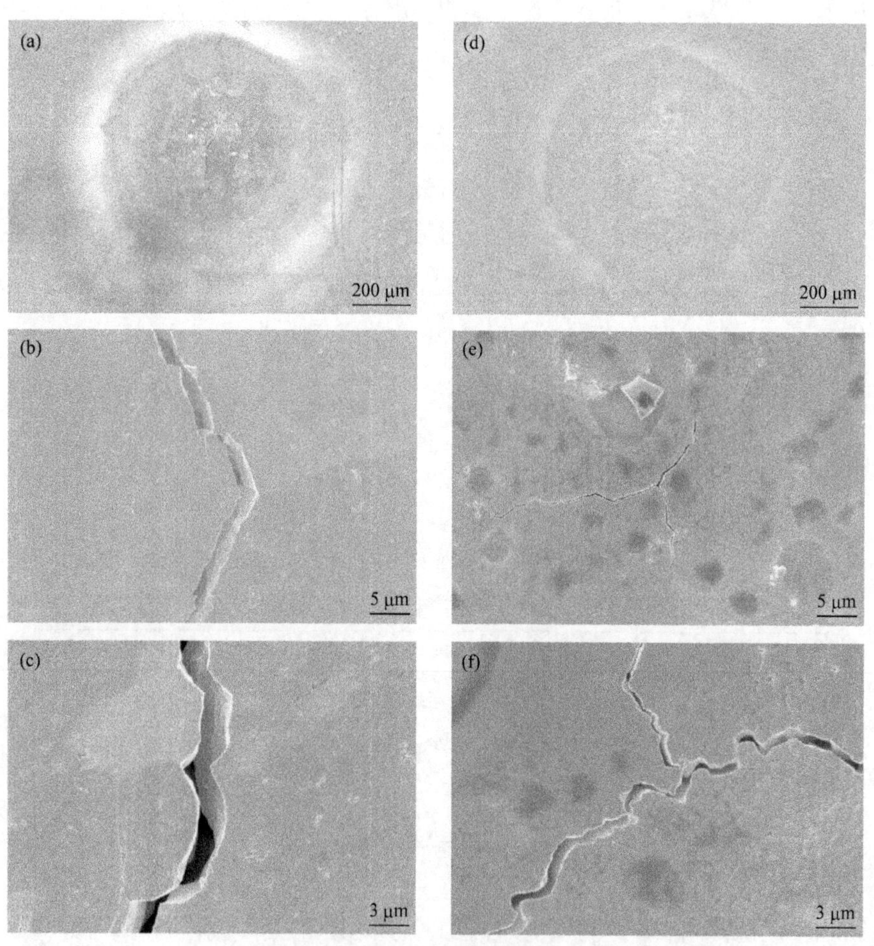

图 2.33　纯钨及 W-Y_2O_3 复合材料激光热冲击后表面形貌

(a)～(c) 纯钨表面形貌；(d)～(f) W-Y_2O_3 复合材料表面形貌

可有效提升材料的抗氧化能力。图 2.33(b)、(c)、(e)、(f)为相应材料热冲击中心区域放大形貌，可看出，纯钨和 W-Y_2O_3 复合材料的最大裂纹宽度分别为 1.10 μm 和 0.18 μm。由于轧向晶粒存在一定程度拉长，可根据裂纹周围晶粒拉长方向判断裂纹沿着轧向扩展，也间接表明钨晶体沿 RD 方向拉伸强度大于 TD 方向，这一点在相似钨基材料[65, 66]中也得以证实。

图 2.34 为激光热冲击中心区域经氦离子辐照后表面形貌，发现氦离子辐照后在激光热冲击与未热冲击区域均形成相当明显的 fuzz 结构。图 2.34(b)、(c)、(e)、(f)为激光热冲击中心区域经氦离子辐照后相应的放大图像，可看出纯钨及 W-Y_2O_3 复合材料裂纹两端晶粒经氦离子辐照后均出现不同程度的损伤，特别在激光热冲击导致的沿晶裂纹内部可观察到明显的 fuzz 结构，亦使得晶体在距离

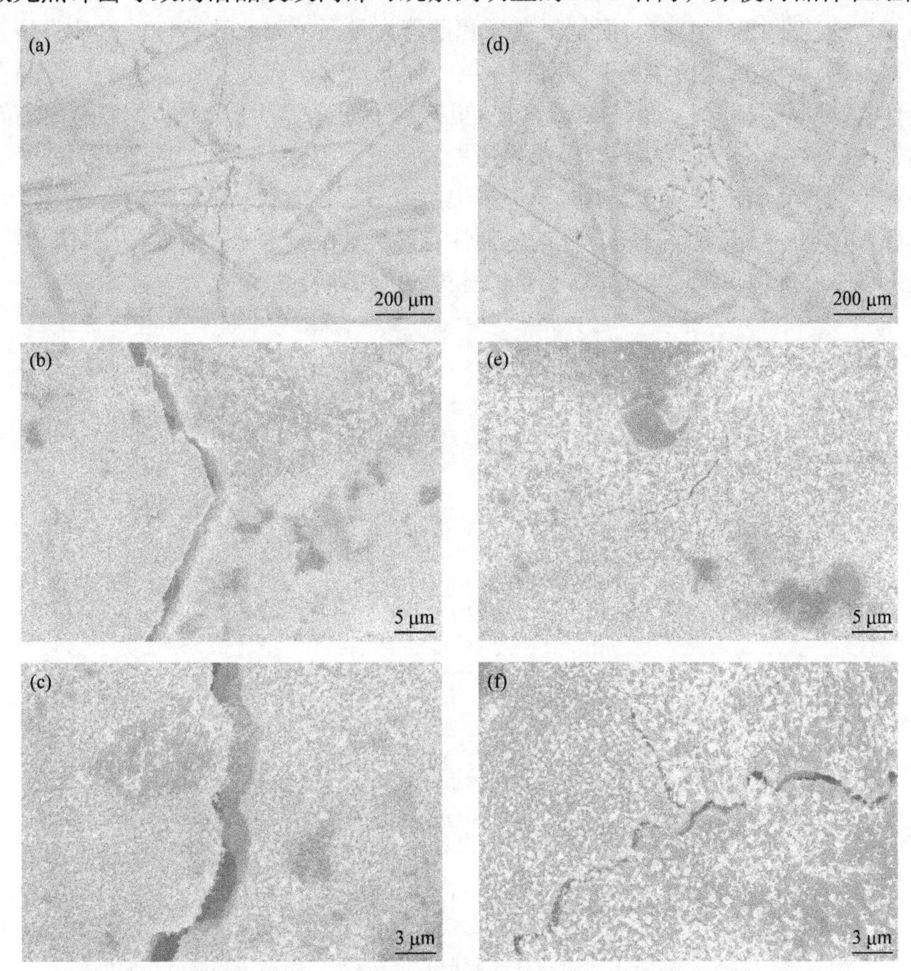

图 2.34　纯钨及 W-Y_2O_3 复合材料激光热冲击区域经氦离子辐照后表面形貌

(a)～(c) 纯钨；(d)～(f) W-Y_2O_3 复合材料

表面的深度方向进一步产生损伤。此外，纯钨中的裂纹数量和密度明显高于 W-Y_2O_3 复合材料，也反映出对于两种完全再结晶材料而言，相同服役条件下，Y_2O_3 掺杂可有效改善钨基材料的抗热冲击特性以及抵抗热冲击与辐照的耦合效应。

图 2.35 为两种材料未热冲击区域经氦离子辐照后表面形貌，不同于前文完全再结晶态的材料，低于再结晶温度的 W-Y_2O_3 晶体中有多数晶粒被致密的 fuzz 结构覆盖，而纯钨则相对覆盖率较小。正如前文所述，钨晶粒取向对氦离子辐射损伤有重要影响[38, 39]，越接近<103>//ND 取向越有利于抑制材料表面 fuzz 结构形成[38]，并且钨晶粒与密排面{110}之间的夹角大小会导致表面损伤形貌差异。纯钨 RD-TD 面以{114}、{881}面为主，W-Y_2O_3 的 RD-TD 面则以{111}、{001}面为主。这些平面中，{881}面抗氦离子辐照能力最强，因此纯钨材料中某些晶粒未被致密 fuzz 结构所覆盖。同时根据第一性原理[55]及相关实验结果[44, 56]，晶界可作为缺陷湮灭位点，晶界数量增加应更有利于抵抗氦离子辐照，但具有更高界面密度的 W-Y_2O_3 复合材料却辐照损伤更为严重。因此，相对于增加界面密度，晶粒取向更有助于提升晶粒的抗氦离子辐照能力。考虑到 Y_2O_3 掺杂在聚变堆实际服役过程中可有效提高钨基体的塑韧性、延长其服役寿命，故而采用后期塑性变形以期在确保 Y_2O_3 添加基础上提高材料的抗辐照特性。

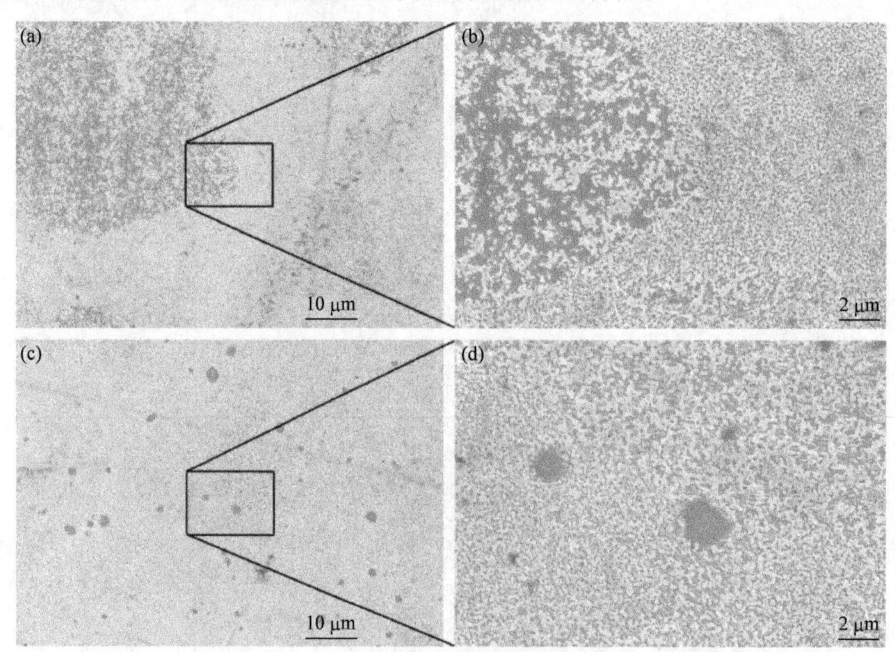

图 2.35　纯钨及 W-Y_2O_3 复合材料未激光热冲击区域经氦离子辐照后表面形貌

(a)、(b) 纯钨；(c)、(d) W-Y_2O_3 复合材料

2.1.6.3　W-Y_2O_3 热冲击区域辐照损伤组织演化

为进一步观察 W-Y_2O_3 复合材料热冲击区域经氦离子辐照后损伤行为，通过 FIB 技术垂直于 W-Y_2O_3 复合材料表面制备 TEM 样品，截面形貌与相应 EDS 数据如图 2.36 所示，在钨基体与 Y_2O_3 颗粒相界面可观察到清晰开裂现象。这应是由两种材料热膨胀系数差异及在激光热冲击冷却阶段产生拉应力所致[67]。对于 Y_2O_3 颗粒在近表面区域凹陷现象，应是激光热冲击导致 Y_2O_3 晶粒产生开裂，进而导致在此位置部分 Y_2O_3 晶粒脱落，如图 2.36(e)所示。

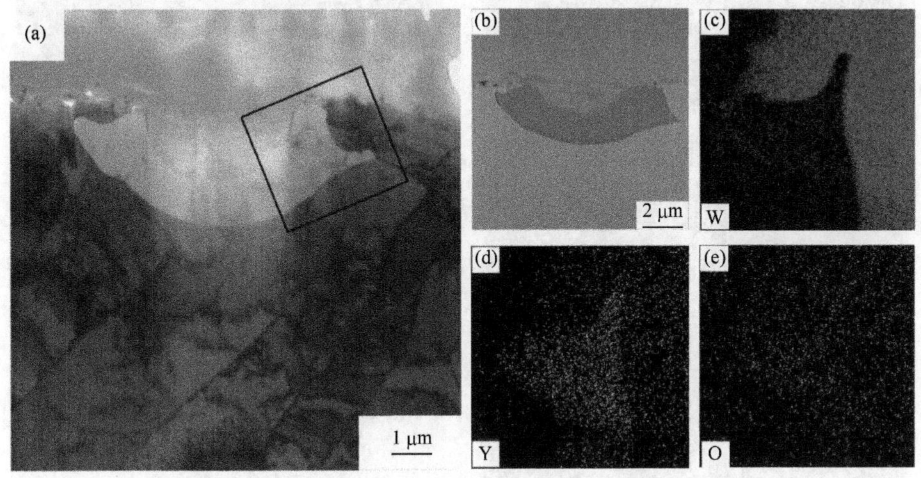

图 2.36　W-Y_2O_3 复合材料截面形貌及相应元素面扫图像

(a) 截面 TEM 形貌；(b) 截面 SEM 形貌；(c)～(e) 相应选择区域的 W、Y、O 元素面扫图像

对 W-Y_2O_3 复合材料的截面形貌进一步表征，如图 2.37 所示，其中选区电子衍射显示钨基体空间群为 $Im\overline{3}m$(229)，相应晶格参数为 3.1648 Å，与体心立方 W 相(JCPDS # 04-0806)相匹配[图 2.37(a)]，Y_2O_3 颗粒空间群为 $Fm\overline{3}m$(225)，相应晶格参数为 5.2644 Å，与面心立方 Y_2O_3 相(JCPDS # 43-0661)相匹配[图 2.37(d)]。

图 2.37(b)、(e)为图 2.37(a)、(d)进一步放大图像，发现 Y_2O_3 颗粒与钨基体中仅有少量氦泡，而 fuzz 结构中氦泡大量存在，此外，Y_2O_3 颗粒与钨基体中氦泡直径大多为 5～10 nm，而 fuzz 结构中氦泡直径显著增大，表明 fuzz 结构形成是氦泡向材料表面迁移所致[49]。图 2.37(c)、(f)为氦泡典型形貌及其周围区域高分辨 TEM 图像，插图为相应选择区域快速傅里叶转换情况，可明显看到氦泡内部晶格连续性与周围区域存在明显差异。钨基体近表层 50 nm 区域范围内明显观察到氦泡存在，同时近表层 Y_2O_3 颗粒内部也观察到氦泡产生。Lai 等[68]模拟发现随着 Y_2O_3 形成的氦与空位团簇中氦原子数量有一定的数量限制。面心立方 Y_2O_3 晶

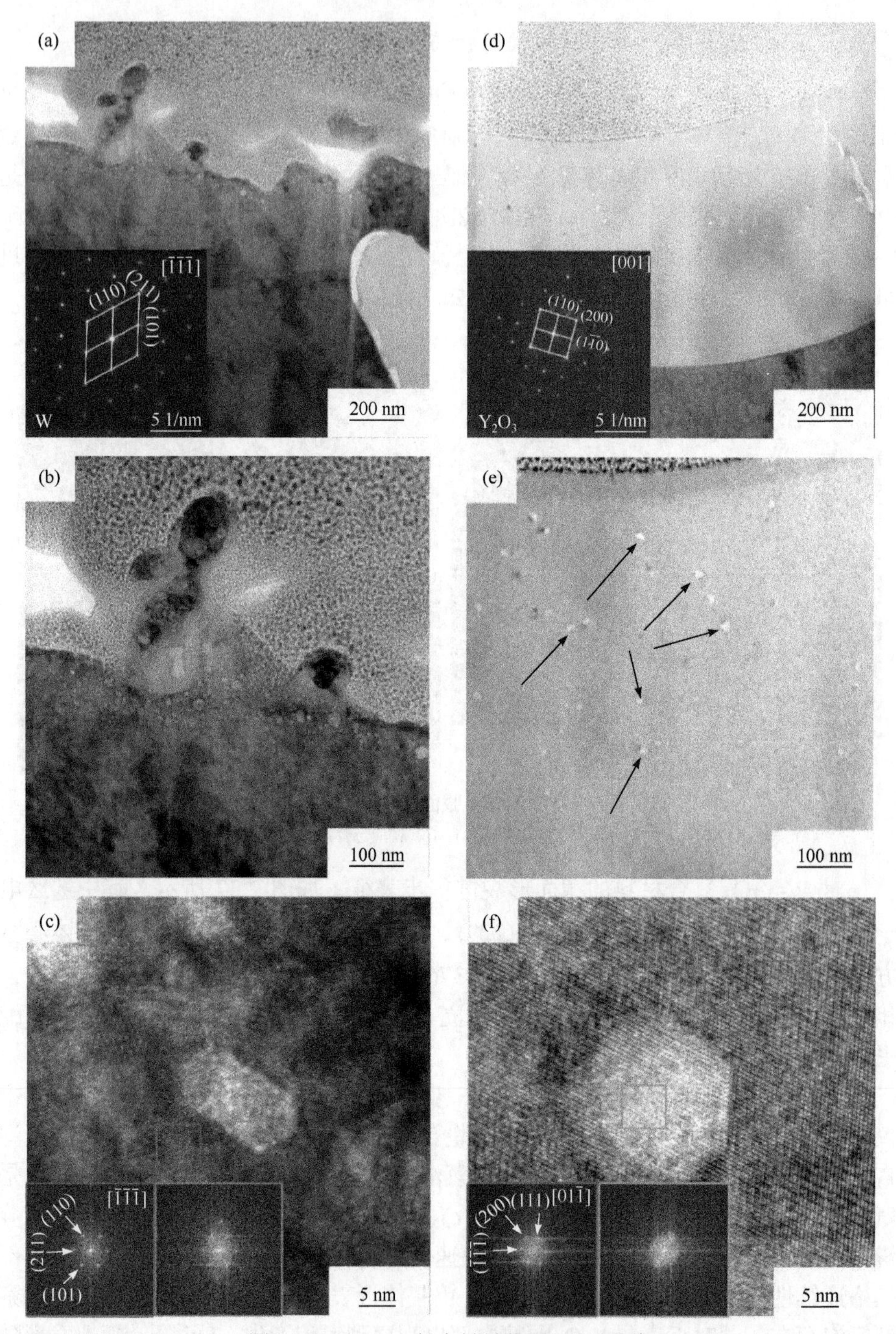

图 2.37　W-Y_2O_3复合材料截面 TEM 形貌

(a)、(b) 钨基体；(c) 钨基体高分辨 TEM；(d)、(e) Y_2O_3颗粒；(f) Y_2O_3颗粒高分辨 TEM

格参数大于体心立方 W 晶格参数，更易于氦离子迁移。激光热冲击引起的开裂和塑性变形行为在材料表面产生许多缺陷，进而促进缺陷处的氦离子捕获，在 Y_2O_3 颗粒内部形成明显氦气泡。如图 2.37(c)、(f)所示，氦泡呈现不是球形而是多边形，这一特征在其他立方结构晶体(Cu 与 Mo)中同样存在[69, 70]。Wei 等[69]认为最密排面所需表面能最低，最易氦泡优先生长，这与图 2.37(c)、(f)中快速傅里叶转换分析一致。此外，使用 FIB 技术制备 TEM 样品时如果未导致氦泡坍塌[图 2.37(f)]，氦泡区域会有明显晶格畸变，这同样表示，氦泡与基体界面处普遍存在晶格畸变。

考虑到钨基材料作为 PFMs 受到极端严苛条件下的粒子流和能量流作用，对其抗瞬态热负荷以及氦离子轰击损伤效应进行研究是考量该材料是否适合聚变堆运行的先决条件。因此对 W-Y_2O_3 复合材料及对比试样纯钨进行激光热冲击与氦离子辐照测试，探究瞬态热负荷与粒子轰击协同作用。可得出如下结论：①W-Y_2O_3 复合材料有着更优异的抗热冲击特性，激光热冲击后裂纹更易沿着晶粒拉长方向扩展并导致沿晶开裂；②晶粒取向和界面密度均会影响材料的抗氦离子辐照能力，晶粒取向作用更明显；③氦离子辐照会使得钨基体、Y_2O_3 颗粒甚至 fuzz 结构中均生成多边形氦泡。

2.2　W-TiC-Y_2O_3 复合材料制备及其性能

2.2.1　W-TiC-Y_2O_3 复合材料制备及测试

2.2.1.1　W-TiC-Y_2O_3 复合材料制备过程

1. 湿化学化制备 W-TiC-Y_2O_3 复合材料

原材料使用草酸、纳米碳化钛、六水合硝酸钇以及偏钨酸铵，其中偏钨酸铵以及硝酸钇的质量分别按照所需 W 及 Y_2O_3 的量转换，草酸则按照偏钨酸铵取量计算，碳化钛直接称量获得。将偏钨酸铵溶液、草酸溶液与碳化钛超声混合搅拌，搅拌时缓慢加入硝酸钇溶液。随后油浴锅加热至 150℃，待水分蒸发完全后获得复合粉体前驱体。对前驱体进行两段氢气还原获得 W-TiC-Y_2O_3 复合粉体。最后通过冷等静压+传统气氛烧结制备 W-TiC-Y_2O_3 复合材料。

2. 机械合金化制备超细晶 W-TiC-Y_2O_3 复合材料

原材料使用纳米碳化钛、纳米氧化钇和纯钨粉。确定原材料的量后，按照球料比 10∶1 称取相应质量的磨球，球磨罐材质为碳化钨，将原材料与磨球入罐，将罐置于全方位球磨机中。球磨机转速为 400 r/min，球磨时长设定 20 h。待球磨停止，用玛瑙研钵对所得到的复合粉体进行研磨，研磨时会磨碎较大团聚体，得到磨好复合粉体后，将粉体密封装袋，为放电等离子烧结做好准备。

称取 16～18 g 所得的球磨复合粉体，使用 Φ20 mm 的石墨模具进行烧结。将磨具一头先压入，再装粉，装粉后铺平粉末再压入另一端压头，两个压头所突出部分应保持一致。在烧结之前用 3 MPa 左右的压力预压粉末，使用仪器为液压机。预压完成后使用 SPS 进行烧结，烧结工艺曲线如图 2.38 所示，烧结时的惰性保护气为氩气。准备烧结时需使烧结室内达到所需的真空度。先升温至 600℃(120℃/min)，温度到达 600℃后施加压力直到 15.2 kN(1.2 kN/min)。之后升温至 800℃(100℃/min)，保温 3 min，再升温至 1200℃(100℃/min)保温 15 min。结束后用 5 min 的时间升至 1700℃后保温 5 min。保温结束后降温至 1200℃(100℃/min)后，随炉冷却。

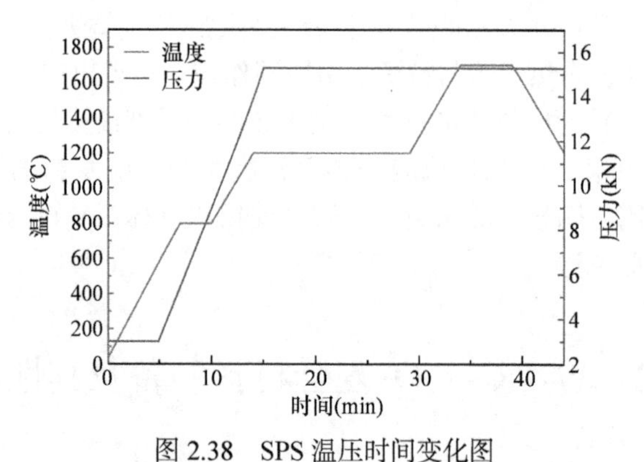

图 2.38 SPS 温压时间变化图

3. 热机械法制备超细晶 W-TiC-Y_2O_3 复合材料

使用纳米碳化钛、偏钨酸铵、纳米氧化钇为原材料。按照钨所需的量称取相应的偏钨酸铵的量，将其置于箱式电阻炉中加热到 400℃，得到氧化钨。所得材料与所需的氧化钇与碳化钛混合，置于碳化钨球磨罐中球磨。原材料与磨球比为 10∶1，以 400 r/min 的转速进行球磨，时间为 20 h。球磨完成得到复合粉体的前驱体，在高温管式炉中通入氢气进行还原，温度设定在 900℃，还原时间为 1 h，得到 W-TiC- Y_2O_3 复合粉体。之后进行 SPS，所采用的烧结工艺与图 2.38 一致。

2.2.1.2 W-TiC-Y_2O_3 复合材料性能测试

使用线切割把试样切为 10 mm × 10 mm × 1 mm 的薄片。样品切下后用砂纸抛光，再用超声振动仪清洗。使用直缝焊接专机(型号：LSW-1000)对样品进行不同功率、不同密度的激光热冲击实验。惰性气体保护气氛采用氩气。实验不变条件为脉宽(1 ms)、固定激光束的电流(60 A)、激光束斑点大小(Φ3 mm)。实验变量为激光束的电流频率大小，通过电流频率大小来控制激光束电流功率密度。电流频率大小分别为 0.5 Hz、1 Hz 和 2 Hz。采用场发射扫描电子显微镜对热冲击的样品表面进行观察，从而研究在热冲击下复合材料的损伤行为。

利用线切割机对 W-TiC-Y_2O_3 复合材料试样进行线切割，切出长×宽为 10 mm × 10 mm，厚度为 1 mm 左右的块体，然后对切下的样品用砂纸进行磨平，抛光后用大功率离子辐照实验系统(型号：LP-MIES)进行低能量、高剂量的氦离子辐照。实验中所采用的氦离子束能量为 50 eV，让氦离子束垂直入射到样品表面，且入射有效的辐照范围为直径 10 mm 的圆形区域。氦离子辐照实验期间，样品的表面温度用红外测温仪测得，表面温度约为 1250～1280℃。氦离子的辐照剂量大约为 9.9×10^{24} ions/m^2。氦辐照实验结束后，对样品表面进行形貌分析并研究样品在氦离子辐照下的损伤行为。

2.2.2　湿化学法制备 W-TiC-Y_2O_3 复合材料的组织性能

2.2.2.1　W-TiC-Y_2O_3 复合粉体表征

称取 W：TiC：Y_2O_3=98：1：1(体积百分比)对应质量的偏钨酸铵、TiC、六水合硝酸钇，此外，需添加沉淀剂草酸，草酸添加量与偏钨酸铵对应，制备复合添加 TiC 和 Y_2O_3 的钨基材料。采用湿化学法制备 W-TiC-Y_2O_3 复合粉末的前驱体，氢气还原后烧结得到复合粉体。通过 XRD 对还原粉体进行物相分析，如图 2.39 所示，可看出还原后的复合粉体中以 W 为基体相，衍射峰强高且峰宽窄，证明还原粉体结晶度好。XRD 图谱并未发现明显的第二相衍射峰，这主要归因于第二相的添加量较少。

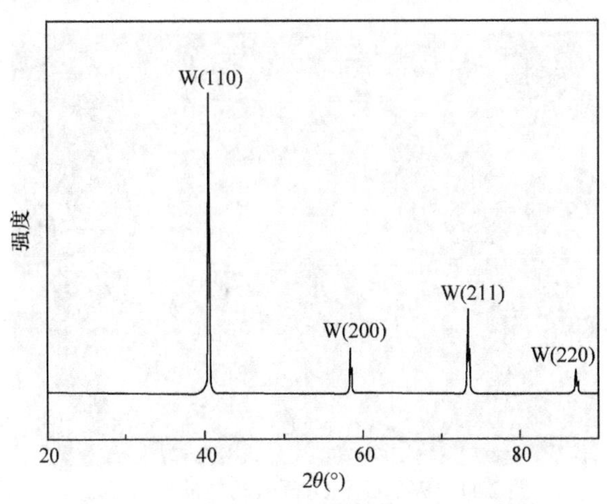

图 2.39　W-TiC-Y_2O_3 复合粉体的 XRD 图谱

对还原粉体进行了激光粒度检测，如图 2.40 所示，三次测量结果的粒径分布基本相同，取三次测量结果的平均值，即 $d(0.1)$ = 1.21 μm，$d(0.5)$ = 2.49 μm，$d(0.9)$ = 5.50 μm，分别作为 D_{10}、D_{50} 以及 D_{90} 的值代入公式$(D_{90}-D_{10})/D_{50}$得到计

算结果 1.72，可知还原粉体的粒径分布范围较窄。另外，该粒径分布曲线不服从正态分布，在粒径约 25 μm 处出现了一个小峰，这可能是粉末还原过程中发生了团聚导致的。

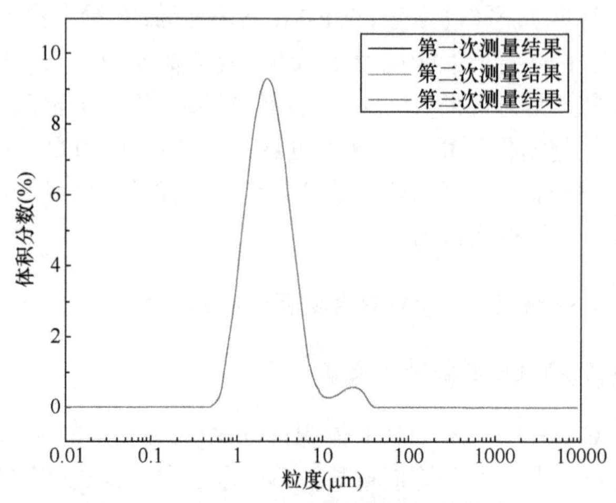

图 2.40　W-TiC-Y_2O_3 复合粉体的粒径分布

图 2.41 给出了还原后复合粉体的显微形貌。复合粉体形貌为多面体形状，粉末的分布比较均匀，大部分的粉末粒径为 1～2 μm，同时也存在着低于 1 μm 的粉体。从扫描结果上看，粉末发生团聚的现象比较少且并无较大的颗粒，因此在粉体粒径的测量结果中出现的小峰更可能是由于制备样品时粉体没有分散开来导致的。

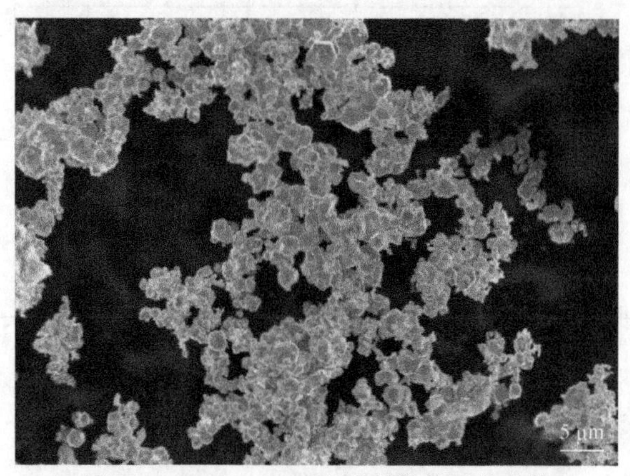

图 2.41　W-TiC-Y_2O_3 复合粉体的显微形貌

2.2.2.2　W-TiC-Y_2O_3 复合材料密度与显微硬度

测得的样品的质量 M_1、M_2 和 M_3 分别为 3.97 g、3.76 g 和 3.97 g，复合材料的实际密度约为 18.84 g/m^3，可以根据式(2.14)计算得到：

$$\rho = \frac{M_1}{M_3 - M_2} \tag{2.14}$$

如果说在制备粉末与烧结过程中没有新的相产生，那么就需要加和混合定律来计算理论密度，计算方式如式(2.15)所示：

$$\rho_{\mathrm{T}} = \sum \rho_i v_i \tag{2.15}$$

复合材料的理论密度需要通过对各个组元的密度与体积百分比的乘积进行相加，由此可得 W-TiC-Y_2O_3 复合材料的理论密度为 19.06 g/m^3。根据公式(2.15)可算得材料的相对密度大约为 98.85%。表 2.8 给出烧结后复合材料的理论密度、实际密度、相对密度以及复合材料的显微硬度。

表 2.8　W-TiC-Y_2O_3 复合材料的密度与显微硬度

材料	实际密度	理论密度	相对密度	显微硬度
W-TiC-Y_2O_3	18.84 g/m^3	19.06 g/m^3	98.85%	395.8 HV

通过对样品进行抛光处理，之后进行 12 次的硬度测量取平均值，得到复合材料的硬度值约为 395.8 HV，计算误差大约为 2%。由于传统烧结在烧结过程中材料会发生明显的粗化，从而影响材料的机械强度。需要复合材料具有较高的致密度以及第二相对钨基体的增强作用来确保材料的硬度。

2.2.2.3　W-TiC-Y_2O_3 复合材料表面结构与断口分析

对 W-TiC-Y_2O_3 复合晶体腐蚀前后的形貌进行观测，可看出第二相均匀且弥散分布在钨基体上[图 2.42(a)]，能谱分析[图 2.42(b)]发现第二相颗粒中存在 Y、O、Ti 三种元素，但没有 C 出现，判断该第二相可能为新相。抛光腐蚀后的晶面特征愈发明显，第二相大部分均匀分布在钨基体晶界处，还有一些较细小的颗粒弥散于晶内[图 2.42(c)]。烧结后除了些许大小为 50 μm 左右的粗晶，大部分晶粒尺寸约为 30 μm，可看出与原始粉末粒径相比，烧结后的晶粒尺寸明显增大。对断口分析发现[图 2.42(d)]，除了典型的沿晶断裂，某些区域还能看到撕裂状的穿晶断口形貌。

2.2.2.4　W-TiC-Y_2O_3 复合材料热导率

依据不同的温度(300 K、500 K、700 K、900 K、1100 K)的热扩散系数，计算出 W-TiC-Y_2O_3 样品相应的热导率，如图 2.43(a)和(b)所示。发现随温度升高，复合材料的热扩散系数明显降低，而计算所得热导率也呈现同样趋势。众所周知，金属中电子的传导在热导中起主导作用，而电子的热导率对于纯钨来讲是一个随温度升高而降低的函数[71]。碳化钛和 Y_2O_3 随机分布在起主要影响作用的钨基体上，无法形成一个连续通道，因此出现热导率随温度升高而下降的现象。影响复合材料热导率的主要因素有材料的相对密度、基体的热导率、掺杂第二相的热导率以及第二相在基体上的分布情况等。烧结后室温下 W-TiC-Y_2O_3 复合材料的热导率为 148.38 W/(m · K)，这个数值与纯钨相比并未发生明显下降。

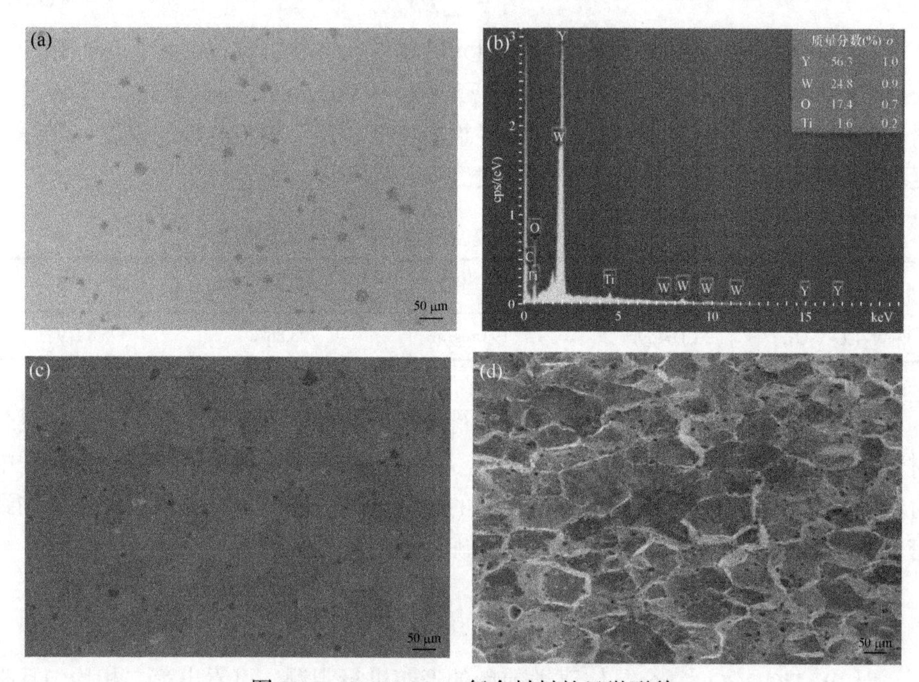

图 2.42　W-TiC-Y_2O_3 复合材料的显微形貌

(a) 腐蚀前；(b) 第二相能谱分析；(c) 腐蚀后；(d) 断口形貌

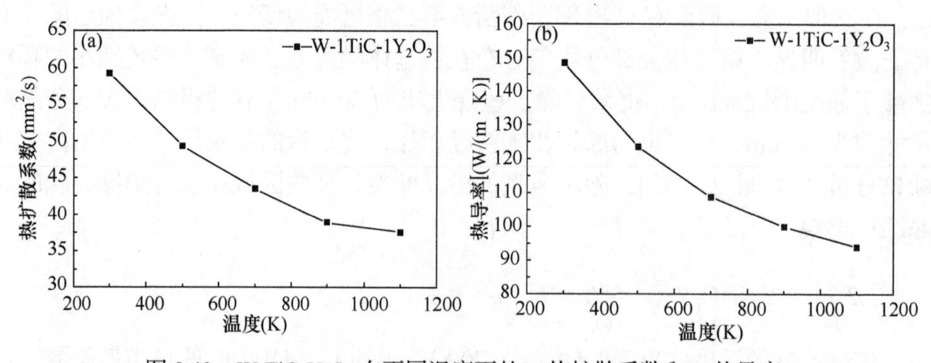

图 2.43　W-TiC-Y_2O_3 在不同温度下的(a)热扩散系数和(b)热导率

2.2.2.5　W-TiC-Y_2O_3 复合材料晶体组织与位错结构

W-TiC-Y_2O_3 复合材料的组织结构如图 2.44(a)所示，不同对比度下可明显看到钨基体与其中分布的第二相颗粒，对第二相进行选区电子衍射和高分辨分析[图 2.44(b)]，发现烧结过程中碳化钛和 Y_2O_3 反应，生成新相 Y_2TiO_5，结合选区衍射分析发现该新相以两种形式存在，一种为单独的相结构[图 2.44(a)、(b)]，另一种则是两相间以一定界面结合在一起[图 2.44(c)、(d)]。

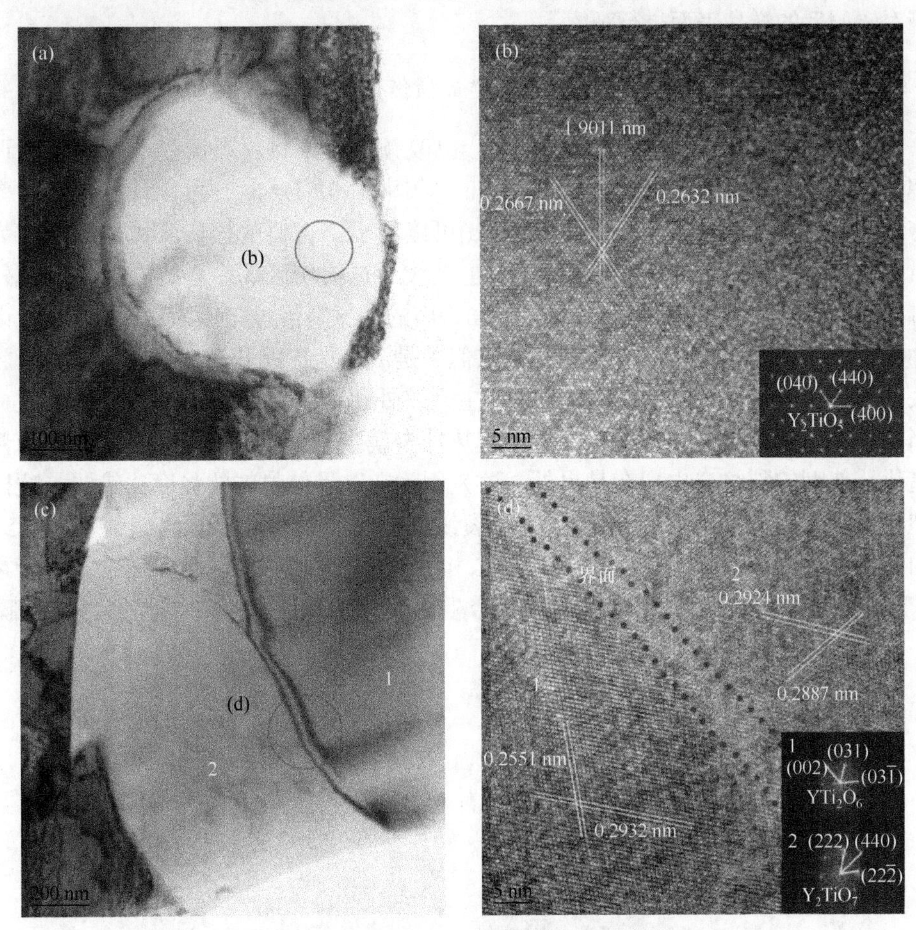

图 2.44　W-TiC-Y_2O_3 复合材料 TEM 图像

(a)、(c)为明场像；(b)、(d)分别为(a)和(c)图中的选区衍射和高分辨

2.2.3　W-TiC-Y_2O_3 复合材料的类服役损伤行为

使用激光束对材料表面进行冲击从而观察其在热负荷作用下的表面损伤，用此模拟 W-TiC-Y_2O_3 复合材料在聚变堆服役环境中的损伤。而低能量、高剂量的氦离子辐照则用来模拟聚变堆服役环境中的辐照损伤，对所制得的复合材料进行注 He 离子的实验，研究材料表面形貌变化和辐照损伤行为。

首先对材料进行不同功率密度的热冲击实验，所采用的热源为激光束，固定其脉宽为 1 ms、电流为 60 A 不变，改变频率分别为 0.5 Hz、1 Hz 和 2 Hz，在场发射扫描电子显微镜下观察热冲击后复合材料的表面损伤。对未进行热冲击的样品进行辐照实验，辐照所需要的氦离子能量为 50 eV、剂量为 9.9×10^{24} He ions/m^2，在辐照过程中，样品的表面温度大约在 1230～1280℃。利用场发射扫描电子显微镜对辐照后的样品表面进行观察。

2.2.3.1　W-TiC-Y_2O_3 复合材料热冲击损伤行为

在保持电流和脉宽不变的情况下，更改频率观察材料表面受热负荷后的形貌。当激光束电流为 60 A、脉宽为 1 ms、频率为 0.5 Hz 时，可以计算得到功率密度大约为 21.2 MW/m^2。从图 2.45(a)可以看出，材料的损伤区域的范围约为 310 μm，损伤区存在着明显的裂纹，主裂纹穿过损伤区的中心，在损伤区域外可以看到密集分布的第二相。图 2.45(a)给出的是材料经过频率为 0.5 Hz 激光束冲击下的表面形貌，中心区域这些裂纹似乎是沿晶界扩展开来，对此区域进行放大，如图 2.45(b)所示，可以看出除了主裂纹外还有一些宽度稍窄的二次裂纹。当激光束的功率密度超过破坏阈值时，热冲击就会造成裂纹网络的形成和表面粗糙化，典型的裂纹会出现在晶界处，这是因为在晶界处材料的强度比较弱，这样裂纹就容易沿着晶界扩展开来[72]。对裂纹进行放大观察可以看出，最宽的裂纹约为 1 μm，如图 2.45(c)所示。在有第二相的地方，裂纹一般会绕开第二相或者终止于第二相，第二相的存在会起到一个阻碍裂纹扩展的作用。但是经过这种瞬

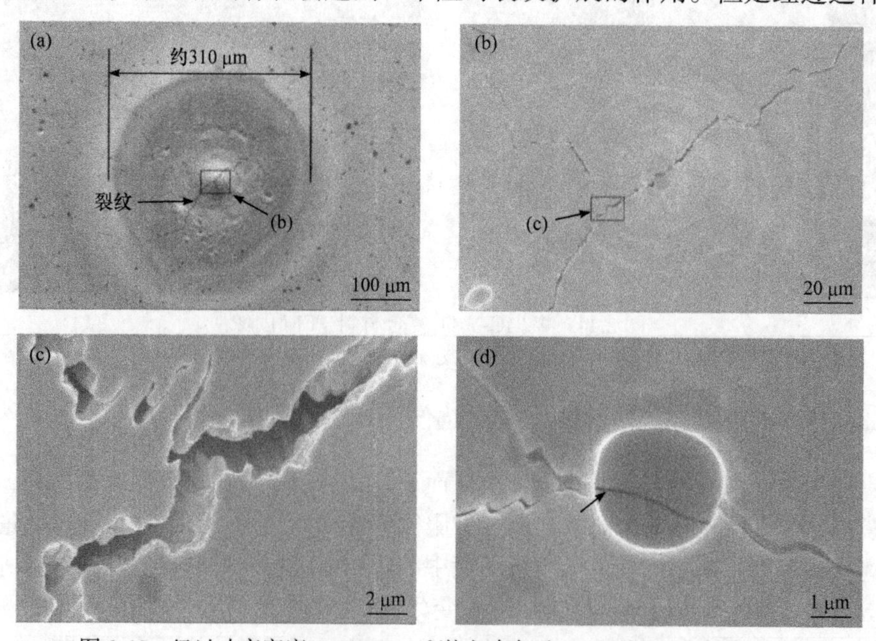

图 2.45　经过功率密度 21.2 MW/m^2 激光冲击后 W-TiC-Y_2O_3 的表面形貌

态高功率密度热负荷的作用，在材料的表面也看到了某些第二相的开裂现象，如图 2.45(d)所示。尽管第二相能够起到阻碍裂纹扩展的作用，但是某些第二相颗粒也发生了开裂。在对复合材料进行透射分析时，发现某个大的第二相由两种新相组成，且存在一定的相界面。与晶界类似，这些相界也容易成为裂纹的扩展路径。

随着激光束的频率增加到 1 Hz 和 2 Hz，即功率密度分别为 42.4 MW/m^2 和 84.8 MW/m^2 时，可以看到复合材料表面的损伤区域与前面激光束频率为 0.5 Hz 的相比并没有扩大，不过有个明显的区别在于主裂纹是扩展路径。

从图 2.46(a)和(d)可以看出在更高功率密度的激光束冲击下，复合材料表面

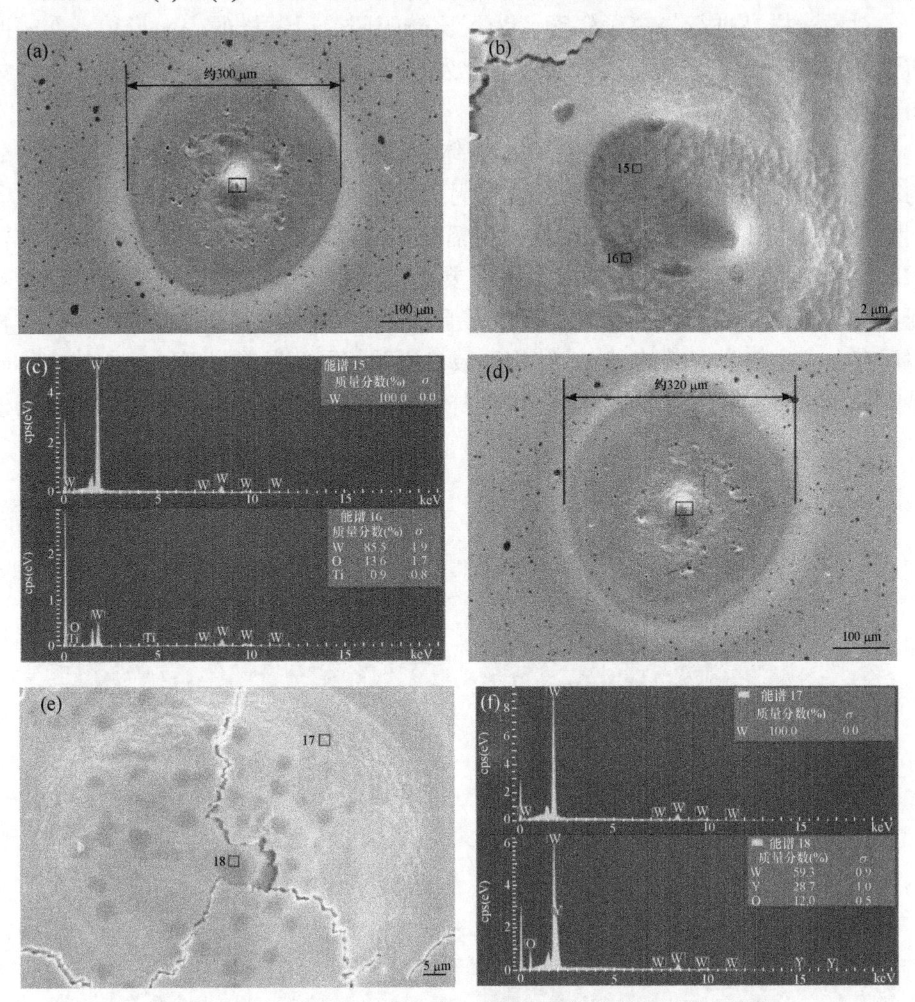

图 2.46　不同功率密度激光冲击后复合材料的表面形貌及能谱

(a) 42.4 MW/m^2；(b)图(a)中相应区域的放大图；(c)图(b)中相应位置的能谱分析；(d) 84.8 MW/m^2；(e)图(d)中相应区域的放大图；(f)图(e)中相应位置的能谱分析

的主裂纹并没有穿过冲击的中心，意味着最中心区域的裂纹减少了。在更高功率密度的激光束冲击下，损伤中心的形貌是类似的，在损伤中心可以看到密集分布的细小颗粒，当激光束功率密度为 42.4 MW/m^2 和 84.8 MW/m^2 时，损伤区域的中心形貌与前面低功率密度样品有明显不同。

进行能谱分析后，发现这些细小颗粒的钨和较少的第二相。由于冲击的瞬间，中心位置的表面熔化了，在氩气作用下其冷却速度很快，因此重新凝固成了细小的钨颗粒，即这些细小颗粒的形成主要是钨的再凝固而产生的。

2.2.3.2　W-TiC-Y_2O_3 复合材料辐照损伤行为

对抛光样品进行氦离子辐照，为了比较辐照前后试样的表面形貌，在辐照前试样表面进行了显微压痕。通过对比发现样品的形貌发生了很大的变化，如图 2.47 所示。

对比图 2.47(a)和(b)可以看出，晶体表面经辐照中后部分晶粒中出现明显的辐照损伤，并且预制压痕形态也与周边区域形态不同[图 2.47(c)和(d)]，分别放大图 2.47(b)和(d)中心区域，发现辐照后晶体表面出现了大量的 fuzz 结构[图 2.47(c)]，这种 fuzz 结构的形成需要一定的离子能激发和辐照温度，并被证实与氦泡的成核和生长有关[45, 73]。并且从图 2.47(e)左上角可以看出，试样辐照后存在一个较为松散的 fuzz 结构区域，说明相同辐照剂量对同一晶体中不同晶向的晶粒而言损伤程度各有不同。此外，第二相的表面没有类似于钨基体的模

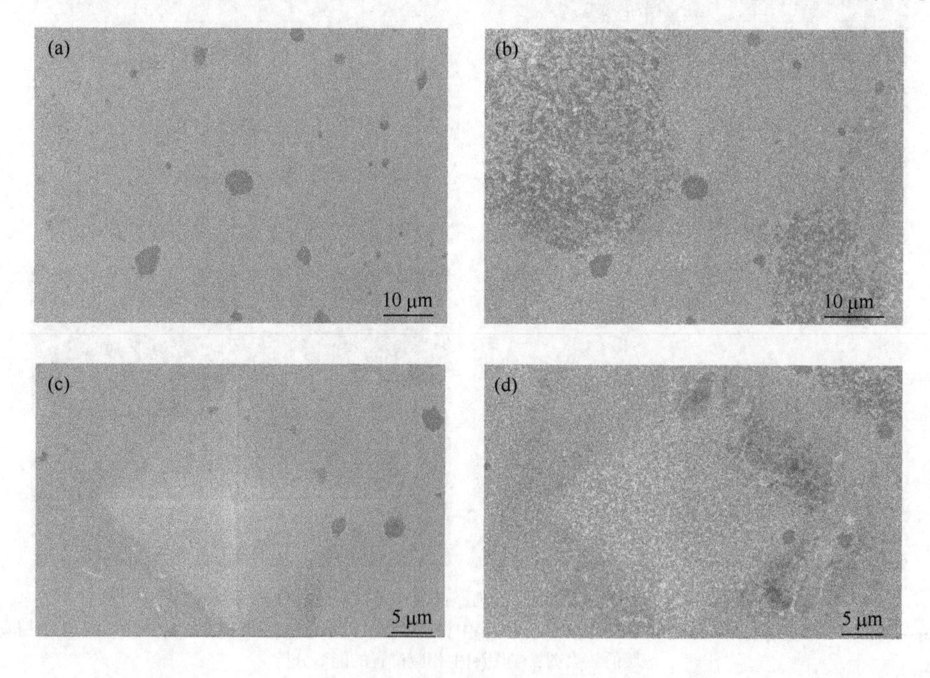

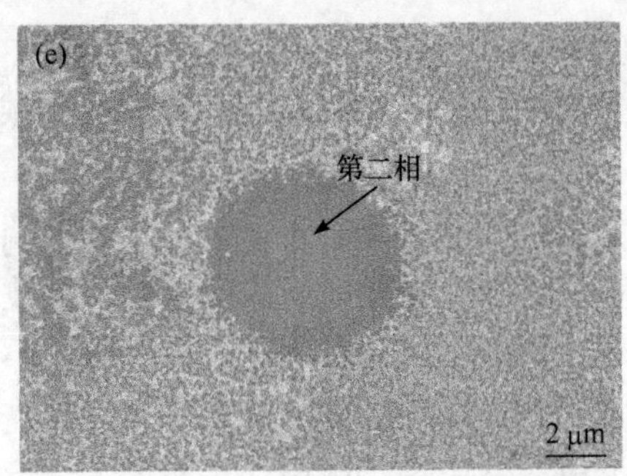

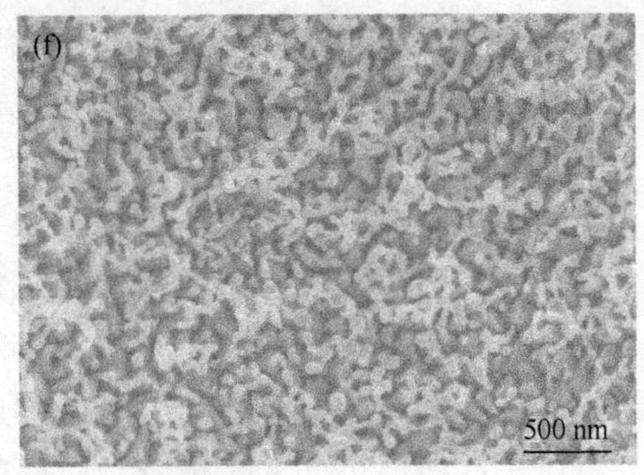

图 2.47　样品辐照前后的表面形貌图

(a)和(c)辐照前；(b)、(d)、(e)及(f)辐照后

糊结构。对比实验结果发现，在压痕处存在更致密的 fuzz 结构。产生这种现象的原因可能是在预制压痕时，该区域的表面受到一定程度的塑性变形，使得氦泡更容易在这里成核生长，从而产生更多的 fuzz 结构。

辐照实验中，受离子束影响的区域为直径 10 mm 的圆形，由于离子束分布不均匀，在辐照区域边界处注入的氦离子可能低于中心区域。因此，在辐照损伤区域的边界也进行了观测。图 2.48(a)所示的辐照边界区域的表面形貌表明，该区域存在不同的辐照形貌。与之前观测到的现象不同，该区域没有模糊结构，这是因为边界区域的辐射剂量相对较小。这些不同的形态是在产生 fuzz 之前形成的。从图 2.48(b)可以看出，材料的表面具有不同的形貌。A、B 和 C 的表面形貌分别

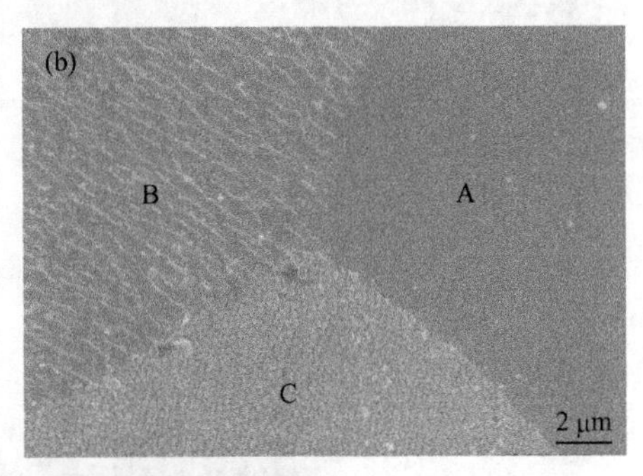

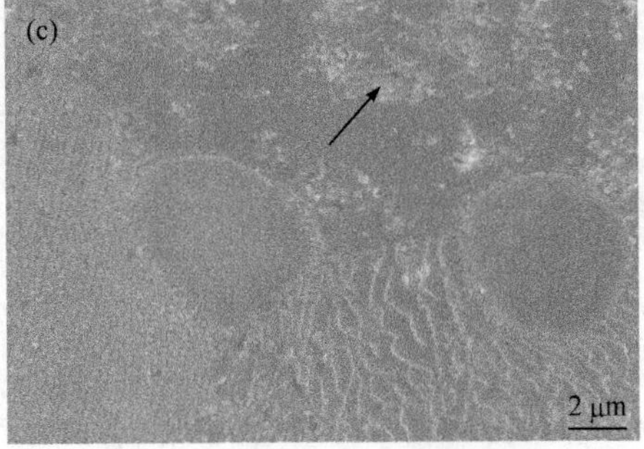

图 2.48　辐照边界区的表面形貌

为光滑、波浪形和圆锥形形貌。图 2.48(c)中三个不同区域的形态与图(b)中不同。例如，箭头所示的波浪形形态出现在光滑的形态上，而左下角相同的区域也有不同的形态。

实验结果与 Parish 等[38]的研究结果是一致的，在 4×10^{24} He ions/m^2 的辐照条件下，钨的不同晶粒间具有着不同的形貌，即不同晶粒间存在着光滑，呈波浪状、锥体或梯田等形貌特征。不同的形貌变化代表了损伤的程度不同。这些不同的结构在不同的方向排列着，这种结构通常是fuzz结构形成的早期平台。首先，注入氦原子在浅层表面的扩散导致氦胚的形成。然后这些胚胎的体积增大，形成了氦纳米气泡，这些氦纳米气泡会成长并合并成大气泡。随后形成不同方向的波纹状“台阶”，氦泡破裂可引起早期这种凹凸面的形成。而 fuzz 结构的形成在很大程度上取决于这些早期平台的晶粒取向[74]。

2.2.3.3　激光热冲击耦合辐照表面损伤演化

图 2.49(a)为功率密度 21.2 MW/m^2 的激光冲击后未受辐照的复合材料表面。对比图 2.49(a)和(b)，可以发现辐照前后材料表面发生了明显变化。首先，可看到一些中小裂缝仍然存在，但一些次生裂缝消失，这可能是由于材料表面产生了 fuzz 结构覆盖这些相对较小的裂缝，或者是由于在辐照过程中裂缝的自我修复。

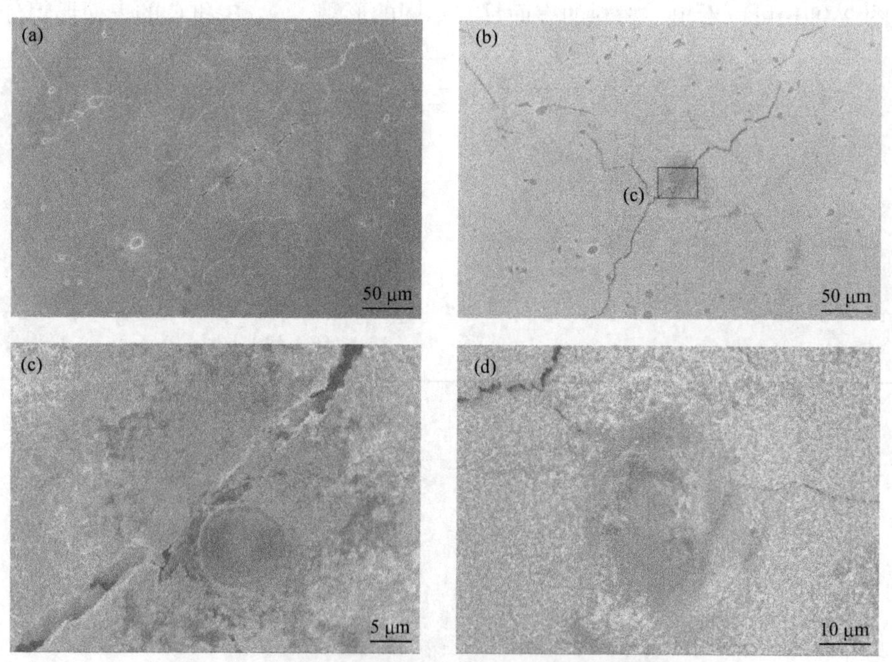

图 2.49　热冲击 W-TiC-Y_2O_3 样品辐照前后的表面形貌

(a) 辐照前；(b)、(c)和(d)辐照后

第二阶段变化不大，图 2.49(b)表现出除中心区域，辐照表面的形貌基本相同，均出现 fuzz 结构。将中心区域放大，如图 2.49(c)所示，无论是在第二相还是在钨基体中，都没有 fuzz 结构产生，仅能观察到粗糙的表面，类似于 fuzz 形成的早期平台，意味着相较于旁边区域，中心区域更不易于生成辐照条件下的典型 fuzz 结构。激光冲击后，中心区域发生再结晶，这个过程中，材料内部结构发生变化，使得该区域没有绒毛结构形成，这一现象在相似合金中也有[64]，发现再结晶区域晶粒由于辐照热应力呈柱状分布且垂直于表面，晶界则成为氦离子扩散的快速通道，使得氦离子更易进入基体，避免表面聚集，故而表面没有大量氦泡聚集，不能形成 fuzz 结构而只是发生粗糙化现象。

2.2.4　超细晶 W-TiC-Y_2O_3 复合材料制备与性能

PFMs 对瞬态热负荷的响应可能对未来聚变反应堆的可用性和运行安全性产生重大影响[75]。虽然增加第二个相可以用来提高 W 的性能，而大晶粒 W 的延展性较差。随着晶粒尺寸的减小，金属的强度普遍增加，但断裂伸长率和延性降低[76]。与传统的商业材料相比，超细晶钨和第二相颗粒弥散强化钨合金提高了力学性能，降低了韧脆转变温度[77, 78]。这种超细晶结构不仅可保存钨基体的强韧性，并且晶界也会更好地保护高剂量氦离子对钨基体的辐照损伤[6, 79]。

超细晶钨可以通过先进的粉末冶金制备技术或超塑性变形，如等通道角挤压和高压扭转制得。然而，超塑性变形对样本大小和几何形状有一定的限制[79]。

放电等离子烧结(SPS)是一种将粉末固化成高密度块体的新技术，其优点包括：快速烧结、避免晶粒粗化、降低烧结温度、有效固结等[80]。放电等离子烧结样品的密度和晶粒尺寸受颗粒尺寸、粒度分布、压力、加热速率等参数的影响[81-83]。

作者通过制备超细粉体结合放电等离子烧结来制备超细晶的 W-TiC-Y_2O_3 复合材料，研究不同方法制备出具有不同粒径的粉末的 SPS 行为，并探究了晶粒细化对 W-TiC-Y_2O_3 复合材料热冲击和辐照损伤行为的影响。通过机械合金化来制备较粗颗粒的 W-TiC-Y_2O_3 复合粉体，采用热机械法制备较细颗粒的复合粉体，并按照图 2.50 的烧结工艺复合粉体进行烧结。将机械合金化制得的样品记为样品 1，热机械法制得的样品记为样品 2。对烧结后的块体进行致密度与硬度的测量。之后观察复合材料的显微结构。最后比较不同晶粒大小的复合材料在相同条件下的热冲击损伤和辐照损伤行为。

2.2.4.1　超细晶 W-TiC-Y_2O_3 复合材料粉末表征

在粉末制备过程中，因为热机械法中使用的原始粉末是 WO_3，后续存在着氢气还原的过程，所还原的粉末必须通过 X 射线衍射仪进行检测，以确定 WO_3 是否完全还原为 W。图 2.51 给出了两种不同工艺制备的粉末的 XRD 图谱。用热

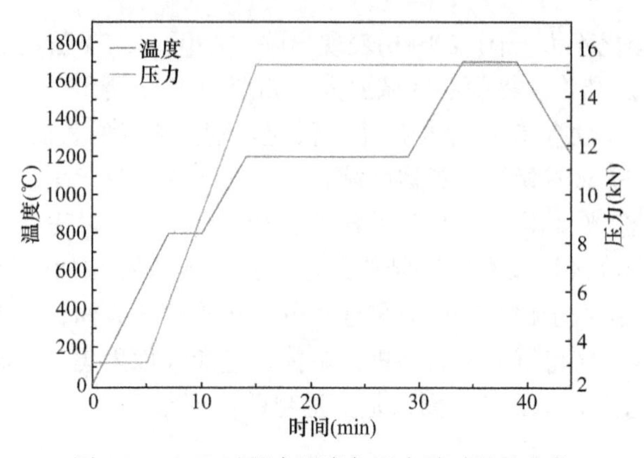

图 2.50　SPS 过程中温度与压力随时间的变化

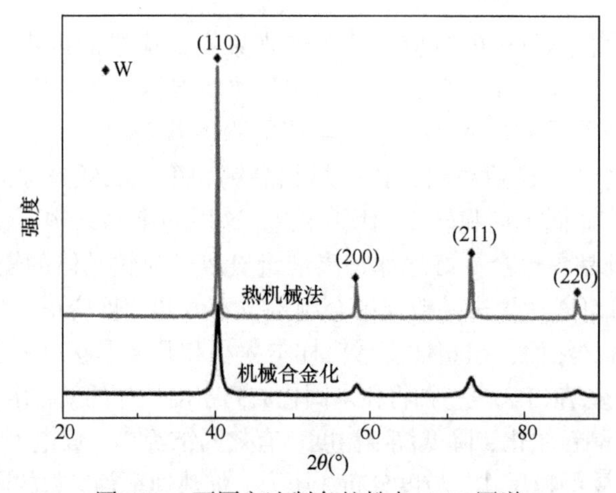

图 2.51　不同方法制备的粉末 XRD 图谱

机械法制备的粉末的XRD图谱只存在W的衍射峰，表明WO_3已完全还原为W。机械合金化制备的 W 的衍射峰较宽且强度低于热机械法制备的 W，这是因为与还原后制得的钨粉相比，高能球磨工艺获得的粉末具有很强的塑性变形和应变，存在着一定量的微应变而导致衍射峰变宽[84]。

图2.52给出了两种不同方法制备的粉末的粒度分布。对于机械合金化来讲，原始钨粉的粒度大约为 1.2 μm，在球磨的过程中，粉体有着明显的团聚现象，使得粉体的粒径分布范围比较广，所制备的粉体的粒径为 1.503 μm。由热机械法制备的粉体的平均粒径为 287.6 nm，多分散指数(PDI)大约为 0.252，说明粉体的分布范围较窄。因此，机械合金化制备的粉末比热机械法制备的粉末具有更大的粒径和更高的粉末聚集性，该结果也可以通过粉末的微观形貌来证明。

图2.53(a)给出了机械合金化制备的粉末的形貌，可以看出球磨后的粉末形貌是片状的。这是由于在高能球磨过程中，粉末颗粒进行重复冷焊、压裂和再焊，

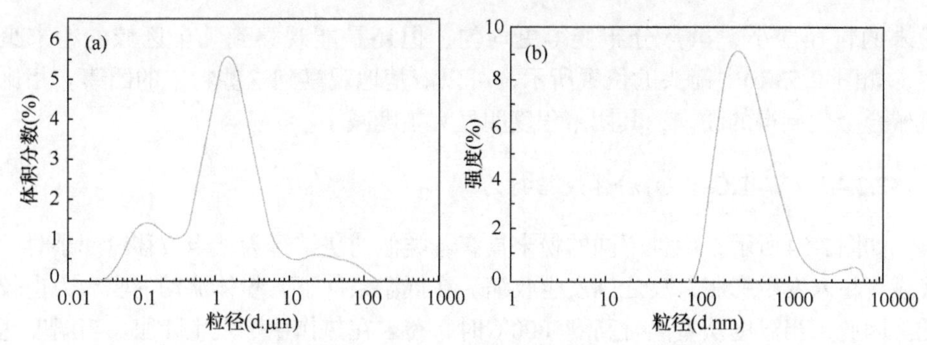

图 2.52　不同方法制备的粉末粒径分布图

(a) 机械合金化；(b) 热机械法

图 2.53　不同方法制备的复合粉体形貌

(a) 机械合金化；(b) 热机械法；(c) 图(b)中正方形区域的放大图

最终形成了片状的形貌[85]。首先，球与粉末发生剧烈碰撞，颗粒尺寸减小。当颗粒尺寸达到阈值时，球磨能量不能满足细化粉料的要求。其次，粉末黏接形成复杂的层状结构。再次，球的摩擦作用使颗粒表面产生塑性变形，使粉末的形貌变得更加复杂。因此，热机械法获得的粉末形貌与机械合金化所制得前驱体的形貌相似。然而，经过氢气还原后，粉末的微观形貌完全改变。相比之下，热机械法制备的粉末的形貌[图 2.53(b)]大多是不规则多面体。WO_3 还原成 W 后，粉末的粒径变小，虽然分布变得更均匀，但还是能观察到几个区域的粉末聚集，如图 2.53(b)中箭头的位置所示，可以清楚地观察到这些粉末的团簇。相比机械合金化制得的粉末，其团聚程度明显大幅度减小。

2.2.4.2　W-TiC-Y_2O_3 粉体烧结行为

如图2.54所示，两种不同的粉末具有着类似的烧结行为，当位移量变小时，代表着粉末发生膨胀，反之则发生收缩。在低温条件下，粉体流动的驱动力也较低。因此，当温度从室温升高到 800℃时，粉末在热作用下发生膨胀。当温度达到 800℃时，压力的增加和颗粒的相对运动引起了颗粒重排和局部变形[83]。热膨胀在这个过程中没有起主导作用。随着温度和压力的增加，粉末变得致密，温度的影响变得更加明显。

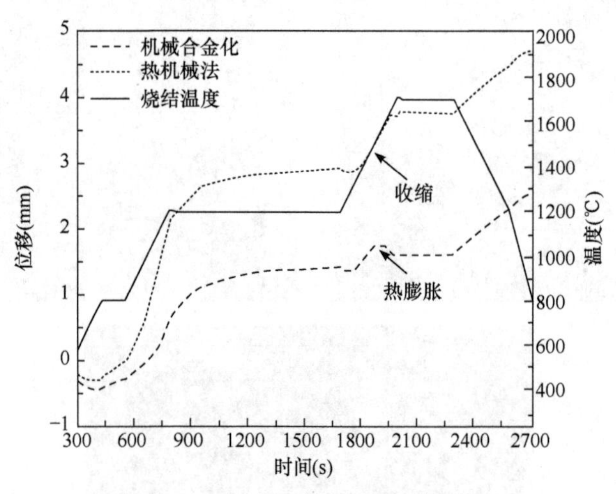

图 2.54　不同方法制备的粉末烧结行为

因此，在温度和压力的共同作用下，当温度达到 1200℃时，位移速率增大。在 1200℃的温度下，温度对复合材料致密化的影响更大。在 1200℃保温刚结束时，热膨胀起了主导作用。然而，由于温度的升高，复合材料变得更加致密，因此位移曲线先下降后升高。对于机械合金化所制得的粉末来讲，当温度达到约 1585℃时，材料致密化完成，这是由于高能球磨提高了系统的自由能从而加速了材料的致密化过程。而对于热机械法，材料在 1585℃的温度下仍有进一步的致密化现象，因此在这个温度下具有不同的烧结行为。由于热机械法制备的粉体比表面积大、压坯密度小，因而整个烧结过程中可以观察到更大的位移量。

2.2.4.3　W-TiC-Y_2O_3 复合材料密度及显微形貌

表 2.9 给出了烧结样品的相对密度、晶粒尺寸和显微硬度，结果表明两个

样品的相对密度分别达到 96.95%和 96.42%。虽然粉末颗粒尺寸对烧结块体致密化有着一定程度的影响，颗粒尺寸的增加可以改善致密化，但主要影响致密化的因素是温度[86]，因此这两种复合材料的密度没有显著差异。颗粒的原始状态也是影响材料致密化的重要因素，包括颗粒尺寸分布、颗粒大小和粉末形貌等。从表 2.9 可知，两种不同工艺制备的复合材料具有不同的晶粒大小，更细的复合材料晶粒大小达到亚微米级别，显微硬度高达 869.59 HV。

表 2.9　烧结样品的相对密度、晶粒尺寸和显微硬度

样品	相对密度	晶粒尺寸	显微硬度
样品 1	96.95%	1～3 μm	514.11 HV
样品 2	96.42%	300～500 nm	869.59 HV

图 2.55 显示了腐蚀后和断裂后样品的显微形貌。能谱分析表明，分散在晶界的小颗粒是第二相，但材料的组成仍不确定。两种样品的第二相形貌在一定程度上有所不同。对超细晶的复合材料而言，第二相的形貌为细小的条状，从图 2.55(a)和(b)可以看出，样品 1 和 2 的晶粒大小分约为 1～3 μm 和 200～500 nm。与原始粉末的粒度相比，烧结试样的晶粒尺寸没有显著变化。这是由于这些分散

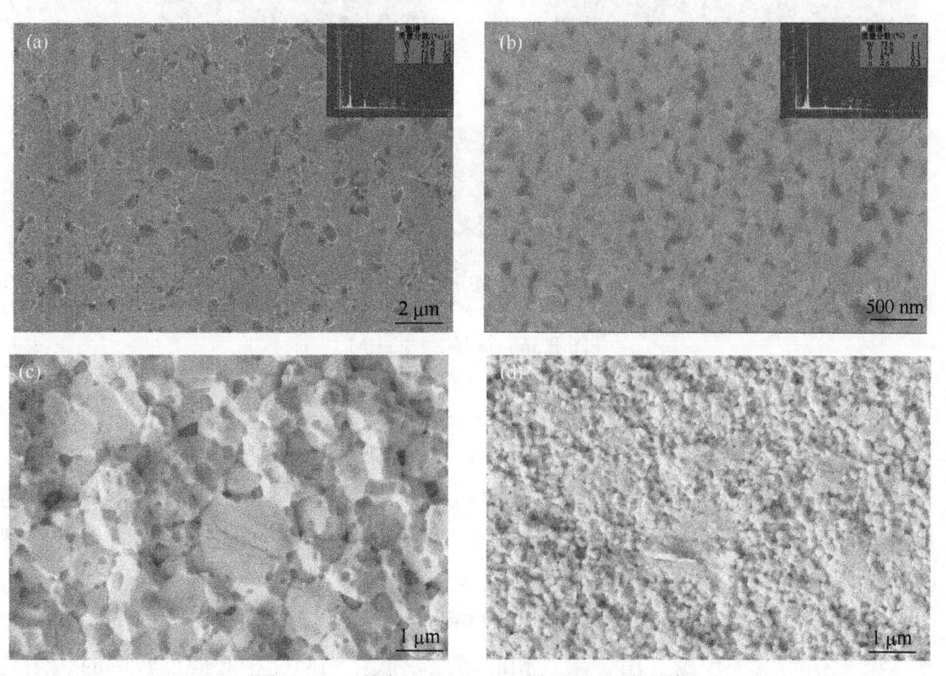

图 2.55　不同 W-TiC-Y_2O_3 样品的显微形貌

(a) 样品 1 表面；(b) 样品 2 表面；(c) 样品 1 断口形貌；(d) 样品 2 断口形貌

的第二相粒子的存在，使晶界更稳定，防止了晶粒长大。同时在这里SPS技术的优势也就体现出来，不仅能够快速致密，还能防止晶粒过度长大。图 2.55(c)和(d)表明，无论是样品 1 还是样品 2，其断裂方式均为沿晶与穿晶断裂的混合型断裂。

2.2.4.4 W-TiC-Y_2O_3复合材料透射分析

利用透射电子显微镜对超细晶 W-TiC-Y_2O_3 复合材料的显微组织和成分进行了分析，图 2.56(b)为图(a)中相应区域的电子衍射斑点。从标记的结果上看，所标出来的氧化钇是原始加进去的第二相，而 TiO_2 和 $TiYO_3$ 是新生成的相。从图 2.56(b)可以看出，图(a)中的区域 2 和 3 有着一套相同的衍射斑点，标定的结果为 TiO_2。另外区域 4 与 2 和 3 有着不同的衍射斑点，标定的结果为 $TiYO_3$。这也就意味着部分 TiC 在烧结过程中会从晶界或其他界面吸收氧，然后氧化成二氧化钛。而另一部分的 TiC 会与 Y_2O_3 反应生成更稳定的化合物。这些稳定的化合物，如 $Y_2(Ti_2O_7)$，已在之前的工作中证明存在，这与 Williams 等[87]的研究一致。这些化合物能显著提高材料在高温下的力学性能。

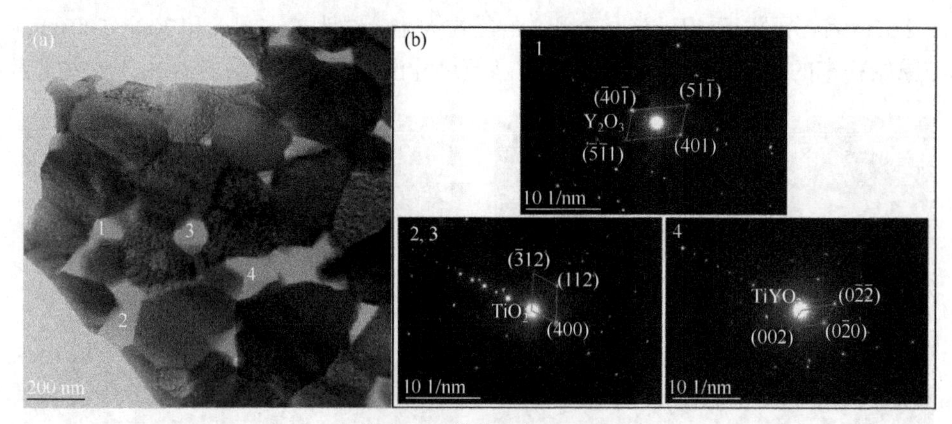

图 2.56 样品 2 的 TEM

(a) 明场像；(b) 相应选区衍射斑点

2.2.4.5 复合材料热冲击损伤行为

图 2.57(a)和(c)给出了在激光热冲击后低倍率下样品 1 和 2 的微观形貌。无论是从整个还是局部损伤区域看，样品 1 的损伤范围都小于样品 2。两种试样在热冲击下均出现局部烧蚀并形成裂纹，试样 2 的烧蚀程度大于试样 1。

激光热冲击后，W-TiC-Y_2O_3 复合材料的表面不仅出现了烧蚀现象，同时也有着第二相的聚集现象。由于第二相的熔点较低。当激光中心温度较高时，熔化的第二相在氩的吹压力下扩散和溅射到周围区域[88]。

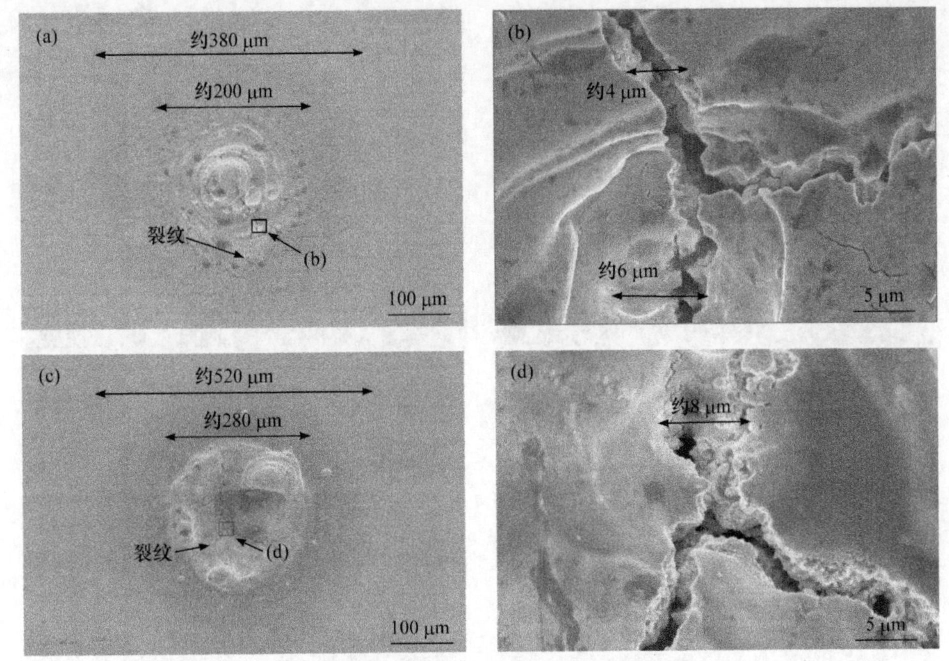

图 2.57　W-TiC-Y_2O_3 热冲击后的表面形貌

(a) 样品 1；(b) 图(a)中相应位置的放大图；(c) 样品 2；(d) 图(c)中相应位置的放大图

对图 2.57(a)和(c)中的正方形区域进行放大，如图(b)和(d)所示，分析局部裂纹形貌可知，样品 1 裂纹宽度约为 6 μm，样品 2 约为 8 μm。样品 2 在裂纹处有着明显不一样的表面形貌。因此，从破坏范围和破坏程度上看，细化晶粒后 W-TiC-Y_2O_3 复合并没有体现出更好的抗热冲击性能。

2.2.4.6　W-TiC-Y_2O_3 复合材料辐照损伤行为

从宏观上看，氦离子辐照后，样品 1 和样品 2 原来的镜面上均有着一块损伤区域，样品 2 表面形貌变得比样品 1 更黑，这意味着样品 1 可能有更严重的辐照损伤。对辐照样品中心区的显微形貌进行观察，发现与原始形貌相比，辐照后在 W 基体上形成了纳米结构，第二相的形貌也发生了变化。图 2.58(a)表明，辐照后样品 1 的大部分区域都存在“珊瑚状”的纳米 fuzz 结构[2]。在某些区域，只有少数 fuzz 结构存在。而在另外一些区域，fuzz 结构相对比较致密，在这些位置，第二相被 fuzz 结构覆盖。

值得注意的是，第二相表现出不同的形态，有些是光滑的，而有的第二相上也出现了不同于 fuzz 的纳米粒状结构，如图 2.58(b)所示。从图 2.58(c)和(d)的结果可以看出，样品 2 表面很难找到第二相，整个表面几乎被 fuzz 结构所覆盖。从这个结果看，细化晶粒未能提高复合材料的抗 fuzz 结构形成能力。

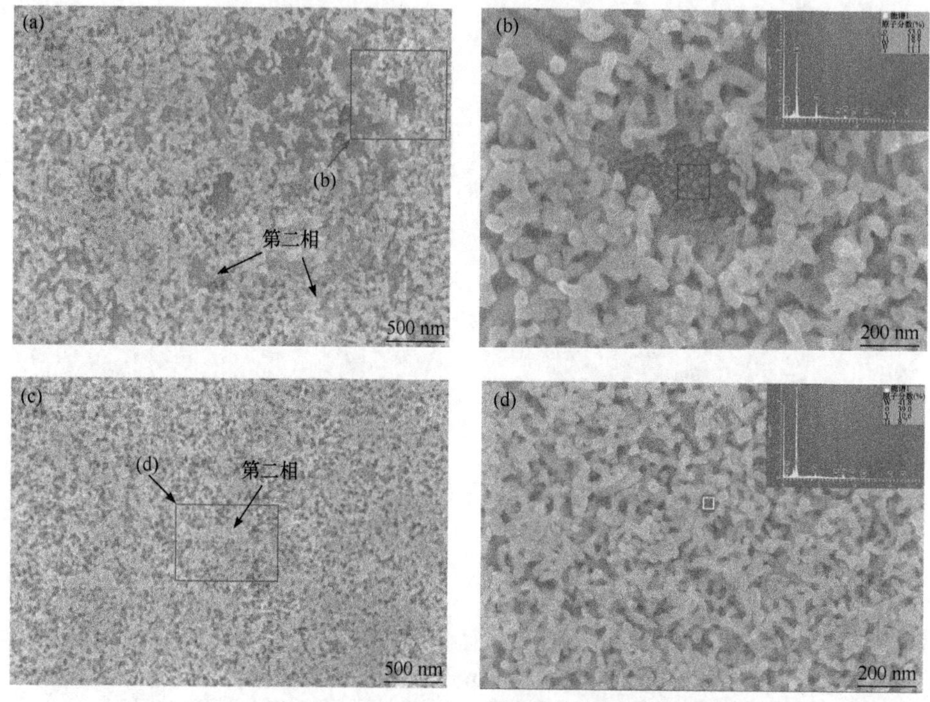

图 2.58　W-TiC-Y_2O_3 辐照后的表面形貌

(a) 样品 1；(b) 图(a)中相应区域的放大图；(c) 样品 2；(d) 图(c)中相应区域的放大图

同样对辐照的边界区域进行了显微形貌的观察，与前面高致密的粗晶复合材料一样，在这项研究中也观察到类似的现象，在样品 1 的照射边缘观察到四种不同的形貌，如图 2.59(a)所示。A～D 区的这四种表面形貌由光滑到粗糙最后转变为纳米结构，从第一种结构到第四种结构的变化代表了损伤的程度变得更深。此外，第二相与中心区域有着不同的形态，如图 2.59(b)所示，意味着第二相在低剂量的氦辐照下也会造成表面损伤，但不会形成 fuzz 结构。如图 2.59(c)所示，样品 2 的显微形貌则显得比较单一，虽然这些结构排列在不同的方向上，但它们的形貌相似而且已经有一小部分 fuzz 结构开始形成。

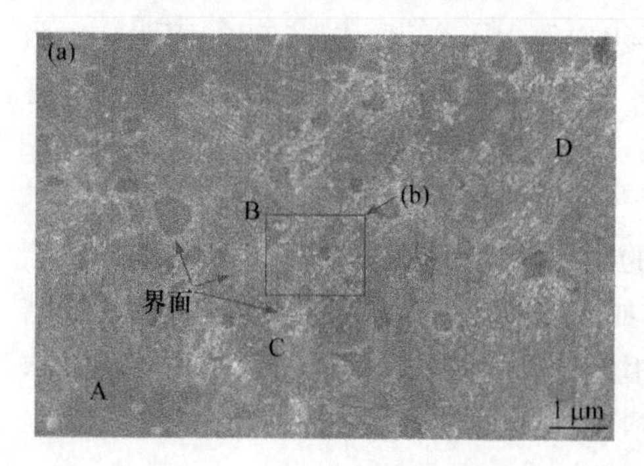

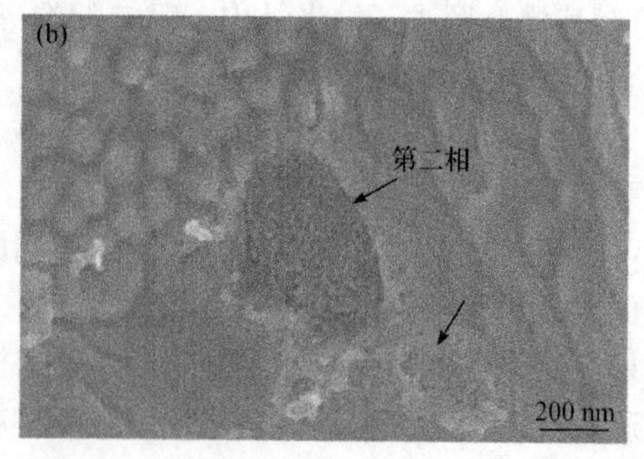

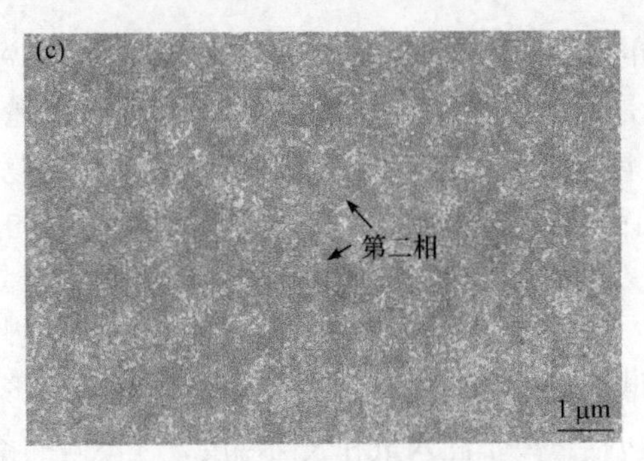

图 2.59 W-TiC-Y_2O_3 辐照边界区的表面形貌

(a) 样品 1；(b) 图(a)相应区域的放大图；(c) 样品 2

第二相与基体的界面处损伤程度与第二相和基体本身不同，这些界面的辐照损伤更为严重。前面 TEM 分析表明，在复合材料的制备过程中，TiC 和 Y_2O_3 的加入导致了含钇、钛和氧的各种氧化物粒子的形成，这些粒子增加了界面比，可以吸收点缺陷和捕获氦原子，因此辐照诱导的缺陷在 W 基体内部的积累率会变低[89, 90]。

2.2.4.7 辐照 W-TiC-Y_2O_3 合金硬度演化

对辐照前后试样的显微硬度进行测试，结果如表 2.10 所示。由于样品 1 的晶粒尺寸大于样品 2，辐照前样品 1 的硬度比样品 2 的硬度小。辐照后，对于不同晶粒大小的 W-TiC-Y_2O_3 复合材料，两个样品的硬度均降低了。造成辐照后硬度下降的原因主要有两个：一方面，辐照中心区域表面比较疏松以及存在着大量的钨粉尘(为 fuzz 织构)。另一方面，某些缺陷如空位、气泡的产生会导致辐照样品表面和基体之间产生裂缝[73]。在辐照的边界区域，硬度尽管也降低，但降低的程度并没有中心区域高。

表 2.10 W-TiC-Y_2O_3 辐照前后样品的硬度

样品	未辐照	辐照中心区域	辐照边界区域
样品 1	514.11 HV	414.96 HV	477.83 HV
样品 2	869.59 HV	706.27 HV	810.49 HV

2.2.4.8 界面对 fuzz 结构形成影响

氧化物/基体界面和晶界在氦的辐照中起着重要的作用，随着晶界密度的增加，氦气泡的形核位置也会增加[91]，小颗粒气泡形核速度和气泡的聚集比大颗粒气泡更快[79]。在超细晶 W-TiC-Y_2O_3 表面观察到更多的 fuzz 结构，表明靠近表面的区域有着更多的氦泡形核与长大。根据 Wang 等[44]的说法，晶界可以是捕获氦的陷阱，也可以是氦的扩散路径。氧化物-基体界面也是氦的扩散路径，氦在这些界面更容易聚集、释放。与晶界相比，这些界面更容易成为氦的扩散通道。El-Atwani 等[6]指出晶界的积累可能在降低表面纳米结构的形成方面有明显的益处，我们的研究结果与其研究有一些分歧。这是由于纳米晶 W 与超细晶钨有着不同的抗辐照能力？还是就像 Wang 等[44]假设的一样，晶界密度对氦在材料表面区域和在更深的区域捕获的影响是不同的。影响细观结构形成的因素不仅限于材料的内部结构，还包括氦离子注入量和表面温度，在不同的条件下，材料的内部结构对材料的抗辐照性能的影响可能不同。从表面上看，超细晶 W-TiC-Y_2O_3 复合材料(>200 nm)可以提高材料的力学性能，但抗热冲击和抗辐照性能并明显没有改善。

作者研究发现，选用 TiC 和 Y_2O_3 作为增强相可以明显改善钨基体性能。首先，采用湿法化学法制备 W-TiC-Y_2O_3 复合材料的前驱体，并采用传统氢气还原烧结工艺制备出复合材料。测试了烧结复合材料的烧结性能，并在一定条件下通过氦离子辐照和激光冲击实验研究了复合材料的损伤行为。然后采用放电等离子烧结法制备了微晶和超晶 W-TiC-Y_2O_3 复合材料，比较了不同方法制备的不同粒径复合粉末的形貌和烧结行为。研究了不同晶粒尺寸复合材料的热载荷损伤和辐照损伤行为，探讨了晶粒细化对复合材料性能的影响。通过对实验结果的分析，可以得出以下结论：①湿化学法结合传统烧结法制备 W-TiC-Y_2O_3 复合材料。经阿基米德排水法计算，复合材料的密度为 98.85%。微观组织较为均匀，大部分第二相均匀分布在钨基体晶界处，晶粒尺寸为 30～50 μm。第二相的加入使钨的断裂方式由沿晶断裂转变为混合断裂模式。与纯钨相比，复合材料的导热系数并没有明显下降，室温下的导热系数为 148.38 W/(m · K)。②复合材料经过氦离子辐照后，表面发生了明显的变化。在辐射的中心区域，产生了大量的fuzz结构，而在辐射剂量相对较低的边界区域，也存在由不同的晶粒取向所形成的不同的损伤形貌。在不同功率密度的激光冲击下，试样表面形成裂纹网络，裂纹沿晶界扩展。在功率密度分别为 42.4 MW/m²和 84.8 MW/m²的激光冲击实验中，钨在受损的中部区域熔化后再凝固形成许多细小颗粒。对不同功率密度的激光冲击样品进行了相同条件下的氦离子辐照实验，发现辐照后部分二次裂纹消失，中部没有热冲击引起的 fuzz 结构。这说明中心损伤区域对激光冲击后产生的 fuzz 结构有较强的抵抗能力。③放电等离子烧结制备的 W-TiC-Y_2O_3 复合材料的细晶和超细晶密度均在 96%以上，低于传统烧结的粗晶复合材料。超细复合材料的晶粒尺寸为 200～500 nm，其力学性能远高于粗复合材料。虽然细晶和超细晶复合材料有更好的力学性能，但在同等条件下热负荷与传统的粗粒复合材料烧结相比有更严重的损伤，而且超细晶的复合材料在氦离子辐照后形成了更多的 fuzz 结构，并且晶粒细化并不能明显提高复合材料的热冲击和耐辐射性。同时，复合材料的密度、晶界和相界对氦泡的成核和 fuzz 结构的产生均有显著影响。

参 考 文 献

[1] Igitkhanov Y, Bazylev B, Landman I, et al. Design Strategy for the PFC in Demo Reactor. Karlsruhe: KIT Scientific Publishing, 2013.

[2] Liu L, Liu D P, Hong Y, et al. High-flux He^+ irradiation effects on surface damages of tungsten under ITER relevant conditions. Journal of Nuclear Materials, 2016, 471: 1-7.

[3] EI-Atwani O, Suslova A, Novakowski T J, et al. *In-situ* TEM/heavy ion irradiation on ultrafine- and nanocrystalline-grained tungsten: Effect of 3 MeV Si, Cu and W ions. Materials Characterization, 2015, 99: 68-76.

[4] EI-Atwani O, Taylor C N, Frishkoff J, et al. Thermal desorption spectroscopy of high fluence irradiated ultrafine and nanocrystalline tungsten: Helium trapping and desorption correlated with morphology. Nuclear Fusion, 2018, 58: 016020.

[5] EI-Atwani O, Hinks J A, Greaves G, et al. Grain size threshold for enhanced irradiation resistance in nanocrystalline and ultrafine tungsten. Materials Research Letter, 2017, 5(5): 343-349.

[6] EI-Atwani O, Hinks J A, Greaves G, et al. *In-situ* TEM observation of the response of ultrafine- and nanocrystalline-grained tungsten to extreme irradiation environments. Scientific Reports, 2014, 4.

[7] Xie Z, Liu R, Fang Q, et al. Microstructure and mechanical properties of nano-size zirconium carbide dispersion strengthened tungsten alloys fabricate by spark plasma sintering method. Plasma Science and Technology, 2015, 17(12): 1066-1071.

[8] Xie Z M, Liu R, Fang Q F, et al. Spark plasma sintering and mechanical properties of zirconium micro-alloyed tungsten. Journal of Nuclear Materials, 2014, 444: 175-180.

[9] Deng H W, Xie Z M, Wang Y K, et al. Mechanical properties and thermal stability of pure W and W-0.5 wt% ZrC alloy manufactured with the same technology. Materials Science & Engineering A, 2018, 715: 117-125.

[10] Miao S, Xie Z M, Zeng L F, et al. Mechanical properties, thermal stability and microstructure of fine-grained W-0.5wt.% TaC alloys fabricated by an optimized multi-step process. Nuclear Materials and Energy, 2017, 13: 12-20.

[11] Dong Z, Liu N, Ma Z, et al. Microstructure refinement in W-Y_2O_3 alloy fabricated by wet chemical method with surfactant addition and subsequent spark plasma sintering. Scientific Reports, 2017, 7.

[12] Tan X Y, Luo L M, Lu Z L, et al. Development of tungsten as plasma-facing materials by doping tantalum carbide nanoparticles. Powder Technology, 2015, 269: 437-442.

[13] Luo L M, Tan X Y, Chen H Y, et al. Preparation and characteristics of W-1 wt.% TiC alloy via a novel chemical method and spark plasma sintering. Powder Technology, 2015, 273: 8-12.

[14] Deng C, Liu S F, Ji J L, et al. Texture evolution of high purity tantalum under different rolling paths. Journal of Materials Processing Technology, 2014, 214: 462-469.

[15] Wang S, Feng S K, Chen C, et al. A twin orientation relationship between {001} <210> and {111} <110> obtained in Ta-2.5W alloy during heavily cold rolling. Materials Characterization, 2017,

125: 108-113.
[16] 杨平. 电子背散射衍射技术及其应用. 北京: 冶金工业出版社, 2007.
[17] 胡赓祥, 蔡珣, 戎咏华. 材料科学基础. 上海: 上海交通大学出版社, 2010.
[18] Arrhenius S A. Über die Dissociationswärme und den Einflusß der Temperatur auf den Dissociationsgrad der Elektrolyte. Zeitschrift fur Physikalische Chemie-International Journal of Research in Physical Chemistry & Chemical Physics, 1889, 4: 96-116.
[19] Barin I. Thermochemical Data of Pure Substances. 3rd edition. Germany: VCH Verlagsgesellschaft mhH, 1995: 1782.
[20] 陈騑騢. 材料物理性能. 北京: 机械工业出版社, 2007.
[21] Ho C Y, Powell R W, Liley P E. Thermal conductivity of the elements. Journal of Physical and Chemical Reference Data 1, 1972: 279.
[22] Launey M E, Richie R O. On the fracture toughness of advanced materials. Advanced Materials, 2009, 21: 2103-2110.
[23] Lang S, Yan Q, Sun N, et al. Microstructure, basic thermal mechanical and Charpy impact properties of W-0.1wt.% TiC alloy via chemical method. Journal of Alloys and Compounds, 2016, 660: 184-192.
[24] Liu R, Xie Z M, Zhang T, et al. Mechanical properties and microstructures of W-1%Y_2O_3 microalloyed with Zr. Materials Science & Engineering A, 2016, 660: 19-23.
[25] Yan Q, Zhang X, Wang T, et al. Effect of hot working process on the mechanical properties of tungsten materials. Journal of Nuclear Materials, 2013, 442: S266-S236.
[26] Guo H Y, Xia M, Chan L C, et al. Nanostructured laminar tungsten alloy with improved ductility by surface mechanical attrition treatment. Scientific Reports, 2017, 7.
[27] Xie Z M, Liu R, Miao S, et al. Extraordinary high ductility/strength of the interface designed bulk W-ZrC alloy plate at relatively low temperature. Scientific Reports, 2015, 5.
[28] Ding H L, Xie Z M, Fang Q F, et al. Determination of the DBTT of nanoscale ZrC doped W alloys through amplitude-dependent internal friction technique. Materials Science & Engineering A, 2018, 716: 268-273.
[29] Zhao Y H, Guo Y Z, Wei Q, et al. Influence of specimen dimensions on the tensile behavior of ultrafine-grained Cu. Scripta Materialia, 2008, 59: 627-630.
[30] Bohumír S, Jan B. Effect of tensile test specimen size on ductility of R7T steel. METAL 2013, Brno, Czech Republic, 2013, 5: 15-17.
[31] Klünsner T, Wurster S, Supancic P, et al. Effect of specimen size on the tensile strength of WC-Co hard metal. Acta Materialia, 2011, 59: 4244-4252.
[32] 束德林. 工程材料力学性能. 第二版. 北京: 机械工业出版社, 2008.
[33] Zhao P, Riesch J, Höschen T, et al. Microstructure, mechanical behavior and fracture of pure tungsten wire after different heat treatments. International Journal of Refractory Metals & Hard Materials, 2017, 68: 29-40.
[34] 刘全坤, 祖方遒, 李萌盛. 材料成形基本原理. 北京: 机械工业出版社, 2010.
[35] Ludwik P. in: Elemente der Technologischen Mechanik. Berlin: Julius Springer, 1909.

[36] Hollomon J H. Tensile deformation. Transaction of American Institute of Mechanical Engineering, 1945, 162: 268-277.

[37] Bowen A W, Partridge P G. Limitations of the Hollomon strain-hardening equation. Journal of Physics D: Applied Physics, 1974, 7: 969-978.

[38] Parish C M, Hijazi H, Meyer H M, et al. Effect of tungsten crystallographic orientation on He-ion induced surface morphology changes. Acta Materialia, 2014, 62: 173-181.

[39] Ohno N, Hirahata Y, Yamagiwa M, et al. Influence of crystal orientation on damages of tungsten exposed to helium plasma. Journal of Nuclear Materials, 2013, 438: S879-S882.

[40] Tan X Y, Li P, Luo L M, et al. Effect of second-phase particles on the properties of W-based materials under high-heat loading. Nuclear Materials and Energy, 2016, 9: 399-404.

[41] Coenen J W, Antusch S, Aumann M, et al. Materials for DEMO and reactor applications: Boundary conditions and new concepts. Physica Scripta, 2016, T167.

[42] Surendran K P, Varma M R, Mohanan P, et al. Microwave dielectric properties of $RE_{1-x}RE'_xTiNbO_6$ [RE = Pr, Nd, Sm; RE′= Gd, Dy, Y] ceramics. Journal of the American Ceramic Society, 2004, 86(10): 1695-1699.

[43] Zhou H B, Liu Y L, Jin S, et al. Towards suppressing H blistering by investigating the physical origin of the H-He interaction in W. Nuclear Fusion, 2010, 50: 115010.

[44] Wang K, Bannister M E, Meyer F W, et al. Effect of starting microstructure on helium plasma-materials interaction in tungsten. Acta Materialia, 2017, 124: 556-567.

[45] Kajita S, Sakaguchi W, Ohno N, et al. Formation process of tungsten nanostructure by the exposure to helium plasma under fusion relevant plasma conditions. Nuclear Fusion, 2009, 49(9): 095005.

[46] Wan H, Si N C, Chen K M, et al. Strain and structure order variation of pure aluminum due to helium irradiation. RSC Advances, 2015, 5: 75390-75394.

[47] Sheu J K, Shu K W, Lee M L, et al. Effect of thermal annealing on Ga-doped ZnO films prepared by magnetron sputtering. Journal of the Electrochemical Society, 2007, 154(6): 521-524.

[48] Ferroni F, Yi X O, Arakawa K, et al. High temperature annealing of ion irradiated tungsten. Acta Materialia, 2015, 90: 380-393.

[49] Yajima M, Yoshida N, Kajita S, et al. *In situ* observation of structural change of nanostructured tungsten during annealing. Journal of Nuclear Materials, 2014, 449(1-3): 9-14.

[50] Baldwin M J, Doerner R P. Formation of helium induced nanostructure ‘fuzz’ on various tungsten grades. Journal of Nuclear Materials, 2010, 404(3): 165-173.

[51] De Temmerman G, Bystrov K, Doerner R P, et al. Helium effects on tungsten under fusion-relevant plasma loading conditions. Journal of Nuclear Materials, 2013, 438: S78-S83.

[52] Santos S C, Rodrigues O, Campos L L. Radiation effects on microstructure and EPR signal of yttrium oxide rods. IOP Conference Series: Materials Science and Engineering, 2017, 169: 012009.

[53] Debelle A, Barthe M F, Sauvage T, et al. Helium behaviour and vacancy defect distribution in helium implanted tungsten. Journal of Nuclear Materials, 2007, 362(2-3): 181-188.

[54] Wahlberg S, Yar M A, Abuelnaga M O, et al. Fabrication of nanostructured W-Y_2O_3 materials by chemical methods. Journal of Materials Chemistry, 2012, 22(25): 12622-12628.

[55] Zhou H B, Liu Y L, Jin S, et al. Investigating behaviours of hydrogen in a tungsten grain boundary by first principles: From dissolution and diffusion to a trapping mechanism. Nuclear Fusion, 2010, 50(2): 025016.
[56] El-Atwani O, Gonderman S, Efe M, et al. Ultrafine tungsten as a plasma-facing component in fusion devices: Effect of high flux, high fluence low energy helium irradiation. Nuclear Fusion, 2015, 54(8): 083013.
[57] Nagai Y, Hasegawa M, Tang Z, et al. Positron confinement in ultrafine embedded particles: Quantum-dot-like state in an Fe-Cu alloy. Physical Review B, 2000, 61(10): 6574-6578.
[58] Yang J, Zhang P, Cheng G D, et al. Depth-dependent positron annihilation in different polymers. Applied Surface Science, 2013, 280(8): 109-112.
[59] Yoshida N, Iwakiri H, Tokunaga K, et al. Impact of low energy helium irradiation on plasma facing metals. Journal of Nuclear Materials, 2005, s377-s399(1): 946-950.
[60] Jin S X, Zhang P, Lu E Y, et al. Correlation between Cu precipitates and irradiation defects in Fe-Cu model alloys investigated by positron annihilation spectroscopy. Acta Materialia, 2016, 103: 658-664.
[61] Wu Y C, Jean Y C. Hydrogen damage in AISI 304 stainless steel studied by doppler broadening. Applied Surface Science, 2006, 252(9): 3278-3284.
[62] Dai Z J, Mutoh Y, Sujatanond S. Numerical and experimental study on the thermal shock strength of tungsten by laser irradiation. Materials Science and Engineering: A, 2008, 472: 26-34.
[63] Guo W, Li S K, Wang F C, et al. Dynamic recrystallization of tungsten in a shaped charge liner. Scripta Materialia, 2009, 60: 329-332.
[64] Zhao M L, Luo L M, Lin J S, et al. Thermal shock behavior of W-0.5wt% Y_2O_3 alloy prepared via a novel chemical method. Journal of Nuclear Materials, 2016, 479: 616-622.
[65] Shen T L, Dai Y, Lee Y J. Microstructure and tensile properties of tungsten at elevated temperatures. Journal of Nuclear Materials, 2016, 468: 348-354.
[66] Uytdenhouwen I, Chaouadi R, Linke J, et al. Strain rate and test temperature dependence on the flow properties of La_2O_3-doped tungsten. Advanced Materials Research, 2009, 59: 319-325.
[67] Loewenhoff T, Linke J, Pintsuk G, et al. Tungsten and CFC degradation under combined high cycle transient and steady state heat loads. Fusion Engineering and Design, 2012, 87: 1201-1205.
[68] Lai W S, Ou Y D, Lou X F, et al. *Ab initio* study of He trapping, diffusion and clustering in Y_2O_3. Nuclear Instruments and Methods in Physics Research Section B: Beam Interactions with Materials and Atoms, 2017, 393: 82-87.
[69] Wei Q, Li N, Sun K, et al. The shape of bubbles in He-implanted Cu and Au. Scripta Materialia, 2010, 63: 430-433.
[70] Evans J H, Veen A V, Hosson J T M D, et al. The trapping of helium at a low angle tilt boundary in molybdenum. Journal of Nuclear Materials, 1984, 125: 298-303.
[71] Emelyanov A N. The thermal conductivity and diffusivity of transition-metal carbides at high temperature. High Temperatures, High Pressures, 1994, 26(6): 663-671.
[72] Huber A, Arakcheev A, Sergienko G, et al. Investigation of the impact of transient heat loads

applied by laser irradiation on ITER-grade tungsten. Physica Scripta, 2014, T159.

[73] Tan X, Luo L, Chen H, et al. Mechanical properties and microstructural change of W-Y_2O_3 alloy under helium irradiation. Scientific Reports, 2015, 5.

[74] Khan A, De Temmerman G, Morgan T W, et al. Effect of rhenium addition on tungsten fuzz formation in helium plasmas. Journal of Nuclear Materials, 2016, 474: 99-104.

[75] Shi J, Luo L M, Lin J, et al. Damage behavior of REE-doped W-based material exposed to high-flux transient heat loads. Fusion Engineering and Design, 2016, 113: 92-101.

[76] Wei Q, Zhang H T, Schuster B E, et al. Microstructure and mechanical properties of super-strong nanocrystalline tungsten processed by high-pressure torsion. Acta Materialia, 2006, 54(15): 4079-4089.

[77] Zhou Z, Linke J, Pintsuk G, et al. High heat load properties of ultra fine grained tungsten. Journal of Nuclear Materials, 2009, 386: 733-735.

[78] Zhou Z, Ma Y, Du J, et al. Fabrication and characterization of ultra-fine grained tungsten by resistance sintering under ultra-high pressure. Materials Science and Engineering: A, 2009, 505(1-2): 131-135.

[79] El-Atwani O, Efe M, Heim B, et al. Surface damage in ultrafine and multimodal grained tungsten materials induced by low energy helium irradiation. Journal of Nuclear Materials, 2013, 434(1-3): 170-177.

[80] Durowoju M O, Sadiku E R, Diouf S, et al. Spark plasma sintering of graphite-aluminum powder reinforced with SiC/Si particles. Powder Technology, 2015, 284: 504-513.

[81] Zhang Z H, Wang F C, Wang L, et al. Ultrafine-grained copper prepared by spark plasma sintering process. Materials Science and Engineering: A, 2008, 476(1-2): 201-205.

[82] Shongwe M B, Ramakokovhu M M, Diouf S, et al. Effect of starting powder particle size and heating rate on spark plasma sintering of FeNi alloys. Journal of Alloys and Compounds, 2016, 678: 241-248.

[83] Diouf S, Molinari A. Densification mechanisms in spark plasma sintering: Effect of particle size and pressure. Powder Technology, 2012, 221: 220-227.

[84] Molinari A, Lonardelli I, Demetrio K, et al. Effect of the particle size on the thermal stability of nanostructured aluminum powder: Dislocation density and second-phase particles controlling the grain growth. Journal of Materials Science, 2010, 45(24): 6739-6746.

[85] Chen J B, Luo L M, Lin J S, et al. Influence of ball milling processing on the microstructure and characteristic of W-Nb alloy. Journal of Alloys and Compounds, 2017, 694: 905-913.

[86] Diouf S, Menapace C, Molinari A. Study of effect of particle size on densification of copper during spark plasma sintering. Powder Metallurgy, 2012, 55(3): 228-234.

[87] Williams C A, Unifantowicz P, Baluc N, et al. The formation and evolution of oxide particles in oxide-dispersion-strengthened ferritic steels during processing. Acta Materialia, 2013, 61(6): 2219-2235.

[88] Chen C L, Zeng Y. Influence of Ti content on synthesis and characteristics of W-Ti ODS alloy. Journal of Nuclear Materials, 2016, 469: 1-8.

[89] Schäublin R, Ramar A, Baluc N, et al. Microstructural development under irradiation in European ODS ferritic/martensitic steels. Journal of Nuclear Materials, 2006, 351(1-3): 247-260.

[90] Akasaka N, Yamashita S, Yoshitake T, et al. Microstructural changes of neutron irradiated ODS ferritic and martensitic steels. Journal of Nuclear Materials, 2004, 329: 1053-1056.

[91] Yu K Y, Liu Y, Sun C, et al. Radiation damage in helium ion irradiated nanocrystalline Fe. Journal of Nuclear Materials, 2012, 425(1-3): 140-146.

第 3 章　W-Lu 系复合材料制备及性能

如前所述，钨基体中引入第二相是改善钨合金性能的常用方法，除了 Y_2O_3，Lu_2O_3 也是制备 ODS-W 合金的有效添加物。为制备稀土 Lu 改性钨合金，将钨粉与不同含量的 Lu 混合，利用球磨法结合 SPS 工艺制备 W-Lu 系列合金，随后对所制备合金的组织、结构进行表征，研究 Lu 含量的变化对材料组织结构的影响，并对不同的工艺参数进行调整以探索最优工艺参数。

3.1　W-Lu 合金制备及其性能研究

3.1.1　W-Lu 合金制备及测试

3.1.1.1　W-$LuH_{1.9}$ 合金混合粉体制备

将作为 W 源的纯钨粉(W012，纯度大于 99.9%)和作为 Lu 源的高纯 $LuH_{1.9}$ 粉末(纯度大于 99.75%)按照设计比例($LuH_{1.9}$ 占混合粉末质量分数为 0%、2%、5% 和 10%)进行配比，于保护气氛下置入尼龙球磨罐，加入适量 WC 球后以球磨的方式制备混合粉，球料质量比为 10∶1，WC 球的加入可达到混合效果并使其均匀化，同时添加适量的无水乙醇以吸收热量并减缓团聚。采用行星式球磨机，转速为 400 r/min，球磨 20 h 以得到足够均匀、细化的混合粉体。待到球磨完后，置开口的球磨罐于通风干燥箱中，无水乙醇挥发完毕后将复合粉末从取出，用玛瑙研钵进行研磨直至粉体无颗粒感后在真空环境下存放待用。

称取 13 g W-$LuH_{1.9}$ 混合粉体，置入规格为 Φ 20 mm 的石墨模具中，利用放电等离子体烧结(SPS)的方法制备 W-Lu 合金块体，具体的烧结工艺参数如图 3.1 所示。烧结开始前将装好混合粉体的石墨模具放置在正确位置，加一定预压力，打开真空泵将炉腔内抽为真空状态，待真空环境稳定后开始烧结。烧结时先升温至 700℃并保温 2 min(此时升温速率较难控制，但不影响烧结过程)，再以 100℃/min 的速率升至 1100℃并保温 8 min，然后以 100℃/min 的速率升至 1300℃并保温 10 min，最后再以 50℃/min 的速率升高至 1600℃，并保温 2 min。在升温的同时将烧结压力逐渐升高至 53.8 MPa。烧结过程中，$LuH_{1.9}$ 在 900℃以上开始分解，生成 Lu 并以释放氢气的形式脱氢。故在 1100℃以下时，炉腔保持真空，通过压力差排出模具和粉末中的气体以及 $LuH_{1.9}$ 释放的氢气。烧结程序结束后再以 100℃/min 的速率开始降温至 500℃，并随之卸去烧结压力，最后样品随炉冷却至 100℃下后取出。

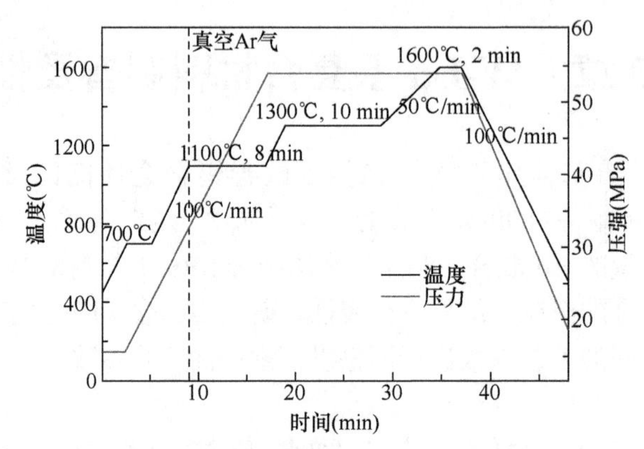

图 3.1　纯 W 和 W-Lu 合金的 SPS 流程示意图

3.1.1.2　W-Lu 合金瞬态热负荷实验

使用 LSW-1000 型直缝焊接专机以激光束进行高能量密度、低能量密度的热负荷实验。待测样品规格为 4 mm × 4 mm × 2 mm，预制样品表面平整且光滑。通以氩气(流速 10 L/min)对合金样品进行保护。控制激光束在样品表面上的束斑直径为 Φ 0.6 mm，激光束移速为 500 mm/min，凝焦量为−1 mm，实验参数中的主要变量为电流、频率和脉宽，通过调节这些参数来控制最终的能量密度。高能量密度实验参数分别为电流 60 A、频率 15 Hz、脉宽 2 ms，在对应的样品表面能量密度为 318.3 MW/m^2；低能量密度实验参数分别为电流 60 A、频率 1～10 Hz，脉宽为 1 ms，对应的样品表面能量密度在 10.6～106.1 MW/m^{2}之间，能量密度与频率成正相关。

3.1.1.3　W-Lu 合金氘滞留实验

选用在氘离子发生器装置中(日本京都大学反应堆研究所提供)开展氘滞留实验，装置中对样品注入氘离子，然后通过热脱附(TDS)实验对样品的氘含量(即氘滞留量)进行测试。

待测样品规格为 Φ 3 mm×0.1 mm，要求且上下表面平整、光滑且无杂质。注入实验在常温下进行，注入能量为 5 keV、剂量为 1×10^{20} D/m^2 的氘离子束。同时，进行预辐照的对比实验，即另外选取 W-5% Lu 样品预注入 1×10^{21} He/m^2 剂量的氦离子，后注入 1×10^{20} D/m^2 剂量的氘离子，研究注入氦离子对氘滞留的影响。选取 W-2% Lu 样品预注入能量为 1 MeV 的铁离子(Fe^{2+}, 1 dpa)，后注入 1×10^{21} D/m^2 剂量的氘离子，以研究重离子辐照对氘滞留的影响。每次在对样品进行氘离子注入之后即进行 TDS 测试。TDS 即将注氘样品在超高真空度(10^{-6} Pa)条件下从室温加热至指定温度，使样品的氘脱附并对其进行测量。采取红外加热的方式，温度范围在室温至 1000 K，加热速率控制为 1 K/s。同时用四极质谱仪(QMS)检测氘在对应温度时段的脱附速率，信号源即为脱附出来的氘分子。实验结束后可得到对应的 TDS 图谱，通过图谱可以分析出不同时间段的脱附速率以及脱附总量(样品中的氘滞留总量)。

3.1.2　Lu 含量对 W-Lu 合金组织性能影响

3.1.2.1　W-Lu 混合粉体表征

图 3.2 为球磨后的 W 粉和 W-$LuH_{1.9}$ 混合粉体的场发射扫描电子显微镜(FESEM)形貌图，球磨时间为 10 h。球磨之后的粉末颗粒均呈不规则的形状，并且产生不同程度的团聚。单个颗粒的直径降低到 1～3 μm 之间，说明球磨对颗粒的细化起到了显著的作用。粉体颗粒的细化是球磨时不断产生的变形硬化、冷焊连接和破碎的结果，在此过程中粉体的表面能和活性增加并导致粉体产生团聚。

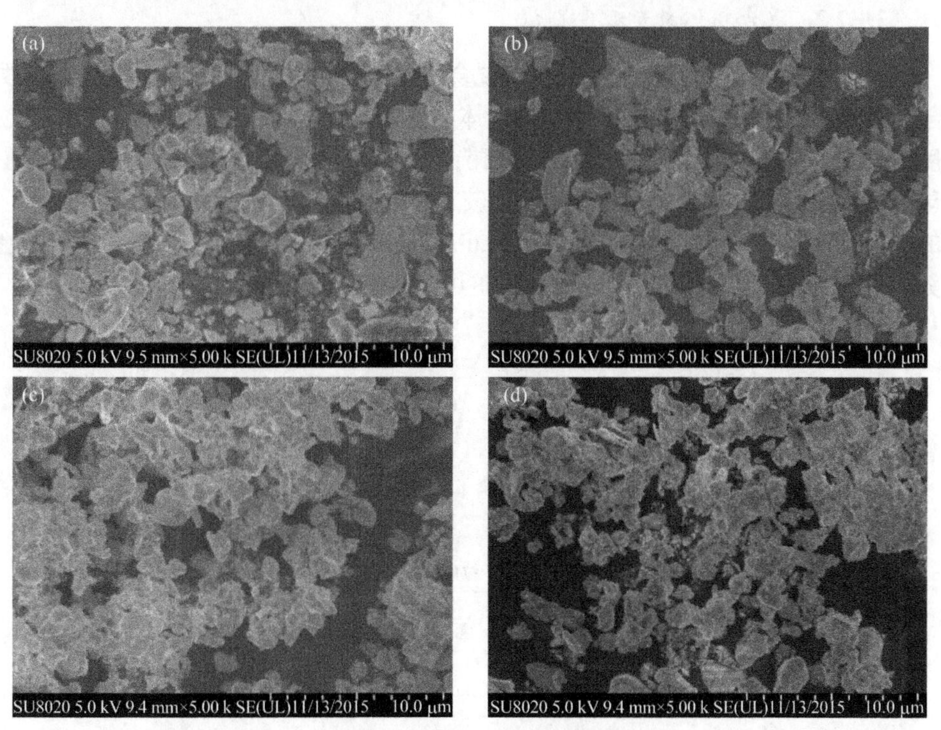

图 3.2　粉末 FESEM 形貌图

(a) W；(b) W-2% Lu；(c) W-5% Lu；(d) W-10% Lu

图 3.3 为原始 W 粉、球磨后 W 粉和 W-$LuH_{1.9}$ 混合粉末的 XRD 物相图。图

中四个高强度的主峰对应钨单质相(JCPDS #04-0806)，另外四个低强度的弱峰对应 $LuH_{1.9}$ 相(JCPDS #42-0983)，这说明 $LuH_{1.9}$ 相在球磨中没有发生分解和氧化。球磨后粉体粒度减小并含有一定的压应力，使峰强降低，衍射峰宽化。

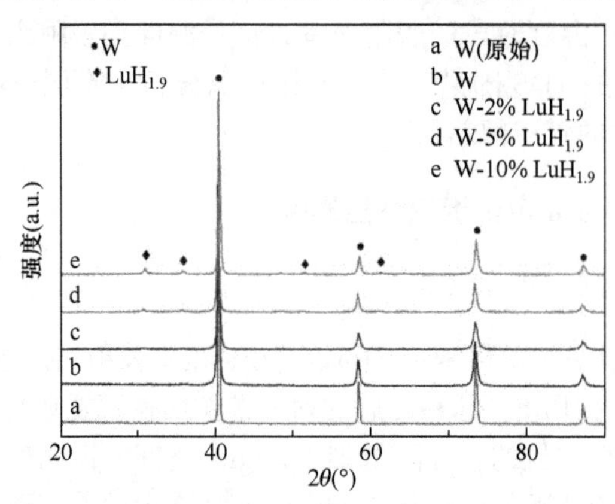

图 3.3 原始 W 粉、20 h 球磨后 W 粉和 W-$LuH_{1.9}$ 混合粉末的 XRD 图谱

3.1.2.2 混合粉体激光粒度测试

图 3.4 为球磨后的 W 粉和 W-Lu 混合粉体的粒度分布，粉体的粒度分布曲线随着 Lu 含量的增加而逐渐右移，即粉体的整体粒度增加。表 3.1 为粉末平均粒度，球磨后 W 粉的平均粒径反而由球磨前的 1.2 μm 增加至 1.7 μm，这说明粉体在球磨后发生团聚。由于 $LuH_{1.9}$ 粉末粒径较大(9.7 μm)，故 W-Lu 混合粉体在球磨后的平均粒径较 W 粉有所增加，且随着 $LuH_{1.9}$ 粉末含量的增加，平均粒度呈增加趋势，但 W-10% Lu 粉体粒径反而减小，这可能是粉末团聚情况不同导致的。

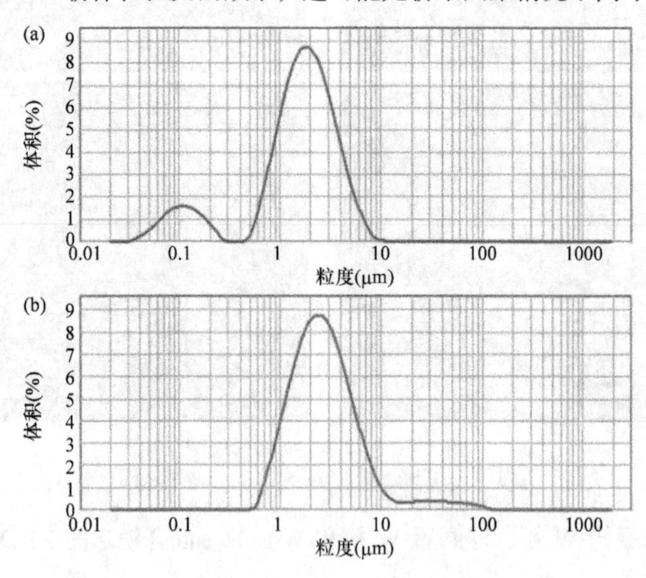

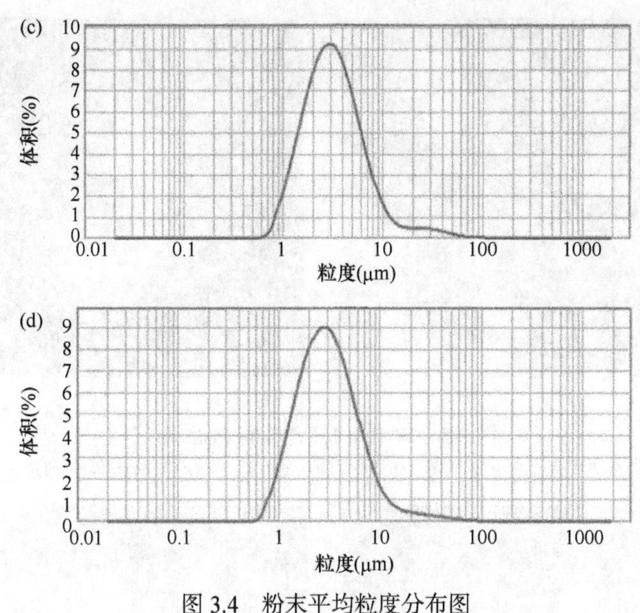

图 3.4　粉末平均粒度分布图

(a) W；(b) W-2% Lu；(c) W-5% Lu；(d) W-10% Lu

表 3.1　球磨后 W 粉和 W-Lu 混合粉体平均中值粒径

成分	W	W-2% Lu	W-5% Lu	W-10% Lu
平均粒径/μm	1.704	2.569	3.106	2.966

3.1.2.3　W-Lu 合金显微组织

图 3.5 为 W-10% Lu 合金的形貌。由图可知，W-10% Lu 中晶界上均匀分布着第二相颗粒(图中亮白色)，且粒径在 100～800 nm 之间。对图 3.5(b)中的亮白色区域 A 和深色钨基体区域 B 进行选区电子衍射分析，发现钨基体[001]晶带轴以及 Lu_2O_3 相[011]晶带轴的衍射斑点。证实基体中 Lu_2O_3 颗粒的存在，并认为其来源是第二相的 Lu 与基体中杂质 O 在烧结过程中结合形成稳定的 Lu_2O_3 相，并分布于原先 O 杂质存在的晶界处，在烧结过程中限制晶粒的长大。

图 3.6 和图 3.7 分别为 W 和 W-Lu 合金腐蚀后的表面 FESEM 图和 EDS 能谱图。如图 3.6 所示，Lu 含量的增加使合金晶粒尺寸明显降低，在相同工艺下，由纯 W 的 10 μm 降低至 2～3 μm。图 3.7 给出了 W、Lu 和 O 元素的分布情况，Lu 相均匀分布在晶界处，第二相颗粒可以有效地阻碍 W 晶粒在烧结过程中的长大和形变时位错的移动，起到显著的强化效果。随着加入的 Lu 的含量增加，第二相含量明显增加，但当加入的 Lu 超过一定数量时，富 Lu 相长大且分布相对集中，相邻的第二相连接在一起反而容易造成服役过程中的应力集中，导致材料强度的下降。

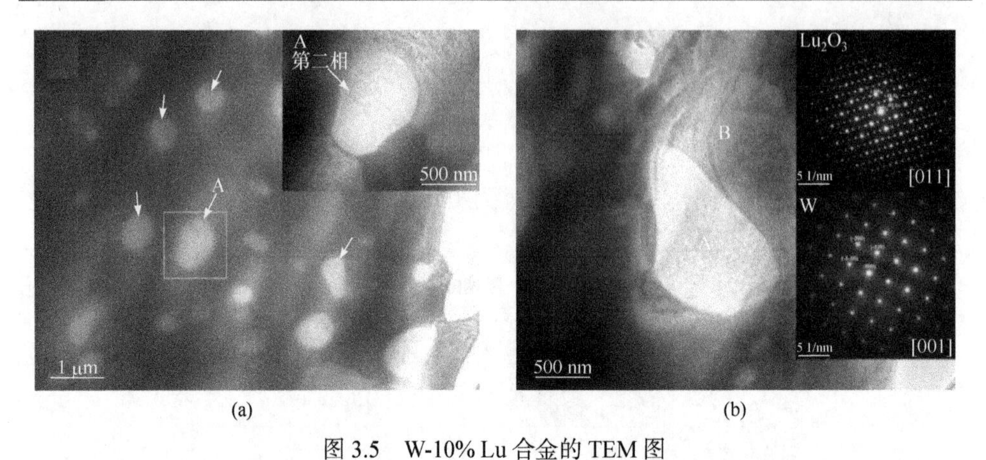

图 3.5　W-10% Lu 合金的 TEM 图

(a) 图中的插图为晶界处第二相的放大图；(b) 图中的插图为第二相(A)和 W 基体(B)的选区电子衍射斑点

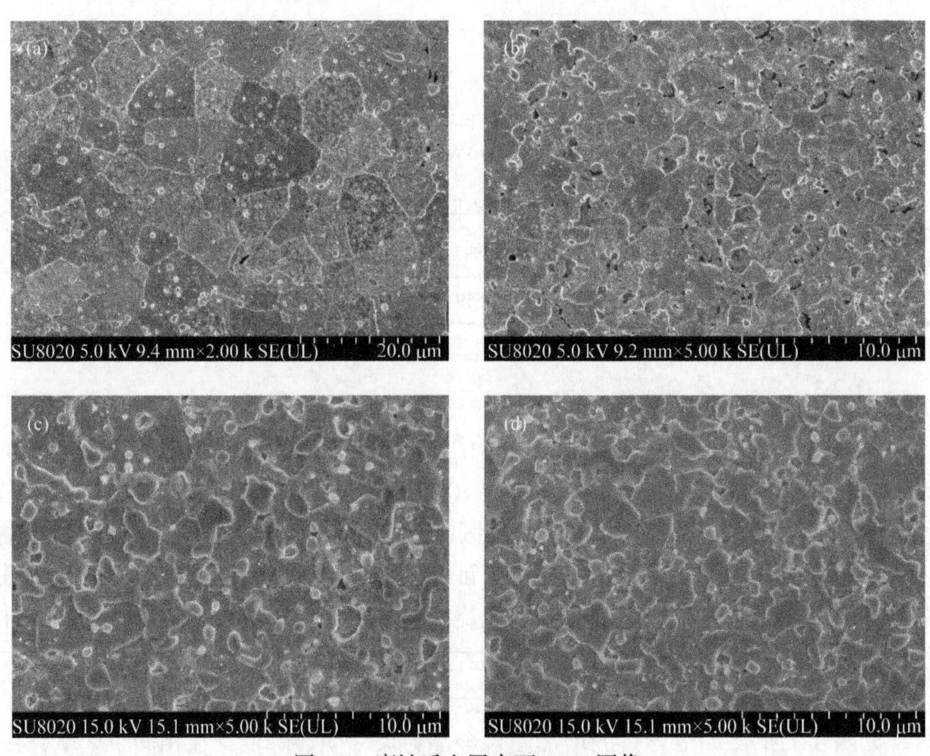

图 3.6　腐蚀后金属表面 SEM 图像

(a) W；(b) W-2% Lu；(c) W-5% Lu；(d) W-10% Lu

纯 W 和 W-Lu 合金也呈现不同的断裂方式。由图 3.8 可看出，纯 W 材料主要表现出典型的沿晶断裂，断口处也出现较大晶粒；W-Lu 合金断口则整体呈现沿晶-穿晶混合型断裂模式。

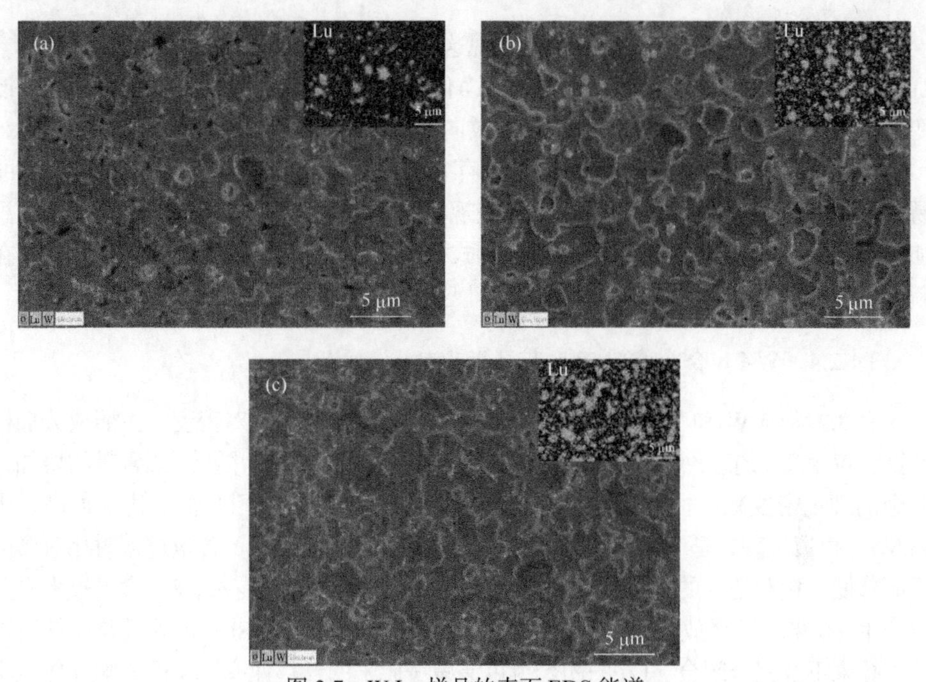

图 3.7　W-Lu 样品的表面 EDS 能谱

(a) W-2% Lu；(b) W-5% Lu；(c) W-10% Lu。不同颜色区域分别代表 W、Lu、O 元素的分布，插图为 Lu 元素分布情况

图 3.8　纯 W 和 W-Lu 合金样品的断口形貌

(a) 纯 W；(b) W-2% Lu；(c) W-5% Lu；(d) W-10% Lu

图 3.8(b)中的断口呈现撕裂状，出现这种断口形貌一般基体会耗损更多能量。Lu 和 Lu_2O_3 作为第二相分布在晶界上，净化晶界使得晶粒间呈现良好的结合力，改变了晶界处裂纹易扩展特性，使部分裂纹向晶粒内部扩展，即呈现穿晶开裂特征。

W-10% Lu 合金由于第二相的连续存在造成应力集中而成为裂纹源或裂纹的易扩展处，因此穿晶断裂占比减小并表现为材料宏观强度的降低。尽管 Lu 的添加为合金引入了新的断裂模式，断裂形式仍以沿晶断裂为主，但 W-Lu 比纯 W 在断裂过程中吸收了更多的能量，韧性得以提高。

3.1.2.4 W-Lu 合金相对密度和显微硬度

表 3.2 为纯 W 和 W-Lu 样品的理论密度、实际密度和相对密度。按照成分加权计算，W 和 Lu 的理论密度分别为 19.35 g/cm^3 和 9.84 g/cm^3。随着 Lu 含量的增加，合金的理论密度减小而相对密度先增后减，W-5% Lu 合金相对密度达到最高，为 98.8%。可以发现，适量 Lu 的加入有利于钨的致密化，但 Lu 含量过多时相对密度反而降低。相对密度的降低可能与烧结过程中 $LuH_{1.9}$ 的分解有关，Lu 含量过多时分解产生 H_2 来不及释放，而在基体中以孔隙的方式存在，且 SPS 的快速烧结使得这些气孔来不及完全闭合。Lu 的团聚也可能减缓原子的迁移速率，从而影响坯体致密化过程。如图 3.9 所示，材料的硬度与 Lu 元素含量呈正相关，W-10% Lu 显微硬度高达 634.6 HV，比纯 W 的显微硬度值(408.4 HV)高了 55%。硬度的提高与第二相在烧结过程中的晶粒细化作用和受力过程中弥散强化作用有关。

表 3.2 SPS 制备 W 和 W-Lu 合金的理论密度、实际密度和相对密度

样品	理论密度(g/cm^3)	实际密度(g/cm^3)	相对密度(%)
纯 W	19.35	17.71	91.5
W-2% Lu	18.98	18.14	95.6
W-5% Lu	18.46	18.25	98.8
W-10% Lu	17.64	17.01	96.4

综上所述，利用球磨法和 SPS 工艺制备出了一系列不同成分的 W-Lu 合金，并对其组织、结构和一些基本性能进行了分析。随 Lu 元素含量的增加，W-Lu 合金的相对密度呈先增加后降低趋势，合金的显微硬度在此过程中单调上升。TEM、XRD、SEM 等分析表明，W-Lu 合金中的第二相弥散分布于晶内，除单独存在的 Lu 外，部分 Lu 与晶界处杂质 O 元素结合形成了 Lu_2O_3 颗粒，起到钉扎晶界的效果。W-Lu 合金的断裂模式由纯 W 的沿晶断裂逐渐转变为沿晶-穿晶混合型断裂，韧性增加但仍属于脆性断裂。过量的 Lu 反而引起第二相颗粒尺寸的增加和富集现象，富 Lu 相的富集存在容易造成应力集中，不利于合金的强韧化。

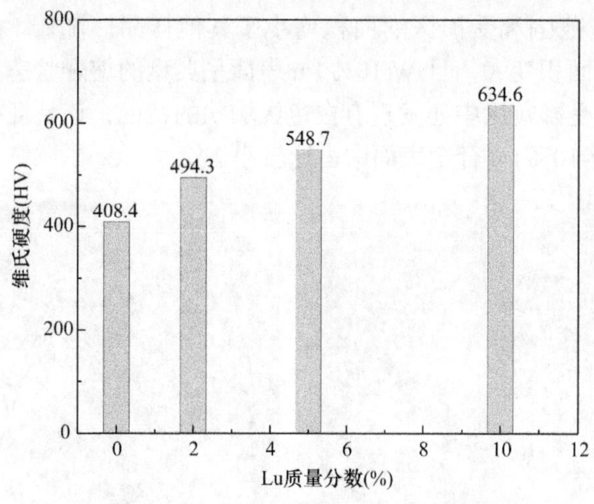

图 3.9　W 和 W-Lu 合金的显微硬度

3.1.3　W-Lu 合金瞬态热负荷行为

采用不同能量密度的激光束对之前制备的 W 和 W-Lu 合金进行了瞬态热冲击实验，随后分析材料的损伤情况，得到合金在瞬态热负荷作用下的开裂阈值和熔化阈值，再对该系列钨合金的热负荷表现进行对比。实验涉及的主要变量参数为电流、频率和脉宽，通过调节这三个参数来控制最终到达晶体表面的能量密度。高能量密度的参数为电流 60 A、频率 15 Hz、脉宽 2 ms，控制激光束聚焦于表面 Φ 0.6 mm 的圆内，该条件下对应的能量密度为 318.3 MW/m^2；低能量密度的参数为电流为 60 A、频率 1～10 Hz、脉宽为 1 ms，该条件下能量密度范围在 10.6～106.1 MW/m^2 之间，能量密度与频率呈正相关。

3.1.3.1　W-Lu 合金高能瞬态热冲击损伤

W 和 W-Lu 合金在高能量密度(318.3 MW/m^2)瞬态激光束作用下均产生了不同程度的表面损伤，其中包括熔化、开裂、孔洞等，以下从瞬态热冲击后合金表面受影响区的大小、第二相的分布、裂纹扩展等方面来进行分析，此外还进行了多次热冲击实验。

图 3.10 为瞬态热冲击后 W 和 W-Lu 合金表面损伤的形貌图。为评价不同样品的损伤程度，根据样品表面特征，将表面划分为热冲击损伤区、受热负荷影响区和未受热负荷影响区三个部分，并对损伤区(圆环区域)、受影响区的大小进行标定。由图 3.10 中标定数据可知，(a)～(d)四个样品所对应的损伤区直径分别约为 580 μm、330 μm、375 μm 和 569 μm，对应的受影响区宽度分别为>1200 μm、约 460 μm、约 540 μm 和约 708 μm。纯钨的受影响区宽度超过 1200 μm，远高于 W-Lu 合金受影响区的范围。就表面损伤情况而言，W-2% Lu 呈现最佳的抗热损伤

性，其受影响区范围和受损区的面积均小于其他样品。随着 Lu 含量的继续增加，样品的受损面积变大，且 W-10% Lu 表面呈典型的熔融状态。另外，在纯钨和 W-10% Lu 的受影响区中还发现有白色区域状的特征，该特征在纯钨表面占有较大面积，而 W-10% Lu 合金表面中占比较小。

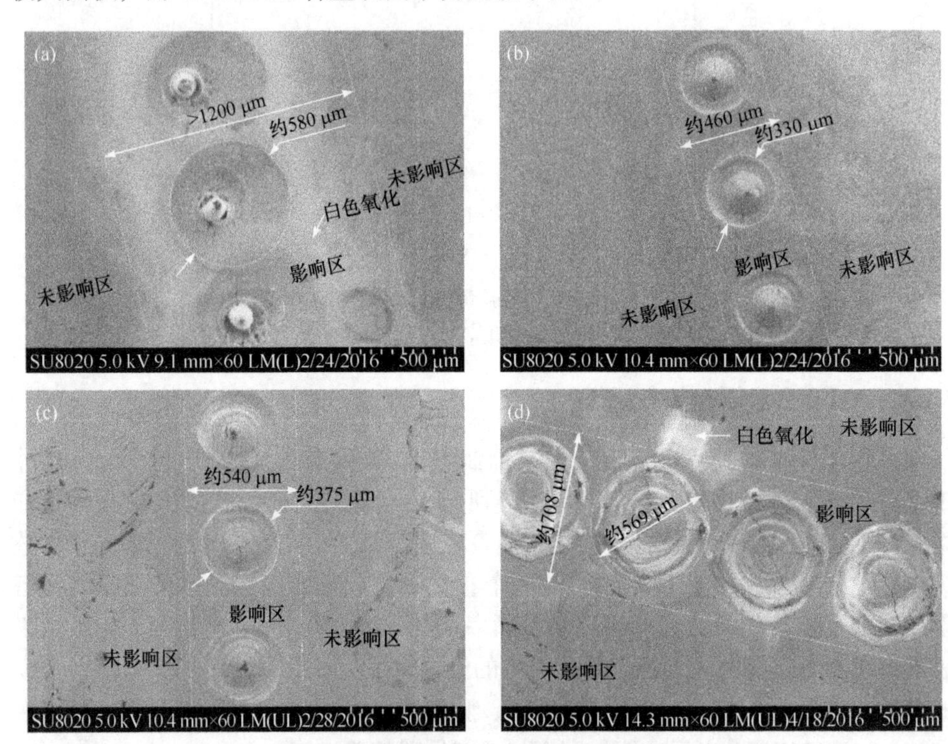

图 3.10　高能量密度热冲击作用下材料表面损伤 SEM 形貌

(a) W；(b) W-2% Lu；(c) W-5% Lu 和(d) W-10% Lu

图 3.11 所示为图 3.10(d)中标记的白色区域的 SEM 高倍放大图和 EDS 能谱图，可见该区域上密布着绒毛纳米状结构，绒毛尺寸在 20～200 nm 之间，EDS 能谱显示其主要成分为 W 和 O，可能是实验中边缘区域氧化生成的钨氧化物颗粒。从图 3.11(c)中可更明显看出这些氧化物是在合金表面原位生成长大并最终呈凸起绒毛状，这种形貌的产生可能是合金表面处在高温下熔化并产生氧化后再冷凝沉积所致[1]，还可能与材料释放表面热应力有关[2]。

在热载荷作用下，材料表层部分产生纵向的热应力，这种热应力驱动晶粒开裂、凸起并形成纳米氧化颗粒。W-2% Lu 和 W-5% Lu 中并没有这种白色氧化物颗粒区，故判断其有更好的抗氧化性和抗热冲击性能。

W 和 W-Lu 合金的中心受损区域的情况有较大差异。图 3.12 是高能量密度瞬态热冲击下试样中心受损区域的SEM图，整个中心区域呈现出局部熔化和开裂

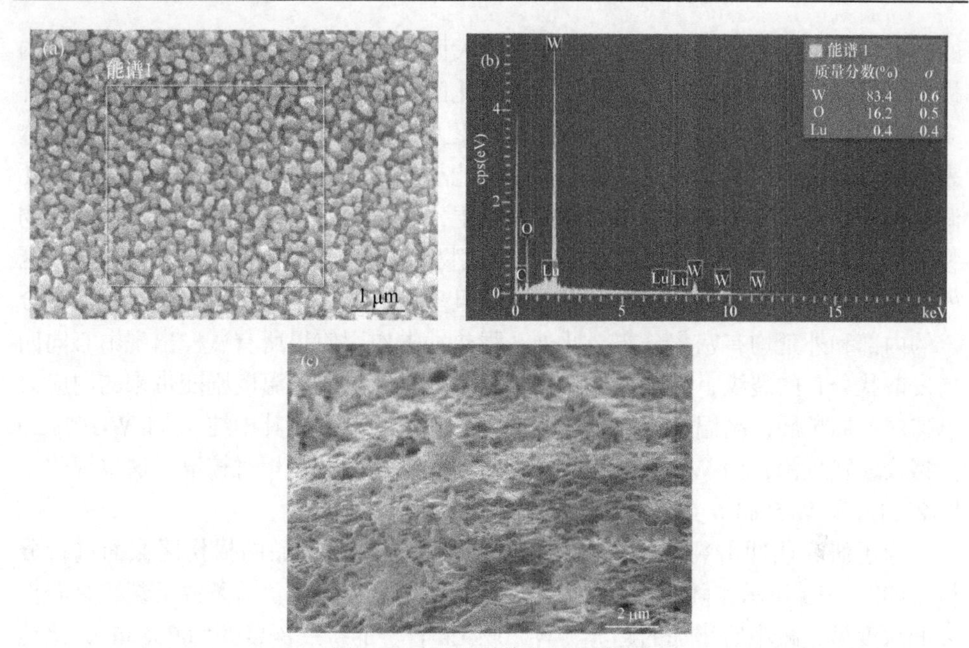

图 3.11 SEM 形貌和 EDS 能谱

(a) W-10% Lu 样品表面白色区域放大图；(b)图(a)中方框区域的能谱；(c) W-10% Lu 样品表面局部白色区域斜视图

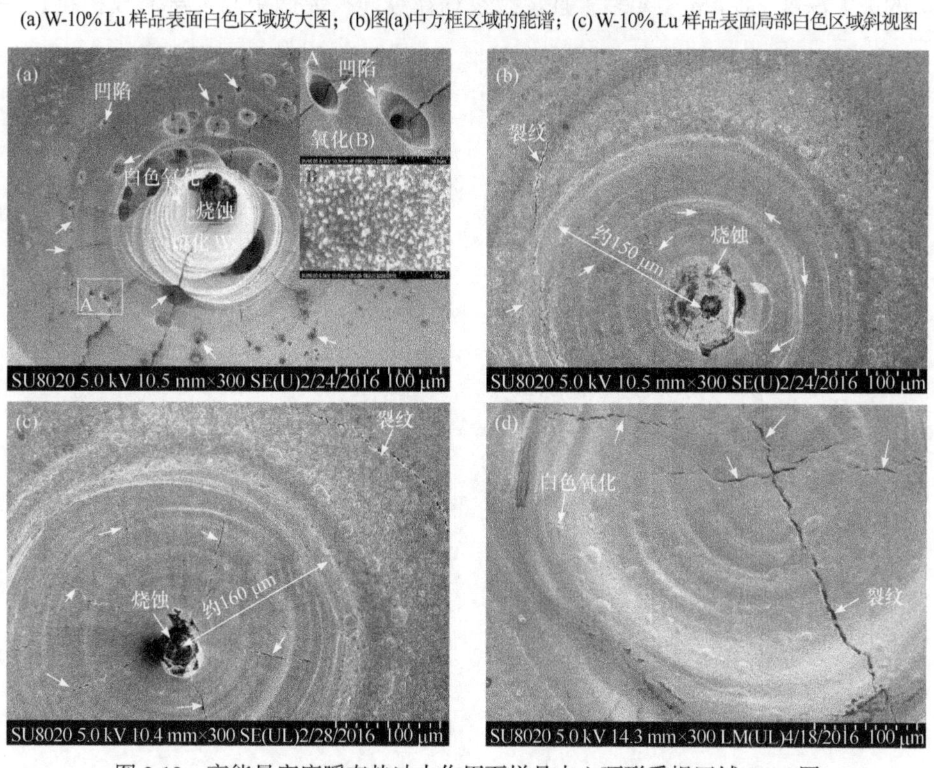

图 3.12 高能量密度瞬态热冲击作用下样品中心环形受损区域 SEM 图

(a) W；(b) W-2% Lu；(c) W-5% Lu；(d) W-10% Lu

的特征。图3.12(a)中，纯钨中心区域出现大面积的熔化区，且圆心附近呈凸起的柱状，顶部深色区域有明显烧蚀特征。熔化区的外围裂纹扩展附近区域分布着许多大小不一的孔洞，这可能是裂纹扩展过程中钨晶粒松动脱落所致。W-Lu 合金表面相应区域中则没有明显的孔洞，这可能与晶粒之间良好的结合力有关。除孔洞特征外，纯钨表面密布着呈白色的氧化层，其实质上是成簇的纳米尺寸氧化物颗粒，W-10% Lu 合金中也发现了这种氧化物。W-2% Lu 和 W-5% Lu 合金受损区外围密布着形状不规则的液滴状颗粒物，且呈圆环状分布，而其在 W-10% Lu 合金的内部和外延均有密集分布。此外，强热冲击作用使得所有试样出现中心向四周发散状分布的裂纹，高热冲击作用下萌生的微裂纹由于温度剧变带来的内应力迅速向四周扩展，高温软化的出现也促进了裂纹的扩展。其中纯 W 和 W-10% Lu 的裂纹较宽且深，而 W-2% Lu 和 W-5% Lu 的裂纹宽度则相对较窄，这也说明了 W-2% Lu 和 W-5% Lu 具有更好的抗热冲击性能。

为了研究热冲击裂纹在合金深处的扩展情况，对样品的损伤区截面进行分析。如图 3.13 所示，随着合金中 Lu 含量的增加，相同热负荷条件下裂纹纵向扩展的深度呈先减小后增加的趋势，W-10% Lu 合金的扩展深度约为 256 μm，比纯 W 的最大深度 237 μm 还要多，且主裂纹均在纵向扩展途中与内部裂纹桥接在一

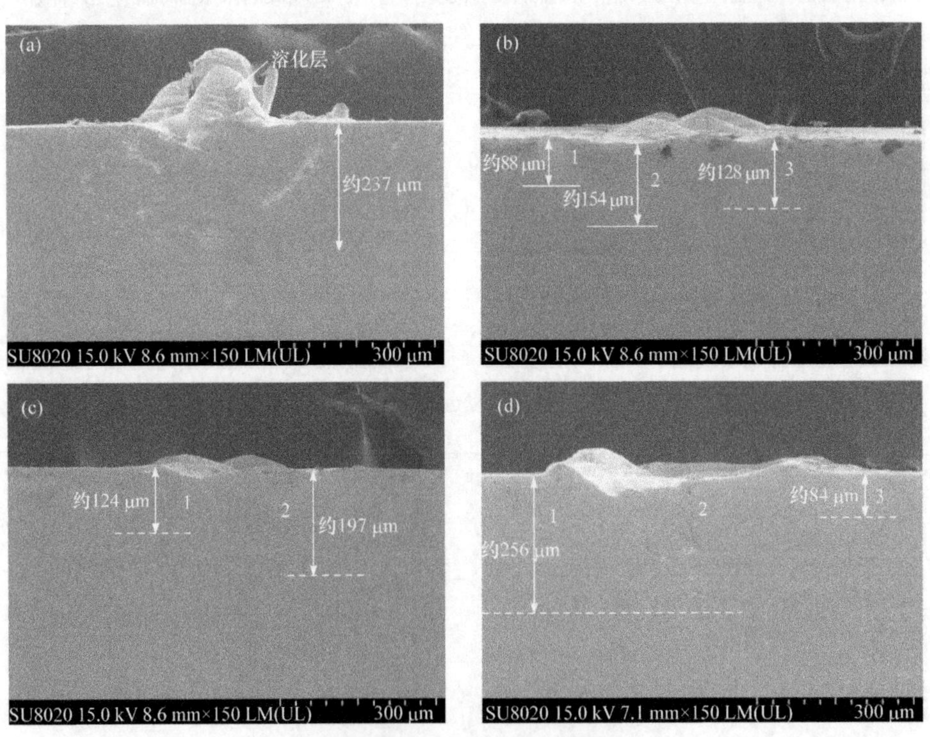

图 3.13 热冲击损伤区截面图

(a) W；(b) W-2% Lu；(c) W-5% Lu；(d) W-10% Lu

起。图 3.13(a)中，纯 W 在沿裂纹延伸方向处的晶粒出现脱落，晶粒之间呈现较弱的结合力。W-10% Lu 合金富集的第二相导致受力时易发生应力集中的状况，从而促进裂纹扩展。W-2% Lu 和 W-5% Lu 的裂纹较小且分布范围也较小，这可能与其基体与基体、基体与第二相的良好结合有关，即弥散分布的第二相颗粒由于烧结过程中钉扎晶界细化晶粒和受力过程中净化晶界增强晶间结合力的作用带来显著的抗热负荷能力。由此可见，W-2% Lu 中心区域的损伤最低，整体抗热冲击的能力最好。

高能量密度激光分布并不均匀，当激光束产生的局部高温超过合金的熔点或共晶熔点时，该区域会发生熔化甚至溅射。在激光作用下，试样中心区域均产生一定程度的熔化部分。纯 W 的中心出现柱状熔化区，而 W-Lu 合金表面并未出现大面积的熔化区，但存在表面熔化和位移，增加了整个影响区表面的粗糙度。

W-Lu 合金影响区的周围还存在着密集的液滴状颗粒物，距受影响区圆心分别约为 150 μm(W-2% Lu)和 160 μm(W-5% Lu)。为确定第二相颗粒在激光作用后的存在形式，对 W-2% Lu 和 W-5% Lu 合金进行 EDS 能谱分析，结果如图 3.14 所示。

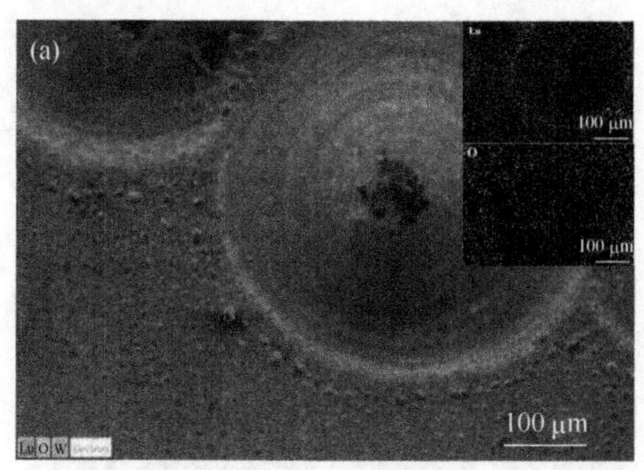

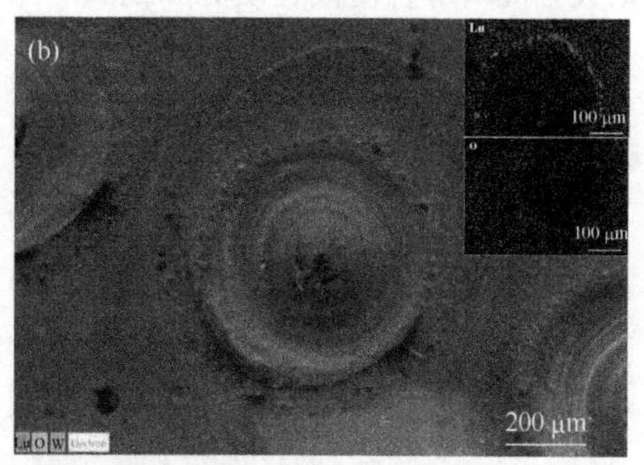

图 3.14　高能量密度热冲击作用下损伤表面的 EDS 图

(a) W-2% Lu；(b) W-5% Lu；插图为 Lu 和 O 元素的分布图

由 EDS 能谱图中元素分布特征可知，圆形损伤区内表面的 Lu 含量明显比四周低，边缘区域有明显的 Lu 元素聚集。这可能是作为第二相的 Lu 和 Lu_2O_3 的熔点低于钨基体，在局部高温下会优先熔化，在作为保护气氛的气流冲击下，液态第二相吹出中心高温区域，并落于外围区域，然后冷却凝固液滴状颗粒物。第二相的熔化过程吸收并带走中心区域的部分热量，缓解了中心区域的受损情况，但是溅射产物会造成合金表面的粗糙化。

图 3.15(b)显示出 W-10% Lu 中 A 区域晶粒明显长大，从热冲击前的 1～3 μm 生长至 10～20 μm。中心高温区第二相的熔化和溅射使得该区域成分发生变化，即第二相数量减少，从而降低中心处合金的再结晶温度。另外晶界处缺少了钉扎晶界的第二相颗粒，使得晶粒在高温下长大。热冲击作用后合金的晶界十分明显，

很容易观察到长大的晶粒。

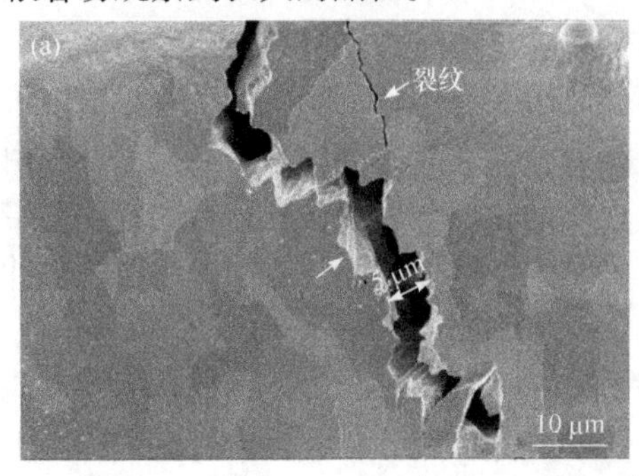

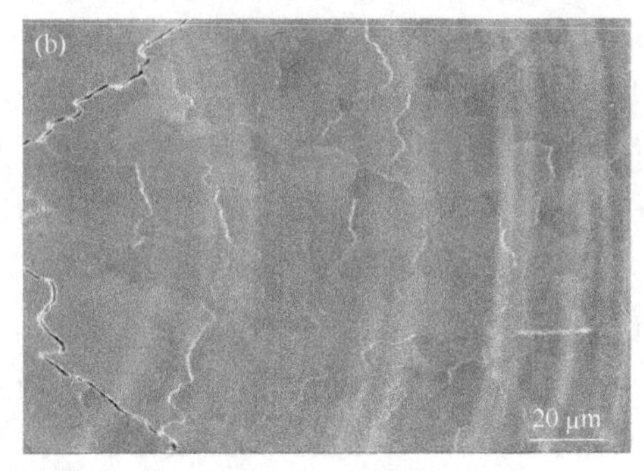

图 3.15　W(a)和 W-10% Lu(b)样品损伤区中心区域 SEM 高倍图

3.1.3.2　W-Lu 合金多次热冲击损伤行为

图 3.16 为多次激光热冲击作用后样品形貌，热冲击重复次数为 5 次，每次的热冲击参数相同，能量密度均控制在 318.3 MW/m^2。与图 3.10 相比，样品的表面损伤程度明显不同。其中纯 W 受影响区的变化不大，W-Lu 合金的受影响区范围则大幅度增加且受损程度更加剧烈。

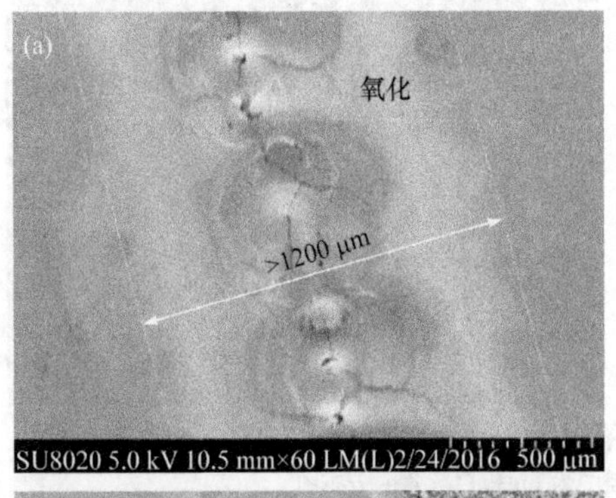

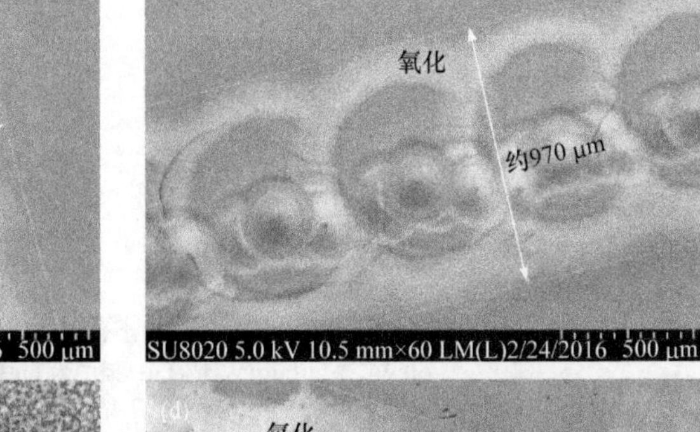

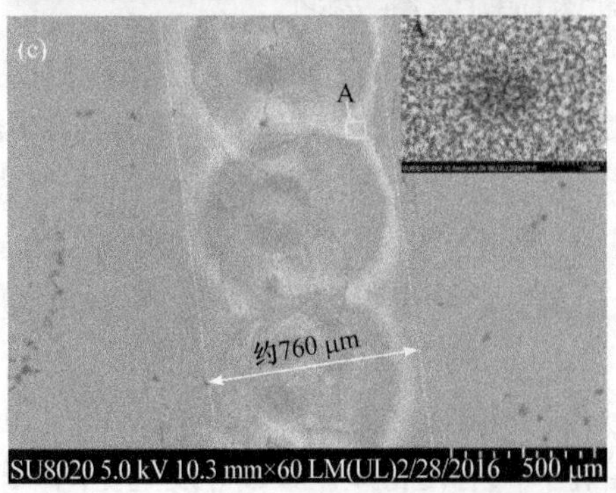

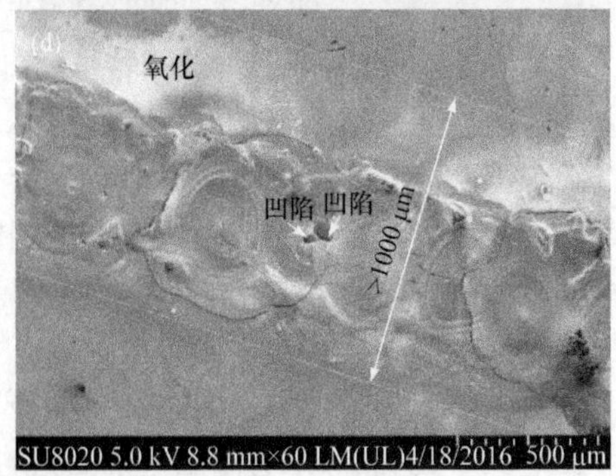

图 3.16　高能量密度热冲击重复作用下的材料表面 SEM 形貌图

(a) W；(b) W-2% Lu；(c) W-5% Lu；(d) W-10% Lu

纯 W 和 W-(2%、5%、10%)Lu 合金受影响区的范围分别为>1200 μm、约 970 μm、约 760 μm 和>1000 μm。在多次激光热冲击条件下，W-2% Lu 和 W-5% Lu 合金的圆形区附近也生成了呈白色的氧化带，纯 W 和 W-10% Lu 合金则在原先基础上面积占比增加。合金的熔化面积占比也明显增加，产生了更大的裂纹并呈环形区域分布。纯 W 和 W-10% Lu 合金中心区附近还产生了一些孔洞。可见第二相引入过量时并不能让合金具备优良的抗热冲击性能，反而使合金的损伤情况加剧。在多次高能量密度激光的冲击下，材料各种类型的损伤特征更加显著。

3.1.3.3　W-Lu 合金低能瞬态激光冲击损伤行为

低能量密度(10.6 MW/m^2、21.2 MW/m^2、31.8 MW/m^2、42.4 MW/m^2、53.1 MW/m^2、63.7 MW/m^2、74.3 MW/m^2、84.9 MW/m^2、95.5 MW/m^2、106.1 MW/m^2)下对样品进行了瞬态热冲击测试，以检验 Lu 含量对材料受热冲击下开裂和熔化倾向的影响。

图 3.17 显示出低能量密度热冲击作用下，样品表面出现局部熔化和裂纹。最低能量密度 10.6 MW/m^2 作用下，纯 W 和 W-10% Lu 合金仍有裂纹产生，且 W-10% Lu 合金中还出现了熔化损伤环；W-5% Lu 合金在低于 53.1 MW/m^2 时则无明显损伤，能量密度达到 53.1 MW/m^2 时产生微小裂纹，说明 W-5% Lu 的开裂阈值在 42.4～53.1 MW/m^2 之间，此外 W-5% Lu 在 63.7 MW/m^2 下部分区域出现熔化现象；W-2% Lu合金表现出最好的抗热冲击性能，在所实验的能量密度下均未发现明显的裂纹和熔化现象。

图 3.18 为低能量密度激光热冲击作用下样品裂纹的变化状况，除 W-2% Lu 合金在各个能量密度下都没有明显裂纹产生，其余三组样品的裂纹宽度与热冲击能量密度均成正相关。W-5% Lu 的裂纹宽度较小(106.1 MW/m^2, 0.9 μm)，仅次于

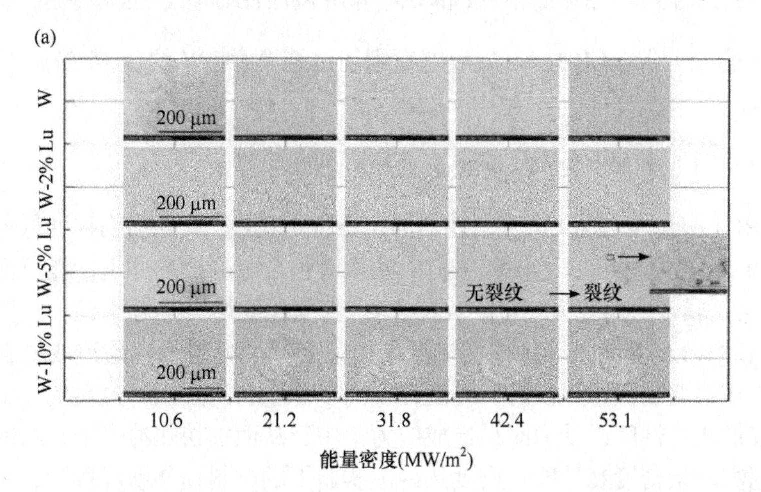

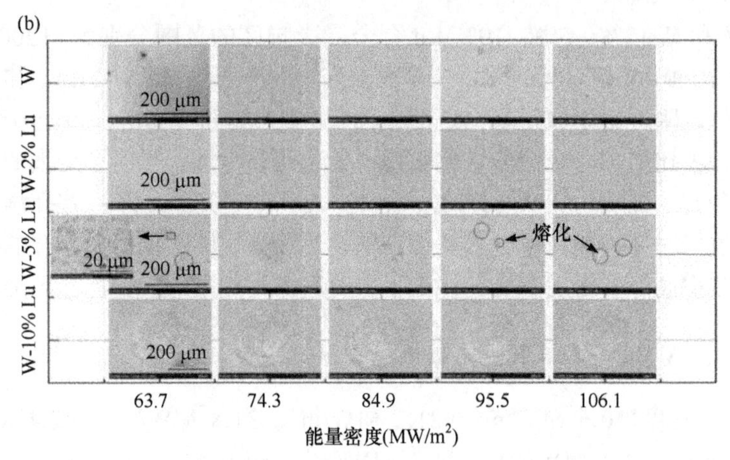

图 3.17　低能量密度热冲击作用下样品的表面形貌

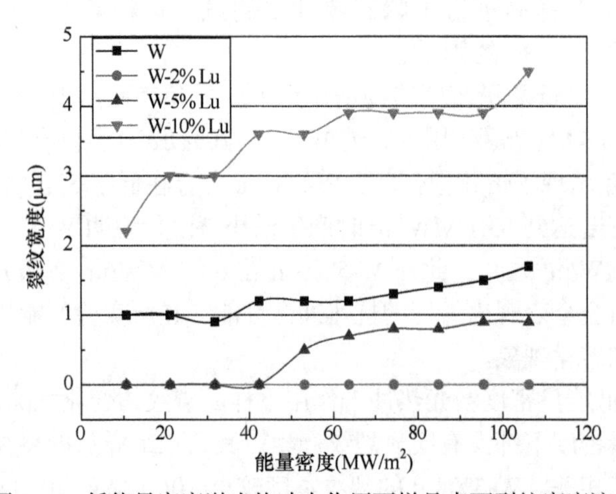

图 3.18　低能量密度激光热冲击作用下样品表面裂纹宽度演化

W-2% Lu 合金。但 W-10% Lu 裂纹宽度则超过纯 W(纯 W 的 2～4 倍)，抗热冲击性能最差。

3.1.3.4　Lu 添加量对 W-Lu 合金抗热冲击性能影响

W-2% Lu 和 W-5% Lu 合金在热冲击条件下比纯 W 的损伤程度低得多，且 W-2% Lu 合金性能最佳。但过量的 Lu 元素对钨合金的抗热冲击性能反而造成负面影响。Lu 属于低熔点元素(T_m=1663℃)，其氧化物熔点也低于钨。在受到高能粒子冲击时，Lu 会优先熔化并在气流作用下向周围溅射，容易造成材料表面的粗糙化，在聚变装置中服役时，可能在等离子体中引入杂质；过量的 Lu 会在基体中聚集形成脆性区，受力时易造成应力集中，从而加快热冲击下裂纹的扩展速率。根据高能量密度和低能量密度热冲击实验下的材料损伤状况可知，钨中添加适量的 Lu 元素可以提高钨的力学性能和热冲击抗性，优化钨合金在瞬态热冲击下的开裂和熔化的阈值。

对制备的纯 W 和 W-Lu 合金进行了高/低能量密度的瞬态热冲击测试，分析了合金中 Lu 含量对材料的热冲击抗性的影响。研究表明：①高能量密度的热冲击之后，试样表现出不同程度的开裂、熔化、溅射、氧化和再结晶等现象。在所测试的样品中，W-2% Lu 和 W-5% Lu 合金的损伤程度较低，W-2% Lu 合金表现出最优的抗热冲击性能。②合金中存在过量的 Lu 时会造成合金抗热冲击性能的下降，W-10% Lu 合金损伤程度反而比 W-2% Lu 和 W-5% Lu 合金更加严重，并出现严重的开裂和中心熔化。③中心高温区域低熔点相的熔化和溅射可以吸收和带走中心区域的部分能量从而控制中心损伤区域的范围，但这种机制会造成表面的粗糙化并在实际应用中成为等离子体的污染源。④合金中引入适量 Lu/Lu_2O_3 相时能够大幅度地改善合金的抗热冲击性能，并使得钨在瞬态热冲击下的开裂和熔化的阈值有所提升，所测试样中 W-2% Lu 合金有着最高的开裂和熔化阈值。

3.1.4 W-Lu 合金氘滞留行为

设计实验模拟 PFMs 和辐照粒子间的相互作用，明晰 PFMs 在各种粒子辐照下的损伤行为和氘/氚的滞留性能是发展钨基 PFMs 的一项必要工作。氘和氚是核聚变反应的原料，两者均是氢的同位素。但氚的放射性较大且较难制取，故使用氘对样品进行滞留实验，以模拟材料在聚变堆中的服役状况。对之前制备的 W 和 W-Lu 合金样品分别进行氘滞留实验和预辐照后的滞留实验，对比不同成分合金的氘滞留特征和异种离子预辐照(氦离子、重离子)对氘滞留行为的影响。

3.1.4.1 W-Lu 合金氘滞留性能

合金中的氘滞留量与基体中缺陷的数量和类型有很大关系。基体中的缺陷是氘离子的俘获阱，包括空位、孔隙、位错和气泡等[3-5]。温度升高时，被捕获的氘离子会从缺陷中分离并以氘气的形式脱附出去。不同种类的缺陷与氘的结合能力不同，导致其脱附温度也不同。相关的 TDS 研究表明[6]，氘在纯 W 的 TDS 曲线中有四个主要的脱附峰，其脱附温度与所对应的缺陷类型依次是 450～490 K(位错)、550～580 K(单空位)、630～650 K(空位群)和 850 K(大孔隙)。

图 3.19 为纯 W 和 W-Lu 合金在注入 1×10^{20} D/m^2 的氘离子后测得的 TDS 曲线。由图可知，W-Lu 的脱附峰位置比纯 W 对应位置偏左，但基本处于 425 K 处，表明合金内部氘主要在位错型缺陷处，而单空位对氘的俘获作用是次要的。

由图 3.19 可知，材料的脱附温度约 420 K，具体参数如表 3.3 所示。随着 Lu 含量的增加，钨合金的氘滞留总量呈现先降低后增加的趋势。未经 He^+预辐照的 W-5% Lu 合金，其氘滞留总量最低。W-(2%, 5%)Lu 辐照性能相对更好，这可能

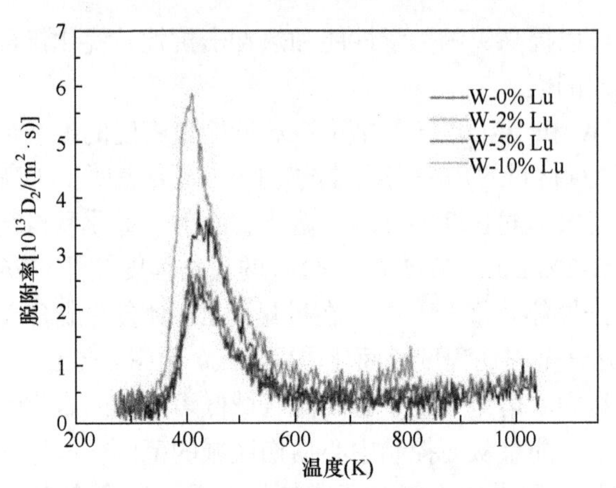

图 3.19　纯 W 和 W-Lu 合金注 D^+后的 TDS 谱图

D 离子能量为 5 keV，剂量为 1×10^{20} D^+/m^2，样品从 273 K 升温至 1000 K，升温速度恒定为 1 K/s

得益于第二相在烧结过程中钉扎晶界所带来细化晶粒的作用。晶粒细化后使得晶界总面积增加，吸收了部分辐照时产生的点缺陷，从而减少氘的俘获阱数量。W-10% Lu 中第二相发生富集，基体与第二相的界面面积增加且晶间结合力较低，易俘获氘离子，最终造成滞留总量的增加。

表 3.3　纯 W 和 W-Lu 合金在 D 离子辐照、He^++D^+辐照和 Fe^{2+}+D^+辐照后的氘滞留量(温度范围为 273～800 K)

样品	能量(keV)	注 D 剂量(ions/m^2)	D 滞留量(D/m^2)		
			注 D^+	预注 He^+ ($1\times10^{21}/m^2$)+D^+	预注 Fe^{2+} (1 dpa)+D^+
W	5	1×10^{20}	5.15×10^{15}	—	—
W-2% Lu	5	1×10^{20}	4.41×10^{15}	—	—
W-2% Lu	5	1×10^{21}	1.54×10^{16}	—	2.85×10^{16}
W-5% Lu	5	1×10^{20}	4.03×10^{15}	1.64×10^{16}	—
W-10% Lu	5	1×10^{20}	8.09×10^{15}	—	—

3.1.4.2　氦离子和重离子预辐照对 W-Lu 氘滞留影响

PFMs 承受氘氚辐照的同时，也面临着低能量高通量的氦离子辐照和高能量的中子辐照，这些都会对材料的微观结构产生影响，从而对氘的滞留行为造成影响[7-9]，研究这些情况下的氘滞留行为对 PFMs 的开发有重要意义。目前实验室中的中子源的强度较低且实验周期过长，放射性大，很难有条件进行完整的辐照模拟。20 世纪六七十年代起，重离子辐照开始被用来模拟中子辐照损伤，现在也被广泛应用在 PFMs 的中子辐照模拟中，进行材料的高 dpa 辐照效应的研究[10-13]。作者采用铁离子作为重离子辐照源，研究了铁离子的预辐照对合金材料氘滞留的影响。

由图 3.20 可看出 W-5% Lu 合金经过 1.0×10^{21} He/m^2 剂量的氦离子预先辐照后持续注入氘离子的氘滞留情况。与单一氘离子辐照样品相比，其氘滞留总量明显增加，且在两个温度处(470 K 和 530 K)出现了脱附峰。一方面，氦离子预辐照显著增加了材料的氘滞留总量，从 4.03×10^{15} D/m^2 增加至 1.64×10^{16} D/m^2(见表 3.3)；另一方面，新出现的脱附峰表明在氦离子预辐照下，材料因其内部生成的第二种俘获缺陷，可以捕获更多氘原子，从其对应温度判断这种氦离子预辐照产生的额外俘获阱是空位型缺陷，由于空位对应脱附温度较高，故而 TDS 曲线的峰位表现为右移。

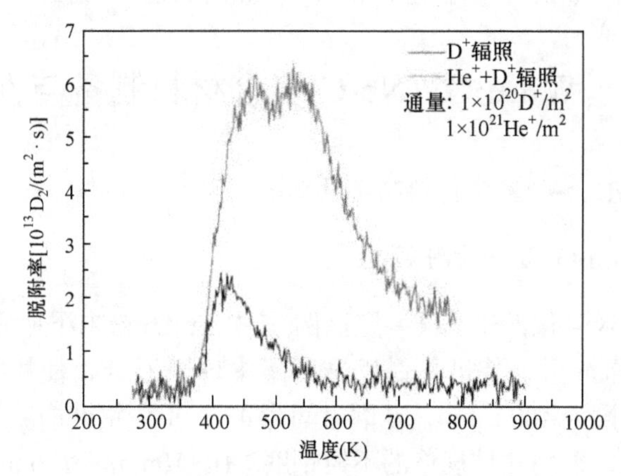

图 3.20 W-5% Lu 合金样品注 D$^+$和 He$^+$+D$^+$后的 TDS 谱图
He 离子辐照能量为 5 keV，剂量为 1×10^{21} He/m^2

图 3.21 显示的是 W-2% Lu 合金经过铁离子预辐照(1 MeV, 1 dpa)后的氘滞留情况，铁离子预辐照显著增加了样品的氘滞留总量，从 1.54×10^{16} D/m^2 增至 2.85×10^{16} D/m^2，如表 3.3 所示。但高能量的重离子辐照并非以生成新俘获阱的方式增加氘滞留量，而是通过晶格原子位移使基体中产生更多的位错来滞留更多的氘，因此 TDS 曲线仍然只有一个峰值。

通过研究 Lu 含量对氘滞留量的影响和氦离子、铁离子预辐照对 W-Lu 合金氘滞留性能的影响，获得如下研究结论：①经过氘离子束注入和 TDS 实验后，发现随 Lu 含量增加，合金的氘滞留量呈现而先减后增的趋势。这表明适量 Lu/Lu_2O_3第二相的存在有利于提高钨合金的抗氘滞留性能。②氦离子预辐照通过使材料内部产生大量空位作为氘离子的俘获阱而增加了 W-5% Lu 样品的氘滞留总量。③重铁离子预辐照增加了钨合金基体中的位错数量，从而提高了合金中的氘滞留总量。由于与原俘获阱类型相近，TDS 曲线表现为原有峰值处升高。

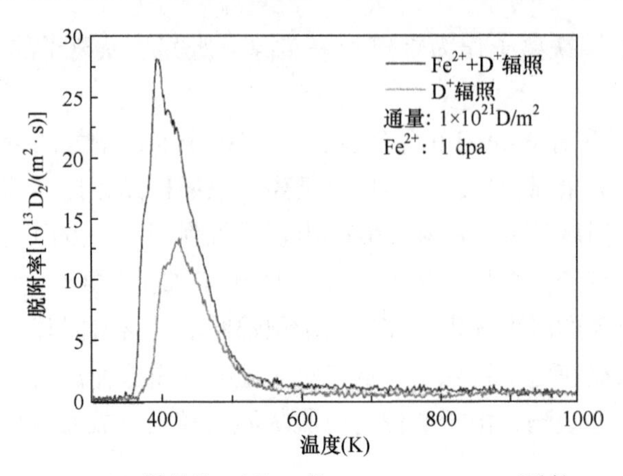

图 3.21　W-2% Lu 样品注 D^+和 Fe^{2+} (1 MeV, 1 dpa)+D^+后的 TDS 谱图

3.2　W-Lu_2O_3/(Nb-C)复合材料制备与性能

3.2.1　W-Lu_2O_3/(Nb-C)复合材料制备及测试

3.2.1.1　W-Lu_2O_3 复合材料制备

将钨粉和纳米氧化镥粉遵循一定比例(其中 Lu_2O_3 粉末添加质量比分别为 0、1%、2%、3%)称量后，装进不锈钢球磨罐中球磨混合，使用行星式球磨机球磨，球磨机转速设为 400 r/min，球磨时间为 4 h，不锈钢球磨罐为 250 mL。为了使粉末混合均匀，采用三种规格的不锈钢磨球(*Φ* 10mm、*Φ* 6mm、*Φ* 4mm)按照一定比例组合组成，每罐装不锈钢磨球和粉末为 200 g 和 20 g，球料质量比为 10∶1。球磨后取出复合粉末，为了将团聚粉末磨碎分散，使用玛瑙研钵进行研磨，最后将研磨后的复合粉末装袋密封。

称取 15 g 的均匀细小的复合粉末，放入直径 20 mm 的石墨模具中。使用放电等离子体烧结的方法，首先将烧结炉抽真空，然后开始烧结。以 100℃/min 的速率使烧结温度升高到 600℃，同时烧结压强逐渐增加到 47.8 MPa。为了排出模具和粉末中残余气体，600℃之前的烧结过程须在真空环境下进行，600℃之后，在 Ar+3%(体积分数)H_2 的保护气氛下烧结，具体工艺路线如图 3.22 所示。

3.2.1.2　不同球磨时间 W-Lu_2O_3 复合材料制备

原钨粉和纳米氧化镥粉按质量比 97∶3 分别称重后，装入 250 mL WC 硬质合金球磨罐中，采用行星式球磨机进行球磨。球磨机转速设为 400 r/min，使用两种规格尺寸(直径 10 mm 和直径 6 mm)的 WC 硬质合金磨球，球料质量比为 10∶1，

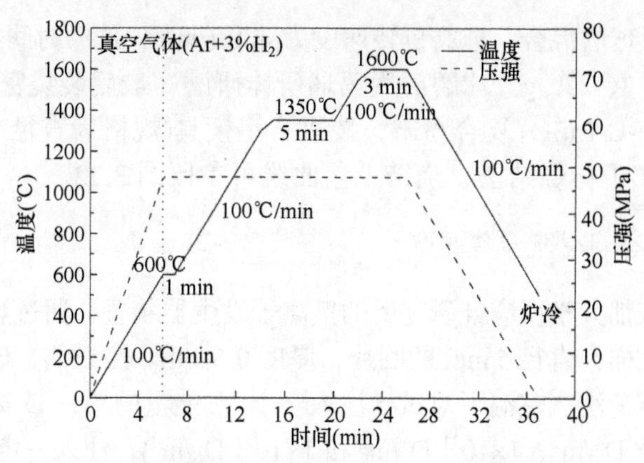

图 3.22 通过 SPS 制备不同含量 W-Lu_2O_3 复合材料的烧结工艺曲线

共 220 g。为了避免在球磨过程中粉末粘球和粘壁的现象、提高粉提取速率和磨球与粉末的碰撞概率，使用液体介质体积比为 2∶1 向球磨罐中添加液体球磨介质(无水乙醇)。

为了探讨球磨时间对复合粉末及烧结体的影响，采用了不同的球磨时间：5 h、10 h、20 h、40 h。球磨后取出球磨罐置于干燥箱 80℃下干燥 5 h。使用玛瑙研钵研磨分散较大的粉末团聚体，最后将研磨后的复合粉体装袋密封。

称取制备好的 W-3% Lu_2O_3 复合粉末 15 g，装进石墨模具(规格为直径 20 mm)中，用压样机预压粉末，预压压力为 3 kN。烧结采用放电等离子体烧结法(图 3.23)，600℃后采用 Ar 气氛保护。

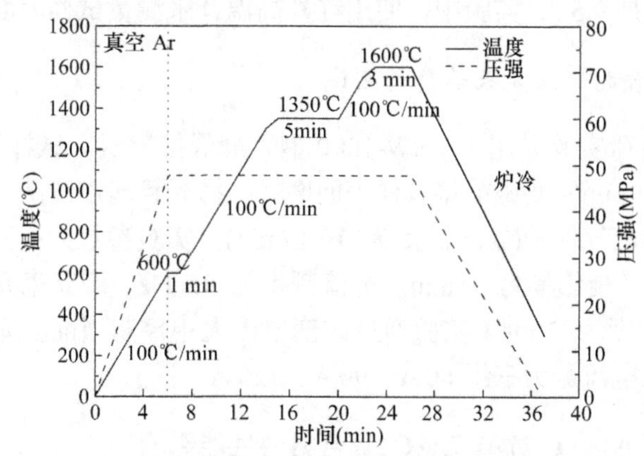

图 3.23 SPS 制备不同球磨时间下 W-Lu_2O_3 复合材料的烧结工艺曲线

3.2.1.3 微量元素 Nb、C 强化 W-Lu_2O_3 复合材料制备

将原钨粉、纳米氧化镥粉、纳米铌粉和碳粉按质量比(钨∶铌∶碳∶氧化镥=97.6∶1.3∶0.1∶1，其中铌和碳的摩尔质量比为 1.5∶1)称重后，装进不锈

钢球磨罐中进行球磨混合，球磨机转速设为 400 r/min，球磨时间为 4 h，球料质量比为 10∶1，共 220 g。球磨后用玛瑙研钵研磨，最后装袋密封。称取 15 g 制备好的 W-Nb-C-Lu_2O_3 复合粉末，装进石墨模具(规格为直径 20 mm)中，烧结采用放电等离子体烧结法，烧结工艺曲线可参照图 3.22。

3.2.1.4　复合材料氘滞留测试

采用日本京都大学反应堆研究所的氘离子发生器装置，通过热脱附谱进行氘滞留的测试。试样为直径 5 mm 的圆片，厚度 0.5 mm。测试前，试样表面需要磨平、抛光和超声清洗。室温下对试样注入 5 keV 能量的单一 D^+离子束，注入量分为三组(1×10^{20} D^+/m^2、1×10^{21} D^+/m^2 和 1×10^{22} D^+/m^2)。注入一定量的 D^+后，在红外线照射下由室温逐渐升高至 1037 K 来进行 TDS 实验，其中，升温速率控制在 1 K/s。然后在超高真空度(10^{-6} Pa)条件下，使用四极质谱仪测量样品中不同温度下 D^+的脱附速率。最后，通过不同 D^+注入剂量下试样的热脱附曲线来计算试样中的总氘滞留量。

3.2.1.5　复合材料电子束热负荷测试

电子束热负荷实验采用日本九州大学的电子束发生器。试样尺寸为直径 6 mm、厚度 2 mm 的圆片，在测试前，试样表面需要磨平、抛光和超声清洗。实验过程中，将样品放入样品室后抽真空，然后开始测试。电子发生器将电子发射出来，在 20 kV 的加速电压下撞击样品的中心位置。电子束连续打在试样上 100 个脉冲，每个脉冲的时间是 9.5 s，实验中，使用红外高温计来测量试样表面的温度。

3.2.1.6　复合材料激光束热负荷测试

激光束热负荷实验采用了 LSW-1000 型直缝焊接专机。试样尺寸为 4 mm × 4 mm，厚度约 2 mm，测试前将试样表面磨平、抛光且超声清洗。在激光束热负荷实验中，采用氩气保护(氩气流量为 10 L/min)。实验参数为：激光光束的移速为 500 mm/min、凝焦量为−1 mm、电流频率为 15 Hz、激光束光斑大小为直径 1.5 mm、脉宽宽度为 2 ms。实验通过改变电流大小控制当前激光束能量密度的大小，实验测试电流分为三组 60 A、90 A、120 A。

3.2.2　微量元素 Nb、C 对 W-Lu_2O_3复合材料性能影响

为了改善难熔金属材料的高温强度和韧性，需要在一种元素添加的基础上再添加元素种类，使钨基复合材料的性能得到更大的提高。合金元素可以起到固溶强化、弥散强化、细晶强化和协同活化的作用，同时可以减少杂质的偏析。

添加少量的烧结活化元素，如镍、铁、钛和铌可以降低烧结温度，但是镍

(1453℃)、铁和钛(1660℃)等熔点较低，对钨合金的高温性能有一定影响，而铌具有较高的熔点(2468℃)和更好的低温延展性，并且铌和钨可以形成无限固溶体，具有固溶强化的作用。同时添加铌可净化晶界，降低杂质偏析，提高晶粒间的结合力，并起到弥散强化的效果[14]。王欣欣等[15]通过第一性原理方法研究了合金化元素 Nb 对钨中氦溶解和扩散行为的影响，他们发现铌的存在降低了氦在钨中的溶解能，因为铌可以作为钨中氦的捕获中心，一般在最稳定处铌对氦的捕获能可达到 0.37 eV。

在向钨添加少量纳米 Lu_2O_3 颗粒的基础上，添加微量 Nb 和 C(微量 C 使 Nb 形成化合物 NbC)制备 W-Nb-C-Lu_2O_3 复合粉末，再通过 SPS 法制备协同增强的钨基复合材料。通过对制备的 W-Nb-C-Lu_2O_3 复合粉末和烧结体的微观组织结构的观察和一些基本性能的测试，分析讨论了微量元素 Nb、C 对 W-Lu_2O_3 复合材料组织结构和性能的影响。

3.2.2.1　复合粉末组织形貌

图 3.24 是 W-Lu_2O_3 与 W-Nb-C-Lu_2O_3 复合粉末球磨后的表面形貌图，可以观察到两种粉末都是多边形状，尺寸较大颗粒的四周吸附着较小的颗粒，大致可以估算出粉末的粒径分布在 0.5～1.6 μm 的范围内。

图 3.24　球磨 4 h 后复合粉末 FE-SEM 形貌图

(a) W-Lu_2O_3；(b) W-Nb-C-Lu_2O_3

3.2.2.2　复合材料显微组织结构

图 3.25 为 W-Lu_2O_3 与 W-Nb-C-Lu_2O_3 烧结体的显微组织，从图中可以发现，两种晶体均主要由晶粒较大的钨晶粒和晶粒较小分布在晶界或晶内的第二相组成。并且，W-Lu_2O_3 试样中的第二相粒子主要分布在晶界处，而 W-Nb-C-Lu_2O_3 中第二相粒子不仅存在于晶界处，同时也有大量弥散于晶内。两种晶体尺寸如表 3.4 所示，W-Lu_2O_3 基体晶粒尺寸范围为 8～13 μm，W-Nb-C-Lu_2O_3 基体晶粒

尺寸降为 2～5 μm。对两种晶体进行能谱对比发现[图 3.25(c)和(d)]，W-Nb-C-Lu_2O_3 复合材料中不但有 W-Lu_2O_3 中同样存在的 W、Lu、O，还有 Nb 元素。并且相较于 W-Lu_2O_3[图 3.25(a)]，W-Nb-C-Lu_2O_3 复合材料[图 3.25(b)]中未见明显的孔隙，结合表 3.4，W-Nb-C-Lu_2O_3 复合材料的致密度相比 W-Lu_2O_3 增加了 5.75%。由此证实，W-Lu_2O_3 复合材料中添加微量的铌、碳元素不仅可以细化钨晶粒，而且提高了钨合金的致密度，对钨合金的烧结致密化起到了很好的促进作用。

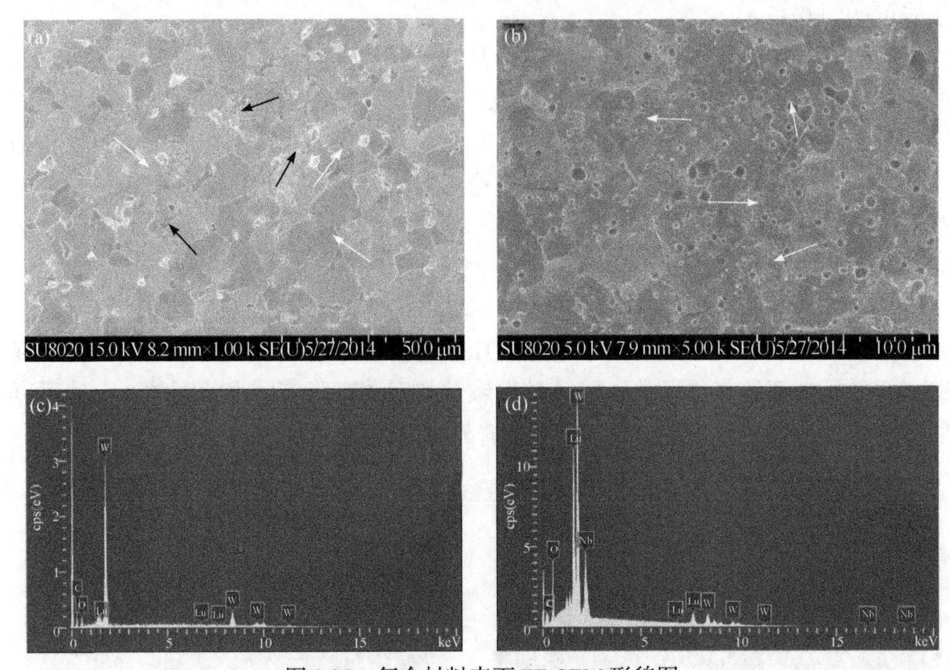

图 3.25　复合材料表面 FE-SEM 形貌图

(a) W-Lu_2O_3；(b)W-Nb-C-Lu_2O_3；(c) 图(a)中第二相颗粒对应能谱；(d) 图(b)中第二相颗粒对应能谱

表 3.4　SPS 制备 W-Lu_2O_3 和 W-Nb-C-Lu_2O_3 复合材料的理论密度(ρ_T)、实际密度(ρ)、致密度(ρ_R)、晶粒尺寸、显微硬度和拉伸强度

材料	$\rho_T(g/cm^3)/\rho(g/cm^3)/\rho_R(\%)$	晶粒尺寸(μm)	显微硬度(HV)	拉伸强度(MPa)
W-Lu_2O_3	19.14/17.11/89.37	8～13	412.7	136.1
W-Nb-C-Lu_2O_3	18.67/17.76/95.12	2～5	496.3	197.2

图 3.26 是室温下 W-Lu_2O_3 和 W-Nb-C-Lu_2O_3 试样的断口形貌。由图 3.26(a)可看出，W-Lu_2O_3 复合材料主要为混合断裂方式，其中多数区域沿晶断裂，且断裂部分的钨晶粒表面平整光滑，属于典型脆性断裂；穿晶断裂的钨晶粒断口面呈现出台阶状并且表面较平整，没有发生明显的塑性变形，也属于脆性断

裂。如图 3.26(b)所示，W-Nb-C-Lu_2O_3 复合材料的断裂强度组成不仅包含了钨晶粒的沿晶断裂强度和穿晶断裂强度，还包含了第二相粒子与基体的界面结合强度以及第二相粒子延性撕裂强度。由此可证实，W-Lu_2O_3 复合材料中添加微量的 Nb、C 元素确实可以一定程度上提高基体强度。

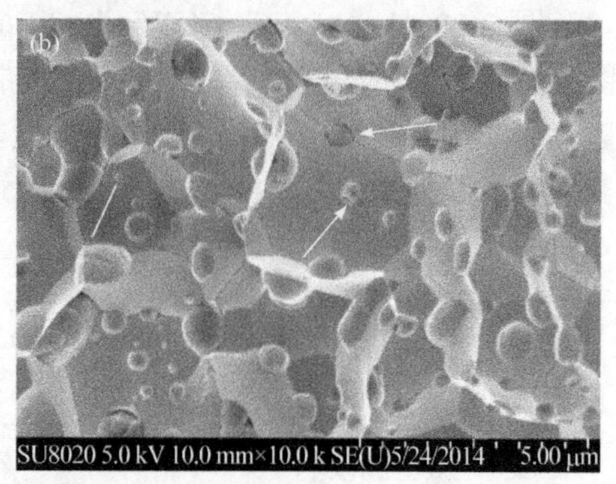

图 3.26　复合材料断口形貌 FE-SEM 形貌

(a)W-Lu_2O_3；(b)W-Nb-C-Lu_2O_3

图 3.27(a)是 W-Nb-C-Lu_2O_3 复合材料的 TEM 形貌，从图中可以观察到均匀分布的第二相小颗粒[如图 3.27(a)白色箭头所示]。根据第二相粒子[图 3.27(a)中黑色方框区域]的能谱分析图[图 3.27(b)]可知，第二相粒子主要含有钨、镥、铌、氧，其中镥、氧的原子比为 26.85：38.40，该比值接近 Lu_2O_3，表明基体中确实含有氧化镥颗粒。第二相粒子的尺寸为 250～750 nm，结合能谱和初始第二相粒子的粒径可看出，在烧结过程中添加的第二相粒子 Lu_2O_3 和 Nb 发生了聚集长大的过程。但第二相粒子均匀分布在晶界和晶内中，可以起到弥散强化和固溶强化的作用，对改善钨合金的机械性能起着重要作用。

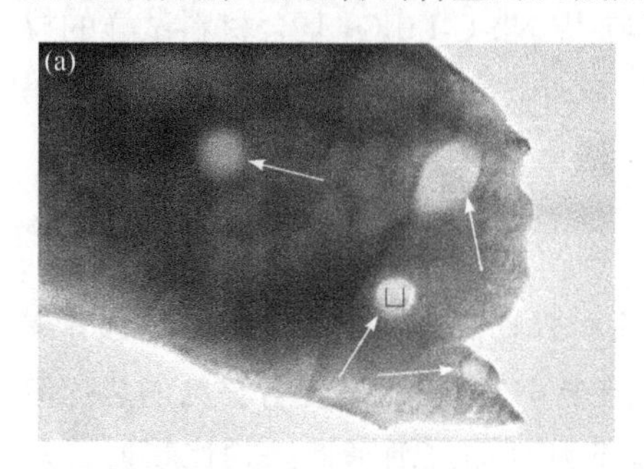

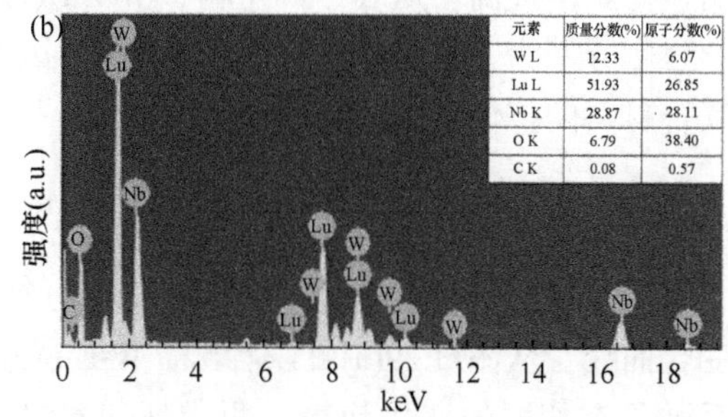

元素	质量分数(%)	原子分数(%)
W L	12.33	6.07
Lu L	51.93	26.85
Nb K	28.87	28.11
O K	6.79	38.40
C K	0.08	0.57

图 3.27　(a) W-Nb-C-Lu_2O_3 复合材料的透射显微组织形貌图；(b)图(a)中第二相颗粒所选区域(黑色方框内)能谱图

3.2.2.3　复合材料力学特性

从表 3.4 中可知，W-Lu_2O_3 与 W-Nb-C-Lu_2O_3 复合材料的显微硬度分别为

412.7 HV 和 496.3 HV，相同条件下微量元素 Nb、C 的添加后，材料的显微硬度值提高了 20%。根据上述分析，微量元素 Nb、C 的添加不仅使得材料的致密度提高了，并且细化了晶粒。由于显微硬度值的变化与致密度密切相关，因此，微量元素 Nb、C 的添加提高了钨基复合材料的显微硬度。

图 3.28 是 W-Lu_2O_3 与 W-Nb-C-Lu_2O_3 复合材料试样在 500℃下的拉伸曲线图。实验开始阶段，两者的拉伸载荷与拉伸位移呈一定的近线性关系，达到一定数值时非预期断裂，说明试样达到弹性极限后，出现裂纹并迅速扩展，随后发生突然性的脆性断裂。

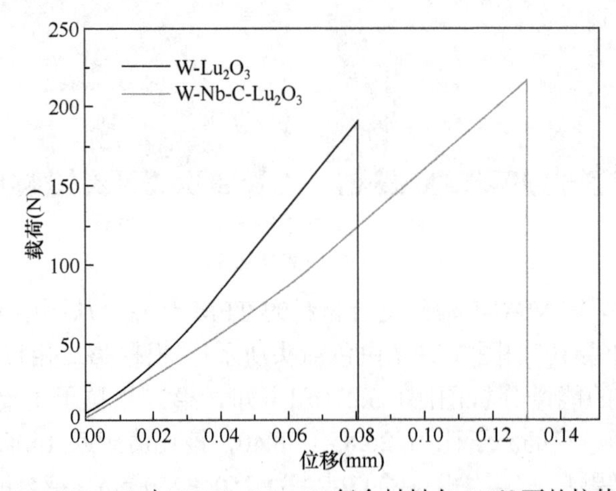

图 3.28　W-Lu_2O_3 与 W-Nb-C-Lu_2O_3 复合材料在 500℃下的拉伸曲线

由于试样尺寸受实验仪器的影响，与传统的拉伸试样相比较小，导致其拉伸强度相对较小。但对比相同条件下的 W-Lu_2O_3，W-Nb-C-Lu_2O_3 试样的拉伸强度明显得到了提高。从表 3.4 可得，W-Lu_2O_3 与 W-Nb-C-Lu_2O_3 复合材料试样的拉伸强度分别为 136.1 MPa 和 197.2 MPa。因此添加微量元素 Nb、C 可显著增强钨复合材料的拉伸强度。

3.2.2.4　复合材料热学特性

图 3.29 是 W-Lu_2O_3 与 W-Nb-C-Lu_2O_3 复合材料随温度变化的热扩散和热导率变化曲线。从图 3.29(a)可以看出，W-Lu_2O_3 与 W-Nb-C-Lu_2O_3 复合材料的热扩散系数具有相同的变化趋势，两者都随着温度的升高而逐渐降低。相比较而言，W-Nb-C-Lu_2O_3 复合材料的热扩散系数要低于 W-Lu_2O_3 复合材料，但是随着温度的升高，两者的差距逐渐减小。如图 3.29(b)所示，两种材料的热导率却呈现相反的趋势，W-Lu_2O_3 的热导率随温度升高而下降，由 82.5 W/mK 减小到 78.4 W/mK；W-Nb-C-Lu_2O_3 的热导率却随着温度的升高而逐渐增加，由 72.8 W/mK 增加到

78.7 W/mK。W-Nb-C-Lu_2O_3 的热导率在低温时比 W-Lu_2O_3 的小，但是随着温度的升高两者的差距逐步减小，甚至在达到 1100 K 时，前者超过了后者，这是由于 W-Nb-C-Lu_2O_3 复合材料中添加的第二相粒子多，在材料的内部形成了更多的晶界，导致低温时 W-Nb-C-Lu_2O_3 复合材料的热导率比 W-Lu_2O_3 的要低；高温时，由于添加的 Nb、C 热导率较高且 W-Nb-C-Lu_2O_3 复合材料致密度相比 W-Lu_2O_3 复合材料有了较大的提高，反而在高温时超过了 W-Lu_2O_3 复合材料的热导率。

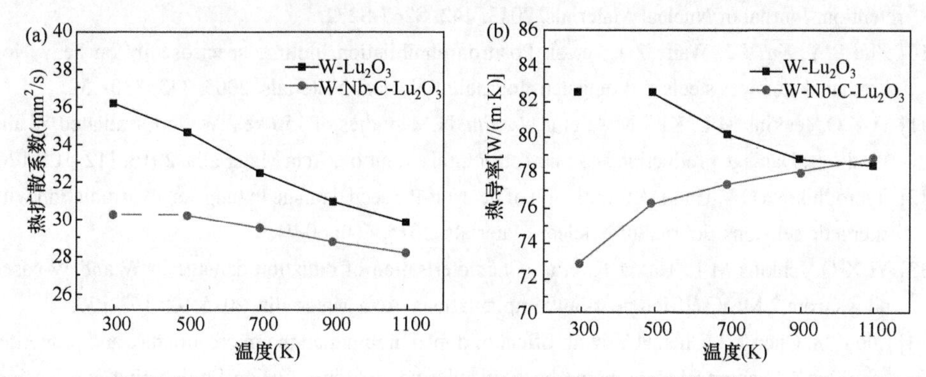

图 3.29 不同温度下 W-Lu_2O_3 与 W-Nb-C-Lu_2O_3 复合材料的(a) 热扩散曲线和(b) 热导率曲线

通过机械球磨和放电等离子体烧结的方法制备了 W-Lu_2O_3 与 W-Nb-C-Lu_2O_3 复合材料，发现 Nb 和 C 元素的添加可明显改善复合材料晶粒大小、致密度和强度。W-Nb-C-Lu_2O_3 复合材料的致密度提高了 5.75%，达到了 95.12%，晶粒尺寸由 8～13 μm 细化到 2～5 μm；相较于 W-Lu_2O_3，W-Nb-C-Lu_2O_3 复合材料的显微硬度和拉伸强度分别提高了 20%和 45%，达到了 496.3 HV 和 197.2 MPa。

参 考 文 献

[1] Suslova A, El-Atwani O, Harilal S S, et al. Material ejection and surface morphology changes during transient heat loading of tungsten as plasma-facing component in fusion devices. Nuclear Fusion, 2015, 55(3): 10.1088/0029-5515/55/3/033007.

[2] Farid N, Harilal S S, El-Atwani O, et al. Experimental simulation of materials degradation of plasma-facing components using lasers. Nuclear Fusion, 2014, 54(1): 10.1088/0029-5515/54/1/012002.

[3] Roth J, Schmid K. Hydrogen in tungsten as plasma-facing material. Physica Scripta, 2011, T145: 014031.

[4] Kajita S, Sakaguchi W, Ohno N, et al. Formation process of tungsten nanostructure by the exposure to helium plasma under fusion relevant plasma conditions. Nuclear Fusion, 2009, 49(9): 095005.

[5] Miyamoto M, Nishijima D, Ueda Y, et al. Observations of suppressed retention and blistering for tungsten exposed to deuterium-helium mixture plasmas. Nuclear Fusion, 2009, 49(6): 065035.

[6] Sato K, Tamiya R, Xu Q, et al. Detection of deuterium trapping sites in tungsten by thermal

desorption spectroscopy and positron annihilation spectroscopy. Nuclear Materials and Energy, 2016, 9: 554-559.

[7] Zhou H B, Liu Y L, Jin S, et al. Towards suppressing H blistering by investigating the physical origin of the H-He interaction in W. Nuclear Fusion, 2010, 50(11): 025016.

[8] Dias M, Mateus R, Catarino N, et al. Synergistic helium and deuterium blistering in tungsten-tantalum composites. Journal of Nuclear Materials, 2013, 442: 69-74.

[9] Ueda, Y, Peng H Y, Lee H T, et al. Helium effects on tungsten surface morphology and deuterium retention. Journal of Nuclear Materials, 2013, 442: S267-S272.

[10] Zhu S Y, Xu Y J, Wang Z Q, et al. Positron annihilation lifetime spectroscopy on heavy ion irradiated stainless steels and tungsten. Journal of Nuclear Materials, 2005, 343: 330-332.

[11] Yi X O, Jenkins M L, Kirk M A, et al. *In-situ* TEM studies of 150 keV W^+ ion irradiated W and W-alloys: Damage production and microstructural evolution. Acta Materialia, 2016, 112: 105-120.

[12] Ogorodnikova O V, Gann V. Simulation of neutron-induced damage in tungsten by irradiation with energetic self-ions. Journal of Nuclear Materials, 2015, 460: 60-71.

[13] Yi X O, Jenkins M L, Hattar K, et al. Characterisation of radiation damage in W and W-based alloys from 2 MeV self-ion near-bulk implantations. Acta Materialia, 2015, 92: 163-177.

[14] Luo L M, Chen J B, Chen H Y, et al. Effect of doped niobium on the microstructure and properties of W-Nb/TiC composites prepared by spark plasma sintering. Fusion Engineering and Design, 2015, 90: 62-66.

[15] 王欣欣，张颖，周洪波，等．铌对钨中氦行为影响的第一性原理研究．物理学报，2014, 63(4): 046103.

第 4 章　W-Nb 系复合材料制备及性能

采用机械球磨方法，加入铌元素对钨基材料进行改性。铌(Nb)具备韧性好[1]、熔点高、中子吸收截面低且耐腐蚀等优点，并且，Nb 对 C、O、N 等杂质元素的亲和力高，易形成高熔点化合物作为第二相粒子分布于晶界处，从而达到细化晶粒的作用。机械球磨法制备纳米粉体，可以在后期烧结过程中得到近乎全致密的块体[2]。一些研究人员制备出了 W-Nb 复合粉末并分析其显微组织及其性能[3-5]，但球磨时间对 W-Nb 复合材料氦辐照损伤的影响尚缺乏实验数据。因此，作者针对 W-Nb 复合材料在不同机械球磨时间内氦辐照下的损伤演化开展了诸多研究工作。

4.1　W-Nb 复合材料制备及性能

4.1.1　W-Nb 复合材料制备及测试

W-Nb 复合材料制备采用的是 W 粉和 Nb 粉，两种元素的质量比为 85：15。采用行星式球磨机在室温下对复合粉末进行机械合金化，转速为 400 r/min，使用碳化钨(WC)球磨罐和磨球，球料比为 20：1，球磨时间分别为 15 h、25 h、36 h、40 h。球磨过程中，于球磨罐中置入体积比为 2：1(液体介质：粉体)无水乙醇作为液体球磨介质。球磨后，将球磨罐拿掉盖子放入鼓风干燥箱，60℃下干燥 6 h。从球磨罐中取出干燥的粉末后，用玛瑙研钵磨碎分散较大团聚的粉体，最后用密封袋保存已研磨好的复合粉体，进行后续实验。

将商业钨粉称取 15 g 装入直径 20 mm 的石墨模具中，用压样机将已装好粉的模具预压，预压压力为 3 kN。采用放电等离子烧结技术，图 4.1 是样品烧结工艺图。整个烧结过程如下：升温到 800℃，速率为 100℃/min，整个烧结过程在 800℃之前是在真空环境下进行，这可防止材料在烧结的过程中氧化，也有利于平排出模具和粉体中的残存气体。为了防止晶粒过度长大而在相对较低的温度(800℃)下保温 10 min。然后升温至 1300℃，并在 1300℃保温 5 min，最后再升高至 1700℃/min，并在 1700℃保温 5 min。在升温过程中，烧结压力逐渐升高，1600℃时烧结压力升至 45 MPa，之后烧结压力保持不变。800℃之后采用 Ar 气作为保护气进行烧结，烧结结束后试样随炉冷却。

使用线切割对制备好的纯钨试样和 W-Nb 复合材料进行切割，双面精磨、精抛至镜面并制成 10 mm × 10 mm × 1 mm 的样品，使用大连民族大学和厦门大学合作研制的材料辐照大功率实验平台(LP-MIES)进行相关实验，室温下对 He^+辐照 11 min。实验中用到的氦离子束是由 13.5 MHz 的射频等离子体源提供，实验开始前腔体内部的真空度为 3.0×10^{-4} Pa，在样品上分别施加 50 eV 和 80 eV 负偏压，氦离子光束垂直入射到样品表面，其有效辐照范围是一个 10 mm 的圆形区域。使用红外测温仪 STL-150B 测量氦离子辐照期间样品的表面温度，测得辐照通量为 1.0×10^{22} ions/m^2，辐照期间试样表面温度为 1377 K±10 K。通过改变辐照持续时间来获得不同的辐照剂量。采用场发射扫描电镜表征辐照后的样品表面形貌，通过聚焦离子束(focusedion beam，FIB)制备 TEM 样品以分析辐照损伤演化。

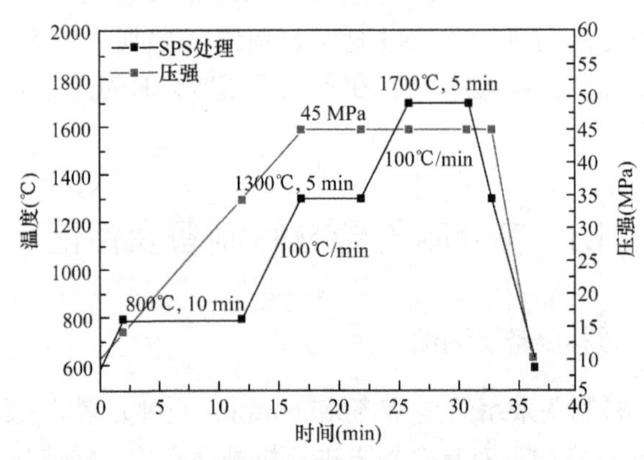

图 4.1　W-15% Nb 复合材料和纯钨的烧结工艺图

4.1.2　机械球磨时间对 W-Nb 合金显微结构及性能影响

4.1.2.1　球磨时间对 W-Nb 合金形成影响

预合金化粉末的性状将对烧结体的性能具有决定性的影响。现阶段主要采用湿化学法和球磨法制备钨合金粉末。Yar 等[6]研究了通过湿法化学法制备 W-La_2O_3 纳米粉末，另外，他们[7]还利用化学法成功制备了 W-1%(质量分数)Y_2O_3 纳米复合粉末[7]。不同于化学法，机械球磨法的工艺较为简单，可以很容易地制备纳米级粉末，并且还能借助该方法在基体金属中添加高比重的增强相。而且球磨过程中产生的微合金化也使得粉末容易烧结致密化[8]。在球磨过程中，粉末反复经历冷焊—断裂—再焊接的过程[9]。Das 等[3]和 Sha 等[4]采用机械球磨法成功制备了细小的高性能 W-Nb 复合粉末。但球磨过程中存在许多影响因素，如球磨时间、球磨气氛、磨球类型等，其中关于球磨时间对 W-Nb 合金微结构和性能影响的研究较少。

针对球磨时间对 W-Nb 合金微结构和性能的影响进行了研究。采用相同组分的合金粉末，不同球磨时间下制备了几组 W-Nb 合金粉末，对复合粉末的形态和粒度进行表征。然后通过烧结工艺制备 W-Nb 块体材料，对不同球磨时间合金粉末烧结后制备的 W-Nb 复合材料试样的微结构和性能进行了表征，并分析讨论了球磨时间对 W-Nb 合金性能的影响，烧结工艺如图 4.2 所示。

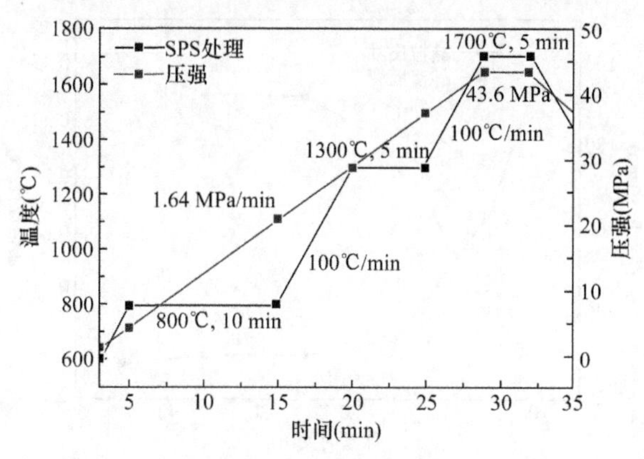

图 4.2　SPS 制备不同球磨时间 W-Nb 复合材料的烧结工艺曲线

图 4.3 是通过不同球磨时间制得的 W-Nb 复合粉末的 XRD 图，可以明显看出，随着球磨时间增加，衍射峰出现明显的宽化，对应的峰强度降低，对应 W 晶中的(110)、(110)、(200)、(211)以及(220)晶面的衍射峰发生偏移，偏移至低角度方向，这主要是球磨过程严重塑性变形中产生的附加晶格应变导致的。

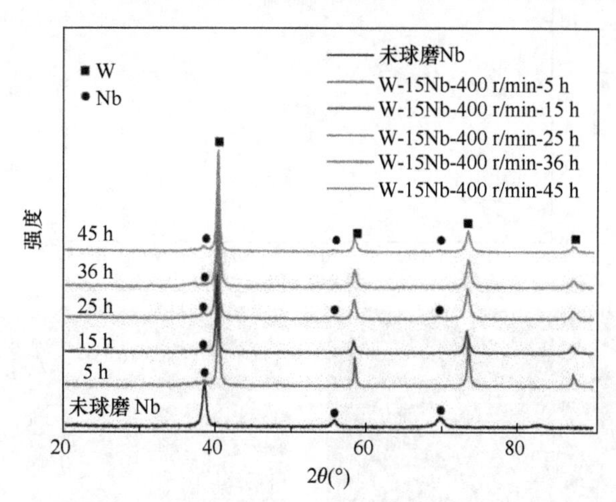

图 4.3　经不同球磨时间制备合金粉末的 XRD 图谱

图 4.4 反映出球磨过程中晶粒大小、晶格应变与球磨时间之间的变化趋势。球磨 15 h 内为第一阶段，该过程中，延长球磨时间可使得晶粒细化至 33.9 nm，而晶格应变则升高至 0.275%。晶格应变的剧增主要有两个因素：首先晶粒的细

化必然导致应变的增加；其次，剧烈塑性变形后的粉末颗粒具有高密度位错，位错的累积和相互作用使得晶格应变进一步增加[10]。位错密度和点阵参数在不同球磨时间下的变化如图 4.5 所示。当球磨时间延长至第二阶段时，晶粒继续减小，晶格应变仍略微增加。在长达 45 h 球磨后，晶粒尺寸仅为 28.3 nm，晶格应变则增

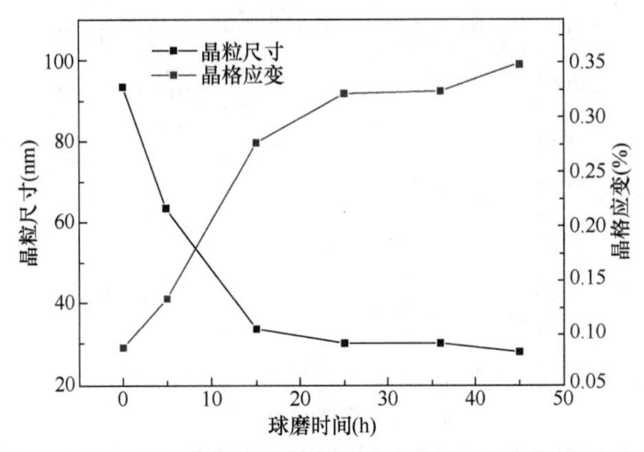

图 4.4　晶粒大小和晶格应变随球磨时间的变化曲线

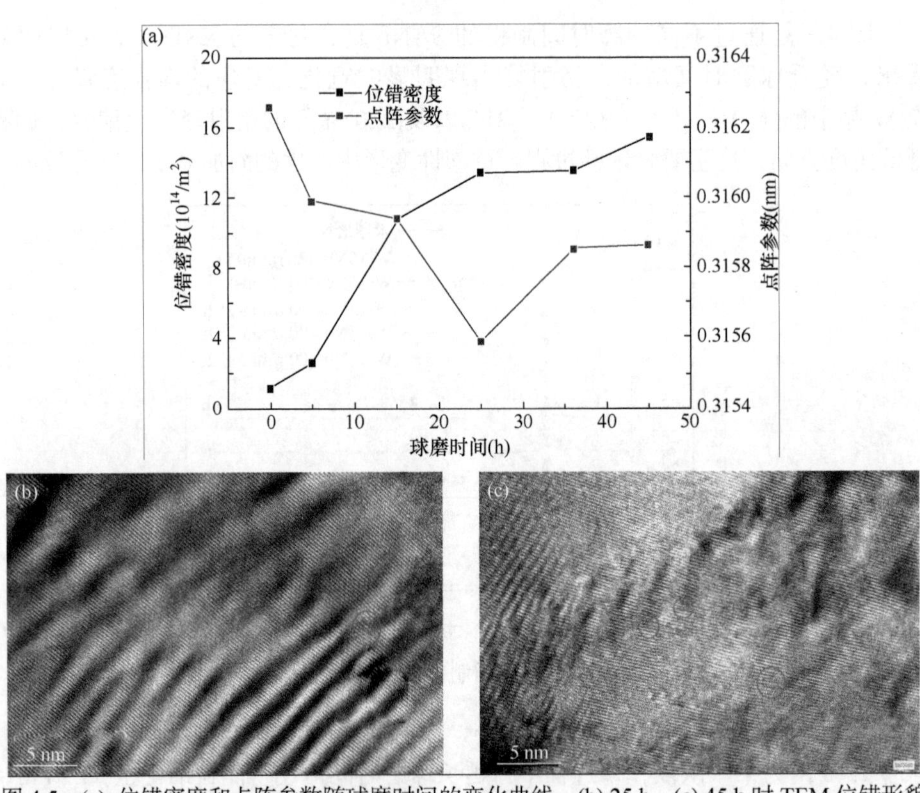

图 4.5　(a) 位错密度和点阵参数随球磨时间的变化曲线；(b) 25 h、(c) 45 h 时 TEM 位错形貌

加至 0.347%。这主要是由于高能球磨过程中粉末发生严重形变，晶格应变率和位错大幅度提升[11]。而在第二阶段过程中，细化晶粒对位错增殖率的影响很小，但是通过位错重排，可以产生较高密度的位错[11]。因此，在第二阶段中晶粒的细化和晶格应变的产生主要是位错密度的增加(见图 4.5)所导致的。如图 4.5(b)、(c)所示，长时间球磨粉末中也出现了明显的位错形貌。

不同球磨时间下粉末晶格参数的变化也存在两个明显的阶段(见图 4.5)。球磨 25 h 后，晶格参数低至 0.31559 nm，这主要归因于严重塑性变形过程中粉末在压应力作用下晶格参数减小。而在 25～45 h 的球磨过程中形成了(W, Nb)固溶体，并且由于 Nb 具有比 W 大的原子半径(0.198 nm)，进一步增加了合金粉末的晶格参数[12]。

4.1.2.2　球磨时间对 W-Nb 合金微结构影响

对不同球磨时间制得的合金粉末进行 SEM 表征，结果如图 4.6 所示。从图中可以明显看出，增加球磨时间可以显著细化粉末粒度，而且其形态也逐渐从球形转变为片状。但是当球磨时间增加到 36 h 以后，复合粉末产生局部团聚现象，当时间增加到 45 h 时，粉末出现严重的团聚，这主要是因为粉末在严重塑性变形后发生微焊接，时间的继续增加使得重复冷焊接程度加剧，导致了纳米级粉末的严重团聚。

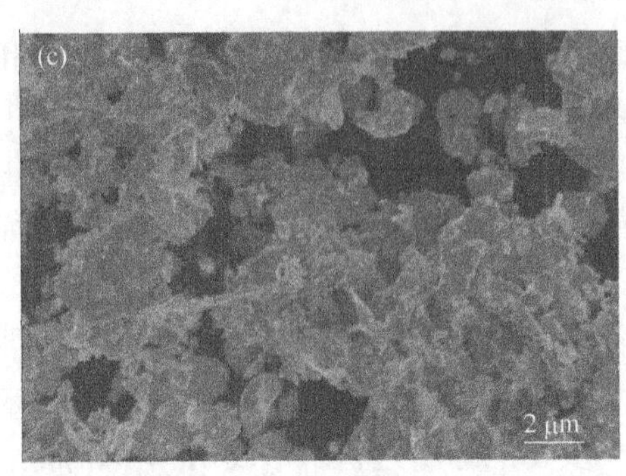

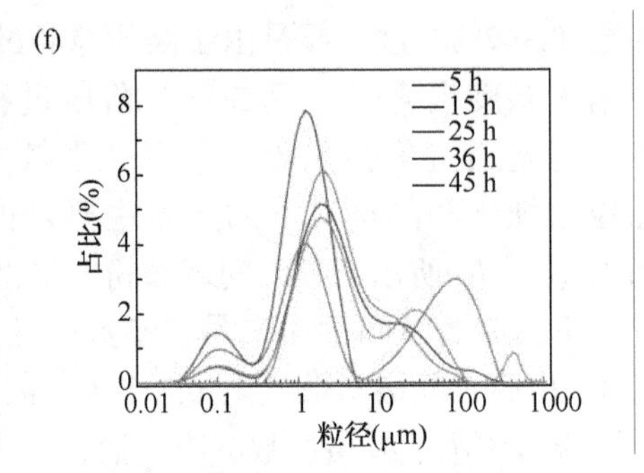

图 4.6　不同球磨时间制备的 W-15% Nb 复合粉末的显微形貌图[(a) 5 h；(b) 15 h；(c) 25 h；(d) 36 h；(e) 45 h]和复合粉末粒径分布图(f)

复合粉末颗粒尺寸的分布如图 4.6(f)所示。当球磨时间为 15 h，大粒径尺寸峰在 W-15% Nb 复合粉末试样中出现，这主要是因为在较短时间球磨后，粉末破碎重新冷焊形成大颗粒。5 h 球磨后晶粒大小为 2.922 μm，15 h 球磨后为 2.590 μm，25 h 球磨后为 1.192 μm，36 h 球磨后为 2.932 μm，45 h 球磨后为 3.073 μm。通过$(D_{90}-D_{10})/D_{50}$对粉末粒度分布宽度进行计算可知，5 h、15 h、25 h、36 h、45 h 球磨后粉末对应的粒度分布宽度依次为 5.883、48.96、2.118、27.57 和 14.36。可见 15 h 球磨具有最大粒径分布宽度，当时间延长至 25 h 后，分布宽度达到最小值。而从图 4.6(f)中可以观察到，45 h 球磨后大颗粒峰的出现是由粉末的团聚现象直接导致的。

对球磨 5 h、25 h、45 h 后获得的 W-15% Nb 合金粉末进行了高分辨透射表征(图 4.7)，并对相应选区进行电子衍射，进一步分析物相组成。由图 4.7 可以看出，不同球磨时间后粉末粒度和形状有差异，粉末和磨球在摩擦过程中产生的冲击和压缩使得合金粉末形状逐渐从带状变为扇状，并随着时间的增加复合粉末出现破裂并趋于扁平化。球磨 5 h、25 h 和 45 h 后，复合粉末的 HRTEM 和 SAED 图像如图 4.7(a)～(c)中的插图所示。W 和 Nb{110}面晶格条纹的 HRTEM 图像如图 4.7(a)和(b)插图中对应的晶格点阵条纹所示，$\{022\}_{W}$和$\{112\}_{Nb}$的晶格条纹如图 4.7(c)所示。

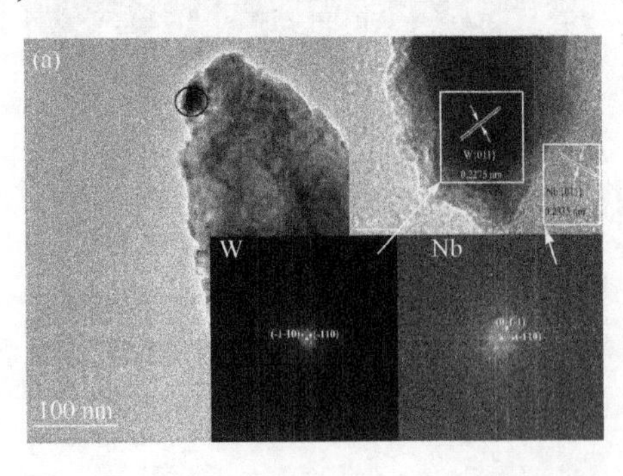

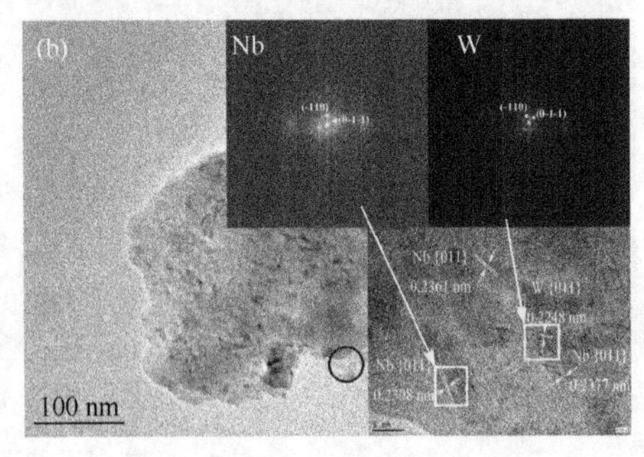

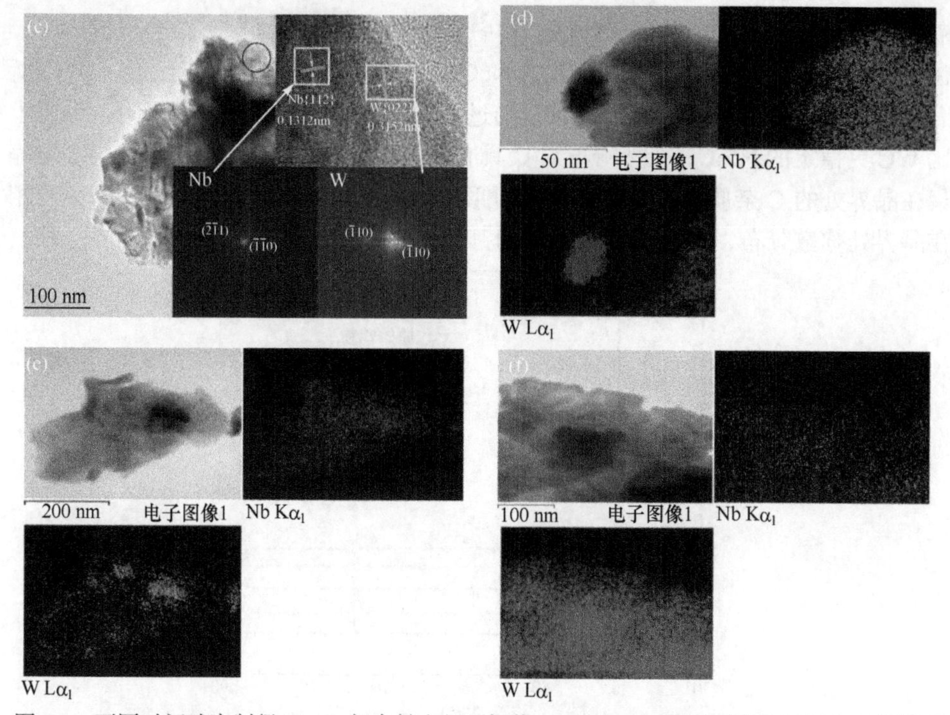

图 4.7　不同时间球磨制得 W-Nb 复合粉末的明场像、HRTEM 图像及对应选区的电子衍射图谱：(a) 5 h，(b) 25 h，(c) 45 h；面扫能谱图：(d) 5 h，(e) 25 h，(f) 45 h

图 4.7(d)～(f)显示出三组合金粉末的面扫能谱检测结果，证实高能球磨过程中，W、Nb 两相发生明显的扩散，固溶结构十分不均匀，但没有明显的证据证实有 W(Nb)固溶体的产生。随着球磨时间的延长，晶粒尺寸被细化，当时间增加至 25 h，摩擦过程中储存在粉末中的大量应变能使得粉末点阵结构变得无序化，且球磨时间越长，晶格点阵无序度继续增加，获得具有模糊晶格结构的粉末颗粒。长时间变形过程中，粉末破碎、断裂后又会发生焊合，晶格出现高度应变，产生高密度的位错结构，这些应变和缺陷的形成使得晶格发生畸变，因而产生了具有模糊晶格结构的晶粒[13]。但当时间增加至 45 h 时，晶格点阵结构的无序度不会继续发生显著变化。

图 4.8 是不同时间球磨后 W-15% Nb 粉末烧结所得块体的 XRD 图谱。球磨 15 h 和 25 h 后，W 峰的位置向较低角度偏移。根据图谱计算可得，球磨 15 h 合金试样的点阵参数为 0.31677 nm，而球磨 25 h 样品为 0.31679 nm，这证实了两相界面处 W、Nb 发生了互扩散，微量 Nb 扩散至 W 基体中溶解，形成了(W, Nb)固溶体。粉末粒度越细小，位错密度越高，对 W、Nb 之间互扩散促进作用越明显。但时间延长至 36 h 后，纳米粉末的团聚使得高温烧结过程中 W，Nb 之间的互扩散过程被抑制。进而抑制了 W(Nb)固溶体的形成，这使得合金试样 XRD 图中的 W 峰位置向高角度方向发生偏移。值得注意的是，还有 Nb_4C_3 峰在 XRD 图

谱中被观测到，这主要归因于球磨过程中，磨球中 C 元素与 W 结合形成 WC，在高能球磨作用下发生相变，而形成 NbC 所需要的吉布斯自由能比形成 WC 所需要的吉布斯自由能低[14]，因而在烧结过程中，WC 中的 C 被 Nb 吸附，形成了比 WC 更稳定的 Nb_4C_3。此外 Nb 对 C 具有较强的亲和力，高温作用下，Nb 与偏聚在晶界处的 C 杂质在烧结过程中也可形成 Nb_4C_3，这种碳化物可以作为第二相在晶界处弥散分布，对晶界的运动起到钉扎作用，抑制了晶粒粗化和晶界迁移。

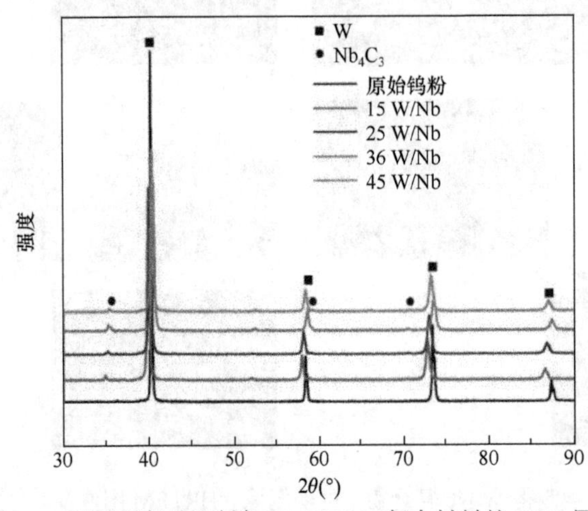

图 4.8　不同球磨时间制备 W-15% Nb 复合材料的 XRD 图谱

图 4.9 是将粉末分别球磨 15 h、25 h、36 h 和 45 h 后，烧结制备所得合金试样的表面形貌。除了 25 h 球磨制备所得试样中没有观察到孔隙，其他均观测到了孔隙存在。由图 4.9(a)可以看出，钨晶体内部和晶界处均弥散分布有富 Nb 相[如图 4.9(a)中的箭头 B 标记所示]。相较于其他球磨时间，25 h 球磨制备的晶体中，晶内和晶界处都均匀分布有富 Nb 相颗粒。

不同球磨时间制备的合金试样晶粒大小接近(表 4.1)，但 Nb 相在钨基体中的形态却各有差异，经过 15 和 25 h 球磨后的 Nb 相明显包裹有细颗粒并呈现出片层形状。而当球磨时间延长至 36 h 时，层状 Nb 相出现严重的团聚；继续延长至 45 h，团聚的层状 Nb 相进一步破碎、断裂，在 W 晶界处形成具有较大尺寸的 Nb 相颗粒。

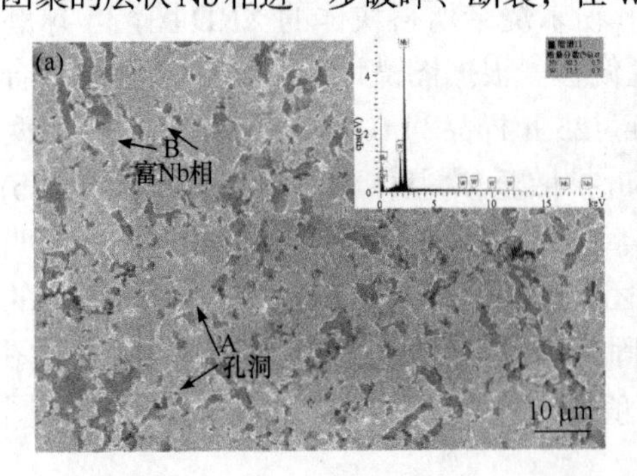

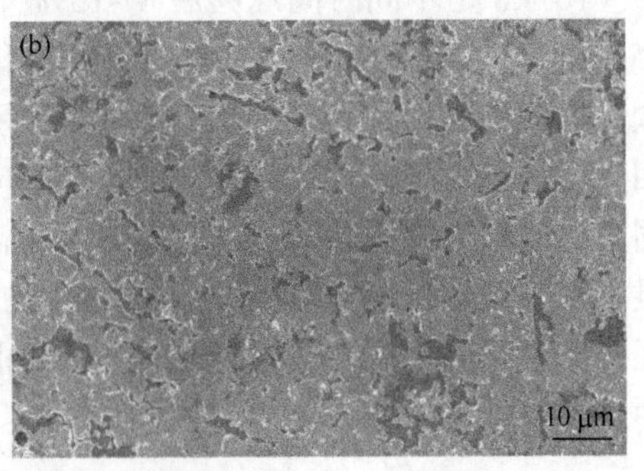

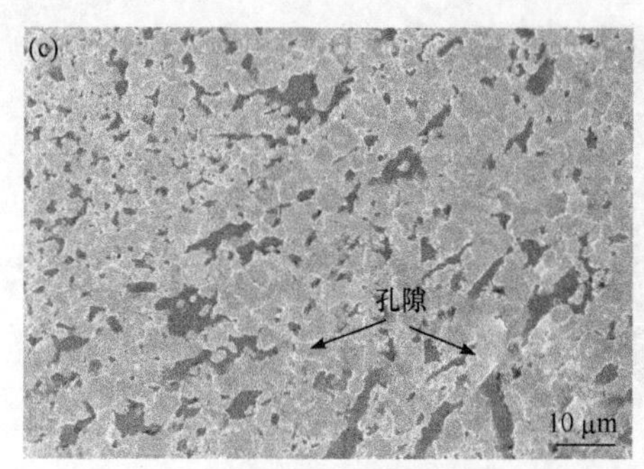

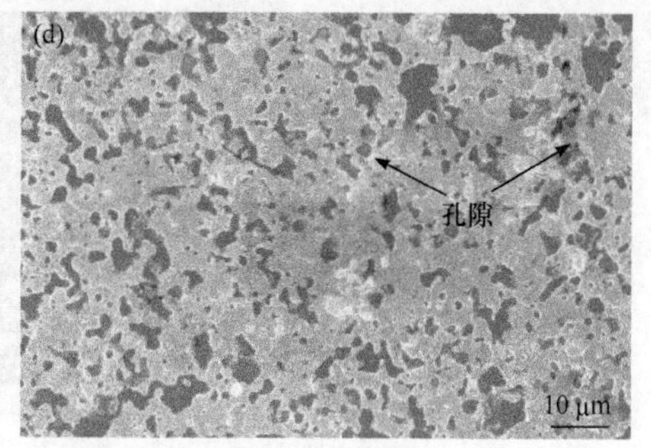

图 4.9　不同球磨时间下制备 W-15% Nb 复合材料的显微形貌

(a) 15 h；(b) 25 h；(c) 36 h；(d) 45 h

表 4.1　不同球磨时间制备 W-15% Nb 复合材料的晶粒大小和孔隙率

样品	晶粒尺寸(μm)	平均孔隙率(%)
15 W/Nb 合金	3～8	0.45
25 W/Nb 合金	3～5	0.19
36 W/Nb 合金	3～7	0.28
45 W/Nb 合金	3～8	0.34

通过对 W-15%Nb 复合材料的 TEM 分析可看出，W、Nb 两相间存在 200 nm 左右的扩散区域(图 4.10)，由此可见，1700℃的高温烧结使得 W、Nb 两相发生互扩散，在扩散界面处形成 W(Nb)固溶体。

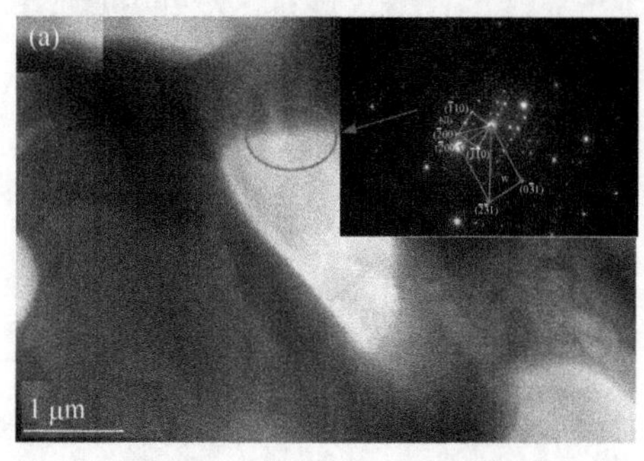

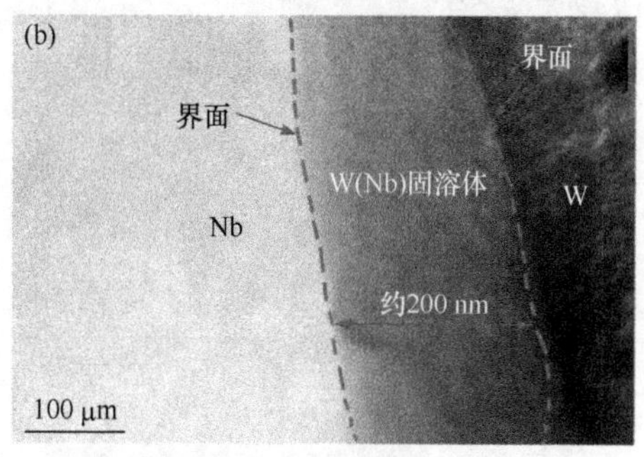

图 4.10　25 h 球磨制备 W-15% Nb 复合材料的 TEM 图像

(a) 明场像及对应选区的电子衍射斑点；(b) 相界面

4.1.2.3　球磨时间对 W-Nb 合金烧结影响

经过不同球磨时间制备所得 W-15%Nb 复合材料的晶粒大小和孔隙率见表 4.1，发现 25 h 球磨制备的复合材料具有最低孔隙率(0.19%)，这主要归因于晶粒细化和高密度位错的产生。当延长球磨时间至 36 h 时，合金粉末部分团聚在一起，弱化了 Nb、W 两相之间的互扩散程度(见图 4.11)，降低了合金的相对密度。

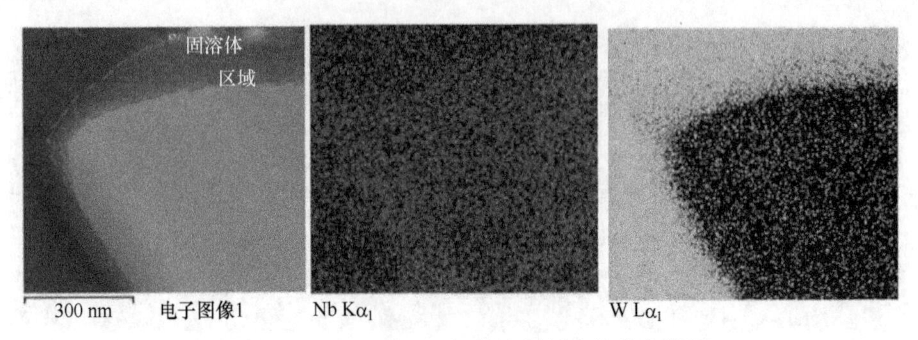

图 4.11　W、Nb 在 W-Nb 复合材料中的分布情况

4.1.3　机械球磨时间对 W-Nb 复合材料氦辐照行为影响

将 10 mm × 10 mm，厚度为 1 mm 的 W-Nb 复合材料块体样品表面磨平、抛光和清洗后，进行了室温下氦离子辐照测试。He^+离子束能量为 50 eV，辐照通量为 1.50×10^{22} $He^+/(m^2 \cdot s)$，辐照剂量为 9.90×10^{24} He^+/m^2，时长为 11 min，辐照过程中样品表面温度为 1230～1280℃。

图 4.12 为经不同球磨时间制备的 W-Nb 复合材料辐照后表面形貌。从图 4.12(c)中可以明显看出，材料表面出现了绒毛结构，与 Liu 等[15]所提出的钨辐照后纳米绒毛状(fuzz)结构相似，这种 fuzz 结构的形成主要遵循诱捕突变机制[16-20]。

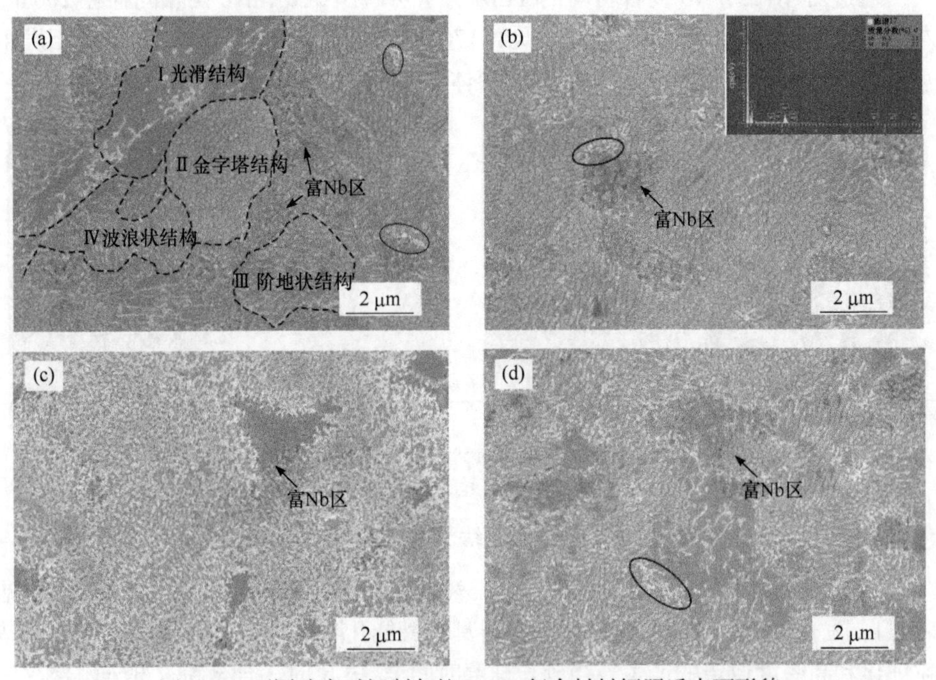

图 4.12　不同球磨时间制备的 W-Nb 复合材料辐照后表面形貌

(a) 15 h，(b) 25 h，(c) 36 h，(d) 45 h。辐照通量为 1.50×10^{22} $He^+/(m^2 \cdot s)$，样品表面温度为 1230～1280℃

氦原子照射材料表面时，大部分注入的原子被材料表面反射出去，只有少部分的氦原子注入到材料内部，并被空位、杂质、空位-杂质复合体和其他氦原子捕获[17]。空位和氦离子结合形成 Vac-He_n 复合体，作为氦气泡的“晶核”。

根据 Becquart 推测出的氦捕获机制[21]，多个氦原子聚集迫使钨原子离开其位置，从而形成弗仑克尔缺陷。间隙钨原子很可能迁移到材料表面，最终导致表面肿胀的产生。在较高的表面温度下，纳米氦泡通过热迁移快速长大，并和其他氦泡合并[22]。而在这种温度下，钨的有效黏度和屈服强度都较低，这导致氦泡排出材料表面时留下小气孔，最终演变为纳米 fuzz 结构[17]。许多研究结果都表明，无论是纯钨还是钨合金，在一定的辐照能量下都不能避免 fuzz 结构的形成[23, 24]，即使是内部缺陷很少的单晶钨也无法避免[21]。

为了进一步研究材料损伤行为，选取了辐照损伤程度最轻和最严重的两个样品，采用FIB 切割样品，使用透射电子显微镜观察材料内部结构情况。图 4.13 为富钨区域在 50 eV 氦离子能量辐照下球磨 25 h 和 36 h 样品的横截面 TEM 图像。如图 4.13(a)所示，在球磨 25 h 的样品表面下几乎没有观察到氦泡，只能观察到表面膨胀，这与图 4.12(b)中波浪状的表面形貌可以相对应。

相比之下，图 4.13(b)中球磨 36 h 的样品表面可以清楚地看到氦气泡和纳米绒毛状的 fuzz 结构。在距离表面 0～100 nm 范围内，可以观察到体积较大的孔洞和高密度小氦泡；100～200 nm 范围内，除了几个大孔洞外，只能观察到很少量微小氦泡；>200 nm 范围内，只能观察到很少氦泡。在整个纳米 fuzz 结构中都可以观察到大量的氦泡，这与上述有关 fuzz 结构形成机制的设想可以相互印证。

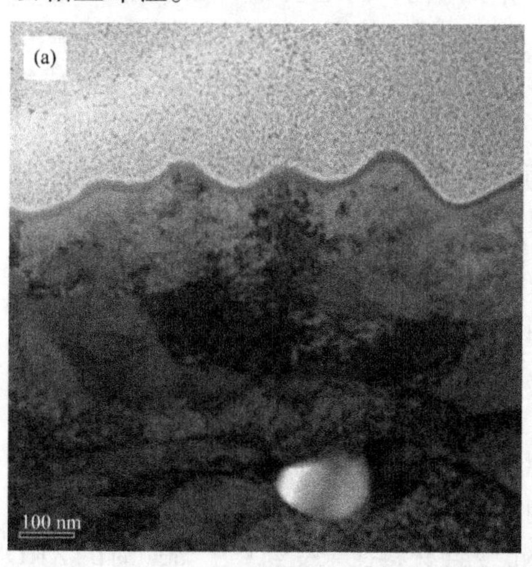

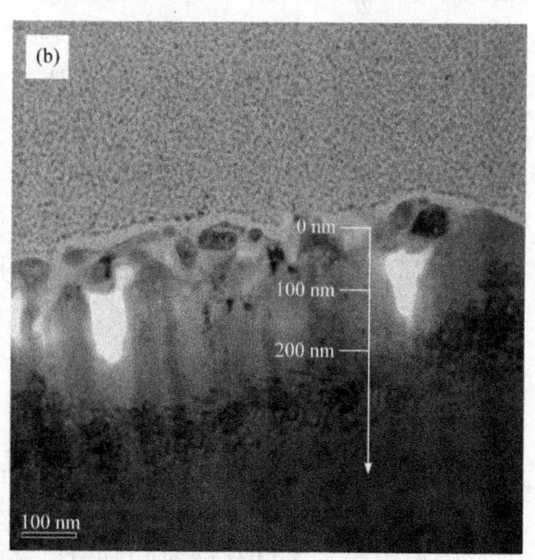

图 4.13　不同球磨时间样品的富钨区域 TEM 图像

(a) 25 h；(b) 36 h

如图 4.12(a)、(b)和(d)所示，富钨相区域呈现出 fuzz 结构早期形貌，表面没有明显绒毛组织，呈现出多种不同形貌并高度依赖于晶面取向。在图4.12(a)中，光滑的、金字塔状的、波浪状的和阶地状的表面形貌分别用(Ⅰ)～(Ⅳ)表示。实验结果表明，氦离子在扩散和聚集时会沿一定的晶面取向[25-27]。其中，密排面之间的晶面间距更大，所以氦离子更可能在密排面即(110)面处聚集。

根据 Parish 等[26]的研究，钨基体中法向方向接近<103>的晶粒在辐照后还能保持光滑的形貌，并认为可以通过热机械加工来控制钨的织构，延缓纳米绒毛结构的形成。

另外，从图 4.12(a)、(b)和(d)中的椭圆标识出的区域可以看出，钨和铌的相界面处更容易产生 fuzz 结构。

晶界在氦离子扩散的过程中一方面作为强捕获阱，另一方面也是进入材料内部的快速扩散路径[16]。在界面处迁移需要的能量更小，也就导致界面处会聚集更多的氦离子，这也就使相界面处会最先形成 fuzz 结构。在球磨 36 h 样品的富铌区域的透射图像中就观察到沿晶界分布的氦泡(图 4.14)。

位于晶内晶界处的氦泡体积较小，而在表面的氦泡体积较大，这和富钨区域纳米 fuzz 结构中氦泡体积分布情况相同。但是由于氦离子辐照能量相对较低，氦离子不能进入钨基体较深的位置，因此在富钨区域中没有沿晶界分布的氦泡。

从不同球磨时间试样的富铌相区域的放大图(图 4.15)可以明显看出，富铌相区域的表面形貌与富钨相区域有显著差异。从形貌上看，富铌相区域既不形成 fuzz结构，也没有形成 fuzz结构早期的台阶状结构，而是呈现多孔的表面形貌。从损伤程度上看，富铌区损伤程度较大。Seletskaia 等[28]利用第一性原理计算得知，在所有体心立方金属中，氦替代位形成能几乎恒定，而铌中的间隙位形成能要比钨中的低很多，换句话说，氦离子更容易存在于铌中。

Wang 等[29]应用第一性原理研究了在钨铌合金中氦的扩散和溶解行为，发现铌的加入能显著促进氦在钨中的溶解，铌最近邻位置处氦的溶解能比在本征钨中其的溶解能低约 0.37 eV，这是因为铌的加入使钨中电荷密度重新排布。随着氦与铌之间距离的减小，氦在铌周围的扩散能垒逐渐降低，这从动力学上说明氦更容易被铌捕获。与纯钨[30]相比，掺杂铌后的钨合金的抗辐照性能明显提高。

虽然在钨基材料中不可避免会形成 fuzz 结构，但显而易见的是，材料组织结构会对抗氦离子辐照性能有着极大影响。

图4.16是经不同球磨时间制备的 W-Nb 复合材料在未受氦离子辐照时的 XRD 图，可以清晰识别出 Nb_4C_3 相。Nb_4C_3 的形成是球磨引入的 WC 相转变和 SPS 制备过程中的碳污染所致，且烧结过程中的碳污染可能是主要来源。另外，与标准

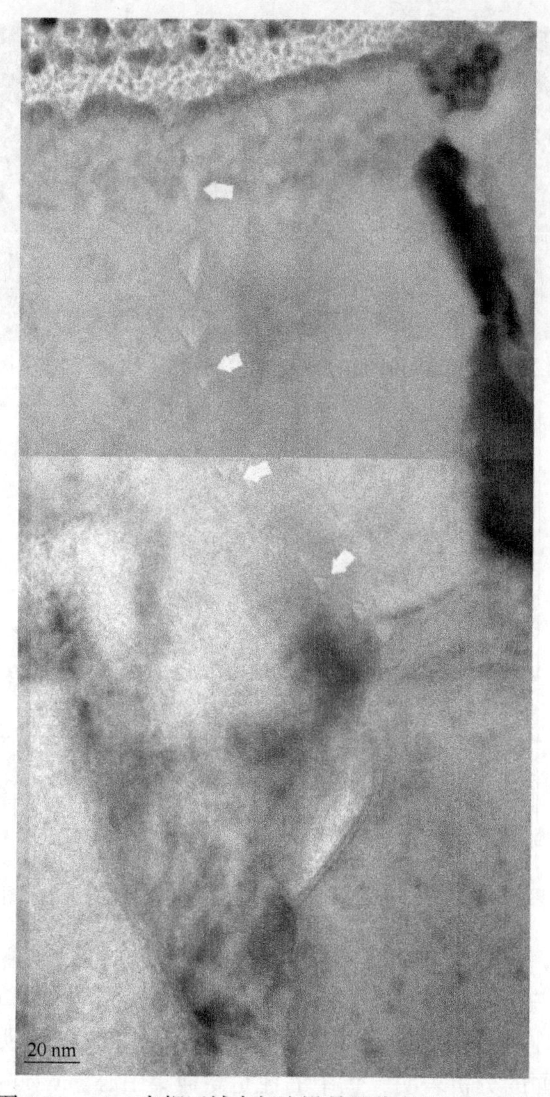

图 4.14　W36 富铌区域中氦泡沿晶界分布的 TEM 图像

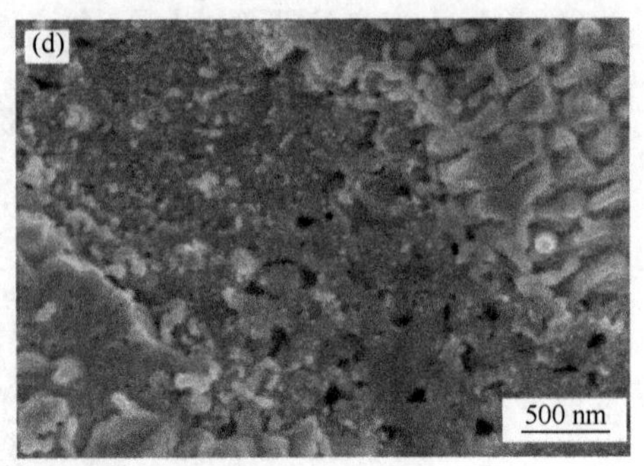

图 4.15　不同球磨时间试样辐照后富铌相区域高倍 SEM 图像

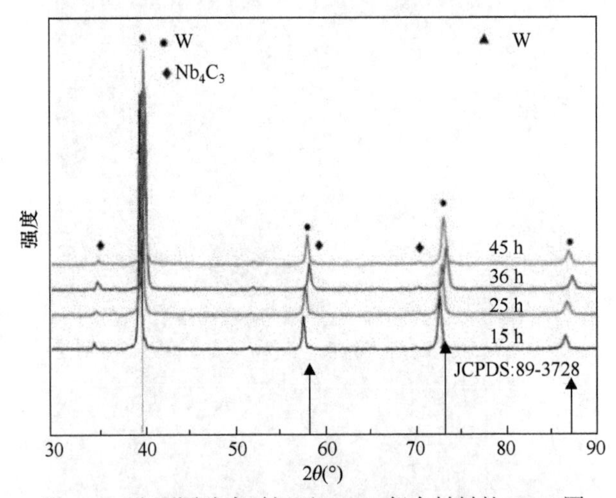

图 4.16　在不同球磨时间下 W-Nb 复合材料的 XRD 图

钨的衍射峰相比，除球磨 36 h 的 W-Nb 复合材料外，其余材料在 X 射线衍射图上的峰均发生了左偏。钨峰的左移是由于在球磨的过程中形成了 W(Nb)固溶体。根据钨峰的左移程度可知，球磨 25 h 的样品的固溶程度明显优于球磨 36 h 的样品。根据前面的分析表明，钨中的铌是氦捕集中心。W(Nb)固溶体的形成，使铌可以更容易捕获钨中的氦离子，从而降低钨在氦辐照下的损伤。

综合以上原因，球磨 36 h 的 W-Nb 复合材料的抗辐照性能更差。此外，加入一定量的铌确实可以有效提高钨基材料的抗氦离子辐照性能。

采用机械球磨的方法制备了不同球磨时间的钨铌粉末，并用放电等离子烧结方法制备 W-Nb 复合材料。用剂量为 9.90×10^{24} 离子/m^2 He^+束辐照 W-Nb 样品 11 min，根据实验结果得出以下结论：①球磨时间对辐照后样品表面形貌影响较大。其中球磨 25 h 的样品第二相分布最均匀，晶粒尺寸最小，孔隙率最低。不同球磨时间样品的固溶程度差别也很大，球磨 25 h 的样品固溶程度最高，球磨 36 h 的样品固溶程度最小。而通过辐照后样品的表面形貌来看，球磨 36 h 的 W-Nb 复合材料表面损伤也严重，形成纳米 fuzz 结构。材料中钨和铌的固溶程度极大影响了材料的抗辐照损伤性能。②在同一种材料中，富钨区域因其晶面取向不同表现出不同的表面损伤形貌，氦离子在扩散和聚集时会沿一定的晶面取向，可通过热机械加工来控制钨的织构，延缓纳米绒毛状结构的形成。③钨铌相界面更容易形成 fuzz 结构。晶界在氦离子扩散的过程中作为进入材料内部的快速扩散路径，也就导致界面处会聚集更多的氦离子，这也就使相界面处会最先形成 fuzz 结构。④富铌相区域的表面形貌与富钨相区域有显著差异，从形貌上看，富铌相区域既不形成 fuzz 结构，也没有形成 fuzz 结构早期的台阶状结构，而是呈现多孔的表面形貌，且富铌区损伤程度较大。铌对氦离子的吸引力更大，所以适量铌的加入也可以降低复合材料在氦离子辐照下的损伤。

4.1.4　氦离子辐照能量对 W-Nb 复合材料辐照损伤形貌影响

辐照能量、温度等参数都直接影响到材料最终的损伤情况。虽然已经有很多研究人员开展了大量氦离子辐照钨材料的研究，但多集中于纯钨，W-Nb 复合材料的相关研究尚缺乏，故而作者针对不同辐照能量条件下，钨基体和第二相区域表面损伤演化的异同，研究不同能量参数对两个区域辐照损伤机理的影响。

室温下对 W-Nb 复合材料进行不同能量的氦离子辐照，观察不同辐照参数下 W-Nb 复合材料在辐照前后的表面组织演化，分析 He 泡在不同辐照条件下的形成条件，从而研究氦离子辐照能量对钨基复合材料微观结构的影响。

通过 SPS 和机械球磨制粉的方式，制备出 W-Nb 复合材料。分别在不同辐照能量下进行了氦离子辐照实验，辐照能量分别为 50 eV 和 80 eV，通量为 1.50×10^{22} He^+/m^2s，剂量为 9.90×10^{24} He^+/m^2，时长为 11 min，辐照过程中样品表面温度为 1230～1280℃。根据前期研究成果可知，球磨 25 h 的 W-Nb 复合材料在氦离子辐照后表现出较好的抗辐照性能。因此，对球磨 25 h 的样品进行了进一步的测试。

图 4.17 为不同辐照能量下材料不同区域的表面形貌。图 4.17(a)和(d)分别为 50 eV 和 80 eV 氦离子辐照后未影响区的表面形貌。在这个区域中两种辐照能量

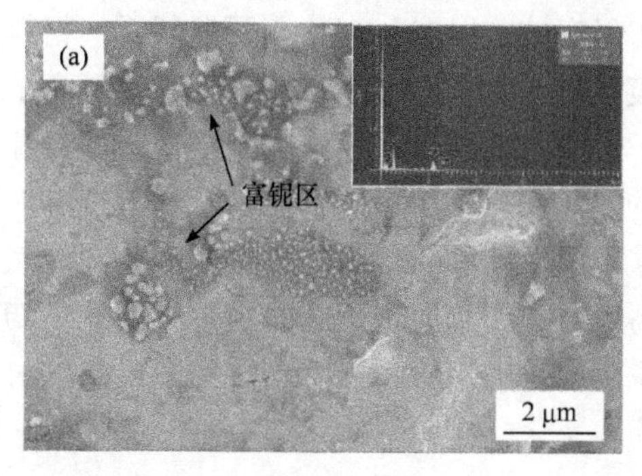

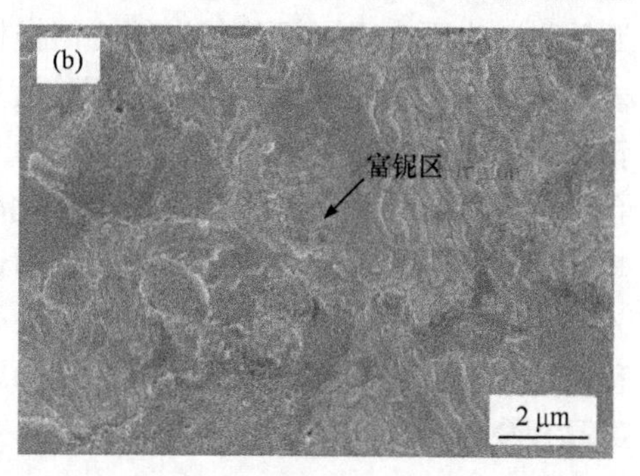

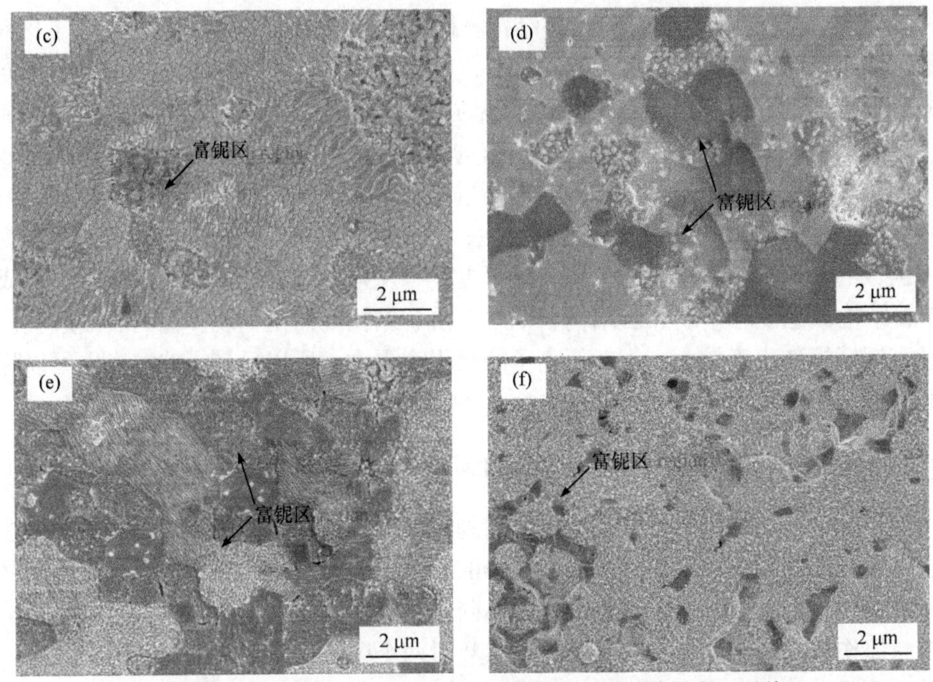

图 4.17　不同辐照能量下 W-Nb 复合材料不同区域的表面形貌

(a)～(c) 50 eV，(d)～(f) 80 eV；(a)和(d)为辐照后未影响区，(b)和(e)为辐照后受影响区，(c)和(f)为辐照中心区

下两个样品的表面形貌相似，因为在未影响区材料基本没有受到氦离子的冲击，而主要受到温度的影响。

从图 4.17(a)中的 EDS 可知，箭头所示的凸起是富铌相，这可能是因为在高温下富铌相区域受到残余热量影响并出现了再结晶现象。由于钨的再结晶温度比铌高，热稳定性好，同样残余热量的影响下富钨相区域表面粗糙度没有明显变化，也未出现再结晶。图 4.17(b)和(e)分别为 50 eV 和 80 eV 氦离子辐照后受影响区的表面形貌。由于氦离子束呈高斯分布，辐照中心区域氦离子数量较大，受影响区只受到少量氦离子冲击和热的共同影响。对比图 4.17(b)和(e)，富钨相区域表面的粗糙度都有明显的变化，但较辐照中心区域粗糙度较低。50 eV 氦离子辐照后材料表面出现了河流状形貌，但损伤程度较小；80 eV 氦离子辐照后，材料表面呈现出 fuzz 结构早期形貌，损伤程度类似于图 4.17(c)中展示的 50 eV 氦离子辐照后中心区域情况。经过 50 eV 氦离子辐照后，富铌相区域除了出现粗糙化和孔洞外，区域边缘还能发现有类似熔化的形貌[图 4.17(b)所标记的区域]，这可能是氦辐照和热负荷共同作用的结果，而这种形貌在 80 eV 氦离子辐照后相同区域未出现。由此可以推测，当辐照能量更高后，由于辐照造成的材料表面形貌损伤程度增加，富铌相区域表层出现少量的脱落，导致富铌相区域由于受热产生的再结晶现象不易被观察到。

图 4.17(f)为 80 eV 氦离子辐照后材料表面形成了纳米绒毛状(fuzz)结构，大量实验证明，在满足一定辐照条件下，这种结构才会在钨基材料表面产生[31, 32]，因此这种形貌只出现在 80 eV 的氦离子辐照条件下，50 eV 的氦离子辐照后材料中心仅有肿胀现象。如图 4.17(f)所示，富铌区域出现较大的孔洞，甚至整个富铌相区域全部脱落，并没有出现 50 eV 氦离子辐照后富铌区域出现的多孔形貌[图 4.17(c)]。

作者分析产生这种现象的原因可能是铌的抗物理溅射阈值比钨低，在氦离子辐照材料表面时，一部分铌原子被氦离子冲击溅射出去；另外辐照的氦离子会有一部分注入材料内部，被材料内的空位等缺陷捕获形成氦泡，而这些氦泡会分布在材料的表面和相界面处。80 eV 氦离子辐照时，进入材料内部的氦离子数量增加，形成的氦泡数量也有所增加，这些氦泡的存在使得相界面的连接更脆弱，富铌相区域更容易脱落。

图 4.18 为富钨区域在不同氦离子能量辐照下的横截面 TEM 明场像。由图可知，在 50 eV 氦离子辐照下，富钨相区域表面出现肿胀，材料内部并未发现氦泡，此外，表面覆盖有 20 nm 厚的非晶层，这与图 4.17(c)中富钨区域的表面形貌相对应。在氦离子辐照条件下，少部分的氦原子注入到材料内部中，并被材料内部的空位、杂质、空位-杂质复合体和其他氦原子捕获。多个氦原子聚集迫使钨原子离开其位置，形成弗仑克尔缺陷。间隙钨原子很可能迁移到材料表面，最终导致表面肿胀的产生。在较高的表面温度下，纳米氦泡通过热迁移快速长大，并和其他氦泡合并。而在这种温度下，钨的有效黏度和屈服强度都较低，这导致氦泡排出材料表面时留下小气孔，最终演变为纳米 fuzz 结构。

如图 4.18(b)所示，80 eV 氦离子辐照条件下，富钨相表面产生了 fuzz 结构。纳米 fuzz 结构出现在材料表面 0～100 nm 范围内垂直于表面生长，而在 100～

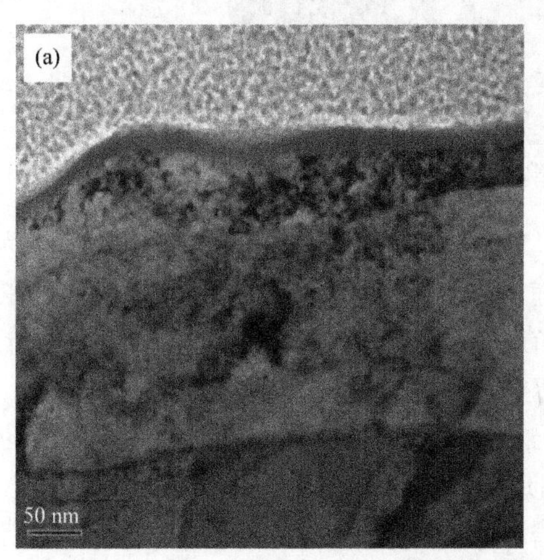

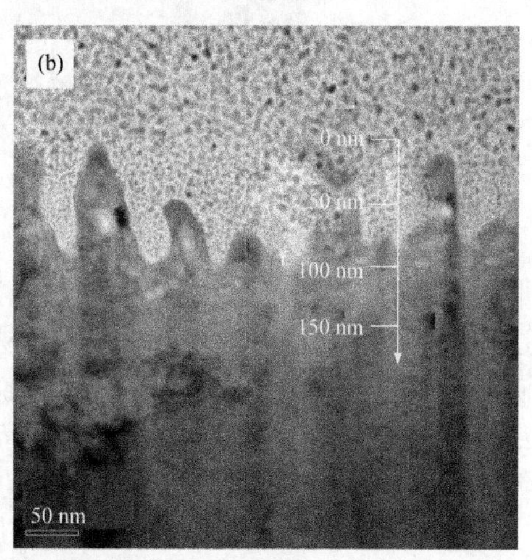

图 4.18　不同能量辐照下富钨区域的高倍 TEM 图像

(a) 50 eV；(b) 80 eV

150 nm 范围内仅存在一些大小不同的气泡。在纳米 fuzz 结构中出现大量的氦泡，fuzz 层的厚度约为 100 nm，这与图 4.17(f)中富钨区域的表面形貌相对应。当氦离子能量变高后，更多的氦离子注入材料内部，并被材料内部的空位、杂质、空位-杂质复合体和其他氦原子等缺陷捕获。多个氦原子聚集形成氦泡，在较高的表面温度下，纳米氦泡快速长大合并并逐渐向表面迁移形成更大的气泡，使材料表面不仅形成肿胀，到达一定体积时会在材料表面破裂，随之形成 fuzz 结构。

富铌区域的形貌与富钨区域差距甚大。不管是低能辐照还是较高能量辐照，富铌区域都没有形成 fuzz 结构，也没有形成 fuzz 结构初期阶段的台阶状结构，而富铌区域则在氦离子辐照下出现了大量孔洞。从材料表面横截面的 TEM 形貌(图 4.19)可看出，箭头 A 所指的富铌区域表面脱落了一部分，与富钨相区域相比，富铌区域没有发现类似箭头 B 的位错环，通过上述分析，这些位错环会成为氦离子的捕获阱，吸引大量氦离子形成氦泡，最终在材料表面形成 fuzz 结构，富铌区域未形成 fuzz 结构可能与此区域未观察到这种结构有关。但从宏观损伤上来看，富铌区域的损伤程度更严重。通过第一性原理计算可知，氦离子更容易存在于铌中[28]，和氦很容易被铌捕获[29]。对于不同辐照能量的 W-Nb 复合材料，富铌区域的孔洞的大小存在明显差异。在富铌区域，在较高的辐照能量下会出现一个较大的孔洞而不是多孔结构[图 4.17(f)中箭头所示]。

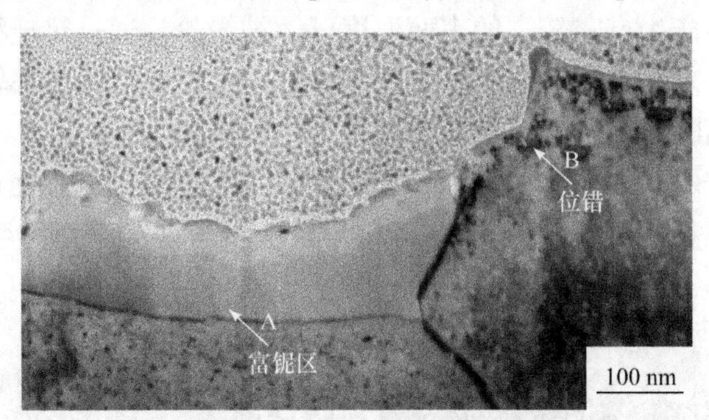

图 4.19　80 eV 氦离子辐照下富铌区域横截面 TEM 图像

可以推断，当氦离子能量足够高时，能进入材料内部的氦离子更多，更容易形成氦泡。另外由于晶界是氦离子的强捕获阱，氦离子更容易在晶界处聚集。在这两方面原因共同作用下，氦离子更容易在富铌区域的晶界处聚集。当这些氦泡充满富铌区域的晶界时，整个晶粒可能会脱离基体，甚至整个富铌区域都发生脱落。最后形成图 4.17(f)富铌区域中的形貌。而这个第二相的脱落会污染聚变反应堆中的等离子体的质量。而具体的富铌相区域的损伤行为还需要进行进一步的研究。

采用机械球磨的方法制备了不同球磨时间的钨铌粉末，并用放电等离子烧结方法制备 W-Nb 复合材料。用剂量为 $9.90\times10^{24}/m^2$ He^{+}束辐照 W-Nb 样品 11 min，辐照能量分别为 50 eV 和 80 eV，根据实验结果得出以下结论：①辐照能量对辐照后样品表面形貌影响较大。80 eV 氦离子辐照 W-Nb 复合材料时，更多的氦离子能进入材料内部，所以在材料表面更容易发生氦泡的聚集，材料表面损伤更为严重，在辐照中心区域富钨区域甚至形成纳米 fuzz 结构。②在 W-Nb 复合材料中，不管是低能辐照还是较高能量辐照，富铌区域都没有形成 fuzz 结构，也没有形成 fuzz 结构初期阶段的台阶状结构。③富铌区域氦离子辐照下出现了大量的孔洞。与富钨区域相比，富铌区域的损伤更严重。铌更容易吸引氦离子，大量氦离子在富铌区域聚集从而保护着钨基体，并且当这些氦离子聚集在铌晶界时，会导致部分富铌区域脱落并污染等离子体。

4.1.5　高温热处理对 W-Nb 复合材料氦辐照损伤机制影响

钨在承受低能量氦和氘辐照时也会导致表面形貌严重变化，当温度超过 900 K 的低能量(20～60 eV)、高通量的氦离子辐照钨时，材料表面就会形成纳米绒毛状结构。目前为止，国内外对钨基复合材料的氦离子辐照进行了大量的相关实验及模拟研究，然而针对热的作用与氦离子辐照的协同效应的研究却并不多见。作者以此为切入点，对纯钨和 W-Nb 复合材料进行了先氦离子辐照再高温热处理并加以研究。

4.1.5.1　辐照 W-Nb 复合材料表面形貌演化

通过机械球磨制粉和 SPS 的方式，制备了不同球磨时间(25 h 和 36 h)的 W-Nb 复合材料。对纯钨和 W-Nb 复合材料分别进行氦离子辐照，氦离子能量为 50 eV，辐照通量为 1.50×10^{22} $He^+/(m^2 \cdot s)$，辐照剂量为 9.90×10^{24} He^+/m^2，辐照时长为 11 min，辐照过程中样品表面温度为 1230～1280℃。辐照后再对样品进行等时热处理 1 h。热处理温度为 900℃、1100℃和 1300℃。

通过前期研究成果可知，在相同辐照条件下，球磨 25 h 的 W-Nb 复合材料的辐照损伤最轻，而球磨 36 h 的 W-Nb 复合材料的辐照损伤最为严重。选取这两种辐照损伤差别较大的试样，同时与纯钨进行对照实验。球磨 25 h 的试样下文简称 WN25，球磨 36 h 的试样下文简称 WN36。

图 4.20 至图 4.22 分别为纯钨、WN25 和 WN36 经过不同温度下的等时热处理后原位的表面形貌。如图 4.20(a)所示，经过辐照通量为 1.50×10^{22} $He^+/(m^2 \cdot s)$ 的氦离子辐照后，纯钨试样表面出现了纳米绒毛状结构(fuzz 结构)。900℃热处理 1 h 后，纯钨表面的 fuzz 结构比未处理时更为突出和密集，同时在压痕处也出现了新的绒毛结构[图 4.20(b)]；在 1100℃热处理 1 h 后，fuzz 结构较之前密度减小[图 4.20(c)]；在 1300℃热处理 1 h 后，原来的 fuzz 结构基本完全消失，只留下一些小的凸起[图 4.20(d)]。

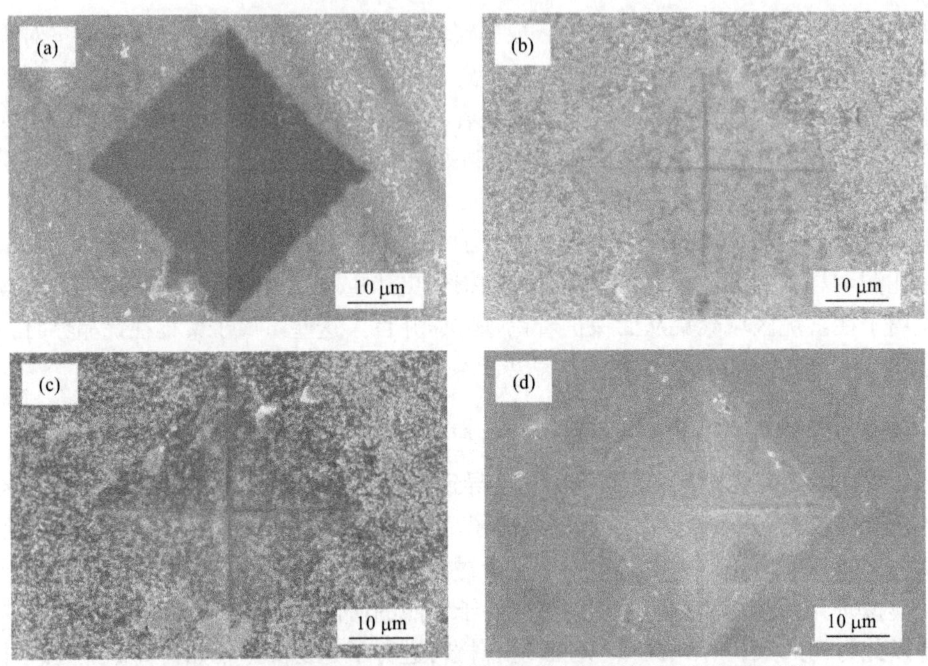

图 4.20　氦离子辐照后的纯钨试样在不同热处理温度后的表面形貌

(a) 原始形貌；(b) 900℃；(c) 1100℃；(d) 1300℃

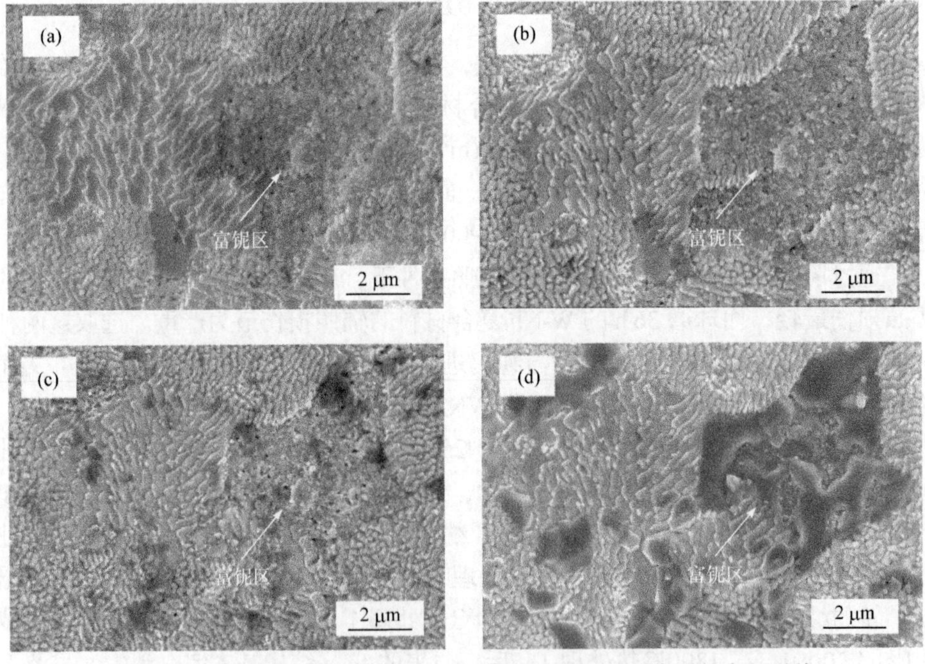

图 4.21　氦离子辐照后的 WN25 试样在不同热处理温度后的表面形貌

(a) 原始形貌；(b) 900℃；(c) 1100℃；(d) 1300℃

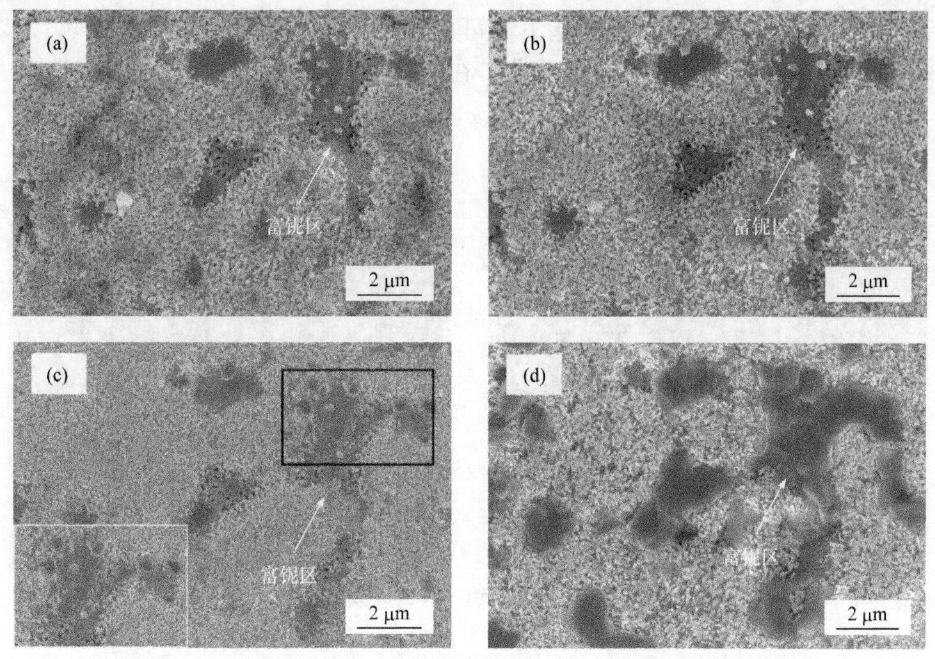

图 4.22 氦离子辐照后的 WN36 试样在不同热处理温度后的表面形貌
(a) 原始形貌；(b) 900℃；(c) 1100℃；(d) 1300℃

但和纯钨试样不同，两个 W-Nb 复合材料试样在热处理后，其富钨相区域都没有发生明显变化，如图 4.21 和图 4.22 所示。以 WN25 试样为例，在 900℃热处理温度下，富钨相区域和富铌相区域没有明显变化[图 4.21(b)]；在热处理温度到达 1100℃时，部分富铌相区域的晶粒尺寸变大，部分孔洞合并[图 4.21(c)]；在 1300℃时，富铌相区域晶粒异常长大，孔洞完全修复，部分富铌相区域异常生长导致表面断裂[图 4.21(d)]，而富钨相区域并未出现明显变化。

4.1.5.2 W-Nb 复合材料辐照损伤

图 4.23 为未进行热处理和 900℃热处理 1 h 后 WN25 试样横截面的 TEM 图像。从图 4.23(a)可以看到，未热处理时 WN25 的富钨区域表面呈现波浪状的形貌，表面覆盖有 20 nm 厚的非晶层，内部未发现氦泡；而图 4.23(b)中，在 900℃热处理 1 h 后，富钨区域表面非晶层下出现大量的氦泡聚集。同样的现象也发生在 WN36 样品中。未进行热处理时，富钨相区域表面的 fuzz 结构中可以观察到少量的气泡，而当 900℃热处理 1 h 后，fuzz 结构中的氦泡数量变多，体积变大[图 4.24(a)和(b)]。不只是富钨相区域，富铌相区域也发现了类似的现象。从图 4.24 中可以观察到，原来光滑的富铌相区域表面出现大量的白色小凸起，而且随着温度的升高，小凸起的数量变多。如 900℃热处理 1 h 后截面 TEM 图像

[图 4.24(c)]，这些白色的小凸起下都可以发现数量不等的氦泡。所以可以猜测，在热的作用下，氦离子重新聚集，在样品表面再次形成氦泡。

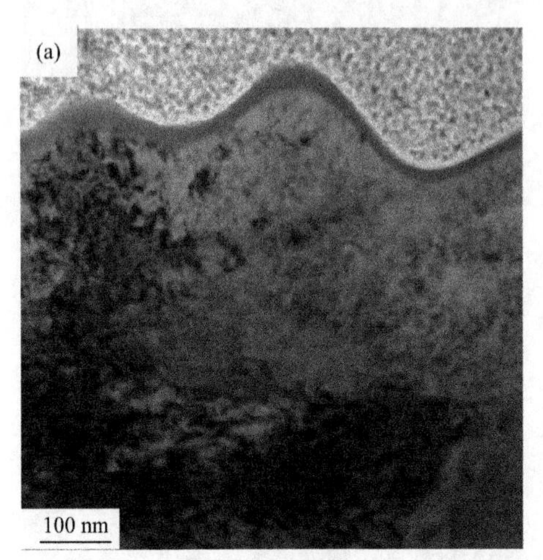

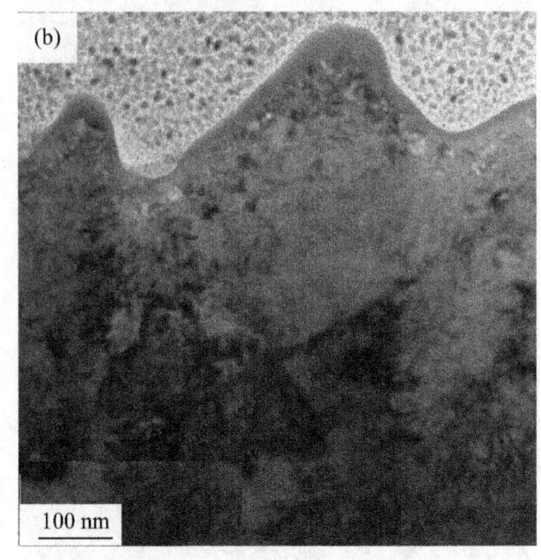

图 4.23　WN25 试样富钨相区域横截面 TEM 图像

(a) 原始形貌；(b) 900℃+1 h

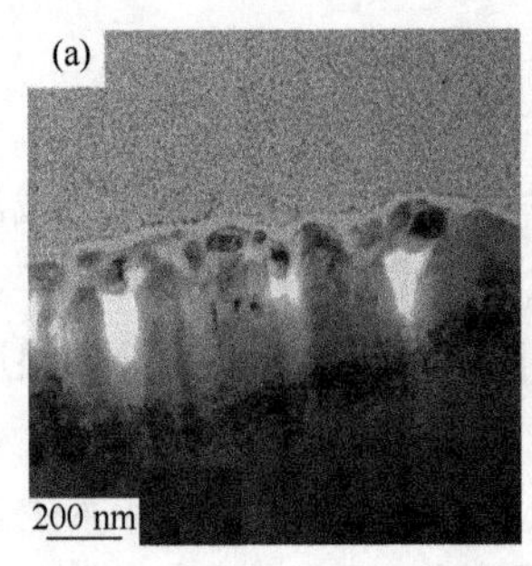

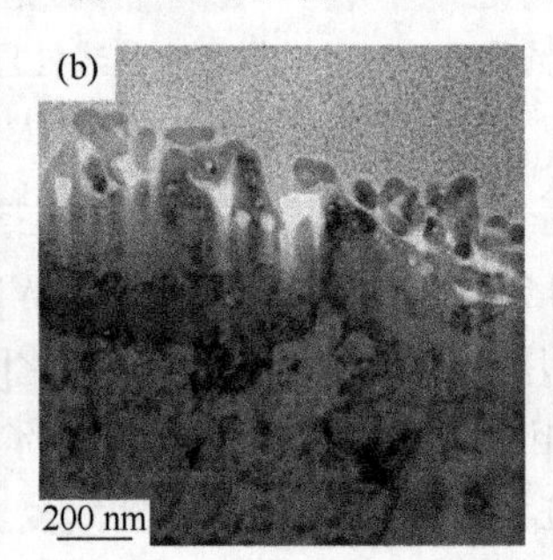

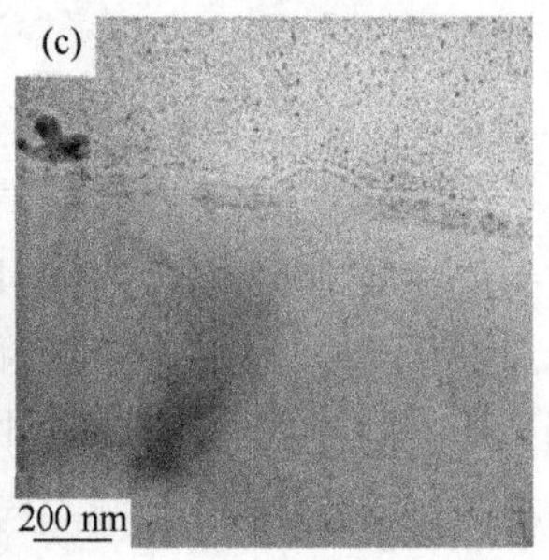

图 4.24　WN36 试样横截面 TEM 图像

(a) 原始富钨相区域；(b) 900℃+1 h 富钨相区域；(c) 900℃+1 h 富铌相区域

Ferroni 等[33]已经研究发现了热处理温度和重离子辐照后纯钨位错密度的关系。重离子辐照后纯钨内产生了大量的位错环，再进行热处理时，位错环密度随着热处理温度的升高而减小，位错环的平均直径随着热处理温度的升高而增大，当热处理温度到达 1400℃时，位错环完全消失。所以当所有样品在 900℃热处理 1 h 后，材料内部的部分缺陷得以修复，释放出被原缺陷捕获的氦离子，这些氦离子相互吸引最终形成氦泡，重新聚集在材料表面。当热处理温度升高后，纯钨中的氦离子全部脱附，缺陷得以修复，表面趋于光滑。而对于 W-Nb 复合材料，随着热处理温度升高，一方面富铌相区域中氦离子脱附重新聚集成氦泡使得原有的孔洞更大，但脱附的氦离子数量有限，孔洞到一定程度后就不再扩大；另一方面当热处理温度已经超过铌的再结晶温度，富铌相区域晶粒异常长大，最终孔洞完全消失。但是在此过程中，在钨中氦离子的脱附温度随着铌的加入而升高，从而导致几乎没有发现富钨相区域的表面形貌的变化。Baldwin 等[17]研究发现钨合金中氦的脱附峰出现在 770℃、1170℃和 1530℃，高于一般实验中纯钨的脱附温度。首先，铌对杂质元素(如 O、C 和 N)具有更高的亲和力，并能与杂质元素结合形成具有较高熔化温度的化合物，从而清洁钨合金的晶界[34]。另外，铌和这些杂质结合形成的化合物具有钉住晶界和防止晶粒生长的作用。如果位错被诱导滑动，那么它们必须克服钉扎效应，位错滑动阻力增大。因此，氦在钨中的脱附温度变得更高。但这还需要进一步的实验来证实这一猜想。

通过机械球磨与放电等离子烧结制备纯钨和 W-Nb 复合材料，先对其进行 50 eV 的氦离子辐照，然后对氦离子辐照后的样品在 900℃、1100℃、1300℃下进行等时热处理。具体结论如下：①随着热处理温度增加，纯钨样品表面的 fuzz 结构逐渐退化。当所有样品在 900℃热处理 1 h 后，材料内部的部分缺陷得以修复，释放出原被缺陷捕获的氦离子，这些氦离子相互吸引最终形成氦泡，重新聚集在材料表面。当热处理温度升高后，纯钨中的氦离子全部脱附，缺陷得以修复，表面趋于光滑，当温度达到 1300℃时，表面的 fuzz 结构完全消失。②在 W-Nb 复合材料中，随着热处理温度升高，一方面富铌相区域中氦离子脱附重新聚集成氦泡使得原有的孔洞更大，但脱附的氦离子数量有限，孔洞到一定程度就不再扩大；另一方面当热处理温度已经超过铌的再结晶温度，富铌相区域晶粒异常长大，最终导致孔洞完全消失。③在整个热处理过程中，铌对杂质元素(如 O、C 和 N)具有更高的亲和力，并能与杂质元素结合形成具有较高熔化温度的化合物，从而清洁钨合金的晶界。另外，铌和这些杂质结合形成的化合物具有钉住晶界和防止晶粒生长的作用。如果位错被诱导滑动，那么它们必须克服钉扎效应，位错滑动阻力增大。所以铌的加入使得氦离子在钨中的脱附温度升高，最终导致富钨相区域的表面形貌几乎没有变化。

4.2 W-Nb/(Ti, TiC)复合材料制备及性能

4.2.1 W-Nb(Ti, TiC)复合材料制备

4.2.1.1 不同球磨时间 W-Nb 材料制备

以纯度为 99.9%的原始态 W 粉(1.0～1.3 μm)和 Nb 粉(5～10 μm)作为原料，采用机械合金化方式制备 W-(0%、5%、10%、15%、20%)Nb 合金。采用 WC 材质的球磨罐和磨球(Φ10 mm 和 Φ6 mm)，每个球磨罐中装球质量为 600 g，球料质量比为 20∶1。在粉末和磨球装罐完毕后，以 2∶1 的液体介质体积比向球磨罐中添加液体球磨介质(无水乙醇)，以有效减少球磨过程中粉体在磨球和磨罐内

壁的黏附现象，增加粉末与球的摩擦概率，提高制粉效率。球磨转速设置为400 r/min。采用五组球磨时间(5 h、15 h、25h、36 h、40 h)来研究 W-15% Nb 在不同球磨时间下制得复合粉末的组织性能差异，及其对烧结体的影响。机械合金化结束后，将复合粉末进行干燥处理(60℃恒温保存 6 h)。用玛瑙研钵将粉末进一步分散、细化，最后将获得的细小的合金粉末用试样袋抽真空后封装，继续准备后续的烧结工作。

分别称取 15 g 不同球磨时间下制得的 W-Nb 合金粉末，采用 Φ 20 mm 的石墨模具。先在下模冲放置一片圆碳纸，粉末装入并填平后，放置另一片圆碳纸，塞入上模冲，用压样机对模具进行压实，设置压力为 3 kN。将装粉完毕后的模具放入 SPS 装置中，调整、校准后，按照图 4.2 所示的烧结工艺进行烧结。在温度升高至 600℃之前，不加保护气氛，为真空环境，600℃之后采用 Ar 气氛保护，烧结完成后，以随炉冷却的方式进行降温，结束后取出烧结体样品。

4.2.1.2 W-Nb-Ti 复合材料制备

以纯度均为 99.9%的纯 W 粉(1.0～1.3 μm)、纯 TiH_2 和纯 Nb 粉(40～60 nm)作为原料，采用球磨得方式制备 W-(2%、4%、8%)Ti-1% Nb 合金粉末。球磨机转速设置为 400 r/min，球料比为 10：1，高能球磨时长 3 h。

采用 SPS 将制备的 W-(2%、4%、8%)TiH_2-1% Nb 复合粉末进行烧结，采用 Φ 20 mm 的石墨模具进行装粉，在 H_2 保护气氛下制备成块体试样。烧结工艺参数如图 4.26 示，分别在 600℃保温 10 min，1300℃保温 5 min 和 1600℃保温 2 min。值得注意的是，在 600～800℃的高温烧结过程中，TiH_2 会热分解形成单质 Ti 和 H_2。随炉冷却后取出的块体样品是厚度为 2.5～3 mm 的圆柱体。

4.2.1.3 W-Nb-TiC 复合材料制备

以纯度均为 99.9%的原始态纯 W 粉(1.0～1.3 μm)、TiC 粉(50 nm)和纯 Nb 粉(40～60 nm)作为原料，采用机械球磨的方法制备了 W-(0%、1%)Nb-1% TiC 合金粉末。使用不锈钢球磨罐(250 mL)和磨球(Φ 10 mm、Φ 6 mm、Φ 4 mm)，每个罐子中磨球总质量为 600 g，然后以 20：1 的球料比放入 30 g 的混合粉末，以 400 r/min 的转速球磨 4 h。将获得的合金化粉末置于研钵中进一步细化和分散，然后将制得的 W-(0%、1%)Nb-1% TiC 粉末装入试样袋，抽真空密封准备烧结。

采用放电等离子体烧结制备块体，分别称取 15 g W-(0%、1%)Nb-1% TiC 复合粉末，装入到 Φ 20 mm 的石墨模具进行压实，为了将粉末中残留的气体排出，放入模具后进行抽真空，真空度达到要求后开始烧结，烧结过程中工艺参数如图 4.25 所示。

图 4.26 是 W-Ti-Nb 合金粉末的 SPS 烧结工艺曲线，可以看出，温度以 100℃/min

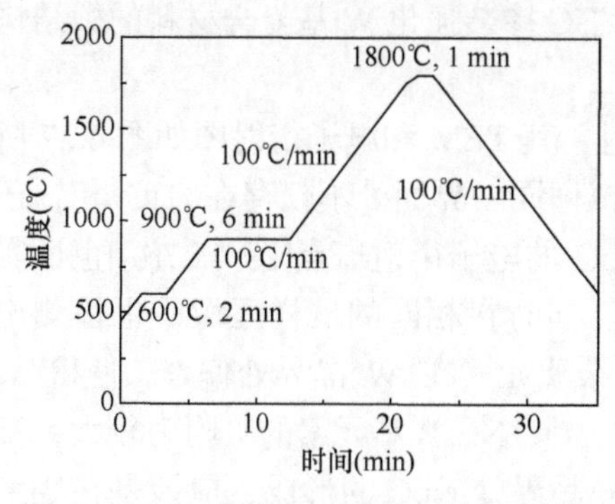

图 4.25　SPS 制备 W-Nb/TiC 复合材料的烧结工艺曲线

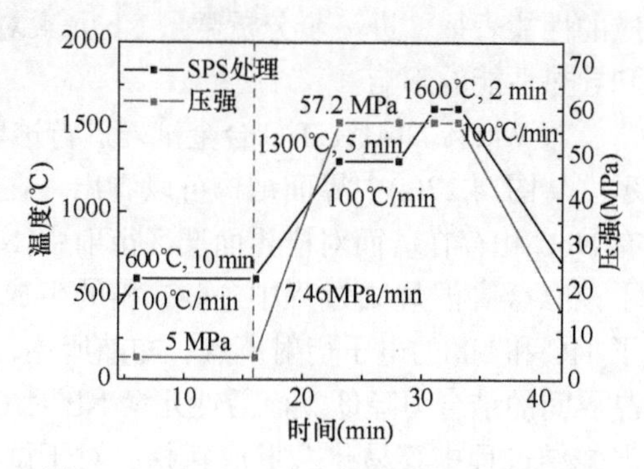

图 4.26　W-Ti-Nb 合金粉末的 SPS 工艺曲线

的速率升高到 600℃，同时匀速增加压力至 47.8 MPa，后续压力保持在这一水平不变，在 Ar+3%(体积分数) H_2 气氛中完成烧结。温度达到 600℃时保温 2 min，以使粉末在快速增长的压力下保持稳定，然后继续以 100℃/min 的速率升高至 900℃，保温 6 min，以获得具有较小晶粒尺寸的烧结体。温度达到 1750℃时，以 50℃/min 的速率继续升温至 1800℃，保温 1 min，在该高温过程中的保温可以有效促进扩散致密化。烧结结束后以 100℃/min 的速率冷却，达到 500℃时随炉冷却。

4.2.2　W-Nb(Ti, TiC)复合材料氘滞留测试

借助离子注入和热脱附谱装置(TDS，日本京都大学反应堆研究所)，对 W-Nb(Ti, TiC)合金试样进行氘注入和滞留性能测试。厚度为 0.3 mm 的圆片试样(Φ 3 mm/Φ 5 mm)通过电火花线切割制备，试样两面用砂纸精磨、抛光和超声清洗后，采用能量为 5 keV 的 D^+在室温下对三组试样进行不同注入量下的辐照实验。对注入后的试样用红外加热的方式升温至 1000 K(升温速率为 1 K/s)，对试样进行 TDS 表征。三组试样始终置于空气中。用真空度高达 10^{-6} Pa 的四极质谱仪(QMS)对三组试样中 D^+在不同温度下的脱附速率进行表征，最后根据实验中测得的热脱附曲线对三组试样中的氘滞留量进行计算。

4.2.3　Nb 掺杂 W/TiC 复合材料制备与组织特性

4.2.3.1　Nb 掺杂 W/TiC 复合材料制备与组织

将 Nb 粉、TiC 粉末和 W 粉同时装入球磨罐中，采用机械球磨方法制备 W-Nb-TiC 复合粉末；通过 SPS 方法将复合粉末制备成合金化和第二相掺杂协同强化的块体，制备工艺如图 4.2 所示。通过对 W-Nb-TiC 试样微结构的观察和相

应的性能表征，进一步分析微量 Nb 元素对 TiC 掺杂强化 W 基复合材料的微结构和导热性能的影响。

对 W-1% Nb-1% TiC 合金试样进行透射，其 TEM 和电子衍射图如图 4.27 所示。从图 4.27(a)中界面结构可以看出，在试样同一界面处不仅存在 TiC 相，还有 NbC 相存在。而对应界面选区衍射中 NbC 的电子衍射斑点[图 4.27(b)]也证实了该合金高温烧结过程中 NbC 相的生成。同时在相同的试样区域，也检测出了 TiC 和 Nb 的电子衍射斑点。如前所述，杂质元素在 W 晶界处偏聚，使得 W 晶界间的结合力降低。而活性元素 Nb 对 C、O、N、P 等元素的吸附力较大，高温烧结过程中容易化合形成新相。对于试样晶界处 NbC 的形成，应该是在烧结过程中，与偏聚在晶界处的 C 元素结合，在高温下形成了 NbC。

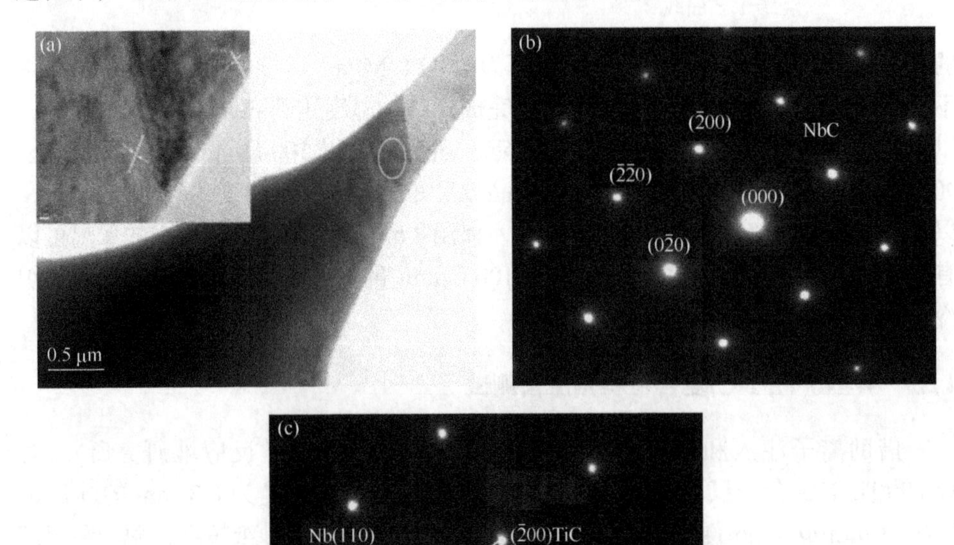

图 4.27　W-1% Nb-1% TiC 合金试样的高分辨透射(a)和对应选区的电子衍射(b 和 c)

根据阿基米德排水法对 W-1% TiC 试样相对密度进行测量，仅为 86.01%，而加了 1% Nb 后，相对密度增大至 89.63%。微量 Nb 元素的添加使得致密度提高了 3.62%，这表明 Nb 掺杂有利于改善 W-TiC 复合材料在高温烧结过程中的致密化行为。W-1% TiC 和 W-1% Nb-1% TiC 的断口形貌分别如图 4.28(a)和(b)所示。

W-1% TiC 试样的断裂截面图中，可以观察到晶界处有明显的裂纹和空洞。添加了1% Nb后的试样断裂截面的晶界处仅观察到较少的空洞，这种变化在图 4.28(c)和(d)低倍图像下可以明显观察到。图 4.28(d)中方框区域的 EDS 图谱也证实了 Nb 在 W 基体中的存在，对比图(c)、(d)可以明显看出，W-1% Nb-1% TiC 晶界处相对 W-1% TiC 晶界要干净许多，这主要归功于 Nb 对偏聚在晶界处杂质元素(C、N、O 等)的吸附作用，形成的化合物弥散分布在晶界处，对晶界具有钉扎作用，使得晶界强度被提高，对晶粒的细化具有显著作用。W-1% Nb-1% TiC 试样的显微形貌如图 4.29 所示，其中图(b)是对图(a)的放大。在钨晶界处可以看到均匀分布的 TiC 颗粒(约为 8～15 μm)。

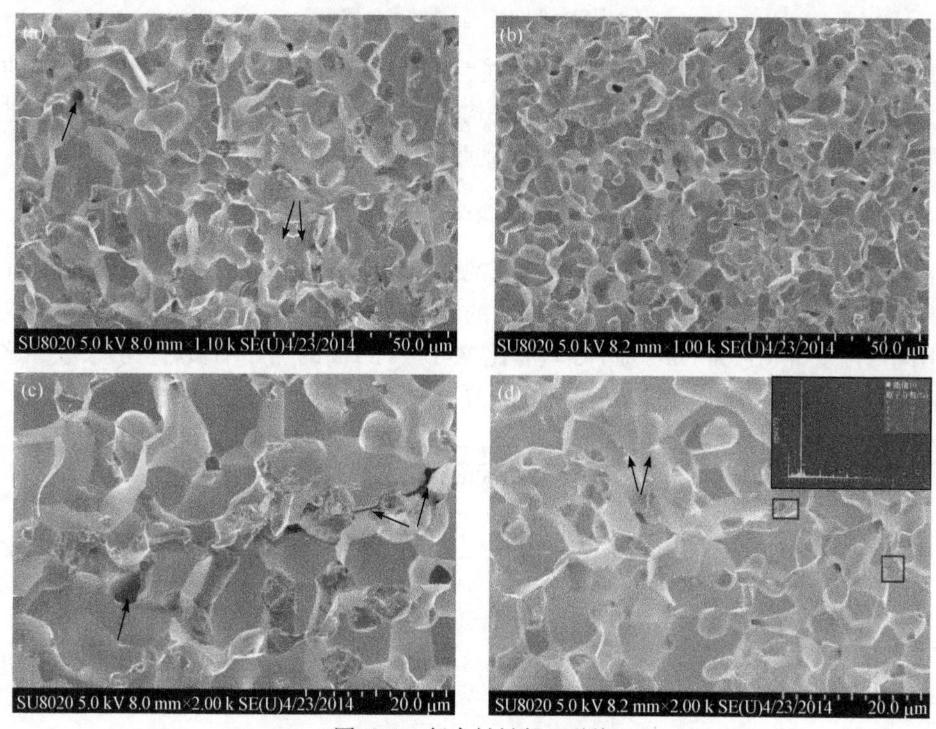

图 4.28　复合材料断口形貌

(a)、(c) W-1% TiC 合金；(b)、(d) W-1% Nb-1% TiC 合金

对 W-1% TiC 和 W-1% Nb-1% TiC 试样在 500℃以下进行拉伸试验，两组试样的最大拉伸强度分别为 126 MPa 和 245 MPa，W-1% Nb-1% TiC 的拉伸强度要比 W-1% TiC 高出约 1 倍。可见微量 Nb 掺杂显著提高了 W-TiC 复合材料的拉伸强度。Nb 掺杂对于抗拉强度的提升，主要在于 Nb 对基体中杂质元素的吸附，使得晶界强度提高和晶界孔隙率降低。此外，Nb 与杂质元素形成的复合相弥散分布在基体中，产生的弥散强化和对晶界的迁移阻碍作用，使得晶界强度得到

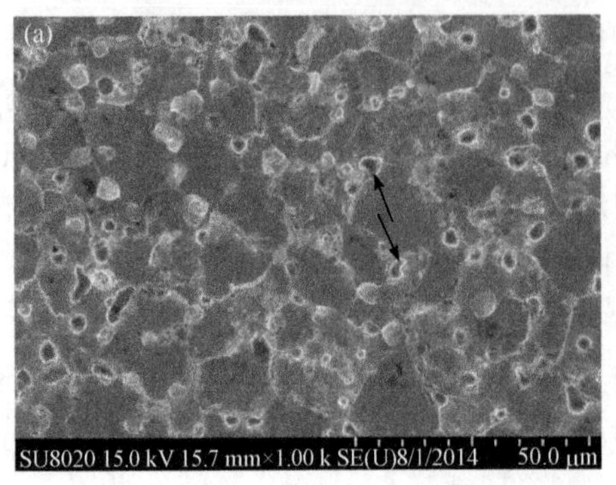

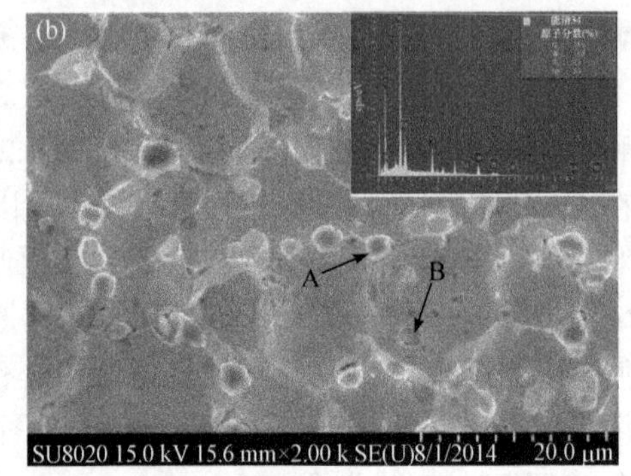

图 4.29　W-1% Nb-1% TiC 合金表面 SEM 显微形貌

(a) 晶粒分布；(b) 局部放大形貌与能谱

提升，有效改善了 W-TiC 合金的拉伸强度。形成的 NbC 复合物具有比 TiC 高的硬度。第二相 TiC 和 NbC 在晶界处的均匀分布，对晶界运动起到钉扎作用，进而使得高温下 W 基体的强度和韧性得到改善。

4.2.3.2　Nb 掺杂 W/TiC 复合材料热学特性

用激光导热仪(量程为室温至 900℃)测量 W-1% TiC 和 W-1% Nb-1% TiC 试样的热导率，如图 4.30 所示。随着温度的增加，两种材料的热导率都显著增加，但同一温度下 W-1% Nb-1% TiC 具有比 W-1% TiC 高的热导率和热扩散系数，这表明微量 Nb 掺杂可以显著改善 W-TiC 复合材料的热导率。

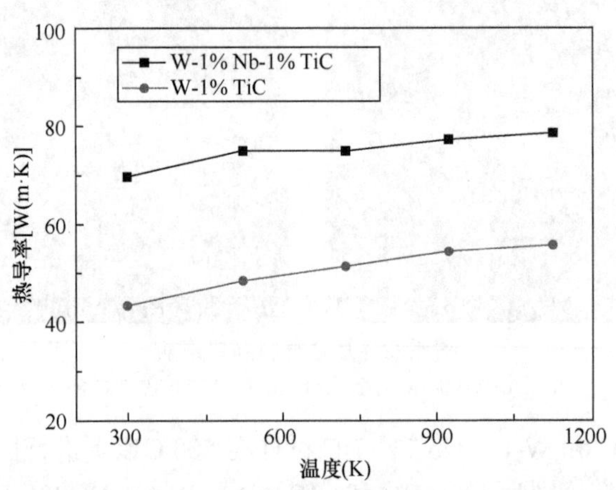

图 4.30　W-1% TiC 和 W-1% Nb-1% TiC 合金热导率-温度变化曲线

对机械合金化结合 SPS 工艺制备的 W-Nb/TiC 复合材料微结构和性能进行表征，发现微量活性元素 Nb 与 W 基体晶界处的 C、N、O、P 等杂质元素具有较强的亲和力，高温条件下，Nb 与基体中的杂质元素形成化合物，使得晶界因杂质存在而产生的空洞显著减少，裂纹则消失，促进了烧结体的致密化，也明显提高了 W-TiC 复合材料的热导率。TiC 和 NbC 作为硬质第二相颗粒在晶界处的弥散分布，对晶界运动起到钉扎作用，使得 W 基体在受载时抵抗塑性变形的能力提高，因而改善了 W-TiC 复合材料的高温拉伸强度。

4.2.4　SPS 制备 W-Nb/Ti 复合材料组织和辐照行为

晶界处偏聚的杂质元素(如 C、O、N、P 等)是降低晶界结合力的主导因素之一，也对辐照过程中氘滞留具有促进作用[35]。微量活性元素如 Nb 和 Ti 等，对 O、C、N 等杂质元素具有较强的亲和力，高温过程中，Nb、Ti 可以吸附这些杂质元素，反应生成高熔点的化合物(如 NbC、TiC 等)。目前已经有很多研究报道了 W 基材料表面在辐照诱导作用下产生的损伤类型和作用机制。Liu 等研究了钨中氢诱导的空位形成机理[36]，Zhou 等对 H 在晶界处的捕获机理做了相关研究[37]。使用场发射扫描电子显微镜(FESEM)分析 He^+辐照诱导 W-Nb/Ti 复合材料的表面结构演化，并在仅使用 D^{2+}离子辐照条件下，对 W-Nb/Ti 中氘滞留进行了研究。除此以外，系统研究了不同 Ti 添加量对 W-Nb 合金微结构和力学性能的影响。

4.2.4.1　W-Nb/Ti 复合材料制备与组织

纯 W 粉中添加高纯度的 Nb 粉和 Ti 粉，通过机械合金化的方法制备了 W-Nb-Ti 复合粉末，然后进行 SPS，制备了 Nb、Ti 共掺杂钨合金。对 W-Nb-Ti 合金块体进行表征，分析了 Nb、Ti 复合掺杂对钨材料微结构和性能的影响。

W-Nb-Ti 复合材料的硬度和孔隙率如表 4.2 所示，可看出 Ti 含量的增加使得复合材料硬度逐渐降低，孔隙率显著增加。当 Ti 含量达到 8%时，复合材料的显微硬度降低至 608.9 HV，比 1% Ti 添加量的复合材料硬度低了 88.1 HV。8%Ti 添加量下的复合材料孔隙率达到最高，为 0.29%，而最小出现在 2%Ti 添加量的复合材料中，仅为 0.14%。这主要因为 Ti 添加量增加至 8%时，除了形成(W, Ti)固溶体和吸附杂质元素，烧结时多余的 Ti 累积在 W 晶界处，与 W 基体间结合力较弱，加剧了裂纹萌生和扩展发生，降低了合金显微硬度和相对密度。

表 4.2　W-Nb-Ti 合金的硬度和孔隙率

样品	显微硬度(HV)	孔隙率(%)
W-2% Ti-1% Nb	697.0 ± 21.4	0.14 ± 0.02
W-4% Ti-1% Nb	645.3 ± 20.3	0.16 ± 0.01
W-8% Ti-1% Nb	608.9 ± 19.2	0.29 ± 0.01

球磨前后的 W-4% Ti-1% Nb 混合粉末以及合金块体的 XRD 图像如图 4.31 所

示。从 XRD 图谱来看，三种试样中均没有检测到 Nb 和 Ti 峰，这主要归因于 Nb 和 Ti 的添加量非常少，所以并不能在 XRD 测试中被检测到。在 XRD 图谱中可以发现体心立方结构标准单一相钨的存在(JCPDS ＃04-0806)。

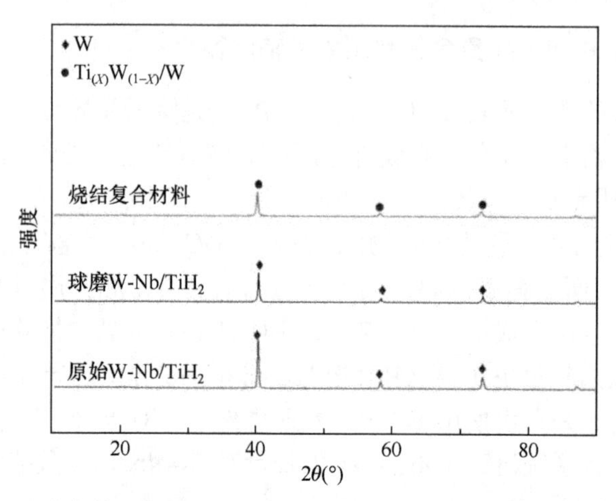

图 4.31　球磨前后 W-4% Ti-1% Nb 混合粉末和合金块体的 XRD 图谱

此外，机械球磨后钨的 XRD 峰发生宽化，峰强度有所降低，这证实了球磨可促进晶粒细化并增加晶格应变，而且在球磨过程中，粉末反复经历摩擦-破裂-焊合的形变，混合粉末中的位错密度显著提升，细化了粉末晶粒尺寸，并显著增加了晶格应变。

从图中可看出烧结体中 W 峰偏移至低 2θ 角，结合 Jade 软件计算的结果可知，未球磨合金粉末中 W 晶晶格常数为 0.31581 nm±0.0012 nm，而烧结合金试样中 W 晶晶格常数为 0.31673 nm±0.0003 nm，这主要是因为高温过程中 W、Ti 间的互扩散使得 W 晶晶格常数增大。这种扩散过程中，产生了衍射强度略低于等于 W 相的 $Ti_{(X)}W_{(1-X)}$固溶体[38]，从而使得 W 相的峰位置向较低的 2θ 角发生偏移。

4.2.4.2　W-Nb/Ti 复合材料力学性能

对试样在 600℃以下进行拉伸实验，来分析 W-Nb-Ti 复合材料的高温力学性能，试样拉伸后断口 SEM 显微形貌图如图 4.32 所示。Ti 含量(质量分数)为 2%、4%和 8%的试样断口形貌如图 4.32(a)、(b)和(c)所示。

对比发现，Ti 含量的增加并没有导致 W 晶粒大小的显著改变，而且在晶界和相界面处没有发现孔隙的存在。图 4.32(a)、(b)和(c)中存在于三叉晶界处的深色颗粒经 EDS 光谱表明其是富 Ti 相。另外，Ti 在 W 基体中具有一定的固溶度，W 和 Ti 相界面间会扩散形成 $Ti_{(X)}W_{(1-X)}$固溶体[38]。固溶体的形成使得 W 晶粒间结合力变强，这有利于复合材料强度的提高。

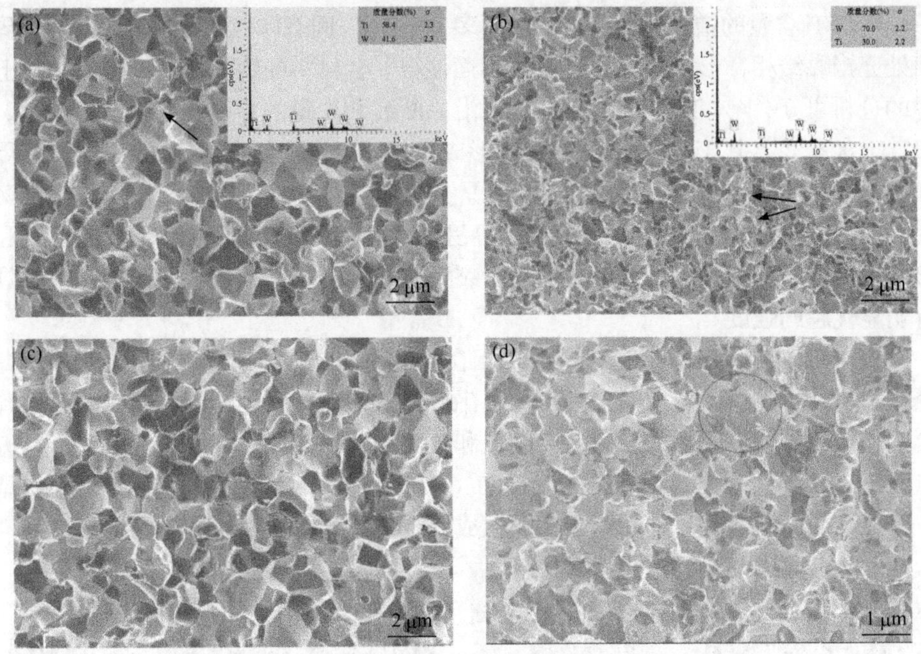

图 4.32　W-Nb -Ti 合金试样高温拉伸后的断口形貌

(a) W-2% Ti-1% Nb；(b) W-4% Ti-1% Nb；(c) W-8% Ti-1% Nb；(d) 图(b)的局部放大

值得注意的是，4% Ti 添加时，复合材料的微观结构发生改变。从图 4.32(b)中可以看出，晶界和晶内均有弥散颗粒存在。根据图(b)中的 EDS 谱插图可知，这些弥散第二相粒子为富 Ti 相。图 4.32(d)中黑色圆圈处表明了基体中存在少量穿晶断裂，说明材料韧性得以改善。而在 Ti 含量为 2%和 8%的试样中，并没有观察到穿晶断裂。这种差异考虑是在添加 2%～4% Ti 含量时，大量富 Ti 相在晶界和晶内分布，产生的弥散强化效应有效阻止了颗粒滑移，增加了材料的强度。当 Ti 添加量达到 8%，大量 Ti 在晶界处的偏聚[图 4.32(c)]，使得基体晶粒间结合力显著降低，弱化了晶界，降低了材料的强度。

W-Nb-Ti 复合材料的高温拉伸强度如表 4.3 所示，4% Ti 含量的试样具有最高的抗拉强度(410.53 MPa)，这考虑是 W 和 Ti 在高温烧结时互扩散，形成(W, Ti)，产生固溶强化增大晶界强度，并且在晶界处弥散分布的富 Ti 相颗粒还会对晶界的运动起到钉扎作用。

表 4.3　W-Nb-Ti 合金的高温抗拉强度

样品	抗拉强度(MPa)
W-2%Ti-1%Nb	177.2 ± 8.6
W-4%Ti-1%Nb	410.5 ± 7.9
W-8%Ti-1%Nb	107.6 ± 9.1

随着 Ti 含量的增加，晶体中生成更多 $Ti_{(X)}W_{(1-X)}$固溶体。这种固溶体在两相界面处充当黏结相，形成共格或半共格界面使得复合材料的塑韧性得到提高。从上述的分析可知，4% Ti 含量试样中存在沿晶断裂和少量的穿晶断裂[图 4.32(d)]。2% Ti 含量试样中 $Ti_{(X)}W_{(1-X)}$固溶体的形成相对较少，并且少量的富 Ti 相在晶界和晶内分布不均匀，主要集中在晶界处。当增加 Ti 含量至 8%时，富余的 Ti 又会在晶界处偏聚，弱化晶界使得裂纹容易萌生和扩展。从断裂模式来看，2%和 8% Ti 含量的复合材料断裂仅为沿晶断裂机制，因而 4%Ti 含量试样相对来说具有明显优越的强度。

W-4% Ti-1% Nb 合金试样中第二相在基体内的分布状态可以通过 TEM 及高分辨透射获得的显微形貌图来进行分析(图 4.33)，可看出在晶界和晶粒内部均有第二相粒子存在。图 4.33(a)中深色区域和第二相粒子的成分可以通过电子衍射斑点及 HRTEM 图像来进一步分析[图 4.33(b)和(c)]，发现深色区域主要是由 W 晶粒组成，而晶内和晶界处的第二相颗粒成分被证实为 Ti。

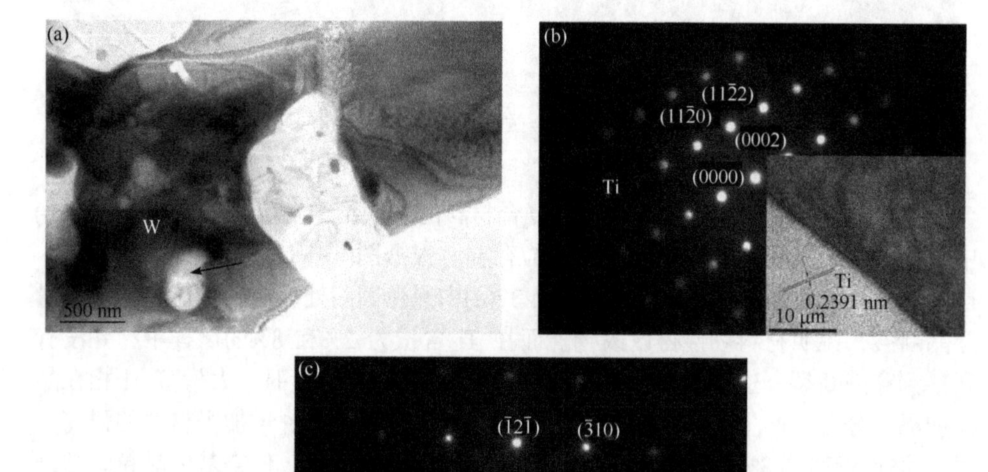

图 4.33 W-4% Ti-1% Nb 合金试样的高分辨透射显微形貌及对应选区的电子衍射斑点

通过 TEM 分析可以看出，第二相 Ti 在晶内和晶界分布较为均匀弥散，晶界上的粒子对晶界的钉扎作用，以及晶内粒子对位错运动的阻碍作用有利于改善 W 材料的强度和韧性。在 W-Ti 相界面微结构中可以看到被 W(Ti)固溶体所包围的 W 颗粒，且固溶体组分中 W 的含量取决于 Ti 含量的多少[39]。$Ti_{(X)}W_{(1-X)}$固溶体作黏结相对 W 基复合材料的延性具有一定的改善作用。

试样中 W、Nb 和 Ti 三种元素的分布情况可以通过元素面扫能谱图来进行分析，如图 4.34 所示，可以看出在 W 基体中均匀弥散分布的 Nb 元素。

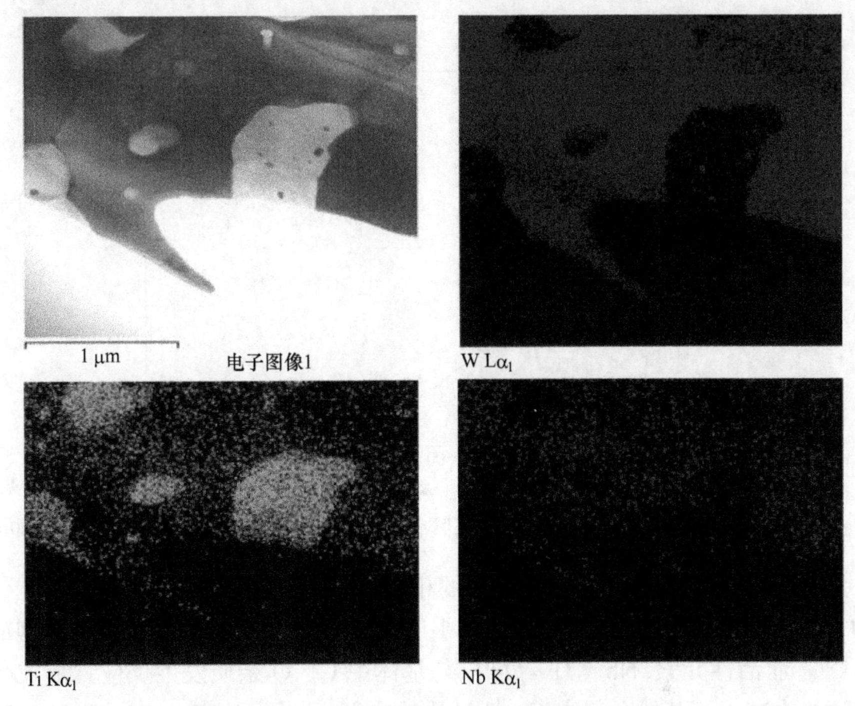

图 4.34 W-4% Ti-1% Nb 合金试样的元素面扫能谱图

对于 $Ti_{(X)}W_{(1-X)}$固溶体，主要是通过在高温烧结阶段发生的互扩散形成的，随着 Ti 扩散到 W 基体中量的增加，形成的固溶体数量也增多，对 W 基体的强化作用也逐渐增加，显著改善了 W 基体的力学性能，但不可否认，Ti 含量增加到一定程度后会在晶界处富集，直接损害晶界强度，并降低其对钨基体力学性能的改善效果。

4.2.4.3 W-Nb/Ti 复合材料辐照特性

纯 W 和 W-4% Ti-1% Nb 试样注入 D_2^+后的 TDS 图谱如图 4.35 所示，可以看到纯 W 试样的 TDS 光谱中存在两个 D 滞留的释放峰(分别为约 400 K 的低温峰和约 600 K 的高温峰)。钨基体中存在不同类型的缺陷捕获点，应该是因为在钨基体中不同类型的缺陷位置捕获后需要吸收一定的能量，才能将被捕获的 D 释放，对于晶体中的缺陷，空位点的释放能为 1.4 eV，而空穴的释放能为 2.1 eV[40]。从表 4.4 中的数据来看，D_2 在纯 W 试样中的滞留量比在 W-4% Ti-1% Nb 试样中的滞留量高。考虑在纯钨晶界处存在的杂质元素，如 O、C、N、P 等，其中 C 元素在高温下可以与 W 发生反应，形成 WC 薄层。H 在基体金属中的迁移势垒受到 C 的影响，C 和 H 之间具有相互排斥的力，在 C 元素较多的情况下，H 逃逸 W 基体的迁移势垒得到增加[41]。而基体中的 O 杂质可以充当 H 捕获位点，提高了 H 泡的形成效率[42]。

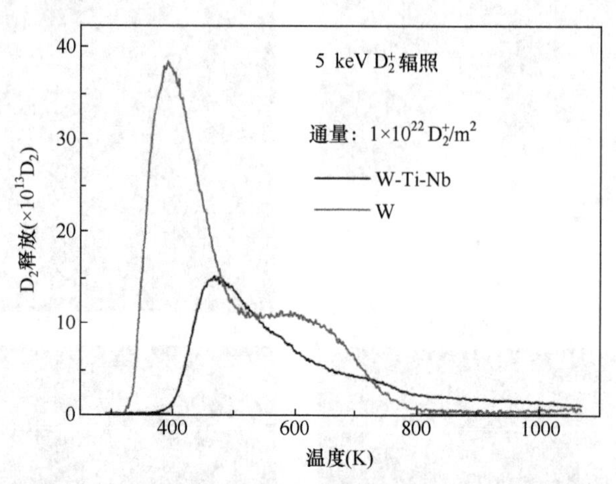

图 4.35 W 和 W-4% Ti-1% Nb 合金在 D_2^+辐照后基体中 D 滞留的 TDS 图谱(从 273～1000 K)

此外，O 元素和空位间存在强烈的相互作用，容易在基体中产生 O-空位复合物，其形成能较低，因而在 W 基体中广泛分布，该位置还可以作为 H 泡的形核点[35]。而活性元素 Nb、Ti 等可以与基体中 C、O 杂质发生反应并形成化合物。这极大减少了基体金属中 C、O 杂质的含量，因而 D_2 在 W-4% Ti-1% Nb 样品中的滞留量相对较少。因此，添加适量的活性元素 Nb 和 Ti 可以显著改善 D_2 在 W 基材料中的滞留问题，这使得钨基材料的氘滞留抗性得到提高。

表 4.4 纯 W 和 W-4% Ti-1% Nb 合金试样在单 D_2^+辐照后基体中 D 滞留量

样品	总 D 滞留量
W	6.4×10^{16}
W-4% Ti-1% Nb	3.3×10^{16}

采用机械球磨和 SPS 工艺制备了无裂纹的块体 W-Ti-Nb 复合材料。从获得的实验数据来看，微量 Nb、Ti 共掺杂 W 基材料，可以显著降低 D_2 在基体中的总滞留量，W-Ti-Nb 合金试样的抗氘辐照性能优于 W-Nb 合金。在 Ti 添加量为 2%、4%、8%的 W-Ti-Nb 合金试样中，2%Ti 添加量时其烧结块体的孔隙率最小(0.14%)，且随着 Ti 含量的增加，孔隙率也逐渐增大。从面扫能谱图的分析来看，Ti 粒子细小弥散分布在晶粒内部和晶界处。对比不同 Ti 含量试样的硬度可以发现，Ti 含量增加导致孔隙率增大，使得块体试样硬度从 697.0 HV 降至

608.9 HV。在 W-4% Ti-1% Nb 试样的断裂过程中存在两种机制，即沿晶和穿晶断裂，而且该块体试样具有最大拉伸强度(410.53 MPa)。此外，在高温烧结期间 W、Ti 之间的互扩散形成了 $Ti_{(X)}W_{(1-X)}$固溶体，可以作为 W、Ti 两相之间的中间相，显著提高钨材料的强度。

参考文献

[1] Mateus R, Dias M, Lopes J, et al. Blistering of W-Ta composites at different irradiation energies. Journal of Nuclear Materials, 2013, 438: S1032-S1035.

[2] Syed G S. Contamination in wet-ball milling. Powder Metallurgy, 2017, 60: 267-272.

[3] Das J, Rao G A, Pabi S K, et al. Oxidation studies on W-Nb alloy. International Journal of Refractory Metals & Hard Materials, 2014, 47(12): 25-37.

[4] Sha J J, Hao X N, Li J, et al. Fabrication and microstructure of CNTs activated sintered W-Nb alloys. Journal of Alloys & Compounds, 2014, 587(587): 290-295.

[5] Chen J B, Luo L M, Lin J S, et al. Influence of ball milling processing on the microstructure and characteristic of W-Nb alloy. Journal of Alloys & Compounds, 2017, 694: 905-913.

[6] Yar M A, Wahlberg S, Bergqvist H, et al. Chemically produced nanostructured ODS-lanthanum oxide-tungsten composites sintered by spark plasma. Journal of Nuclear Materials, 2011, 408(2): 129-135.

[7] Yar M A, Wahlberg S, Bergqvist H, et al. Spark plasma sintering of tungsten-yttrium oxide composites from chemically synthesized nanopowders and microstructural characterization. Journal of Nuclear Materials, 2011, 412(2): 227-232.

[8] Suryanarayana C, Al-Aqeeli N. Mechanically alloyed nanocomposites. Progress in Materials Science, 2013, 58(4): 383-502.

[9] Suryanarayana C. Mechanical alloying and milling. Progress in Materials Science, 2001, 46(1): 1-184.

[10] Enayati M H, Aryanpour G R, Ebnonnasir A. Production of nanostructured WC-Co powder by ball milling. International Journal of Refractory Metals & Hard Materials, 2009, 27(1): 159-163.

[11] Avar B. Structural, thermal and magnetic characterization of nanocrystalline $Co_{65}Ti_{25}W_5B_5$ powders prepared by mechanical alloying. Journal of Non-Crystalline Solids, 2016, 432: 246-253.

[12] Saxena R, Patra A, Karak S K, et al. Fabrication and Characterization of novel $W_{80}Ni_{10}Nb_{10}$ alloy produced by mechanical alloying. IOP Conference Series: Materials Science and Engineering. IOP Publishing, 2016, 115(1): 012026.

[13] Qu S Y, Wang R M, Han Y F. Recent progress in research on Nb-Si system intermetallics. Materials Review, 2002, 16(4): 31.

[14] Deblonde G J P, Chagnes A, Bélair S, et al. Solubility of niobium (V) and tantalum (V) under mild alkaline conditions. Hydrometallurgy, 2015, 156: 99-106.

[15] Lu L, Liu D P, Yi H, et al. High-flux He^+ irradiation effects on surface damages of tungsten under ITER relevant conditions. Journal of Nuclear Materials, 2016, 471: 1-7.

[16] Wang K, Bannister M E, Meyer F W, et al. Effect of starting microstructure on helium plasma-

materials interaction in tungsten. Acta Materialia, 2016, 124: 556-567.
[17] Baldwin M J, Doerner R P. Formation of helium induced nanostructure 'fuzz' on various tungsten grades. Journal of Nuclear Materials, 2010, 404(3): 165-173.
[18] Wang J, Niu L L, Shu X, et al. Stick-slip behavior identified in helium cluster growth in the subsurface of tungsten: Effects of cluster depth. Journal of Physics Condensed Matter: An Institute of Physics Journal, 2015, 27: 395001.
[19] Hu L, Hammond K D, Wirth B D, et al. Molecular-dynamics analysis of mobile helium cluster reactions near surfaces of plasma-exposed tungsten. Journal of Applied Physics, 2015, 118: 163301.
[20] Hu L, Hammond K D, Wirth B D, et al. Interactions of mobile helium clusters with surfaces and grain boundaries of plasma-exposed tungsten. Journal of Applied Physics, 2014, 115: 173512.
[21] Becquart C S, Christophe D. Migration energy of He in W revisited by *ab initio* calculations. Physical Review Letters, 2006, 97: 196402.
[22] Kajita S, Yoshida N, Yoshihara R, et al. TEM observation of the growth process of helium nanobubbles on tungsten: Nanostructure formation mechanism. Journal of Nuclear Materials, 2011, 418(1): 152-158.
[23] Tan X, Luo L, Chen H, et al. Mechanical properties and microstructural change of W-Y_2O_3 alloy under helium irradiation. Scientific Reports, 2015, 5.
[24] Fiflis P, Curreli D, Ruzic D N. Direct time-resolved observation of tungsten nanostructured growth due to helium plasma exposure. Nuclear Fusion, 2015, 55(3): 033020.
[25] Yang Q, You Y W, Liu L, et al. Nanostructured fuzz growth on tungsten under low-energy and high-flux He irradiation. Scientific Reports, 2015, 5.
[26] Parish C M, Hijazi H, Meyer H M, et al. Effect of tungsten crystallographic orientation on He-ion-induced surface morphology changes. Acta Materialia, 2014, 62(1): 173-181.
[27] El-Atwani O, Gonderman S, Efe M, et al. Ultrafine tungsten as a plasma-facing component in fusion devices: Effect of high flux, high fluence low energy helium irradiation. Nuclear Fusion, 2014, 54(8): 083013.
[28] Seletskaia T, Osetsky Y, Stoller R E, et al. First-principles theory of the energetics of He defects in *bcc* transition metals. Physical Review B, 2008, 78: 134103.
[29] Wang X X, Ying Z, Zhou H B, et al. Effects of niobium on helium behaviors in tungsten: A first-principles investigation. Acta Physica Sinica, 2014, 63(4): 046103.
[30] Woller K B, Whyte D G, Wright G M, et al. Experimental investigation on the effect of surface electric field in the growth of tungsten nano-tendril morphology due to low energy helium irradiation. Journal of Nuclear Materials, 2016, 481: 111-116.
[31] Kajita S, Sakaguchi W, Ohno N, et al. Formation process of tungsten nanostructure by the exposure to helium plasma under fusion relevant plasma conditions. Nuclear Fusion, 2009, 49(9): 095005.
[32] Krasheninnikov S I, Faney T, Wirth B D. On helium cluster dynamics in tungsten plasma facing components of fusion devices. Nuclear Fusion, 2014, 54(7): 073019.
[33] Ferroni F, Yi X O, Arakawa K, et al. High temperature annealing of ion irradiated tungsten. Acta Materialia, 2015, 90: 380-393.

[34] Kharchenko V K, Bukhanovskii V V. High-temperature strength of refractory metals, alloys and composite materials based on them. Part 1. Tungsten, its alloys, and composites. Strength of Materials, 2012, 44(5): 512-517.

[35] Lu G H, Zhou H B, Becquart C S. A review of modelling and simulation of hydrogen behaviour in tungsten at different scales. Nuclear Fusion, 2014, 54(8): 086001.

[36] Liu Y N, Ahlgren T, Bukonte L, et al. Mechanism of vacancy formation induced by hydrogen in tungsten. AIP Advances, 2013, (3): 12211.

[37] Zhou H B, Liu Y L, Jin S, et al. Investigating behaviours of hydrogen in a tungsten grain boundary by first principles: From dissolution and diffusion to a trapping mechanism. Nuclear Fusion, 2010, 50(2): 025016.

[38] Kecskes L J, Hall I W. Microstructural effects in hot-explosively-consolidated W-Ti alloys. Journal of Materials Processing Technology, 1999, 94(2): 247-260.

[39] Aguirre M V, Martín A, Pastor J Y, et al. Mechanical properties of Y_2O_3-doped W-Ti alloys. Journal of Nuclear Materials, 2010, 404(3): 203-209.

[40] Wright G M, Mayer M, Ertl K, et al. TMAP7 simulations of deuterium trapping in pre-irradiated tungsten exposed to high-flux plasma. Journal of Nuclear Materials, 2011, 415(1): S636-S640.

[41] Ou X D, Shi L Q, Sato K, et al. Effect of carbon on hydrogen behaviour in tungsten: First-principle calculations. Nuclear Fusion, 2012, 52(12): 123003.

[42] Kong X S, You Y W, Fang Q F, et al. The role of impurity oxygen in hydrogen bubble nucleation in tungsten. Journal of Nuclear Materials, 2013, 433(1): 357-363.

第5章　W-(Zr, ZrC)/Sc_2O_3复合材料制备及性能

稀土氧化物掺杂改性的钨合金具有优良的力学性能，其韧脆转变温度、低温脆性、高温强度等均得到改善。常用掺杂钨合金的稀土氧化物有 La_2O_3、Y_2O_3，而对于 Sc_2O_3 掺杂的钨合金研究尚不多，取鉴于 Sc_2O_3 在铝合金和陶瓷材料的应用，作者研发一种新型 ODS-W(W-Sc_2O_3复合材料)，对其进行显微结构表征和性能测试，总结了 Sc_2O_3 含量对钨基合金性能的影响。

5.1　W-Sc_2O_3复合材料制备与性能

5.1.1　W-Sc_2O_3复合材料与纯钨制备

W-Sc_2O_3 复合粉末通过球磨机制备，之后分别采用 SPS 技术和气压烧结(gas pressure sintering, GPS)技术制备合金。具体工艺如下所述。

5.1.1.1　球磨制粉-SPS 制备工艺

分别配制三组含 W 粉与不同体积分数(0%、0.5%、2%) Sc_2O_3 粉的复合粉体，装入硬质合金球磨罐，加入乙醇进行 40 h 的湿磨，转速 400 r/min，球料比 10：1。烘干研磨湿磨过的粉，处理完的粉体放入管式炉中通氢还原，温度 900℃，升温速率 5℃/min，保温时间 1 h。

将还原出的 W-Sc_2O_3粉体装入内径为 Φ 20 mm 的圆柱形石墨模具中，压坯后对其进行 SPS，烧结时的参数设置如图 5.1 所示。0～600℃的升温速率为 100℃/min,

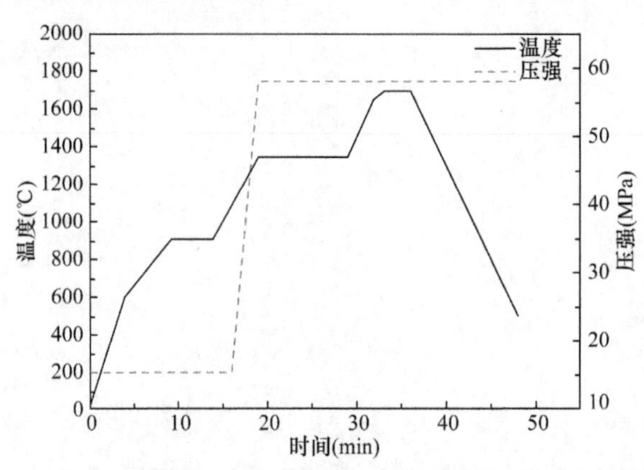

图 5.1　SPS 制备纯 W 和 W-Sc_2O_3复合材料的烧结工艺图

600～900℃时的升温速度为50℃/min。900℃保温5 min用于排出生坯中的气体，之后升温速率调制 100℃/min 并充氩氢保护气继续升温至 1350℃，压强值也由15 MPa 匀速上升至 58 MPa 保持不变至烧结完成。1350℃保温 10 min，继续升温到 1700℃并保温 3 min，实现粉末合金化。之后开始降温，降温速度设置为100℃/min，降至 450℃后随炉冷却。

5.1.1.2　球磨制粉-GPS 制备工艺

配制三组 W-Sc_2O_3 粉末，Sc_2O_3 的体积分数分别设置为 0、0.5%、2%。将粉末和乙醇混合倒入球磨罐湿磨 40 h，球磨机转速 400 r/min，球料比 10：1，湿磨完对粉末烘干研磨。之后使用压片机压制生坯，加入少量润滑剂(硬脂酸锌)，压力设置 400 MPa，生坯尺寸为 40 mm × 8 mm × 6 mm。最后放入气压烧结炉中抽真空烧结，工艺参数如图 5.2 所示。最大烧结温度是 1560℃，并通入氩气保温 2 h。升温至 1560℃时，压强可增至 6.7 MPa。

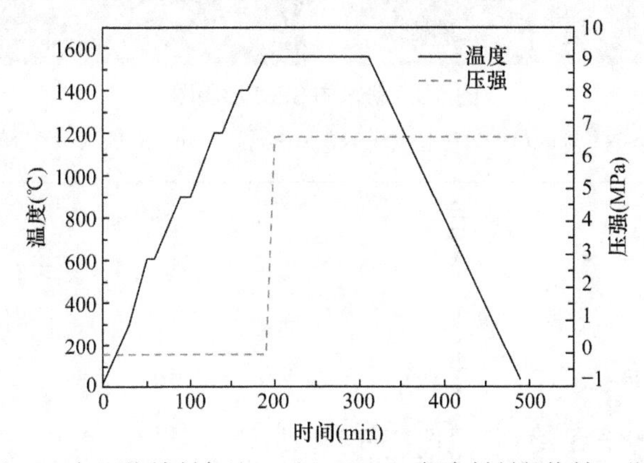

图 5.2　气压烧结制备纯 W 和 W-Sc_2O_3 复合材料的烧结工艺图

5.1.2　W-Sc_2O_3 复合粉体表征

图 5.3 是粉末的 SEM 表面形貌，可见原材料 Sc_2O_3、WO_3 的粉末粒度分别约为 12 μm、200 nm。经过球磨 40 h 的混合粉末粒度降低，未发现明显团聚体。图 5.3(d)是粉末经过 900℃氢气还原 1 h 的形貌，还原后粉体粒度增大，团聚体出现。

图 5.4 所示的是复合粉体还原前后的 XRD 图，曲线(a)、(b)分别为还原前后的粉体衍射峰。根据三强峰原则，曲线(a)检测物相为 WO_3，曲线(b)检测物相为 W，因为掺杂含量较少未检测出 Sc_2O_3。曲线(b)中没有其他相衍射峰，说明 WO_3-Sc_2O_3 粉末经 900℃加热保温 1 h 完全被还原成 W-Sc_2O_3。

图 5.3　粉末的 SEM 形貌图

(a) Sc_2O_3 粉末；(b) WO_3 粉末；(c) 球磨后混合粉末；(d) 氢气还原后混合粉末

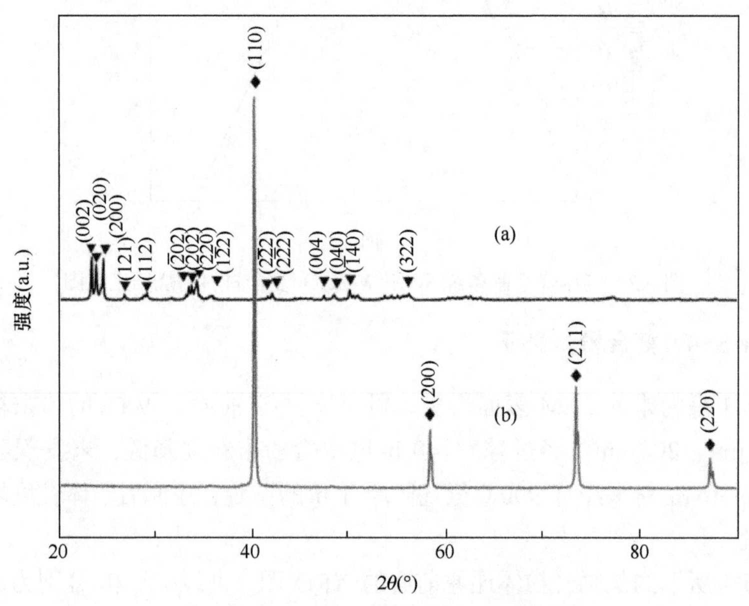

图 5.4　WO_3-Sc_2O_3 复合粉体的 XRD 图谱

(a) 还原前；(b) 还原后

5.1.3 W-Sc_2O_3复合材料组织性能

5.1.3.1 球磨制粉-SPS制备W-Sc_2O_3合金组织性能

W-Sc_2O_3复合材料是以WO_3与Sc_2O_3为原料，先球磨混粉再经氢气还原制得，最后经SPS完成粉末的合金化。图5.5所示的是纯W、W-0.5% Sc_2O_3和W-2% Sc_2O_3合金的显微结构。合金表面经腐蚀处理，腐蚀剂是按体积分数1∶1配制的双氧水-氨水混合溶液。对比纯钨合金，掺杂Sc_2O_3的钨基材料晶粒尺寸由15 μm降至9 μm。

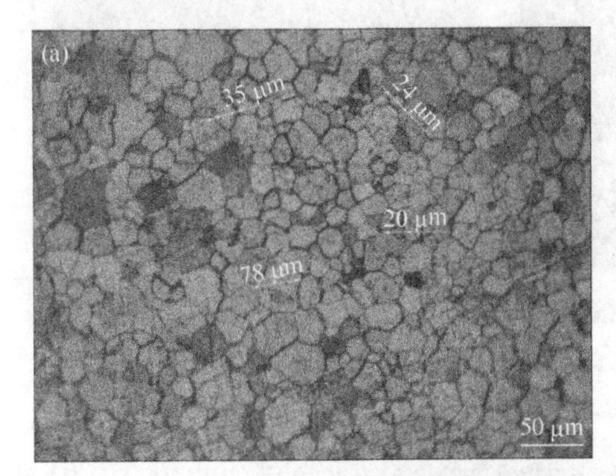

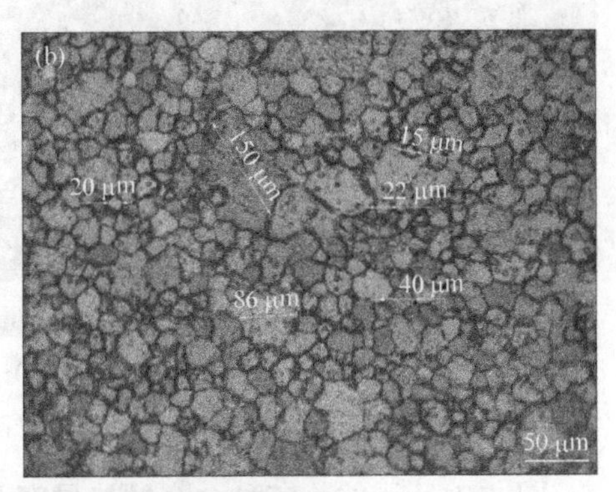

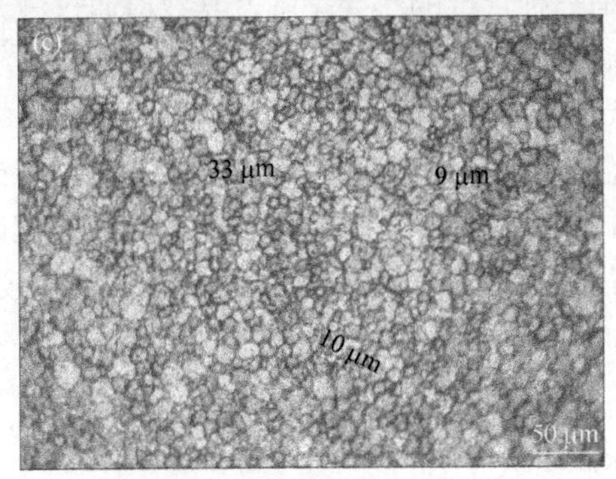

图5.5 试样表面形貌

(a) 纯W；(b) W-0.5% Sc_2O_3；(c) W-2% Sc_2O_3

表5.1是三种合金的性能对比，钨基合金的相对密度和显微硬度随着掺杂物质含量的增加而增加，且随着Sc_2O_3掺杂量的增加，晶粒尺寸也在降低。

表5.1 纯W、W-0.5% Sc_2O_3及W-2% Sc_2O_3复合材料的物理性能对比

材料	相对密度(%)	最小晶粒尺寸(μm)	显微硬度(HV)
W	93.5	20	554.9
W-0.5% Sc_2O_3	96.3	15	636.9
W-2% Sc_2O_3	98.6	9	683.2

为了进一步分析球磨制粉-SPS 合金化制备复合材料的微观结构，采用 TEM 对其进行表征，如图 5.6 所示，W-2% Sc_2O_3 合金内，钨晶粒呈现深灰色，其中的浅灰色部分是第二相粒子。Sc_2O_3 在晶内和晶界都存在，并且在晶界处的尺寸较大。Sc_2O_3 和 W 晶粒的衍射斑点说明二者均为立方结构晶型，根据图 5.6(b)第二相的高分辨图可知，其与 Sc_2O_3 的{110}晶面指数接近。

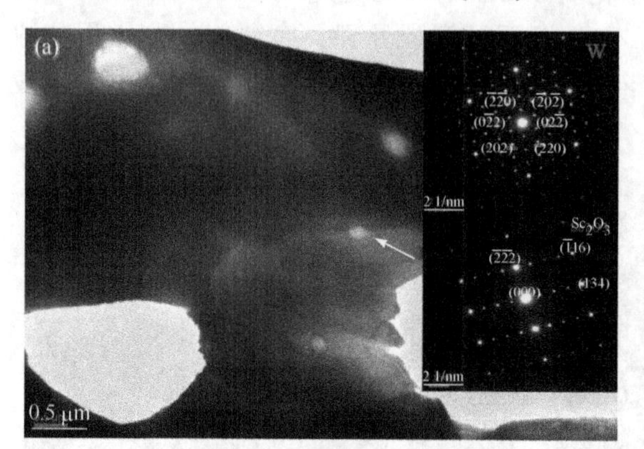

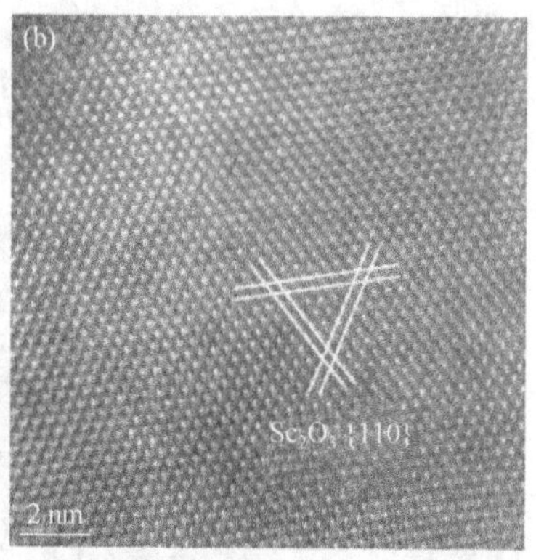

图 5.6 W-2%Sc_2O_3 复合材料 TEM 图像

(a) 组织形貌及其对应选区电子衍射；(b) 图(a)中选区的高分辨图

图 5.7 所示的是三种合金的热导率图，其数值通过激光热导仪测出，分别在 300～1100 K 范围内，每隔 200 K 进行一次热扩散实验。纯金属材料的热导率一般都随温度的升高而降低，只有金属 Pt 和 Co 表现相反的规律，并且掺杂金属的热导率会降低。图中纯 W 合金的热导率变化符合上述规律，而 W-0.5% Sc_2O_3 和 W-2% Sc_2O_3 合金热导率较低，并且随温度变化的趋势不明显。在相同测试温度下，W-2% Sc_2O_3 合金的热导率明显高于 W-0.5% Sc_2O_3，这可归因于其合金密度更高、孔隙度更低。

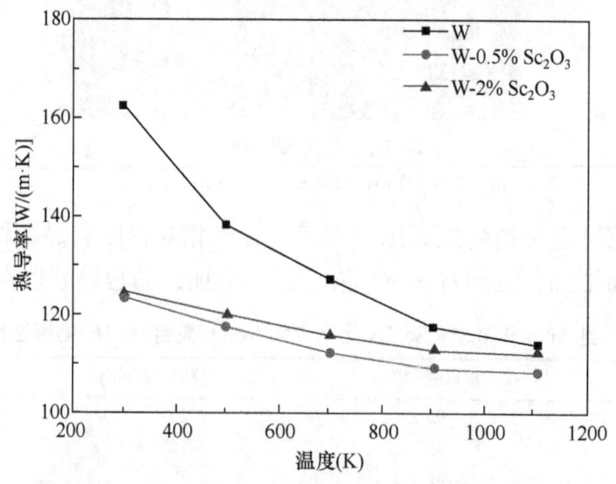

图 5.7 三种 W-2% Sc_2O_3 复合材料的热导率分布曲线

据分析，三种合金中以 W-2% Sc_2O_3 的综合性能最优，因此对其进行高温拉伸实验，加热温度分别为 700℃和 800℃。图 5.8 是合金经拉伸断裂后的断口形貌。在温度升高时，W-2% Sc_2O_3 合金的抗拉强度增加，700℃的抗拉强度值为 145.3 MPa，800℃的抗拉强度值为 211.3 MPa。对纯 W 和 W-2% Sc_2O_3 合金的断口形貌进行对比，发现添加 Sc_2O_3 可有效改善材料的抗拉性能，纯 W 合金的断裂面显示为脆性断裂，而 W-2% Sc_2O_3 合金已经有混合断裂特征。

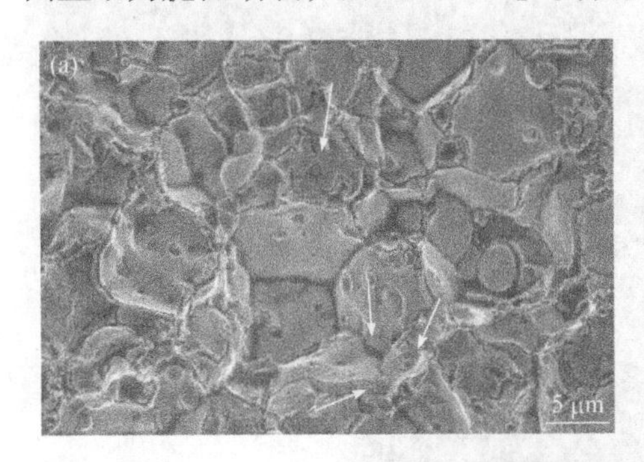

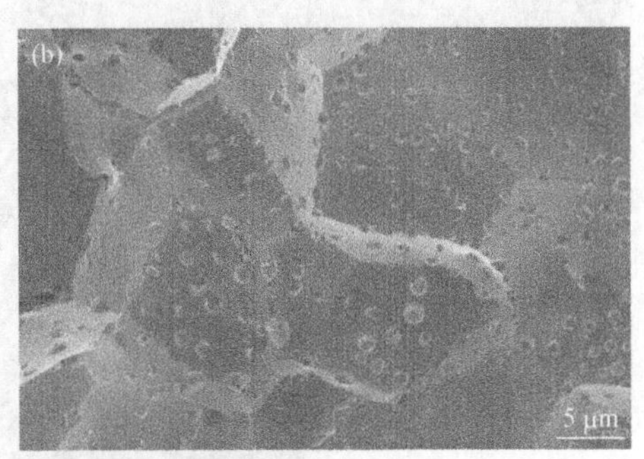

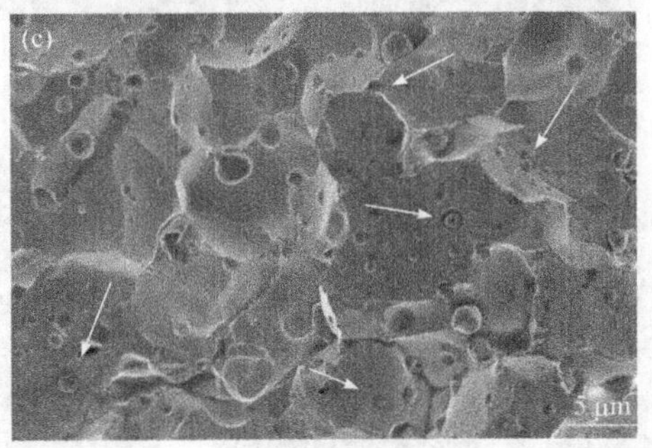

图 5.8 GPS 制备材料断口形貌

(a) 700℃，W-2%Sc_2O_3；(b) 室温，纯 W；(c) 室温，W-2% Sc_2O_3

5.1.3.2 球磨制粉-GPS 制备 W-Sc_2O_3 合金组织性能

分别对经过气压烧结的纯 W、W-0.5% Sc_2O_3 和 W-2% Sc_2O_3 合金进行室温下拉伸断裂，断口形貌如图 5.9 所示，断面存在较多孔隙，说明气压烧结所得的合金相对密度较低。

图 5.9 中可观察到 Sc_2O_3 颗粒分布在晶内和晶界上，为了进一步说明 Sc_2O_3 在合金中的分布情况，对 W-2% Sc_2O_3 合金进行了 TEM 表征，结果如图 5.10 所示。从图中可以看出，浅灰色的第二相粒子弥散分布于 W 基体晶内和晶界，且可标出 Sc_2O_3 的晶面间距。

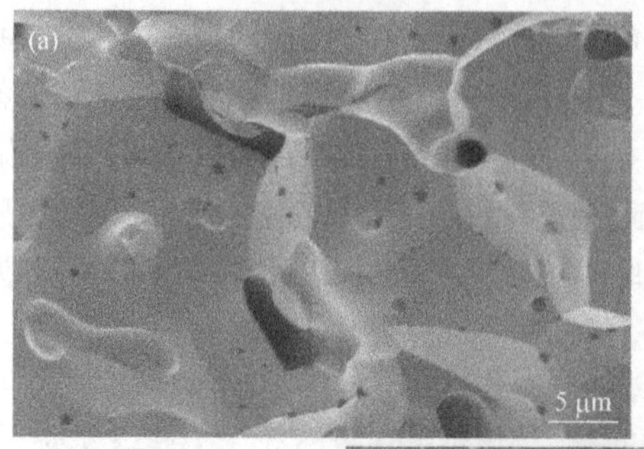

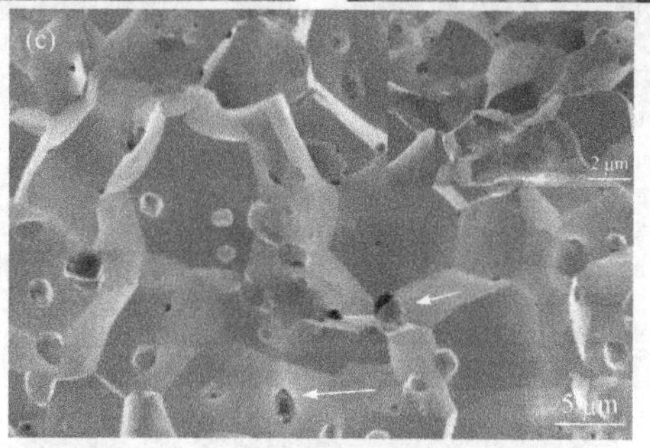

图 5.9　GPS 制备材料断口形貌

(a) 纯 W，(b) W-0.5% Sc_2O_3，(c) W-2% Sc_2O_3

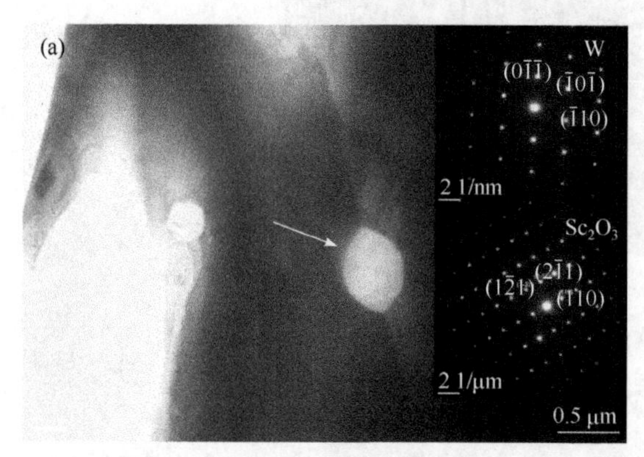

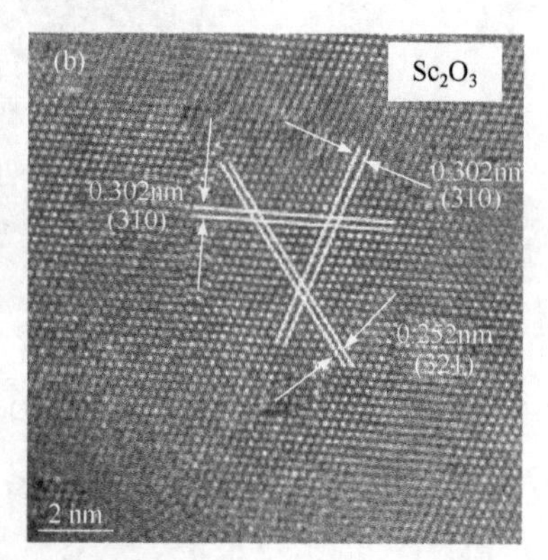

图 5.10　W-2% Sc_2O_3 合金的 TEM 图

(a) 组织形貌及其对应选区电子衍射；(b) 图(a)中选区的高分辨图

表 5.2 对比了球磨制粉-气压烧结制备的纯 W、W-0.5% Sc_2O_3 和 W-2% Sc_2O_3 合金的相对密度、晶粒尺寸和显微硬度，通过对比，纯 W 合金的硬度和相对密度最低且晶粒尺寸最大。掺杂 Sc_2O_3 量为 2%(体积分数)的合金的相对密度和硬度最高。结合 W-Sc_2O_3 合金的显微组织图，可得出由于弥散分布的 Sc_2O_3 对 W 晶粒的晶界滑移和位错的钉扎作用，W 晶粒的粗化受到抑制，从而细化晶粒改善材料的力学性能。

表 5.2　纯 W、W-0.5% Sc_2O_3 及 W-2% Sc_2O_3 复合材料的物理性能对比

材料	相对密度(%)	晶粒尺寸(μm)	显微硬度(HV)
W	79.96	9～11	255.3
W-0.5% Sc_2O_3	86.26	6～8	358.5
W-2% Sc_2O_3	93.62	5～6	385.1

通过对比两种工艺制备的 W-Sc_2O_3 合金可知，经 SPS 的合金综合性能更好。GPS 的特点是升温速率慢、烧结时间长；SPS 的特点是加热迅速，烧结时间短，致密化程度高。球磨还原所得 W-Sc_2O_3 复合粉末粒度较小，但后期烧结的合金晶粒度较大，这是因为粉末越细越容易产生团聚，在烧结时更容易形成大晶粒。综上所述，直接采用球磨混粉并用 SPS 制备 W 基掺杂合金效果更好。

采用两种工艺制备出纯 W、W-0.5% Sc_2O_3 和 W-2% Sc_2O_3 合金，并对三者显微结构、物理性能(相对密度、热导率、显微硬度)和力学性能(抗拉强度)进行测试，对比实验结果，总结如下结论：①球磨还原-SPS 制备的 W-Sc_2O_3 合金的性能比纯 W 合金明显提高，其晶粒度更小。其中 W-2% Sc_2O_3 合金的材料性能最优，最小晶粒度为 9 μm，相对密度为 98.6%，显微硬度为 683.2 HV，并且在 700℃和 800℃的拉伸实验中表现出较高的塑性。②球磨混粉-GPS 制备的 W-Sc_2O_3 合金综合性能比纯 W 合金高，但是其相对密度在 90%左右，低于 SPS 的同类合金，因此其性能参数要低于球磨还原-SPS 的同组分 W-Sc_2O_3 合金。掺杂 Sc_2O_3 量为 2%的钨基复合材料性能最好，晶粒度为 5～6 μm、相对密度为 93.62%，硬度为 385.1 HV。③掺杂的 Sc_2O_3 有助于烧结时钨晶粒的细化，在钨晶体的晶界和晶内均能检测到弥散分布的第二相 Sc_2O_3，W-Sc_2O_3 合金的力学性能要高于 W 合金。与纯 W 合金的断口形貌进行对比，可得 W-Sc_2O_3 合金的断裂方式既有沿晶断裂也有穿晶断裂，掺杂 Sc_2O_3 量为 2%，穿晶断裂的部分更多。

5.2　W-Zr/Sc_2O_3 复合材料制备与性能

5.2.1　W-Zr/Sc_2O_3 合金制备

采用球磨法制备 W-Zr/Sc_2O_3 复合粉体，由于单质 Zr 易氧化，不能直接球磨混合 W、Zr、Sc_2O_3 粉，故使用 ZrH_2 代替纯 Zr 进行掺杂。考虑到 ZrH_2 遇水和乙醇易分解生成氢气，选用干磨法制备复合粉体。配制三组 W-Sc_2O_3-ZrH_2 复合粉末，每组 Sc_2O_3 的体积分数均为 2%，ZrH_2 的体积分数分别是 1%、3%、5%。将复合粉末装入球磨罐充入氩气，球磨转速为 400 r/min，球料比 10∶1，开始球磨 40 h。球磨完成后，粉末的取出在真空手套箱中操作。

将 W-Zr/Sc_2O_3 粉体装入内径 Φ 20 mm 的圆柱形石墨模具压制生坯，之后进行 SPS(图 5.11)。升温速度为 100℃/min，初始压强为 15 MPa。温度升至 700℃保温 5 min 使 ZrH_2 完全分解；保温结束后通入氩氢混合保护气体，压强也开始匀速增加至 58 MPa；随后继续升温，分别于 1350℃保温 10 min，1700℃保温 3 min。

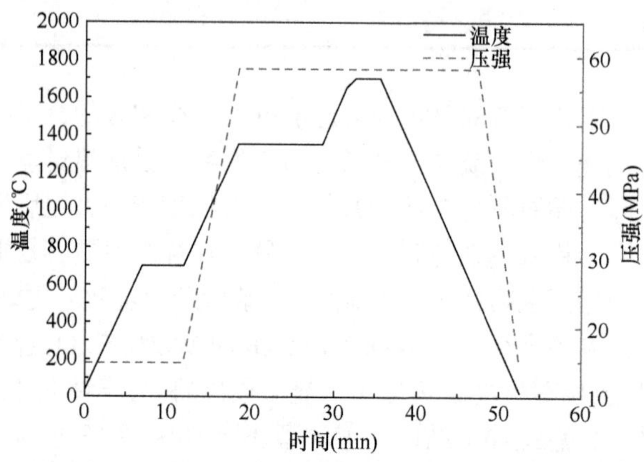

图 5.11　SPS 制备 W-Zr/Sc_2O_3 复合材料的烧结工艺图

目前强化钨基材料的主要方式是通过掺杂金属元素或金属化合物实现细化晶粒、弥散强化的作用。常见的化合物掺杂成分有碳化物和稀土氧化物，而单质元素掺杂的选择可根据活化元素周期表(图 5.12)。根据面向等离子体钨基材料服役条件，需要加入活性较低的元素，其中 Zr 就属于活性适中元素。过往研究发现，在烧结过程，Zr 固溶在 W 晶粒中，且与复合材料中的 O 元素结合生成 ZrO_2 并弥散分布在晶内和晶界[1-4]。据此，作者以 W-2% Sc_2O_3 复合粉为基体，继续添加 Zr 元素制备出高性能的复合掺杂钨基合金。

低活化元素

元素周期表

Li	Be											B	C	N	O	F	Ne
Na	Mg											Al	Si	P	S	Cl	Ar
K	Ca	Sc	Ti	V	Cr	Mn	Fe	Co	Ni	Cu	Zn	Ga	Ge	As	Se	Bi	Kr
Bb	Sr	Y	Zr	Nb	Mo	Tc	Ru	Rh	Pd	Ag	Cd	In	Sn	Sb	Te	I	Xe
Cs	Ba	*1	Hf	Ta	W	Re	Os	Ir	Pt	Au	Hg	Tl	Pb	Bi	Po	At	Rn
Pr	Ba	*2															

*1	La	Ce	Pr	Nd	Pm	Sm	Eu	Gd	Tb	Dy	Ho	Er	Tm	Yb	Lu
*2	Ac	Th	Pa	U											

浅蓝色：没有限制

黄色：百分级添加

粉色：尽可能少的添加

红色：百万分级添加

图 5.12　活化元素周期表

(扫描封底二维码可查看本图彩图内容)

5.2.2　W-Zr/Sc_2O_3 复合材料组织与性能

5.2.2.1　W-Zr/Sc_2O_3 复合粉末形貌及粒度分析

实验中制备烧结粉末所用的原材料是 W、Sc_2O_3 和 ZrH_2 粉末(ZrH_2 在烧结升温至 700℃保温 5 min 可完全分解生成 Zr 单质)。原材料及球磨后复合粉末的 SEM 形貌图见图 5.13，其中(e)图为 W-ZrH_2/Sc_2O_3 复合粉体粒度分布图。

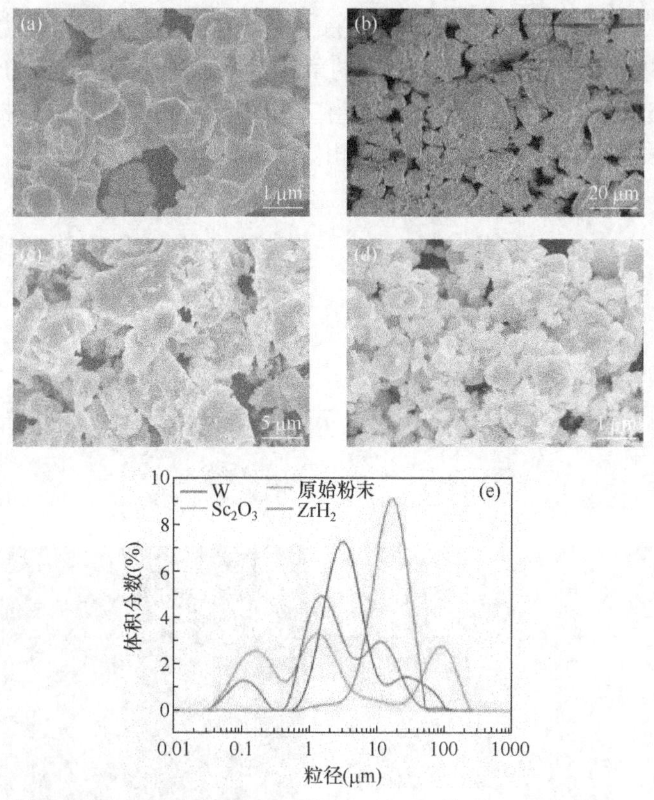

图 5.13　不同粉末的 SEM 形貌图[(a) W 粉、(b) Sc_2O_3 粉、(c) ZrH_2 粉、(d) 球磨后 W-ZrH_2/Sc_2O_3 复合粉体]及 W-ZrH_2/Sc_2O_3 复合粉体粒度分布图(e)

粒度分布宽度值由式(5-11)计算：

$$粒度分布宽度 = (D_{90}-D_{10})/D_{50} \tag{5.1}$$

其中，D_{90}表示一个样品的累计粒度分布数达到 90%时所对应的粒径，D_{10}表示一个样品的累计粒度分布数达到 10%时所对应的粒径，D_{50} 表示一个样品的累计粒度分布数达到 50%时所对应的粒径(中值粒径)。原始 W 粉的粒度是 1.2 μm，Sc_2O_3 是 10～15 μm，ZrH_2 是 2～10 μm。激光粒度仪测出的几种粉末的中值粒径分别为：W 3.954 μm、Sc_2O_3 16.699 μm、ZrH_2 2.396 μm、W-ZrH_2/Sc_2O_3 复合粉 1.472 μm，由此可知经过 40 h 的球磨，粉末粒径大幅降低。但是球磨后复合粉末的粒度分布宽度值最大，说明粉体粒度不均匀度最大。在烧结时，大小颗粒相互填充和契合有利于烧结性的提升。

5.2.2.2 W-Zr/Sc_2O_3复合材料显微组织和性能

图 5.14 显示出不同 Zr 体积占比的 W-Zr/Sc_2O_3合金的晶体形貌和对应 EDS 能谱。图中第二相部分呈现深灰色，并且颜色越亮的部分表明原子序数越大，经对比可知，W-3% Zr/2% Sc_2O_3 合金试样的第二相无团聚现象且分布均匀。当 Zr 的体积分数为 5%时，在晶界有较大块的第二相团聚。通过 EDS 能谱扫描，可佐证 Zr 在烧结过程中与 W 基体反应生成新相。

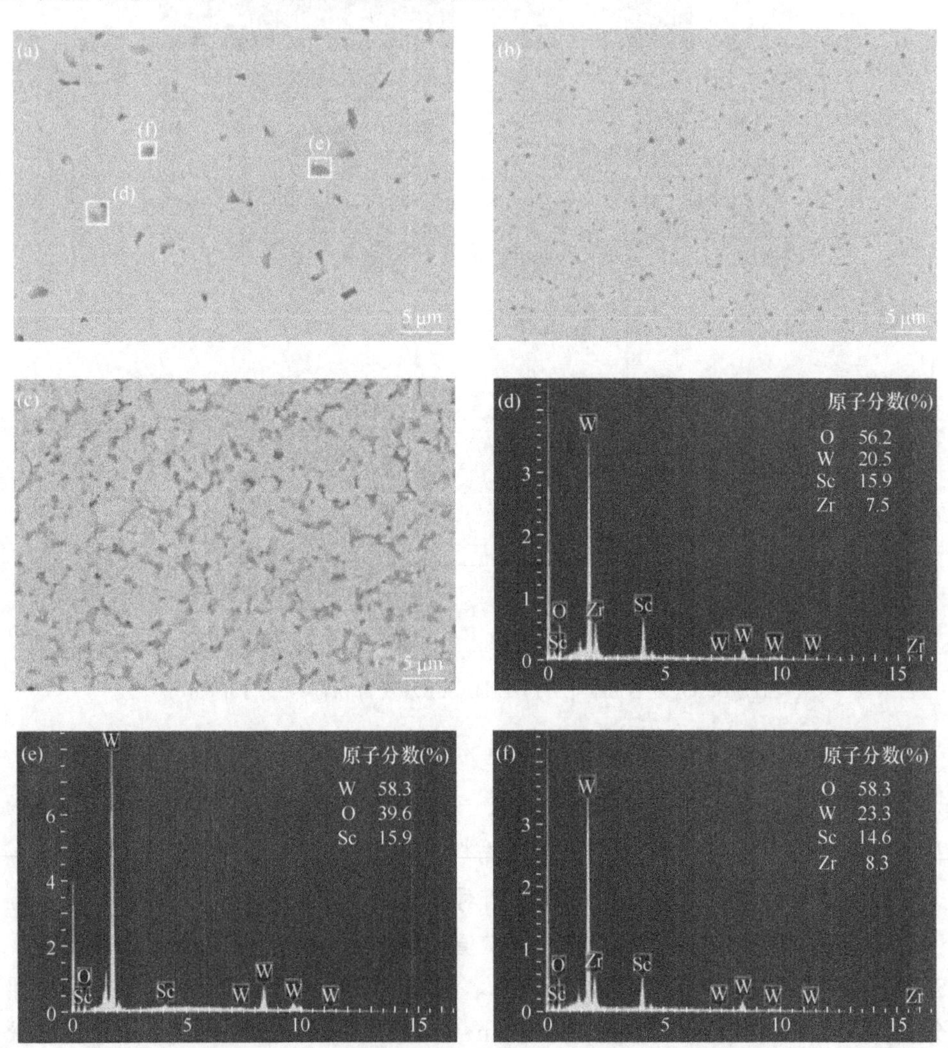

图 5.14 烧结试样表面的 SEM 形貌及与图(a)中区域对应的 EDS 能谱图[(d)、(e)、(f)]

(a) W-1% Zr/2% Sc_2O_3；(b) W-3% Zr/2% Sc_2O_3；(c) W-5% Zr/2% Sc_2O_3

W-Zr/Sc_2O_3 合金和纯钨试样室温下的断口形貌如图 5.15 所示，纯 W 样品表现出典型脆性断裂方式，而 W-Zr/Sc_2O_3 合金晶粒尺寸更小，晶界聚集了 Zr 团聚体，出现了穿晶断裂(在图中用箭头标出)。

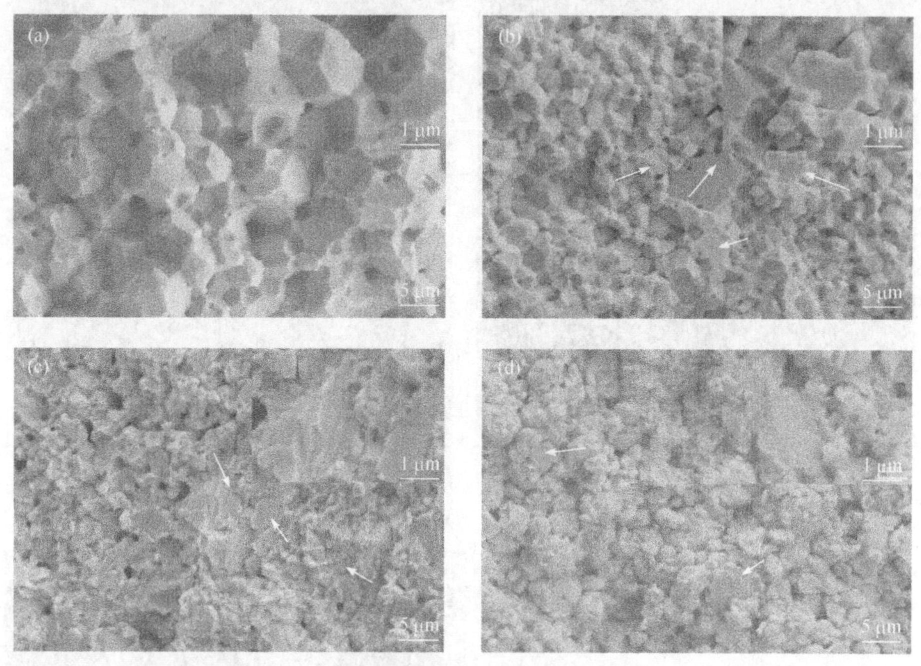

图 5.15　SEM 断口形貌

(a) 纯 W；(b) W-1% Zr/2% Sc_2O_3；(c) W-3% Zr/2% Sc_2O_3；(d) W-5% Zr/2% Sc_2O_3

表 5.3 所列的是 SPS 制得纯 W 与 W-Zr/Sc_2O_3 合金的相对密度和硬度值，分析可知，经过掺杂改性的钨基材料相对密度均大于 95%，明显高于纯 W，其中 W-1% Zr/2% Sc_2O_3 的相对密度最高达 98.93%。值得一提的是，相对密度随 Zr 含量的增加而降低，显然 Zr 过度添加会导致该元素在钨晶界处聚集而增大孔隙度。同样，这种变化趋势也表现在显微硬度值上，Zr 的晶界团聚效应使得 W-3% Zr/2% Sc_2O_3 合金具有最高显微硬度，而 W-5% Zr/2% Sc_2O_3 材料硬度则明显降低。

表 5.3　SPS 制得纯 W 及 W-Zr/Sc_2O_3 复合材料的物理性能对比

材料	相对密度(%)	显微硬度(HV)	晶粒尺寸(μm)
W	93.49	446.4	2～5
W-1% Zr/2% Sc_2O_3	98.93	583.3	1～2
W-3% Zr/2% Sc_2O_3	96.77	614.9	1～2
W-5% Zr/2% Sc_2O_3	95.00	456.1	1～2.5

图 5.16 为 W-5% Zr/2% Sc_2O_3 合金的 TEM 形貌，其中图(a)、(c)、(e)图是 TEM

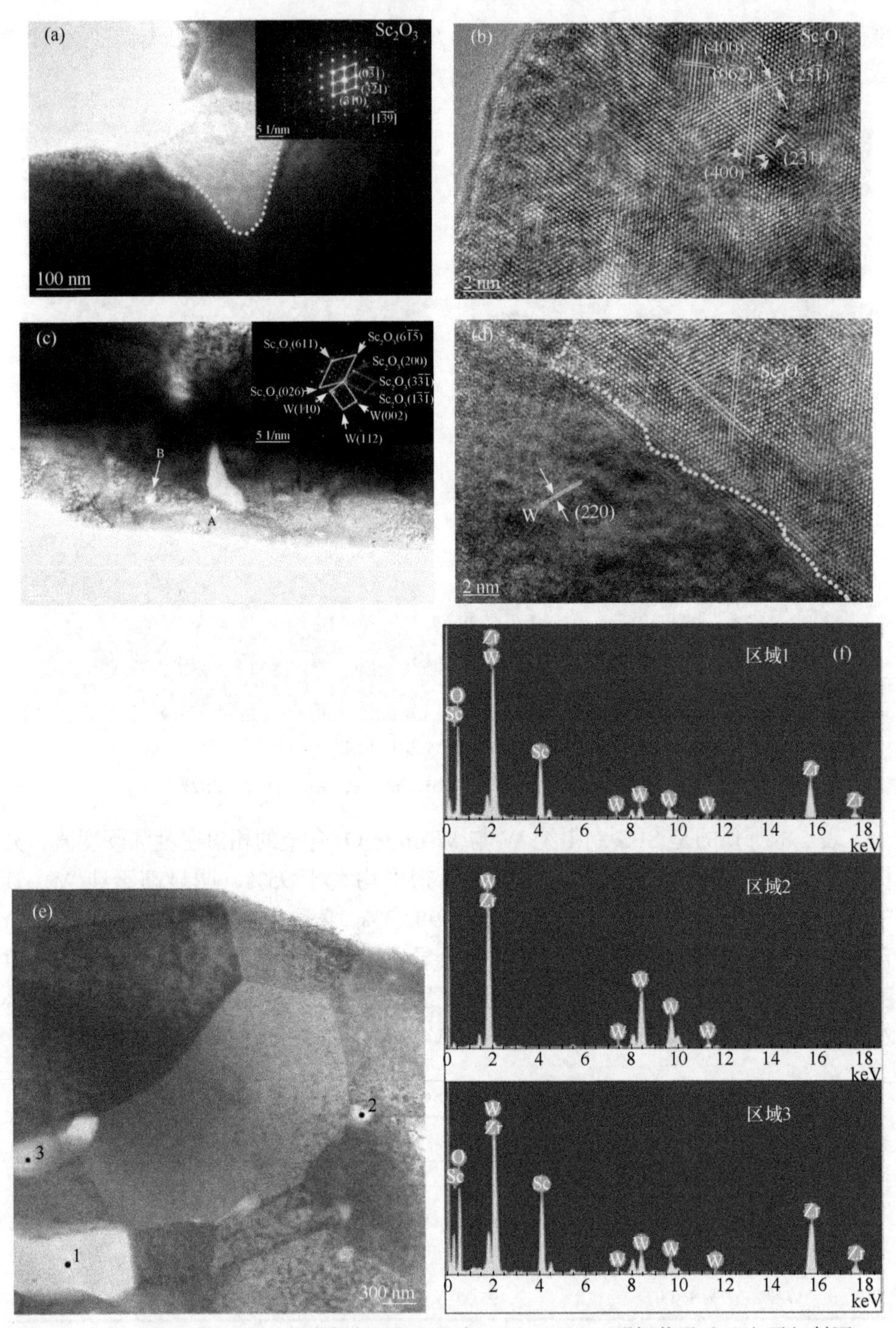

图 5.16　W-5% Zr/2% Sc_2O_3 复合材料 TEM 形貌：(a)、(c)、(e)明场像及选区电子衍射图；(b)、(d)分别为图(a)、(c)的高分辨；(f)为图(e)的 EDS 能谱

明场像，W 基体与 Sc_2O_3 第二相均清晰可见，(f)图中的 EDS 能谱分别对应于(e)图中的 1、2、3 区域，W 晶粒中明显存在 Sc_2O_3 颗粒。同时颗粒中也发现 Zr 的成分，说明烧结时 Zr 和 Sc 均被氧化并与基体生成结合相。同时由于 Zr 单质颗粒尺寸小于 10 nm，烧结过程中会有部分 Zr 单质固溶于 W 晶粒内，形成 Zr_2W 或其他 W-Zr 固溶体[2]。

5.2.2.3　W-Zr/Sc_2O_3 复合材料热学性能

图 5.17 是 W-Zr/Sc_2O_3 合金的热导率实验测试结果，测试温度范围为 300～1100 K，每隔 200 K 测一次。每种合金的热导率均随温度升高出现降低，对于不同 Zr 含量的合金，热导率变化较大，当 Zr 含量为 5%时，合金的热导率要优于纯 W 合金。这是由于金属 Zr 和 W 的比热容相近，W-2% Sc_2O_3 复合材料中添加 Zr 有助于提升热导率，Zr 含量越高复合材料的热导率越好。

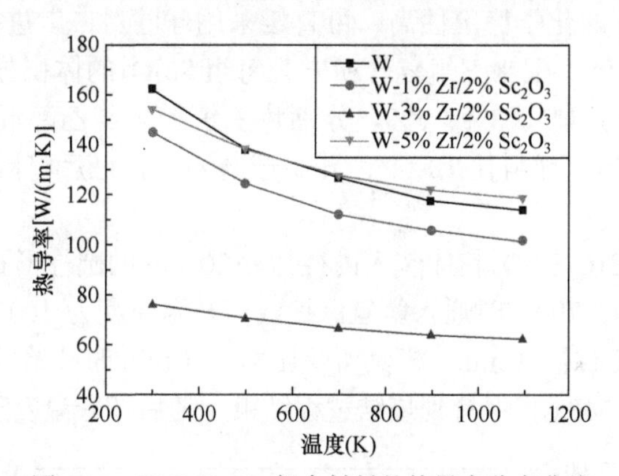

图 5.17　W-Zr/Sc_2O_3 复合材料的热导率分布曲线

通过机械球磨掺杂 Zr 元素，用 SPS 制备 W-Zr/Sc_2O_3 合金，并对合金的显微组织和材料性能进行了表征和实验，结果表明：①当 Zr 的含量为 1%，W-Zr/Sc_2O_3 合金的综合性能最好，晶粒度为 1～2 μm、相对密度为 98.93%、维氏硬度 583.3 HV，Zr 含量影响材料的热导率。相较纯钨典型沿晶断裂形貌，W-Zr/Sc_2O_3 合金的断口出现穿晶断裂，表明材料的塑性较高。②Zr 在合金中以单质或者化合物的形式存在，单质的 Zr 与 W 生成 W-Zr 固溶体，化合物的主要成分是 ZrO_2，ZrO_2 与 Sc_2O_3、W 生成新的结合相。③在 Sc_2O_3 弥散强化 W 基体的基础上，元素 Zr 的添加可以降低 W 基复合材料中的单质 O 含量，净化晶界，生成 ZrO_2 进一步使晶粒强化，但过多 Zr 含量容易形成团聚，使得合金孔隙度升高，降低材料性能。

5.3 W-ZrC/Sc_2O_3复合材料组织性能及其氦辐照行为

研究表明，TiC 或 ZrC 掺杂的 W 合金，可承受瞬态热冲击，避免生成亚稳态相，并且材料的力学性能较好[5, 6]。ZrC 硬度大、熔点高并且与 W 的固溶性好，在已添加 Sc_2O_3 的 W 基材料中添加 ZrC，研究两种添加剂的协同掺杂作用，有利于同时提高材料韧塑性，并且由于 ZrC 的高熔点特性，掺杂 ZrC 的 W-Sc_2O_3 复合合金的耐热性会进一步提升。

5.3.1 W-ZrC/Sc_2O_3复合材料制备与性能

5.3.1.1 W-ZrC/Sc_2O_3粉体及合金的制备

ZrC 和 Sc_2O_3 的化学稳定性高，可直接采用球磨对二者进行混合以制备 W-ZrC/ Sc_2O_3复合粉体。配制三组复合粉末，每组 Sc_2O_3的体积分数均为 2%，ZrC 的体积分数分别为 1%、3%、5%。分别将三组粉末与乙醇混合装入球磨罐，球磨转速 400 r/min，球料比 10 : 1，开始球磨 40 h，最后将湿磨后的粉末烘干研磨。

将制得的 W-ZrC/Sc_2O_3 粉体装入内径为 Φ20 mm 的圆柱形石墨模具，压坯后进行 SPS(图 5.18)，700℃时通入氩氢保护气，升温速度为 100℃/min，1350℃保温 10 min、1700℃保温 3 min。模具所受压力在 7 min 时开始增加，升至 1350℃时达最大值(44.14 MPa)，保持到烧结过程结束，随后随着温度降低而降低。

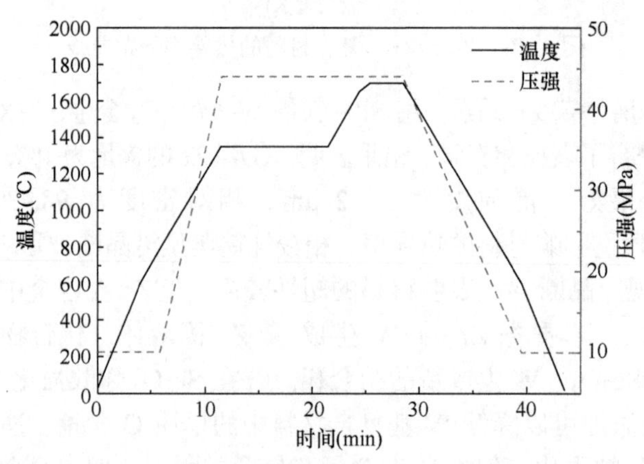

图 5.18 SPS 制备 W-ZrC/Sc_2O_3复合材料的烧结工艺图

5.3.1.2 W-ZrC/Sc_2O_3粉体及合金性能测试

利用日本京都大学氘离子发生器进行氘滞留实验，并结合 TDS 获得测试数据。试样制成直径 3～5 mm、厚 0.5 mm 的薄片，经打磨抛光至镜面。使用 5 keV 的 D_2 氘离子束垂直样品表面注入，辐照剂量分别为 1.0×10^{20} D_2/m^2 和 1.0×10^{21} D_2/m^2。注入完成后的试样可进行热脱附，热脱附过程利用管式炉加热试样，真空度不大于 10^{-6} Pa，并使用 QMS 对样品表面氘脱附行为进行表征。滞留量可通过 TDS 曲线计算得出。

选用大功率离子辐照实验系统(LP-MIES)进行不同离子束能量(50 eV、80 eV)下的氦辐照实验，实验过程保持真空。制成直径 10 mm、厚度 1 mm 的试样，并对试样表面磨平抛光。氦离子束注入量均为 7.2×10^{25} ions/m^2，辐照通量为 1.0×10^{22} ions/($m^2\cdot s$)，辐照 2 h。利用红外测温仪测量试样表面温度为 1377 K±10 K。

采用日本九州大学的 EBTH 装置对 W-ZrC/Sc_2O_3 复合材料进行热冲击实验，制备长：宽：高为 10 mm：10 mm：1 mm 的块样，表面进行抛光清洗。实验在真空室温条件下进行，电子束经 20 kV 加速后垂直射在样品中心，热通量 40 MW/m^2，每次冲击时间 2 s、停止时间 7.5 s，以 9.5 s 为一个周期反复冲击 100 次。通过双色光学测温计测量试件表面温度。

使用 LSW-1000 型直缝焊接机进行激光束热冲击测试。样品为长 4 mm、宽 4 mm、高 2 mm 的块样，双面经磨平抛光处理。实验过程中激光束保持连续，分别进行了 60 A-50 MW/m^2、90 A-75 MW/m^2 和 120 A-100 MW/m^2 不同能量密度的热冲击实验，氩气气氛保护，电流频率 15 Hz，脉宽 2 ms，凝焦量−1 mm，光束直径 1.5 mm，移动速度 500 mm/min。

5.3.2　W-ZrC/Sc_2O_3 复合粉体表征

ZrC 粉末形貌如图 5.19(a)所示，可看出粒度分布范围较宽在 1～10 μm 之间，球磨后的 ZrC 粉体细化但有团聚现象[图 5.19(b)]。使用激光粒度仪测试 W、Sc_2O_3、ZrC 和 W-ZrC/Sc_2O_3 复合粉体实际粒度分布[图 5.19(c)]，得出中值粒径分别为 3.954 μm、16.699 μm、3.788 μm 和 2.228 μm。由此可知，经过长时间的球磨，粉末粒径大幅降低，并且球磨后复合粉末的粒度分布宽度值最大，说明存在不均匀度。在烧结时，大小颗粒相互填充和契合有利于烧结性的提升。

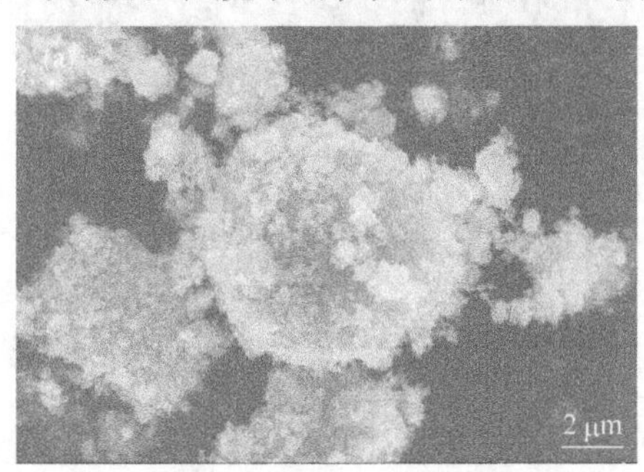

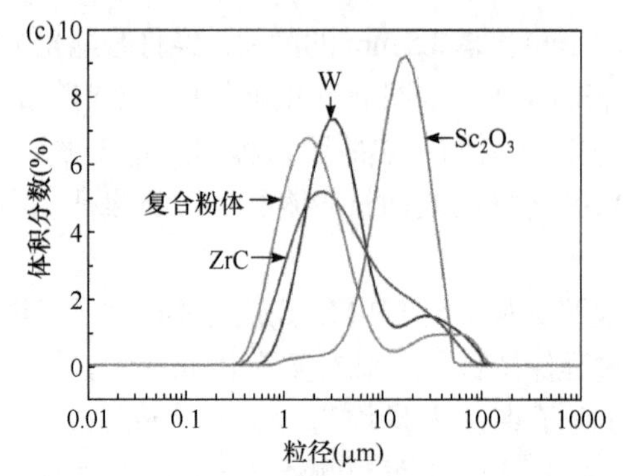

图 5.19 粉末的 SEM 形貌[(a) ZrC 粉、(b) 球磨后 W-ZrC/Sc_2O_3 复合粉体]及 W-ZrC/Sc_2O_3 复合粉体粒度分布图(c)

5.3.3 W-ZrC/Sc_2O_3 合金组织与性能

不同体积分数 ZrC (0、1%、3%、5%) 及 2% Sc_2O_3 添加量 (体积分数) 的 W-ZrC/Sc_2O_3 合金显微形貌如图 5.20 所示，发现 ZrC 的添加可以使晶粒进一步细化，其中 ZrC 含量为 1%的合金试样晶粒度最小，当 ZrC 的含量增加时，W 合金

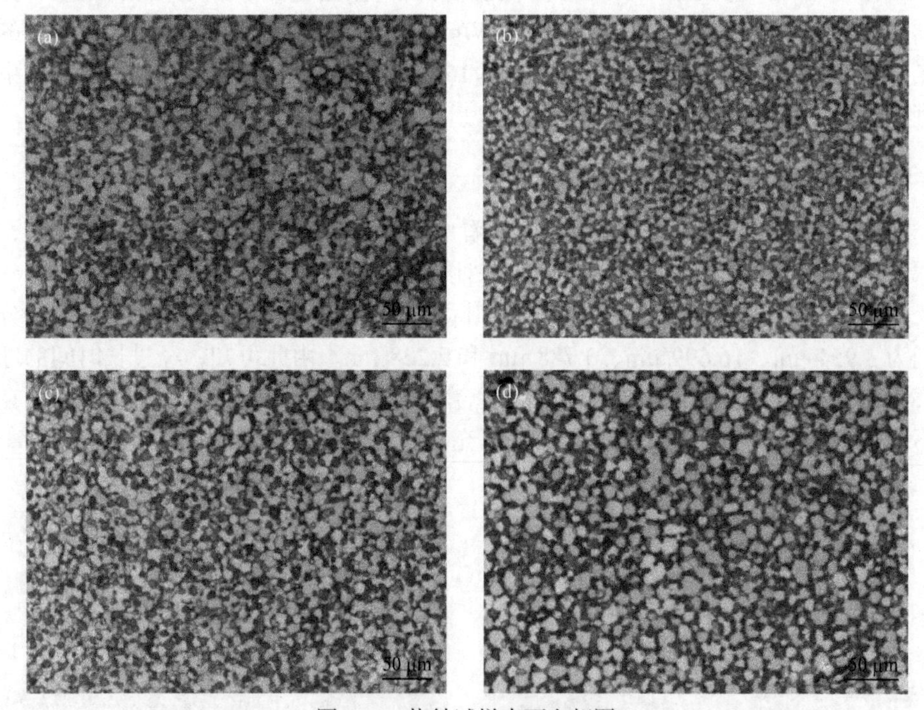

图 5.20 烧结试样表面金相图

(a) W-2% Sc_2O_3；(b) W-1% ZrC/2% Sc_2O_3；(c) W-3% ZrC/2% Sc_2O_3；(d) W-5% ZrC/2% Sc_2O_3

的晶粒又开始粗化。具备细晶晶粒的合金单位体积内晶粒数较多，在受力变形时，形变量能够均匀地分散到更多晶粒上而不会产生应力集中现象，所以晶粒细小的 W-1% ZrC/2% Sc_2O_3 合金力学性能更好。

表 5.4 所示的是不同 ZrC 含量 W-ZrC/Sc_2O_3 合金的相对密度、显微硬度和晶粒尺寸。经过数据的对比分析可得，ZrC 含量从 0 增大到 5%时，合金试样的相对密度随着减小，这说明过量 ZrC 的添加不利于 W-ZrC/Sc_2O_3 复合材料的烧结。但合金试样的硬度值却逐渐增大，这主要由于 ZrC 的硬度高并且与 W 固溶。在添加 Sc_2O_3 的基础上复合掺杂 ZrC 可进一步细化晶粒，晶粒度最小值可达 1～2 μm。

表 5.4　SPS 制得 W-ZrC/Sc_2O_3 复合材料的物理性能

材料	相对密度(%)	显微硬度(HV)	晶粒尺寸(μm)
W-2% Sc_2O_3	95.07	412.9	2.5～3.5
W-1% ZrC/2% Sc_2O_3	94.92	445.0	1～2
W-3% ZrC/2% Sc_2O_3	93.07	446.1	1.5～2.5
W-5% ZrC/2% Sc_2O_3	91.27	510.8	2～3

W-ZrC/Sc_2O_3 合金室温下断口形貌如图 5.21 所示。SPS 并不能实现合金的完全致密化，所有断面均有孔隙存在，凹坑形貌可能归因于孔隙或者是第二相粒子

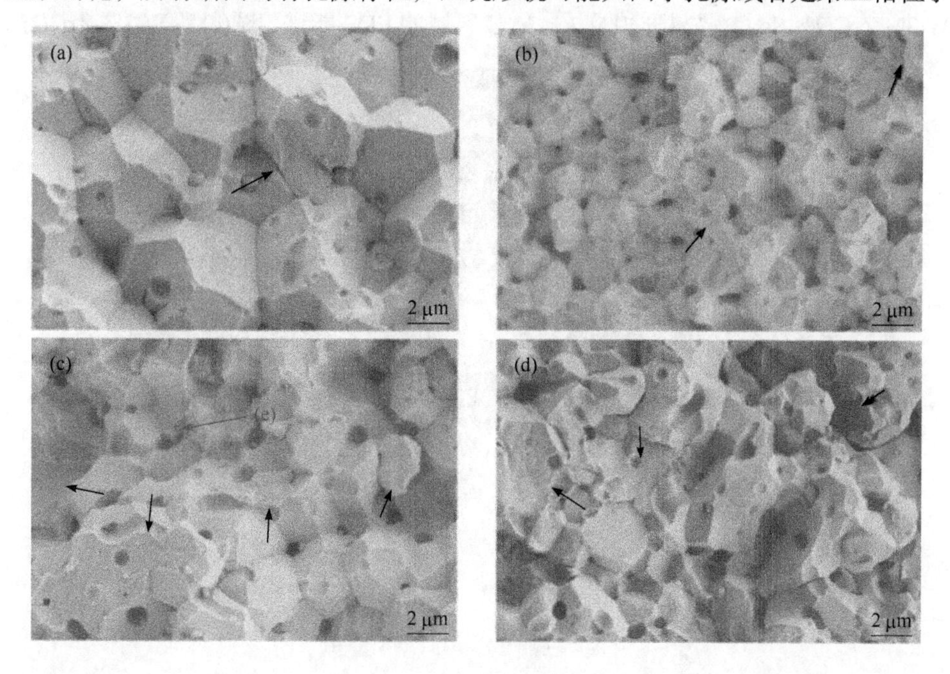

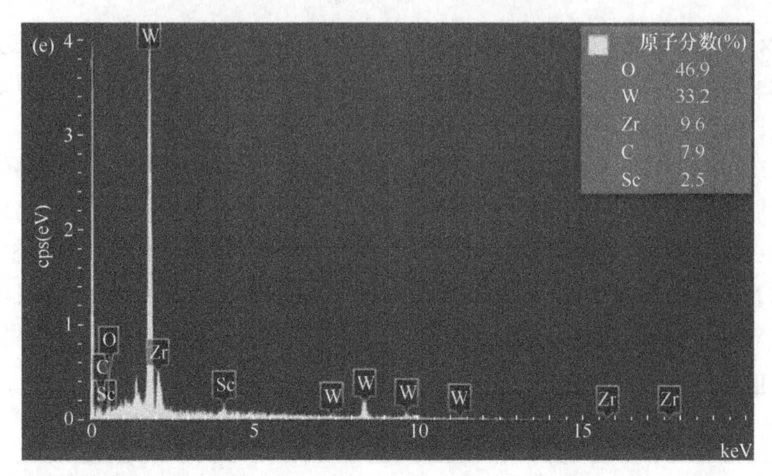

图 5.21 不同试样断口 SEM 形貌[(a) W-2% Sc_2O_3，(b) W-1% ZrC/2% Sc_2O_3，(c) W-3% ZrC/2% Sc_2O_3，(d) W-5% ZrC/2% Sc_2O_3]以及(e)图(c)中第二相颗粒对应的 EDS 能谱图

脱落。由于添加了 ZrC 和 Sc_2O_3，出现了穿晶断裂形貌，但沿晶断裂仍是主要的断裂方式。研究发现，ZrC 和 W 在烧结过程中容易生成 Zr-W-C 固溶体，增强晶界结合力，从而提升材料塑性[7, 8]。掺杂 ZrC 的 W-2%Sc_2O_3 合金中，晶粒尺寸明显更小，说明 ZrC 同样起到细化晶粒作用。

图 5.22 显示出 W-3% ZrC/2% Sc_2O_3 和 W-5% Zr/2% Sc_2O_3 合金试样的 TEM 形貌，其中图(a)是 W-3% ZrC/2% Sc_2O_3 明场像及所选区域的对应能谱图，图(b)是 W-3% ZrC/2% Sc_2O_3 晶界形貌及 1、2、3 区域的 EDS 能谱，图(c)是 W-3% ZrC/2%

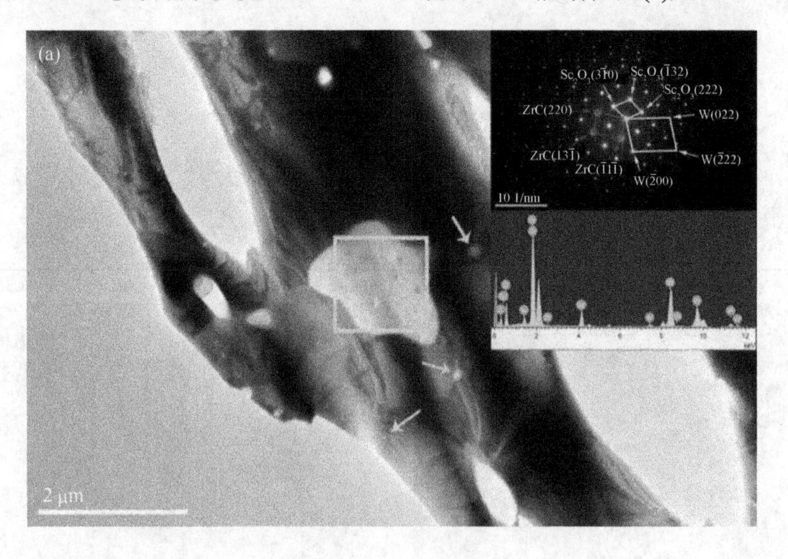

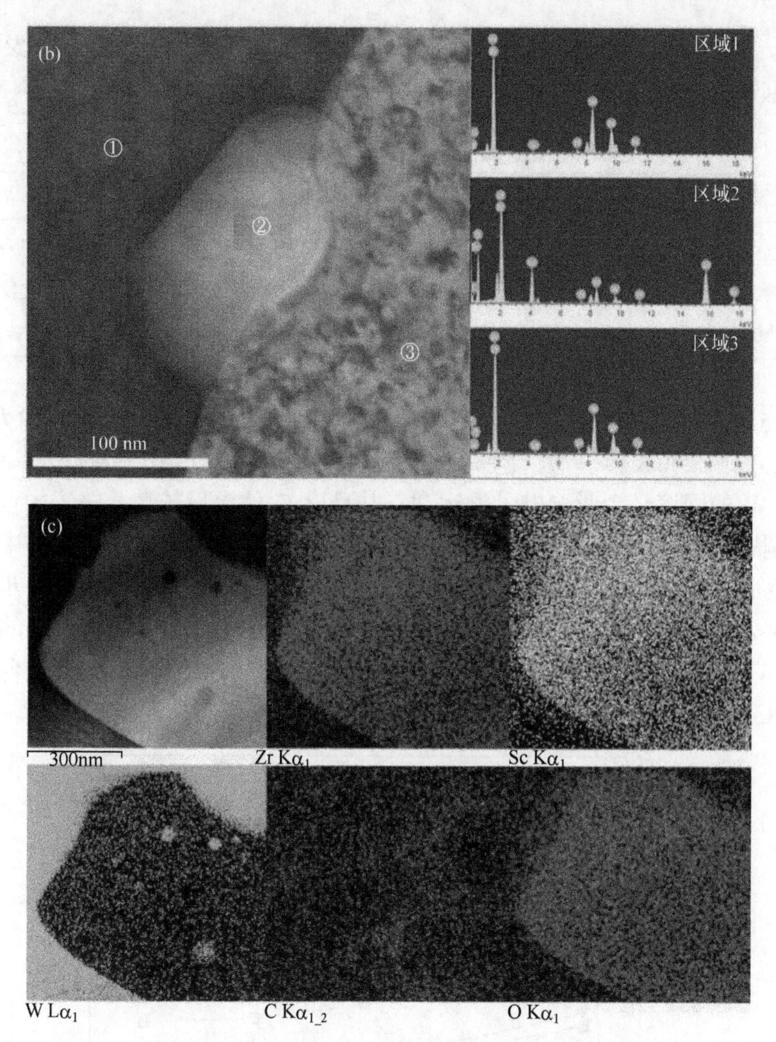

图 5.22　W-3% ZrC/2% Sc_2O_3 合金试样的 TEM 图

(a) 组织形貌及选区相电子衍射图和对应 EDS 能谱；(b) 1、2、3 区域位置的 EDS 能谱；(c) 混合相的 HRTEM-EDS 能谱图

Sc_2O_3 高分辨率 TEM 及面扫 EDS 图。分析图像可得，掺杂的第二相是纳米级粒子且弥散分布于 W 基体的晶内和晶界。电子衍射斑点图表示了 W 与掺杂的 ZrC、Sc_2O_3 能稳定结合，其中 W 晶面是(022)、$(\bar{2}00)$、$(\bar{2}22)$，ZrC 晶面是(220)、$(\bar{1}1\bar{1})$、$(13\bar{1})$，Sc_2O_3 的晶面是$(\bar{3}10)$、(222)、$(\bar{1}32)$。

表 5.5 列出的是图 5.22(b)中 1、2、3 区域不同元素的原子比，结合图(b)、(c)的 EDS 图可以看出，部分 ZrC 与游离的 O 在烧结过程中发生化学反应生成 ZrO_2，证明 ZrC 也有晶界净化的作用[4, 9]。图 5.22(c)中的混合相经 EDS 分析其元

素组成，包括 W、Sc、Zr、O、C，其中 Sc 和 Zr 的含量居多，混合相表面的 W 元素也证明了 ZrC 和 W 的固溶。

表 5.5　1、2、3 区域对应的原子比(%)

元素	C K	O K	Sc K	Zr K	W L
区域 1	0.21	0.52	0.20	0.67	98.40
区域 2	−1.35	36.81	10.79	47.09	6.66
区域 3	1.00	0.61	0.03	0.71	97.65

图 5.23 是 W-ZrC/Sc_2O_3 合金的热导率实验测试结果，测试温度范围为 300～1100 K，每隔 200 K 测一次。同一温度下，W-2% Sc_2O_3 合金试样的热导率最好。ZrC 与 W 的固溶必会影响电子的运动，并且 ZrC 的含量越高，电子的自由运动受到的限制就越高，从而使其传热效率降低。另外由于 ZrO_2 的生成，并与 W、Sc_2O_3 生成结合相，更加限制了 W 晶粒中电子的自由移动，热导率进一步降低。此外 W-ZrC/Sc_2O_3 合金随 ZrC 含量增加其相对密度降低，增加了合金的孔隙率度，热扩散效率受到影响，热导率降低。ZrC 的导热性能较好，在 W 合金中加入的 ZrC 超过一定值后，热导率也会升高。

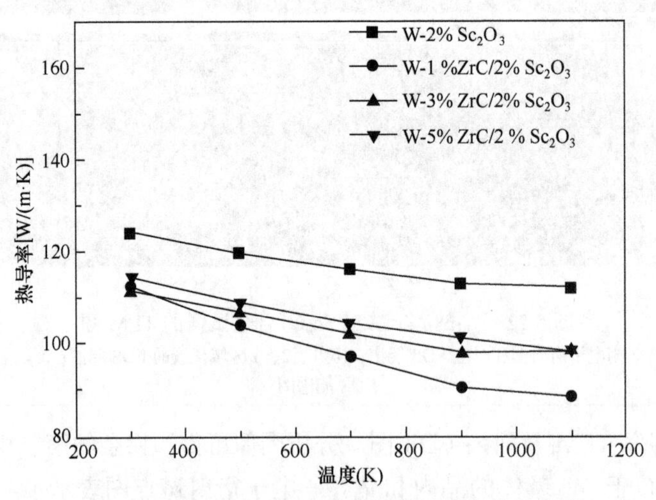

图 5.23　W-ZrC/Sc_2O_3 复合材料的热导率分布曲线

5.3.4　W-ZrC/Sc_2O_3 复合材料氦辐照行为

综合考量不同添加比的复合掺杂钨基材料的微观组织和各种力学及物理特性，选择 W-3% ZrC/2% Sc_2O_3 合金进行不同能量下的氦辐照实验，辐照时间为 2 h，辐照剂量为 7.2×10^{25} ions/m^2，合金辐照后的表面形貌如图 5.24 所示。可以看出，试样表面有厚度约 1 μm 的纳米丝状 fuzz 结构，且表面出现辐照硬化，50 eV、80 eV 氦离子束辐照后硬度分别为 448.2 HV、527.9 HV，均高于未辐照原始样的显微硬度 445.2 HV。值得一提的是，钨基材料的辐照硬化是因为经氦离子束辐照的钨合金内部出现大量的空位和氦泡缺陷，这些辐照缺陷会使合金晶粒位错运动受到限制，进而导致材料硬度增加并塑性降低[10, 11]。

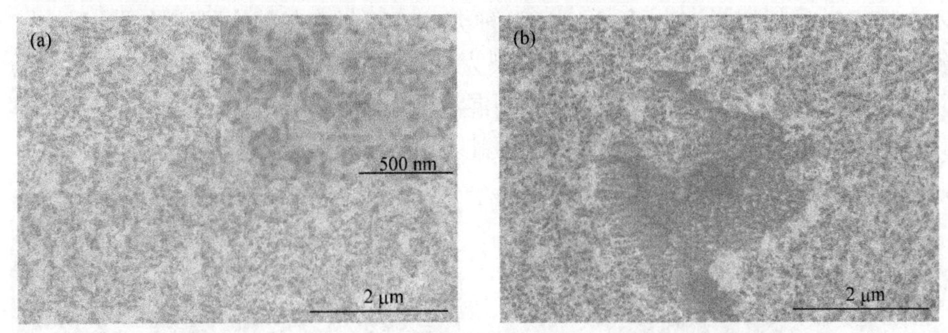

图 5.24 辐照后 W-3% ZrC/2% Sc_2O_3 试样表面的 SEM 形貌图

(a)50 eV He^+束能量；(b)80 eV He^+束能量

图 5.25 所示的是 W-3% ZrC/2% Sc_2O_3 试样在不同辐照能量下表面区域的 SEM 结构演化。由于试样表面在辐照过程中承受了巨大的热冲击，使得表面生成了貌

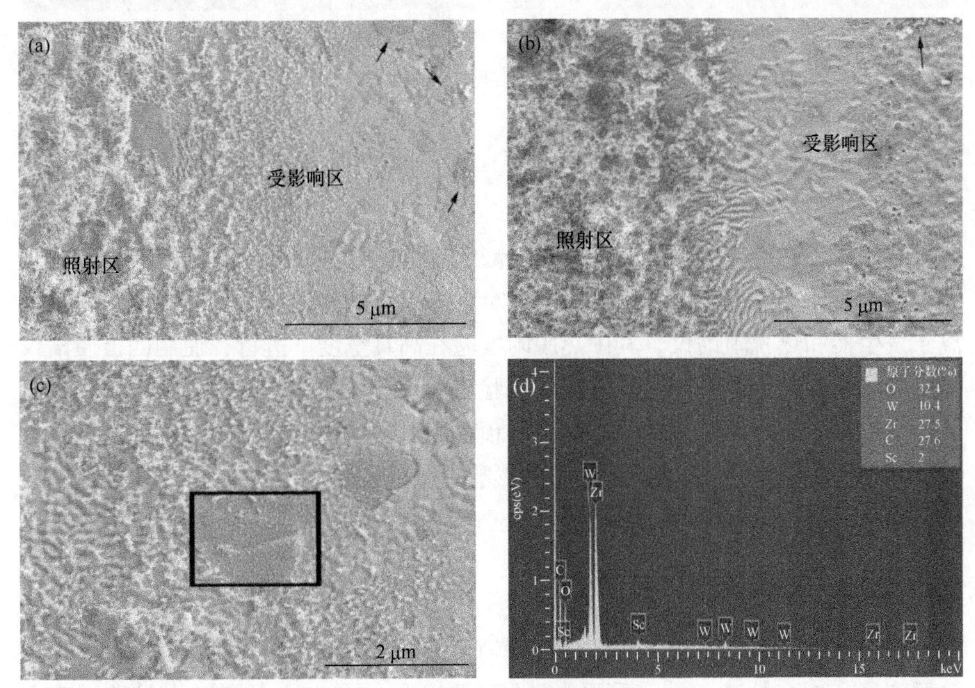

图 5.25 氦辐照后 W-3%ZrC/2%Sc_2O_3 试样表面 SEM 形貌[(a) 50 eV，(b) 80 eV，(c) 50 eV]及 (d) 图(c)对应 EDS 能谱图

似河流花样的突出结构，Parish 等也有类似发现[12, 13]。辐照能量增加后，表面出现了大量黑色空洞，疑似氦泡破裂所致。掺杂的 ZrC 和 Sc_2O_3 粒子经辐照后聚集现象加剧，如图 5.25(a)、(b)所示，团聚以箭头标出便于确认。

将辐照后的合金试样使用乙醇并经超声处理获得表面 fuzz 粉体，对其进行 TEM 表征，结果如图 5.26 所示。从图中可以看出，辐照后的影响区内有大量的 ZrC、Sc_2O_3 聚集，氦泡小于 10 nm，这种类 $VacHe_n$ 氦泡与前人研究结果一致[14]，氦泡继续移动并聚集形成气泡直至破裂为 fuzz 结构。此外，由图 5.26(b)的高分辨图像可以看出，fuzz 结构的原子排列混乱且为非晶体，这主要是由于氦泡的聚集和增大挤压周围晶格，使晶格排列紊乱。

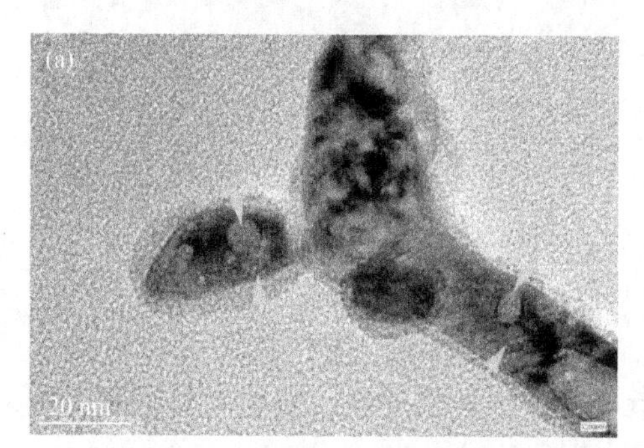

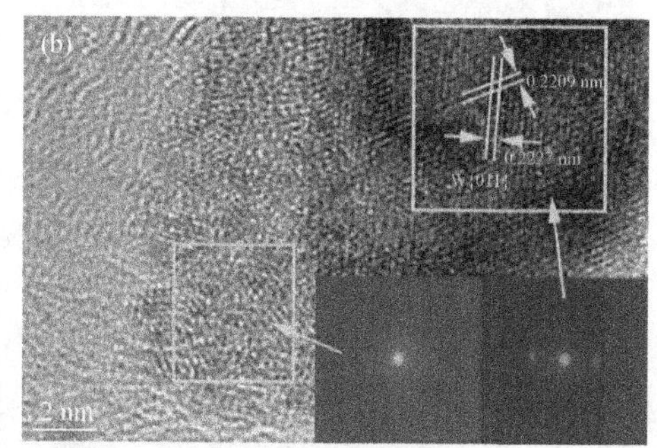

图 5.26　W-3% ZrC/2% Sc_2O_3 粉末纳米丝状结构 TEM 形貌

(a) 明场像；(b) 氦泡区域的高分辨图

5.4　W-(Zr, ZrC)/Sc_2O_3 复合材料氘滞留行为

选用 W-Zr/Sc_2O_3 及 W-ZrC/Sc_2O_3 合金进行氘离子辐照，并与纯 W 合金的氘滞留行为对比，研究掺杂元素对钨基合金氘滞留行为的影响。氘滞留实验采用氘离子发生器和热脱附谱仪，其中热脱附实验在高真空度下进行，使用四极质谱仪记录样品表面的氘脱附情况，具体的实验步骤和参数前文已叙，在此不做赘述。此外进行拓展实验，对试样进行氦离子预辐照后再采用氘离子辐照，以期研究氦离子预辐照对掺杂 W 基合金氘滞留的影响。最后使用 SRIM 软件计算了不同辐照剂量下的 W 基复合材料的辐照损伤分布情况。

5.4.1　W-Zr/Sc_2O_3 复合合金氘滞留

对纯 W 和 W-Zr/Sc_2O_3 合金进行氘离子束辐照实验，其中辐照电子束 5 keV、辐照剂量 1.0×10^{20} D_2^+/m^2。采用热脱附仪测出合金的 TDS 图谱，热脱附温度由 273 K 升至 900 K，升温速度 1 K/s。由图 5.27 可看出，不同合金的 TDS 图谱随温度升高的变化情况各不相同，W-2% Sc_2O_3试样的脱附峰出现在350～550 K的温度区间；而W-5% Zr/2% Sc_2O_3和W-3% Zr/2% Sc_2O_3的脱附峰在400 K之后出现且峰域较宽；W-1% Zr/2% Sc_2O_3与纯W的脱附峰类似，曲线较平缓且没有明显的峰值存在，同时，W-1% Zr/2% Sc_2O_3的TDS值在300～450 K的温度区间要低于纯W。

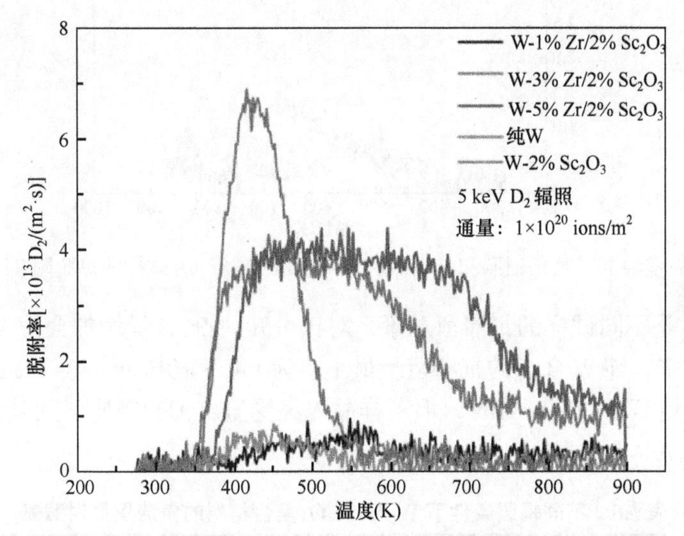

图5.27　室温氘辐照后W-Zr/Sc_2O_3复合材料的热脱附TDS曲线

热脱附的低温峰通常是材料本身缺陷所致，而高温峰主要归因于外界离子辐照，氘与材料中不同缺陷的结合能力不同，所以释放氘的温度区间也不同。W-1% Zr/2% Sc_2O_3合金试样氘滞留较少，说明该合金的缺陷较少，这与试样的相对密度较高、孔隙率低以及Zr的净化晶界作用有关。

与W-1% Zr/2% Sc_2O_3合金相比，占比3%和5% Zr含量的W-Zr/Sc_2O_3合金相对密度更低、晶界有Zr聚集且孔隙率更高，这些缺陷导致氘滞留量较多。Zr含量为1%时，高温情况下也没有明显的脱附峰，说明W-1% Zr/2% Sc_2O_3合金试样的抗氘滞留性能较好。

由此，选择W-1% Zr/2% Sc_2O_3合金试样先用氦离子辐照再用氘离子辐照，预辐照的氦离子束能量为5 keV、辐照剂量为1.0×10^{21} He/m^2，以此研究氦离子预辐照对材料氘滞留的影响。TDS谱如图5.28所示，其中黑色曲线为氘离子辐照的TDS，灰色曲线为氦离子预辐照加氘离子辐照结果。由图5.28可以看出，两个测试样品在低温区的曲线接近重合，温度高于550 K之后，经氦离子辐照预处理的试样出现新的脱附峰且氘滞留量增加，氦离子辐照后的合金内部出现的氦泡引发更多的晶粒缺陷，随后氘离子辐照后氘滞留增多明显，Sakoi等的研究也证明了这一点[15-17]。

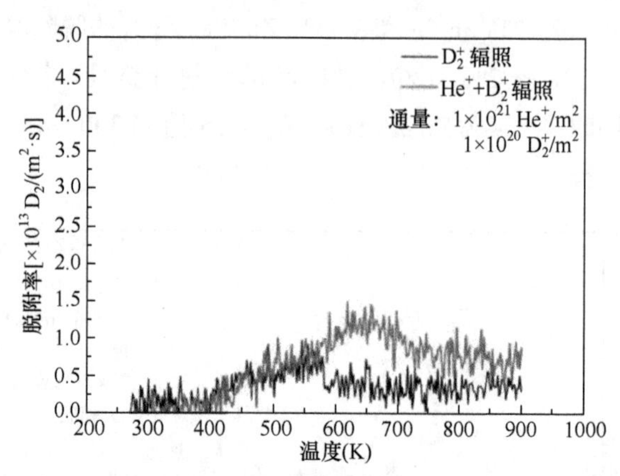

图 5.28　室温下经氦预辐照和氘辐照后 W-1% Zr/2% Sc_2O_3 试样的热脱附 TDS 曲线

表 5.6 是不同试样的氘滞留总量，对比可知，Zr 含量增加会使 W 合金中的氘滞留量增多，纯 W 合金的氘滞留量最小，为 $1.40\times10^{15}/m^2$，W-1% Zr/2% Sc_2O_3 试样滞留量增至 $2.22\times10^{15}/m^2$，但若样品先经受氦离子预辐照，则其氘滞留量会增加 50%($3.79\times10^{15}/m^2$)。

表 5.6　不同辐照条件下 W-Zr/Sc_2O_3 复合材料的氘滞留量对照表

材料与辐照条件	氘滞留量(/m²)
W-1% Zr/2% Sc_2O_3(D_2^+)	2.22×10^{15}
W-1% Zr/2% Sc_2O_3(He^+-D_2^+)	3.79×10^{15}
W-3 % Zr/2% Sc_2O_3(D_2^+)	1.27×10^{16}
W-5% Zr/2% Sc_2O_3(D_2^+)	1.51×10^{16}
日本商业 W(D_2^+)	1.40×10^{15}
W-2% Sc_2O_3(D_2^+)	8.10×10^{15}

5.4.2　W-ZrC/Sc_2O_3 复合材料氘滞留

图 5.29 所示的是不同辐照剂量下 ZrC 含量不同的 W-ZrC/Sc_2O_3 合金的 TDS 图。辐照实验在室温下进行，氘离子束能量为 5 keV，辐照剂量分别为 1.0×10^{20} D_2/m^2[图 5.29(a)]和 1.0×10^{21} D_2/m^2[图 5.29(b)]，热脱附温度区间是 298～900 K。如图 5.29(a)所示，SPS/W 合金和 W-2% Sc_2O_3 试样的脱附峰分别为 325～425 K 和 350～550 K，显然材料的晶界孔隙和位错缺陷容易捕获起始阶段热脱附释放的氘。加入 ZrC 的 W-Sc_2O_3 合金 TDS 曲线变化明显，低温区不产生明显的脱附峰，500 K 之后产生，且 ZrC 含量越高脱附峰峰值越大。随着辐照剂

量增加，合金的脱附峰峰值也均有所增加，其中 W-2% Sc_2O_3 增加最明显，600～750 K 有新的脱附峰出现[图 5.29(b)]。增加的辐照剂量，使材料的辐照损伤程度加重，导致材料内部缺陷增多、尺寸增大，从而氘滞留量进一步增大。

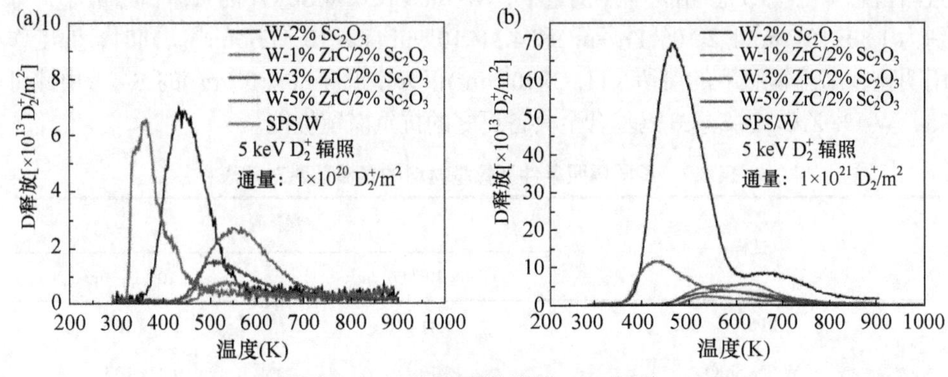

图 5.29　不同材料热脱附 TDS 图谱

(a) 室温 5 keV 1×10^{20} D_2^+/m^2；(b) 室温 5 keV 1×10^{21} D_2^+/m^2

图 5.30 是 W-1% ZrC/2% Sc_2O_3 合金在不同氘离子辐照下的 TDS 图谱，温度分别为室温和 523 K。由图 5.30 可知，不同的温度下进行辐照会直接影响材料的 TDS 曲线形状。以 523 K 下的 W-1% ZrC/2% Sc_2O_3 样品为例，较低温度区间(低于 600 K)辐照样品的氘滞留量较小接近于 0，明显低于室温辐照样品；高于 600 K 的温度区间内，随着温度升高滞留量开始先增后减并逐渐超过室温辐照样品；900 K 时两者数值接近。高温辐照条件下材料内捕获阱发生了变化，特别是 523 K 已经属于材料热脱附峰值的温度区间，这个温度下材料受热后晶粒缺陷

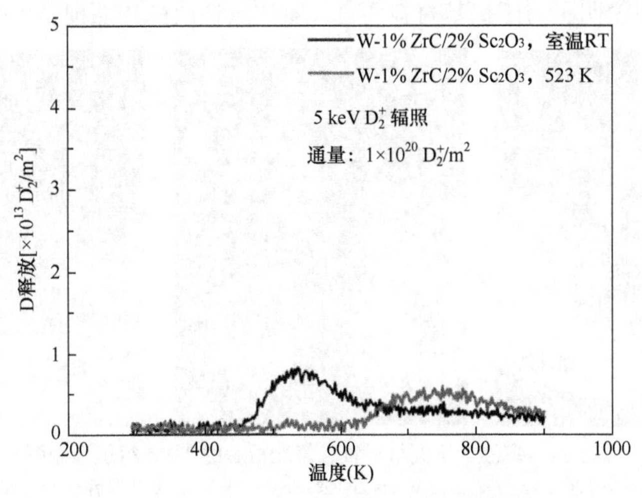

图 5.30　不同温度辐照后 W-1% ZrC/2% Sc_2O_3 合金的 TDS 图谱

减少、晶界结合能降低，抑制了其对氘离子的捕获；并且 W 基体中的空位在 523 K 下发生迁移并结合成大的空位团[18, 19]，使得氘的滞留量增大。

根据图 5.29 和图 5.30 的 TDS 曲线可计算出不同合金经受不同温度辐照下的氘滞留总量(表 5.7)。相同辐照剂量下，W-1% ZrC/2% Sc_2O_3 的氘滞留量最小，分别为 $1.80\times10^{15}/m^2$(1×10^{20} D_2^+/m^2)和 $4.31\times10^{15}/m^2$(1×10^{21} D_2^+/m^2)。同时，温度作用明显，高温辐照下的滞留量($1.33\times10^{15}/m^2$)仅为室温($1.80\times10^{15}/m^2$)的 3/4。由此可知，W-1% ZrC/2% Sc_2O_3 钨基合金具备更好的抗氘滞留性能。

表 5.7　不同辐照条件下钨基材料的氘滞留量对照表

试样	氘滞留量	
	1×10^{20} D_2^+/m^2	1×10^{21} D_2^+/m^2
SPS/W	6.41×10^{15}	2.05×10^{16}
W-2% Sc_2O_3	8.10×10^{15}	9.87×10^{16}
W-1% ZrC/2% Sc_2O_3	1.80×10^{15}	4.31×10^{15}
	1.33×10^{15} (523 K)	
W-3% ZrC/2% Sc_2O_3	2.87×10^{15}	7.43×10^{15}
W-5% ZrC/2% Sc_2O_3	4.97×10^{15}	1.19×10^{16}

低温下的位错环不易发生迁移，但随着辐照强度增大会形成气泡和空位团[16, 20, 21]。由图 5.31 可以看出，W-1% ZrC/2% Sc_2O_3 合金中的位错环相较于纯钨样品更少，并且经过氘辐照的样品，其位错环密度要明显低于经氦辐照的合金试样，这也说明了对于钨基材料而言，氦比氘造成的辐照损伤更强烈。

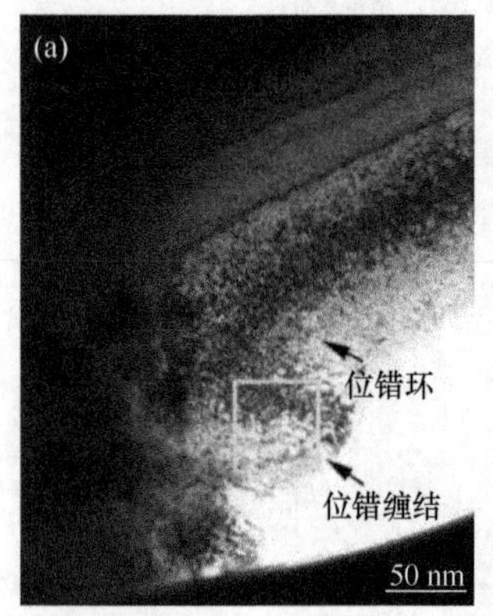

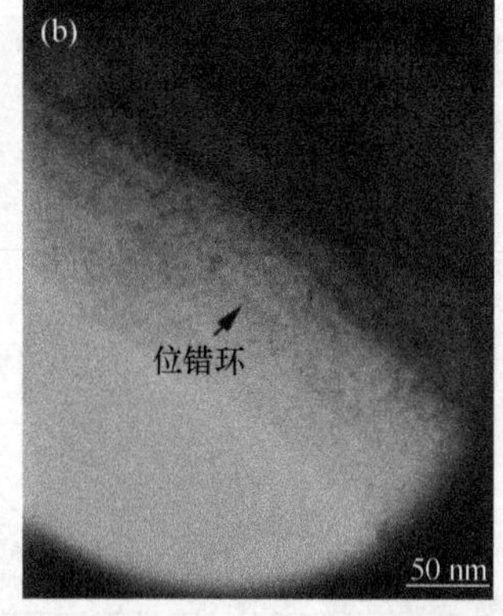

图 5.31　室温下不同材料氘、氦滞留后的 TEM 组织形貌图

(a) 氘辐照后 SPS/W 试样；(b) 氘辐照后 W-1% ZrC/2% Sc_2O_3 试样；(c) 氦辐照后 W-1% ZrC/2% Sc_2O_3 试样

通过热脱附曲线及 TEM 显微形貌观测只能大体了解试样的滞流量和辐照

组织演化，因此进一步使用 SRIM 模拟软件分别计算出 5 keV D_2 和 He 辐照时不同辐照剂量(1×10^{20} ions/m^2 和 1×10^{21} ions/m^2)下钨基材料辐照深度方面的损伤情况，如图 5.32 和图 5.33 所示。W 的缺陷形成能取的是 50 eV(如若缺陷形成能取 70 eV，相应的图中纵坐标 dpa 值需要×0.7，依次类推)。辐照损伤的深浅程度仅与注入粒子的能量有关，5 keV 能量下，辐照深度距离材料表面均为 60 nm。由图可知，D_2 和 He 离子辐照后的试样，其对应的滞留量峰值均出现在距表面 20 nm 深度的位置，而材料的位移损伤程度均在距表面 5 nm 处的深度达到最大。辐照剂量每增大一个数量级，相应的原子位移(dpa)和原子滞留量(apa)会增大 10 倍。

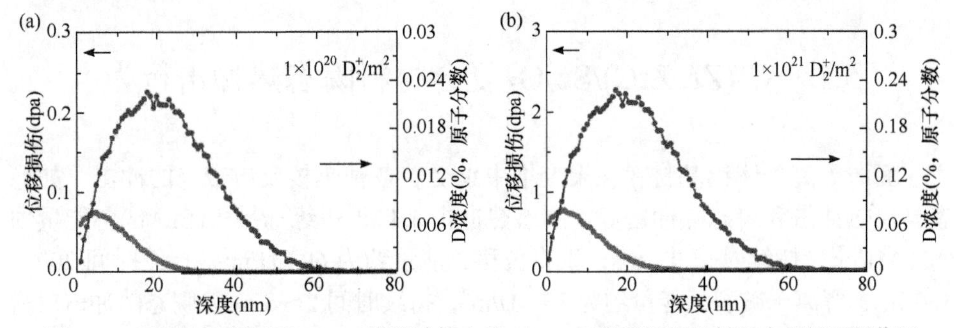

图 5.32　不同辐照剂量下 SRIM 模拟计算出的 5 keV 氘离子辐照后材料内部辐照损伤图

(a) 1.0×10^{20} D_2^+/m^2；(b) 1.0×10^{21} D_2^+/m^2

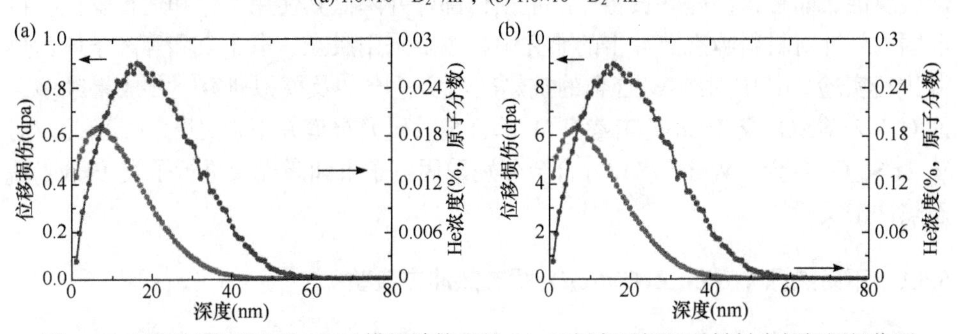

图 5.33　不同辐照剂量下 SRIM 模拟计算出的 5 keV 氦离子辐照后材料内部辐照损伤图

(a) 1.0×10^{20} He$^+$/m^2；(b) 1.0×10^{21} He$^+$/m^2

分别对 W-Zr/Sc_2O_3、W-ZrC/Sc_2O_3 以及纯钨合金进行了氘离子辐照实验，氦离子预辐照下不同温度条件的氘离子辐照实验研究，使用 SRIM 模拟了不同剂量离子辐照下 W 基材料的损伤情况，研究结论总结如下：①Zr 元素可与合金中的 C、O 结合，降低材料的杂质含量缺陷，提高晶界结合能力，故而经过掺杂 Zr 改性的 W 基合金氘滞留量较少。W-1% Zr/2% Sc_2O_3 的抗辐照性能最好，氘离子辐照剂量为 1.0×10^{20} D_2/m^2 时，其滞留量为 2.22×10^{15}/m^2。②经氦离子预辐照后的合金试样的氘滞留增加了50%，受氦辐照后材料缺陷激增，形成氦泡等辐照缺陷，提高了氘离子辐照时的捕获能力。③第二相掺杂钨合金的抗氘滞留能力较强，W-1% ZrC/2% Sc_2O_3 的抗氘滞留性优于 W-1% Zr/2% Sc_2O_3 合金。增大辐照剂量会增加材料的辐照缺陷，提高材料的氘滞留量。④高温 W-1% ZrC/2% Sc_2O_3 试样的氘滞留总量是室温下的试样的 3/4。经辐照加热后的试样捕获阱类型发生了变化，生成了更稳定的空位团，具备高脱附能，可捕获氘离子。⑤室温下，W-1% ZrC/2% Sc_2O_3 试样经 5 keV、1×10^{21} D_2/m^2 的氘离子辐照后，只产生少量位错环。相同条件下的 SPS/W 试样中，位错环聚集长大并结合成位错网，进一步说明经过复合掺杂的钨基材料抗辐照性能明显优化。

5.5　W-(Zr, ZrC)/Sc_2O_3 复合材料瞬态热冲击行为

面向等离子体钨基材料在聚变堆中承受着各种热核反应带来的冲击，如稳态高温热冲击和瞬态热冲击等。瞬态热冲击来自于边缘局域模(ELMs)，能量约为 1 MJ/m^2，持续时长 0.5 ms；垂直位移，能量约为 60 MJ/m^2，持续时间 200～360 ms；等离子破裂，能量约为 10 MJ/m^2，持续时间 2～8 ms。瞬态热冲击对材料的损伤更严重，可以使材料迅速升温，产生的热应力直接导致材料表面开裂、熔融腐蚀、晶粒再结晶并长粗，严重损伤部件并降低其使用寿命和运行安全。目前国内外针对材料瞬态热冲击的研究中，主要采用激光、电子束和等离子体为热源进行实验。其中对纯 W 合金的抗热冲击实验[22-27]及模拟研究[28-32]成果颇多，而对于 Zr/Sc_2O_3 或 ZrC/Sc_2O_3 掺杂 W 基合金的研究报道并不常见[33-35]。由此，对 W-Zr/Sc_2O_3 合金、W-ZrC/Sc_2O_3 合金分别采用电子束和激光束进行了类 ELMs 瞬态热冲击实验。

5.5.1　不同热源 W-(Zr, ZrC)/Sc_2O_3 瞬态热冲击实验

采用电子束对 W-(Zr, ZrC)/Sc_2O_3 复合材料进行了 100 次热冲击实验，实验设备是日本九州大学应用力学研究所的 EBTH 装置[36, 37]，如图 5.34(a)所示。采用底部水冷方式使得材料底部温度保持在 40℃，上表面温度通过双色光学测温计测量，上表面温度高达 1300℃。使用 ANSYS 模拟热负荷下纯 W 试样的温度场[图 5.34(b)]，合理设置密度、热导率、比热容等参数进行计算，发现受热中心区域温度最高，可达 1300℃。

图 5.35 表示出瞬态电子束热冲击过程中电流和试件表面温度的变化情况。实验中通过电流变化来控制电子束能量大小，并保证电子束每次冲击的时间相等，试件表面温度在 650～1300℃温度区域内变化。

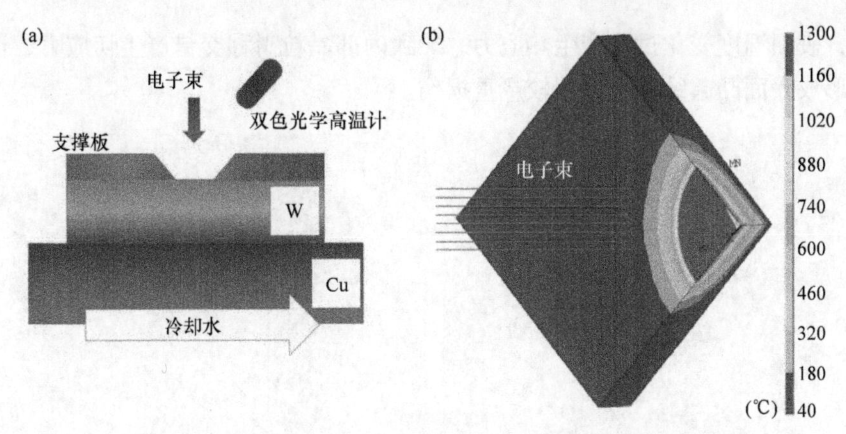

图 5.34　(a) 电子束热冲击实验示意图；(b) 瞬态电子束热冲击下 W 基体表面温度 ANSYS 模拟分布图

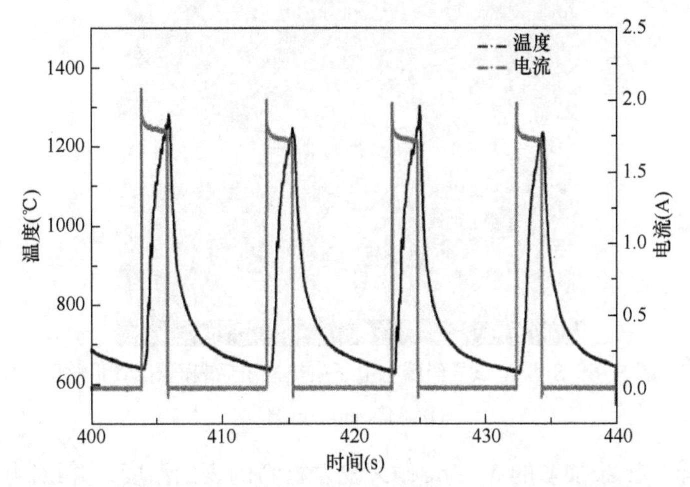

图 5.35　瞬态电子束热冲击过程中试样表面温度及电流变化放大图

选用 W-ZrC/Sc_2O_3 合金进行不同能量密度的激光束热冲击实验，并与经受电子束热冲击的合金样品进行对比。实验在氩气气氛中进行，气体流速 10 L/min，采用单次冲击模式，激光束频率 15 Hz、激光束直径 1.5 mm、凝焦量−1 mm、脉宽 2 ms、移动速度 500 mm/min。

5.5.2　不同热源 W-(Zr, ZrC)/Sc_2O_3 瞬态热冲击损伤机制

5.5.2.1　W-Zr/Sc_2O_3 瞬态电子束热冲击组织性能演化

图 5.36 所示的是 SPS/W 试样经瞬态电子束热冲击后的表面 SEM 图像，发现热冲击后纯钨试样表面有明显裂纹产生且沿晶扩展，样品表层有脱落。纯钨受热

负荷，表面温度变化过快产生热应力，导致内部晶粒滑移交错产生切应力，进而促进形成表面凸起结构，受到较严重损伤。

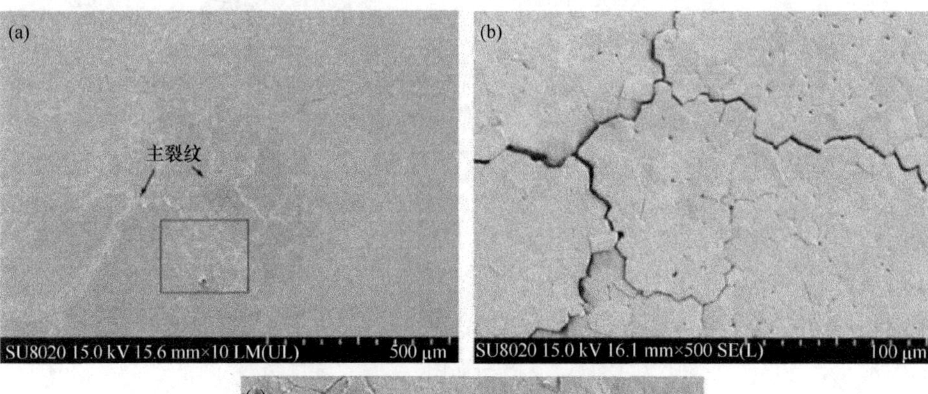

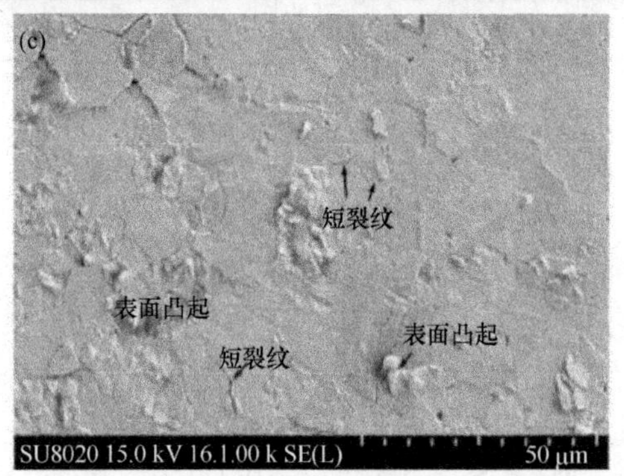

图 5.36 SPS/W 试样经瞬态电子束热冲击后表面 SEM 形貌图

(a) 低倍；(b)和(c)高倍

测量不同 Zr 添加量的 W-Zr/Sc_2O_3 复合材料的表面温度，并绘制曲线，可发现不同 Zr 含量的合金样品在瞬态电子束热冲击实验中表面温度的波动情况差异较大(图 5.37)，其中 Zr 含量为 3%时，样品表面高低导致温区波动较大，低温区出现塌陷峰而高温区出现凸起峰；但含 Zr 量为 5%时，合金样品温度波动较为平稳；未掺杂 Zr 的 W-Sc_2O_3 合金，在瞬态热冲击开始阶段表面温度已超 1300℃并伴有熔融现象。

图 5.38 是经瞬态电子束热冲击后 W-Zr/Sc_2O_3 样品的 SEM 表面形貌。通过对比表面形貌可以看出，W-1% Zr/2% Sc_2O_3 合金表面受热冲击的损伤最小，W-3% Zr/2% Sc_2O_3 和 W-5% Zr/2% Sc_2O_3 的样品表面均能看到网状裂纹，其中 W-3% Zr/2% Sc_2O_3 试样的表面裂纹最大。瞬时的热冲击对材料可产生过大的热应力，当热应力值超过材料强度时就会生成裂纹。分析发现，大裂纹主要是脆性断裂所致，小裂纹则是受热负荷反复冲击下的塑性变形引起的，样品的热导率低会更易

使得表面出现大裂纹。图 5.38(e)～(h)为 W-Zr/Sc_2O_3 合金裂纹形貌的高倍 SEM 图像，经过测量发现，W-2% Sc_2O_3、W-1% Zr/2% Sc_2O_3、W-3% Zr/2% Sc_2O_3 和 W-5% Zr/2% Sc_2O_3 样品的裂纹宽度分别为–1 μm、–1 μm、–5 μm 和–4 μm。由此可知，Zr 的添加量为 0 和 1%时，表面热冲击损伤最小，过量 Zr 的添加反而会降低表面的抗热冲击能力。

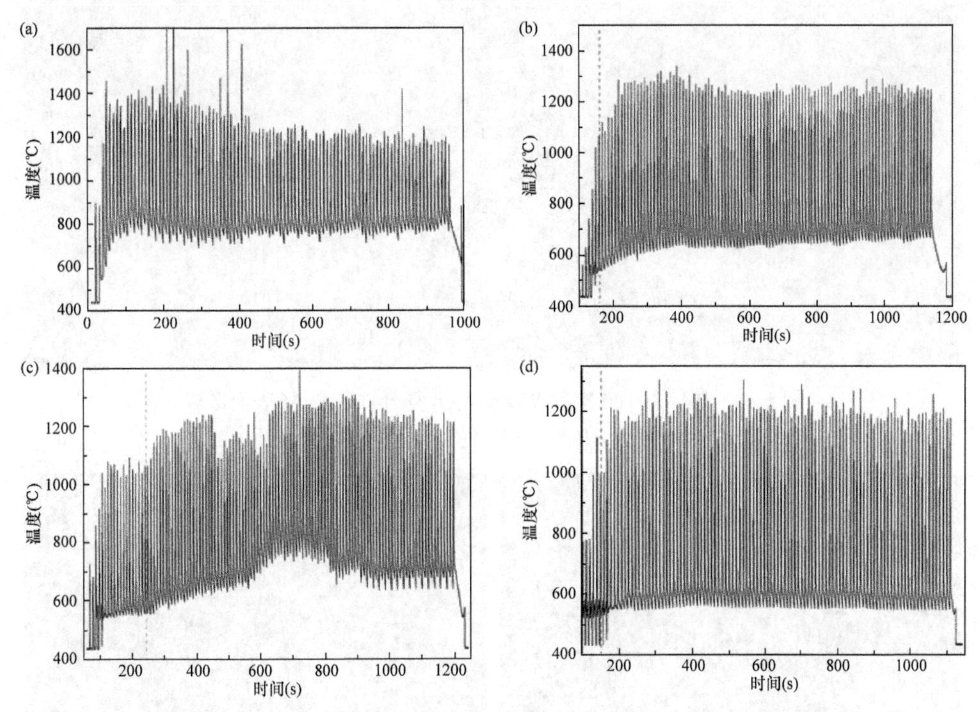

图 5.37　W-Zr/Sc_2O_3 复合材料瞬态电子束热冲击的时间-温度分布图

(a) W-2% Sc_2O_3；(b) W-1% Zr/2% Sc_2O_3；(c) W-3% Zr/2% Sc_2O_3；(d) W-5% Zr/2% Sc_2O_3

如图 5.38(i)所示，样品表面的粗糙程度增加[23]，有类似河床状的纹路出现，即 fuzz 结构[38]。经过 100 次的热负荷冲击，基体内晶粒受到剪应力，使得表面出现隆起的突出结构。图 5.38(k)所示的是热负荷中心的裂纹扩散，小裂纹的扩展方式可分为：直接穿过第二相扩展；沿着第二相与 W 基体的晶界扩展；直接穿过凸起结构扩展。在 Zr 含量为 5%时，W-Zr/Sc_2O_3 合金样品表面的 fuzz 结构覆盖了裂纹。图 5.38(h)、(l)中选取区域的 EDS 图如图 5.39 所示，EDS 分析结果与前文一致。

图 5.40 所示为 Zr 含量 3 %和 5 %的热影响区和热负荷区的 SEM 图。由图(a)可知，热冲击实验后的 W-3% Zr/2% Sc_2O_3 合金晶粒粗化，并有再结晶现象[22,34]，在热负荷影响区也有类似 fuzz 状纳米级的小颗粒凸起。添加相 Zr 的熔点和热导率低于 W，裂纹最有可能沿 Zr 与 W 晶界扩展。

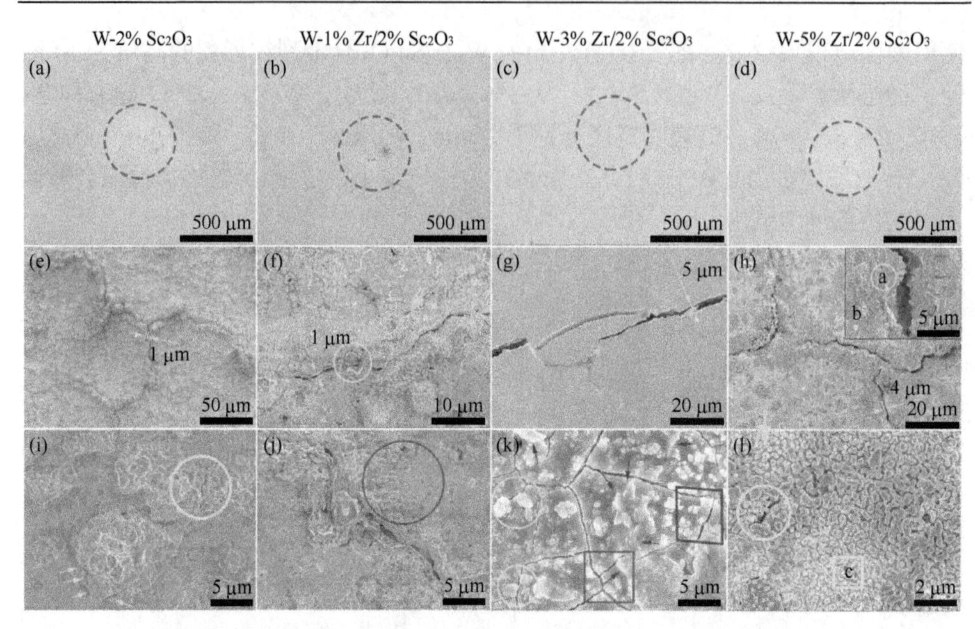

图 5.38　热冲击 100 次后 W-Zr/Sc_2O_3 复合材料 SEM 表面形貌

(a)～(d)低倍图，(e)～(h)裂纹区域放大图，(i)～(l)高倍图

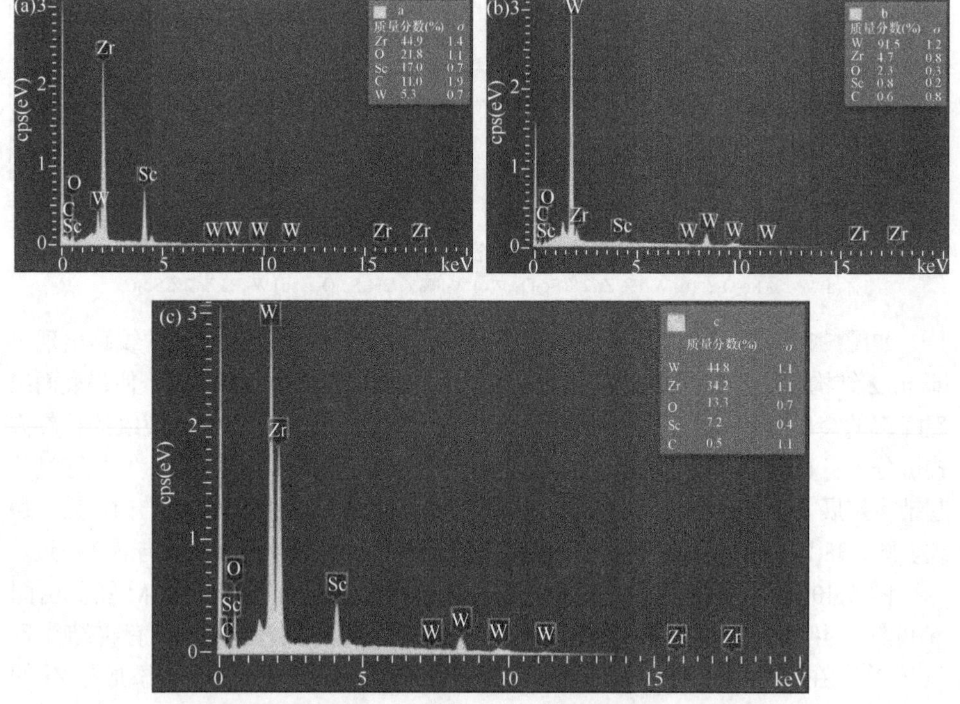

图 5.39　图 5.38(h)、(l)中 a、b、c 区域的 EDS 能谱图

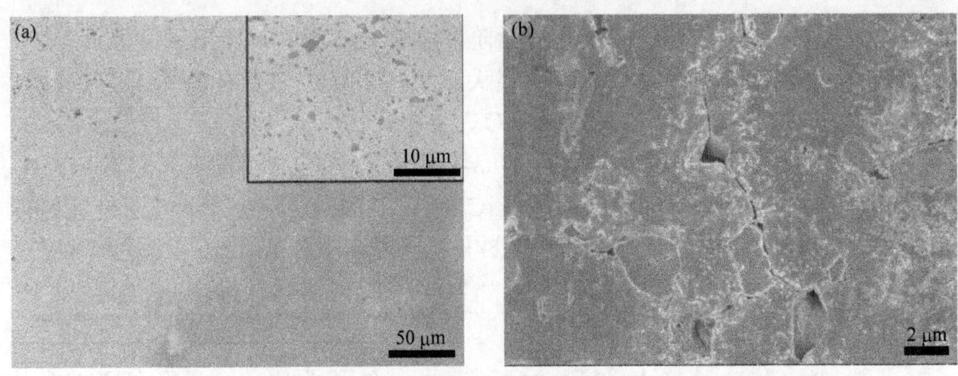

图 5.40　W-Zr/Sc_2O_3 复合材料瞬态电子束热冲击后 SEM 表面形貌

(a) W-3% Zr/2% Sc_2O_3 试样热负荷区与影响区界面形貌；(b) W-5% Zr/2% Sc_2O_3 试样热负荷影响区高倍图

5.5.2.2　W-ZrC/Sc_2O_3 瞬态电子束热冲击组织性能演化

结合前文中对样品热导率的测定结果(图 5.23)，绘制瞬态电子束热冲击下，W-ZrC/Sc_2O_3 复合材料表面温度随时间的变化曲线，如图 5.41 所示。可以看出，W-1% ZrC/2% Sc_2O_3 合金的热导率最低，受热冲击时其表面温度波动较大，高温时的峰波动更明显。ZrC 含量为 3%、5%的样品表面温度变化较平稳，但是

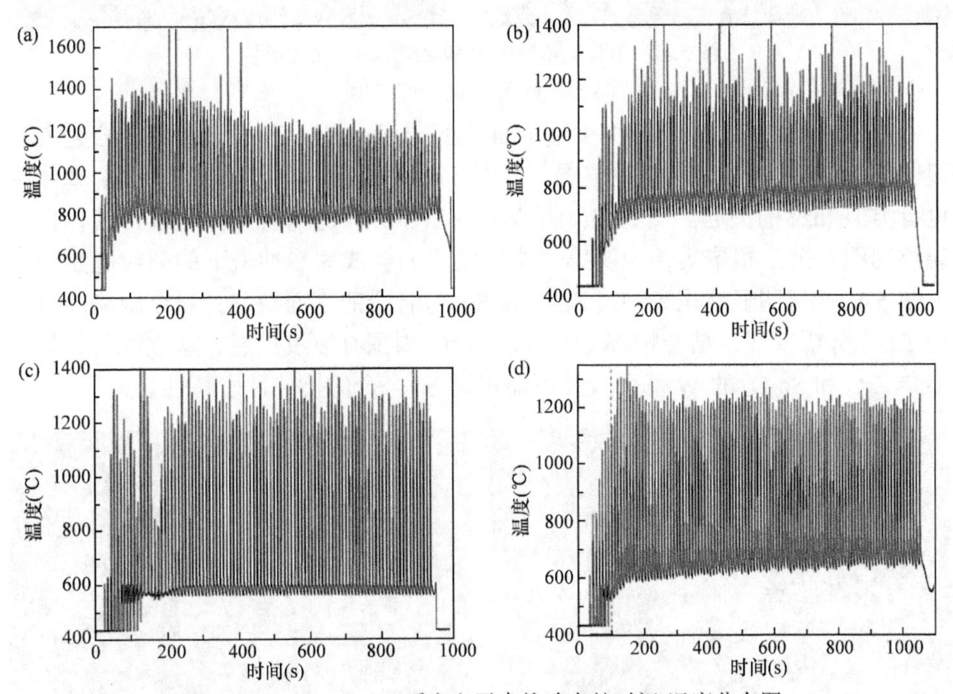

图 5.41　W-ZrC/Sc_2O_3 瞬态电子束热冲击的时间-温度分布图

(a) W-2% Sc_2O_3；(b) W-1% ZrC/2% Sc_2O_3；(c) W-3% ZrC/2% Sc_2O_3；(d) W-5% ZrC/2% Sc_2O_3

W-3% ZrC/2% Sc_2O_3 试样的曲线在开始阶段有较大波动。对比结果可得，W-2% Sc_2O_3 合金在热冲击下表面平均温度最大，可达 1300℃，其他添加了 ZrC 的合金表面平均温度则集中在 1200～1300℃。

图 5.42 是经 100 次电子束冲击后的 W-ZrC/Sc_2O_3 复合样品的表面形貌。在 W-ZrC/Sc_2O_3 系列的合金材料中，未掺杂 ZrC 的 W-2% Sc_2O_3 的抗热冲击性能较好，随着 ZrC 含量的增加，合金表面受到的冲击损伤越来越严重。ZrC 含量为 1%时合金表面有熔融现象；ZrC 含量为 3%时，合金表面有气泡状颗粒；ZrC 含量为 5%时，可发现合金表面有松散的小裂纹。

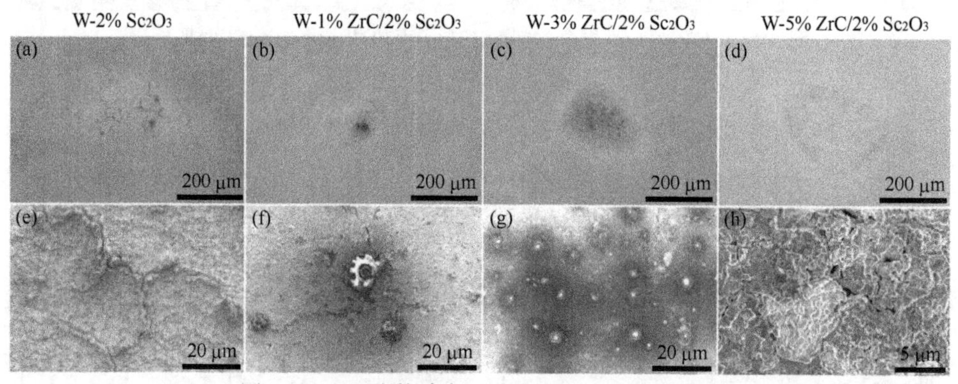

图 5.42　100 次热冲击后 W-ZrC/Sc_2O_3 表面形貌

(a)～(d) 低倍图；(e)～(h)高倍图

受热冲击的 W-ZrC/Sc_2O_3 合金表面形貌与 W-Zr/Sc_2O_3 合金类似，合金表面裂纹都沿着第二相和 W 晶界扩展，如图 5.43(a)所示。图 5.43(b)中的 W 基体中也有类似 fuzz 的突起。图 5.43(c)是 W-1% ZrC/2% Sc_2O_3 合金的裂纹形貌，发现裂纹周围有第二相聚集，说明第二相聚集反而会成为热冲击下的裂纹起始源。由图 5.43(d)可明显看出 W-3% ZrC/2% Sc_2O_3 合金的表面缺陷，对该缺陷部分进行 EDS 分析发现，结合相 W、Sc_2O_3、ZrC 周围有裂纹扩展，这也说明了复合掺杂 ZrC 和 Sc_2O_3 的 W 基合金并不能提高 W 合金的抗热冲击特性。

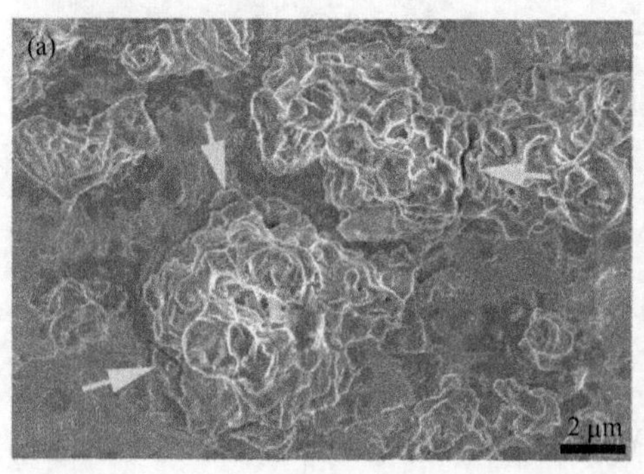

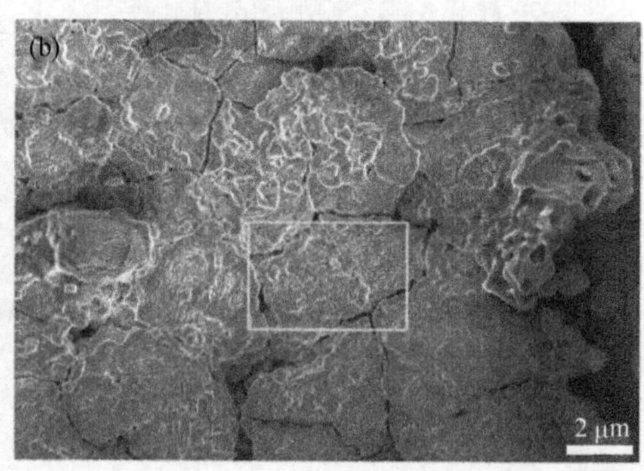

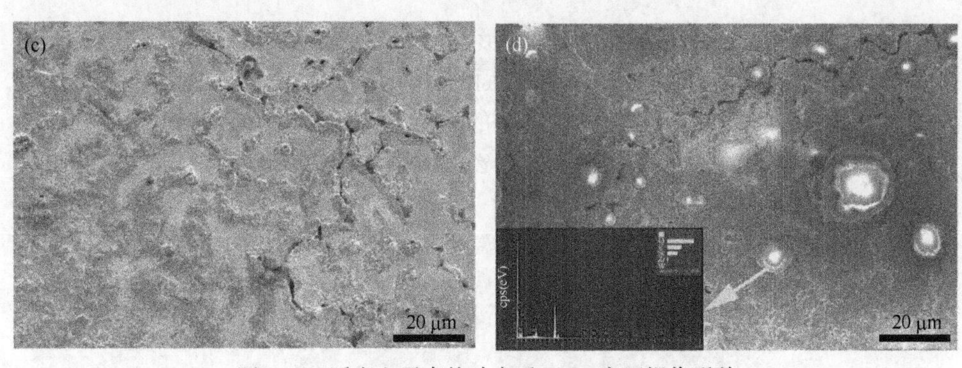

图 5.43　瞬态电子束热冲击后 SEM 表面损伤形貌

(a) W-ZrC/Sc_2O_3；(b) W-1% ZrC/2% Sc_2O_3；(c) W-1% ZrC/2% Sc_2O_3；(d) W-3% ZrC/2% Sc_2O_3及其标记区域的 EDS 能谱插图

5.5.2.3　W-ZrC/Sc_2O_3激光热冲击组织性能演化

对 W-ZrC/Sc_2O_3合金进行激光热冲击实验，其中电流分别为 60 A、90 A 和 120 A，对应的激光束能量密度分别为 50 MW/m^2、75 MW/m^2和 100 MW/m^2。由于能量密度 50 MW/m^2 的单次激光冲击对材料几乎无影响，故而进一步研究了 100 MW/m^2和 75 MW/m^2激光冲击后 W-ZrC/Sc_2O_3合金的 SEM 表面损伤形貌(图 5.44)。根据激光烧蚀的位置特征可以看出，激光束能量呈高斯分布，中心位置能量最高，烧蚀最明显。当合金在能量密度为 100 MW/m^2 时，复合材料表面出现更大的烧蚀熔融区域，其直径约为 400～600 μm。与电子束热冲击的结果类似，不掺杂 ZrC 的 W-2% Sc_2O_3 合金受激光束冲击损伤最小，其抗热冲击性能最好，但随着 ZrC 含量增加，材料受激光烧蚀的程度越重，抗热冲击性能越差。在已掺杂Sc_2O_3的 W 基合金中，继续掺杂 ZrC 不利于提高材料的抗热冲击性能。

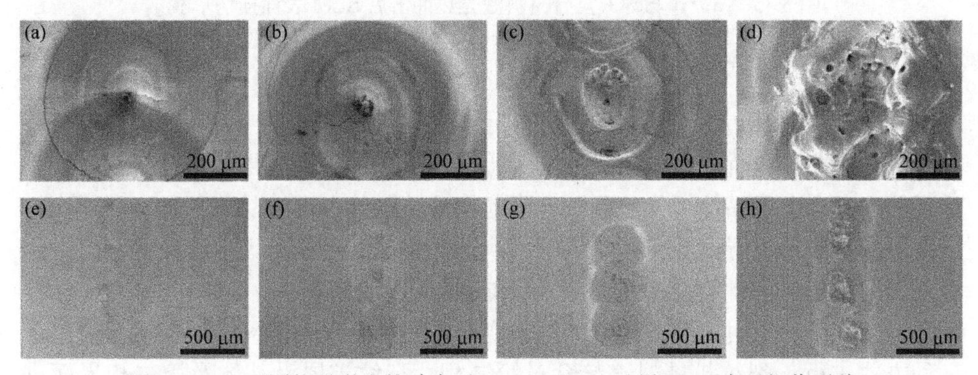

图 5.44　经不同能量激光热冲击后 W-ZrC/Sc_2O_3试样 SEM 表面损伤形貌

(a) W-2% Sc_2O_3 100 MW/m^2；(b) W-1% ZrC/2% Sc_2O_3 100 MW/m^2；(c) W-3% ZrC/2% Sc_2O_3 100 MW/m^2；(d) W-5% ZrC/2% Sc_2O_3 100 MW/m^2；(e) W-2% Sc_2O_3 75 MW/m^2；(f) W-1% ZrC/2% Sc_2O_3 75 MW/m^2；(g) W-3% ZrC/2% Sc_2O_3 75 MW/m^2；(h) W-5% ZrC/2% Sc_2O_3 75 MW/m^2

受激光冲击的合金表面均出现圆形小坑，且圆坑周围扩展出小裂纹，如图 5.45(a)所示。由于激光冲击材料表面时间短能量大，从而引发了熔融和溅射，如图 5.45(b)和(c)所示。裂纹在试样的热负荷影响区同时存在，如图 5.45(d)所示。对材料的熔融区进行 EDS 面扫，结果如图 5.46 所示。熔融区域有大量的 Sc 和 Zr，说明发生熔融的是第二相粒子，这主要归因于第二相粒子相对于钨基体中导热性更差，在激光束的热冲击下率先熔融。

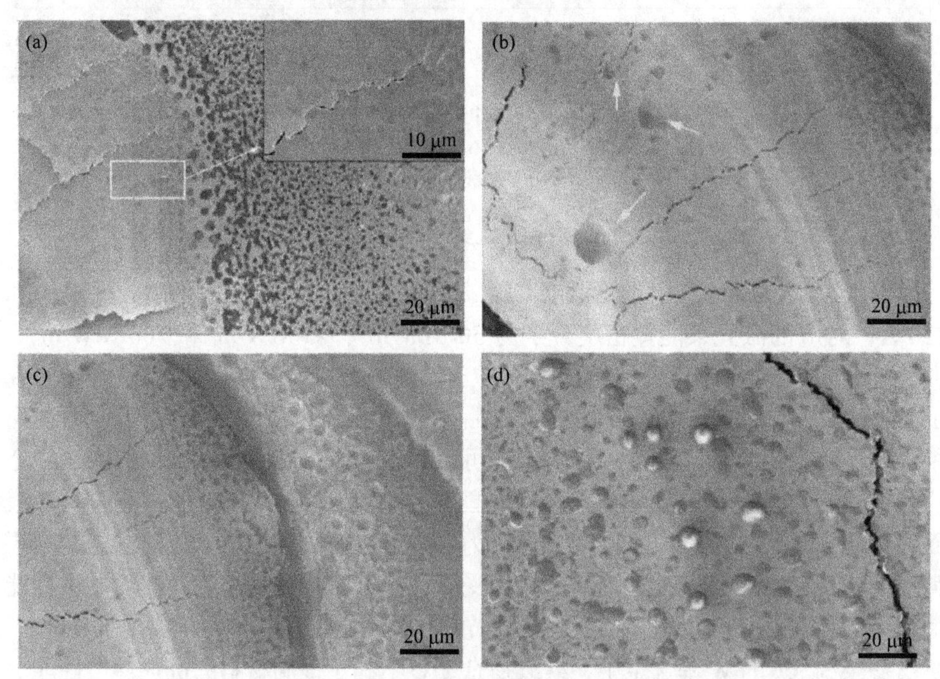

图 5.45　W-ZrC/Sc_2O_3复合材料激光热冲击后 SEM 表面损伤形貌

(a) W-1% ZrC/2% Sc_2O_3 试样热负荷区及其热负荷影响区的界面；(b) W-3% ZrC/2% Sc_2O_3 试样热负荷区；(c) W-3% ZrC/2% Sc_2O_3 试样热负荷区及其热负荷影响区的界面；(d) W-3% ZrC/2% Sc_2O_3 试样热负荷影响区

通过对 W-Zr/Sc_2O_3 合金进行瞬态电子束热负荷，并对 W-ZrC/Sc_2O_3 合金分别进行激光热冲击和瞬态电子束热冲击实验，得出如下研究结果：①合金材料经受瞬态热冲击会出现晶粒粗化、裂纹、隆起、熔蚀脱落、再结晶等各种表面损伤，引发裂纹扩展最终导致失效。②掺杂 W 合金本身热导率较低，热冲击实验中合金表面温度随时间的变化差异显著，形成两种类型裂纹：一是由于 W 的脆性导致的大裂纹；二是由于冲击导致高温塑变产生的小裂纹。微裂纹的扩展通过以下三种方式进行：裂纹扩展时直接穿过第二相；裂纹扩展沿基体及第二相界面进行；裂纹扩展直接穿过突出结构。③对于掺杂了 2% Sc_2O_3 的 W 基复合材料，继续添加 Zr，可与材料中游离的 C、O 反应生成稳定的化合物，起到净化晶界、提高晶界结合强度的作用，当 Zr 的添加量为 1%时，W 基复合材料的抗热冲击性能最好。④对于掺杂了 2% Sc_2O_3 的 W 基复合材料，继续添加 ZrC 并不能提升 W 基材料的抗热冲击性能，ZrC 含量越高，材料的抗热冲击性能越低。

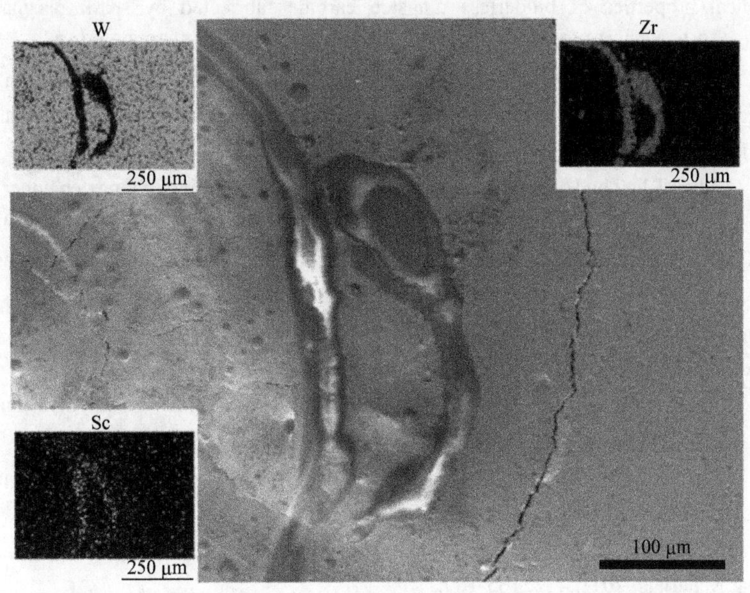

图 5.46　W-3%ZrC/2%Sc_2O_3 经激光热冲击其热熔区 EDS 面扫图

参 考 文 献

[1] Setyawan W, Kurtz R J. Effects of transition metals on the grain boundary cohesion in tungsten. Scripta Materialia, 2012, 66: 558-561.

[2] Xie Z M, Liu R, Fang Q F, et al. Spark plasma sintering and mechanical properties of zirconium micro-alloyed tungsten. Journal of Nuclear Materials, 2014, 444: 175-180.

[3] Liu R, Xie Z M, Hao T, et al. Fabricating high performance tungsten alloys through zirconium micro-alloying and nano-sized yttria dispersion strengthening. Journal of Nuclear Materials, 2014, 451: 35-39.

[4] Xie Z M, Zhang T, Liu R, et al. Grain growth behavior and mechanical properties of zirconium micro-alloyed and nano-size zirconium carbide dispersion strengthened tungsten alloys. International Journal of Refractory Metals and Hard Materials, 2015, 51: 180-187.

[5] Song G M, Wang Y J, Zhou Y. Thermomechanical properties of TiC particle-reinforced tungsten composites for high temperature applications. International Journal of Refractory Metals and Hard Materials, 2003, 21: 1-12.

[6] 张顺, 范景莲, 成会朝, 等. ZrC 对 W 合金性能与组织结构的影响. 稀有金属材料与工程, 2013, 42(7): 1429-1432.

[7] Song G M, Wang Y J, Zhou Y. The mechanical and thermophysical properties of ZrC/W composites at elevated temperature. Materials Science and Engineering A, 2002, 334: 223-232.

[8] Kim J H, Seo M, Kang S. Effect of carbide particle size on the properties of W-ZrC composites.

International Journal of Refractory Metals and Hard Materials, 2012, 35: 49-54.
[9] Ren X Y, Peng Z J, Wang C B, et al. Effect of ZrC nano-powder addition on the microstructure and mechanical properties of binderless tungsten carbide fabricated by spark plasma sintering. International Journal of Refractory Metals and Hard Materials, 2015, 48: 398-407.
[10] Kong F H, Qu M, Yan S, et al. Helium-induced hardening effect in polycrystalline tungsten. Nuclear Instruments and Methods in Physics Research Section B: Beam Interactions with Materials and Atoms, 2017, 406: 643-647.
[11] Cui M H, Shen T L, Zhu H P, et al. Vacancy like defects and hardening of tungsten under irradiation with He ions at 800℃. Fusion Engineering and Design, 2017, 121: 313-318.
[12] Yang Q, Fan H Y, Ni W Y, et al. Observation of interstitial loops in He^+ irradiated W by conductive atomic force microscopy. Acta Materialia, 2015, 92: 178-188.
[13] Parish C M, Hijazi H, Meyer H M, et al. Effect of tungsten crystallographic orientation on He-ion-induced surface morphology changes. Acta Materialia, 2014, 62: 173-181.
[14] Ito A M, Takayama A, Oda Y, et al. Molecular dynamics and Monte Carlo hybrid simulation for fuzzy tungsten nanostructure formation. Nuclear Fusion, 2015, 55(7): 073013.
[15] Sakoi Y, Miyamoto M, Ono K, et al. Helium irradiation effects on deuterium retention in tungsten. Journal of Nuclear Materials, 2013, 442: S715-S718.
[16] Cao X Z, Xu Q, Sato K, et al. Thermal desorption of helium from defects in nickel. Journal of Nuclear Materials, 2011, 412: 165-169.
[17] Miyamoto M, Nishijima D, Ueda Y, et al. Observations of suppressed retention and blistering for tungsten exposed to deuterium-helium mixture plasmas. Nuclear Fusion, 2009, 49(6): 065035.
[18] Kong X S, Wang S, Wu X B, et al. First-principles calculations of hydrogen solution and diffusion in tungsten: Temperature and defect-trapping effects. Acta Materialia, 2015, 84: 426-435.
[19] Huang S S, Xu Q, Yoshiie T. Effects of Cr and W on defects evolution in irradiated F82H model alloys. Materials Letters, 2016, 178: 272-275.
[20] Cao X Z, Xu Q, Sato K, et al. Effects of dislocations on thermal helium desorption from nickel and iron. Journal of Nuclear Materials, 2011, 417: 1034-1037.
[21] Kato D, Iwakiri H, Morishita K. Formation of vacancy clusters in tungsten crystals under hydrogen-rich condition. Journal of Nuclear Materials, 2011, 417: 1115-1118.
[22] Suslova A, El-Atwani O, Sagapuram D, et al. Recrystallization and grain growth induced by ELMs-like transient heat loads in deformed tungsten samples. Scientific Reports, 2014, 4.
[23] Wang L, Wang B, Li S D, et al. Thermal fatigue mechanism of recrystallized tungsten under cyclic heat loads via electron beam facility. International Journal of Refractory Metals and Hard Materials, 2016, 61: 61-66.
[24] Zhou Z J, Pintsuk G, Linke J, et al. Transient high heat load tests on pure ultra-fine grained tungsten fabricated by resistance sintering under ultra-high pressure. Fusion Engineering and Design, 2010, 85: 115-121.
[25] Hirai T, Ezato K, Majerus P. ITER relevant high heat flux testing on plasma facing surfaces. Materials Transactions, 2005, 46(3): 412-424.
[26] Hirai T, Pintsuk G, Linke J, et al. Cracking failure study of ITER-reference tungsten grade under

single pulse thermal shock loads at elevated temperatures. Journal of Nuclear Materials, 2009, 390-391: 751-754.

[27] Loewenhoff T, Linke J, Pintsuk G, et al. ITER-W monoblocks under high pulse number transient heat loads at high temperature. Journal of Nuclear Materials, 2015, 463: 202-205.

[28] Pestchanyi S, Garkusha I, Landman I. Simulation of tungsten armour cracking due to small ELMs in ITER. Fusion Engineering and Design, 2010, 85: 1697-1701.

[29] Pestchanyi S, Garkusha I, Landman I. Simulation of residual thermostress in tungsten after repetitive ELM-like heat loads. Fusion Engineering and Design, 2011, 86: 1681-1684.

[30] You J H. Damage and fatigue crack growth of Eurofer steel first wall mock-up under cyclic heat flux loads. Part 2: Finite element analysis of damage evolution. Fusion Engineering and Design, 2014, 89: 294-301.

[31] Li M Y, Werner E, You J H. Influence of heat flux loading patterns on the surface cracking features of tungsten armor under ELM-like thermal shocks. Journal of Nuclear Materials, 2015, 457: 256-265.

[32] Arakcheev A S, Skovorodin D I, Burdakov A V, et al. Calculation of cracking under pulsed heat loads in tungsten manufactured according to ITER specifications. Journal of Nuclear Materials, 2015, 467: 165-171.

[33] Xie Z M, Liu R, Miao S, et al. High thermal shock resistance of the hot rolled and swaged bulk W-ZrC alloys. Journal of Nuclear Materials, 2016, 469: 209-216.

[34] Zhao M L, Luo L M, Lin J S, et al. Thermal shock behavior of W-0.5wt% Y_2O_3 alloy prepared via a novel chemical method. Journal of Nuclear Materials, 2016, 479: 616-622.

[35] Tan X Y, Li P, Luo L M, et al. Effect of second-phase particles on the properties of W-based materials under high-heat loading. Nuclear Materials and Energy, 2016, DOI: 10.1016/j. nme. 2016.07.009.

[36] Tokunaga K, Hotta T, Araki K, et al. High heat loading properties of vacuum plasma spray tungsten coatings on reduced activation ferritic/martensitic steel. Journal of Nuclear Materials, 2013, 438: S905-S908.

[37] Tokunaga K, Matsumoto K, Miyamoto Y, et al. High-heat-flux experiment on plasma-facing materials by electron beam irradiation. Journal of Nuclear Materials, 1994, 212-215: 1323-1328.

[38] Tokunaga K, Kurishita H, Arakawa H, et al. High heat load properties of nanostructured, recrystallized W-1.1TiC. Journal of Nuclear Materials, 2013, 442: S297-301.

第 6 章　W-Ti-TiN 复合材料制备及性能

目前认为，添加合金元素(如钛、钽、钒等)可以有效提高钨基材料的性能[1-5]。例如添加适量的 Ti，可以利用液相烧结的优势，在较低温度下完成对钨合金粉末的烧结，有效细化晶粒尺寸，基体组织中可以观察到 Ti/W 固溶体的存在，产生的固溶强化效应使材料强度得到改善[6, 7]。为了进一步提高钨基复合材料的性能，常加入多种元素以共同强化钨基体，这种复合掺杂比单一第二相掺杂性能更好。由于 TiN 具有高硬度、高熔点、高耐磨性，以及良好的抗冲击性能和低密度特性等[8-10]，通过添加及复合添加 TiN 强化钨基体，可有效改善钨基合金的本征脆性，实现力学和物理性能的优化。

6.1　W-Ti 合金制备与性能

一般采用机械球磨的方法制备复合粉末，结合不同烧结工艺进行块体的制备[11-13]。在不同球磨工艺下，粉末的粒度、尺寸分布状态和微合金化效果会明显不同，在特殊的球磨参数下还会形成非晶相和过饱和固溶体等[14, 15]。相对于球料比、球磨强度，球磨时间对高能球磨后合金粉末的性能具有更显著的影响。利用不同时间的机械球磨和放电等离子体烧结技术制备 W-15% Ti 复合材料，通过对比不同球磨时间制备的 W-15% Ti 合金块体微结构和性能的差异，来研究球磨时间对合金性能的影响规律。

6.1.1　W-Ti 复合材料制备

6.1.1.1　W-Ti 复合粉末制备

图 6.1 是纯度均为 99.9%的原始 W 粉和 $TiH_{1.9}$ 粉末的 SEM 形貌图，粉末平均粒径分别为 1.2 μm 和 45 μm。按质量比为 85∶15 称量原始粉末 W 和 $TiH_{1.9}$ 共 30 g，装入转速为 400 r/min、容积为 250 mL WC 球磨罐的行星式球磨机中进行球磨。球磨参数如表 6.1 所示。采用 WC 硬质合金磨球(直径分别为 6 mm、8 mm、10 mm)，磨球和粉末质量比为 20∶1，其中每个球磨罐中装入 600 g 磨球，在 Ar 气氛保护下球磨 10～80 h。球磨完成后在手套箱中进行取粉操作，以避免 O 和 N 污染。取出球磨后的粉末再用玛瑙研钵将较大团聚体磨碎、分散，将获得的均匀细化的合金粉末倒入试样袋中，抽真空后置于真空皿中，并开始准备后续的烧结工作。

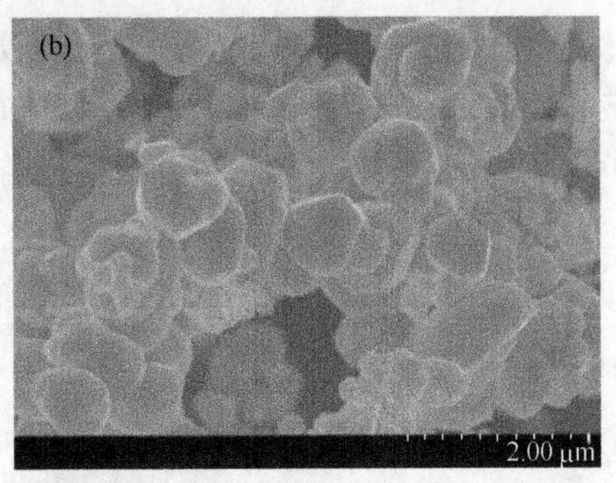

图 6.1　SEM 表面形貌

(a) 初始 $TiH_{1.9}$ 粉末；(b) 纯 W 粉末

表 6.1　球磨工艺参数

球磨时间 (h)	球料比 (BPR)	转速 (r/min)	保护 气氛	球磨罐和磨球 的材料
10～80	20∶1	400	Ar	WC+8% Co

6.1.1.2　W-Ti 合金制备

图 6.2 为 W-15% Ti 复合材料的烧结工艺曲线。选择 Φ 20 mm 的组合石墨模具进行烧结，先将石墨模具下模冲塞入阴模中，再将球磨 10 h、30 h、60 h 和 80 h 所制得的 W-15% Ti 复合粉末分别称量 15 g 后缓慢添加进阴模中，整平后再放上模冲。用压样机将装入粉末后的模具进行压实，最后采用 SPS 工艺在既定的工艺参数下进行烧结，工艺参数如图 6.2 所示。

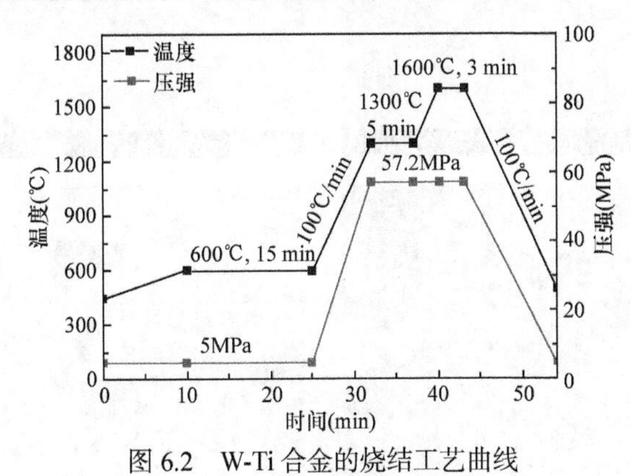

图 6.2　W-Ti 合金的烧结工艺曲线

6.1.2　机械球磨工艺对 W-Ti 合金组织和性能影响

6.1.2.1　W-Ti 复合粉末组织性能

图 6.3 为经过不同球磨时间制备所得 W-15% Ti 合金粉末的表面形貌，发现

在机械球磨过程中，由于颗粒表面能较高，会出现冷焊和团聚等机制，球磨时间越短[图 6.3(a)]，粉末晶粒细化越不充分，也越易存在较大钨颗粒，延长球磨时间可以显著细化合金粉末。根据疲劳失效理论，严重塑性变形的合金粉末会产生加工硬化，继续球磨将发生断裂，从而细化晶粒。此时，粉末颗粒为等轴状，粒度约为 1.34～1.09 μm，尺寸分布范围较窄。当球磨时间增加至 40～60 h 时[图 6.3(d)、(e)]，在高能球磨作用下，断裂后的粉末再次焊合，使得粉末粒

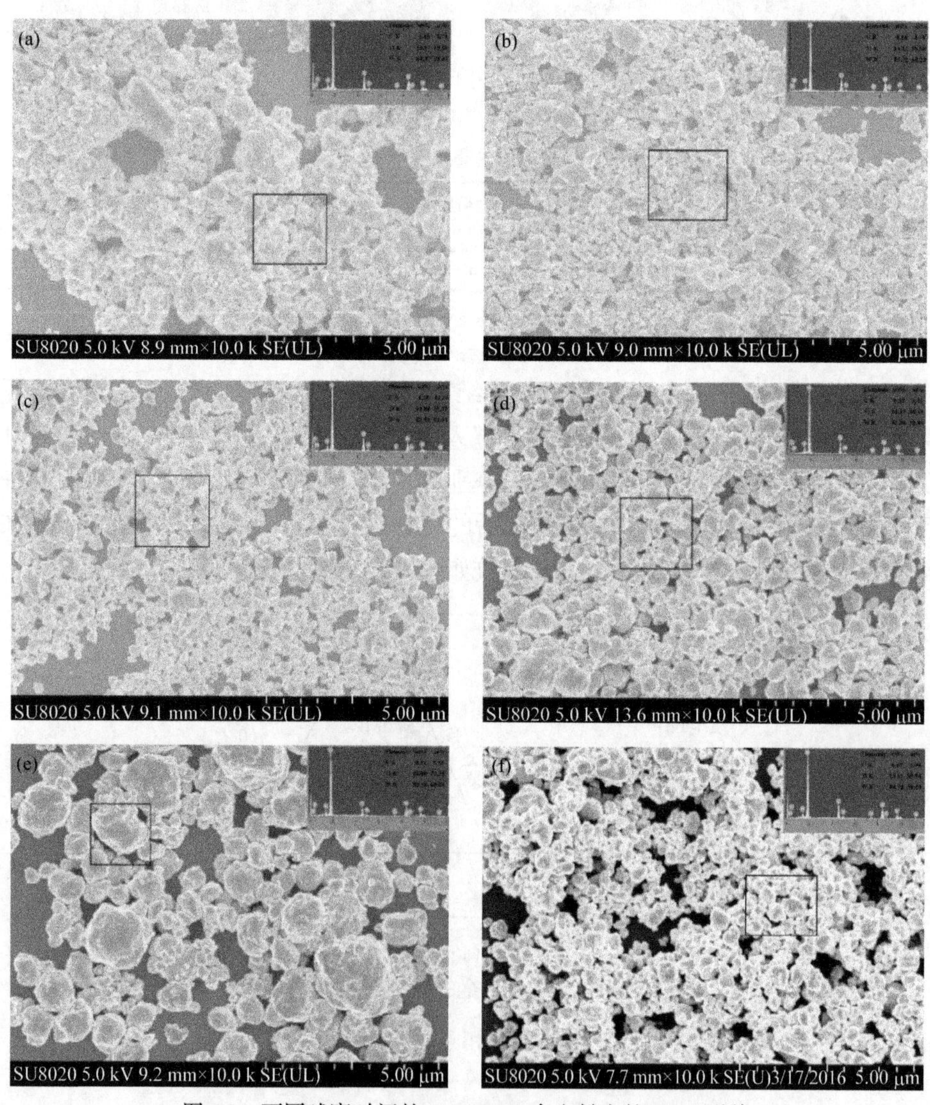

图 6.3　不同球磨时间的 W-15% Ti 合金粉末的 SEM 形貌

(a) 10 h、(b) 20 h、(c) 30 h、(d) 40 h、(e) 60 h、(f) 80 h

度重新增大。当球磨时间延长至 80 h 时，由于该过程中粉末断裂与冷焊的速率处于持平状态，颗粒的尺寸重新细化，且粉末大小粒度分布集中性显著提高[图 6.3(f)]，为了更清晰了解不同球磨时间下的结构演化，绘制合金粉末平均粒度与球磨时间之间的变化曲线，发现变化趋势与 SEM 观察结果吻合，更好地说明了合理选择球磨时间的重要性。

根据 Scherrers 方程和 Williamson-Hall 方程[16]，结合所测钨衍射峰半高宽(FWHM)，可估算出晶粒尺寸和显微应力的大小，如图 6.4 所示。发现最初的 10～20 h 内，晶粒显著细化；当球磨时间延长至 20～40 h 时，粉末粒度细化趋势逐渐放慢，晶粒尺寸降低呈对数变化。反观显微应变在球磨前期 10～20 h 内迅速升高，20～40 h 间缓慢增加，而当球磨时间延长至 80 h 时，显微应变达到最大值，但在 60 h 略微降低，其整体趋势与粒径变化刚好相反。

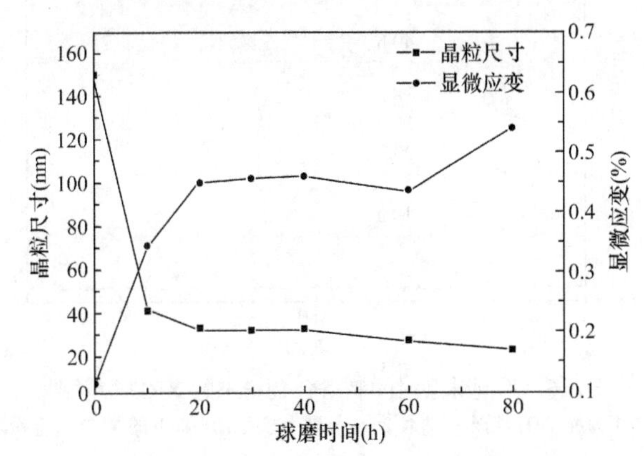

图 6.4　W-15% Ti 晶粒尺寸和显微应变随球磨时间的变化曲线

不同球磨时间下的位错密度如图 6.5 所示，可以看出，延长球磨时间会使得位错密度持续增加。平衡阶段磨球的冲击能大部分转换为热能而散失，剩下的能量被吸收使得粉末发生形变，并且颗粒大小不再发生变化。

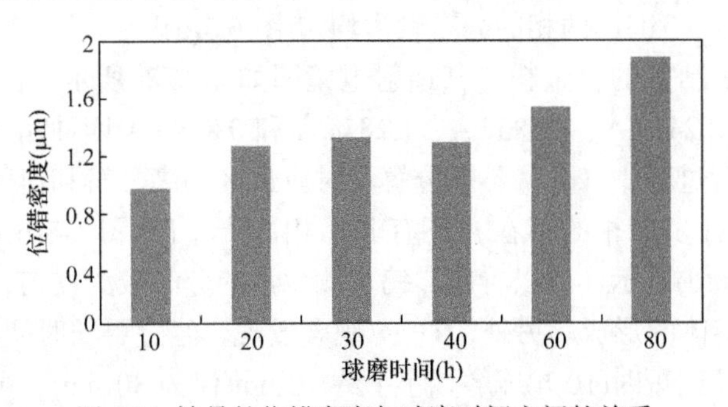

图 6.5　钨晶的位错密度与球磨时间之间的关系

原始粉末和不同球磨时间后制备的 W-Ti 合金粉末 XRD 如图 6.6 所示。经过 10 h 球磨后，钨峰强度最高，颗粒较粗大。随球磨时间的延长，晶格应变和晶体缺陷密度不断增加，衍射峰逐渐变宽且强度逐渐降低。此外，除了曲线 1，$TiH_{1.9}$ 峰只能在曲线 2 和 3 中观察到，表明持续球磨过程中 $TiH_{1.9}$ 发生了分解。此外，图 6.6 中并未出现明显钛峰，考虑在球磨过程中钛、钨两相发生互扩散，形成钛和钨的固溶体，随着球磨时间的延长固溶度也逐渐增大。从衍射峰加宽和晶粒尺寸减小可以推测，为了降低内应力和系统能量，球磨期间出现了非晶化过程，这一发现在后期的 TEM 表征中得到进一步验证。

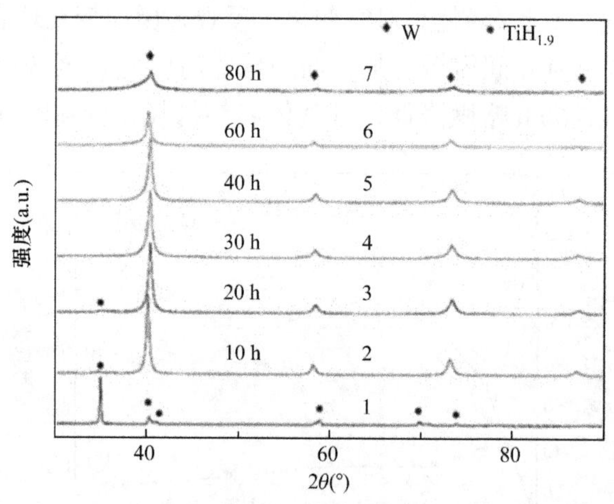

图 6.6 不同球磨时间制备合金粉末的 XRD 衍射图

曲线 1 为纯 $TiH_{1.9}$ 粉末；曲线 2～7 分别为球磨 10～80 h 的 W-Ti 合金粉末

球磨 10 h 后制备的复合粉末的 TEM 图像如图 6.7 所示，从明场像中可以观察到不同衬度的相结构[图 6.7(a)]。为了进一步确定相组成，对该区域进行电子衍射和高分辨分析，如图 6.7(b)和(c)所示，电子衍射环由不完整圆环组成，粉末中存在多种晶体取向，其中浅色相成分为 $TiH_{1.9}$，深色相成分为 W。从该区域的能谱图来看，W、$TiH_{1.9}$ 两相的分布较为均匀[图 6.7(d)]。

球磨 80 h 制备的合金粉末其透射电镜图如图 6.8 所示，图(a)中仅观察出 Ti_xW_{1-x} 相，有 2.2437 Å、1.5832 Å、1.2834 Å 和 0.8393 Å 四种晶面间距，这表明在球磨持续进行过程中 $TiH_{1.9}$ 不断分解。对应选区的高分辨和衍射花斑发现，合金粉末中不仅有多晶相的存在，还有非晶相的产生[见图 6-8(b)]。对应区域的 EDS 图如图 6.8(d)所示，可以看出，钨、钛元素的分布较为均匀，这也证实了球磨后 W-Ti 固溶体的形成。另外，TEM 观察发现，经过更长时间(80 h)球磨制备的合金粉末粒径比短时(10 h)球磨减小了约 70 nm(仅为 30 nm)，可见延长球磨时间，可有效细化合金粉末的尺寸。

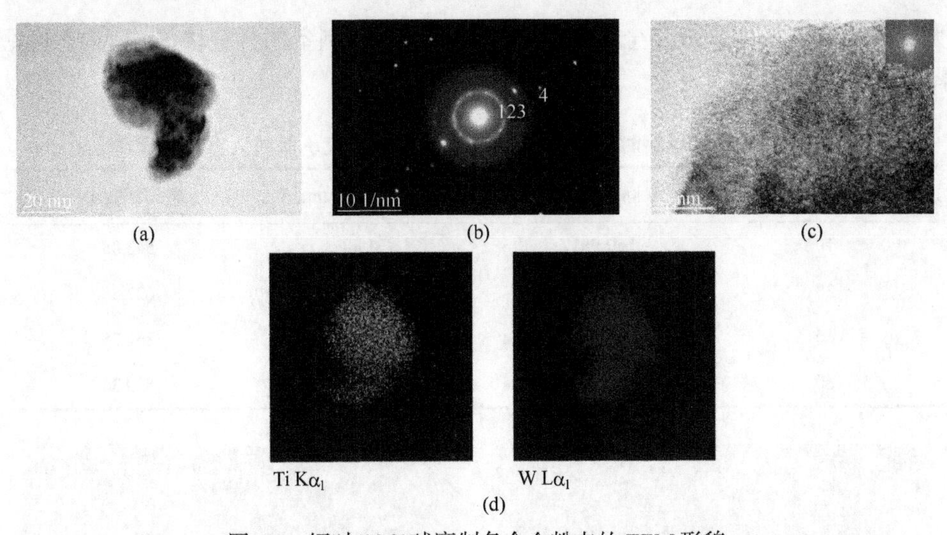

图 6.7　短时(10 h)球磨制备合金粉末的 TEM 形貌

(a) 明场像；(b) 选区电子衍射(1.{110}、2.{200}、3.{211}、4.{321})；(c) 高分辨；(d) EDS 能谱

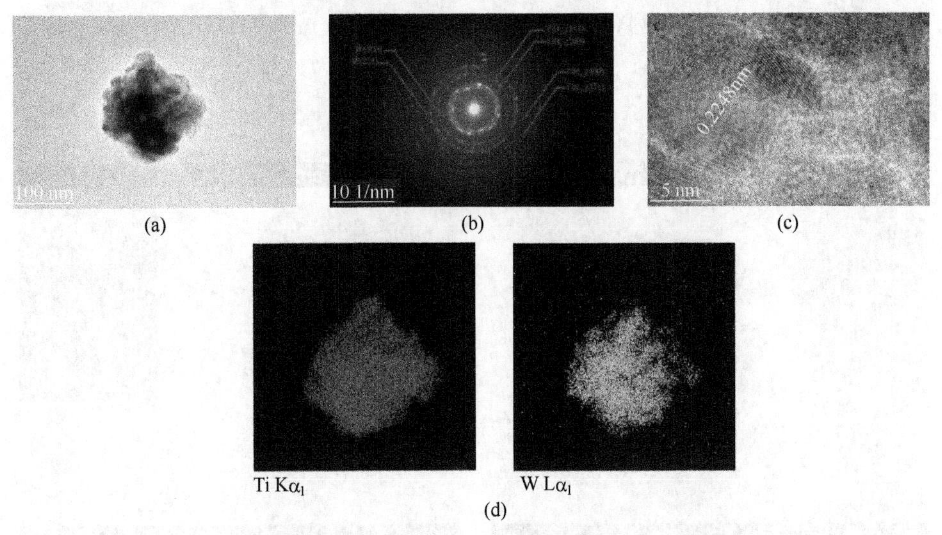

图 6.8　长时(80 h)球磨制备合金粉末的 TEM 形貌

(a) 明场像；(b) 选区电子衍射；(c) 高分辨；(d) EDS 能谱

6.1.2.2　W-Ti 合金组织性能

对不同球磨时间制备的合金粉末采用 SPS 工艺，成功制备了 W-Ti 合金块体，致密度见表6.2。无扩散前提下，计算所得的W-Ti合金的理论密度为12.98 g/cm^3，但实际测得的密度要偏高，可见在高温烧结过程中 W、Ti 两相间发生了互扩散，形成了 W-Ti 固溶体结构[17]。总体上，材料的实际密度与理论密度相差不

大，说明烧结块体接近完全致密化。不同球磨时间制备的合金块体 SEM 形貌见图 6.9。

表 6.2　不同球磨时间制备 W-15%Ti 合金的密度、晶粒大小和硬度

球磨时间(h)	实际密度(g/cm³)	晶粒尺寸(μm)	显微硬度(HV)
10	12.9817	1.48	543.05
30	13.4536	1.08	627.55
60	13.0991	0.47	862.25
80	12.9726	0.31	890.30

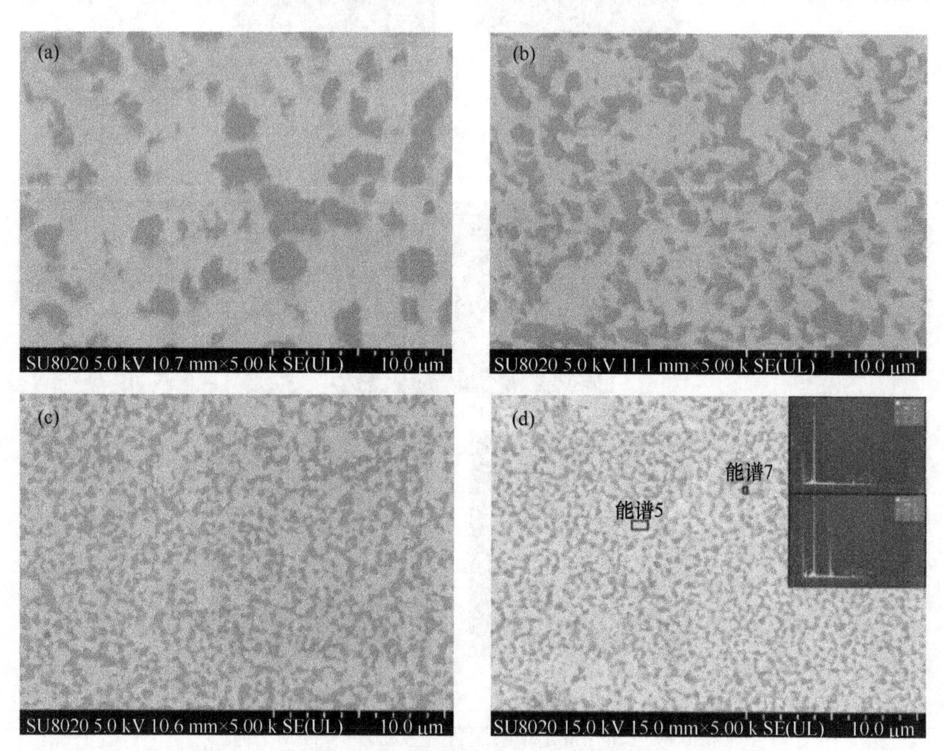

图 6.9　不同球磨时间制备复合粉末烧结块体表面 SEM 形貌

(a) 10 h；(b) 30 h；(c) 60 h；(d) 80 h

图 6.9(a)、(b)为短时球磨粉末经烧结制备的块体表面，在较短时间球磨下，Ti 颗粒没有充分分散，发生聚集，延长球磨时间可促进第二相在钨基体中的分布逐渐均匀化。图 6.9(d)中，对能谱 5（浅色）和 7（深色）两个区域进行 EDS 分析发现，浅色区域主要为 W 元素，而深色区域同时存在 Ti、W（63%，质量分数）和 C。其中，W 更易固溶到 Ti 中，因此烧结过程中，更多的 W 扩

散到Ti晶格中，产生Ti(W)固溶体。因此，通过延长球磨时间，可以有效促进Ti在W基体中的分布，从而显著改善其组织和性能。此外，由表6.2可知，随着球磨时间的增加，晶粒尺寸从1.48 μm细化到0.31 μm，显微硬度从543.05 HV提高到890.30 HV。

对球磨10 h、30 h、60 h和80 h的复合粉末烧结体试样分别进行XRD检测，结果如图6.10所示，发现除了球磨10 h的样品，其他试样中均显示出现$(Ti,W)C_{1-x}$，考虑到机械合金化过程中，钨基体中掺入了碳化钨球罐和磨球材料所致。此外，正是因为少部分Ti与碳化钨形成$(Ti,W)C_{1-x}$，因而检测不出单独的Ti峰[18, 19]。

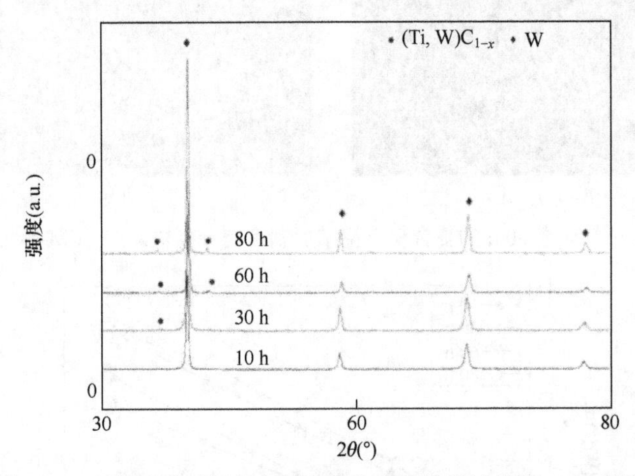

图6.10 不同球磨时间制备复合粉末烧结块体试样的XRD图谱

图6.11为球磨80 h粉末制备样品的TEM图像，结合EDS能谱[图6.11(b)]可知明场像[图6.11(a)]中的黑色区域为W，灰色区域为Ti，还有一个中间区同时存在两种元素。对中间区进行高分辨和电子衍射，结果如图6.11(c)和(d)所示，可知该区域对应的物质为β(Ti, W)，通过计算推断(011)晶面间距与其晶面间距相同。

6.1.2.3 W-Ti合金热学性能

不同球磨时间的复合粉末烧结样品的热导率如图6.12所示，发现热导率与球磨时间呈正比例对应关系，即球磨时间越长，热导率越高；同时，无论何种球磨工艺制出的样品，其热导率均随温度升高而增大。由此可见，温度的升高和球磨时间的延长可以有效改善W和Ti之间界面结合[20]，进而提高了W-Ti合金的导热特性。

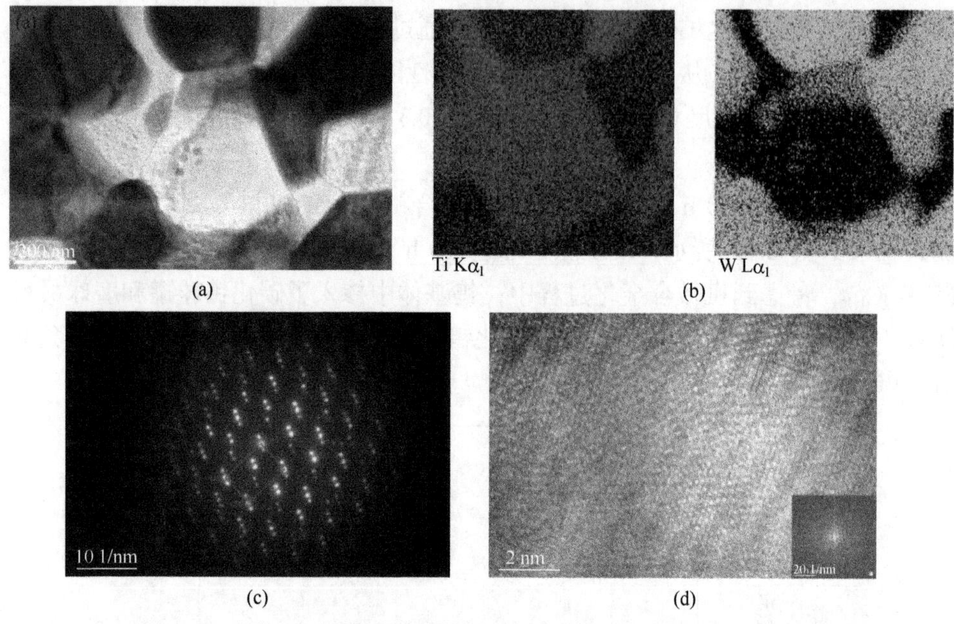

图 6.11 球磨 80 h 的复合粉末烧结后制备的合金块体的 TEM 形貌图

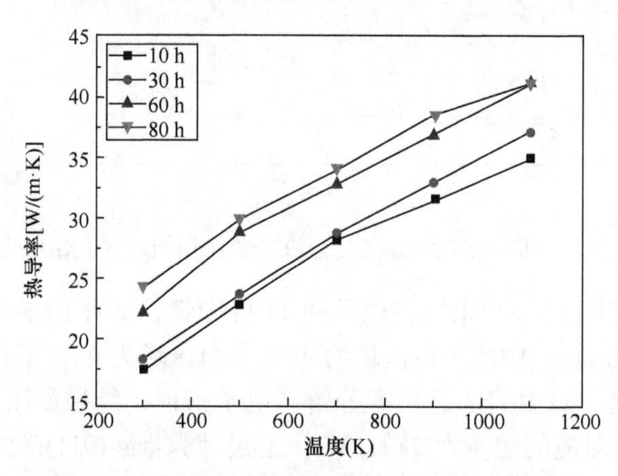

图 6.12 不同球磨时间制备合金的热导率-温度曲线

采用机械球磨法(10 h、30 h、60 h 和 80 h)制备出四种 W-15% Ti 复合粉末，研究球磨时间对粉末和复合材料的影响，发现：球磨时，粉末颗粒重复经历冷焊、断裂和重焊三个阶段。随着球磨时间的增加，粉末可以被球磨到纳米尺寸且微应力增大、位错密度增多；球磨 10 h 后生成 $TiH_{1.9}$ 和 W 两个相，而球磨 80 h 后只有非晶相 W_xTi_{1-x} 产生。可见球磨过程中，$TiH_{1.9}$ 发生分解并形成 W-Ti 固溶体；球磨 10 h 和 30 h 的粉末烧结成合金，钨基体中大量 Ti 聚合；但球磨 60 h、80 h 的粉末烧结后，Ti 聚合现象消失，在 W 基体中存在细化且均匀分布的第二相，表明增加球磨时间可有效改善第二相分布进而改善合金性能。球磨 80 h 的合金 TEM 分析显示，W 和 Ti 相的中间区域存在过渡相 β(Ti，W)；随着球磨时间的延长，烧结样品的显微硬度和导热率均变大，球磨 80 h 的样品显微硬度和导热率最高。这是因为球磨后晶粒尺寸变小，W 和 Ti 之间的界面得到优化。

6.2　TiN 掺杂对钨基复合材料显微组织和性能影响

6.2.1　W-TiN 复合粉体与块体制备

以不同粒径的纯 TiN 粉(20～100 nm)和纯 W 粉(1.0～1.3 μm)为原料，采用机械球磨的方式制备 W-TiN 合金粉末，其中 TiN 的含量(质量分数)分别为 0.5%、1%、2%和 4%。将纯 TiN 粉和 W 粉称重后，装入球磨罐中(球磨罐和磨球均为 WC 材质)，使用 Φ 10 mm、Φ 8 mm、Φ 4 mm 的磨球，球料比为 10∶1，在转速为 400 r/min 的行星式球磨机中球磨 5 h。

采用 SPS(SE-607)的方法制备 W-TiN 合金块体，其工艺参数如图 6.13 所示。将获得的 W-TiN 合金粉末倒进模具中，然后在粉末和模冲之间放入石墨纸圆片以便于脱模，将模具放入 SPS 装置中，校准后准备烧结(Ar + 3% H_2 保护气氛)。在 450℃下加热时，采用连续加压方式，均匀地将压力从 3 kN 增加至 15 kN；在 400～600℃之间，以 100℃/min 的升温速率进行加热，同时继续增大压力至 18 kN，当温度升高至 600℃时，恒温保持 3 min；然后继续以 100℃/min 的升温速率进行加热，在温度达到 900℃时，为了使 TiN 均匀弥散分布，恒温保持 6 min；最后在 100℃/min 下将温度升高至 1800℃，再保温 1.5 min 后以 100℃/min 的降温速率冷却。对四组不同 TiN 含量的合金粉末试样分别按上述工艺进行烧结，烧结后样品直径和厚度分别约为 20 mm 和 2.5 mm。

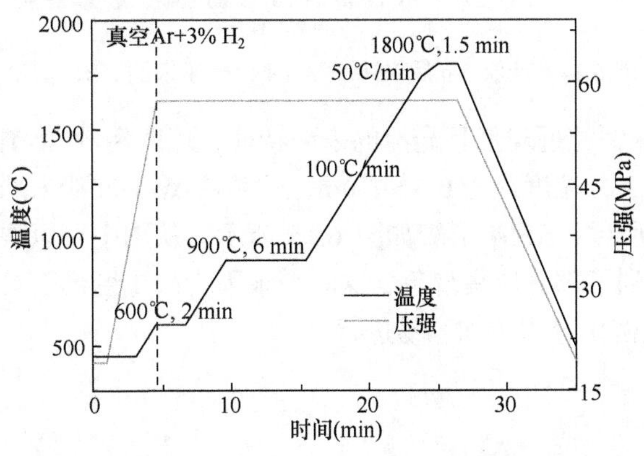

图 6.13　不同 TiN 含量 W-TiN 合金的烧结工艺曲线

对球磨后的四组 W-TiN 合金粉末分别进行 XRD 和 FE-SEM 测试。烧结完成后，用线切割从烧结块体上切割合适大小的试样，砂纸打磨后保存，以用作后续的性能表征。合金块体的致密度可以用阿基米德排水法进行测量。用扫描电子显微镜观察烧结样品的断口和表面形貌并结合 EDS 能谱进行检测。使用 TEM 观察样品微观结构。在室温下设定载荷为 200 gf①，时间为 10 s 来测量显微硬度。用 Instron 5967 试验机在 200℃及 0.05 mm/s 的恒定应变速率下对样品进行拉伸实验。合金试样的热扩散系数用激光导热仪(LFA 457)测量获得。

6.2.2　W-TiN 合金组织与性能

6.2.2.1　W-TiN 复合粉体组织表征

对球磨 5 h 的 W-0.5% TiN 合金粉末进行 XRD 物相分析，如图 6.14 所示，发现图像中只有 4 个钨衍射峰，并没有明显 TiN 峰，这可能是因为 TiN 含量较低，未被检测到。

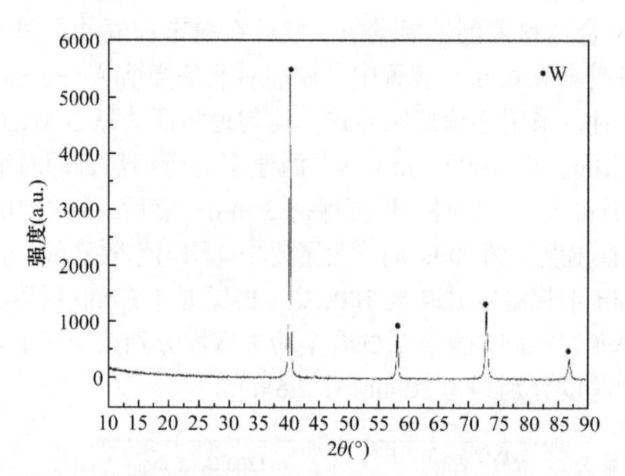

图 6.14　球磨 5 h 后 W-0.5% TiN 合金粉末的 XRD 图谱

相较于纯 W 颗粒近球形且光滑的表面特征，球磨后的 W-TiN 粉末形状不规则且粒径大小不一，粒度约为 0.5～1 μm，这是由 W-TiN 粉末球磨形变中的加工硬化和断裂破碎所致，SEM 形貌如图 6.15 所示。从图中可以看出，粉末粒度明显减小，且观察到了部分聚集现象，这时粉末因为严重变形而具有较高的烧结活性，因此 SPS 致密化过程更加容易进行。

① gf 为非法定单位，1gf=0.0098 N。

图 6.15　机械合金化制备 W-TiN 粉末的 SEM 形貌

6.2.2.2　W-TiN 合金组织表征

图 6.16 为 W-0.5% TiN 复合材料的 SEM 表面形貌和 EDS 能谱，可以看出，钨基体上均匀分布着第二相，且颗粒大小相近。由能谱分析可知，深灰色区域为富 Ti 区，浅灰色区域是 W 基体，TiN 主要分布在晶界，只有少量存在于晶粒内部，可通过钉扎效应阻碍 W 晶粒长大，促使晶粒细化进而实现性能优化。

图 6.16　W-0.5% TiN 合金试样的 SEM 表面形貌和 EDS 能谱图

0.5%和 2% TiN 含量的 W-TiN 合金，其断口形貌分别如图 6.17(a)和(c)所示。可看出不同添加的合金材料，经机械合金化制备后晶粒均匀分布且尺寸相近。随着 TiN 含量的增加，W 晶粒尺寸从 12.6 μm 细化至 6.4 μm。由图 6.17 同样可以看到，W-0.5% TiN 复合材料的晶界和相界面处存在大量孔隙[见图 6.17(a)中白色方框]，直接导致该合金致密度较低。相比之下，W-2% TiN 复合材料的孔隙较少[图 6.17(d)]。对两种合金的断口形貌放大后发现，不同添加量的 W-TiN 复合材料均显现出混合断裂特征，即除了沿晶断裂，还有一些穿晶断裂形貌，尤其对于添加量更多的 W-2% TiN 合金，穿晶断口更加明显，可以明显看到沿 W/W 晶界和 W/TiN 相界面的河流花样和解理面，这主要是因为 TiN 的掺杂强化了晶界，使得

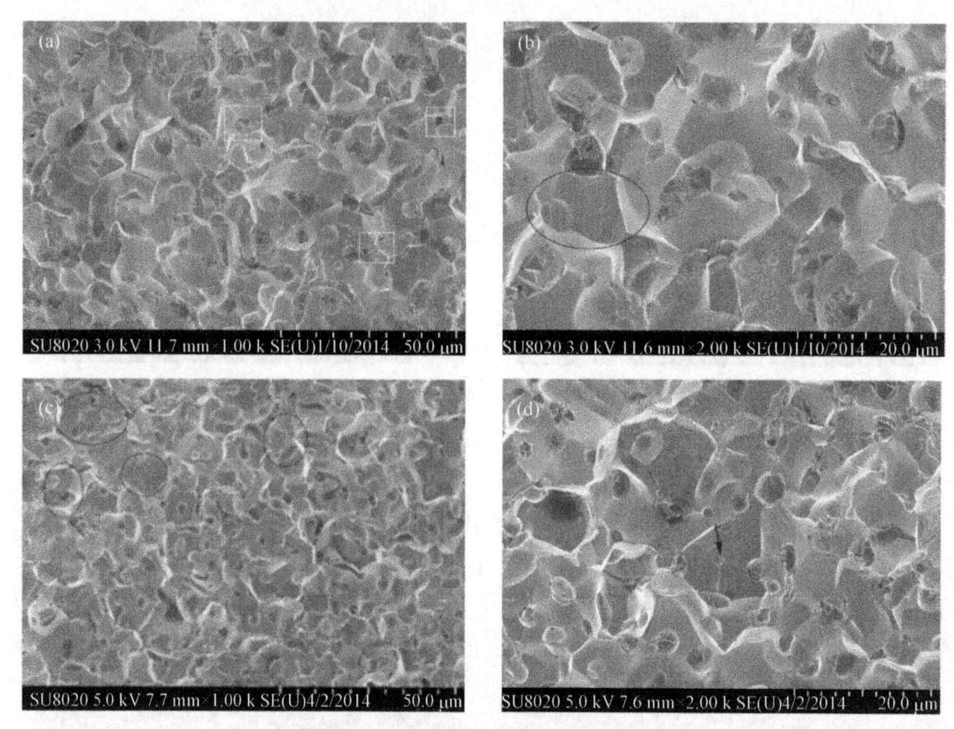

图 6.17　W-TiN 合金 SEM 断口形貌

(a)和(c) W-0.5% TiN；(b)和(d) W-2 % TiN

裂纹沿晶界扩展需要较大的能量，从而发生偏转，产生穿晶断裂。另外，在断口表面还观察到了碎的 TiN 粒子，增加了断口粗糙度。

通过断口分析，对塑性更好的 W-2% TiN 合金进行 TEM 分析，如图 6.18 所示，同样发现 W 基体中均匀分布着第二相颗粒，经统计，颗粒大小约为 0.2～0.4 μm。采用电子衍射和高分辨对其成分进行表征，确认了 TiN 的存在，从图 6.18(b)～(d)可以看出，TiN 具有 *fcc* 结构，钨基体具有 *bcc* 结构，二者沿[110]方向晶面间距分别为 0.24 nm 和 0.15 nm。

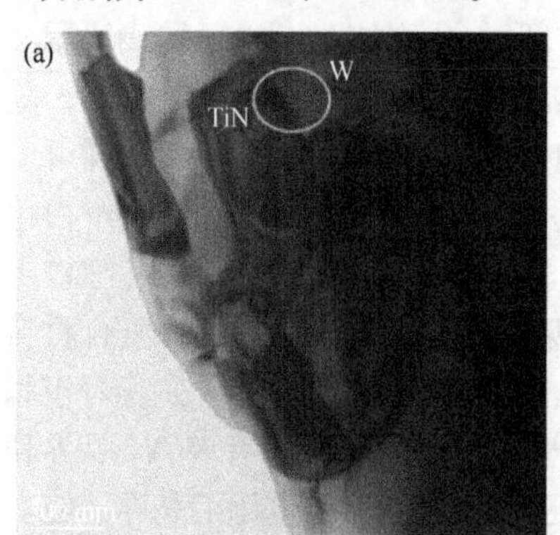

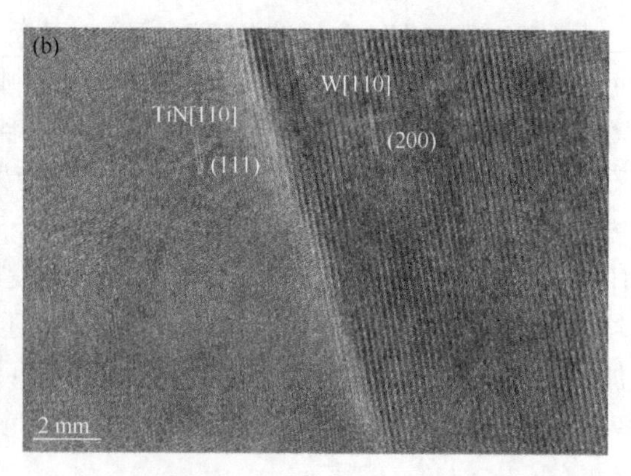

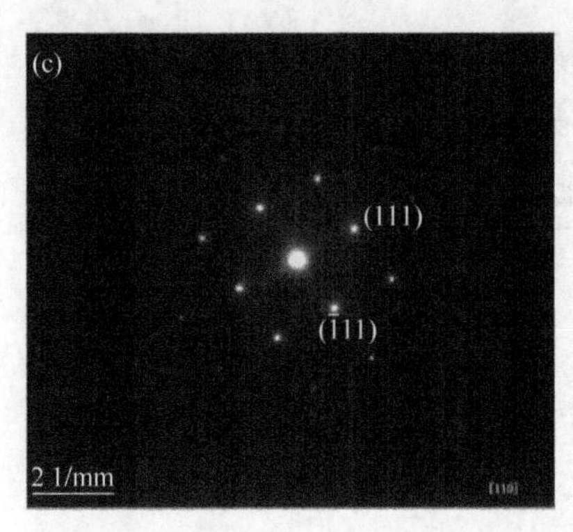

图 6.18　W-2% TiN 合金的透射电镜图

(a) 明场像；(b) W-TiN 合金的高分辨图；(c) TiN 的电子衍射图；(d) 钨晶的电子衍射图

6.2.2.3　W-TiN 复合材料性能

采用阿基米德排水法对 W-TiN 合金的致密度进行测量，发现随着 TiN 含量的增加，合金块体的致密度呈现先增后减的变化趋势。含 2% TiN 的合金块体具有最高的致密度(98.73%)，而在 4% TiN 添加量时，合金块体的致密度仅为 97.8%，是所有组试样中最小的。可见，适量的 TiN 掺杂可以有效提高钨基复合材料的致密度，但添加量过高时，TiN 粒子在晶界处富集，在烧结过程中抑制了钨晶界的移动，使得材料的致密度较低。

不同添加量的 W-TiN 合金硬度如图 6.19 所示，可看出高硬度 TiN 的增加可有效提高基体硬度，不同于致密度的复杂变化，显微硬度呈现正比变化规律，即随着 TiN 增加，合金硬度从 774.7 HV 持续增加至 958.9 HV，W-4% TiN 反而具有最大硬度值。

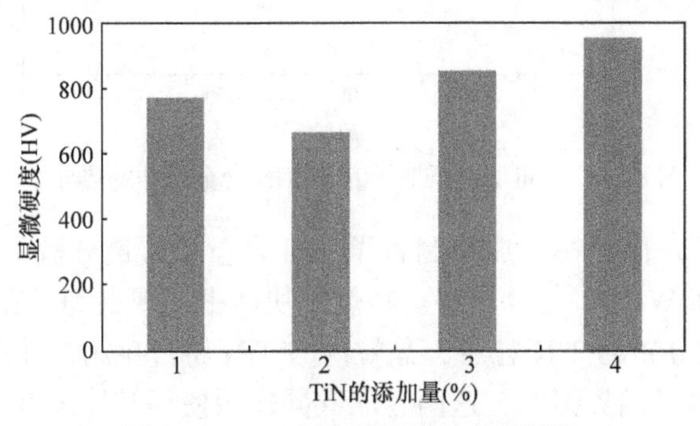

图 6.19　W-TiN 合金试样的显微硬度

不同 W-TiN 复合材料的抗拉强度和弹性模量如表 6.3 所示。当 TiN 含量为 2% 时，抗拉强度为 180 MPa，与 W-1% TiN 相比增加了约 30%；当 TiN 为 4%时，抗拉强度降为 158 MPa，这是因为 W-4% TiN 复合材料的致密度要低于 W-2% TiN 的。值得一提的是，W-2% TiN 合金同样具备最高弹性模量，数值高达 16332 MPa。

表 6.3　合金试样在 200℃恒温下的极限抗拉强度和弹性模量

材料	温度(℃)	极限抗拉强度(MPa)	弹性模量
W-0.5% TiN	200	104	6192
W-1% TiN	200	136	7189
W-2% TiN	200	180	16322
W-4% TiN	200	158	13954

6.2.2.4　W-TiN 合金热学特性

通过激光导热仪(LFA)测量所有样品的热扩散系数，再计算得到热导率，如图 6.20 所示。在 800℃内，所有 W-TiN 复合材料的热导率均随着温度的升高呈现近线性上升趋势，与导热系数变化趋势几近相同。同时，随着 TiN 含量的增加，热导率降低，W-1% TiN 合金的热导率明显高于其他试样，这主要归因于 TiN 具备较纯钨更低的热导率[21]。

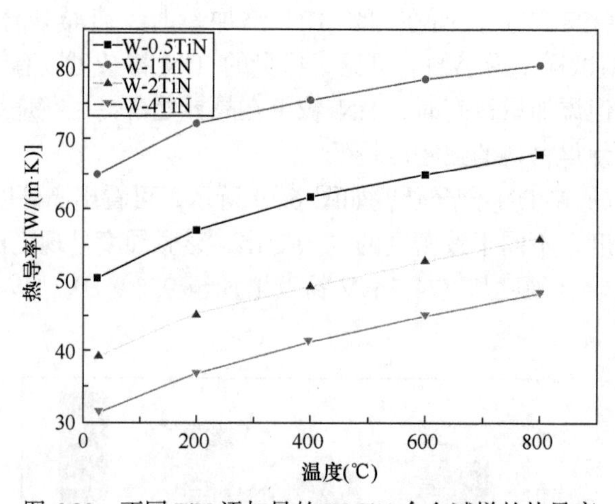

图 6.20　不同 TiN 添加量的 W-TiN 合金试样的热导率

采用机械球磨和 SPS，成功制备了 TiN 含量（质量分数）分别为 0.5%、1%、2%、4%的 W-TiN 复合材料。在烧结块体中，观察到了在 W 晶界处和晶粒内部均匀弥散分布的 TiN 粒子，晶粒内的 TiN 将产生第二相强化，而晶界上的 TiN 粒子提高了晶界强度，这两者的共同作用使得基体强度提高；增加 TiN 含量，可以提高晶粒的细化程度和显微硬度；W-TiN 复合材料的抗拉强度等力学性能受到致密度的影响，W-2% TiN 合金的致密度最高，同时其极限抗拉强度达到最大；不同于纯钨，W-TiN 合金试样的断裂存在沿晶和穿晶的混合断裂模式。

6.3 SPS 制备 TiN 掺杂强化 W-Ti 复合材料组织性能

6.3.1 W-Ti-TiN 复合材料制备与性能

6.3.1.1 W-Ti-TiN 复合粉体制备

基于上文所述，选择可达最优综合性能的 2% TiN 添加量，加入不同含量(质量分数，下同)的 Ti(0～10%)制备 W-Ti-TiN 复合粉末。首先将一定量的微米级 TiH_2 粉末装入球磨罐中(球磨罐和磨球均为 WC)，磨球和粉末的质量比为 20：1，倒入适量的乙醇，在 300 r/min 的转速下进行 50 h 的球磨；最后将纯钨粉、纳米级 TiN 粉末和湿磨后的 TiH_2 粉末按量称取后，装入球磨罐中，以 10：1 的球料比湿磨 10 h。球磨后再用玛瑙研钵研磨，然后装入密封袋，以备烧结使用。

6.3.1.2 W-Ti-TiN 合金制备

采用 SPS 方法，称取 15 g W-Ti-TiN 合金粉末进行烧结，使用 Φ 20 mm 的石墨模具。由于球磨后 TiH_2 粉末的分解温度会降低，约为 395.6～427.2℃[22]，因此先以 100℃/min 的加热速率将粉末加热至 600℃，为了使 TiH_2 完全分解，恒温保持 15 min；继续以 100℃/min 的速率升温至 1300℃，恒温保持 5 min；保温结束后，继续升高温度至 1600℃，保温 3 min 使粉末充分致密化。根据 W-Ti 合金相图，1600℃下烧结不会产生液相，最高烧结压力仅为 57.2 MPa。

6.3.1.3 W-Ti-TiN 复合材料氦离子辐照测试

用线切割切下直径为 Φ 8 mm、厚 1 mm 的 W-Ti-TiN 复合材料薄片并精磨精抛。使用大功率离子辐照实验系统(LP-MIES)进行室温下的 He^+ 辐照实验，辐照时间为 1 h、辐照通量为 1.0×10^{22} ions/m^2，氦离子能量 50 eV。辐照过程中，试样外表温度用 STL-150B 红外测温仪来进行监测，将温度控制在 25℃左右。对 He^+ 辐照完成后的样品进行 TEM 表征，观测辐照后表层的结构演化。

6.3.2 W-Ti-TiN 合金性能评定

样品的密度值如表 6.4 所示，发现进行复合添加(4%、8%和 10%Ti)后，由于形成了固溶体，材料的实际密度均高于理论密度。

表 6.4　不同 Ti 含量 W-Ti-TiN 合金试样的实际/理论密度、硬度和晶粒大小

复合材料 (质量分数)	实际密度 (g/cm^3)	理论密度 (g/cm^3)	显微硬度 (HV)	晶粒尺寸 (μm)
W-0%Ti/TiN	18.3519	18.38	651.44	1.3
W-2%Ti/TiN	16.1792	17.30	830.18	0.51
W-4%Ti/TiN	16.8616	16.35	891.07	0.62
W-8%Ti/TiN	14.8525	14.73	830.65	0.74
W-10%Ti/TiN	14.0744	14.03	782.87	0.83

图 6.21 是样品的显微硬度分布，结合表 6.4 可发现，0～4% Ti 范围内，Ti 含量越多硬度越大；随着 Ti 的进一步添加，W-8% Ti/TiN 和 W-10% Ti/TiN 的硬度呈现下降趋势，这可能归因于 Ti 的团聚。由此可见，W-4Ti/TiN 的致密度最高，硬度也最高。

选取最大 Ti 含量的 W-10% TiH_2-TiN 粉末和烧结块体进行 XRD 物相分析，如图 6.22 所示，可清晰观测到钨和 TiH_2 的衍射峰，但相较于钨基体，TiH_2 峰值很

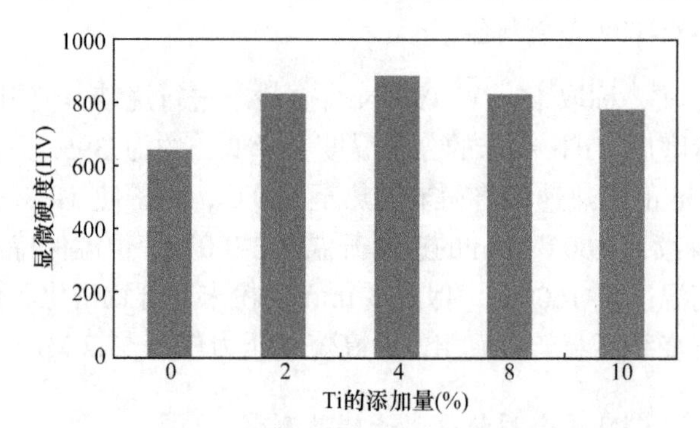

图 6.21　不同 Ti 掺杂量 W-Ti-TiN 合金的硬度分布

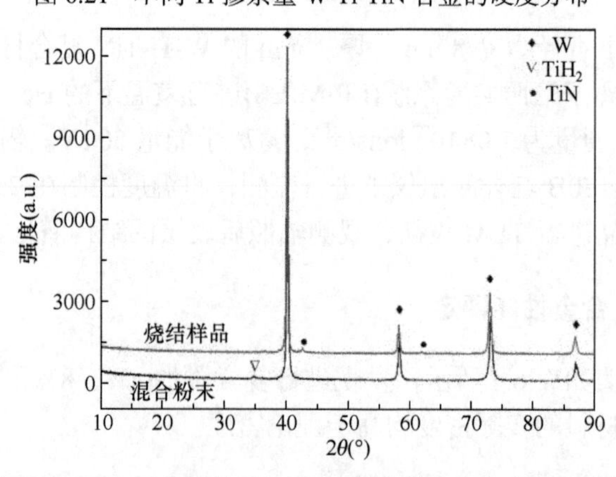

图 6.22　10% Ti 含量的 W-Ti-TiN 复合粉末和合金 XRD 图谱

小，由此可见，机械合金化过程中 TiH_2 的分解不彻底。此外，图 6.22 中并未出现 TiN 衍射峰，这可能是因为粉末中 TiN 的含量太低而不易被检测出。

反观烧结样品的 XRD 图谱中同时对应四个 W 峰和两个 TiN 峰，并没有 TiH_2 峰出现，证明烧结过程中 TiH_2 完全分解。TiN 峰的出现证实了烧结过程中形成了 Ti 和 TiN 的固溶体[20, 23]，这一结论在 TEM 观测中得以证实。

6.3.3　W-Ti-TiN 合金组织表征

图 6.23 为不同 Ti 含量的烧结块体断口形貌。由图 6.23(a)可以看出，没有添加 Ti 元素的 W-TiN 合金主要沿界面(包括晶界和相界)断裂，而钨晶粒较大时，可观察到河流状解理花纹[图 6.23(a)圆圈处所示]；当 Ti 含量小于 4%时[图 6.23(b)、(c)]，W-Ti-TiN 合金的晶粒细小，断口较为复杂，既有类似纯钨的沿晶断口，也有明显的穿晶断裂形貌且裂纹扩展迂回曲折，可见经过复合掺杂的合金，其力学性能有明显改善。由图 6.23(d)～(e)可看出，钨基体中继续增加 Ti 时，过量 Ti 团聚，烧结过程中抑制晶界的迁移，晶粒发生粗化，基体的断裂重新转变为以沿晶断裂为主导的断裂模式。

通过晶粒尺寸计算发现，添加 TiN(0.5 μm)后，合金晶粒细化且仍呈等轴状[图 6.23(a)]，这种细化晶粒效果在复合添加 Ti 后尤为明显。但当 Ti 添加量达到 8%

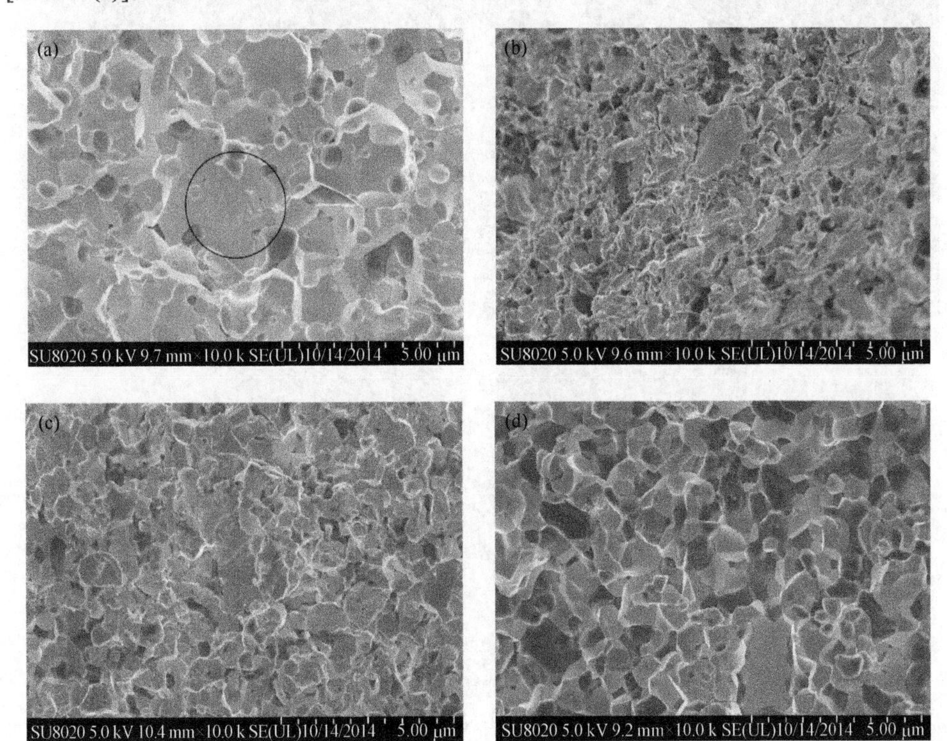

图 6.23 不同 Ti 含量 W-Ti-TiN 合金的 SEM 断口形貌

(a) 0%；(b) 2%；(c) 4%；(d) 8%；(e) 10%

时，过量的 Ti 在晶界的富集使得烧结过程中钨晶粒长大(0.84 μm)。由此可见，适量的 Ti 掺杂对晶粒的细化具有明显的促进作用，而过量 Ti 的添加反而会诱导晶粒在烧结过程中发生粗化。

W-10% Ti-TiN 合金的 TEM 图像可进一步确定基体中 TiN 和 Ti 的存在形式。图 6.24(a)是该合金明场像，其选区电子衍射结果如图 6.24(b)和(c)所示。图 6.24(a)

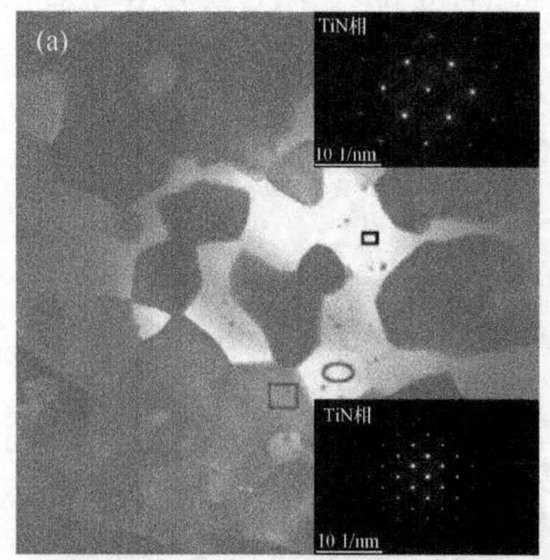

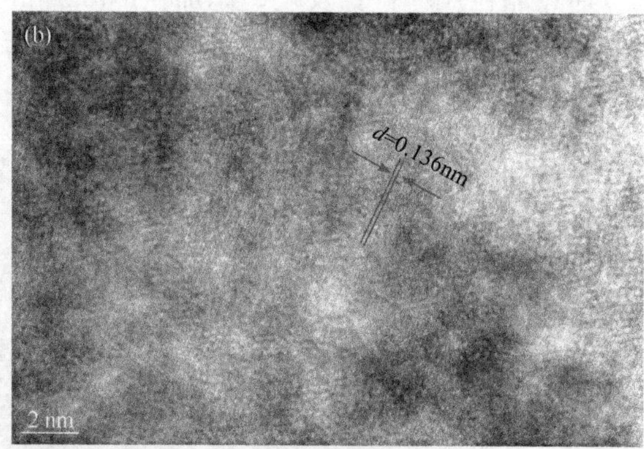

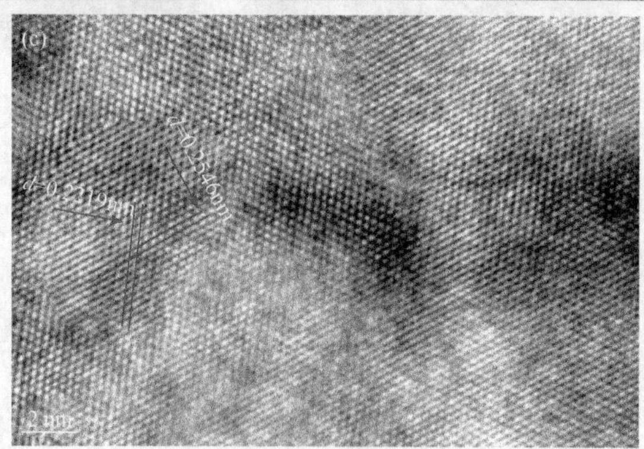

图 6.24 W-Ti-TiN 合金的 TEM 图像

(a) 明场像，TiN/W 对应 SEAD；(b) 钨基体 HRTEM 图像；(c) TiN 的 HRTEM 图像

中，红色矩形标识为 W 相，红色圆圈为 TiN 相，而黑色矩形为富 Ti 相，可见这一区域为 W/Ti/TiN 固溶体，其中 N 原子和 W 原子扩散进入 Ti 原子晶格，由此可检测出钨晶粒中 TiN 的存在，W/Ti/TiN 固溶体元素百分比如表 6.5 所示。

表 6.5 W-Ti-TiN 合金试样中对应选区中 N、Ti 和 W 三种元素的原子占比

元素(K)	质量分数(%)	原子分数(%)
N	3.00	10.18
Ti	88.27	87.56
W	8.73	2.26
总和	100.00	

6.3.4 W-Ti-TiN 合金试样氦离子辐照损伤特性

对未添加 Ti(W-TiN)和最高 Ti 添加量(W-8%Ti-TiN)的两种材料进行室温下的辐照实验，辐照通量为 1.2×10^{22} ions/($m^2\cdot s$)，辨别复合掺杂对钨基材料辐照特性的影响。由图 6.25(a)可以看出，晶界处存在有大量第二相，结合 EDS 分析，发现这些黑色颗粒是添加的 TiN，由于其高硬特质，实验中不受辐照影响的 TiN 颗粒从晶界上剥离造成孔洞。考虑到晶界是氦粒子的强吸收阱，这些孔洞可能诱发溅射腐蚀。图 6.25(b)的 W 基体中可看到密集阶梯状结构和很小的起泡。反观经过

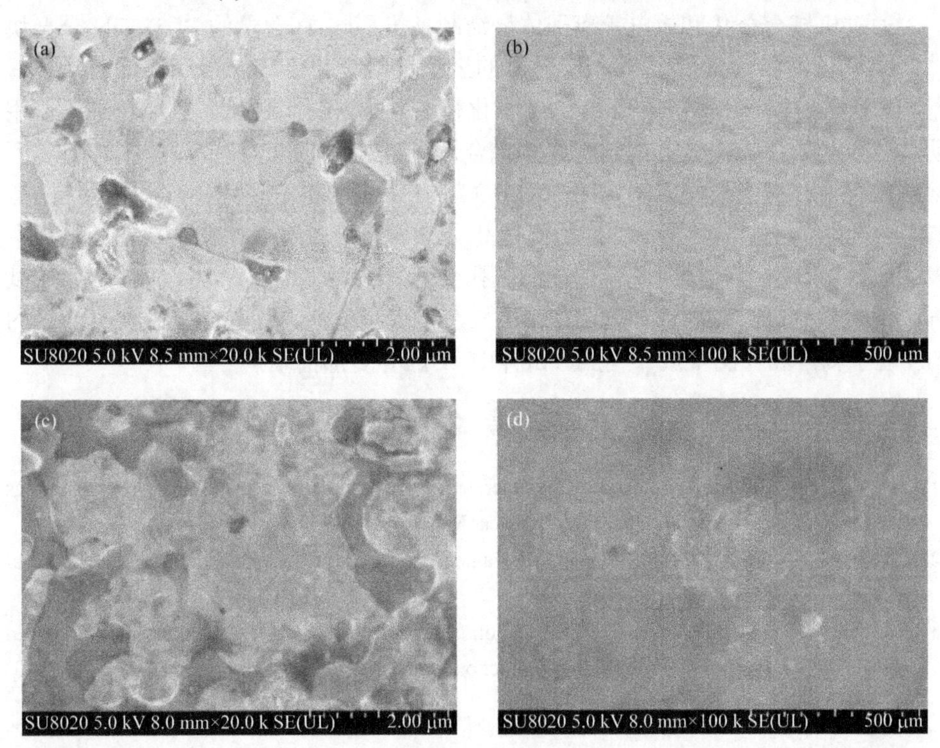

图 6.25 不同 Ti 含量 W-Ti-TiN 合金 He^+辐照的表面结构演化
(a)和(b)0%；(c)、(d)和(e)8%

复合掺杂的 W-8% Ti-TiN 辐照合金表面[图 6.25(c)、(e)]，未观测到因颗粒剥离引发的孔洞，且 W 基体和富 Ti 相中都能看到大小不一的起泡，特别是富 Ti 相区辐照后表面平整，小泡直径约为 5 nm。值得一提的是，W-8% Ti-TiN 辐照表面没有明显台阶状结构生成。由此进一步证实 Ti 的复合掺杂促成了 Ti/TiN 固溶体的生成，故而辐照合金表面形貌差异明显。此外，辐照后 W-TiN 和 W-8% Ti-TiN 两个样品的显微硬度均有所增加，从 651.44 MPa 和 830.65 MPa 分别增加到 807.1 MPa 和 1053.34 MPa，增加量约为 200 MPa，进而反映出钨基材料的辐照硬化特性。

通过机械合金化和放电等离子体烧结制备出不同 Ti 含量的 W-Ti-TiN 合金块体，研究了不同钛含量下 W-TiN 合金的组织性能变化规律，得到如下结论：适量 Ti 掺杂可以显著促进烧结体的致密化行为并提升材料硬度，且晶粒细化作用明显，W-4% Ti-TiN 具有最佳组织和综合性能；TEM 证实了钨基体中 Ti/TiN 固溶体的存在，这主要归因于烧结过程中 N 向 Ti 中的扩散过程；Ti 添加使得 W-TiN 合金的抗 He^+辐照损伤特性得以提高。Ti 含量为 0 时，TiN 会在辐照过程中发生脱落，在继续辐照时脱落形成的微孔会诱发溅射腐蚀。W-8% Ti-TiN 原始试样表面能看到 W 晶内部和富 Ti 相区域产生少量气泡，而晶界上并没有明显的 TiN 粒子剥落和孔洞生成，辐照后试样中 W 晶界更加清晰。

参 考 文 献

[1] Jiang Y, Yang J F, Zhuang Z, et al. Characterization and properties of tungsten carbide coatings fabricated by SPS technique. Journal of Nuclear Materials, 2013, 433: 449-454.

[2] Aguirre M V, Martín A, Pastor J Y, et al. Mechanical properties of Y_2O_3-doped W-Ti alloys. Journal of Nuclear Materials, 2010, 404: 203-209.

[3] Zayachuk Y, Hoen M H J. Surface modification of tungsten and tungsten-tantalum alloys exposed to high-flux deuterium plasmas and its impact on deuterium retention. Nuclear Fusion, 2013, 53: 013013.

[4] Ott R T, Yang X Y, Guyer D E. Synthesis of high-strength W-Ta ultrafine-grain composites. Journal of Materials Research, 2008, 23: 133-139.

[5] Palacios T, Pastor J Y, Aguirre M V, et al. Mechanical behavior of tungsten-vanadium-lanthana alloys as function of temperature. Journal of Nuclear Materials, 2013, 442: S277-S281.

[6] Aguirre M V, Martín A, Pastor J Y, et al. Mechanical properties of tungsten alloys with Y_2O_3 and titanium additions. Journal of Nuclear Materials, 2011, 417: 516-519.

[7] Wang Q X, Liang S H, Fan Z K, et al. Fabrication of W-20wt.%Ti alloy by pressureless sintering at low temperature. International Journal of Refractory Metals & Hard Materials, 2010, 28: 576-579.

[8] Liu N, Xu Y D, Li H, et al. Effect of nano-micro TiN addition on the microstructure and mechanical properties of TiC based cermets. Journal of the European Ceramic Society, 2002, 22: 2409-2414.

[9] Li J L, Hu K, Zhou Y. Formation of TiB_2/TiN nanocomposite powder by high energy ball milling and subsequent heat treatment. Materials Science and Engineering A, 2002, 326: 270-275.

[10] Deng J, Li S, Xing Y, et al. Studies on thermal shock resistance of TiN and TiAlN coatings under pulsed laser irradiation. Surface Engineering, 2014, 30: 195-203.

[11] Sha J J, Hao X N, Li J, et al. Fabrication and microstructure of CNTs activated sintered W-Nb alloys. Journal of Alloys and Compounds, 2014, 587: 290-295.

[12] Wang K, Wang X P, Liu R, et al. The study on the microwave sintering of tungsten at relatively low temperature. Journal of Nuclear Materials, 2012, 431: 206-211.

[13] Luo L M, Tan X Y, Chen H Y, et al. Prearation and characteristics of W-1wt%TiC alloy via a novel chemical method and spark plasma sintering. Powder Technology, 2015, 273: 8-12.

[14] Alijani F, Amini R, Ghaffari M, et al. Effect of milling time on the structure, micro-hardness, and thermal behavior of amorphous/nanocrystalline TiNiCu shape memory alloys developed by mechanical alloying. Materials Design, 2014, 55: 373-380.

[15] Aguilar C, Guzman P, Lascano S, et al. Solid solution and amorphous phase in Ti-Nb-Ta-Mn systems synthesized by mechanical alloying. Journal of Alloys and Compounds, 2016, 670: 346-355.

[16] Dai W L, Liang S H, Luo Y T, et al. Effect of W powders characteristics on the Ti-rich phase and properties of W-10wt.% Ti alloy. International Journal of Refractory Metals & Hard Materials, 2015, 50: 240-246.

[17] Lo C F, Gilman P. Particles generation in W-Ti deposition. Journal of Vacuum Science & Technology A, 1999, 17: 608-611.

[18] Chen C L, Zeng Y. Influence of Ti content on synthesis and characteristics of W-Ti ODS Alloy. Journal of Nuclear Materials, 2016, 469: 1-8.

[19] Yang J X, Xiao Z Y, Miao X H, et al. The effect of Ti additions on the microstructure and magnetic properties of laser clad FeNiCr/60% WC coatings. International Journal of Refractory Metals & Hard Materials, 2015, 52: 6-11.

[20] Xue C. Enhanced thermal conductivity in diamond/aluminum composites: Comparison between the methods of adding Ti into Al matrix and coating Ti onto diamond surface. Surface & Coatings Technology Tech, 2013, 217: 46-50.

[21] Yar M A, Wahlberg S, Bergqvist H, et al. Chemically produced nanostructured ODS-lanthanum

oxide-tungsten composites sintered by spark plasma. Journal of Nuclear Materials, 2011, 408: 129-135.

[22] Chen D, Wang J. Defect annihilation at grain boundaries in α-Fe. Scientific Reports, 2013, 3.

[23] Sahoo P K, Srivastava S K, Kamal S S K, et al. Microstructure and sintering behavior of nanostructured W-10-20wt.% Ti alloys synthesized by a soft chemical approach. International Journal of Refractory Metals & Hard Materials, 2015, 51: 282-288.

第 7 章　W-Cr 系复合材料制备及性能

钨基材料因其高熔点、高热导率等优异特点被认为是最有潜力作为核聚变反应堆第一壁材料的候选材料[1-9]。然而钨在 800℃以上空气环境中会被快速氧化，形成具有挥发性的氧化钨。掺杂钝化元素 Cr 是改善钨基合金抗高温性能的有效方法。W、Cr 均为体心立方晶格，高温烧结过程中，两者会反应生成固溶体产生固溶强化效应。此外，Cr 元素的活性较高，可以吸附杂质元素，净化晶界并提高晶界的结合力。最为重要的是，Cr 元素的氧化活性高于 W 元素，在高温氧化过程中更易与氧元素结合优先氧化，因此比 W 更易形成致密的 Cr_2O_3 钝化层，从而保护基体不被深入氧化。这些氧化层的机械性能对于 W-Cr 合金的高温应用至关重要，若是氧化层机械性能较差则服役时容易破裂，材料表面直接暴露工况氧化严重。故而，使用机械合金化-放电等离子烧结工艺制备 W-Cr 合金，进一步研究 Cr 掺杂钨基合金的抗高温氧化性能及其损伤机理。

7.1　W-Cr 复合材料制备与性能

7.1.1　W-Cr 复合材料制备与性能测试

选择纯度为 99.95%、粉末粒径分别为 1.2 μm 的钨粉和 3 μm 的铬粉作为原料。按照 90%钨粉、10%铬粉和 80%钨粉、20%铬粉质量比进行配粉，球料比 10∶1。为了避免混入杂质以及研磨充分，按照质量比 40%、30%、30%的比例选择直径 φ 10 mm、φ 6 mm、φ 3 mm 的碳化钨 WC 材料磨球。将原料和磨球一起放入碳化钨球磨罐中。为了防止粉末颗粒在球磨过程中发生团聚，向球磨罐中加入无水乙醇至淹没粉末。接着将球磨罐放置于全方位球磨机中，球磨机的转速为 400 r/min，球磨时间 2 h。球磨结束后，将球磨罐打开放置于 100℃烘干箱中 3 h。待酒精完全挥发后，取出粉末，随后用玛瑙研钵研磨 10 min，破碎团聚颗粒，最后得到 W-Cr 合金粉末。

烧结所采用的模具材质为石墨，尺寸为 φ 20 mm。称量 10～13 g 球磨所得合金粉末装入模具中，烧结前利用液压机对其进行预压制，压强约为 3 MPa。将模具放置于放电等离子体烧结炉中进行烧结，具体的工艺流程如图 7.1 所示。放好样品后对炉腔抽真空直至真空度达到 5 Pa 后开始烧结，初始压强设为 10 MPa。随后升温烧结，以 100℃/min 的速度升温至 700℃时保温 3 min，当温度达到

700℃后，开始以 1.5 MPa/min 的速度增加压强到 45 MPa。氩气保护下以同样的升温速度加热到1000℃保温5 min，随后保持升温速度加热至1200℃保温2 min，最后以 50℃/min 速度升温至 1400℃保温 5 min，保温结束后冷却至室温。

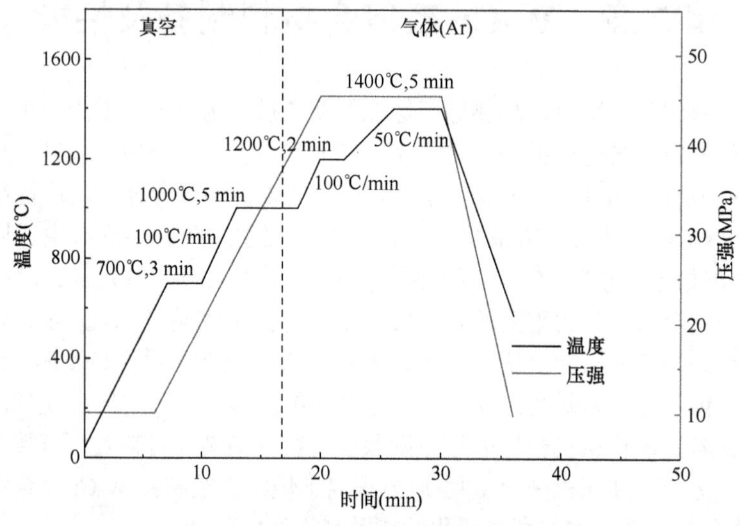

图 7.1　W-Cr 合金 SPS 烧结工艺曲线

利用电火花线切割，将 W-20% Cr 合金样品加工成 10 mm × 10 mm × 1 mm 的块体，对加工后的样品磨平、抛光，利用大功率离子辐照实验系统(型号：LP-MIES)进行低能量、高剂量的氦离子辐照。实验中所采用的氦离子束能量为 50 eV，氦离子束垂直入射到样品表面，有效辐照范围为直径 10 mm 的圆形区域。氦离子辐照过程中，样品表面温度用红外测温仪测得，表面温度约为 1250～1280℃。氦离子辐照剂量约为 9.9×10^{24} ions/m^2 和 1.08×10^{26} ions/m^2，氦离子辐照实验结束后，对样品表面形貌和组织结构进行了表征并研究了样品在氦离子辐照下的损伤行为。

7.1.2　机械合金化制备 W-Cr 合金组织与性能

选择金属 W 粉、Cr 粉为原料，采用机械球磨-放电等离子烧结的方法制备了两种成分的 W-Cr 合金(W-10% Cr 和 W-20% Cr)，通过对 W-Cr 合金组织结构表征、力学性能及高温氧化行为的测试，研究了不同 Cr 元素掺杂含量对 W-Cr 合金组织结构和性能的影响及规律探究。

7.1.2.1　W-Cr 合金组织表征

图 7.2 是纯 W、W-10% Cr 和 W-20% Cr 烧结样品的 XRD 图谱。由图 7.2 可知，样品组织主要由富 W 相(少量 Cr 在 W 中的固溶体)和富 Cr 相(少量 W 在 Cr

中的固溶体)组成。相对于纯钨的衍射峰，富 W 相的衍射峰向更高的 2θ 角度偏移，这主要归因于钨晶格中 Cr 元素的掺杂。Cr 的原子半径(0.128 nm)小于 W 的原子半径(0.139 nm)，Cr 原子置换了 W 晶格中的 W 原子导致钨的晶格降低。图 7.3 是烧结样品的表面 SEM 图像。对于纯钨而言，1400℃的烧结温度不足以实现其完全致密，表面出现空洞，如图 7.3(a)所示。掺杂 Cr 元素会促进钨合金的烧结致密化过程，因此 W-Cr 合金致密度明显提高，表面没有明显空洞产生。结合图 7.3(b)和(c)中的 SEM 图和 EDS 检测结果，W-10% Cr 和 W-20% Cr 合金中黑色颗粒主要包含 Cr-O 元素，W-10% Cr 中方框标记的灰色区域主要组成为 W-Cr-O。图 7.4 是三种样品室温下的 SEM 断口形貌。可以发现纯钨样品晶界处存在许多空洞，而 W-10% Cr、W-20% Cr 样品相对致密，没有空洞，与图 7.3 的结果相吻合。由图 7.4 可以看出，纯 W 样品表现出典型的沿晶断口，反观 W-Cr 合金，尤其是 W-20% Cr 合金断面上出现大量的撕裂痕，表现为混合断裂模式。

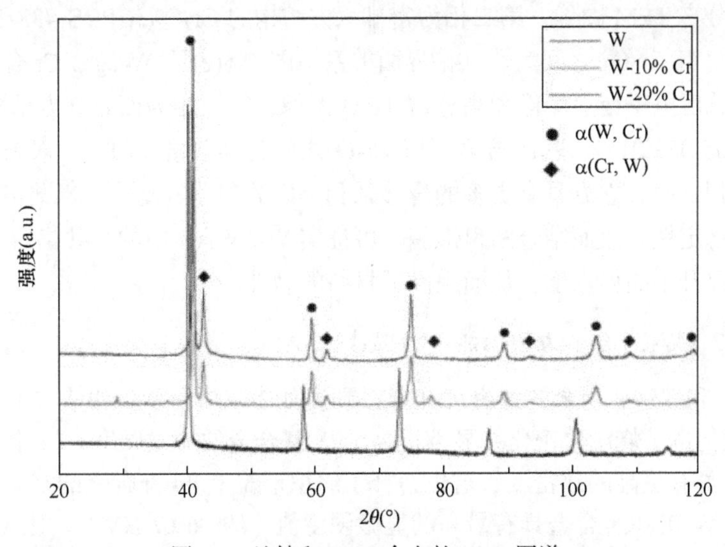

图 7.2　纯钨和 W-Cr 合金的 XRD 图谱

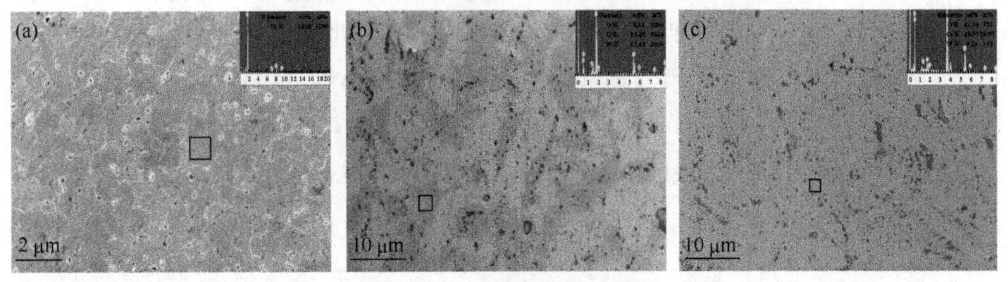

图 7.3　烧结态样品表面形貌

(a) 纯 W；(b) W-10% Cr；(c) W-20% Cr

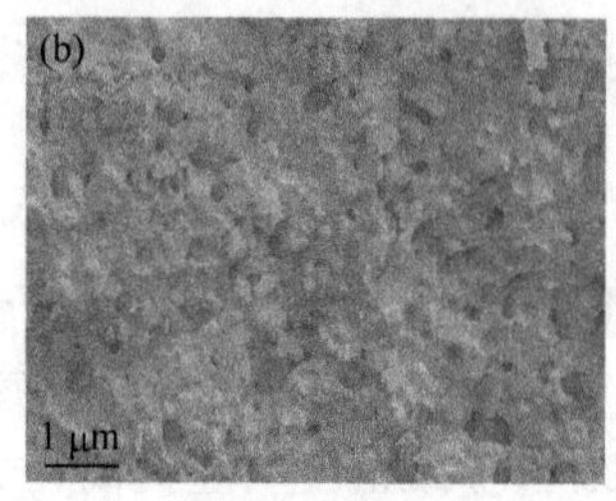

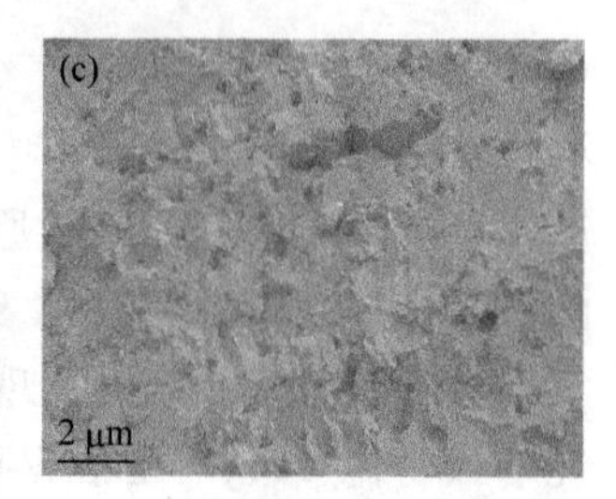

图 7.4 烧结态样品断口形貌

(a) 纯 W；(b) W-10% Cr；(c) W-20% Cr

众所周知，钨基材料是本征脆性材料。钨基合金断裂时，裂纹更倾向于在晶界处扩展为沿晶断裂。随着 Cr 含量的增加，试样断口开始出现穿晶断裂形貌。为了进一步验证 Cr 掺杂对钨基体韧塑性的提高，对 W-10% Cr 和 W-20% Cr 合金进一步使用 TEM 表征。图 7.5(a)是 W-10% Cr 合金的明场像，结合选区电子衍射图像和高分辨 TEM 图像，第二相为密排六方结构的 Cr_2O_3(JCPDS #38-1479)，W 基体与第二相 Cr_2O_3 之间为非共格界面关系。图 7.5(c)是 W-20% Cr 合金的明场像。结合选区电子衍射图像和高分辨 TEM 图像，第二相为面心立方结构的 Cr-O (JCPDS #06-0532)，W 基体与第二相 Cr-O 之间为半共格界面。一般来说，对比密排六方相，面心立方具有更多的滑移系和更好的塑性。此外，半共格界面也提高了相界稳定性。故而结合断口形貌，可证实 W-20% Cr 中的半共格第二相 Cr-O 钉扎晶界提升了晶界强度，从而提高了材料的韧性。

7.1.2.2 W-Cr 合金力学性能和物理特性

纯 W 和 W-Cr 合金的致密度和显微硬度如表 7.1 所示。由表 7.1 可知，掺杂 Cr 元素促进了烧结致密化并显著提高了 W 基合金的显微硬度。较纯 W 而言，W-Cr 合金具有更高的致密度，这也解释了组织形貌上 W-Cr 合金的空洞较少现象(图 7.3)。W-20% Cr 合金具有最高的显微硬度值（约 960.7 HV），比 W-10% Cr 的硬度值高出 10%(871.8 HV)，且约为纯钨显微硬度值的 3 倍(333.5 HV)。图 7.6(a)是 W-20% Cr 块体纳米压痕过程中的载荷-位移曲线，可算出纯钨、W-10% Cr 和 W-20% Cr 的弹性模量分别为 223 GPa、209 GPa 和 335 GPa，如图 7.6(b)所示，也进一步说明不同 Cr 含量的添加确实影响 W-Cr 合金的弹性模量大小。

表 7.1 烧结样品的理论密度、实际密度、相对密度以及显微硬度

合金成分	理论密度 (g/cm^3)	实际密度 (g/cm^3)	相对密度	显微硬度 (HV)
纯 W	19.35	17.53	90.6%	333.5
W-10% Cr	16.68	15.91	95.4%	871.8
W-20% Cr	14.46	13.73	95.0%	960.7

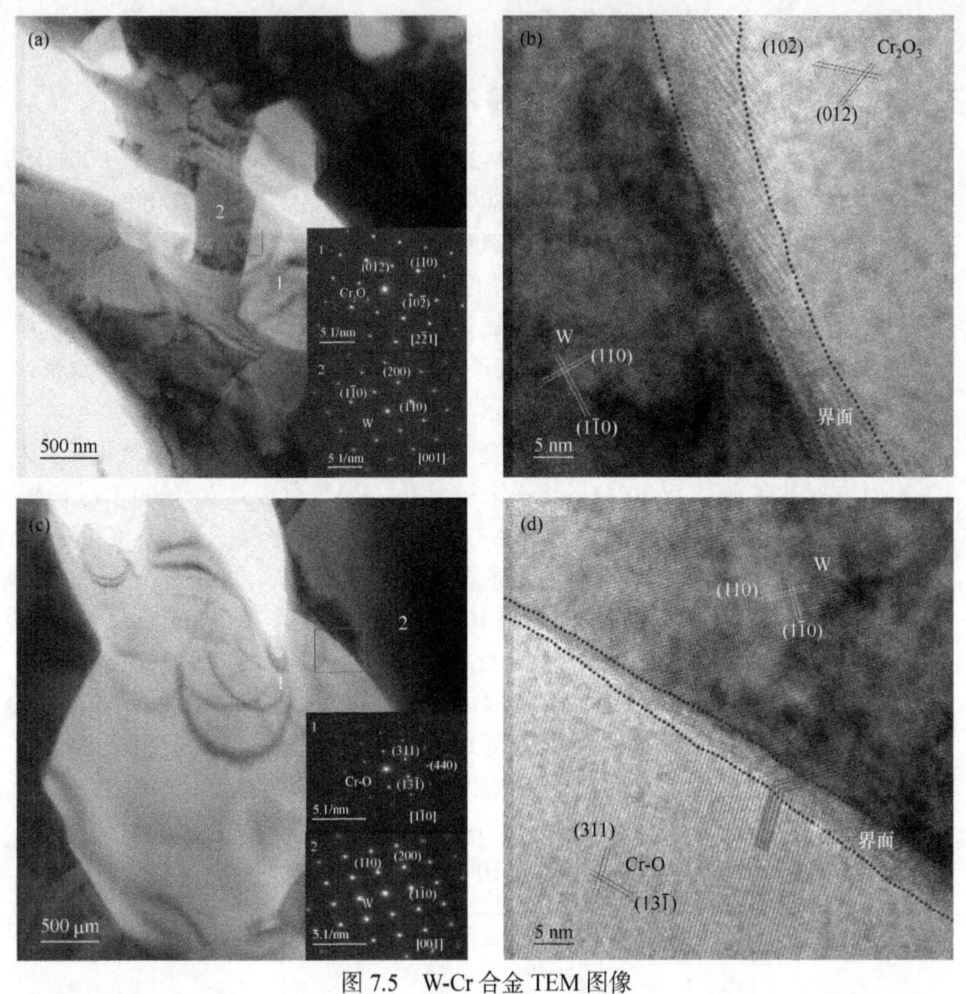

图 7.5　W-Cr 合金 TEM 图像

(a) W-10% Cr 样品明场像；(b) 图(a)中选区位置高分辨图像；(c) W-20% Cr 样品明场像；(d) 图(c)中选区位置高分辨图像

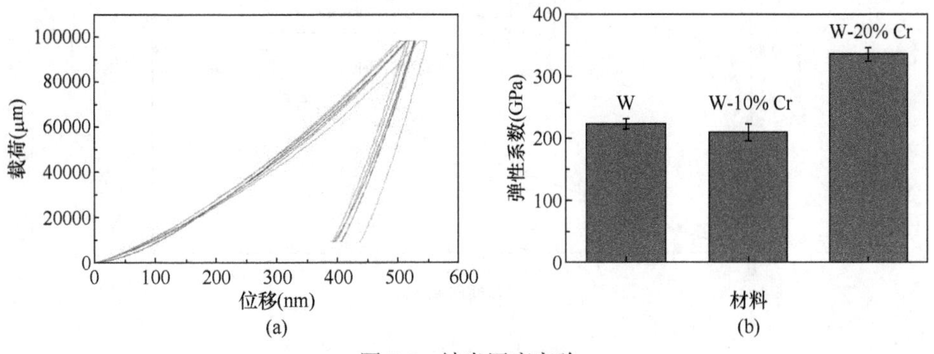

图 7.6　纳米压痕实验

(a) W-20% Cr 载荷-位移曲线；(b) 纯 W 和 W-Cr 弹性模量

7.1.3 W-Cr 合金抗高温氧化性能

7.1.3.1 高温氧化 W-Cr 合金组织演化

实验样品商业纯 W、W-10% Cr、W-20% Cr 分别置于 O_2(体积分数为 20%)和 N_2(体积分数为 80%)的混合气氛，均在 800℃和 1000℃温度下循环氧化 8 h。图 7.7 为每次循环氧化后纯钨和 W-Cr 样品的氧化增重结果。由图 7.7 可以看出，800℃温度下保温 8 h 后，纯钨氧化严重，表面存在黄色氧化层(黄钨，WO_3)，然而 W-Cr 表面仍然呈现金属光泽，没有明显氧化层。1000℃氧化 8 h 后，纯钨氧化严重，部分氧化层脱落。同样，在该温度条件下，W-Cr 合金的氧化层相对致密，氧化增重远低于纯钨，结果如表 7.2 所示。

首先，合金的抗高温氧化性随着合金中 Cr 含量的增加而提高。当氧化温度为 800℃时，对比纯钨，W-20% Cr 几乎未被氧化。当氧化温度为 1000℃时，W-20% Cr 的氧化增重约为纯钨的十分之一。其次，当氧化温度从 800℃提高为 1000℃时，W-Cr 合金的抗氧化性能显著降低。例如，氧化温度从 800℃变为 1000℃，W-20% Cr 合金氧化增重从 0.3×10^{-3} mg/cm^2 增加至 12.35 mg/cm^2。由此可见，氧化层的热力学性质导致了合金氧化增重的显著改变。在 800℃时，氧化层 Cr_2O_3 形成温度，连续并致密地覆盖在基体表面。当温度达到 1000℃时，Cr_2O_3 与氧气结合反应生成具有挥发性的 CrO_3，这导致了材料抗氧化性能的显著降低；最后，在 800℃和 1000℃下，W-20% Cr 合金的抗氧化性能都显著优于 W-10% Cr 合金。考虑到 W-Cr 合金在 800℃的氧化增重非常小，并且在该温度下 W-10% Cr 和 W-20% Cr 合金的氧化增重差距较小，因此选择 1000℃氧化样品进行氧化机理分析。

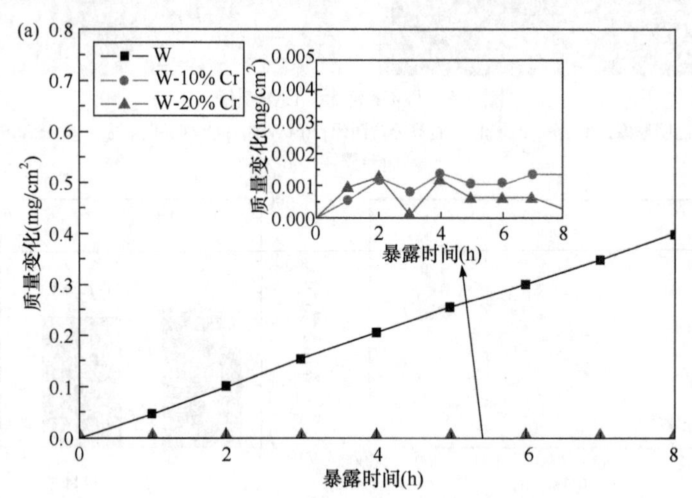

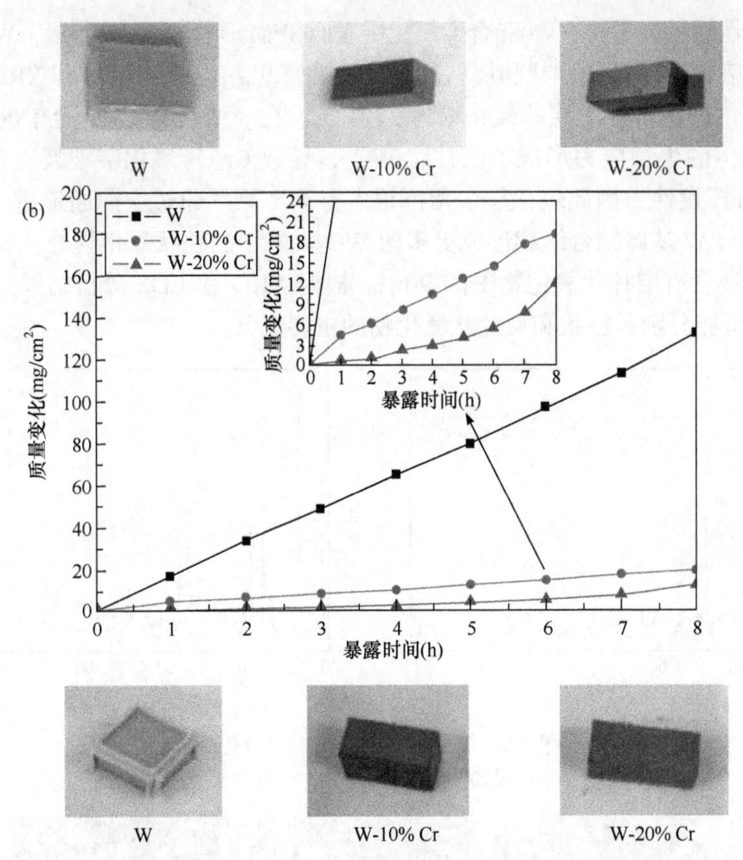

图 7.7　纯 W 和 W-Cr 合金循环氧化增重$\Delta m/A$ 曲线

(a) 800℃；(b)1000℃

表 7.2　不同温度下纯 W 和 W-Cr 合金氧化后的质量变化

合金	温度(℃)	增重 $\Delta m/A$(mg/cm^2)
纯 W	800	0.40
W-10% Cr	800	1.4×10^{-3}
W-20% Cr	800	0.3×10^{-3}
纯 W	1000	130.41
W-10% Cr	1000	19.25
W-20% Cr	1000	12.35

7.1.3.2　W-Cr 合金高温氧化机理

W-Cr 合金在 1000℃、8 h 氧化后样品的 XRD 图谱如图 7.8 所示，据分析可知，W-10% Cr 氧化层主要物相为 Cr_2WO_6、WO_3、$CrWO_4$，W-20% Cr 氧化层主要物相为 Cr_2WO_6、WO_3、$CrWO_4$、Cr_2O_3。显然致密的 Cr_2O_3 氧化层对材料的抗

高温氧化性能至关重要。W-Cr 合金氧化层表面 SEM 形貌如图 7.9 所示，W-10% Cr 氧化样品表面主要是凸柱状和层状的氧化物[图 7.9(a)]。结合 EDS 和 XRD 结果，凸柱状氧化物是 WO_3、层状氧化物为 Cr_2WO_6。在烧结态 W-Cr 合金中的富 W 相氧化所产生的生长应力形成了凸柱状 WO_3，导致 Cr_2O_3 氧化层破裂。1000℃下 WO_3 具有挥发性，因此氧化层中留下很多空洞。氧气通过空洞通道进入合金的亚表面，与 W 基体结合继续形成更多的 WO_3。除了凸柱状氧化物外，W-20% Cr 氧化表层还含有层片状氧化物[图 7.9(b)]。根据 XRD 和 EDS 分析结果，Cr_2WO_6 和 Cr_2O_3 可能分别是柱状和层片状氧化物的主要成分。

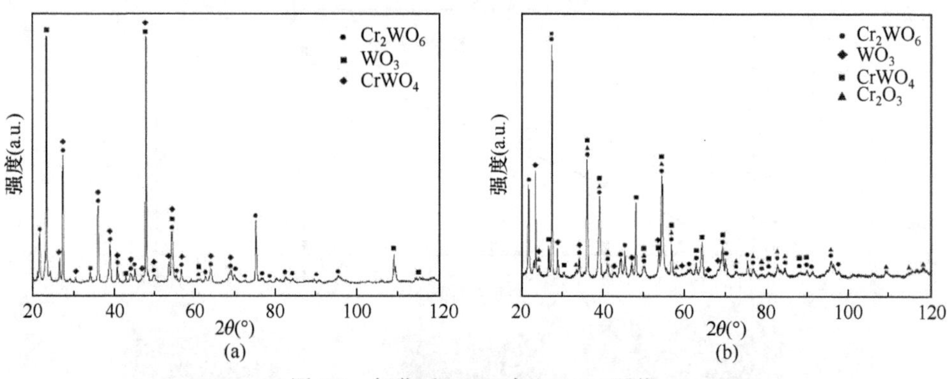

图 7.8　氧化后 W-Cr 合金 XRD 图像

(a) W-10% Cr 合金；(b) W-20% Cr 合金

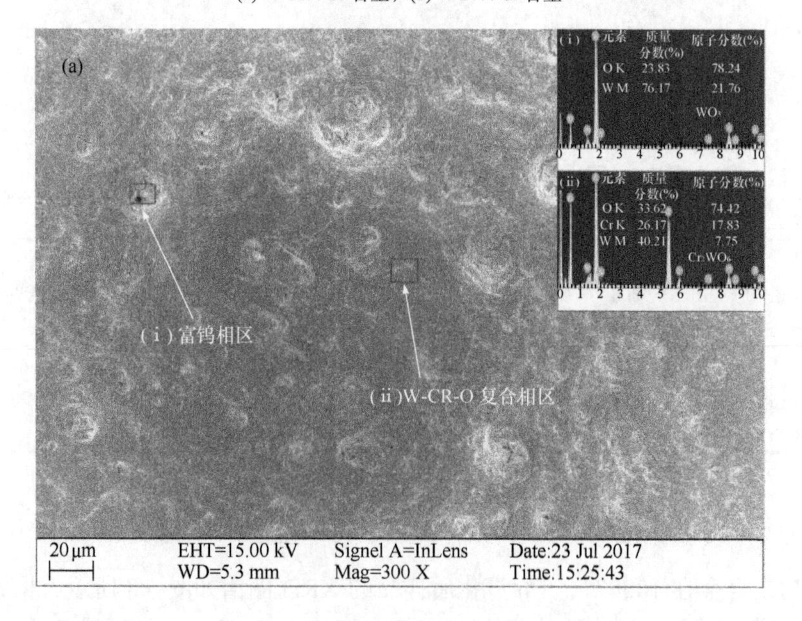

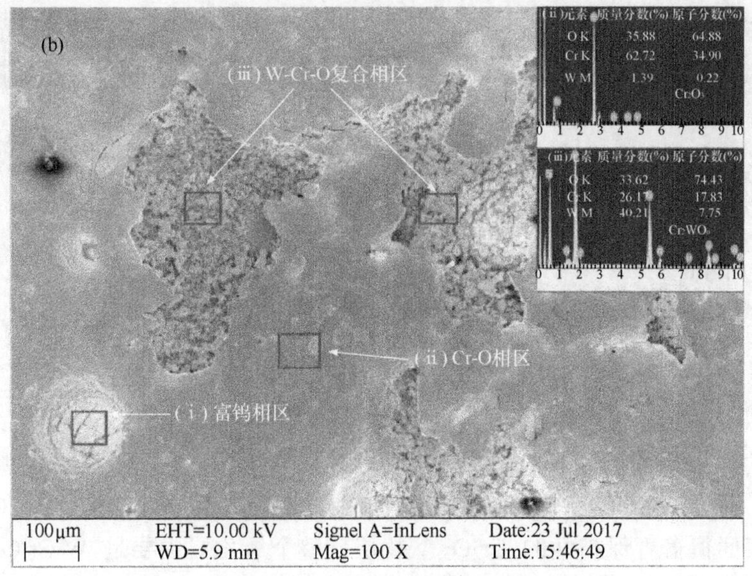

图 7.9　氧化样品表面形貌

(a) W-10% Cr 合金；(b) W-20% Cr 合金

W-10% Cr、W-20% Cr 合金的氧化层横截面 SEM 图分别如图 7.10、图 7.11 所示。由图中不同位置的衬度变化可看出，氧化层内不同区域成分存在显著差异。如图 7.10 所示，W-10% Cr 合金氧化样品的氧化层厚度约为 185 μm。SEM、EDS 面扫结果表明，氧化层主要分两层：表层为 W-Cr-O 区域，次表层为 W-O 区域，但 W-10%Cr 氧化样品横截面中没有发现 Cr_2O_3 氧化层。W-Cr-O 混合区域存在着大量的横向裂纹（用红色箭头标记），这些裂纹使得氧化层与基体分离，对材料的抗氧化性能极其不利；亚表面 W-O 区域中存在许多空洞和纵向裂纹[图 7.10(c)]。显然 W-10% Cr 氧化样品未受氧化影响，基体形貌[图 7.10(d)]对比原始烧结态样品表面形貌有显著差别[图 7.3(b)]，其中灰色的 W-Cr-O 区域消失，氧化晶粒中只存

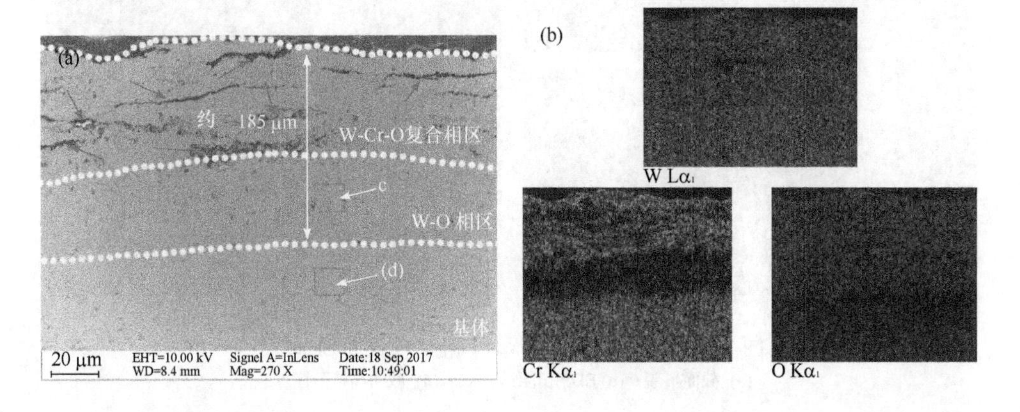

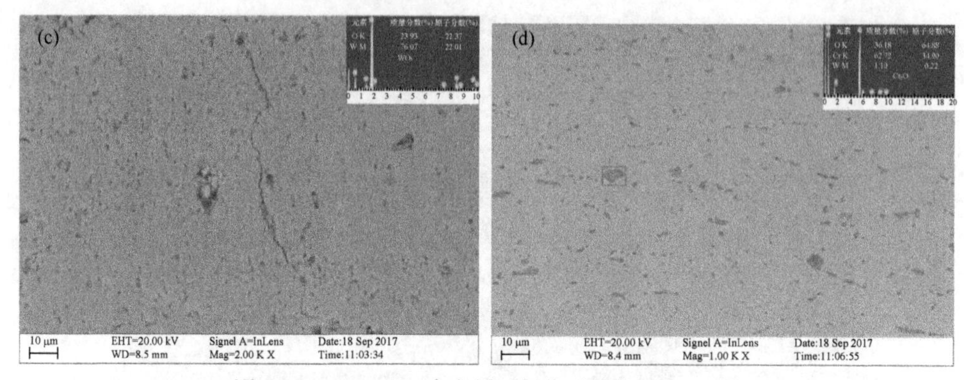

图 7.10　W-10%Cr 合金循环氧化后的截面 SEM 图

(a) 截面形貌；(b) EDS 扫能谱；(c)、(d) 截面高倍数图

在少量的 Cr_2O_3 第二相颗粒。图 7.11 反映出 W-20% Cr 合金氧化层厚度约为 150 μm，薄于 W-10% Cr 样品，且与 W-10% Cr 氧化样品不同的是，W-20% Cr 氧化样品表面覆盖着保护性的 Cr_2O_3 氧化层。整个氧化层主要是 W-Cr-O 混合区域。此外，许多 Cr_2O_3 颗粒存在于氧化层下方的 W-20% Cr 合金基体中。Cr 离子结合内扩散的 O 离子形成 Cr_2O_3 颗粒，阻止了钨基体被深入氧化。

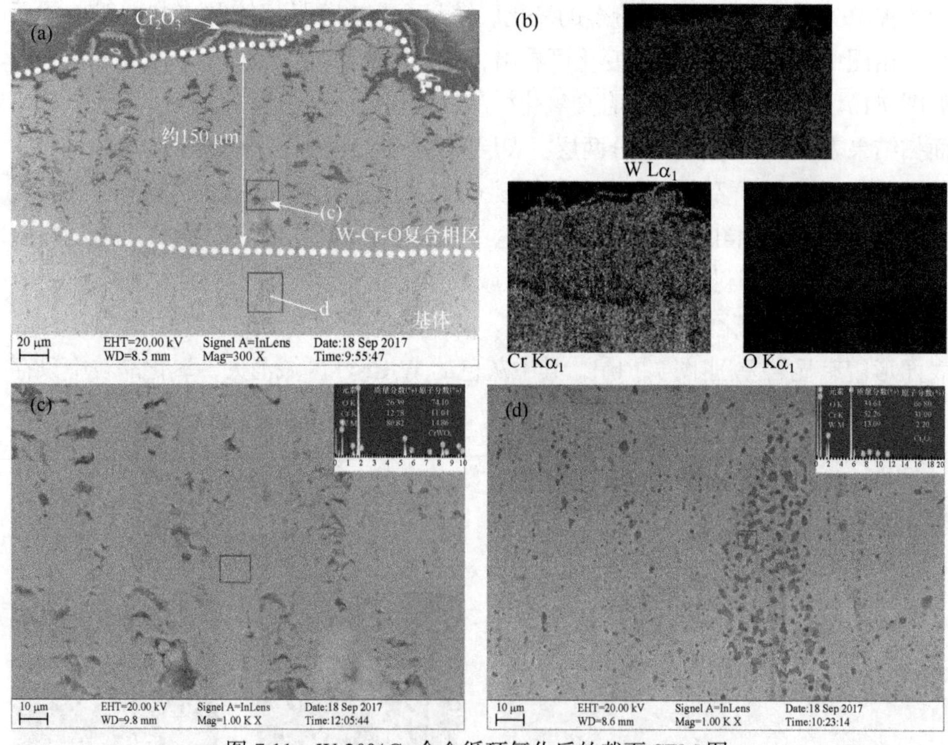

图 7.11　W-20%Cr 合金循环氧化后的截面 SEM 图

(a) 截面形貌；(b) EDS 扫能谱；(c)、(d) 截面高倍数图像

7.1.3.3　W-Cr合金高温钝化行为

W-10% Cr合金的钝化行为实质上是氧化层中的氧元素和合金元素互相扩散所引起的氧化过程，主要分为以下几个阶段。初始阶段，由于形成 Cr_2O_3 的吉布斯自由能远比形成 WO_3 的要小，故而W-10% Cr合金表层中的Cr元素优先结合O元素形成 Cr_2O_3。第二阶段，部分W原子与 Cr_2O_3 反应生成了 Cr_2WO_6，还有部分被氧化成 WO_3。在1000℃高温氧化过程中，WO_3 有三个转变路径：①在氧化样品表面的 WO_3 挥发；②在高氧分压样品表面，WO_3 与 Cr_2O_3、O_2 结合反应形成了 Cr_2WO_6；③在低氧分压的样品次表面，W与 Cr_2O_3、O_2 结合反应形成了 $CrWO_4$。第三阶段，W、Cr离子从基体向氧化层亚表面外扩散，O离子从氧化层亚表层向基体内扩散，二者同时进行。因为W-10% Cr合金的Cr元素含量较低，所以内扩散的O离子结合了外扩散的W离子在基体和氧化层的界面处形成了 WO_3。氧化层中 WO_3 区域的出现对W-Cr合金的抗氧化性能极其不利。但是W-20% Cr合金中的Cr元素含量较高，充足的Cr离子优先结合O离子形成连续、保护性的氧化层 Cr_2O_3，保护合金基体不被氧化。因此，W-20% Cr合金的氧化层是连续的W-Cr-O混合区域，而不是 WO_3 区域。

离子扩散过程解释了W-10% Cr合金和W-20% Cr合金氧化层成分组成不同的原因。除了成分组成外，氧化层的显微组织结构对材料的抗高温氧化性能也具有重要影响，例如，氧化层中空洞、纵向裂纹、横向裂纹对材料抗高温氧化性能极其不利。图7.10(a)中的红色箭头标识出W-10%Cr合金氧化层中分布着大量横向裂纹，这主要是由于氧化层中的内应力(氧化物生长应力和热应力)所致。考虑到实验过程中温度变化缓慢，热应力对实验结果的影响微乎其微，因此不做详细分析。

恒定温度下材料发生氧化，氧化层生长过程所消耗的金属体积和形成的氧化物体积之间的变化就产生了生长应力，形成的氧化物体积和消耗的金属体积的比例被定义为Pilling-Bedworth比例(PBR)。对于W-Cr合金来说，恒温氧化过程中富W相氧化形成 WO_3，富Cr相氧化形成 Cr_2O_3，WO_3 和 Cr_2O_3 的PBR值分别为3.39和2.02[10]。Cr_2O_3 氧化物层内部形成了相对体积较大的 WO_3，因此氧化层承受了相当大的压应力，导致大量横向裂纹的产生并削弱了W-10% Cr的抗氧化性能[11]。相对而言，W-20% Cr合金有充足的 Cr^{3+} 从合金基体向氧化层扩散，也正因此，与W-10% Cr合金氧化层相比，W-20% Cr的氧化层结构更为致密。

通过机械合金化和放电等离子烧结技术成功制备了W-Cr合金。研究结果如下：①W-20% Cr合金较纯钨有更为优异的机械性能，显微硬度从333.5 HV提高到960.7 HV，弹性模量从223 GPa提高到335 GPa，出现典型穿晶断口；②高温循环氧化实验证实了W-20% Cr合金具有良好的抗高温氧化性能。相对于W-10% Cr而言，W-20% Cr氧化层更加致密且裂缝较少。除 Cr_2WO_6 外，氧化层中

$CrWO_4$也有助于提高 W-Cr 合金的抗氧化性。

7.1.4　W-20%Cr 合金氦离子辐照损伤行为

采用机械球磨联合放电等离子烧结的方法制备了 W-20% Cr 合金。通过对 W-Cr 合金的组织结构表征及高温辐照行为测试，研究了不同辐照剂量对 W-Cr 合金组织性能的影响。辐照设备采用大连民族大学的高能感应耦合等离子源辐照系统，具体辐照条件如表 7.3 所示，其中 LD W-20% Cr 和 HD W-20% Cr 分别代表着辐照剂量为 9.9×10^{24} ions/m^2 的低剂量辐照以及 1.08×10^{26} ions/m^2 的高剂量辐照。

表 7.3　W-20% Cr 样品具体辐照条件

样品	He^+能量 (eV)	表面温度 (K)	束流强度 [ions/(m^2 · s)]	剂量 (ions/m^2)	辐照时间 (min)
LD W-20% Cr	50	1503～1533	1.5×10^{22}	9.9×10^{24}	11
HD W-20% Cr	50	1503～1533	1.5×10^{22}	1.08×10^{26}	120

7.1.4.1　氦辐照 W-20% Cr 合金组织表征

纯 W 和辐照前后的 W-20% Cr 合金的 XRD 图谱如图 7.12 所示。相对于纯 W 样品，烧结态 W-20% Cr 合金组织结构由富 W 相(W_{ss})和富 Cr 相(Cr_{ss})组成，且富 W 相衍射峰向更高的 2θ 值偏移，如图 7.12(b)所示。

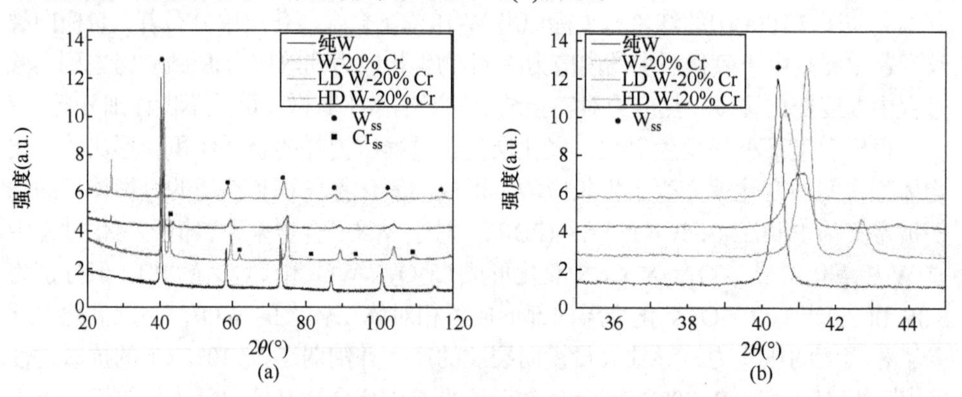

图 7.12　纯 W 和 W-20% Cr 合金辐照前后的 XRD 图谱

图 7.12 同样表征了不同剂量 He 离子辐照后 W-20% Cr 样品所发生的物相变化。低剂量 He 离子辐照后，LD W-20% Cr 样品低角度富 Cr 相衍射峰仍然存在，但高角度富 Cr 相衍射峰消失。而高剂量 He 离子辐照后，HD W-20% Cr 样品中高低角度的富 Cr 相衍射峰均消失。这可能是由于 W 元素具有高原子序数和低溅射率，但是 Cr 元素相反，在高能 He 离子冲击下，富 Cr 相发生溅射消失但富 W 相仍然存在。与未辐照 W-20% Cr 样品的衍射峰相对比，辐照后富 W 相的衍射峰

向更低的 2θ 值偏移，晶格常数值增加。一方面，因为 Cr 原子半径较小，富 W 相中固溶的 Cr 原子消失导致富 W 相晶格常数增加；另一方面，Hofmann 等[12]结合计算与实验对辐照后衍射峰左偏现象进行了机理分析，辐照过程中，He 原子迅速填充晶格空位，抑制空位与晶格自身的间隙原子结合。晶格内大量间隙原子的存在促进了间隙性位错环的形核和生长，造成晶格膨胀。

SEM 被用来观察不同剂量辐照后 W-20% Cr 样品的表面损伤形貌。辐照实验中 He 离子注入的有效区域为直径 10 mm 的圆形区域，在两种剂量辐照下的圆形辐照边界区域中均观察到疏松层片状损伤物质，如图 7.13 所示，其中低剂量辐照诱导产生的层片尺寸约为 250 nm，而高剂量辐照诱导产生的层片尺寸约为 1 μm。显然，随着辐照剂量的增加，层片状损伤物质不断长大，并且结合 EDS 能谱结果确认，该层片状损伤物质为 W-Cr-O 混合物。

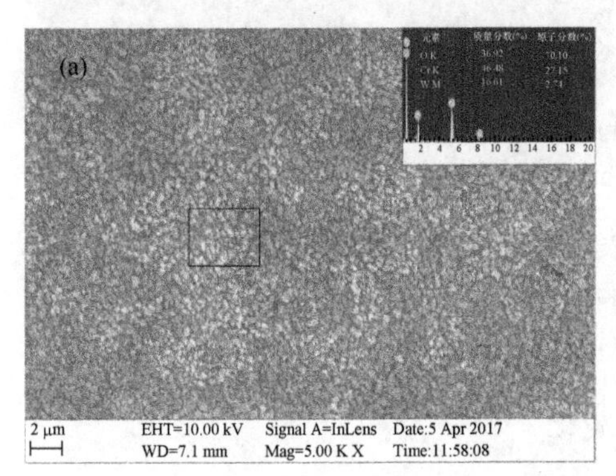

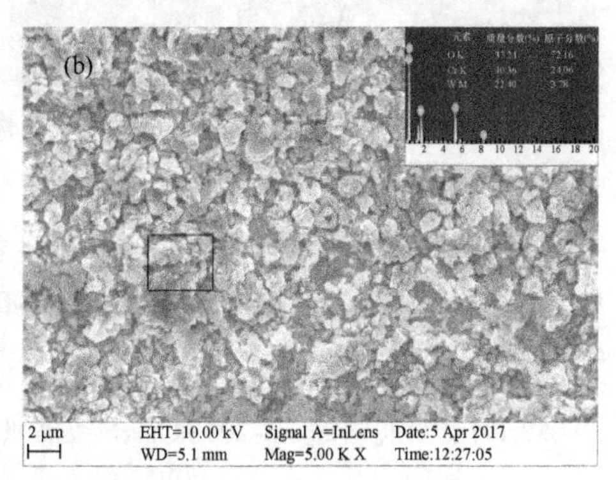

图 7.13 辐照样品边界区域表面形貌

(a) 低剂量辐照；(b) 高剂量辐照

图 7.14 中观察出低剂量辐照样品的中心区域存在三种典型的辐照损伤结构。第一，样品中存在大量纳米颗粒的黑色损伤区域，经 EDS 能谱分析为 Cr-O 区域。第二，颗粒状辐照损伤结构，结合 EDS 能谱确认，该损伤颗粒状物质为 W-Cr-O 复合物。考虑到边界区域 W-Cr-O 的损伤形貌，认为破碎颗粒损伤物质是疏松层片状损伤物质的前驱体。中心区域 W-Cr-O 混合物是在辐照过程中产生的，而边缘区域的 W-Cr-O 区域应该是由于辐照前样品制备过程中机械加工造成的。因此可以看出相同辐照条件下，边界区域辐照损伤更加严重。第三，台阶状损伤结构，结合 EDS 能谱分析，这些台阶状物质是 W 基体。在未形成 fuzz 结构前，He 离子辐照下钨的损伤形貌是台阶状，这和 Ohno 等[13]研究成果(101)晶面的损伤形貌完全吻合。许多学者对于辐照诱导钨表面形成台阶状损伤结构的形成机理进行了详细研究，发现注入 W 后，He 原子沿着 W 晶粒扩散，随着 He 原子的不断增多，(101)密排面上形成了 He 原子簇，进而造成了严重的晶格畸变。显然(101)晶面上 He 原子的渗透削弱了晶面之间的结合力，降低了沿特定晶面的溅射

阈值，导致在材料表面形成了台阶状辐照损伤结构。由此可见，辐照诱导钨表面形貌变化与辐照条件密切相关，诸如 He 离子能量、辐照温度、He 离子剂量等，且当 He 离子辐照能量大于 20 eV、表面温度大于 1000 K、He 离子束流强度大于 10^{21} $He^{+}/(m^{2}\cdot s)$时，W 材料表面会形成严重的 fuzz 辐照损伤[14]。

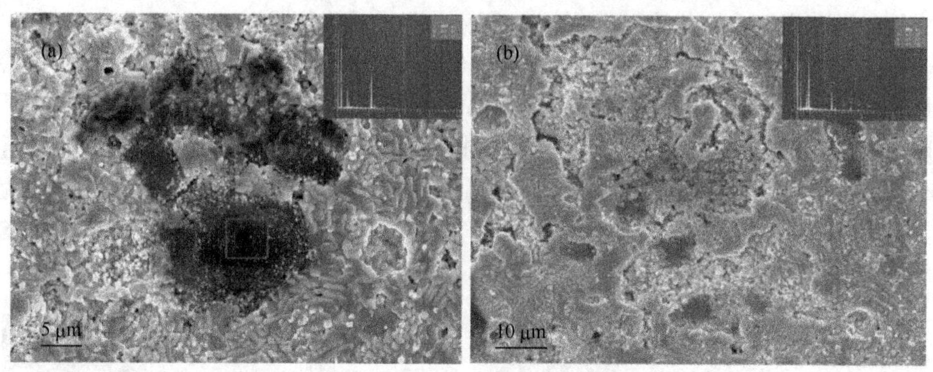

图 7.14　低剂量辐照样品中心区域表面形貌

(a) Cr-O 区域；(b) W-Cr-O 区域

相同 He 离子辐照环境中 W-Nb 合金表面形成了严重的 fuzz 结构，如图 7.15(d) 所示。W-20% Cr 合金通过抑制 fuzz 结构的形成从而保护 W 基体，提高了材料的抗辐照性能。

7.1.4.2　氦辐照 W-20% Cr 合金辐照硬化

在高剂量辐照样品的中心区域，钨基体上分布着许多直径约为 0.4 μm 的颗粒，少量的纳米 fuzz 结构出现在台阶状结构边缘处。结合 EDS 能谱确认，损伤颗粒为 W-O 颗粒，如图 7.16 所示。这表明 W-20% Cr 在高剂量下才开始形成纳米 fuzz 结构，有效地推迟了纳米 fuzz 的形成，因此推测辐照过程中 Cr-O 物质和 W-Cr-O 物质会经历分解溅射消失。剩余的 W-O 颗粒残留于 W 基体中。辐照后 W-20% Cr 显微硬度测试结果表 7.4 所示。相对比未辐照 W-20% Cr 样品显微硬

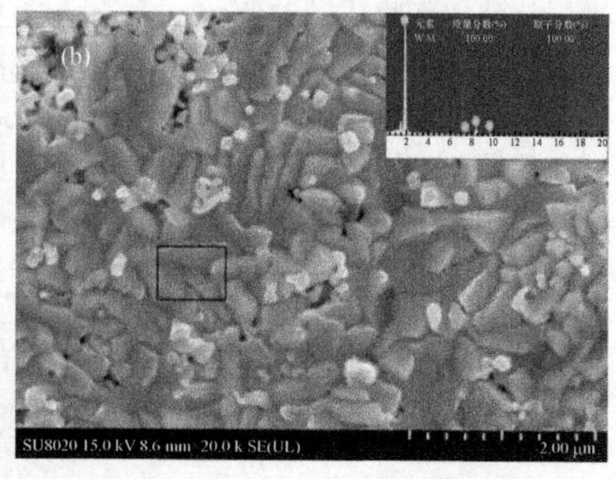

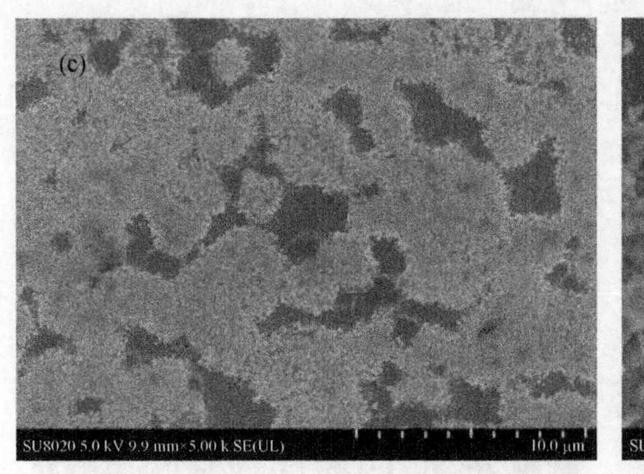

图 7.15　低剂量辐照样品富 W 区域表面形貌

(a)、(b) W-20% Cr；(c)、(d)W-15% Nb

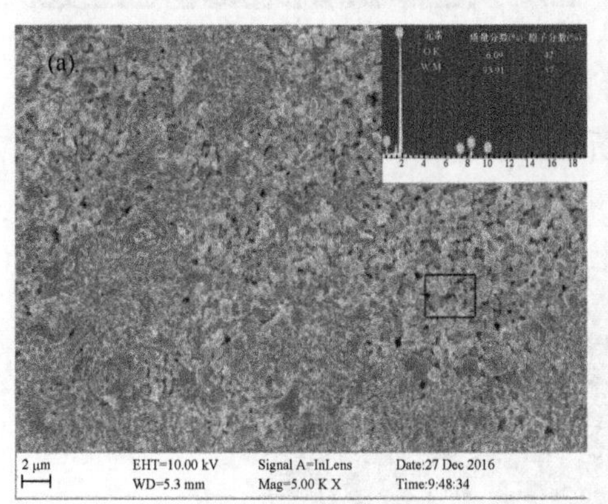

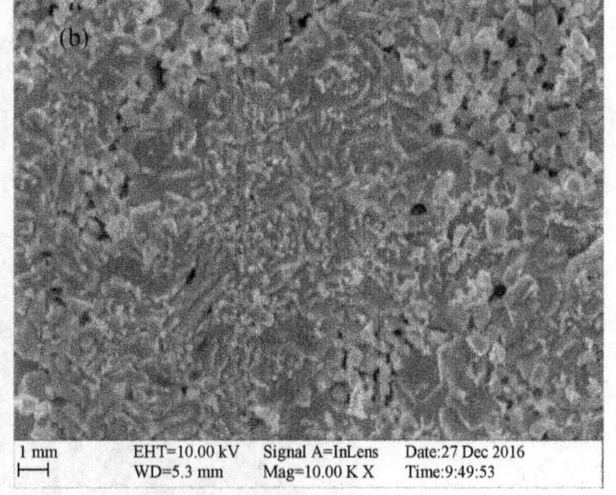

图 7.16　高剂量辐照样品中心区域表面形貌

(a) 组织结构；(b) 局部放大形貌

表 7.4　氦辐照 W-20% Cr 合金的显微硬度

区域	LD-辐照边界区域	LD-辐照中心区域	HD-辐照边界区域	HD-辐照中心区域
HV(MPa)	1202.6	881.2	1202.2	653.7

度，He 离子辐照中心区域显微硬度降低，这是由辐照样品表面结构疏松造成的。辐照边界区域显微硬度增加是一种典型的辐照硬化现象。

7.1.4.3　氦辐照 W-20% Cr 合金辐照损伤机理

LD W-20% Cr 辐照样品的 TEM 明场像如图 7.17 所示，整体来看，并未发现明显的孔洞结构，这和 SEM 观察 LD 辐照样品中未出现 fuzz 结构的结果相吻合。结合 EDS 能谱，图 7.17 中的 1 区域为富 W 区域，2 区域为富 Cr 区域。

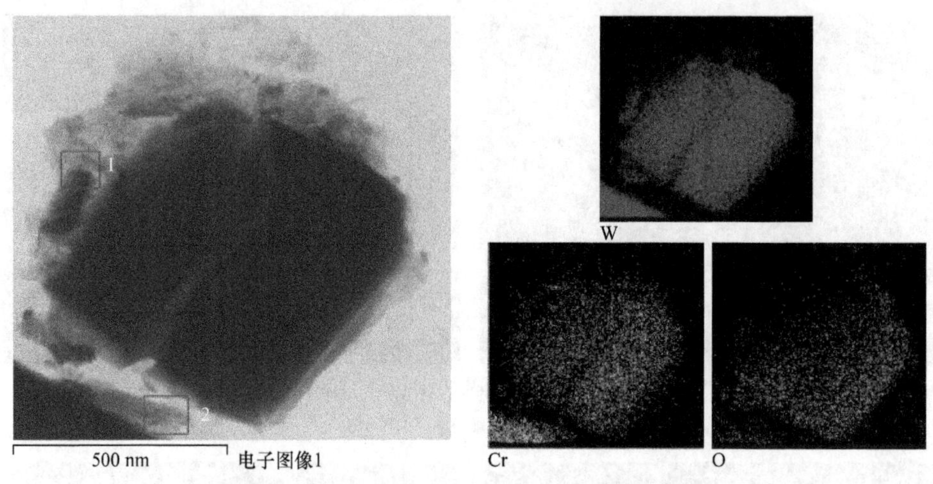

图 7.17　低剂量辐照 W-20% Cr 样品的明场像

富 W 区域的高分辨图像如图 7.18 所示。结合傅里叶变换结果，在 He 离子辐照下 W 晶体结构发生扭曲转变为非晶结构。

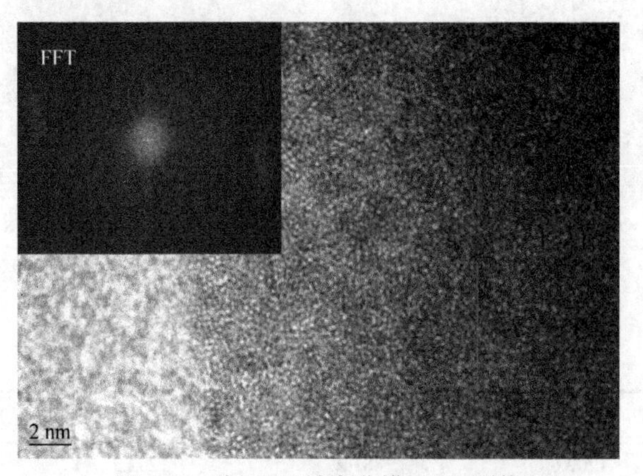

图 7.18　富 W 区域高分辨 TEM 图像

富 Cr 相 TEM 高分辨图像如图 7.19 所示。第一，相对比富 W 区域辐照损伤程度而言，富 Cr 区域材料仍然保持相对完整的晶体结构。这表明存在于 W-Cr 合金中的 Cr 元素削弱了高能 He 离子对 W 晶格的损伤程度。第二，TEM 高分辨图像由三部分组成。Ⅰ区域为 W-Cr-O 混合区域，Ⅱ区域为富 Cr 区域，Ⅲ区域是富 W 区域。在Ⅰ区域中，W-Cr-O 主要物相是铬钨氧化物 $CrWO_4$(JCPDS #34-0197)和六氧代钨酸铬 Cr_2WO_6(JCPDS #35-0791)。在Ⅱ区域中，富 Cr 区域的主要物相是 Cr_2O_3(JCPDS #38-1479)。在Ⅲ区域中，富 W 区域的主要物相是三氧化钨 WO_3(JCPDS #05-0388)。第三，辐照损伤物存在两个明显的相界面。Ⅰ与Ⅱ区域之间的相界面用红色标记，Ⅱ和Ⅲ区域之间的相界面是用蓝色标记。对比了三个区域的辐射损伤程度，在Ⅰ区域中发现大量晶体缺陷，如位错和堆垛层错；在Ⅱ区域中，晶格严重变形，晶体取向改变；Ⅲ区的辐射损伤程度最小。对于界面辐照损伤情况而言，蓝色相界面辐照损伤比红色相界面轻。

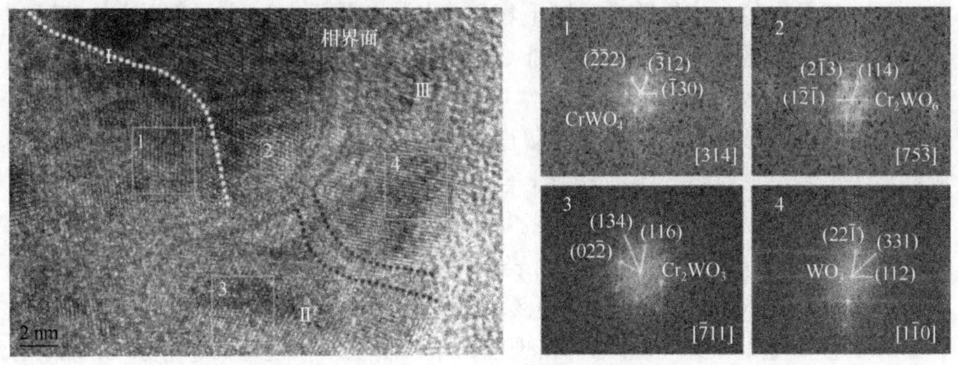

图 7.19　富 Cr 区域高分辨 TEM 图像

因此，在这两个相界面中，W-Cr 相界面具有较好的抗辐射性能，进一步说，W 基体和第二相 Cr-O 之间半共格相界面是保护 W 基体不形成 fuzz 结构的主要原因。

上述结果产生两个问题：为什么在低剂量辐照样品中会有三种不同成分物质？为什么 W 基体和第二相 Cr-O 半共格界面辐照损伤最小？首先，大量 He 离子注入 Cr-O 的晶格中，促进了相转变并且产生了游离的氧原子。推测 Cr-O 在高温和 He 离子冲击下转变为 Cr 和 Cr_2O_3。文献中[15,16]报道了新立方晶体沿着 Cr_2O_3 (104)、(116)晶面和 Cr (200)晶面生长，最终生成新相 CrO。原始相 Cr_2O_3 和 Cr 的衍射峰消失，新出现了 CrO (311)、(400)晶面衍射峰，这可看作是本实验的逆过程。高温辐照环境中，破碎富 Cr 相中的 W、Cr 原子与 Cr_2O_3 反应生成了 W-Cr-O 新相。由于材料不同位置 W、Cr 原子浓度不均，因此在辐照过程中形成了不同成分的 W-Cr-O 稳定化合物。此外，尽管辐照过程中样品处于真空环境，但 W 基体仍然会结合设备中存在的少量氧气反应生成 WO_3。在相同的辐照环境和辐照条件下，少量的 W-O 物质也存在也于 W-Nb 辐照样品中。其次，He 离子容易在界面处聚集形核，因此界面关系对于材料的辐照损伤程度至关重要。Chen 等[17]研究了不同温度 3.5 MeV 铁离子辐照下氧化物弥散强化 12Cr 铁素体/马氏体合金钢的损伤行为。在不同温度辐照下，回火马氏体中共格弥散相比铁素体中非共格弥散相要更加稳定，并且辐照在非共格相界面上诱导产生了较多的空洞。Ortega 等[18]利用正电子湮灭技术研究了氧化物弥散强化合金和非氧化物弥散合金在不同温度下恒温退火后开放孔洞类缺陷的演变过程。正电子湮灭结果表明，氧化钇/基体的非共格相界面作为一种强大、稳定的势阱可以吸收空位缺陷，空位缺陷不断汇集，最终空洞开始在非共格界面处形核、长大。Turkin 等[19]

计算了Zb-Nb合金中辐照缺陷的浓度，并提出了一种新的填补缺陷强化机制，在辐照过程中空位类缺陷在合金共格析出相中湮灭。完美的共格相界面不含缺陷势阱，空位类的点缺陷可以轻易穿过共格相界面，并且在析出相内部结合湮灭的间隙原子，然而空位类点缺陷会不断汇集于非共格相界面。上述文章报道的实验和计算结果证实了基体 W 和析出相 Cr-O 之间半共格相界面是 W/Cr 相界面辐照损伤最小的主要原因。

模拟国际热核聚变反应堆实际服役过程中 He 离子辐照环境，研究了高能感应耦合 He 离子源辐照下 W-20% Cr 合金的损伤行为。研究结果如下：①低剂量 He 离子辐照后，钨基材料表面出现了三种不同的损伤形貌。W 基体表面未形成 fuzz 结构，W-Cr-O 区域辐照损伤后表面发生破碎，Cr-O 区域存在大量纳米球状颗粒。②在高剂量辐照样品的中心区域，钨基体表面结构疏松，分布着许多的 W-O 颗粒。少量的纳米 fuzz 结构出现在钨基台阶状结构边缘处，掺杂 Cr 元素有效推迟了纳米 fuzz 结构的形成。③W-20% Cr 中烧结态原始组织中，半共格析出相 Cr-O 的存在提高了 W-Cr 合金的抗辐照性能。

7.2 WSi_2 掺杂 W-Cr 合金的组织结构与高温氧化行为

在核聚变反应堆冷却剂失效的极端情况下，第一壁材料钨的温度会快速达到 1200℃。当空气和水蒸气进入真空腔内，W 会快速氧化形成 WO_3。WO_3 在高温下具有挥发性，这对核聚变反应堆的安全性提出了重大考验。因此开发具有优异抗高温氧化性能的自钝化 W-Cr 合金已经成为国内外研究的热点。在高温环境中，合金中均匀分布的 Cr 元素优先与空气中的氧气结合，氧化形成致密且连续的 Cr_2O_3 氧化层。但是 Cr_2O_3 在 1000℃以上会继续发生氧化，形成具有挥发性的 CrO_3。W-Cr 合金无法直接满足聚变堆自钝化合金的要求，因此研究人员尝试合金化、添加第二相等方法，提高 W-Cr 合金抗高温氧化性能。作为一种钝化元素，Si 在高温环境中也可以氧化形成 SiO_2 保护性氧化层。一些研究[20,21]表明 W-Cr-Si 三元合金具有优异的抗高温氧化性能。尝试通过 W-Si 中间相掺杂 W-Cr 合金，以提高其抗高温氧化性能。作为一种稳定的 W、Si 中间相，WSi_2 是一种具有优异抗高温氧化性能的结构材料[22]，也被广泛用作抗氧化涂层[23-25]。采用 W-Cr 预合金粉和 WSi_2 合金粉为原料，通过机械混合、放电等离子烧结方法制备出了$(WSi_2)_x(W_{0.67}Cr_{0.33})_y$ 合金，并研究其微观组织结构与抗高温氧化特性。

7.2.1 WSi_2 掺杂 W-Cr 合金制备

选择粒径为 4 μm 的 $W_{0.67}Cr_{0.33}$ 预合金粉以及粒径为 5 μm 的 WSi_2 合金粉作

为原料，两种粉末均由自蔓延方法制得。按照摩尔比为 99% $W_{0.67}Cr_{0.33}$、1% WSi_2，97% $W_{0.67}Cr_{0.33}$、3% WSi_2 和 95% $W_{0.67}Cr_{0.33}$、5%WSi_2 的比例称取适量的原材料粉末，并分别放入三个球磨罐中，不加磨球。将球磨罐放置于全方位球磨机中，球磨机转速 150 r/min，球磨时间 2 h。最后得到混合均匀的$(WSi_2)_x(W_{0.67}Cr_{0.33})_y$ (x=0.01、0.03、0.05；y=1−x)复合粉末。

烧结所采用的模具是尺寸为 φ 20 mm 的石墨模具。称量 10～13 g 复合粉末装入模具中，烧结前利用液压机对称量好的机械混合粉末进行预压制(3 MPa)。利用放电等离子体烧结炉进行烧结(如图 7.20 烧结工艺曲线)，放好样品后对炉腔抽真空直至真空度达到 5 Pa 后开始烧结，初始压强设为 10 MPa。随后升温烧结，以 8 MPa/min 的速度增加压强，直到 50 MPa；以 100℃/min 的速度升温至 1450℃时保温 5 min，保温结束后再随炉冷却至室温。烧结过程中保持炉腔真空度不高于 10 Pa。

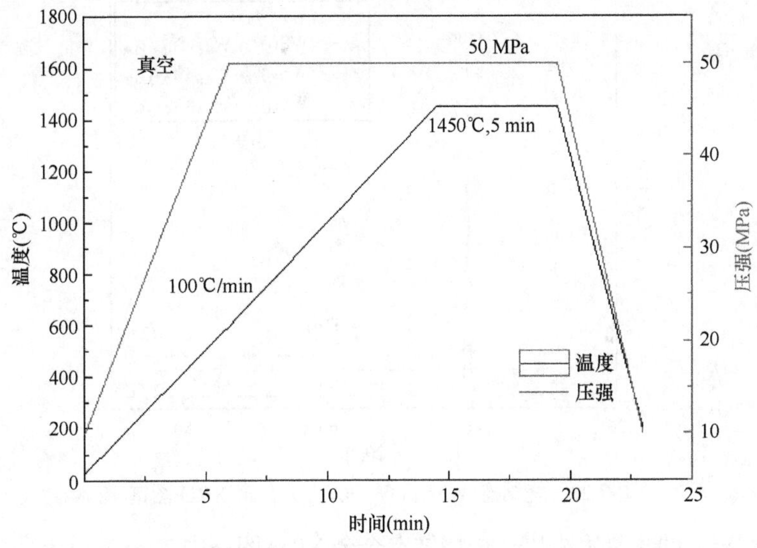

图 7.20　$(WSi_2)_x(W_{0.67}Cr_{0.33})_y$ 合金 SPS 工艺曲线

7.2.2　WSi_2 掺杂 W-Cr 合金组织结构表征

原料粉末的 XRD 图谱如图 7.21 所示，发现其主要组成相为 W-Cr 固溶体和 WSi_2。图 7.21(a)中的四个主衍射峰是 α(W,Cr)固溶体，(b)中衍射峰是 WSi_2。根据布拉格方程，即 $\lambda=2d\sin\theta$，相对于纯 W 的衍射峰，α(W,Cr)的衍射峰移动到高 2θ 值。结果表明，α(W,Cr)固溶体的溶质原子 Cr 的原子半径(a_{Cr} = 0.128 nm)小于基体溶剂原子 W(a_W = 0.139 nm)，因此 W-Cr 固溶体的晶格常数小于纯钨的晶格常数。烧结样品的 XRD 图谱如图 7.22 所示。

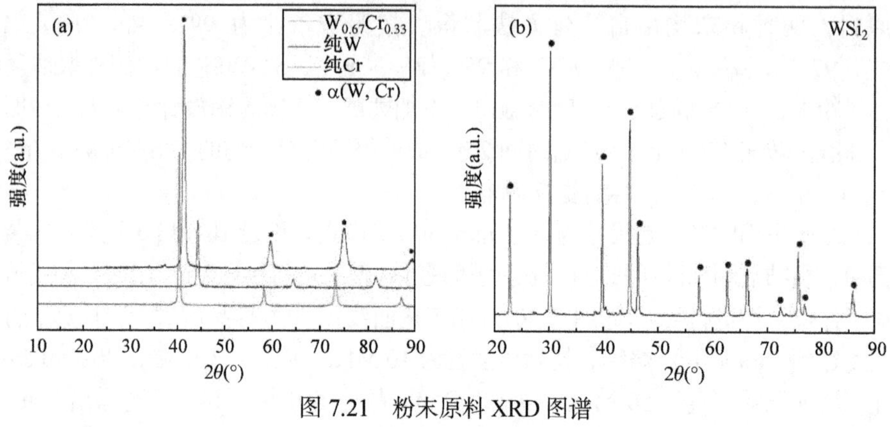

图 7.21 粉末原料 XRD 图谱

(a) $W_{0.67}Cr_{0.33}$；(b) WSi_2

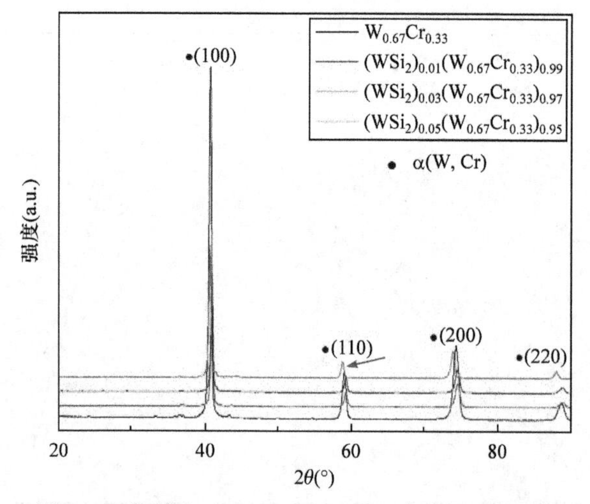

图 7.22 烧结态$(WSi_2)_x(W_{0.67}Cr_{0.33})_y$合金 XRD 图谱

掺杂 WSi_2 的含量太少以至于烧结态合金 XRD 图谱中$(WSi_2)_{0.05}(W_{0.67}Cr_{0.33})_{0.95}$合金的衍射峰向更低的 2θ 角偏移，这说明物相α(W,Cr)固溶体的晶格常数增大，即α(W,Cr)固溶体中固溶的 Cr 元素减小。晶格常数和固溶度可通过以下公式计算而来：

$$2d\sin\theta = \lambda \tag{7.1}$$

$$d = \frac{a}{\sqrt{h^2 + k^2 + l^2}} \tag{7.2}$$

式中，θ 为布拉格角度；h、k 和 l 是晶面常数；λ 是 X 射线波长(0.154056 nm)；d 是晶面间距；a 是晶格常数。$W_{0.67}Cr_{0.33}$ 中 W-Cr 固溶体 α(W, Cr)相的晶格常数

是 0.3092 nm，$(WSi_2)_{0.05}(W_{0.67}Cr_{0.33})_{0.95}$ 中 W-Cr 固溶体 α(W, Cr)相的晶格常数是 0.3139 nm。$W_{0.67}Cr_{0.33}$ 中 W-Cr 固溶体对应着文献[24]成分 $W_{0.70}Cr_{0.30}$，$(WSi_2)_{0.05}(W_{0.67}Cr_{0.33})_{0.95}$ 中 W-Cr 固溶体对应着中成分 $W_{0.90}Cr_{0.10}$。

显然易见，$(WSi_2)_{0.05}(W_{0.67}Cr_{0.33})_{0.95}$ 合金中 Cr 含量大幅降低，合金样品的表面形貌如图 7.23 所示。其中，$W_{0.67}Cr_{0.33}$ 的基体是 W-Cr 固溶体 α(W, Cr)，存在着少量的 Cr-O 相[图 7.23(a)]；掺杂摩尔比为 1%的 WSi_2 后，合金中 Cr-O 相消失，W-Cr-Si-O 混合相出现[图 7.23(b)]；掺杂摩尔比为 3%的 WSi_2 后，合金中析出少量的富 Cr 相并且出现许多粗大颗粒 SiO_2[图 7.23(c)]；掺杂摩尔比为 5%的 WSi_2 后，合金组织中富铬相和粗大 SiO_2 颗粒含量增多。这与前文 XRD 分析结果相符合，合金中 W-Cr 固溶体中 Cr 元素含量降低。

为了确认合金中的相组成，对合金进行深入 TEM 表征，图 7.24 是 $W_{0.67}Cr_{0.33}$ 明场像。通过快速傅里叶变换(FFT)图像和电子衍射斑点(SAED)，可以确认 $W_{0.67}Cr_{0.33}$ 合金基体的物相为 W-Cr 固溶体 α(W,Cr)，第二相为 Cr_3O_4。α(W,Cr)是 *bcc* 晶体结构，晶带轴为[001]。Cr_3O_4(JCPDS #12-0559)是六方晶体结构，晶带轴为[001]。$(WSi_2)_{0.05}(W_{0.67}Cr_{0.33})_{0.95}$ 合金基体相为 $α(W,Cr)^m$，Cr 元素从 W-Cr 固溶体中析出，形成的富 Cr 相为 Cr_3Si(JCPDS #07-0186)，如图 7.25 所示。

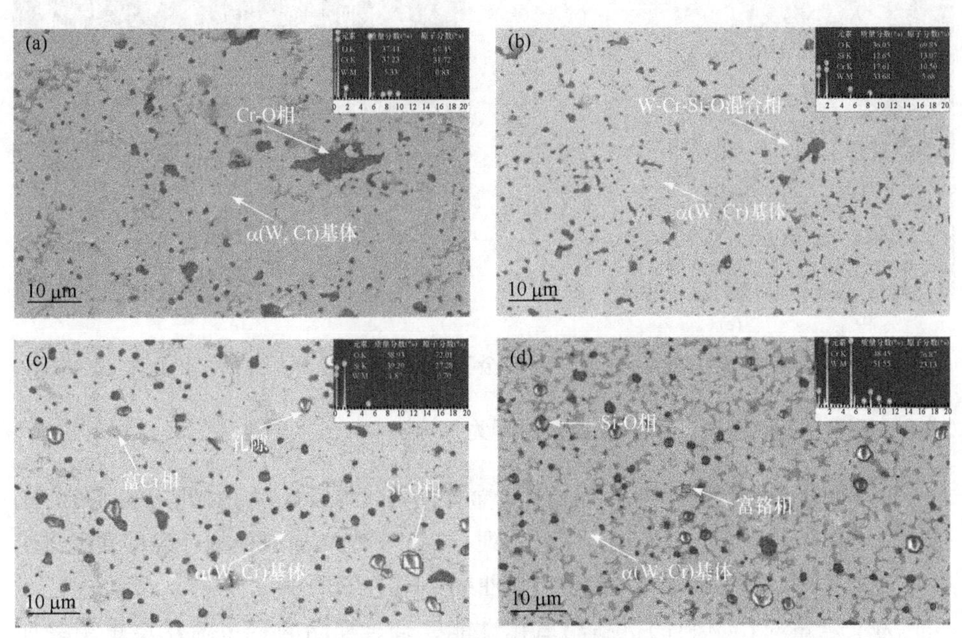

图 7.23　烧结态合金表面形貌

(a) $W_{0.67}Cr_{0.33}$；(b) $(WSi_2)_{0.01}(W_{0.67}Cr_{0.33})_{0.99}$；(c) $(WSi_2)_{0.03}(W_{0.67}Cr_{0.33})_{0.97}$；(d) $(WSi_2)_{0.05}(W_{0.67}Cr_{0.33})_{0.95}$

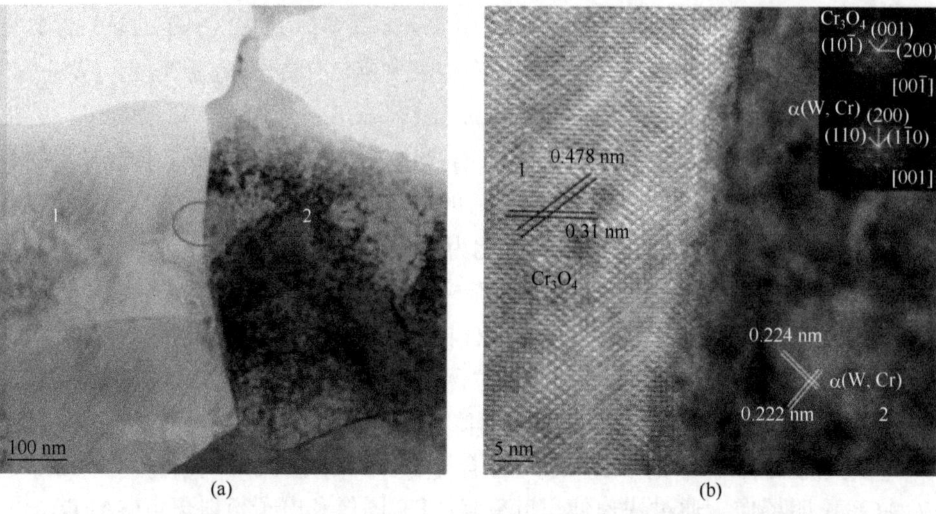

图 7.24　(a)烧结态 $W_{0.67}Cr_{0.33}$ 合金明场像以及(b)选区相界面处高分辨 TEM 图像

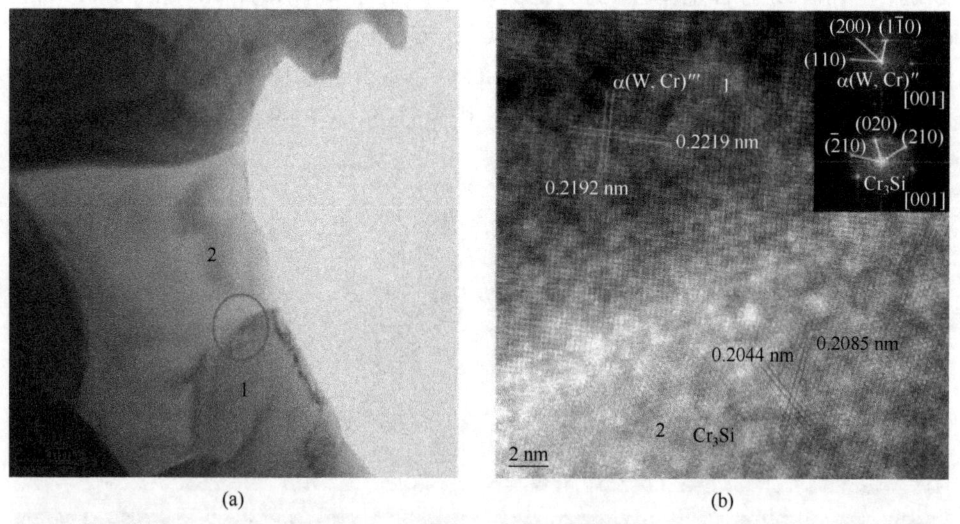

图 7.25　(a)烧结态$(WSi_2)_{0.05}(W_{0.67}Cr0_{.33})_{0.95}$合金明场像以及(b)选区相界面处高分辨 TEM 图像

7.2.3　WSi_2 掺杂 W-Cr 合金高温氧化行为

$W_{0.67}Cr_{0.33}$ 和$(WSi_2)_x(W_{0.67}Cr_{0.33})_y$ 合金样品置入混合气氛中(20% O_2+80% N_2) 1000℃下高温循环 15 h，通过记录每小时样品的氧化增重来研究合金的高温氧化行为。纯 W 和 W 基合金的氧化动力学曲线如图 7.26 所示。

为了定量对比材料的抗高温氧化性能，合金样品的 15 h 氧化增重结果如表 7.5 所示。随着掺杂 WSi_2 含量的增加，合金的抗高温氧化性能逐渐下降。

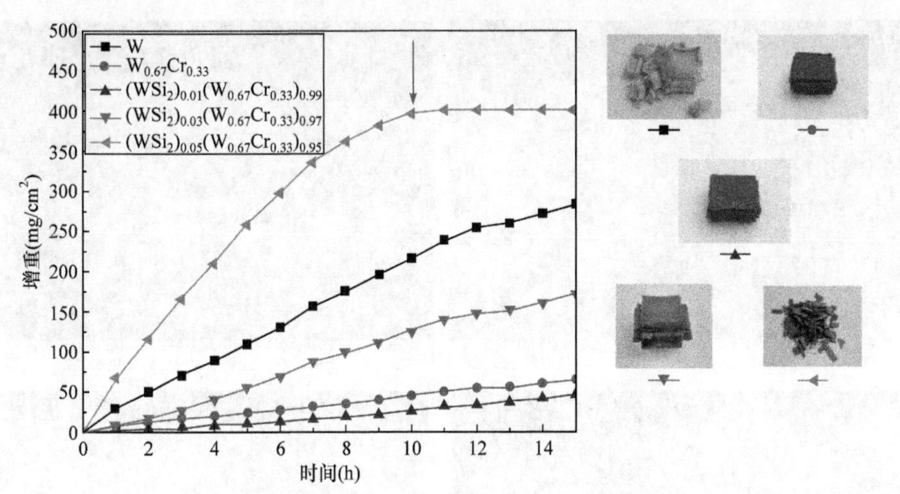

图 7.26 纯 W 和 W 基合金在 1000℃、氧化 15 h 氧化增重曲线

$(WSi_2)_{0.01}(W_{0.67}Cr0_{.33})_{0.99}$ 合金具有最好的抗高温氧化性能，其 1000℃、15 h 的氧化增重仅为纯钨样品的 16.8%。

表 7.5 1000℃氧化 15 h 后的样品质量变化

合金	温度(℃)	氧化增重 Δ_m/A (mg/cm²)
纯 W	1000	283.7
$W_{0.67}Cr_{0.33}$	1000	65.9
$(WSi_2)_{0.01}(W_{0.67}Cr_{0.33})_{0.99}$	1000	47.9
$(WSi_2)_{0.03}(W_{0.67}Cr_{0.33})_{0.97}$	1000	172.5
$(WSi_2)_{0.05}(W_{0.67}Cr_{0.33})_{0.95}$	1000	401.6

从氧化样品微观形貌来看，纯钨样品完全氧化为黄钨(WO_3)发生破碎脱落。更为严重的是，$(WSi_2)_{0.05}(W_{0.67}Cr0_{.33})_{0.95}$ 已经氧化成为碎渣。在样品完全氧化的情况下，WO_3 样品和$(WSi_2)_{0.05}(W_{0.67}Cr0_{.33})_{0.95}$ 样品的氧化动力学曲线为线性氧化曲线，如图 7.26 中箭头标记处所示。此外，$(WSi_2)_{0.01}(W_{0.67}Cr0_{.33})_{0.99}$ 氧化样品表面最为光滑。

氧化过程的初级阶段是合金样品形成钝化层的关键时期，因此选择氧化 10 min 的氧化样品进行分析，截面形貌如图 7.27 所示。$(WSi_2)_{0.01}(W_{0.67}Cr0_{.33})_{0.99}$ 样品氧化层的厚度仅为 1.8 μm 且相对均匀致密[图 7.27(b)]；$(WSi_2)_{0.03}(W_{0.67}Cr_{0.33})_{0.97}$ 样品中基体和粗大 SiO_2 颗粒之间存在裂纹，粗大 SiO_2 颗粒上没有覆盖连续氧化层，这表明基体和粗大 SiO_2 之间结合力较差，热应力和生长应力倾向于此处集中，造成氧化层破裂；更为严重的是，$(WSi_2)_{0.05}(W_{0.67}Cr_{0.33})_{0.95}$ 样品未形成有效的钝化层，发生了严重氧化。在之前报道中，Koch 等[21]在 W-Si 薄膜样品氧化过程中也发现了类似现象，粗大脆性相颗粒造成氧化层破裂。

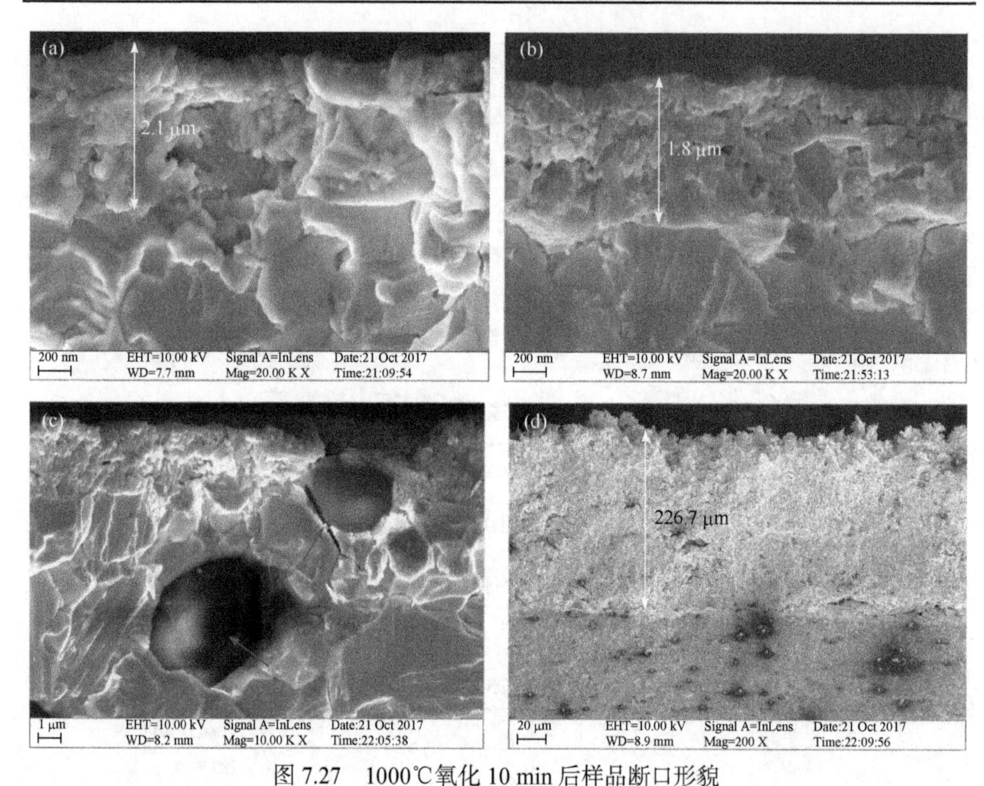

图 7.27　1000℃氧化 10 min 后样品断口形貌

(a) $W_{0.67}Cr_{0.33}$；(b) $(WSi_2)_{0.01}(W_{0.67}Cr_{0.33})_{0.99}$；(c) $(WSi_2)_{0.03}(W_{0.67}Cr_{0.33})_{0.97}$；(d) $(WSi_2)_{0.05}(W_{0.67}Cr_{0.33})_{0.95}$

7.2.4　WSi_2掺杂 W-Cr 合金高温氧化机制

1000℃氧化 15 h 后 $W_{0.67}Cr_{0.33}$ 和$(WSi_2)_{0.01}(W_{0.67}Cr0_{.33})_{0.99}$合金基体与氧化层界面处横截面形貌分别如图 7.28 和图 7.29 所示。在 $W_{0.67}Cr_{0.33}$ 合金氧化样品中，氧化层厚度约为 885.7 μm。结合 SEM 图像和 EDS 能谱结果，合金表面氧化层主要由 W-Cr-O 元素组成，并且氧化层中分布着大量横向和纵向裂纹，如图 7.28(a)中箭

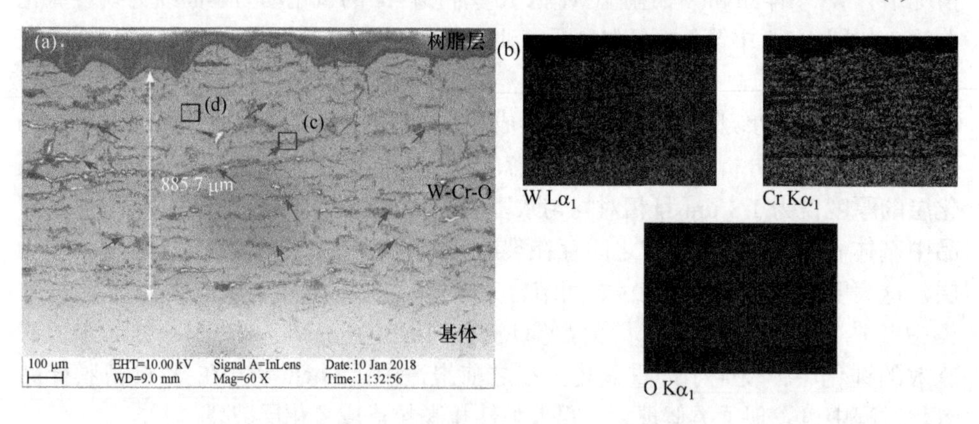

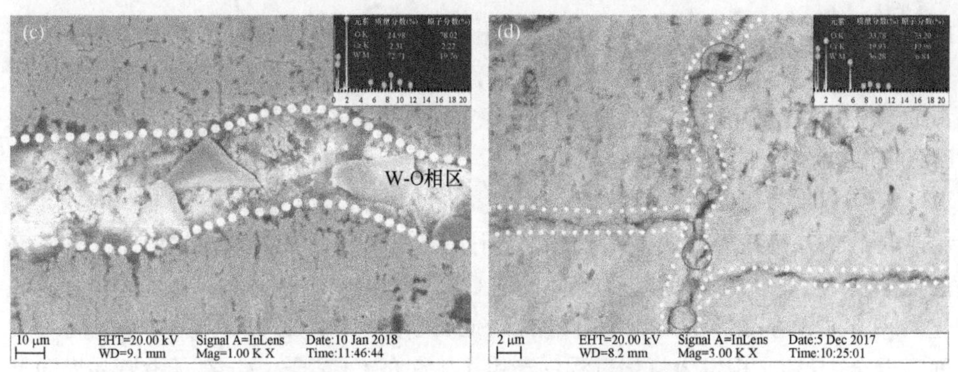

图 7.28　$W_{0.67}Cr_{0.33}$ 合金氧化 15 h 后横截面图像

(a) 低倍数图像；(b) EDS 面扫能谱；(c)和(d)是高倍数图像

头标记所示。图 7.28(c)表明横向分布在横向裂纹中的颗粒主要成分为 WO_3，图 7.28(d)是裂纹的放大图像。在$(WSi_2)_{0.01}(W_{0.67}Cr_{0.33})_{0.99}$ 合金氧化样品中，氧化层厚度约为 433.3 μm。与 $W_{0.67}Cr_{0.33}$ 合金氧化层相对比，$(WSi_2)_{0.01}(W_{0.67}Cr_{0.33})_{0.99}$ 氧化层较薄，也相对致密，且氧化层中的裂纹数量也显著降低。此外，发现在纵向分布裂纹中钉扎着黑色颗粒，如图 7.29(a)中圆圈所标记所示。结合图 7.29(c)放大图像和

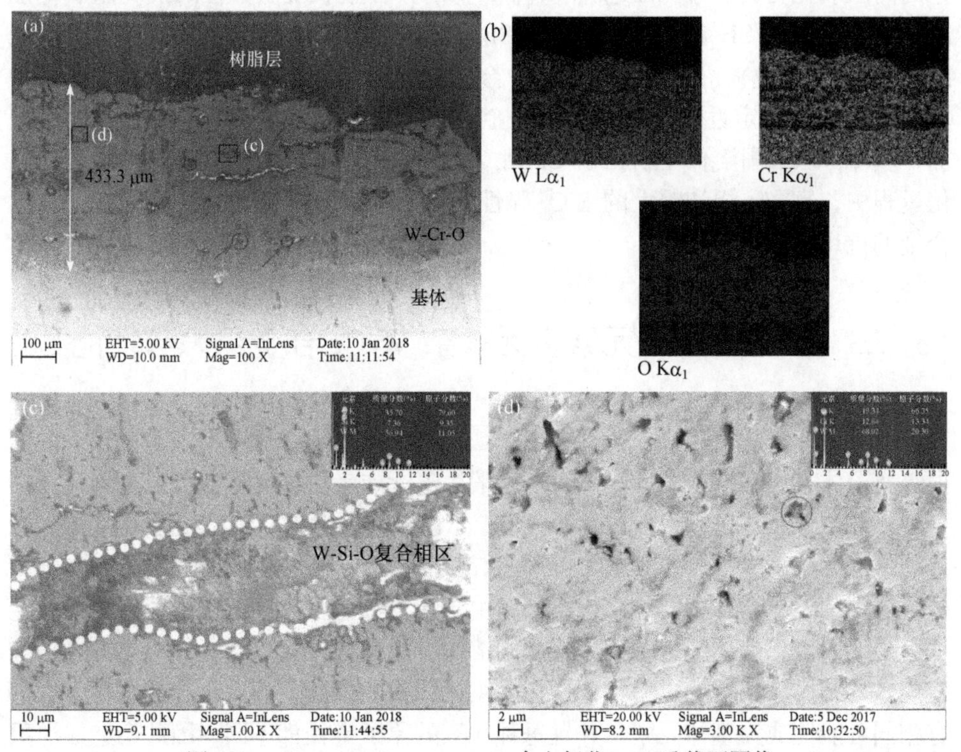

图 7.29　$(WSi_2)_{0.01}(W_{0.67}Cr_{0.33})_{0.99}$ 合金氧化 15 h 后截面图像

(a) 低倍数图像；(b) EDS 面扫能谱；(c)和(d)是高倍数图像

EDS 能谱分析，黑色颗粒是 W-Si-O 混合相。此外许多相似的 W-Cr-O 颗粒也分布于氧化层中，如图 7.29(d)所示。与图 7.28(d)不同的是，颗粒周围未发现有明显裂纹。显而易见，W-Si-O 混合相增加了氧化层稳定性，提高了$(WSi_2)_{0.01}(W_{0.67}Cr_{0.33})_{0.99}$合金的抗高温氧化性能。

烧结态原始样品中，随着掺杂 WSi_2 含量的增加，合金基体晶粒内部 Cr 元素不断降低，并且在界面处以富 Cr 相 $CrSi_3$ 的形式析出。高温氧化过程中，基体晶内低浓度的 Cr 元素不足以形成连续的 Cr_2O_3 氧化层。基体晶界富 Cr 相发生氧化。一方面，在晶界处形成了过量的 Cr_2O_3 氧化物，造成生长应力集中；另一方面，合金中富 Cr 相发生氧化过程中产生了大量的 Cr 离子。Cr 离子沿着晶界向外扩散，在氧化层 Cr_2O_3 和合金界面处形成了大量的孔洞。由于孔洞内蒸气压较低，孔洞上方的 Cr_2O_3 发生分解继续形成更多的 Cr 离子和 O 离子。这个过程不断重复，最终在晶界处形成大量空洞、裂纹，氧气深入合金内部造成严重氧化。合金中富铬析出相 $CrSi_3$ 是造成合金抗高温氧化性能严重大幅下降的主要原因。

通过机械混合和放电等离子体烧结技术制备了$(WSi_2)_x(W_{0.67}Cr_{0.33})_y$($x$ = 0.01、0.03、0.05, y=1−x)合金。通过 1000℃、15 h 的循环氧化实验，研究了合金的高温氧化行为：①$(WSi_2)_{0.01}(W_{0.67}Cr_{0.33})_{0.99}$ 合金表现出最佳的抗高温氧化性能。随着掺杂 WSi_2 含量的增加，$(WSi_2)_x(W_{0.67}Cr_{0.33})_y$ 合金的抗氧化性呈现降低的趋势。②$(WSi_2)_{0.01}(W_{0.67}Cr_{0.33})_{0.99}$ 合金的氧化产物 W-Si-O 混合相的存在，增加了氧化层的稳定性，从而提高了合金的抗氧化性。随着掺杂 WSi_2 含量的增加，基体 W-Cr 固溶体中析出富 Cr 相 Cr_3Si，并且形成了粗大 SiO_2 脆性相。氧化过程中，富 Cr 相和粗大的 SiO_2 脆性相抑制连续致密性氧化层的形成，导致合金的抗用氧化性能下降。

7.3　Ta、V、Ti 元素多元掺杂 W-Cr 合金组织与性能

选用多种合金元素 Ta、V、Ti 对 W-Cr 合金进行掺杂，制备具有单相组织的面向等离子体难熔高熵合金。高熵合金一般由五元或者更多元素组成。高熵合金中各种元素原子尺寸相近，各种元素含量摩尔比相等或者等摩尔比相近(各元素占合金的摩尔比在 5%～35%之间)，这种概念首先被 J. W. Yeh 在 2004 年提出[26]。与传统合金中常见的金属中间相结构不同，由于元素数量多、高组态熵值，高熵合金更容易形成简单晶体结构的无序置换固溶体，如面心立方结构、体心立方结构和密排六方结构。相对比以单种元素作为主元元素的合金，高熵合金的每种元素都有相同可能性成为基体元素，并且每种元素的原子半径都不同，因此会造成严重的晶格畸变从而提高材料强度[27]。

由于具有优异的力学、磁学和电化学性质，比如具有超高强度、高抗腐蚀性能、耐磨、良好的热稳定性和抗高温氧化性能，高熵合金近年来被广泛研究。这些显著的优势使得使高熵合金成为高强度和耐高温合金，并成为扩散屏蔽材料和抗疲劳材料的最佳候选材料。最具有吸引力的是，高熵合金可能有效地应用于耐高温、面向等离子体材料领域。应用于 ITER 聚变堆的面向等离子装置对材料提出了严格的要求，如 ITER 装置的热负荷可能会高达 40 MJ/m^2。因此，大量的研究工作致力于通过显微结构设计从而增强材料的力学性能。

迄今为止，高熵合金的研究重点被公认要基于后过渡金属元素体系，如 Cr、Mn、Fe、Co、Ni、Cu。然而作为难熔高熵合金的研究，对元素的选择提出了较多的限制。理所当然的是，探索难熔高熵合金组成成分时，应该选择熔点在 2000℃或以上的金属元素。最近，Senkov 等[28,29]选择 W、Ta、Nb、Mo、V 等元素，通过电弧熔炼的方法成功制备出了新型难熔高熵合金，并对其组织结构进行了详细表征。然而，设计和检验难熔高熵合金的进展十分缓慢，这主要是由于缺乏有效的设计指导。对于超过五元的典型高熵合金组成而言，元素组合的可能性会呈几何倍数增长。各组元合金元素物理化学和热力学参数之间的关系对高熵合金的设计理念有着重要影响。

由于高熵合金的抗辐照性能、抑制氦泡形成、低 H 同位素滞留率等优异性能，被认为是最有可能应用于核领域的候选材料。在辐照环境中，传统合金材料会产生大量的晶体缺陷。然而高熵合金在严重的辐照损伤后转变为玻璃相，然后再结晶为无序固溶体[30]。高动能的粒子辐照会使晶格发生局部熔融，接着高熵合金发生局部再结晶[31]，可以消除许多辐照诱导的结构缺陷，这种现象被称为“自愈合效应”。

许多关于难熔高熵合金的研究都包括 Nb 元素和 Mo 元素，但由于 Nb、Mo 元素具有较高的中子诱导嬗变放射性，限制了其在核领域的应用。通过真空悬浮熔炼技术制备了低活化的 W-Cr-Ta-V-Ti 合金，所有组成元素都是高温、抗辐照元素，使得该合金有潜力应用于聚变环境中。为了获得最大的结构熵值，各组分金属元素采用等摩尔比添加。W 高温氧化剧烈，可能形成气态氧化物。为了提高合金的抗氧化性能，即在氧化环境中合金表面可以形成保护性的氧化层，因此钝化元素 Cr 被选择作为核心合金体系。大部分难熔金属元素都具有较高的密度，这种不良特性限制了其在许多领域的应用，为了进一步降低新合金体系的密度，大多数合金体系中选择添加 Ti 元素。由于室温下优异延展性，选择加入 Ta 和 V 元素。真空悬浮熔炼是一种新型感应熔炼炉，原料金属在坩埚中悬浮熔炼，同时在磁力的作用下进行对流搅拌完成合金化。悬浮熔炼技术消除了熔融状态下坩埚中杂质的影响，与传统电弧熔炼相对，铸锭组织更加均匀。

7.3.1 W-Cr-Ta-V-Ti 难熔高熵合金制备

选择不同粒径金属 W 粉(2 μm)、Cr 粉(25 μm)、Ta 粉(25 μm)、V 粉(25 μm)、Ti 粉(2 μm)作为原料粉末。首先，称取适量熔点较低的 Ti、V 粉末按照摩尔比 1∶1 置于球磨罐中，不加磨球。利用全方位球磨机对粉末进行球磨，设置转速为 150 r/min，球磨时间为 2 h，得到混合均匀的 Ti-V 复合粉。其次，将 Ti-V 复合粉末装入不锈钢模具，利用液压机对其进行压制成型(15 MPa、3 min)，脱模将所有复合粉末压制成直径 8 mm、高度 10 mm 的圆柱压坯。最后，将高熔点 W、Ta 粉与 Ti-V 压坯放入悬浮熔炼炉腔内，室温下对烧结炉抽真空至 10^{-3}Pa，以 100℃/min 的升温速度加热至 1300℃，启动感应悬浮装置，先以 20℃/min 的速度升温至 3100℃保温 10 min，再以 50℃/min 降温至 2500℃，通过炉腔放料夹方式加入 Cr 粉，保温 10 min 后以 50℃/min 降温至室温，反复熔炼三次即得到 W-Cr-Ta-V-Ti 难熔高熵合金。

7.3.2 W-Cr-Ta-V-Ti 难熔高熵合金物理特性与物相表征

选用等摩尔比的 W、Ta、V、Cr、Ti 粉末作为原料，通过真空悬浮熔炼方法得到铸态 W-Cr-Ta-V-Ti 难熔高熵合金。电感耦合等离子体发射光谱仪(ICP-OES)检测熔炼后合金成分，如表 7.6 所示。结果表明，铸态合金中各元素组成近似于等摩尔比，在熔炼过程中未发生严重的元素烧蚀。测量样品致密度、显微硬度，对铸态高熵合金进行组织结构表征和高温压缩性能、导热性能测试。

表 7.6 W-Cr-Ta-V-Ti 高熵合金成分的 ICP-OES 分析

元素	W	Cr	Ta	V	Ti
名义成分(质量分数，%)	35.7	35.1	9.9	10.0	9.3
HEA 实验成分(质量分数，%)	35.44	35.16	10.26	9.30	9.28

图 7.30 是 W-Cr-Ta-V-Ti 铸态合金的 XRD 图谱，发现其并非单相。XRD 图像中主要的六个衍射峰是 BCC 相，晶格常数为 3.179 Å。XRD 中其他低强度衍射峰表明合金中存在少量的第二相 $TiO_{0.5}$。表 7.7 列举了所有组成元素的晶格常数，并且通过混合定律(ROM)估算合金的晶格常数约为 3.137 Å。值得注意的是，估算的晶格常数值与实验值非常接近。固溶体合金的理论密度计算公式如下所示：

$$\rho_{\text{mix}} = \sum_{i=1}^{n} C_i A_i \Big/ \sum_{i=1}^{n}\left(\frac{C_i A_i}{\rho_i}\right) \tag{7.3}$$

式中，A_i 是原子质量；ρ_i 是元素 i 的密度。W-Cr-Ta-V-Ti 合金的理论密度为

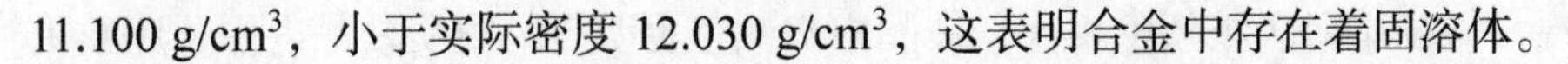

11.100 g/cm³，小于实际密度 12.030 g/cm³，这表明合金中存在着固溶体。

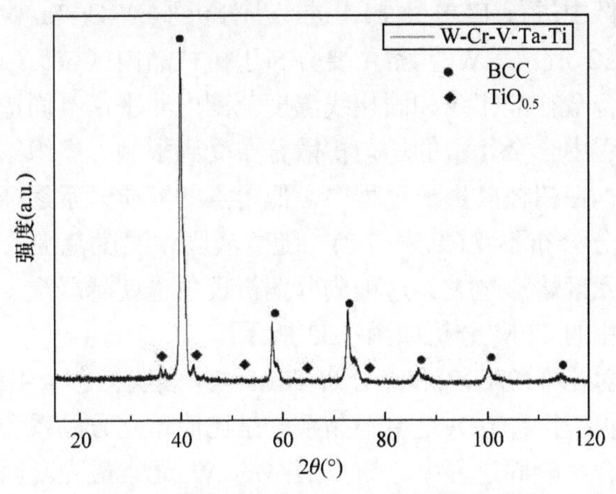

图 7.30　铸态 W-Cr-Ta-V-Ti 合金 XRD 图谱

表 7.7　对比列出了各组元纯金属的晶格常数(a)、原子半径(r)、熔点(T_m)、维氏硬度(HV)、密度(ρ)、价电子浓度(VEC)、电负性(χ)的理论计算值与实验值

金属	W	Cr	Ta	V	Ti	W-Ta-V-Cr-Ti(E_{st}/E_{xp})
a(Å)	3.158	3.303	3.039	2.9	3.276	3.137/3.169
r(Å)	1.37	1.46	1.34	1.28	1.46	—
T_m(K)	3680	3269	2175	2180	1930	2647/—
HV(MPa)	3430	873	628	1060	970	1392/6336
ρ(g/cm³)	19.3	16.7	5.96	7.17	4.54	11.1/12.03
VEC	6	5	5	6	4	5.2
χ 或 $\Delta\chi$	2.36	1.5	1.63	1.66	1.54	0.316

W-Cr-Ta-V-Ti 合金及其组元的密度和显微硬度值如表 7.7 所示，测得合金实际显微硬度值为 6336 MPa，与晶格常数、密度形成鲜明对比的是，硬度测量值约是混合原则计算硬度值(1392 MPa)的 5 倍。如表 7.7 所示，合金的硬度大大超过了体系中最硬的组分 W(3430 MPa)，然而样品密度(11.100 g/cm³)却小于纯钨(19.30 g/cm³)。合金显微硬度大于任何单独组分硬度值的现象，主要归因于合金局部晶格畸变和固溶强化效应[32]。

7.3.3　W-Cr-Ta-V-Ti 难熔高熵合金组织结构与力学性能

从图 7.31 中可以清晰地看到合金表面出现典型的铸态枝晶，从 SEM 形貌可以发现，与枝晶间区域颜色相比，枝晶内部颜色更明亮，说明枝晶内原子序数更高。在高倍数图像中进行 EDS 面扫，进一步分析了 W-Cr-Ta-V-Ti 合金的元素分布情况，如图 7.32 所示。W 元素主要分布于树枝晶内区域，Cr、Ti、V 分布于树枝晶间区域。合金在液相线和固相线温度范围内非平衡凝固造成了成分偏析，导致固相生长过程中合金元素的均匀扩散分布受到限制。组织结构过冷导致了树枝状结构的形成；在树枝晶生长过程中，低熔点的溶质元素逐渐扩散至树枝晶间区域，造成了成分分布不均(见表 7.8)。随着液固相温度范围的扩散，元素偏析程度增大。组元元素熔点越大，这种成分偏析现象也就越严重。W-Cr-Ta-V-Ti 合金基体相和第二相的 TEM 分析如图 7.33 所示。

选区电子衍射花样(SADP)和高分辨 TEM 结果表明，合金组织中存在 BCC 固溶体和 Ti_3O_5 两种物相。Ti_3O_5 是单斜晶系，是比简单立方晶系和六方晶系更为复杂的晶体结构。合金凝固过程中，熔点最高的 W 元素最先凝固。合金中熔点最低的 V、Cr 两种元素扩大了液固相线的范围导致了成分偏析，这也解释了为什么树枝晶间区域最后凝固。Ta 元素熔点介于 W 元素和 Cr、V 元素之间，其元素分布相对均匀。

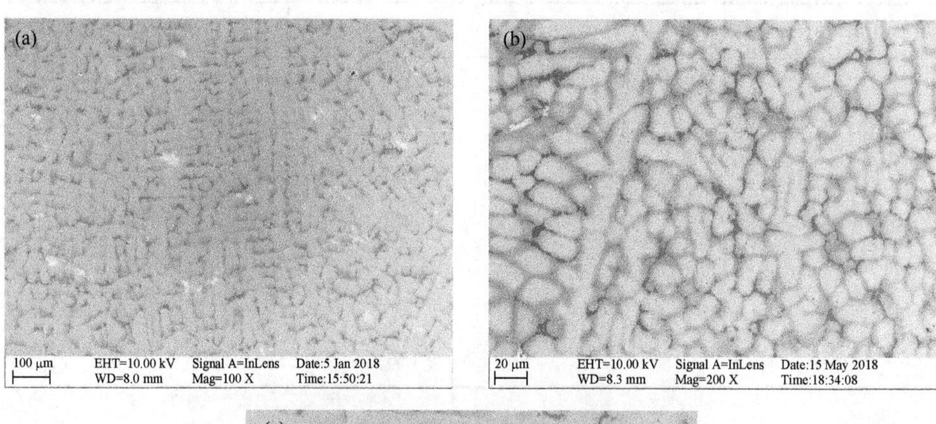

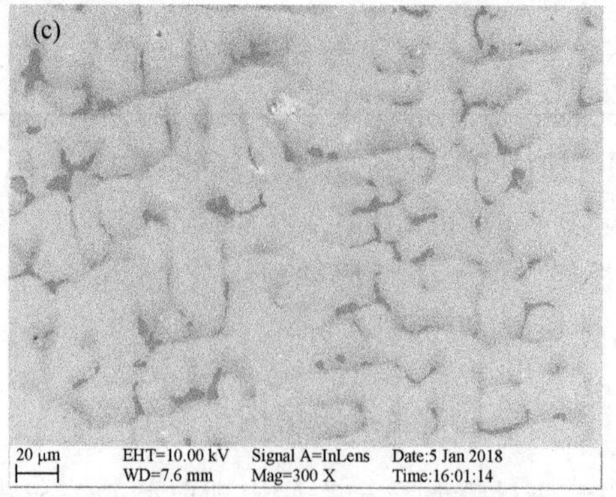

图 7.31　铸态 W-Cr-Ta-V-i 合金表面形貌 SEM 图像

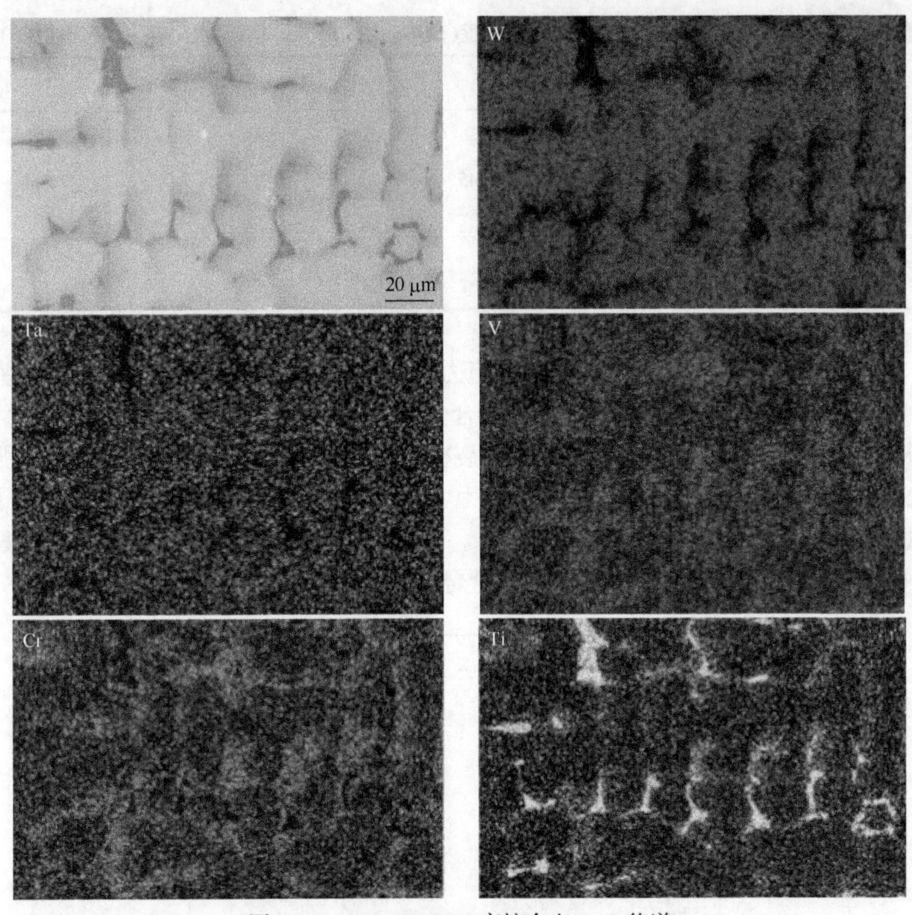

图 7.32　W-Cr-Ta-V-Ti 高熵合金 EDS 能谱

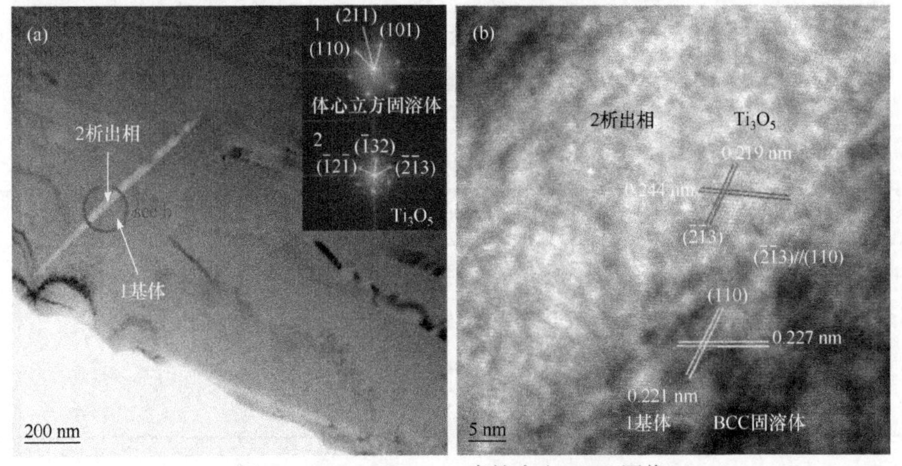

图 7.33　W-Cr-Ta-V-Ti 高熵合金 TEM 图像

(a) 明场像；(b) 析出相/基体界面高分辨图

表 7.8　W-Cr-Ta-V-Ti 合金树枝晶内平均浓度(C_{dr})、树枝晶间平均浓度(C_{idr})、分布系数(K)

合金	浓度(%，原子分数)	W	Ta	V	Cr	Ti
W-Ta-V-Cr-Ti	C_{dr}	30.24	26.75	18.29	12.3	12.42
	C_{idr}	0.45	1.54	3.25	0.88	93.89
	$\Delta T_i = (T_m)_i - T_m^{mix}$	1033	622	–472	–467	–717
	$K=C_{dr}/C_{idr}$	67.2	17.37	5.63	13.98	0.13

铸态 W-Cr-Ta-V-Ti 合金压缩工程应力-应变曲线如图 7.34 所示，其中特征参量列于表 7.9 中。室温下 W-Cr-Ta-V-Ti 合金的屈服强度 $\sigma_{0.2}$ 为 1628 MPa，UTS 为 1934 MPa，在应变率为 8.5%时通过断裂机制发生断裂。不难发现，受高固溶强化效应(SSH)影响，合金表现出优异的力学特性，特别是高温下，难熔金属原子间的强原子键也可以提高合金的强度。此外，合金中存在弥散分布的析出相 Ti_3O_5，其弥散强化效应也显著提高了合金的强度和硬度。

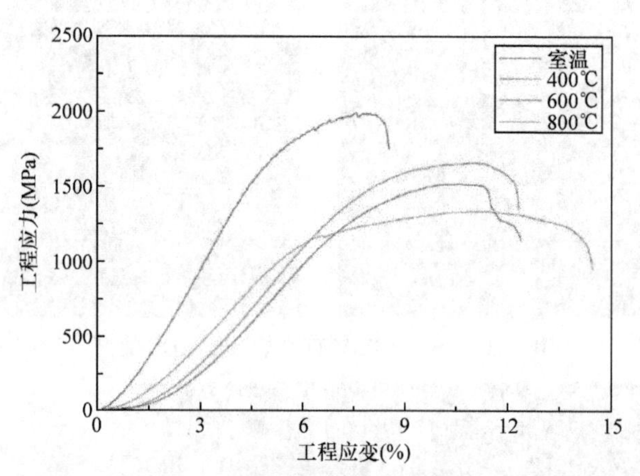

图 7.34　铸态 W-Cr-Ta-V-Ti 合金在不同温度压缩下的工程应力-应变曲线

表 7.9　不同温度下 W-Cr-Ta-V-Ti 合金的屈服强度、最大应力、最大应变和断裂延伸率

温度℃	屈服强度(MPa)	最大应力(MPa)	最大应变(%)	断裂延伸率(%)
室温	1628	1934	7.6	8.5
400	1370	1656	11.0	12.2
600	1215	1512	10.6	12.4
800	1055	1330	11.2	14.4

样品在不同温度条件(400℃、600℃和 800℃)进行压缩实验，发现随着温度

升高，材料强度不断降低。当压缩实验温度升高至 800℃时，合金屈服强度大幅降低至 1100 MPa 以下，但是断裂前压缩延伸率达到 14.4%，具有很大的加工硬化能力。当温度到达 800℃时，W-Cr-Ta-V-Ti 合金中元素扩散缓慢，因此与传统合金相对比，具有更强的抗高温软化能力。在高温下表现出的应变软化现象可能是一种高应变诱导材料表面脱落的塑性失稳现象。

室温压缩实验后样品的 SEM 断口形貌如图 7.35(a)所示，可看出 W-Cr-Ta-V-Ti 合金的断口形貌主要为平直面和河流花样，显示出脆性解离断裂特征。样品表面开裂变形方向平行于压缩方向，表明纵向加载引起的侧向拉应力是造成纵向断裂的主要原因。图 7.36 是高温压缩实验后 W-Cr-Ta-V-Ti 合金的断口形貌，显示出解离和准解离断裂特征，其中准解离断裂的特点是在解离断裂面上具有密度滑移线和撕裂痕。由高倍数放大图像[图 7.36(b)、(d)、(f)]可更详细描述，如平坦断面、河流花样特征、羽毛状和舌状特征。相对于室温断口形貌，400℃、600℃、800℃断口形貌的解离断裂占比更小，这也和压缩曲线结论相符合，高温下合金表现出更好的塑性。值得一提的是，合金中的枝晶结构对难熔 W-Cr-Ta-V-Ti 高熵合金的力学性能极其不利，特别是塑韧性，观察发现裂纹容易在树枝晶和枝晶间边界处萌生。为了满足未来高温领域应用，应该通过退火处理消除树枝晶结构以获得稳定平衡组织。

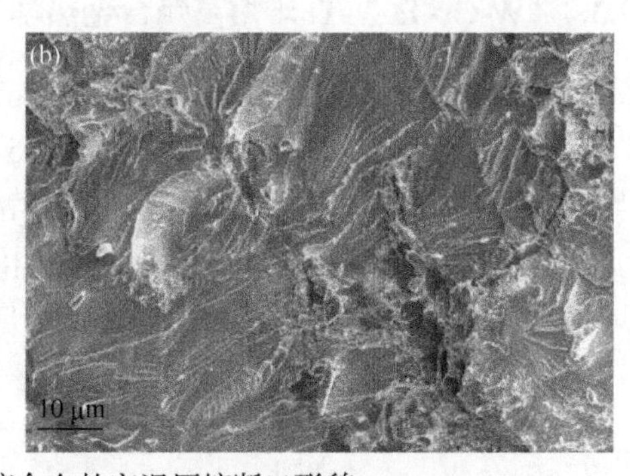

图 7.35　W-Cr-Ta-V-Ti 高熵合金的室温压缩断口形貌

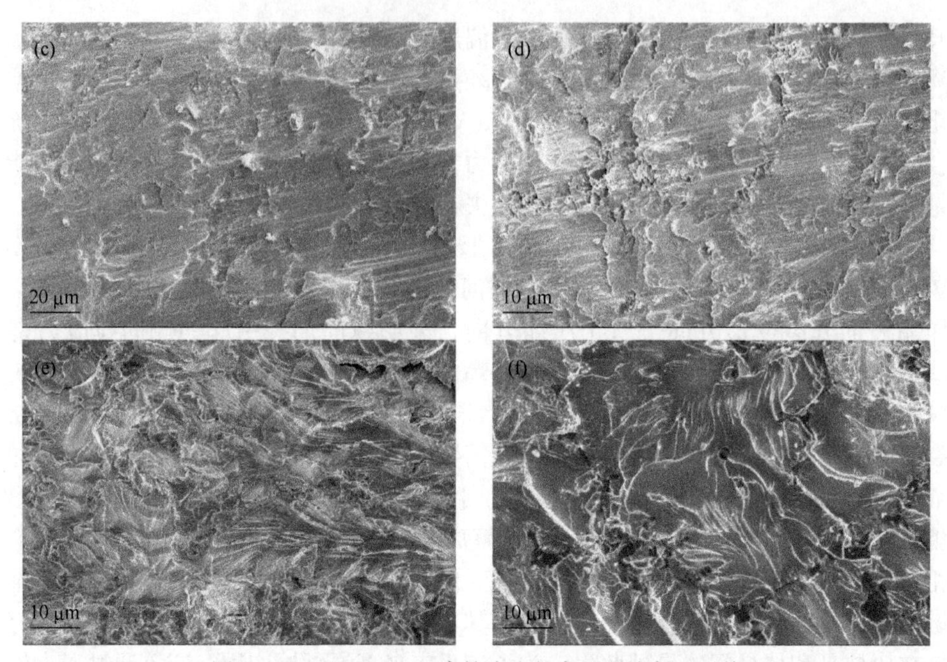

图 7.36　W-Cr-Ta-V-Ti 高熵合金的高温压缩断口形貌

7.3.4　W-Cr-Ta-V-Ti 难熔高熵合金热学特性

不同温度(从室温到 1100 K)W-Cr-Ta-V-Ti 高熵合金的热扩散和导热系数如图 7.37 所示，热扩散系数从室温的 5.735 mm^2/s 升高至 1100 K 的 9.971 mm^2/s，且与热导系数一样，都随着温度的升高而增大。合金 1100 K 高温下的导热系数是室温下的 3 倍。特别要指出的是，高熵固溶合金的主要物理特性之一就是极低的导热系数，相对比电子导热为主的传统金属和合金，高熵合金的主要导热方式为声

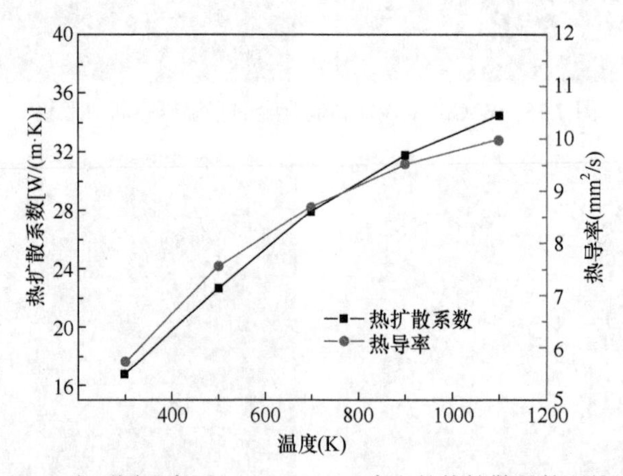

图 7.37　在不同温度下 W-Cr-Ta-V-Ti 合金的热扩散系数和热导率

子导热[34]。高熵合金中原子的高度无序排列降低了载流子的平均自由程，进而大幅降低了材料导热率[35]。室温下，W-Cr-Ta-V-Ti 合金热导率为 16.8 W/(m · K)，比相同条件下纯钨的热导率低了一个数量级。

同时，高熵合金极低热导率和声子导热的特点使其具有优异的抗辐照性能，诸如极高的相稳定性和抗肿胀性能。无序固溶体中的无序电子可以显著降低局部导热，使得辐照损伤在沉积位置停留更长时间，有效促进了辐照缺陷重组。声子传导对于碰撞级联中的热峰非常重要，通常在极短时间(ps)内发生。

综上所述，为了开发出新型面向聚变等离子体材料，采用真空悬浮熔炼的方法制备了等摩尔比的五元(W，Cr，Ta，V，Ti)难熔高熵合金：①合金的非平衡凝固造成了成分偏析，形成树枝晶状结构。高熔点的 W、Ta 元素主要分布于树枝晶内，低熔点 V、Ti、Cr 元素主要分布于树枝晶间。合金组织中主要存在着 BCC 固溶体和 Ti_3O_5 两种物相。②W-Cr-Ta-V-Ti 合金在室温、400℃、600℃、800℃下的压缩屈服应力分别为 1628 MPa、1370 MPa、1215 MPa、1055 MPa。在高温下合金仍保持较高的强度，与传统合金相对比具有更强的抗高温软化能力。合金的韧脆转变温度在室温和 400℃之间；合金的热导率和热扩散系数随着温度的增加而增加。室温测得合金热导率为 16.8 W/(m · K)。

参 考 文 献

[1] 刘凤, 罗广南, 李强, 等. 钨在核聚变反应堆中的应用研究. 中国钨业, 2017, (2), 41-48.

[2] 陈泓谕, 罗来马, 谭晓月, 等. 纤维增韧钨基复合材料的研究现状. 机械工程材料, 2015, 39(8): 10-15.

[3] 罗来马, 施静, 昝祥, 等. 掺杂合金元素面向等离子体钨基材料的研究现状与发展趋势. 中国有色金属学报, 2016, 26(9): 1899-1911.

[4] Gilbert M R, Sublet J C. Neutron-induced transmutation effects in W and W-alloys in a fusion environment. Nuclear Fusion, 2011, 51(4): 043005.

[5] Liu X, Chen J, Lian Y, et al. Vacuum hot-pressed beryllium and TiC dispersion strengthened tungsten alloy developments for ITER and future fusion reactors. Journal of Nuclear Materials, 2013, 442(1-3): S309-S312.

[6] Khripunov B I, Koidan V S, Ryazanov A I, et al. Study of tungsten as a plasma-facing material for a fusion reactor. Physica Procedia, 2015, 71: 63-67.

[7] Tan X Y, Luo L M, Chen H Y, et al. Mechanical properties and microstructural change of W-Y_2O_3 alloy under helium irradiation. Scientific Reports, 2015, 5: 12755.

[8] Budaev V P, Martynenko Y V, Grashin S A, et al. Tungsten melting and erosion under plasma heat load in tokamak discharges with disruptions. Nuclear Material Energy, 2017, 12: 418-422.

[9] Chen J B, Luo L M, Lin J S, et al. Influence of ball milling processing on the microstructure and characteristic of W-Nb alloy. Journal of Alloys and Compounds, 2017, 694: 905-913.

[10] Pilling N B, Bedworth R E. The oxidation of metals at high temperatures. Journal of the Institute

of Metals, 1923, 29: S529-591.

[11] Tejland P, Andr é n H O. Origin and effect of lateral cracks in oxide scales formed on zirconium alloys. Journal of Nuclear Materials, 2017, 430(1-3): 64-71.

[12] Hofmann F, Nguyen M D, Gilbert M, et al. Lattice swelling and modulus change in a helium-implanted tungsten alloy: X-ray micro-diffraction, surface acoustic wave measurements, and multiscale modelling. Acta Materialia, 2015, 89: 352-363.

[13] Ohno N, Hirahata Y, Yamagiwa M, et al. Influence of crystal orientation on damages of tungsten exposed to helium plasma. Journal of Nuclear Materials, 2013, 438: S879-S882.

[14] Baldwin M J, Doerner R P. Formation of helium induced nanostructure 'fuzz' on various tungsten grades. Journal of Nuclear Materials, 2010, 404: 165.

[15] Wang T G, Liu Y M, Sina H, et al. High-temperature thermal stability of nanocrystalline Cr_2O_3 films deposited on silicon wafers by arc ion plating. Surface & Coatings Technology, 2013, 228(9): 140-147.

[16] Wang T G, Jeong D, Kim S H, et al. Study on nanocrystalline Cr_2O_3 films deposited by arc ion plating: I. Composition, morphology, and microstructure analysis. Surface & Coatings Technology, 2012, 206(206): 2629-2637.

[17] Chen T Y, Gigax J G, Price L, et al. Temperature dependent dispersoid stability in ion-irradiated ferritic-martensitic dual-phase oxide-dispersion-strengthened alloy: Coherent interfaces vs. incoherent interfaces. Acta Mater, 2016, 116: 29-42.

[18] Ortega Y, de Castro V, Monge M A, et al. Positron annihilation characteristics of ODS and non-ODS EUROFER isochronally annealed. Journal of Nuclear Materials, 2008, 376: 222-228.

[19] Turkin A A, Bakai A S. Recombination mechanism of point defect loss to coherent precipitates in alloys under irradiation. Journal of Nuclear Materials, 1999, 270: 349-356.

[20] Koch F, Bolt H. Self passivating W-based alloys as plasma facing material for nuclear fusion. Physica Scripta, 2007, 2007(T128): 100.

[21] López-Ruiz P, Koch F. Manufacturing of self-passivating W-Cr-Si alloys by mechanical alloying and HIP. Fusion Engineering and Design, 2011, 86: 1719-1723.

[22] Kazuya K, Akiko S, Akira K. Formation of SiO_2 scale in high-temperature oxidation of WSi_2. Transactions of JWRI, 2007, 36(2): 51-55.

[23] Alam M Z, Saha S, Sarma B, et al. Formation of WSi_2 coating on tungsten and its short-term cyclic oxidation performance in air. International Journal of Refractory Metals & Hard Materials, 2011, 29: 54-63.

[24] Briquet L G V, Philipp P. First principles investigation of the electronic, elastic and vibrational properties of tungsten disilicide. Journal of Alloys and Compounds, 2013, 553: 93-98.

[25] Mehrizi M Z, Shamanian M, Saidi A, et al. Evaluation of oxidation behavior of laser clad CoWSi-WSi_2 coating on pure Ni substrate at different temperatures. Ceramics International, 2015, 41: 9715-9721.

[26] Yeh J W, Chen S K, Lin S J, et al. Nanostructured high-entropy alloys with multiple principal elements: Novel alloy design concepts and outcomes. Advanced Engineering Materials, 2004, 6(5): 299-303.

[27] Feng X B, Zhang J Y, Wang Y Q, et al. Size effects on the mechanical properties of nanocrystalline

NbMoTaW refractory high entropy alloy thin films. International Journal of Plasticity, 2017, 95: 264-277.
[28] Senkov O N, Scott J M, Senkova S V, et al. Microstructure and room temperature properties of a high-entropy TaNbHfZrTi alloy. Journal of Alloys and Compounds, 2011, 509: 6043-6048.
[29] Senkov O N, Scott J M, Senkova S V, et al. Microstructure and elevated temperature properties of a refractory TaNbHfZrTi alloy. Journal of Materials Science, 2012, 47: 4062-4074.
[30] Liaw P K, Egami T, Zhang Y, et al. Radiation behavior of high-entropy alloys for advanced reactors. Nuclear Energy Enabling Technologies, 2015: 10.2172/1214790.
[31] Egami T, Ojha M, Khorgolkhuu O, et al. Local electronic effects and irradiation resistance in high-entropy alloys. Journal of metals, 2015, 67: 2345-2349.
[32] Maiti S, Steurer W. Structural-disorder and its effect on mechanical properties in single-phase TaNbHfZr high-entropy alloy. Acta Materials, 2016, 106: 87-97.
[33] Koch F, Brinkmann J, Lindig S, et al. Oxidation behaviour of silicon-free tungsten alloys for use as the first wall material. Physica Scripta, 2011, T145: 014019.
[34] Chou H P, Chang Y S, Chen S K, et al. Microstructure, thermophysical and electrical properties in $Al_xCoCrFeNi$ ($0 \leqslant x \leqslant 2$) high-entropy alloys. Materials Science and Engineering B, 2009, 163: 184-189.
[35] Zhang Y, Stocks G M, Jin K, et al. Influence of chemical disorder on energy dissipation and defect evolution in concentrated solid solution alloys. Nature Communication, 2015, 6: 10.1038.

第 8 章　面向等离子体钨基材料再结晶行为

高温下的塑性形变往往因位错的产生、积累导致晶体内部储存能量增加，而这些储存能可作为回复、再结晶(静态再结晶和动态再结晶)和晶粒粗化[1]等非平衡转变的驱动力。动态再结晶主要发生在高于再结晶温度的塑变中，而面向等离子体材料处于聚变堆高温严苛的服役条件，以静态再结晶行为为主。研究不同热轧变形量和退火条件对钨基材料再结晶组织演化和织构演变的影响，以及不同再结晶体积分数 W-Y_2O_3 的类服役行为(热负荷和氦离子辐照)和物理特性，可为推进钨基材料在聚变堆中的安全应用提供理论依据。

8.1　轧制纯钨高温组织性能演化及再结晶特性

8.1.1　轧制纯钨制备及性能测试

选用安泰天龙钨钼科技有限公司所制的不同轧制量(50%、67%和 90%)商业纯钨板，分别简称为 W50、W67 和 W90，三块原始轧板尺寸如表 8.1 所示，试样示意图如图 8.1 所示。为了保证取样的均匀性，小样品(8 mm × 7 mm × 6 mm)均在钨板中间同一厚度层上取样，所有小样品热处理前均密封在真空石英管内，以防退火过程中被氧化。在 1250℃、1300℃和 1350℃下，对不同轧制量的钨板进行不同时间的等时和等温退火实验，退火结束后空冷至室温。

表 8.1　三块轧制钨板的尺寸(mm)

轧制比	RD[2]	TD[2]	ND[2]
W50 (50%)	130	120	32.5
W67 (67%)	150	120	21.5
W90 (90%)	150	120	6.5

对各个退火样品的硬度进行测量，载荷 3 kg、时间 10 s、硬度值 $HV_{3.0} \pm \Delta HV_{3.0}$ 是 10 个压痕的平均值。采用 MR5000 型光学显微镜对其进行显微组织观察和分析。使用牛津仪器系统的 EBSD HKL Inca 附件分析单个晶粒取向并分析局部织构，分析区域面积为$(425 \times 319)\mu m^2$。扫描步长 1 μm，确定晶格取向的误差最多为±1°(平均约为±0.6°)，显微组织之间的小角度边界取向差为 2°～15°，高角度边界取向差⩾15°。使用由 HKL Technology 开发的 CHANNEL 5 软件分析 EBSD 结果，ODF 图由变形和再结晶织构子集构建。

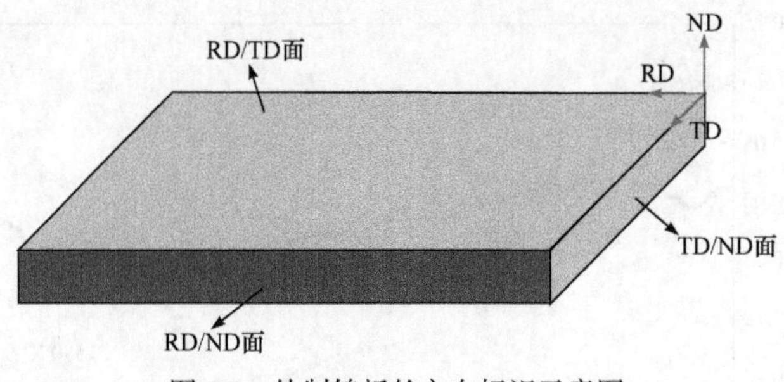

图 8.1　轧制钨板的方向标识示意图

8.1.2　轧制纯钨高温机械性能

通过差示扫描量热分析预测再结晶温度区间，制定合理的实验(等时退火和等温退火)参数，分别研究等时退火回复阶段动力学特性和等温退火再结晶动力学特性，计算出再结晶激活能，预测 900℃下使用寿命，建立三维再结晶曲线图。

8.1.2.1　轧制纯钨再结晶放热

考虑到再结晶温度受晶粒尺寸、杂质含量和变形程度等多种因素影响，采用 DSC 对 W50、W67 和 W90 进行差热分析以探究材料的大致再结晶温度，在高纯氩气保护的环境下以 10℃/min 的加热速率升温到 1400℃，得到 DSC 曲线图，如图 8.2 所示。从图中可看出，当温度升到 1000℃后开始出现较明显的放热峰，即样品在 1050～1350℃范围内出现了一定的再结晶趋势，其中 W50、W67 和 W90 三种材料的再结晶温度点分别约为 1307℃、1130℃和 1072℃，显然轧制比越大则放热峰温度越低，这可能归因于大变形量导致位错增殖，进而加大了回复、再结晶过程的驱动力。

8.1.2.2　回复再结晶退火试验设计

结合 DSC 差热分析结果，制定如表 8.2 所示的等时退火工艺，1 h 保温时间可以快速验证再结晶温度区间的合理性及等时退火回复阶段的动力学特性。通过显微硬度分析(图 8.3)可以发现，随着轧制量的增加，纯钨的原始形变强化更加显著，硬度也更高，分别测得 W50、W67 和 W90 的硬度值为 $415.4 \pm 1.5\Delta HV_3$、$427.6 \pm 2.8\Delta HV_3$ 和 $430.4 \pm 2.8\Delta HV_3$。但随着退火温度的提高，硬度呈现单调下降趋势，中间某一温度处下降趋势出现转折，前期下降缓慢为回复阶段，后期下降迅速为再结晶阶段。从图中可以看出，W50 再结晶温度约为 1250℃，而 W67 和 W90 的再结晶温度极其接近，都在 1100℃左右，这与前面的 DSC 测量结果略有差别。退火温度在最高 1350℃时，W50、W67 和 W90 硬度值均最小，分别为

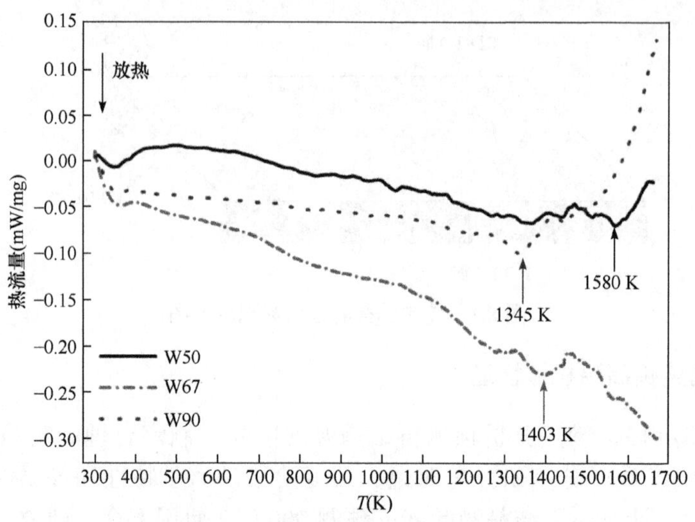

图 8.2　不同轧制比纯钨的 DSC 曲线

391.6 ± 2.15ΔHV$_3$、374.02 ± 2.64ΔHV$_3$ 和 356.96 ± 2.05ΔHV$_3$，且轧制比越大，硬度值下降得越慢。这是由于高的变形量钨板储存能最高，更容易发生回复再结晶，硬度退化得也越快[3]。

表 8.2　不同变形量纯钨 1 h 等时退火工艺

试样	温度(℃)							
W50 W67 W90	400	800	900	1000	1100	1250	1300	1350

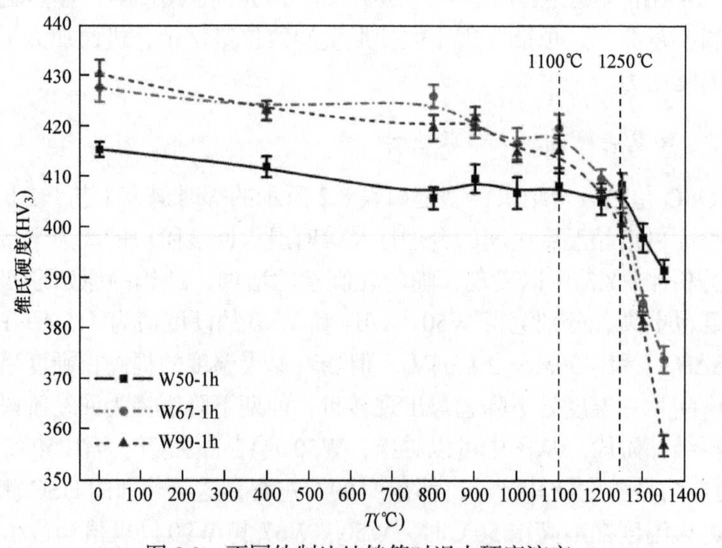

图 8.3　不同轧制比纯钨等时退火硬度演变

考虑等时退火工艺只能大致研究材料的再结晶温度范围，继而使用再结晶温度点以上的等温退火实验来模拟纯钨在高温服役环境下的机械性能退化过程，具体工艺如表 8.3 所示。

表 8.3 不同温度下等时退火工艺

	温度(℃)	时间(h)										
W50	1250	1	3	6	12	18	24	48	72	120	134	144
	1300	1	2	4	8	33	48	114	142			
	1350	1	3	12	18	23	30					
W67	1250	1	2	3	3.5	5	10	17	48	60		
	1300	0.5	1	2	5	12	16	24				
	1350	0.5	1.5	3	4	5	10	15				
W90	1250	0.5	1	1.5	2	3	4	12	17			
	1300	0.5	1	2	6	10	15					
	1350	0.5	3	5	7	11	13					

8.1.2.3 轧制纯钨退火机械性能

等时退火回复过程中，硬度随退火温度的变化规律符合以下方程：

$$HV = HV_0^* - \frac{R\ln\frac{t}{t_0}}{V}T \tag{8.1}$$

式中，HV_0^*为始态硬度值；t 取 600 s；t_0 取 1 s；V 是位错移动的激活体积；R 是理想气体常数。显然回复阶段硬度与温度基本呈线性下降(图 8.4)，经拟合计算出 W50、W67 和 W90 的回复动力学系数 R/V 分别为 0.82×10^{-3} kg · f/(K · mm^2)、1.35×10^{-3} kg · f/(K · mm^2)和 1.59×10^{-3} kg · f/(K · mm^2)。可见 R/V 与回复驱动力相关，变形量越大则同等条件下回复驱动力越大，位错移动的激活体积 V 越小，R/V 也越大。

为进一步说明不同退火工艺对材料硬度的影响，分别对 W50、W67 和 W90 进行 1250℃、1300℃和 1350℃的等温退火实验，并选取 RD/ND 面进行显微硬度测试，如图 8.5 至图 8.7 所示。可以看出，三种材料的显微硬度均随温度升高呈单调下降趋势，由于退火温度普遍偏高均在 1000℃以上，结晶速度很快至回复的时间特别短，很难捕捉到有效的回复段数据，只能在较低温度和较小变形量时才采集到少数回复阶段数据。

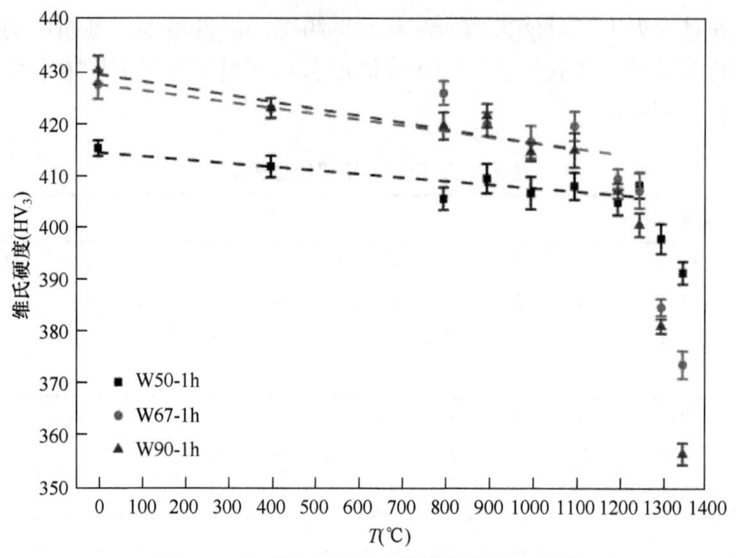

图 8.4　等时退火回复阶段的硬度拟合曲线

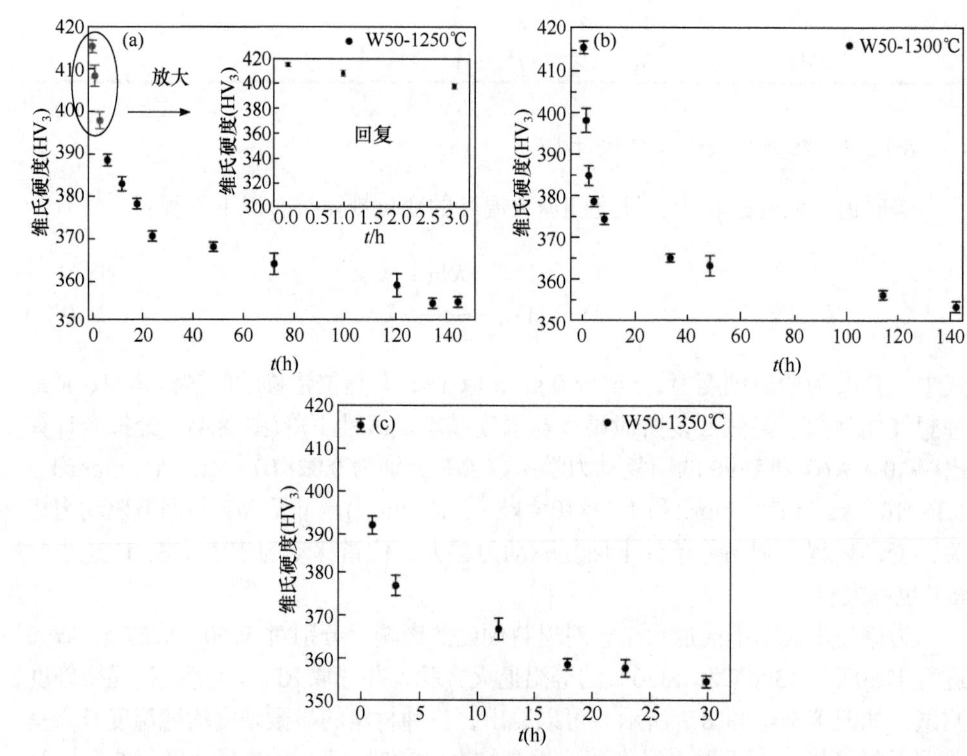

图 8.5　W50 在不同温度下等温退火硬度演变

对于特定轧制纯钨而言，退火温度越高则硬度退化越快，到达最低硬度值的时间越短。特别是相对变形量较小的 W50 轧板，温度对完全再结晶的时间影响更为突出。如图 8.5 所示，W50 在三种温度下的完全再结晶时间分别为 144 h、142 h 和 30 h，意味着 1350℃比 1250℃的完全再结晶速度快了 79%；而 W90 在三种温度下完全再结晶时间分别为 17 h、15 h 和 13 h，1350℃比 1250℃完全再结晶快了 24%(图 8.7)，显然温度对其速度影响不如 W50 明显。此外，退火温度一定时，变形量越大的轧板，如 W90，其硬度退化也越快。

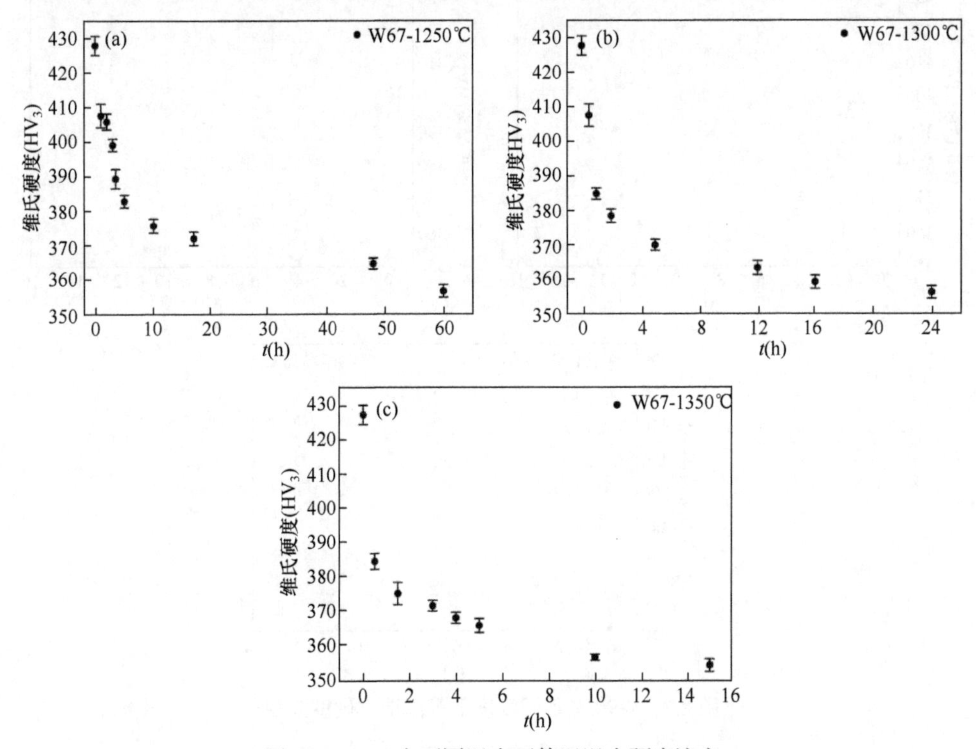

图 8.6　W67 在不同温度下等温退火硬度演变

退火温度较低时，轧制变形量对完全再结晶时间的长短变化影响更显著，如图 8.5(a)、图 8.6(a)和图 8.7(a)中，退火温度都为 1250℃，W50、W67 和 W90 达到完全再结晶时间分别为 144 h、60 h 和 17 h，可看出 W90 比 W50 完全再结晶快了 88%；而退火温度为 1350℃时，再结晶时间分别为 30 h、15 h 和 13 h，W90 比 W50 完全再结晶快了 57%。

8.1.2.4　等温退火钨再结晶动力学

等温退火测得的硬度值遵循混合法则[4]，等于再结晶和没有再结晶区域的加权值。该混合法则如式(8.2)所示。

$$\mathrm{HV} = X\mathrm{HV}_{\mathrm{rex}} + (1 - X)\mathrm{HV}_{\mathrm{rec}} \tag{8.2}$$

式中，$\mathrm{HV}_{\mathrm{rex}}$ 表示再结晶区域硬度值；$\mathrm{HV}_{\mathrm{rec}}$ 表示回复基体硬度值；两者对应体积分数分别为 X 和 $1-X$。再结晶体积分数可以由式(8.3)表示：

$$X = \frac{\mathrm{HV}_{\mathrm{rec}} - \mathrm{HV}}{\mathrm{HV}_{\mathrm{rec}} - \mathrm{HV}_{\mathrm{rex}}} \tag{8.3}$$

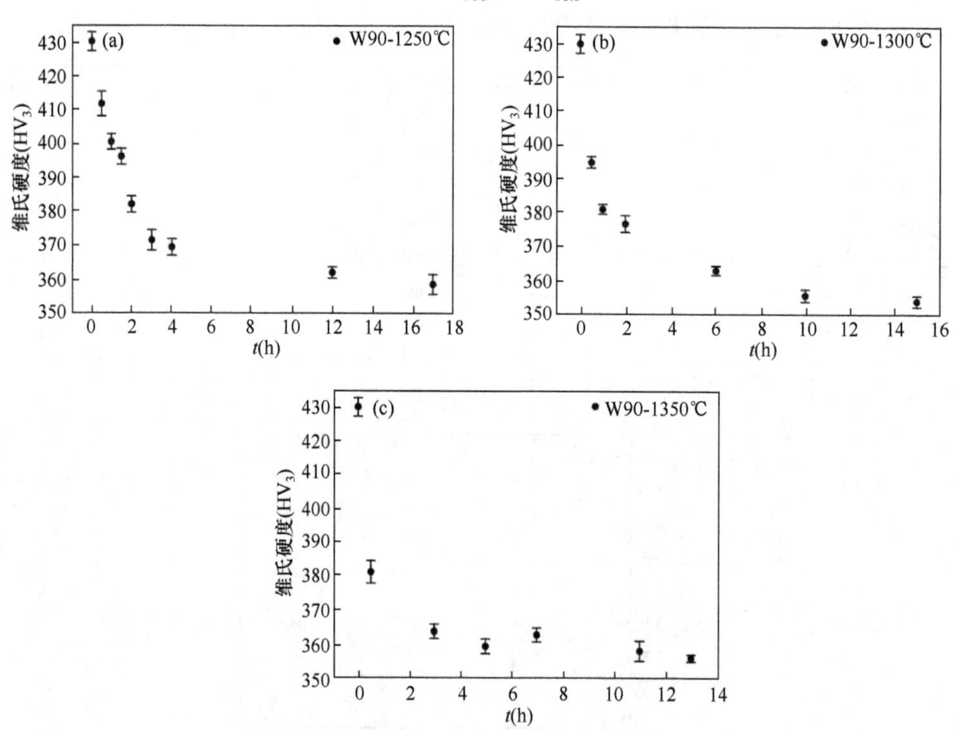

图 8.7　W90 在不同温度下等温退火硬度演变

图 8.8 是 W50、W67 和 W90 纯钨样品在 1250℃、1300℃和 1350℃等温退火下的再结晶动力学曲线，发现再结晶体积分数与退火时间呈近似指数变化关系。以 1250℃为例，对比三种不同材料可发现随着轧制变形量的增加，再结晶孕育时间明显缩短，说明大的轧制变形量使得储存能增大，越容易再结晶形核。并且所有样品再结晶体积分数均在 0～60%之间时，再结晶速度最大，接着速度减缓直至完全再结晶。比较图 8.8(a)和(c)发现，对于较小变形量的纯钨轧板(W50)，退火温度显著影响再结晶速度；对于 W90 材料而言，由于本身储存能很高，再结晶驱动力大，退火温度对再结晶速度影响则相对较小。由图 8.8(f)可看出，当温度较高达 1350℃时，由于外界热激活，原子的扩散能力变强，导致退火刚刚开始阶段再结晶速度很快，在很短时间内再结晶体积分数接近 1。

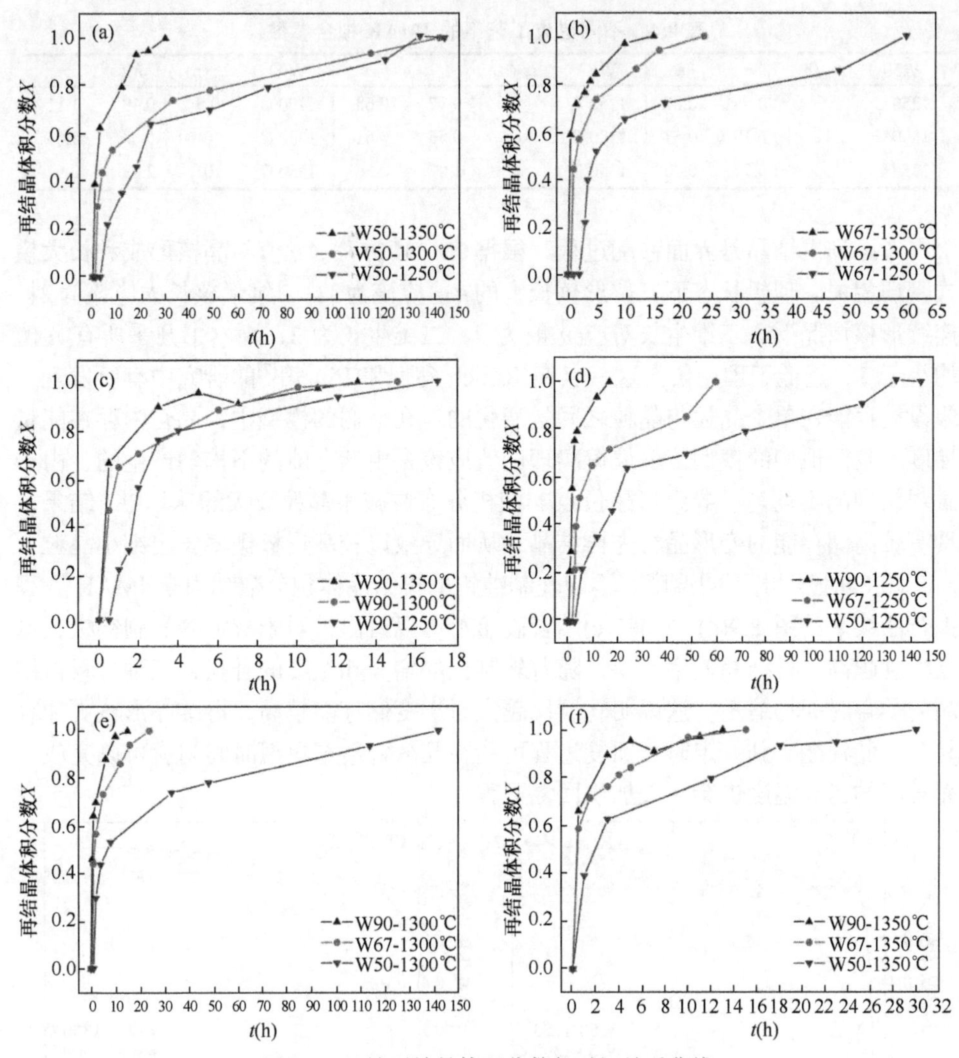

图 8.8　纯钨再结晶体积分数与时间关系曲线

采用经典 JMAK(Johnson-Mehl-Avrami-Kolmogorov)模型[4]对再结晶过程进行模拟，通过再结晶动力学曲线描述再结晶晶粒体积分数 X 与退火时间 t 之间的函数关系：

$$X = 1 - \exp[-b^n (t - t_{\text{inc}})^n] \tag{8.4}$$

式中，系数 b 描述了再结晶形核和长大的激活能；n 表示再结晶模式；t_{inc} 表示回复过程中的孕育时间。通过拟合得到 b 和 n 的值，如表 8.4 所示，目前仍然很难建立 n 值与退火温度之间的关系[5]。

表 8.4　不同退火工艺下的 JMAK 拟合参数

W50	t_{inc}(h)	b	n	W67	t_{inc}(h)	b	n	W90	t_{inc}(h)	b	n
1250℃	3	0.04	0.87	1250℃	2	0.17	0.68	1250℃	0.5	0.49	1.11
1300℃	1	0.10	0.57	1300℃	0.5	0.56	0.61	1300℃	0	0.88	0.64
1350℃	0	0.32	0.70	1350℃	0	1.07	0.56	1350℃	0	2.19	0.51

考虑到再结晶是界面移动过程，根据 JMAK 方程，n 值与晶核形成和长大模式密切相关。理想状态下三位形核长大的n值应该为3，二维形核长大应该为2；连续形核情况下，三维生长对应 n 值为 4，二维生长为 3，而本书几乎所有 n 值均小于 1，远低于理论值。这一点在 Rollett 等[6]和 Lin 等[7]的研究中有所发现，假设储存能在单个晶粒与晶粒之间是变化的，在他们的模型中，晶粒内存在能量梯度。基于他们的模型，n 值偏离理论值应该是由储存能的不均匀产生的，由于微观结构的不均匀，导致形核位点非随机分布并减小晶粒长大的速率[8]。结果，具有较高储存能的变形晶粒先再结晶，从而导致以较高形核概率长出细小晶粒。

图 8.9 显示出不同温度、不同轧制纯钨的再结晶体积分数动力学 JMAK 方程拟合曲线。由图 8.9(a)、(b)和(c)结合表 8.4 可以看出，对于特定的轧制钨板，退火温度越高，再结晶速率越快，随着轧制比的增大和温度的升高，三种材料再结晶的孕育时间均缩短。这说明轧制比越大时形变储存能越高，再结晶形核更加容易，当储存能高到一定时，回复过程可能在几分钟甚至更短时间内就可以完成，而升高的退火温度也会大大加快回复进程。

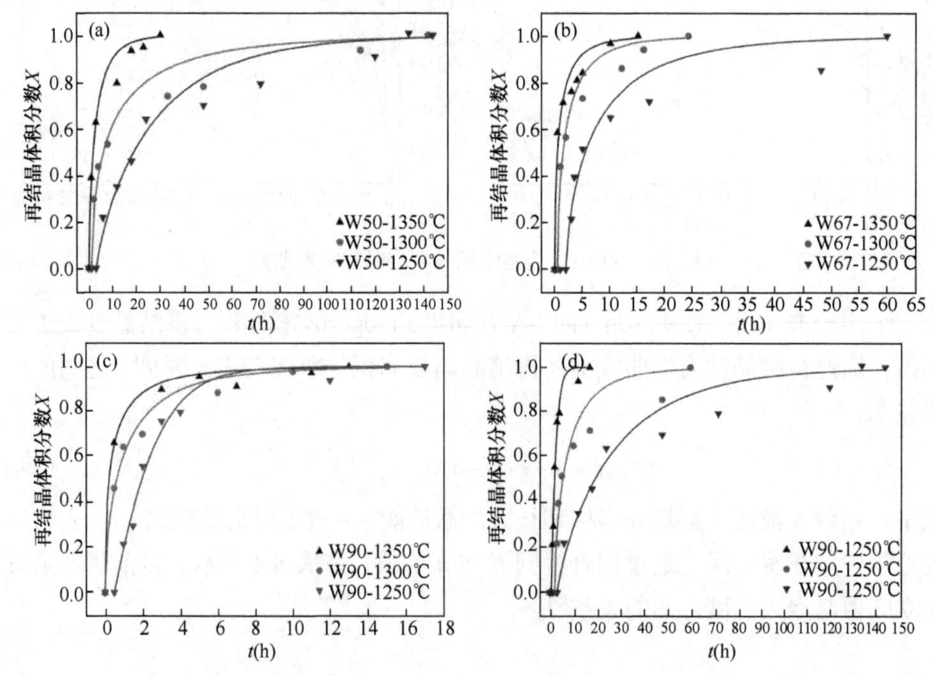

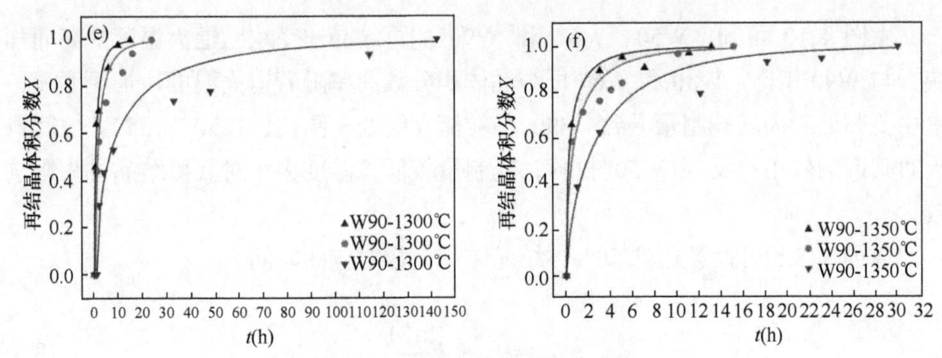

图 8.9　纯钨再结晶动力学曲线

由图 8.9(d)、(e)和(f)可以看出，当温度较高时，轧制形变越大的材料其动力学拟合曲线之间间距越小。W67、W90 两种材料在 1300℃和 1350℃的再结晶动力学拟合曲线几乎重叠，发生完全再结晶的时间也接近，反观 W50 的完全再结晶时间却远长于这两种材料。

图 8.10 是基于表 8.4 计算出的再结晶三维图，可表示再结晶晶粒体积分数随退火温度和时间的变化规律。图 8.10 是对图 8.9 进行了倒置，即纵坐标最高点为 0，最低点为 1。温度范围为 1250～1350℃，底部红色区域接近完全再结晶区域，顶部蓝色区域的再结晶体积分数为 0，由蓝到红表示数值由 0 到 1。

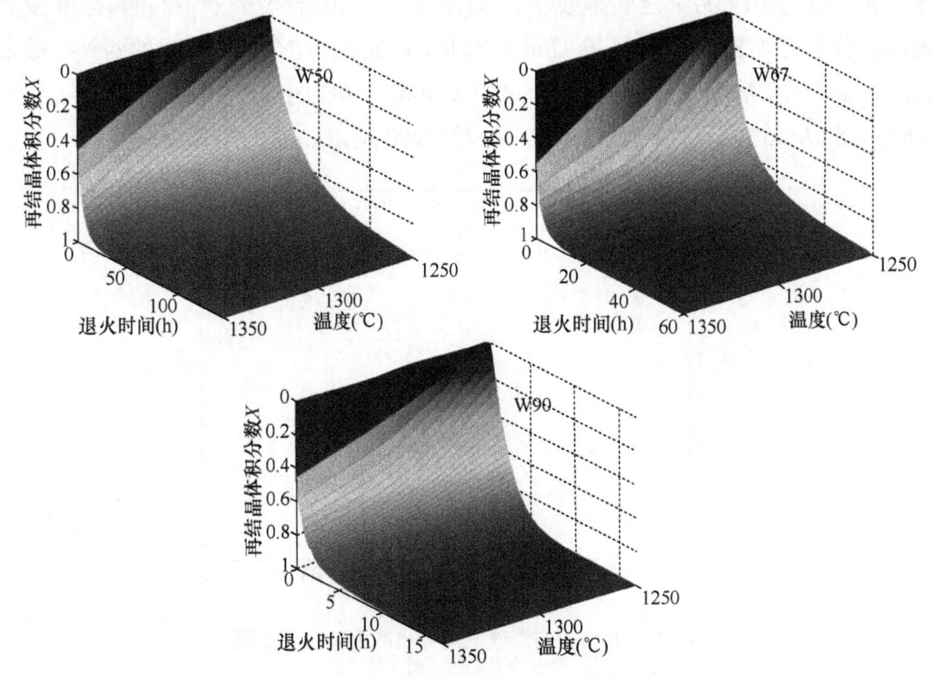

图 8.10　W50、W67 和 W90 的再结晶三维图
(扫描封底二维码可查看本图彩图内容)

由图 8.10 可知，W50、W67 和 W90 的再结晶速率均随退火温度升高而加快，与 W90 相比，W50 和 W67 再结晶体积分数曲率随着退火温度增加更明显，这主要归因于大的轧制量导致 W90 晶粒储存能处于高位，1250～1350℃之间退火对其影响较小；反观 W50 材料，轧制量较低，温度大小对其再结晶过程影响较大。

通过式(8.5)可计算达到 50%再结晶体积分数对应的时间：

$$t_{x=0.5} = t_{\text{inc}} + \frac{(\ln 2)^{\frac{1}{n}}}{b} \tag{8.5}$$

使用 Arrhenius 关系式[9]描述反应速率常数 $k=1/t_{x=0.5}$ 和 $k_0 = 1/\tau_0$，$t_{x=0.5}$ 与退火温度 T 和表观激活能 Q 之间的关系，经过推导变换 $t_{x=0.5}$ 也可由式(8.6)表示：

$$k = k_0 \exp\left(-\frac{Q}{RT}\right) \tag{8.6}$$

$$t_{x=0.5} = \tau_0 \exp\left(-\frac{Q}{RT}\right) \tag{8.7}$$

式中，k_0 和 τ_0 是温度相关常数，R 是标准气体常数。对式(8.6)两边取对数，可以得出 $\ln t_{x=0.5}$ 与 10 000/T 之间呈线性关系(图 8.11)，拟合得出三种材料再结晶激活能 Q 值分别为 478 kJ/mol、496 kJ/mol 和 447 kJ/mol。结合纯钨常见的两种扩散方式，晶界扩散激活能 $Q_{\text{GbD,vol}}$ = 377～460 kJ/mol，晶粒内部体扩散激活能 $Q_{\text{SD,vol}}$ = 586～628 kJ/mol[10]，可推测 W50、W67 和 W90 均以晶界扩散为主。

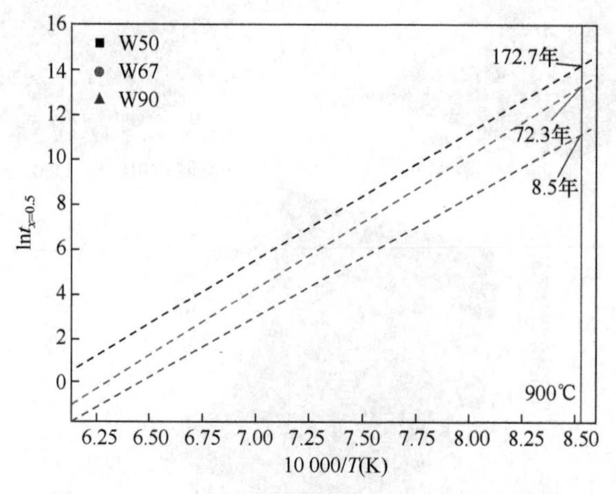

图 8.11　$\ln t_{x=0.5}$ 与温度之间导出的表观活化能图

假定到达 50%再结晶体积分数的时间为材料高温服役条件下的使用寿命，利用拟合直线方程，推测出较低服役温度下(1173 K，10 000/T=8.525)，W50、W67 和 W90 的使用寿命分别为 172.7 年、72.3 年和 8.5 年，显然 W50 的使用寿命要远高于其他两种材料，这与塑性成形理论也是统一的，轧制量越大，位错缠结越严重且储存能越高，相同温度下硬度下降得更快，导致材料寿命更短。

8.1.3　轧制纯钨高温显微组织演化

8.1.3.1　轧制纯钨高温显微结构与织构特点

三种轧制纯钨(W50、W67 和 W90)RD/ND 面上的显微结构如图 8.12 所示，由图 8.12(a)中可以看出，W50 变形较均匀，部分晶粒仍呈等轴状。随着热轧变形量的增大，晶粒沿着轧制方向伸长也更加明显，晶粒的长宽比增大。当轧制变形量达到 67%时[图 8.12(b)]，W67 中几乎所有晶粒均沿轧向拉长，晶粒形状类似于“枣状”，这点在 W90 晶粒中尤为突出，由图 8.12(c)可以明显看出，晶粒在轧制塑变过程中倾向偏转相近取向，进而构成了纤维状结构区域。在 W90 纤维晶粒内出现了部分细小等轴晶，这些等轴晶可能是材料经过较大形变时发生动态再结晶过程而引发的。

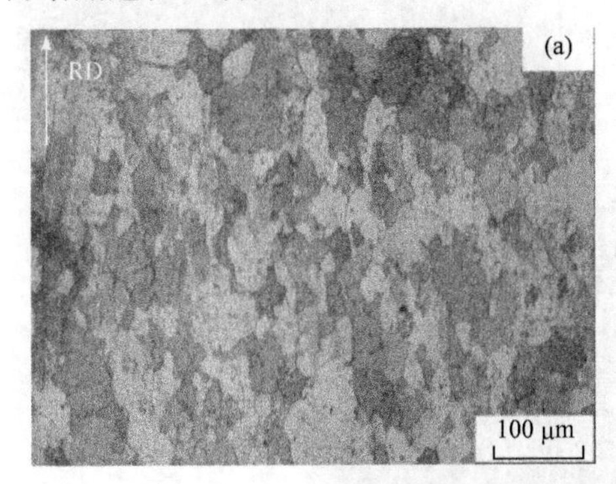

图 8.12　W50、W67 和 W90 钨板的 RD/ND 面显微结构

运用 EBSD 技术可更清楚地看到不同热轧钨板显微组织的演变，图 8.13 为三种材料 RD/ND 面的 EBSD 衬度照片。从图中可清楚看到，W50 晶粒尺寸基本均匀，存在个别尺寸较大晶粒；W67 晶粒沿着轧制方向拉长明显，平均尺寸大于 W50 合金，且还观测到与偏移轧制方向不同角度的变形带。由此可见，轧制形变过程中，不同取向的晶粒变形行为是不一样的。随着轧制量增加，原始晶粒依次发生破裂、成核、长大等过程，又在后边道次的轧制过程中被拉长，呈现不同织构取向；W90 晶体中明显有再结晶晶粒生成，这是由于钨的堆垛层错能较高[11]，静态再结晶的形核通过动态回复过程中形成的单个亚晶粒的聚结和生长而发生[12-15]。

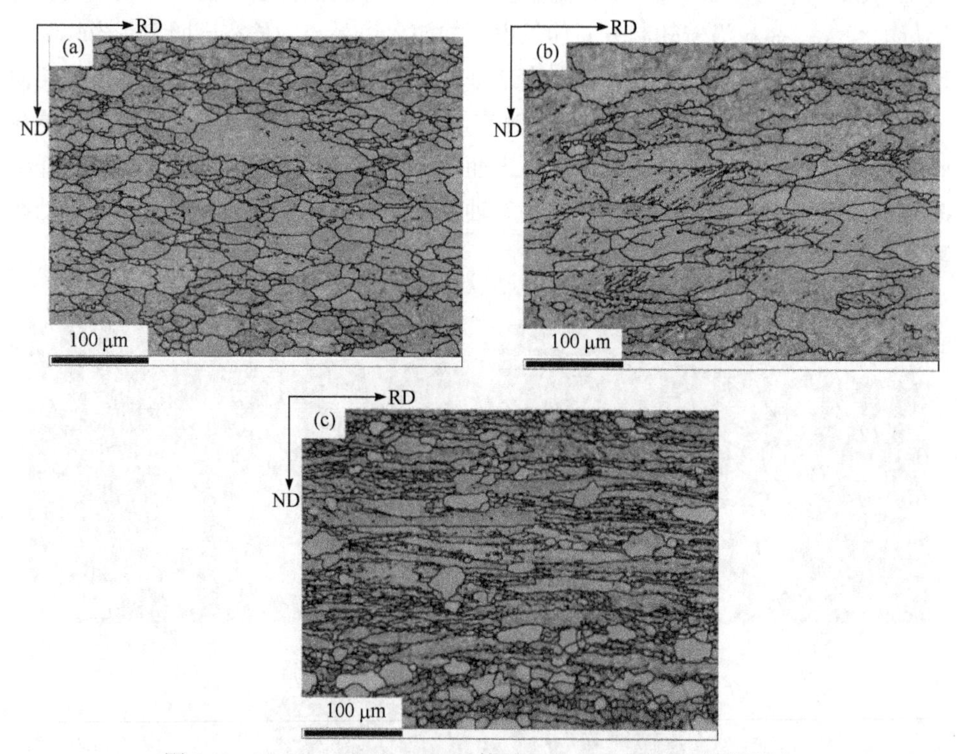

图 8.13　W50、W67 和 W90 晶体的 RD/ND 面 EBSD 衬度照片

由图 8.13，可得出 3 种晶体沿 ND 方向的弦长占比分布图(图 8.14)，可更直观看出 W50 和 W67 的晶粒宽度分布更为均匀，而 W90 的晶粒主要集中分布在 3～10 μm 之间。经过计算，W50、W67 和 W90 沿 ND 方向的平均弦长分别为 10.17 μm、12.50 μm 和 6.12 μm。由此可进一步证明，W67 钨板热轧过程中晶粒长大，W90 由于有更大轧制量，从而出现了一些动态再结晶晶粒。三种材料的晶界图和取向差角分布图分别如图 8.15 和图 8.16 所示。

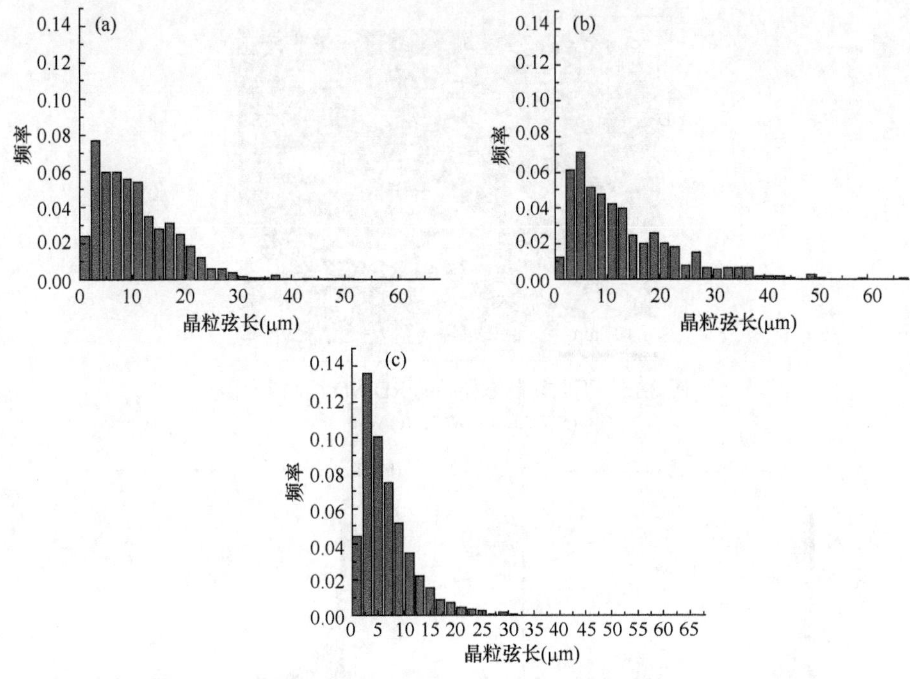

图 8.14　不同晶粒沿 ND 方向的弦长分布图

(a) W50；(b) W67；(c) W90

由图 8.15 和图 8.16 可知，不同轧制纯钨中均是小角度晶界占较大比例，经计算，W50、W67 和 W90 的平均取向差值分别为 8.06°、6.27°和 14.35°，发现相对比而言，W90 的大角度晶界占比要多一些。这是由于 W90 在热轧过程中发生了动态再结晶，形变基体中由于动态再结晶晶粒的加入，大角度晶界占比增加，材料整体取向差也随之增大。

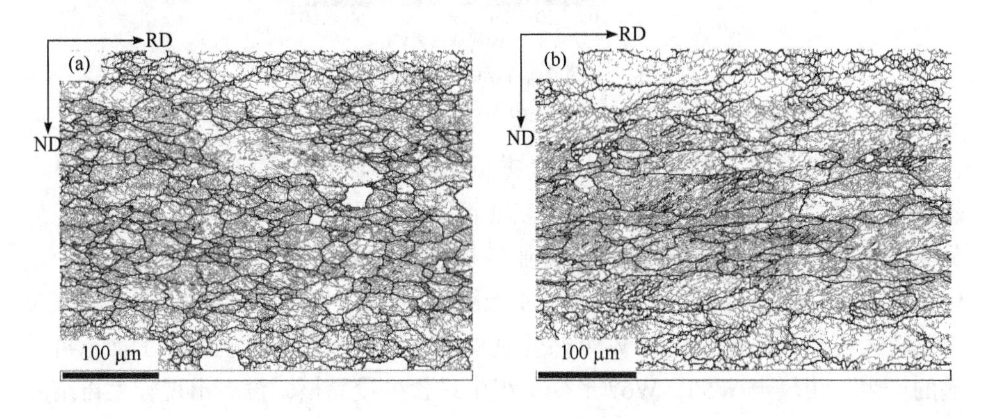

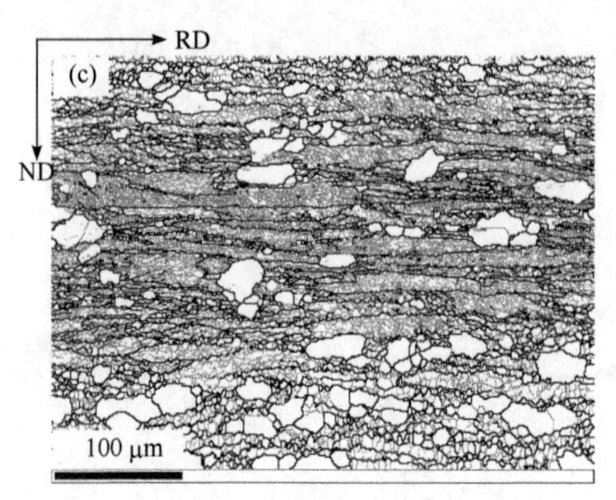

图 8.15　不同轧制态样品的 RD/ND 面晶界图

(a) W50；(b) W67；(c) W90

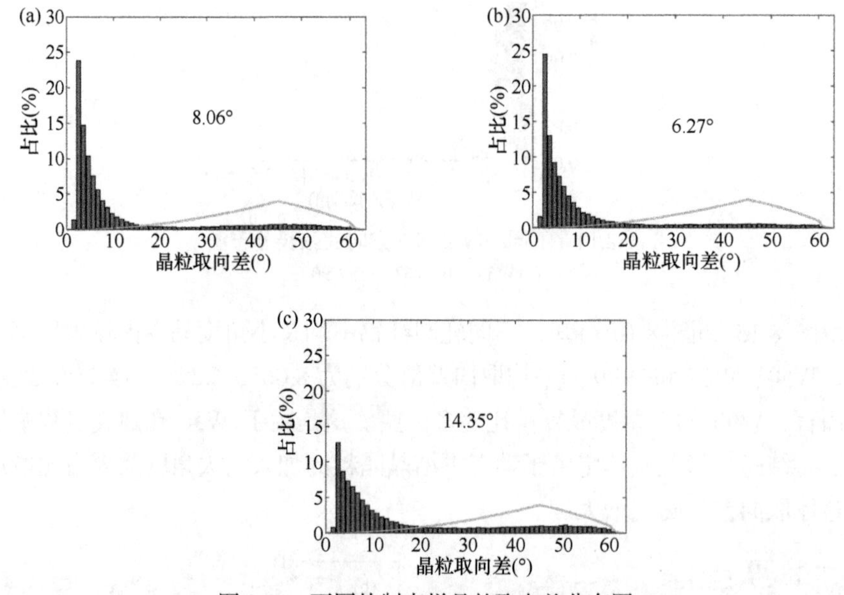

图 8.16　不同轧制态样品的取向差分布图

(a) W50；(b) W67；(c) W90

为了定量分析三块钨板热轧后动态再结晶晶粒的占比，运用 CHANNEL 5 软件分别对其 EBSD 结果进行处理表征再结晶体积分数(图 8.17)，其中蓝色部分为大角度晶粒，黄色部分为包含亚结构的再结晶晶粒，红色部分为形变基体。从图 8.17(a)可以看出，在 W50 的变形态组织中同时包含有部分较小晶核及个别较大再结晶晶粒，说明 W50 热轧过程中在动态回复同时也激发了动态再结晶的产生。相较于 W50，W67 形变组织中只含少量晶核，没有出现较大再结晶晶粒，可见动态再结晶集中于在很短时间内发生，已经长大的晶粒在轧制的后几道次被拉长，但由于终轧温度较低，最终组织中基本没能生成动态再结晶晶粒。W90 的轧制过程类似于 W67，但其变形量更大反而促成了再结晶晶粒的生成，同时由于终轧温度较低，这些晶粒尺寸小于前几道次产生的动态再结晶晶粒。经统计，W50、W67 和 W90 轧制态组织中的再结晶晶粒的面积占比分别为 0.09、0.07 和 0.27。

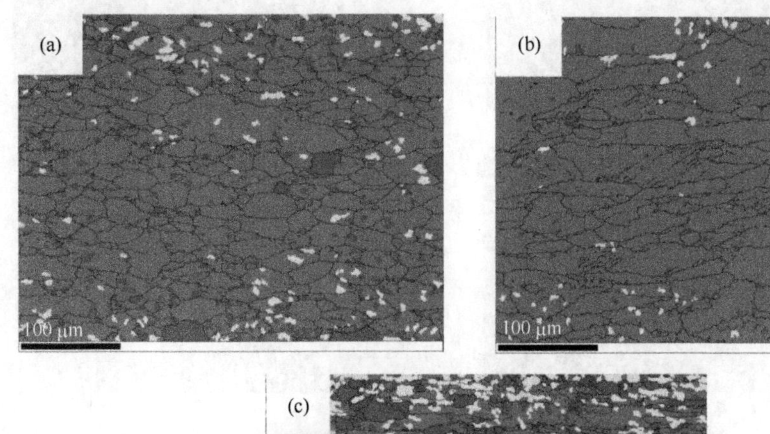

图 8.17　纯钨 RD/ND 面上的再结晶晶粒占比图

(a) W50；(b) W67；(c) W90

不同热轧钨板的 OIM 图像(图 8.18)显示，经过不同轧制形变的材料均生成不同取向的织构，图中红色表示<100>与 ND 平行的晶粒，绿色表示<101>与 ND 平行的晶粒，蓝色表示<111>与 ND 平行的晶粒。对于 W50 来说[图 8.18(a)]，三种颜色晶粒数量相当，意味着晶体中织构较弱。W67 晶体中有更多红色和蓝色晶粒，说明 W67 轧板在轧制过程中形成了<100>和<111>织构，且图 8.18 中对 W67 基体的局部变形带观察更为明显。W90 晶粒的取向与其他两种材料不同，大多由具有<101>和<100>取向的晶粒组成，且从图 8.18(c)中可以更明显地看出，W90 在左侧上部的大晶粒中也存在变形带，可见塑性形变纯钨的纤维化程度与其织构化程度也是紧密相关的。

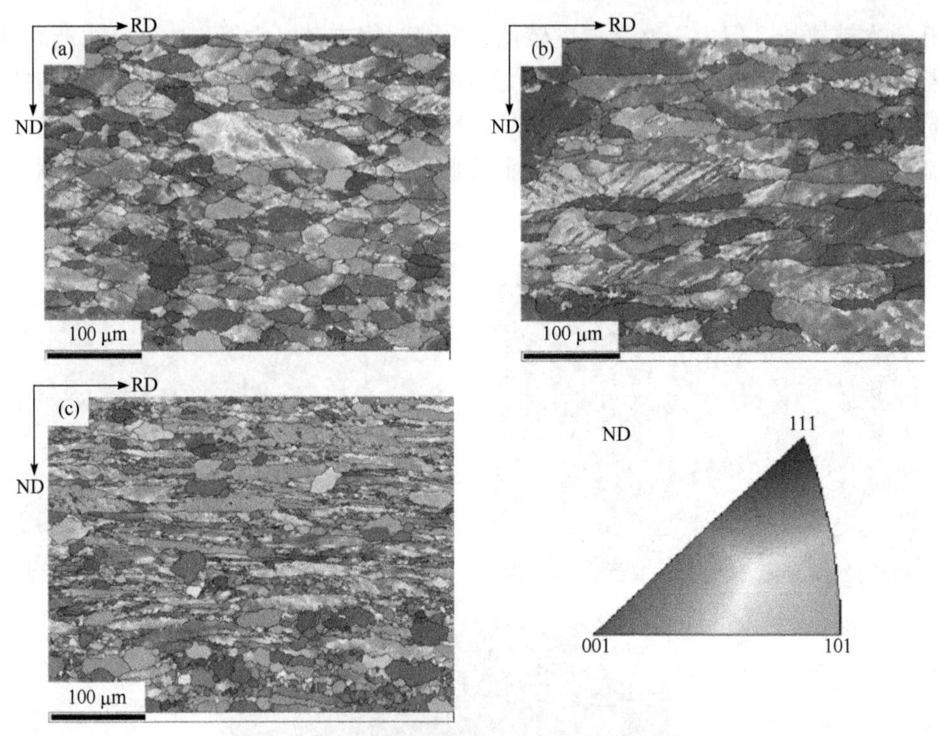

图 8.18　不同轧制纯钨的 RD/ND 面 OIM 图像

(a) W50；(b) W67；(c) W90

图 8.19 和图 8.20 分别为{100}{110}{111}的极图和反极图，可以看出，W50 晶体主要为<111>//TD，相对于 W67 和 W90 的织构更随机；W67 主要为<111>//ND 织构，而 W90 的织构更接近<101>//TD 和<001>//RD。为了更好地描述织构类型，进一步运用 ODF 图对单向热轧后的织构进行计算，ODF 图 φ_2=45° 截面如图 8.21 所示。发现纯钨的轧制织构与典型 BCC 材料的轧制织构相似，晶体中也存在 θ 织构、α 织构、γ 织构和 Goss 织构。

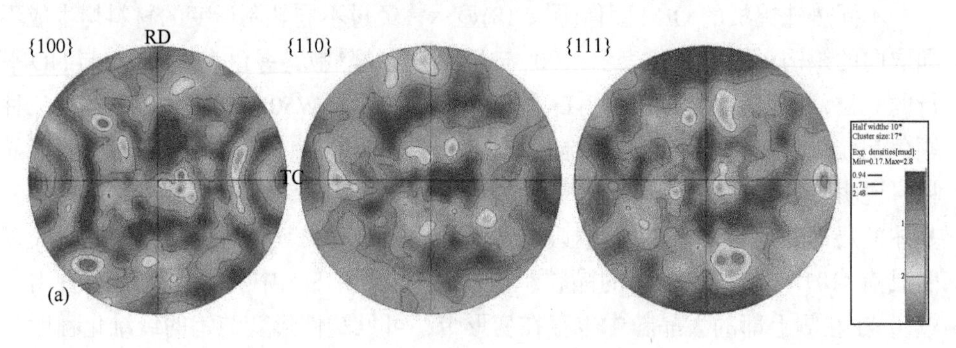

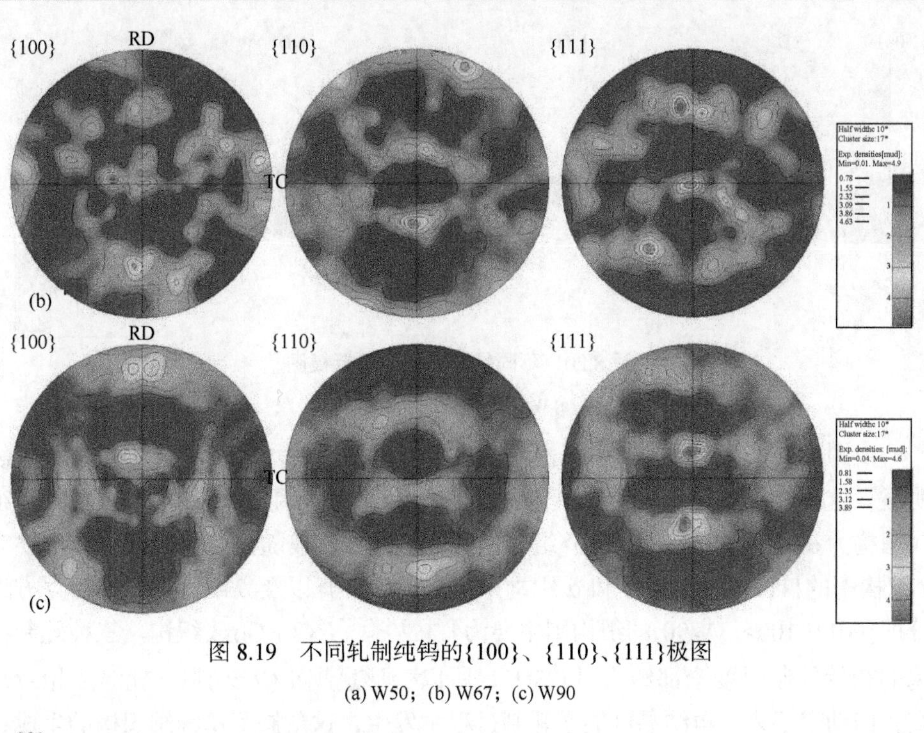

图 8.19　不同轧制纯钨的{100}、{110}、{111}极图

(a) W50；(b) W67；(c) W90

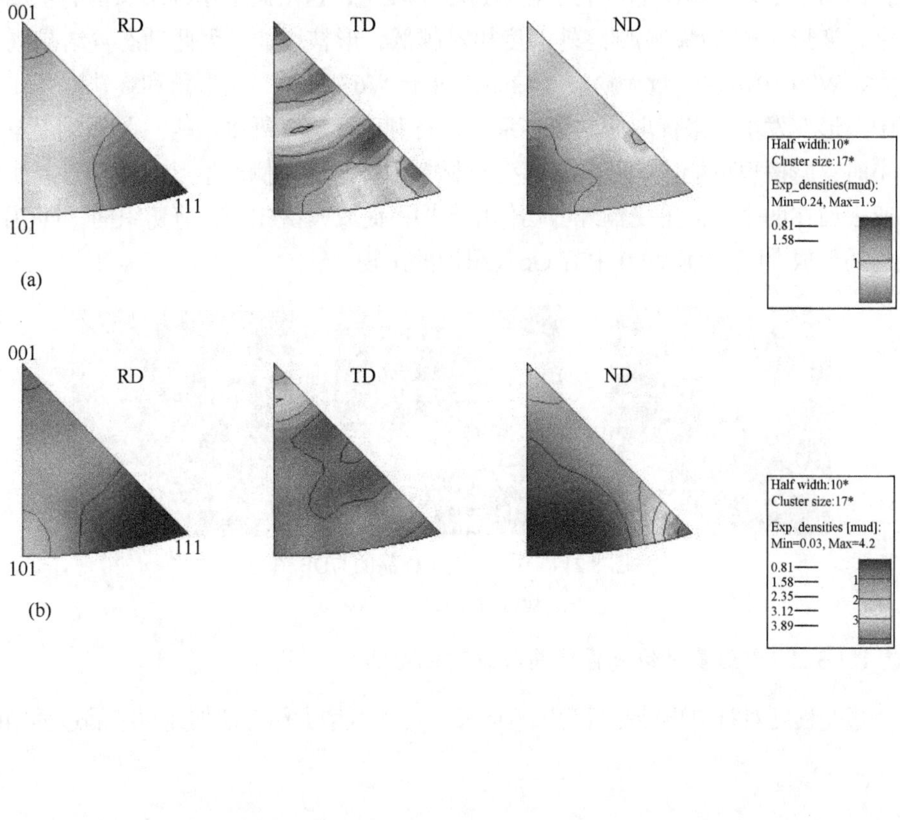

001
RD
TD
ND
101
111
Half width:10*
Cluster size:17*
Exp_densities(mud):
Min=0.24, Max=1.9
0.81
1.58
(a)

001
RD
TD
ND
101
111
Half width:10*
Cluster size:17*
Exp. densities [mud]:
Min=0.03, Max=4.2
0.81
1.58
2.35
3.12
3.89
(b)

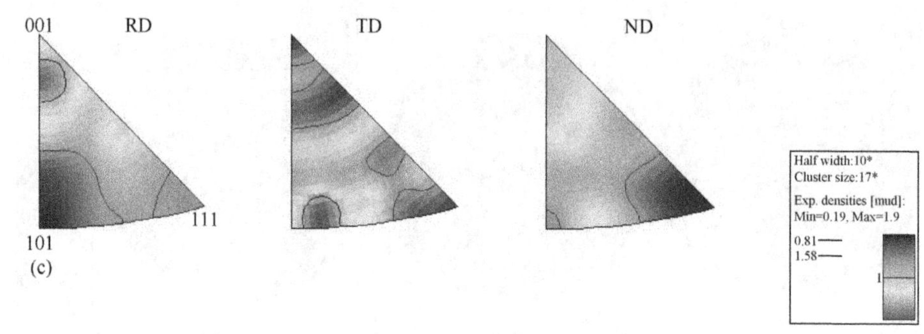

图 8.20　不同轧制态样品的反极图

(a) W50；(b) W67；(c) W90

由图 8.20 还可以看出，织构强度也随着变形量的增加而增大，但差异依然明显。这主要归因于变形量、变形温度和滚动摩擦等因素的影响。W50 主要组成织构为α织构中的{112}<110>组分，其他组分都比较随机。W67 的织构主要为γ织构中的{111}<112>组分和α织构中的{112}<110>以及 θ 织构中的旋转立方组分即{001}<100>。W90 的织构则主要为 $\{112\}<\overline{1}\overline{1}1>$ 和 Goss 织构。三种轧制纯钨的初始轧制温度全部约为 1773 K，所以变形量越小(W50)则终轧温度相对越高，即动态回复、再结晶可能在轧制过程中发生，这限制了γ纤维织构的生成；反之，变形量越大(W90)则终轧温度相对越低，形核增加，因此动态再结晶概率增大，W90 中出现大量无缺陷等轴晶；对于 W67 来说，变形量和终轧温度比较适中，形变发生在最优取向的滑移系上，有利于形成γ纤维织构。此外，钨厚度很小时，摩擦也可能影响织构的演变。材料中心平面两侧产生反向剪切，进而材料亚表面在两个方向上受额外剪切作用[8, 16]，促成典型 BCC 剪切织构，即(011)织构的形成[17]，故而 W90 中有 Goss 织构的出现。

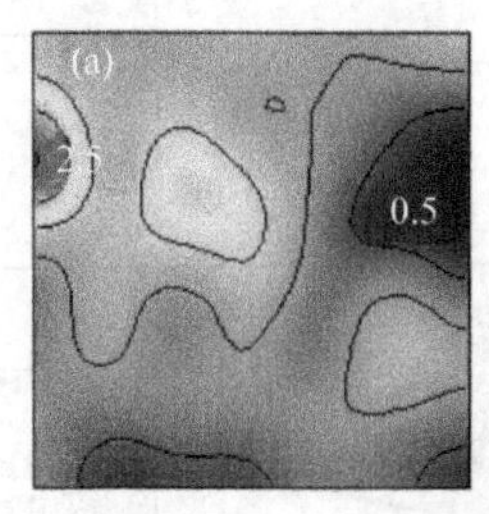

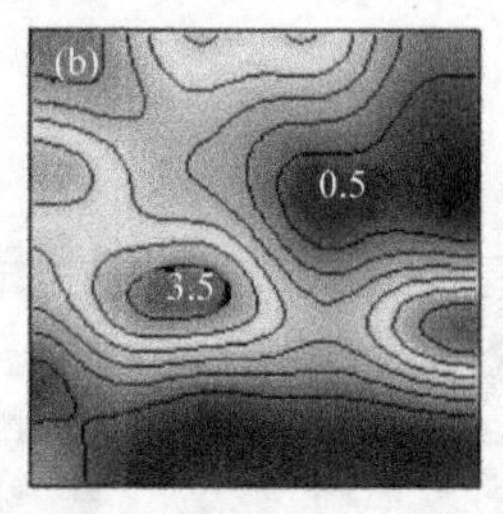

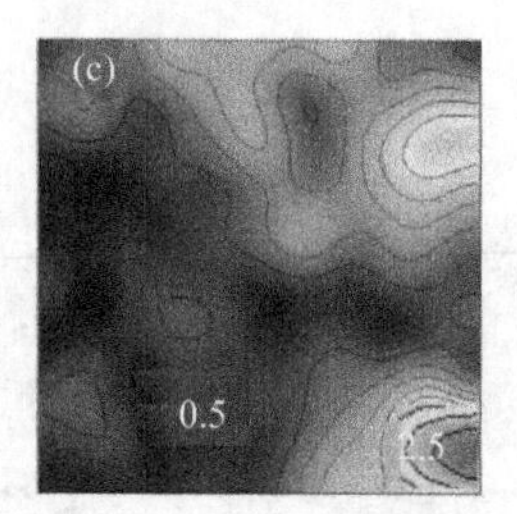

图 8.21　不同轧制态样品的 ODF 图

(a) W50；(b) W67；(c) W90

8.1.3.2　变形量对纯钨再结晶组织演化影响

塑变程度对材料再结晶行为影响明显，可通过增大储存能加速再结晶过程中的形核、长大速率。图 8.22 至图 8.24 分别为不同变形量钨板(RD/ND 面)在 1250℃、1300℃和 1350℃退火过程中再结晶各个阶段(轧制态、部分再结晶和完全再结晶)的显微组织演变情况。

图 8.22 是 W50、W67 和 W90 试样在 1250℃下的再结晶显微组织演化，可看出，随变形量的增加，促使再结晶速度增快，产生更多形变储存能，所以 W90 晶体中的切变带分布更多、更宽，再结晶过程的形核位点更多、更均匀，且再结晶组织更加均匀细小。W67 和 W90 组织形貌基本类似，再结晶过程中的形核位置差异不大，只是速率有差异。

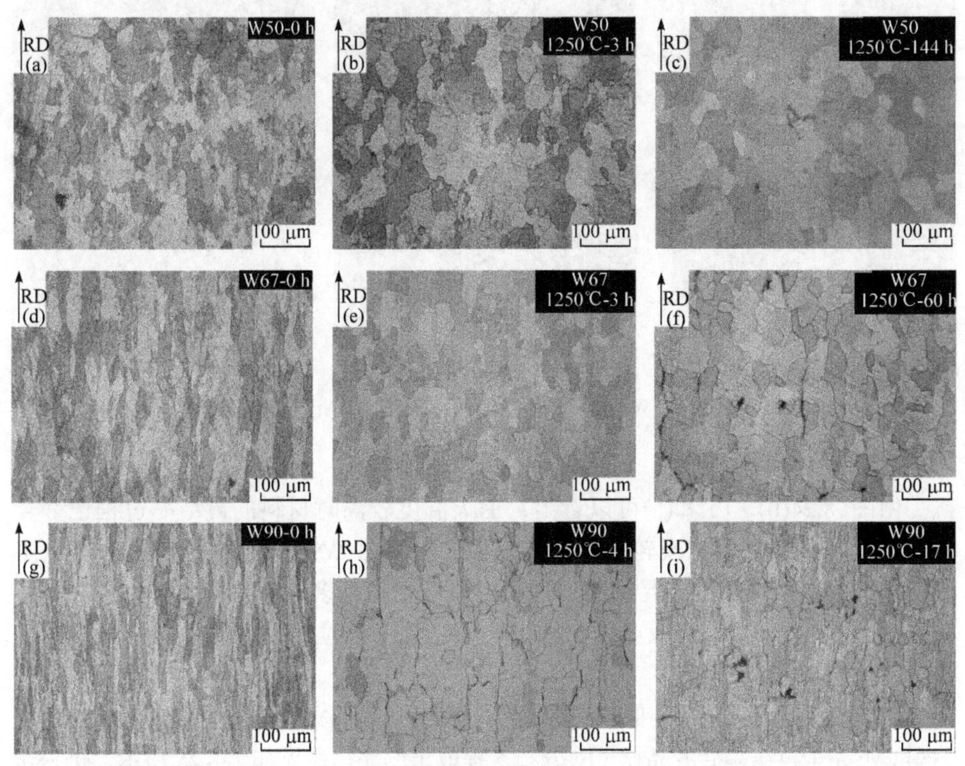

图 8.22　W50[(a)、(b)、(c)]、W67[(d)、(e)、(f)]和 W90[(g)、(h)、(i)]在 1250℃下等温退火显微组织演变

由图 8.23(b)、(e)和(h)可以看出，退火温度一定时，低轧制量纯钨(W50)再结晶过程发生较慢，原始晶粒保留，只有极少量小晶粒分布于大晶粒晶界处。轧制量增加时(W67、W90)，再结晶形核加快，组织更加均匀，形变位错增加进而增加再结晶形核位点，晶界处有更多小晶粒生成。

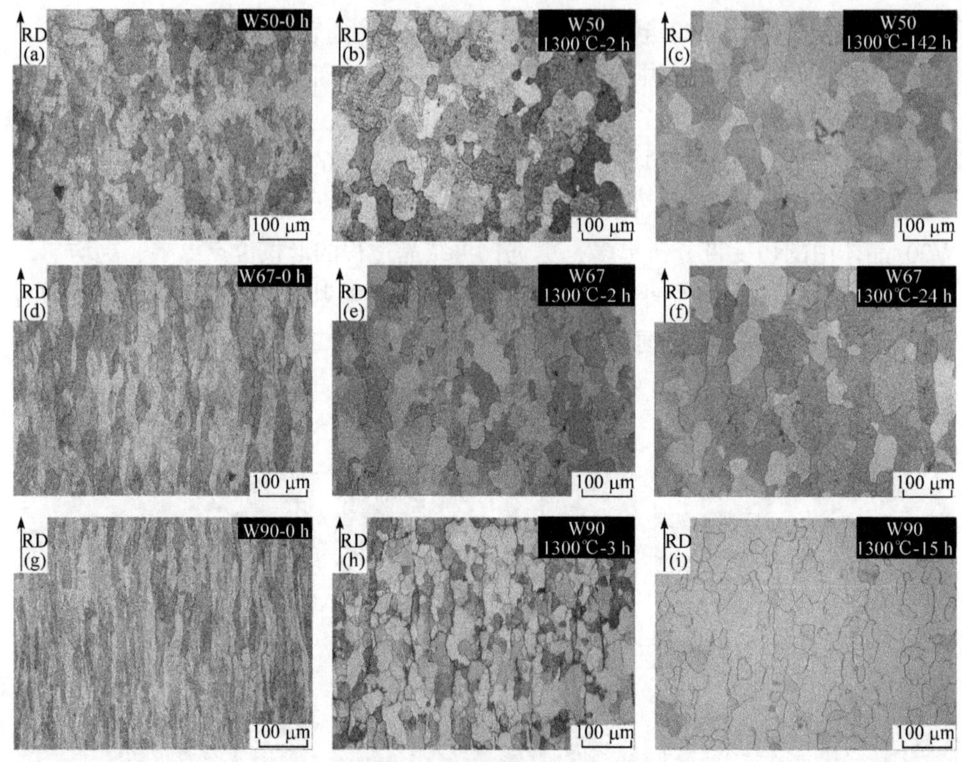

图 8.23　W50[(a)、(b)、(c)]、W67[(d)、(e)、(f)]和 W90[(g)、(h)、(i)]在 1300℃下等温退火显微组织演化

由图 8.24(b)、(e)和(h)可以看出，退火温度较高时材料的再结晶过程也都较快，大晶粒晶界处均出现较多的细小晶粒，特别是 W90 晶体中更加明显。这主要归因于原子扩散能力在足够高的退火温度下增强很多，能够快速发生再结晶形核，而 W90 由于原始组织更均匀细小，再结晶形核位点多，从而再结晶形成的小晶粒也就更多。

为了更好地说明轧制形变量对纯钨晶粒度的影响，采用定量金相分析三种材料在 1350℃下完全再结晶后的晶粒尺寸分布。提取出的完整晶界如图 8.25 所示，进一步可以看出变形量越大，完全再结晶晶粒也越细小。与图 8.24(c)、(f)和(i)对比结果相吻合。

8.1.3.3　退火温度对纯钨再结晶织构演变影响

由于 W90 试样的织构特征最为明显，选取原始态和两个退火时间的 W90 试样，对其 RD/ND 表面进行 X 射线衍射、减去背底值来求取积分强度、积分区间 2θ 取 3°。图 8.26 为原始态 W90 轧板的 RD/ND 面 XRD 图谱，表 8.5 显示钨的 X 射线衍射图标准卡片(JCPDS # 04-0806)的理论相对强度。发现 W90 退火

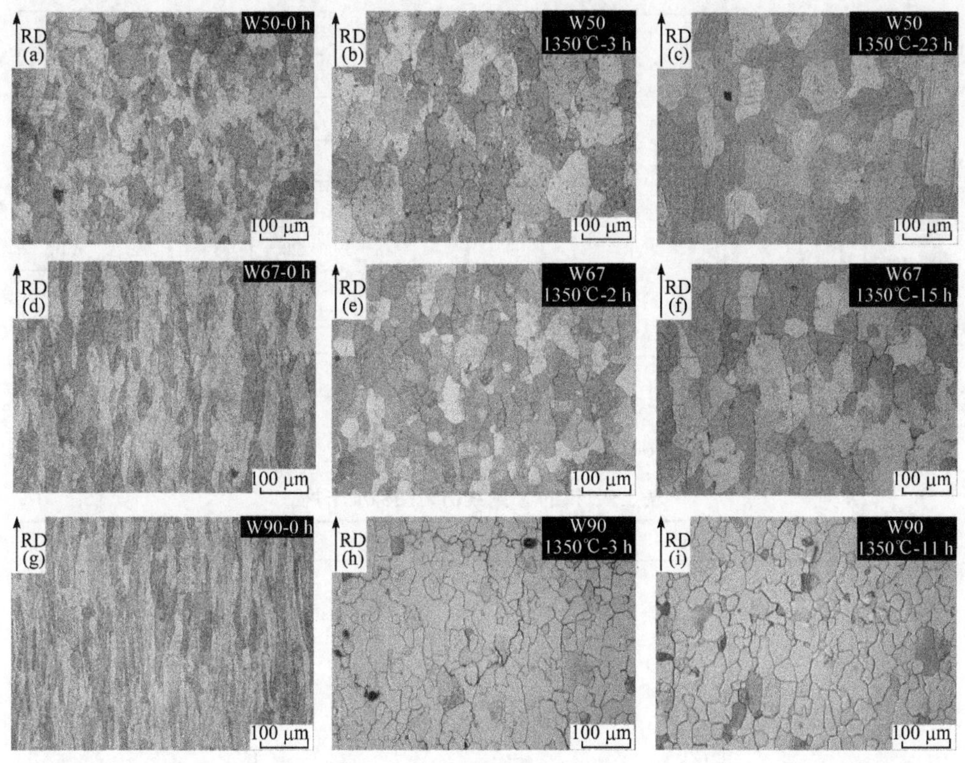

图 8.24　W50[(a)、(b)、(c)]、W67[(d)、(e)、(f)]和 W90[(g)、(h)、(i)]在 1350℃下等温退火显微组织演变

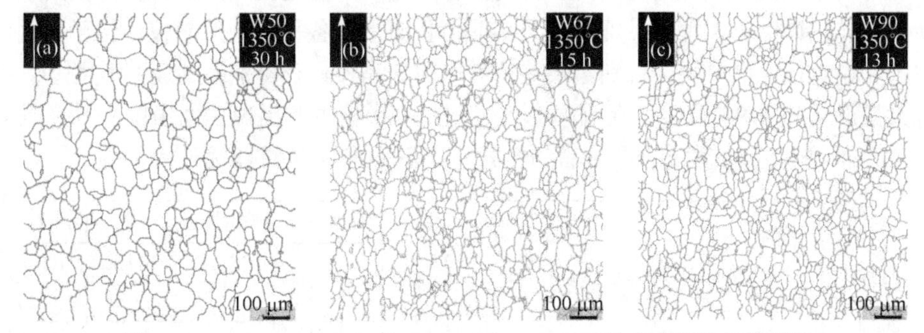

图 8.25　W50(a)、W67(b)和 W90(c)在 1350℃下的完全再结晶晶界图

前的 XRD 图中，(110)晶面衍射强度最高，与标准卡中判断结果一致，说明在变形过程中平行于轧制表面形成了强烈的(110)基面织构。由于(110)峰始终是最强峰，为了便于比较，将(110)峰进行归一化处理。通过计算得出(200)、(211)、(310)、(222)和(321)晶面衍射强度之和相对(110)和(220)基面衍射强度之和的百分比为 79.9%。

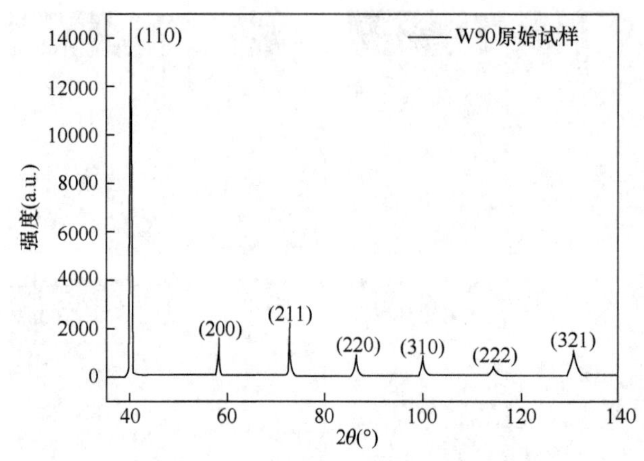

晶面	峰强比		I_m/I_0
hkl	I_0	I_m	
110	100	100	1
200	15	13.2	0.88
211	23	25.6	1.11
220	8	12	1.5
310	11	11.5	1.05
222	4	10.2	2.55
321	18	29	1.61

图 8.26　原始 W90 板材的表面 X 射线衍射图

表 8.5　钨的 X 射线衍射图标准卡片

反射晶面	相对强度
110	100
200	15
211	23
220	8
310	11
222	4
321	18

再结晶织构形成理论有两种：择优形核理论，即假定再结晶晶粒在形核时就有择优取向；择优长大理论，即认为再结晶形核时形成各种取向的晶粒，位于有利位向的晶粒生长速率更快，特别是某些特殊取向的晶界具有特别高的迁移速度[17]。经过大变形量的 W90 合金，在等温退火过程中，形核主要出现在大角度晶界，具有(110)基面平行于轧制面的再结晶晶粒相较于其他取向晶粒择优长大。

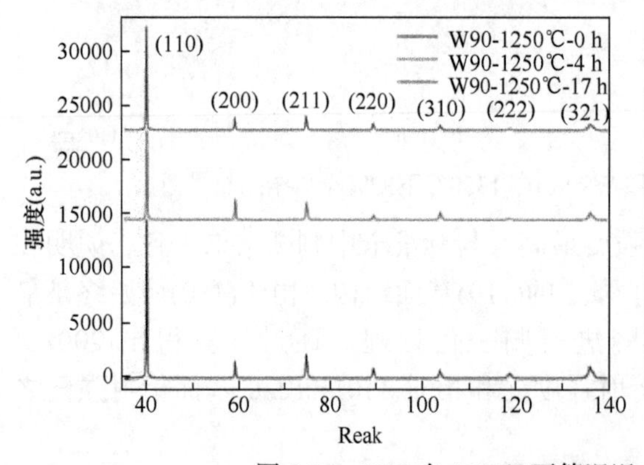

晶面	原始试样	4h	17h
110	100.00	100.00	100.00
200	13.21	28.55	14.24
211	25.56	31.92	22.91
220	11.95	10.40	11.89
310	11.51	18.51	10.91
222	10.22	6.84	4.02
321	28.98	30.71	24.11

图 8.27　W90 在 1250℃下等温退火后 X 射线衍射图

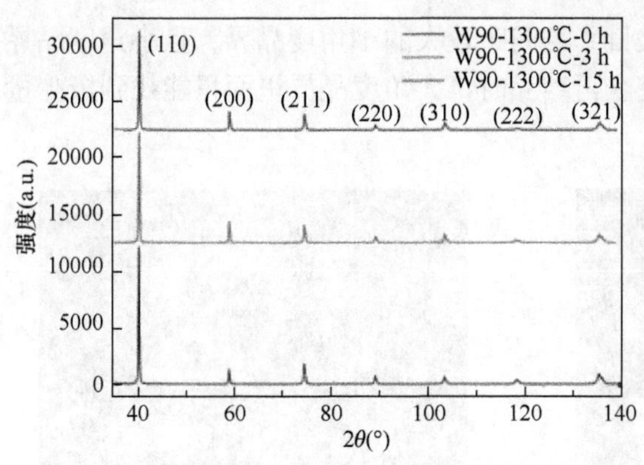

晶面	原始试样	3h	15h
110	100.00	100.00	100.00
200	13.21	24.34	24.38
211	25.56	26.83	27.36
220	11.95	11.01	9.94
310	11.51	16.90	17.20
222	10.22	7.33	4.89
321	28.98	30.15	28.91

图 8.28　W90 在 1300℃下等温退火后 X 射线衍射图

图 8.27 至图 8.29 为不同温度下等温退火后的 XRD 图谱。最低温度 1250℃下等温退火 4 h 和 17 h 后，(200)、(211)、(310)、(222)和(321)晶面衍射强度之和相对(110)和(220)基面衍射强度之和的百分比分别为 105.6%和 68.1%；1300℃下等温退火 3 h 和 15 h 后，(200)、(211)、(310)、(222)和(321)晶面衍射强度之和相对(110)和(220)基面衍射强度之和的百分比分别为 95.1%和 93.4%；而 1350℃下等温退火 3 h 和 11 h 后，(200)、(211)、(310)、(222)和(321)晶面衍射强度之和相对(110)和(220)基面衍射强度之和的百分比分别为 126.3%和 92.8%，从这些强度百分比的变化情况可以判断，退火后材料的衍射峰强度均高于轧制态板材 79.9%，且呈现先增后减的趋势。

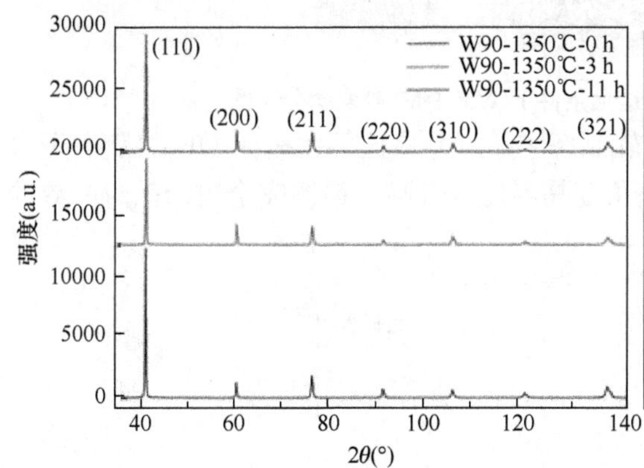

晶面	原始试样	3h	11h
110	100.00	100.00	100.00
200	13.21	31.81	23.06
211	25.56	37.97	27.42
220	11.95	10.94	9.76
310	11.51	24.12	15.41
222	10.22	10.72	6.16
321	28.98	35.58	29.80

图 8.29　W90 在 1350℃下等温退火后 X 射线衍射图

选取 W50 试样，对其在 1300℃下的等温退火态、部分再结晶态和完全再结晶态均进行 RD/ND 面的 EBSD 测试，晶粒取向分布图和取向差分布图分别如图 8.30 和图 8.31 所示。从图 8.30 可以看出，轧制态大角度晶界(θ 约在 10°～15°之上)里面分布有大量平均间距极小的小角度晶界(θ 约在 10°～15°之下)；而部分再结晶态与之相反，大角度晶界里面有大量平均间距较大的小角度晶界，且小角度晶界比例相较轧制态而言降低不少；完全再结晶时，大角度晶界里面只能找到极少量的小角度晶界。

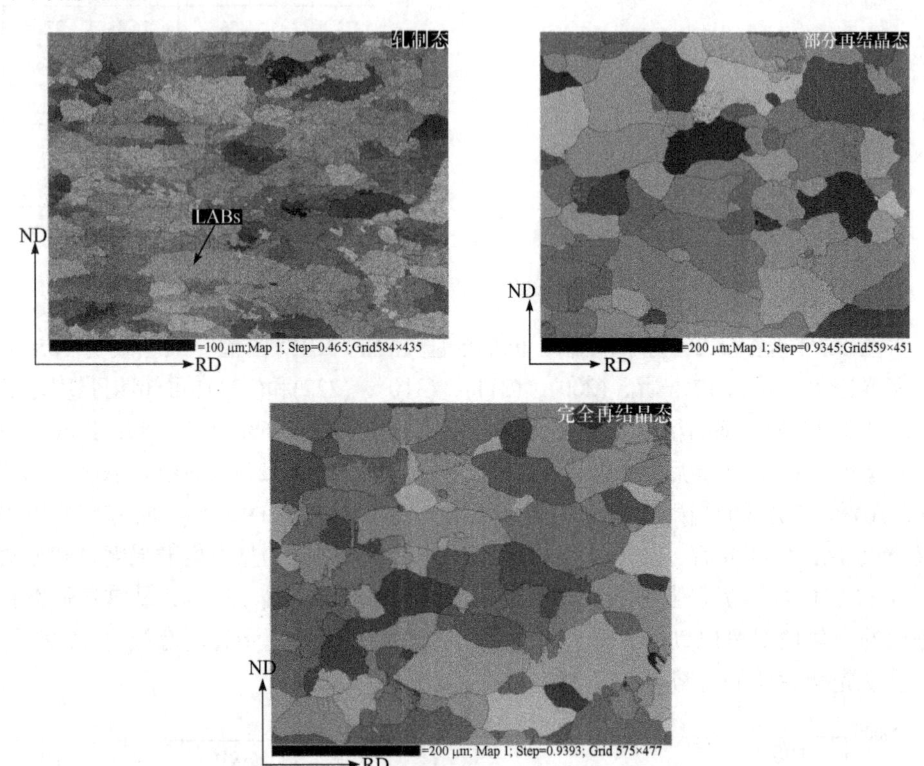

图 8.30　1300℃等温退火条件下 W50 的晶粒取向分布图

由图 8.31 可看出，W50 原始轧制态小角度晶界比例大概在 90%，随着退火进行，小角度晶界比例降低，而高角度晶界比例升高，最终完全再结晶时晶界的

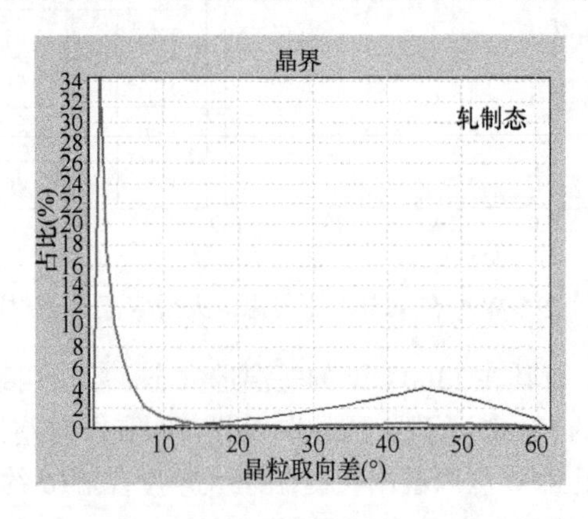

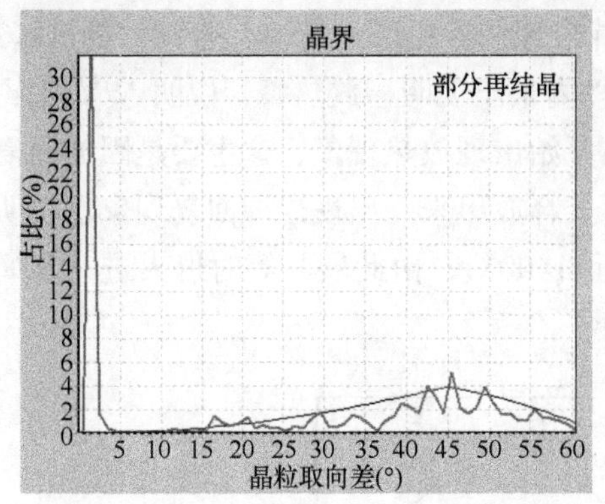

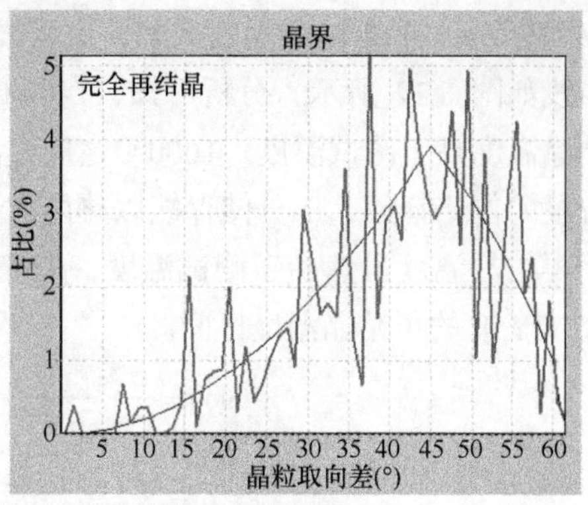

图 8.31　1300℃等温退火条件下 W50 的取向差分布图

取向差满足随机分布，且小角度晶界比例极小。进一步说明轧制纯钨再结晶退火过程主要依靠大角度晶界迁移完成，经历了大量小角度晶界向大角度晶界的转变，最终晶界取向差满足随机分布。

8.2　轧制氧化钇弥散强化钨基材料再结晶行为

8.2.1　轧制 W-2% Y_2O_3 制备及性能测试

为了进行对比试验，选用 50%轧制量的 W-2%(体积分数，下同)Y_2O_3(WY50)进行再结晶行为的研究。使用电火花切割机进行取样，小样品尺寸为 7 mm × 6 mm × 5 mm (RD × TD × ND)，进行高温退火前，所有样品均密封在真空石英管内以防退火过程中氧化，再将其置入高温箱式炉中分别进行等时退火和等温退火，退火结束后空冷至室温。

对材料的原始组织和维氏硬度进行分析，通过差示扫描量热分析和等时退火预测再结晶大致温度区间，设备升温速率为 10℃/min，测试温度范围从室温至1400℃。通过等时退火结果设计合适的等温退火实验。分析等温退火实验结果，研究退火过程的再结晶动力学特性，建立合理的再结晶动力学曲线描述整体再结晶行为。显微硬度加载载荷 10 kg，加载时间 10 s，每个样品 24 个测量点均匀分布于样品中间部位以减小误差。分别采用 MR5000 型光学显微镜、日立公司SU8020 型场发射扫描电子显微镜及 EBSD 牛津仪器系统的 HKL Inca 附件进行材料的微观组织结构表征。

8.2.2　轧制 WY50 高温下硬度退化行为

8.2.2.1　WY50 的等时退火与等温退火工艺

类比于轧制纯钨，采用差示扫描量热分析和等时退火工艺预估 50%轧制量下

W-2% Y_2O_3 的再结晶温度区间，进而设计合理的等温退火实验。WY50 的 DSC 曲线如图 8.32 所示，分析可知，1400℃以内未出现明显放热峰，说明 WY50 再结晶温度高于测试温度。1000℃之后样品开始出现放热现象，这主要是因为回复阶段的位错释放，部分储存能以热能的形式释放出来。出现这种回复现象也说明了再结晶温度虽然高于测试温度，但接近 1400℃，由此展开等时退火进一步研究 WY50 的再结晶温度区间。

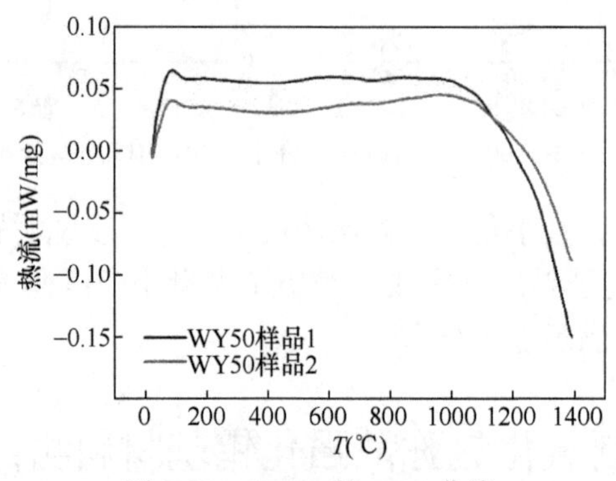

图 8.32 WY50 的 DSC 曲线

考虑到 1400℃高温下长时间退火时，密封用石英管无法承受，设置等时退火时间为 2 h，工艺参数如表 8.6 所示。

表 8.6 WY50 的等时退火工艺(2 h)

WY50 等时退火实验							
退火时间(h)				2			
T(℃)	1100	1150	1200	1250	1300	1350	1400

钨氧化钇与纯钨对比的等时退火硬度演化结果如图 8.33 所示，可看出相同变形量下，氧化钇强化钨初始硬度(444.7 ± 6ΔHV_{10})高于纯钨材料(408 ± 2.6ΔHV_{10})，进一步说明了氧化钇对纯钨的机械强化作用。WY50 的硬度离散偏差普遍较大(6～7)，比纯钨高 1～2 倍，这与颗粒的大小和分布以及变形不均匀有关。由图 8.33 还可以看出，W50 在 1250℃等时退火 1 h 后，硬度开始下降，说明此时已经有些区域开始了再结晶阶段，而 WY50 在 1350℃等时退火 2 h 才出现硬度下降的趋势，表明 WY50 的再结晶温度高于 W50，可服役温度区间更宽。

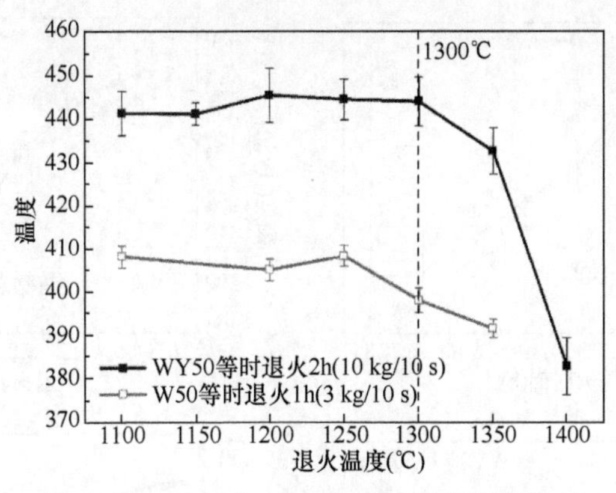

图 8.33　WY50 与 W50 的等时退火硬度演变

通过等温退火实验硬度演化模拟 WY50 服役期间的机械性能退化趋势，研究退火期间各个阶段显微组织演变规律。基于等时退火结果，选取 1250℃、1300℃、1350℃三个温度点进行等温退火实验，具体工艺如表 8.7 所示。

表 8.7　WY50 的等温退火工艺

材料	*T*(℃)	等温退火时间(h)									
	1250	0	2	6	12	24	36	48	60	72	84
WY50	1300	0	2	4	6	12	18	24	30	36	42
	1350	0	1	2	3	4	5	6			

8.2.2.2　高温退火 WY50 再结晶动力学

根据等温退火工艺，取大量真空密封的 WY50 实验样品分别在 1250℃、1300℃、1350℃三个温度点下进行退火，并分别对其 RD/ND 表面进行显微硬度测试和微观组织观察。

WY50 不同等温退火后的显微硬度如图 8.34 所示，可看出不同退火温度下，晶体硬度均随时间延长呈单调递减的趋势，硬度值从 444.7 HV_{10}(轧制状态)单调减少到 400 HV_{10} 左右(完全再结晶状态)。从图 8.34(d)对比曲线中可更清晰看出，1250℃、1300℃和 1350℃3 个温度条件下机械性能完全退化所需要时间分别为 84 h、42 h 和 6 h，尽管温度增幅不大，但 1250℃的退火时间却俨然是 1350℃下的 14 倍。由此可见，WY50 硬度退化所需时间随着温度升高而明显降低，1250℃和 1300℃的曲线中均可看到明显的回复阶段，而 1350℃时硬度下降速度较快，回复阶段不明显。

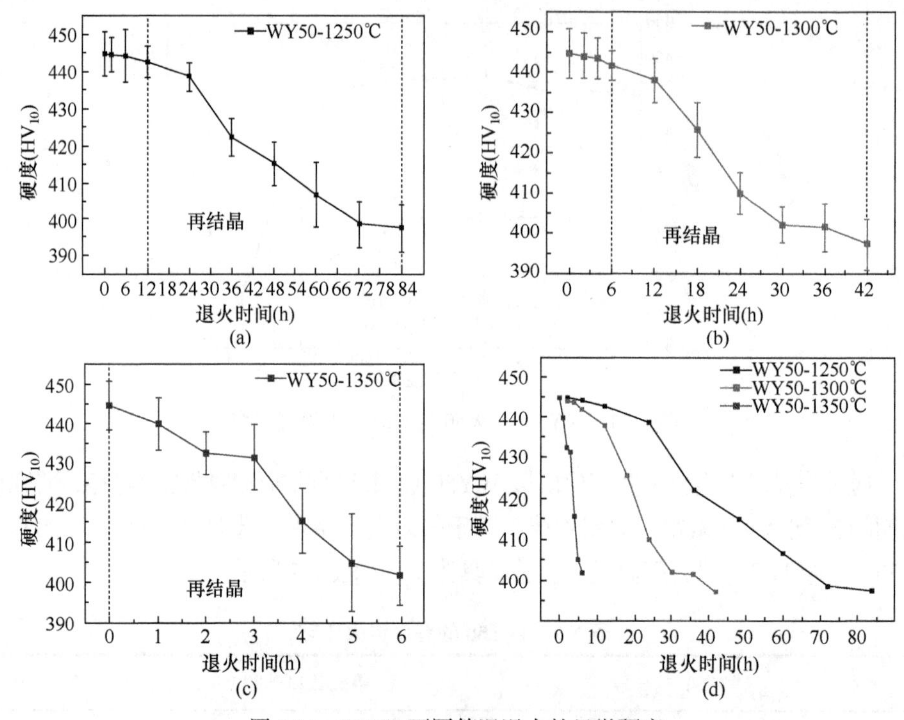

图 8.34　WY50 不同等温退火的显微硬度

(a) 1250℃；(b) 1300℃；(c) 1350℃；(d) 对比曲线

要通过动力学方程分析再结晶行为，需要将再结晶过程量化。等温退火过程中机械性能遵循混合法则，维氏硬度可通过加权法换算成再结晶体积分数，WY50 在不同温度下再结晶体积分数的变化趋势如图 8.35 所示，发现该材料不同温度下的再结晶体积分数均是先逐渐增加，随后迅速上升至 1 以后再趋于平稳。对比 3 个温度可以发现，由于 1250℃和 1300℃温度条件相对较低，Y_2O_3 的掺杂一定程度上延长了回复时间，导致再结晶延后发生；而 1350℃退火温度太高，回复阶段时长最短。同时发现，整个再结晶所需时间随温度升高而降低。对比 3 个温度下的再结晶过程，1250℃、1300℃和 1350℃完全再结晶所需时间分别为 72 h、36 h 和 6 h，而对比前文具有同样 50%轧制量纯钨(见图 8.8)，相同温度条件下退火完全再结晶所需要的时间分别为 48 h、4 h、3 h，且并未出现明显回复阶段，由此而知，Y_2O_3 的掺杂有助于改善面向等离子体钨基材料的再结晶温度。

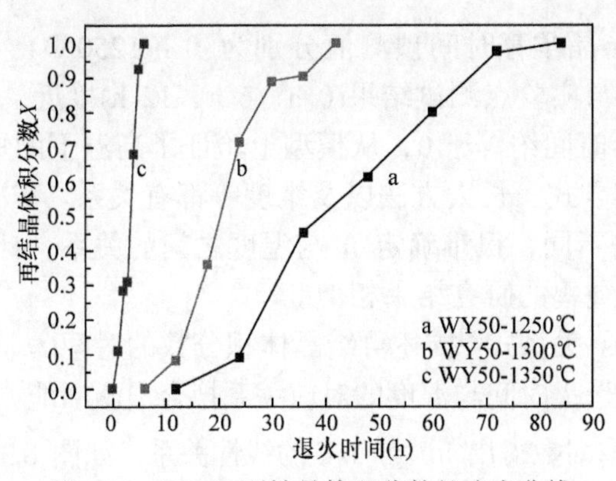

图 8.35　WY50 再结晶体积分数的演变曲线

可以通过 JAMK(Johnson-Mehl-Avrami-Kolmogorov)[8]再结晶动力学模型描述再结晶体积分数与退火时间的关系，具体模型建立方式前文已有详述，再此不做赘述。

根据修正后的模型，对不同温度下再结晶体积分数进行拟合，结果如图 8.36 所示，具体数值见表 8.8。3 个温度下的拟合曲线均与实验数据点吻合较好，并可得到相似规律，温度越高则回复越快，材料达到完全再结晶的时间就越短。可见系数 b 与孕育时间 t_{inc} 及温度的关系十分密切。b 值随温度升高而增加，表示高温促进热激活能，且热活化系数会相应增加。

表 8.8　WY50 等温退火工艺

系数	b	n	t_{inc}(h)
1250℃	0.02845	2.28583	11.57523
1300℃	0.06176	2.26778	6.49754
1350℃	0.26911	3.44455	0

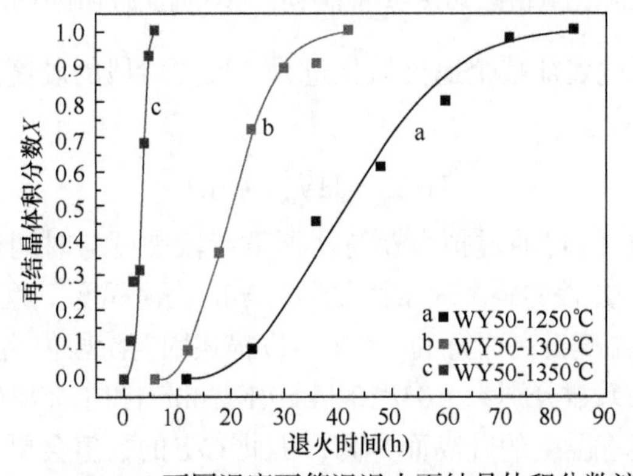

图 8.36　WY50 不同温度下等温退火再结晶体积分数演变

WY50 的再结晶孕育时间预测值分别为 0 h(1250℃)、6.50 h(1300℃)和 11.58 h(1350℃)，与实验点测试结果(0 h、6 h、12 h)接近，误差小于 0.5 h。1350℃拟合的孕育时间约等于 0，从模型上验证了高温下的短时回复阶段。指数 n 与晶粒的形核方式、长大方法以及维度等都有关系。WY50 晶体中由于粗细颗粒的形核方法不同，很难确定 n 与温度之间的关系，计算发现 n 值低于理论值 4，与轧制纯钨的研究结果相似。

使用 Arrhenius 关系式[8]描述再结晶体积分数的时间($t_{x=0.5}$)与温度之间的关系，通过不同等温退火时间与温度的对应关系拟合出激活能 $E_{t_{x=0.5}} = 508(1 \pm 0.04)$ kJ/mol，公式两边取对数得出 $\ln t$ 与 $1/T$ 的线性关系，如图 8.37 所示，可以看出拟合结果与实验结果也十分接近。WY50 的激活能高于纯钨晶界自扩散的激活能(377～460 kJ/mol)，但低于晶粒内部进行体扩散的激活能(586～628 kJ/mol)[18]。其主要原因可能是小颗粒引起的钉扎作用阻碍了再结晶过程中大角度晶界扩散，促使激活能增加；同时第二相的加入使晶界扩散方式变得更为复杂，大颗粒周围的无畸变区域可能为亚晶从内部体扩散提供附着点，两种扩散方式同时作用从而导致 WY50 的激活能介于两者之间。

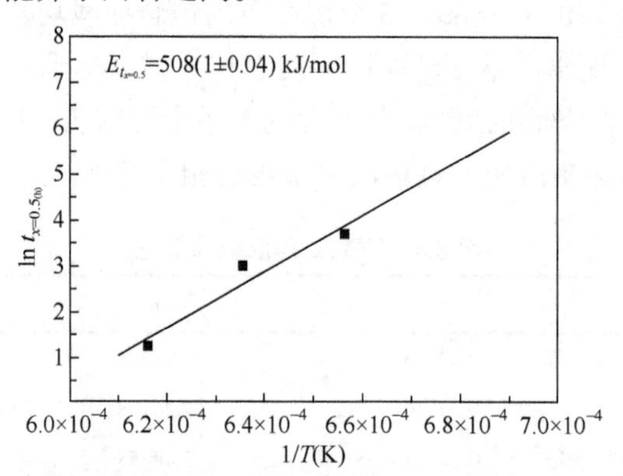

图 8.37　轧制钨氧化钇 50%再结晶时间与退火温度的 Arrhenius 关系曲线

为了更加全面地表征整个退火软化过程，回复阶段的硬度演变过程可以通过 Kuhlmann 模型[19]描述：

$$\mathrm{HV_{rec}} = \mathrm{HV}_0^* - C\ln t \tag{8.8}$$

不同温度下的系数 C 可通过拟合获得。回复阶段硬度与时间对数的线性关系如图 8.38 所示，拟合方程的斜率表示回复动力学的快速程度。通过系数 C 描述的回复动力学斜率随着温度升高而升高，C/T 可以描述回复阶段位错移动能力，1250℃和 1300℃条件下该系数分别为 1.04×10^{-3} kgf/(K · mm^2)和 1.66×10^{-3} kgf/(K · mm^2)。位错的迁移能力随着温度的升高而升高，因此 C/T 的数值会更大，类似的结果也在其他的研究中被发现[20]。

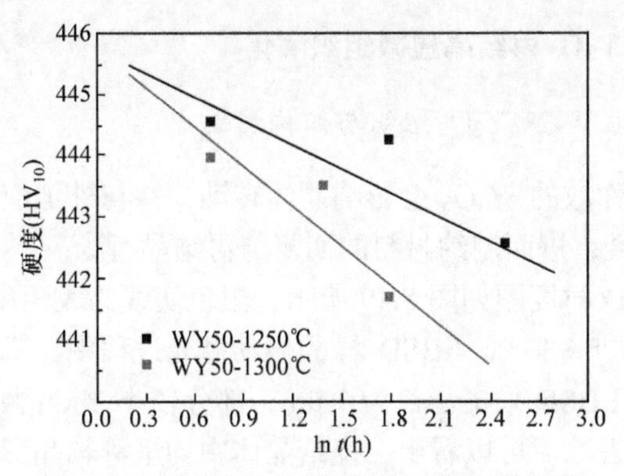

图 8.38　WY50 的显微硬度与时间对数关系

结合混合规则、JMAK 动力学方程和 Kuhlmann 模型，对整个回复再结晶过程进行硬度演变模拟，如图 8.39 所示。与前文中 50%变形量纯钨(W50)相比，相同退火温度下 WY50 回复与再结晶阶段的时间均延长。WY50 的回复阶段更明显，并且相同温度下再结晶速度远低于纯钨。在氧化钇弥散强化的合金中，颗粒的广泛不均匀分布使得再结晶过程比纯金属更加复杂[21]。各个因素之间的相互影响也可以很好地解释曲线的变化趋势，在塑性变形期间，细小的颗粒会增加材料的位错密度和缺陷，并在退火过程中延长回复阶段。因此，再结晶初始阶段涉及位错的湮灭和重排。随着缺陷密度降低，回复速度减慢到停止，硬度在此阶段略微下降。然后形核开始，那些大颗粒(>1 μm)周围的无变形区域将为再结晶提供形核位置，使得粒子激发形核和位点饱和形核同时发生，促进再结晶速度，表现为硬度的快速下降。新形成的再结晶无畸变晶粒竞争性长大，继续通过晶界迁移吞并亚晶。由于小颗粒(<1 μm)产生的齐纳钉扎力阻碍晶界迁移，并在再结晶过程中抑制新无畸变晶粒的生长。同时，部分再结晶的晶粒生长至临界尺寸，进一步抑制再结晶速度，所以曲线最后阶段硬度演化速度非常缓慢，直至完全再结晶后停止。

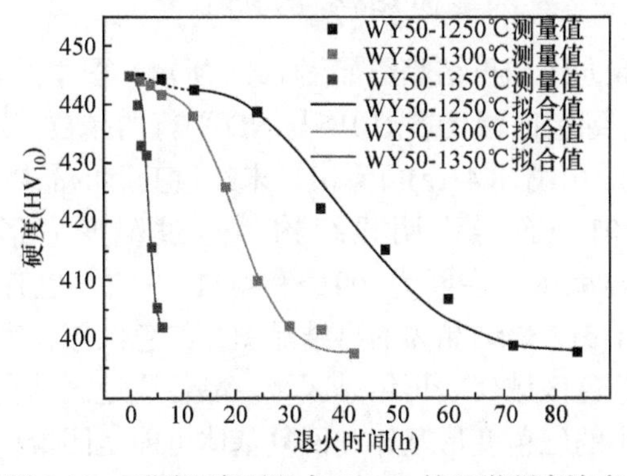

图 8.39　不同温度下退火 WY50 的显微硬度演变

8.2.3 轧制 W-2% Y_2O_3 再结晶显微组织演化

8.2.3.1 轧制对 W-2%Y_2O_3 组织与织构影响

轧制变形中，弥散的 Y_2O_3 会影响晶体转动，并与外加应力相作用形成特定的晶体形貌和织构[8]，进而制约材料的回复与再结晶行为。

WY50 的 EBSD 衬度图如图 8.40 所示，黑色实线为大角度晶界(>15°)，绿色实线为小角度晶界(2°～15°)。EBSD 样品振动抛光过程中，部分第二相粒子从表面剥落，并且由于 EBSD 采集步长为 1 μm，部分较小 Y_2O_3 颗粒未被采集到，还有些会被当作噪点去除。可以看出，烧结晶体中均呈等轴晶形貌，只有少部分较少取向差出现了亚晶界。弥散细小的 Y_2O_3 颗粒细化了 W 晶粒，更引发了大颗粒的团簇，故而形成大小不一的等轴晶。轧制后晶粒沿轧向拉长，呈纤维状。由于位错密度和缺陷增加，出现了许多亚结构。大量亚晶充斥在晶粒内部。轧制态晶粒中有个别较大的晶粒出现，其原因可能正是变形过程中某些粗颗粒周围的晶粒由于形核较容易而发生了动态再结晶。

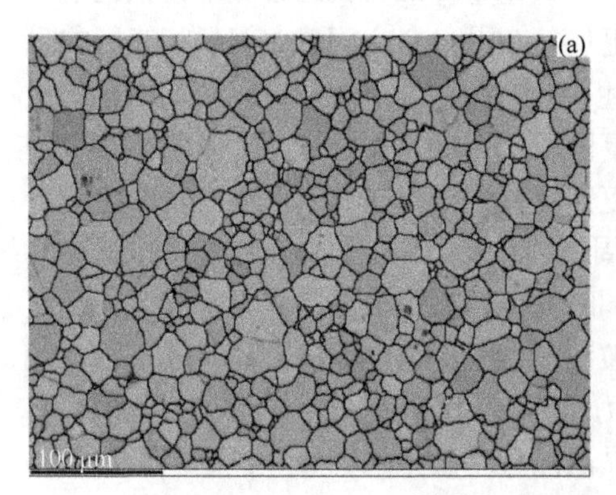

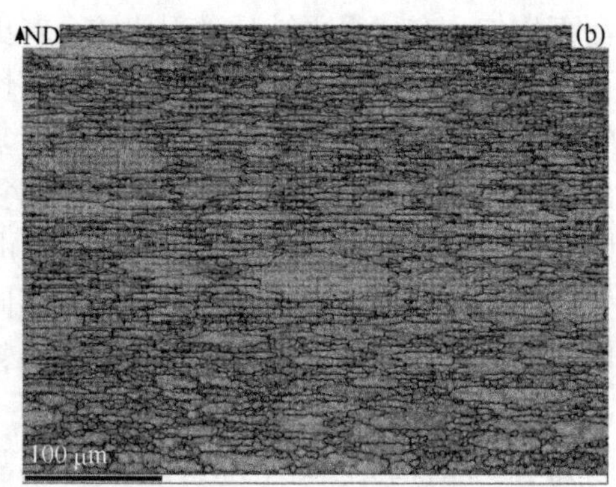

图 8.40 WY50 的 EBSD 衬度图

(a) 烧结坯；(b) 轧制板

WY50 的晶粒取向图和再结晶图如图 8.41 所示，图中的蓝色区域代表<111>与 ND 平行的晶粒，绿色区域代表<101>与 ND 平行的晶粒，红色区域代表<100>与 ND 平行的晶粒。由图 8.41(a)可看出，未经过变形的晶体中<001>、<101>、<111>三个方向均匀分布，无明显织构。经过塑变后形成了较强织构，<101>//ND 方向明显减少，主要为<001>和<111>方向，也有部分小晶粒保留了<101>方向。图 8.41(c)为烧结晶体的再结晶图，红色区域代表变形基体、黄色区域代表回复基体、蓝色区域代表再结晶区域。晶粒通过固结自由长大为内部无畸变的等轴晶部分细小的红色变形基体和回复基体可能是团聚作用而产生的残余应力所导致的。

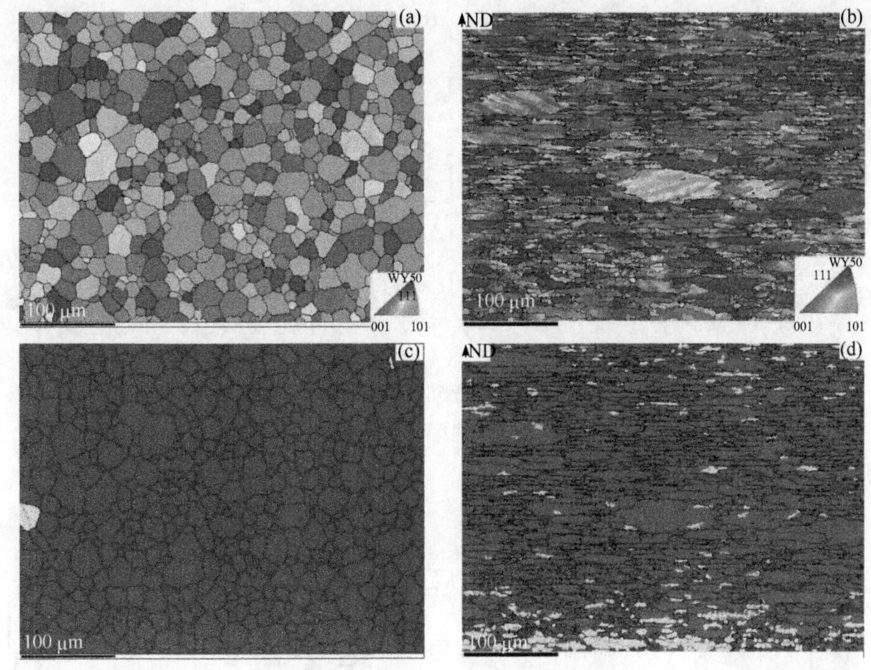

图 8.41　WY50 轧制板 EBSD 图像

(a) 烧结坯晶粒取向；(b) 轧制板晶粒取向；(c) 烧结坯再结晶晶粒占比；(d) 轧制板再晶晶粒占比

轧制晶体主要为变形基体，上下表面都有部分回复基体和再结晶晶粒存在，这主要归因于表面与中间区域的温度差异[图 8.41(b)]。大颗粒周围容易形核导致高温轧制过程中部分区域产生了再结晶，因此轧制态材料的中间部分仍有一部分回复与再结晶区域[图 8.41(d)]。

晶界取向差统计结果如图 8.42 所示。再结晶后期由于再结晶晶粒会取代大角度晶界和大颗粒周围的无畸变区，导致取向不均匀，这种不均匀性比较符合 Mackenzie 分布[8]。此外，烧结坯的晶界取向接近于图中 Mackenzie 分布基线，而轧制态出现了大量小角度晶界，亚晶结构占据主要比重。这说明轧制加工硬化作用下，材料内部储存了大量能量，蕴藏于形成的亚结构和缺陷中。

轧制 WY50 的反极图如图 8.43 所示，其织构主要为<101>//RD 和<111>//ND，还有较弱的<111>//TD 织构。通过计算取向分布函数分析织构类型，WY50 轧制样品的 ODF 图 φ_2=45°截面如图 8.44 所示，可以看出轧制后材料出现了很强的 α 织构和部分很强的 γ 织构，其中 α 织构主要为{112}<110>组分，γ 织构为较强的{111}<110>和较弱的{111}<112>组分。

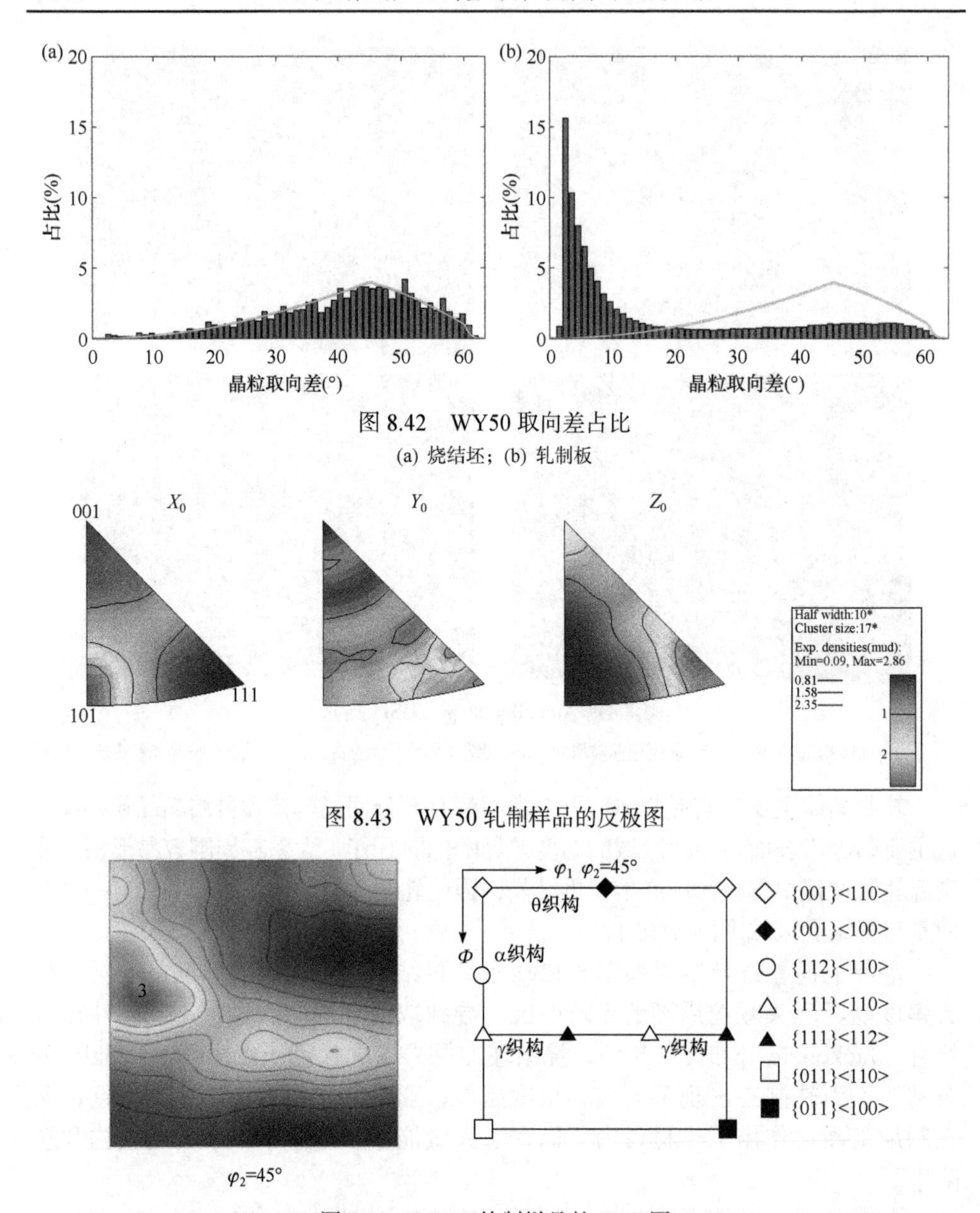

图 8.42　WY50 取向差占比

(a) 烧结坯；(b) 轧制板

图 8.43　WY50 轧制样品的反极图

图 8.44　WY50 轧制样品的 ODF 图

8.2.3.2　WY50 再结晶显微结构演化

图 8.45 是 WY50 合金在不同温度(1250℃、1300℃、1350℃)下晶粒再结晶的显微组织形貌，可看出部分再结晶样品中同时存在再结晶晶粒和变形晶粒，新形成的再结晶晶粒均无畸变且内部无小角度边界。未发生再结晶的晶粒仍保留纤维

状形貌和内部的亚晶结构。完全再结晶区域，前期晶粒生长不规则而后期形核晶粒为较小的等轴晶，这主要是由于先形核晶粒竞争长大的过程中晶界扫过亚晶及第二相颗粒进而吞并亚晶结构。较大第二相颗粒由于界面能较大使晶界在该区域内运动加速，而小颗粒钉扎力作用会阻碍晶界扩散，因此再结晶晶粒生长过程中由于晶界所处的区域条件不同而扩散速度不同，导致晶粒形貌不规则；后期形核的晶粒没到长大的时间就达到了边界条件而停止生长，从而保留了等轴晶的原始形貌。

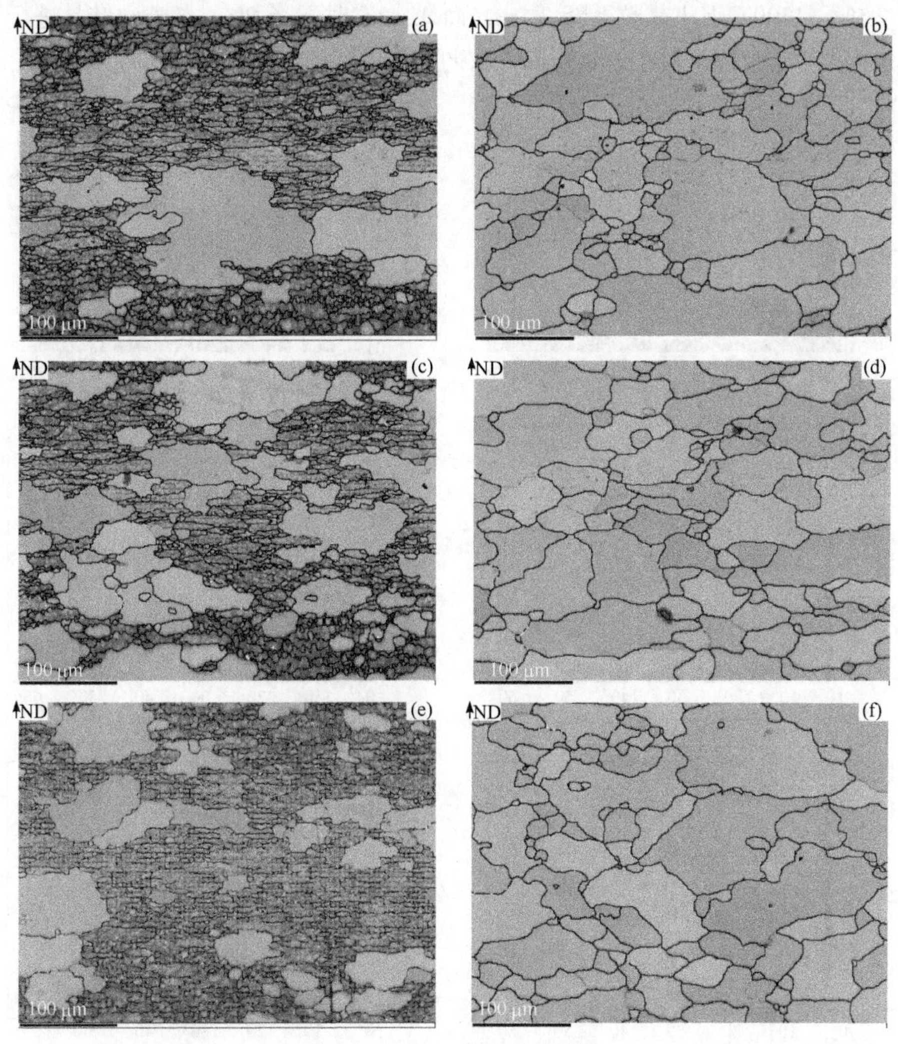

图 8.45　WY50 退火显微组织

(a) 1250℃，48 h；(b) 1250℃，84 h；(c) 1300℃，24 h；(d) 1300℃，42 h；(e) 1350℃，3 h；(f) 1350℃，6 h

高温下(1350℃)再结晶形核数量增加，很短时间内形核晶粒就生长至彼此边界达到临界尺寸，更多形核数量意味着完全再结晶态的晶粒数量更多，晶粒尺寸也就更加细小。由于没有足够的时间让新形成的再结晶晶粒的晶界扩散，因此相比较低温(1250℃)时完全再结晶的形貌，1350℃的晶粒形貌更加规则，锯齿状晶粒数量也明显减少。

不同温度退火样品的晶界取向差如图 8.46 所示，部分再结晶样品的小角度晶界占比明显下降，经统计，相比轧制态，1250℃退火晶粒的最小取向差占比下降 2.5%，1300℃退火晶粒下降 3.5%，而 1350℃时下降 2%。随着再结晶进行，小角度晶界占比逐渐减小，直至晶界取向差基本达到 Mackenzie 分布。

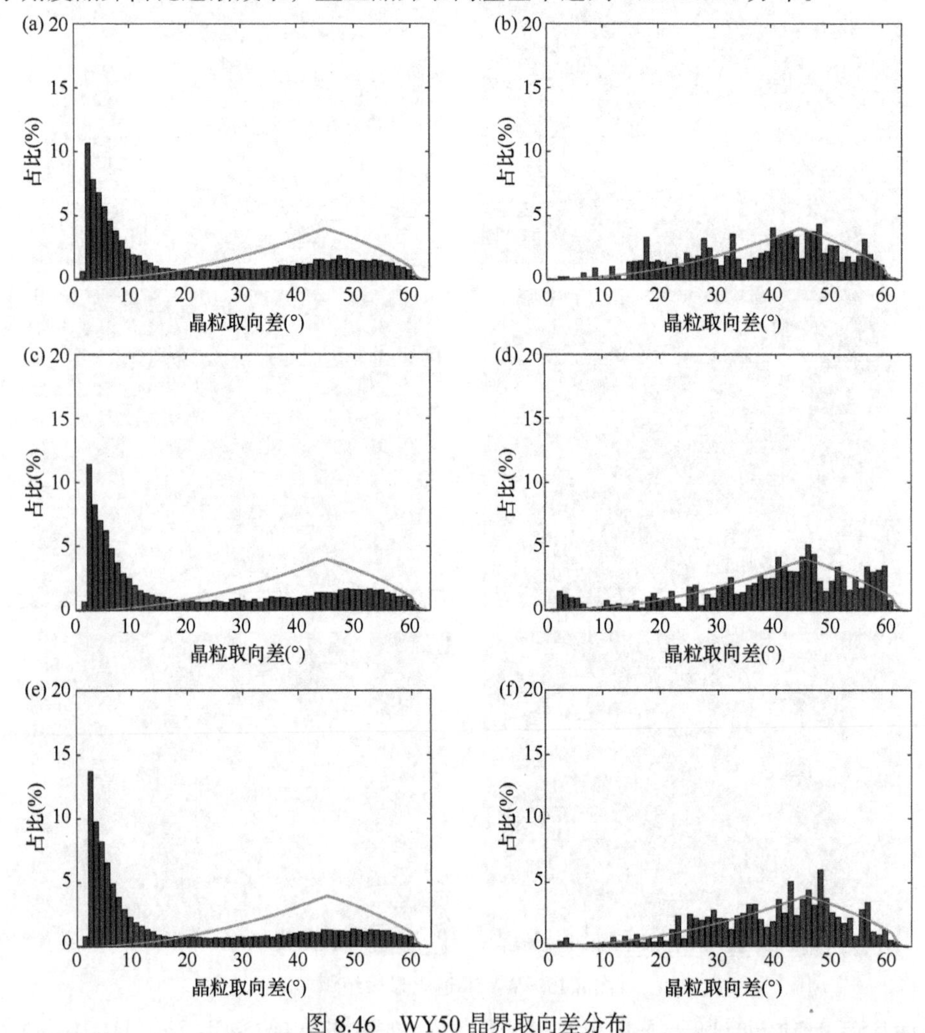

图 8.46 WY50 晶界取向差分布

(a) 1250℃，48 h；(b) 1250℃，84 h；(c) 1300℃，24 h；(d) 1300℃，42 h；(e) 1350℃，3 h；(f) 1350℃，6 h

由图 8.46(b)、(d)、(f)可以看出，长时间退火后达到完全再结晶的晶粒，大角度晶界仍占主要部分，其分布十分接近于 Mackenzie 分布的基线。1250℃完全再结晶时仍有小部分的小角度晶界存在，随着温度的升高，小角度晶界最终占比越来越小，并且温度越高，大角度晶界占比也就越高。显然温度较高时，晶界的迁移能力较强，大角度晶界扩散的速率也就越大。将 3 个温度下的取向差分布与烧结坯对比可以发现，其取向差分布十分接近，但是烧结坯均匀度较高。而 WY50 加入第二相对晶界扩散的影响导致了最终的晶界取向差分布整体接近随机分布，但是局部区域仍有小角度晶界占比更大的现象。氧化钇造成的位错密度不均匀是造成这种现象的主要原因，较小的氧化钇颗粒周围位错的密度较高，可能会在完全再结晶之后仍保留一部分小角度晶界。

采用 Image Pro 软件结合 EBSD 数据(图 8.47)对晶粒的尺寸进行统计(图 8.48)。发现烧结坯、1250℃、1300℃和 1350℃退火态试样的再结晶晶粒数量分别为 544、111、84、100，平均晶粒纵横比分别为 1.555、1.8、2.035、1.98。其中烧结坯晶体基本接近等轴晶，晶粒尺寸也比再结晶晶粒更小，说明烧结过程中第二相颗粒起到细晶强化的作用使其未完全团簇至临界尺寸，并且烧结团簇过程中大

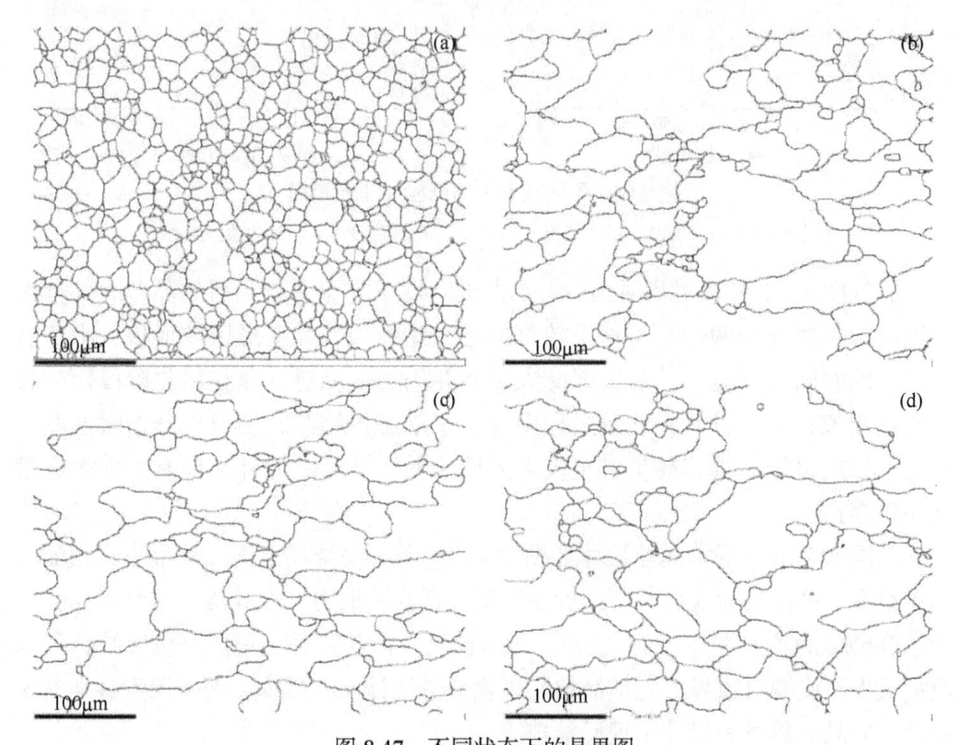

图 8.47　不同状态下的晶界图

(a) 烧结坯；(b) 1250℃完全再结晶；(c) 1300℃完全再结晶；(d) 1350℃完全再结晶

颗粒界面能较低更容易附着晶粒，从而出现纵横比较大的晶粒。但轧制后晶粒呈纤维状，纵横比相比烧结坯更高，也正因此，退火后的完全再结晶晶粒仍保留了部分长轴晶特点。

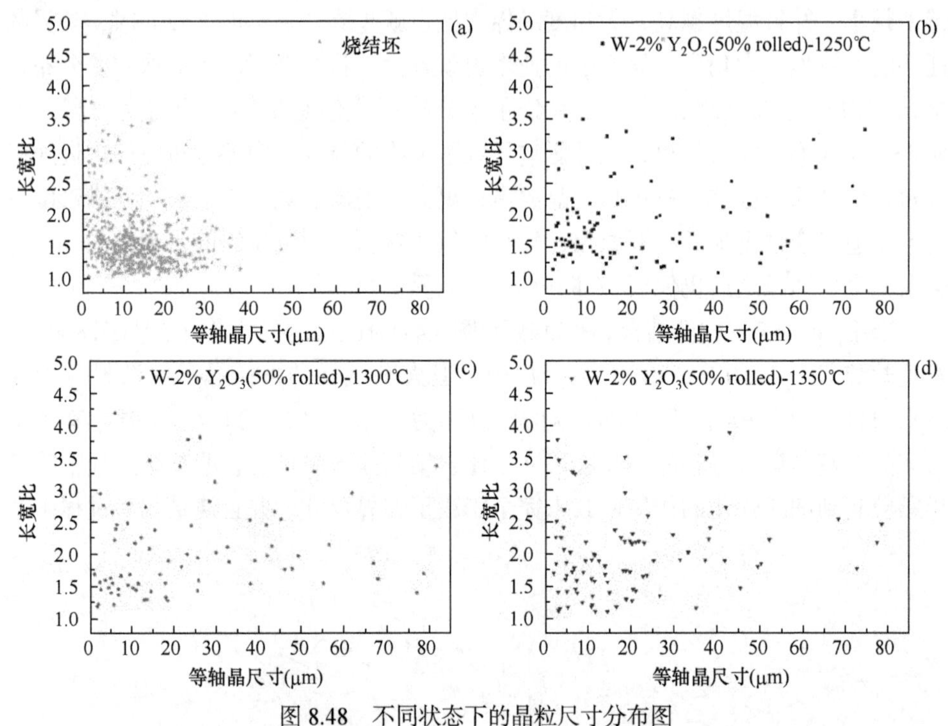

图 8.48　不同状态下的晶粒尺寸分布图

(a) 烧结坯；(b) 1250℃完全再结晶；(c) 1300℃完全再结晶；(d) 1350℃完全再结晶

通过图 8.48 可以对比看出，3 个退火温度下完全再结晶后的晶粒大部分为等轴晶，主要分为两种：一种是较早的在大颗粒周围无变形区域形核，由于有足够长的时间进行竞争性长大因此大量吞并周边亚晶进入晶粒粗化阶段而生长至超过阈值；另一种是在轧制过程中发生了动态再结晶，当退火开始时这些晶粒发生二次再结晶很容易生长至较大的尺寸[8, 16, 22, 23]。此外，也有少数大纵横比晶粒存在。

不同状态下的平均晶粒尺寸如图 8.49 所示，烧结坯平均尺寸最小，1300℃退火温度下平均尺寸最大，考虑到 3 个退火样品均取自同一轧板，再结晶晶粒尺寸达到阈值的状态近似，而 1300℃下晶粒尺寸出现差异，可能是由于统计样本数量太少，或者对边界不完整晶粒的剔除使得统计面积减少，两个因素叠加使该温度下的晶粒数量和尺寸出现反常规律。

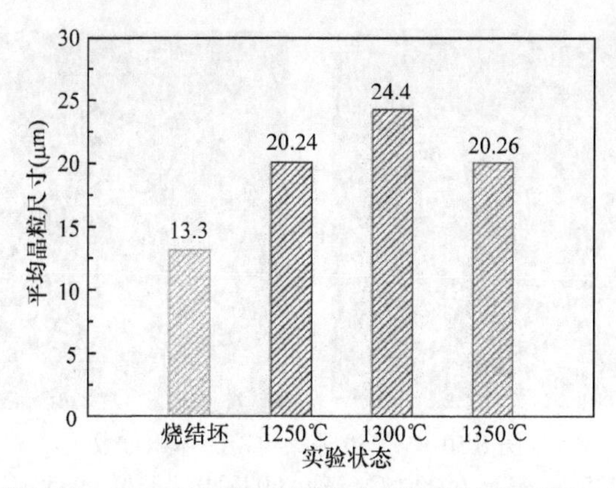

图 8.49　WY50 不同状态下完全再结晶晶粒平均尺寸

利用 EBSD 处理软件 Channel 5 对 WY50 合金的晶界取向差进行计算并统计出再结晶体积分数，如图 8.50 所示。从图 8.50(a)、(c)、(e)的部分再结晶图可以看出，再结晶晶粒形貌可分为等轴晶和不规则粗晶两种，说明该材料很可能经历了不连续再结晶过程。此外，3 个退火晶体中均出现较大的粗晶部分，意味着形变基体仍在回复，大颗粒无畸变区域和高位错能亚晶正在形核，而已完成再结晶的晶粒开始粗化。由图 8.50(b)、(d)、(f)可以看出，温度较低时，激活能较低，再

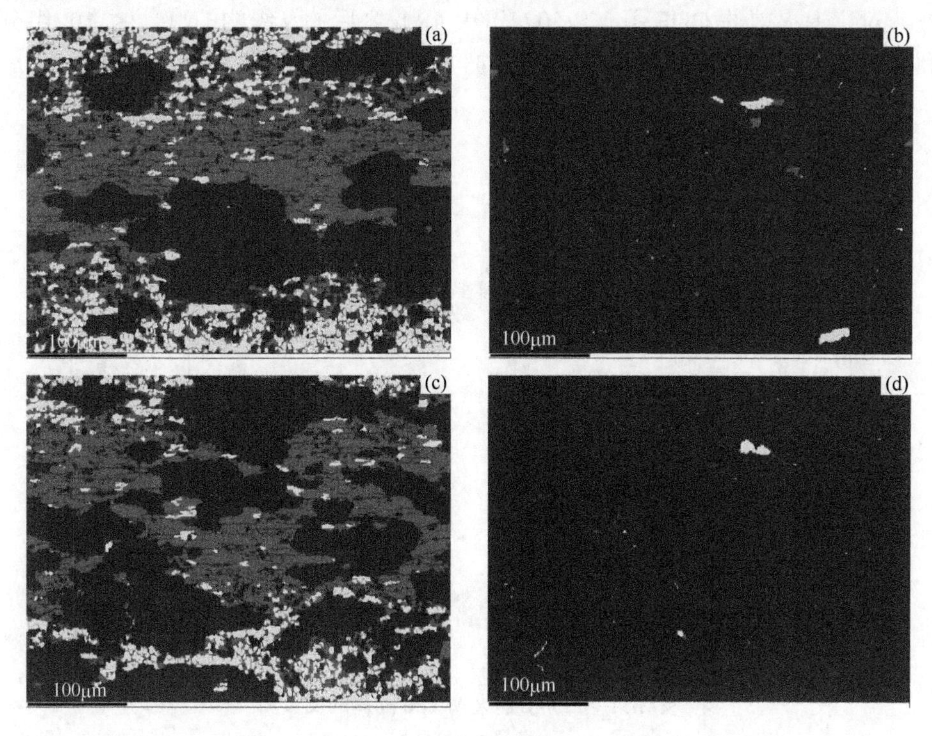

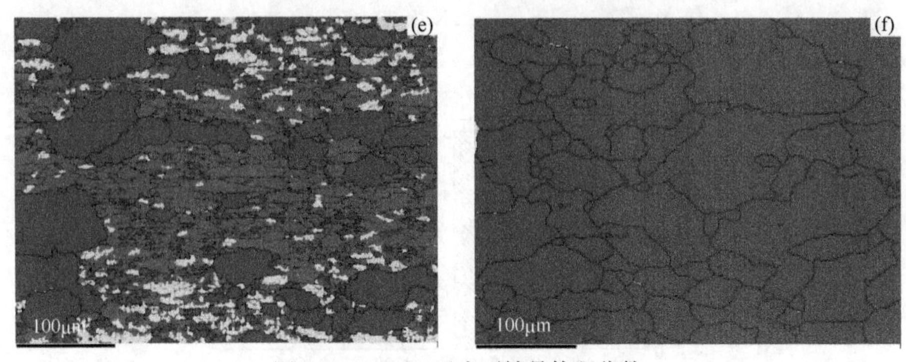

图 8.50　WY50 退火再结晶体积分数

(a) 1250℃，48 h；(b) 1250℃，84 h；(c) 1300℃，24 h；(d) 1300℃，42 h；(e) 1350℃，3 h；(f) 1350℃，6 h

结晶驱动力不足以使这些区域发生形核。1250℃下长时间退火 84 h 后，仍然有几处红色变形基体未发生回复和再结晶。

8.2.3.3　再结晶织构演变规律

图 8.51 是 WY50 合金在 1250℃退火后的反极图，可看出该温度下，轧板 <101>//RD 织构迅速退化，48 h 退火之后已无明显织构，继续退火后又出现较弱<101>//RD 织构。完全再结晶之后仍保留了较强的<111>//ND 织构。此外，对比退火前的 ODF 图，1250℃退火 48 h 之后的 γ 织构的{111}<110>组分和{111}<112>组分显著增强，α 织构的{112}<110>组分退化(图 8.52)，延长退

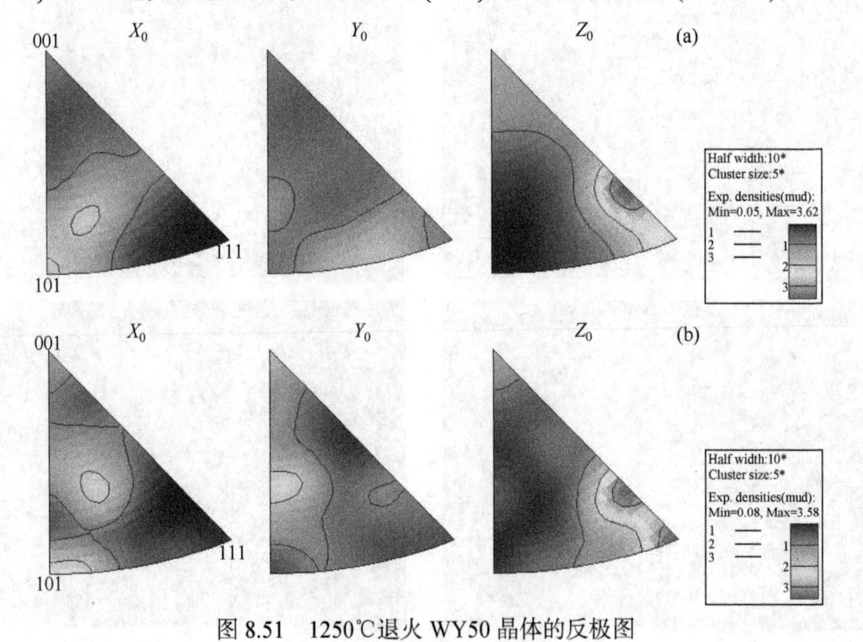

图 8.51　1250℃退火 WY50 晶体的反极图

(a) 48 h；(b) 84 h

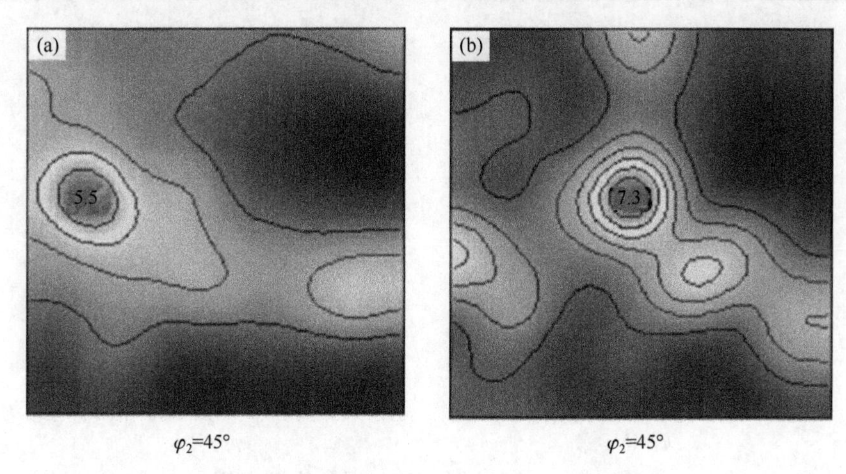

图 8.52　1250℃退火 WY50 晶体的 ODF 图

(a) 48 h；(b) 84 h

火时间至完全再结晶之后，α 织构基本退化完全，只有很弱的{111}<110>组分保留，且出现较弱的 θ 织构{001}<110>组分，与此同时，γ 织构{111}<112>组分和{111}<101>组分继续增强。

WY50 晶体 1300℃下退火后的反极图(图 8.53)和 ODF 图(图 8.54)显示出该温度下织构整体较弱，仅有些微<101>//RD 和<001>//ND、<111>//ND。从 ODF 图可以看出，有明显的 γ 织构{111}<110>组分和{111}<112>组分，与 1250℃退火晶

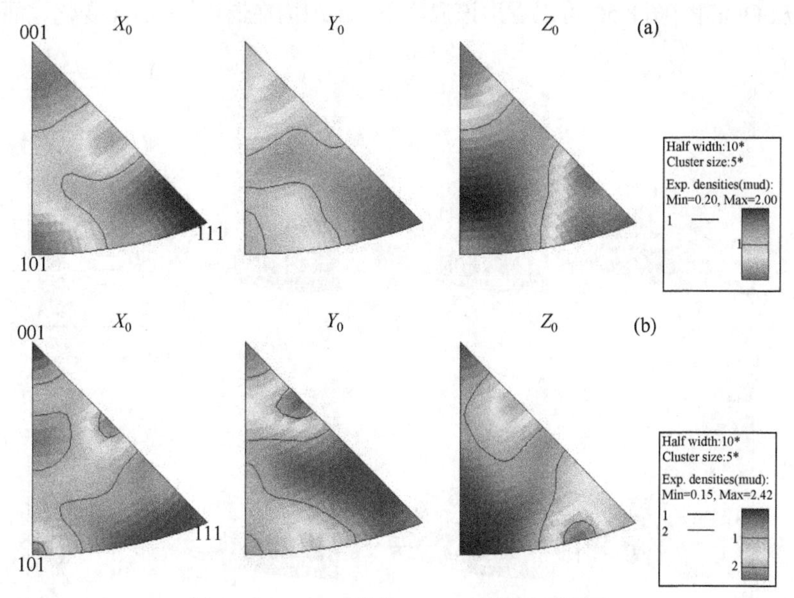

图 8.53　1300℃退火 WY50 晶体的反极图

(a) 24 h；(b) 42 h

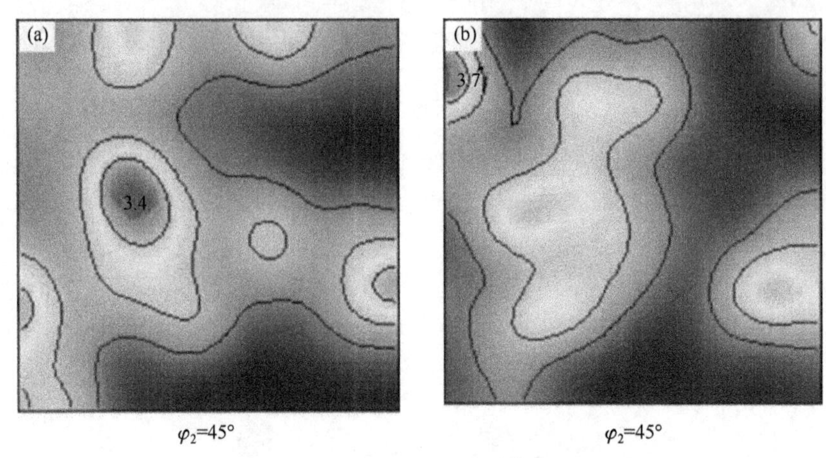

图 8.54　1300℃退火 WY50 晶体的 ODF 图

(a) 24 h；(b) 42 h

体类似，但织构强度仅为其一半。同时，部分再结晶后出现了很弱的 α 织构{011}<110>组分和 θ 织构{001}<110>组分，达到完全再结晶后，α 织构、γ 织构消失，θ 织构的{001}<110>组分保留并增强。

WY50 在 1350℃下退火后的反极图(图 8.55)和 ODF 图(图 8.56)显示出<101>//RD 和<111>//ND 为主要织构，这是由于高温状态下退火时间较短，部分再结晶织构没有足够的时间进行转变。随着退火时间延长，<001>//ND 织构增强，其余织构全部减弱。从 ODF 图(图 8.56)可以看出该温度下，α 织构在退火 3 h 后无变化，而 γ 织构

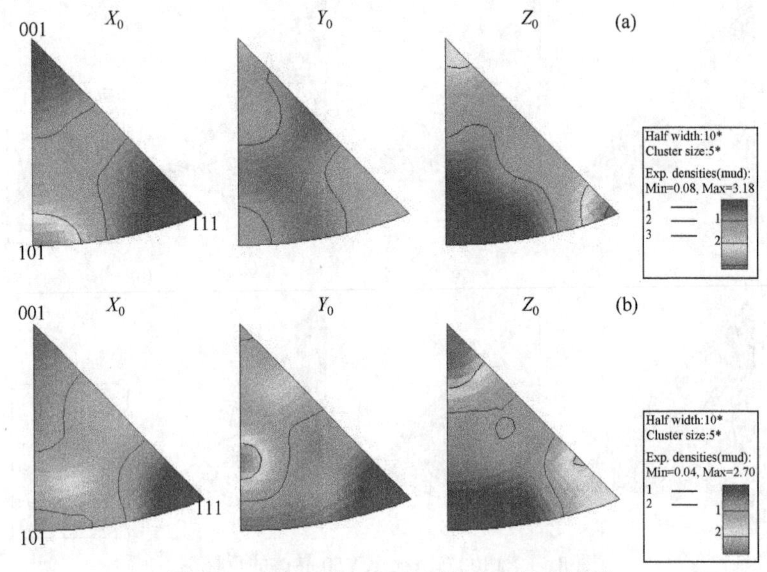

图 8.55　WY50 在 1350℃下退火后的反极图

(a) 3 h；(b) 6 h

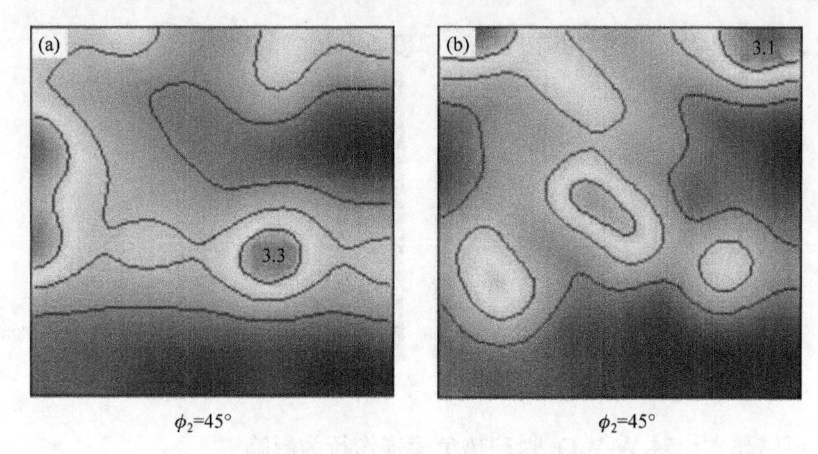

图 8.56　WY50 在 1350℃下退火后的 ODF 图

(a) 3 h；(b) 6 h

{111}<112>组分显著增强。此外，完全再结晶后 α 织构完全消失，γ 织构保留较弱的{111}<112>和{111}<110>，同时出现了很强的 θ 织构{001}<110>组分。

8.3　再结晶 W-2% Y_2O_3 服役行为和物理性能

8.3.1　W-Y_2O_3 选定及性能测试

基于前文中对 50%轧制量 W-2% Y_2O_3，不同退火晶体再结晶组织与织构演化分析，继续使用该材料研究再结晶过程对合金服役行为和物理性能的影响。控制退火工艺获得再结晶体积分数分别为 0%、50%和 100%的 W-Y_2O_3 材料，将材料切成直径为 12.7 mm、厚度为 3 mm 的圆片，ND 方向为厚度方向(ND=3 mm)，然后利用激光导热仪测量样品的热扩散系数，同时使用排水法进行密度测试。选用德国林赛斯 LSR-3800 设备采用四探针法测量电阻率数据，再由电阻率换算出电导率。

使用核工业西南物理研究院的电子束装置 EMS-60 对样品进行多次瞬态热载荷实验，RD-ND 面为激光瞬态热冲击实验面。测试前将样品表面机械研磨并抛光处理，轧态样品预先进行 1000℃、2 h 的去应力退火以消除内应力。激光热冲击频率为 15 Hz，单次脉冲，激光点直径为 0.6 mm，激光照射时间为 2 ms，激光束电子流为 60 A、75 A、90 A 和 120 A，相应的功率密度为 0.32 GW/m^2、0.40 GW/m^2、0.48 GW/m^2 和 0.64 GW/m^2，整个激光热冲击实验在氩气气体保护下进行，气流量为 10 L/min。

利用合肥工业大学作者课题组直线等离子体实验设备(图 8.57)进行 He^+辐照实验，RD-ND 面为辐照面。辐照能量 50 eV，剂量 2.7×10^{25} ions/m^2，流量 1.5×10^{22} ions/($m^2\cdot$s)，时间 30 min，直径 R=22 mm，辐照时样品表面温度为 1503～

1553 K，样品加载面尺寸 10×10 mm，厚度 1 mm。

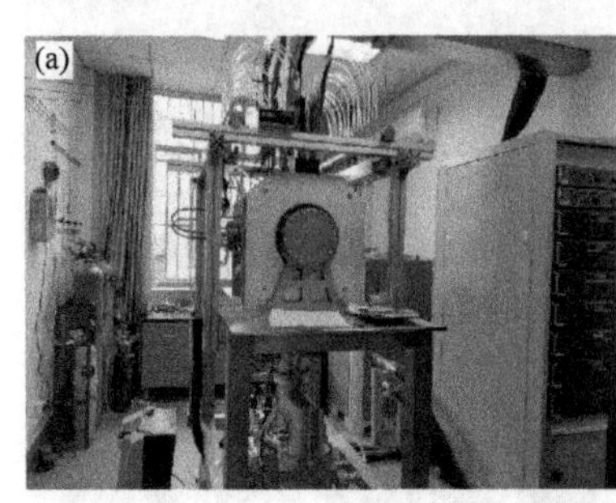

图 8.57　直线等离子体实验装置图

8.3.2　再结晶占比对 W-Y_2O_3 瞬态热负荷损伤行为影响

分别使用激光束和电子束作为热源，模拟材料在聚变堆中所受瞬态热负荷，选用经高温退火且含不同再结晶体积分数的 W50 和 W67 两种合金，对其 RD-ND 面在室温下进行激光束瞬态热冲击；同时对 W50 的 RD-ND 面进行类服役电子束热冲击对比实验。

8.3.2.1　W-Y_2O_3 激光束瞬态热负荷损伤行为

图 8.58 是不同再结晶占比的 WY50 样品(轧制态 WY50-0%、部分再结晶 WY50-50%、完全再结晶 WY50-100%)在不同激光束瞬态热冲击下 RN-ND 面的损伤形貌，功率密度为 0.32 GW/m^2、0.40 GW/m^2、0.48 GW/m^2、0.64 GW/m^2。可看出，最低功率密度下(0.32 GW/m^2)，所有样品表面均未出现明显的裂纹损伤和熔化，而仅在热冲击区域出现很多黑色斑点；功率密度为 0.40 GW/m^2 时，所有样品表面均出现一条沿 RD 方向的裂纹并出现二次裂纹；功率密度增至 0.48 GW/m^2 时，所有样品均出现熔化和裂纹；最大功率密度在 0.64 GW/m^2 热负荷下，熔化程度加大，同时伴有裂纹产生。由图 8.5 还可以看出，虽然选用 3 种不同再结晶体积分数的晶体，但从表面损伤而言，看不出明显差异。但同时可发现，随着功率增加，每一种损伤程度都有其特定规律，将 WY50-100%样品[图 8.58(i)～(l)]观察的损伤形貌用 3D 高度彩图显示出来，对应于图 8.59(a)～(d)。图 8.59(e)和(f)是将(c)和(d)沿红虚线切开后的截面图。将图 8.59 损伤形貌中出现的最高高度值(正值)和最低高度值(负值)绘制成表面高度变化图(图 8.60)，发现功率密度为 0.32 GW/m^2、0.40 GW/m^2、0.48 GW/m^2 和 0.64 GW/m^2 时，相对于基准表面的最高高度、最低高度变化量分别为：+0.327 μm、−0.845 μm；+37.576 μm、−10.424 μm；+17.289 μm、−42.222 μm，可以明显看出功率小于 0.40 GW/m^2 时，样品表面最高和最低高度并没有明显改变；然而大于 0.40 GW/m^2 时，样品中心熔化区的高度相对于基准

面迅速增加，同时也出现了低于基准面的凹坑，且功率越大，凹坑越深。

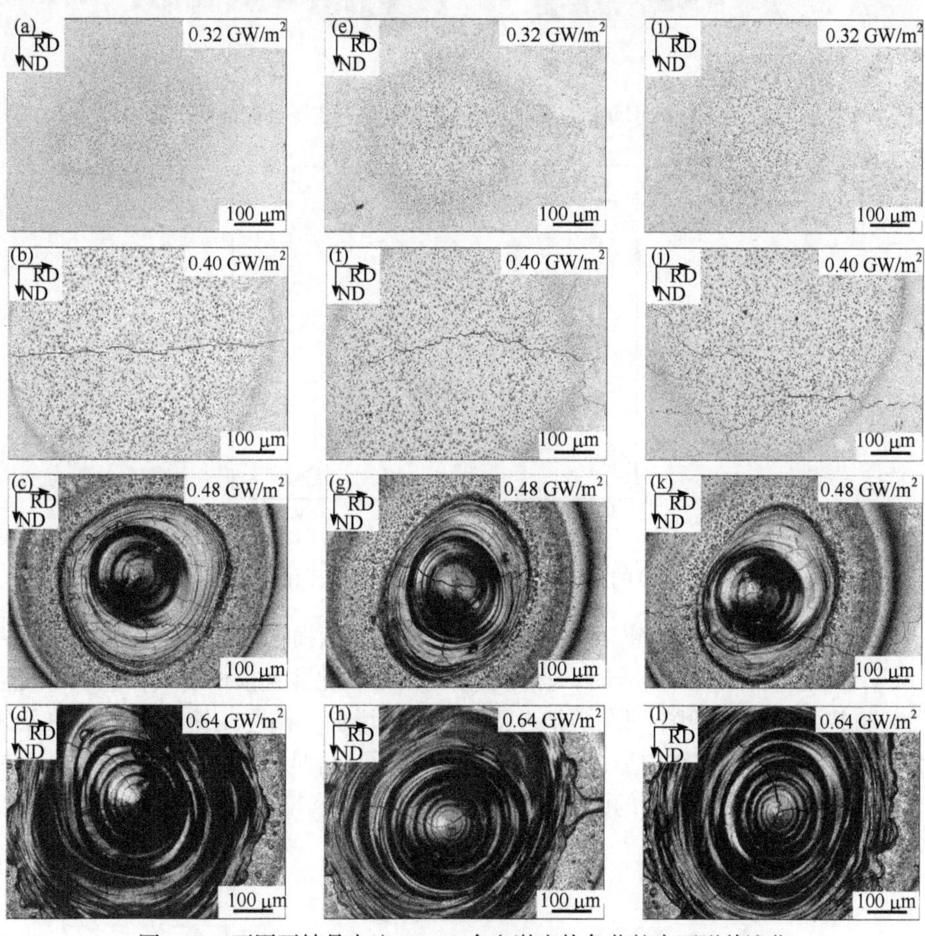

图 8.58　不同再结晶占比 WY50 合金激光热负荷的表面形貌演化

(a)～(d) WY50-0%；(e)～(h) WY50-50%；(i)～(l) WY50-100%

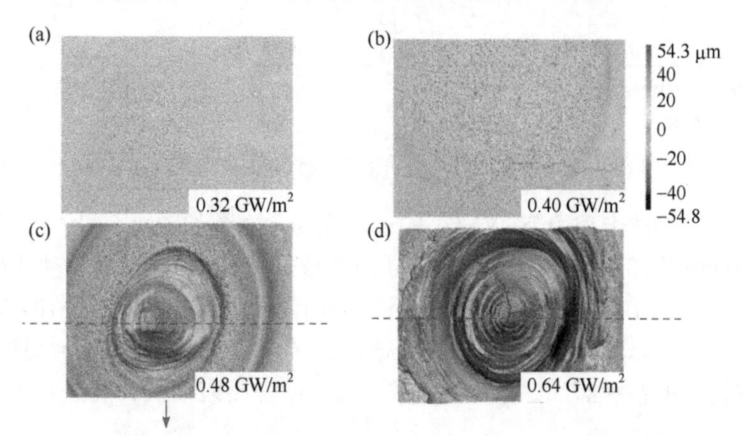

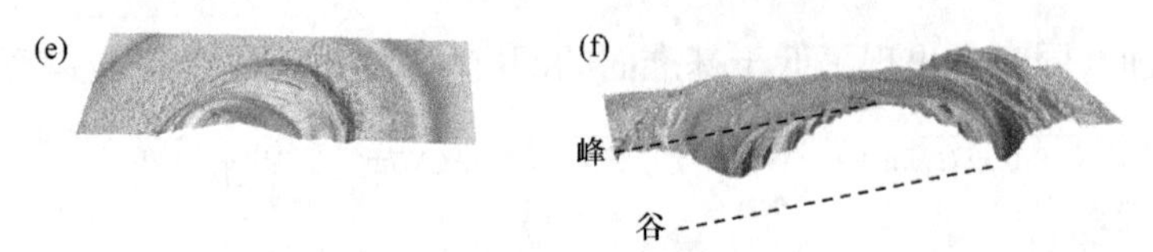

图 8.59　WY50-100%在不同功率密度激光热冲击下的表面高度演化

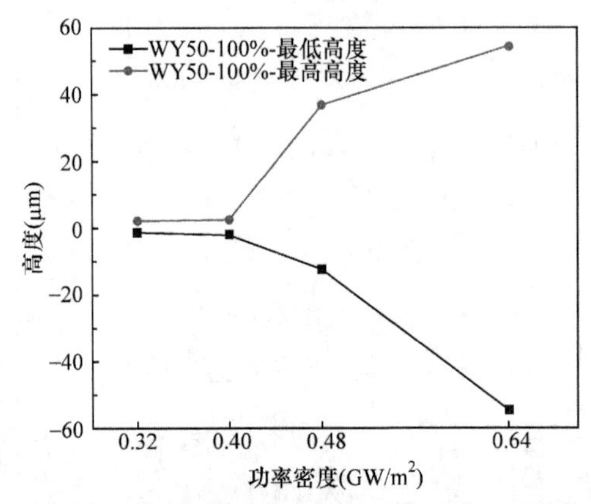

图 8.60　在不同功率密度的激光热冲击下 WY50-100%表面的最高和最低高度变化图

图 8.61 是不同功率密度下热冲击下试样的表面损伤示意图，在功率密度为 0.48 GW/m^2 和 0.64 GW/m^2 时，样品表面均出现熔化并且损伤形式相似，中间熔化区凸起两边出现凹陷。随着再结晶体积分数增加，凸起的熔化区发生明显区别，熔化区裂纹宽度在增加，此时样品表面裂纹不再是沿 RD 方向的裂纹，而是沿熔化区域中心呈辐射状的网格状粗大裂纹，可以看出增大激光热冲击功率密度会引起裂纹宽度加深。

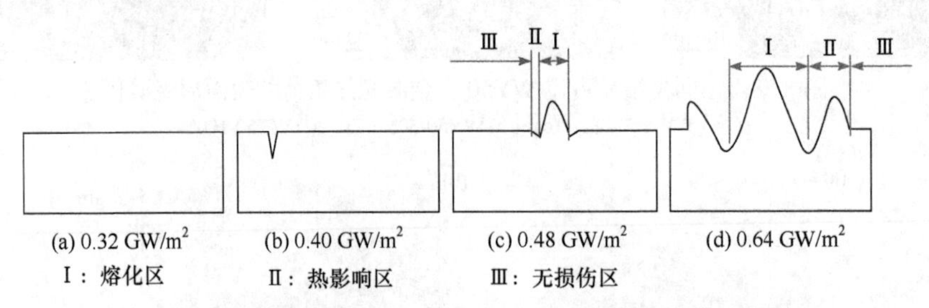

图 8.61　不同激光热冲击功率下 WY50 的表面损伤示意图

不同激光热冲击功率下 WY50 的表面损伤示意图如图 8.62 所示。图中更直观地用不同颜色和形状的图形显示不同损伤形式，具体的损伤形貌如图 8.63 所示，可以看出，小功率(0.40 GW/m^2)下，表面无明显损伤；大功率(0.40 GW/m^2)会导致样品表面出现熔化，且功率越高熔化越严重，再结晶过程会加速裂纹粗化并出现网格状的粗大裂纹，这一点与图 8.64 中样品表面最大裂纹和平均裂纹宽度观测结果相吻合，随着功率密度从 0.48 GW/m^2 增加到 0.64 GW/m^2，WY50-0%、WY50-50%和 WY50-100%的平均裂纹宽度分别增加了+0.459 μm、+1.066 μm 和+2.056 μm。此外，对于轧制态 WY50-0%样品，最大裂纹宽度反而随着功率密度的增加而受到限制。然而，随着网格状裂纹的扩展，部分再结晶 WY50-0%和完

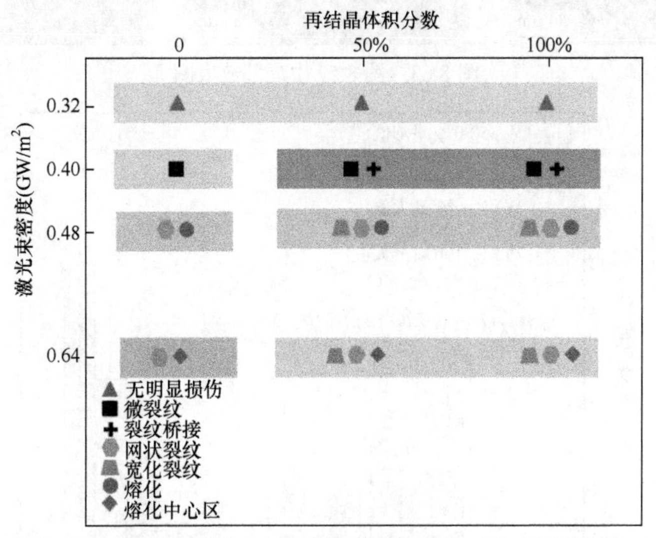

图 8.62　WY50 不同功率密度的激光热冲击下表面损伤统计

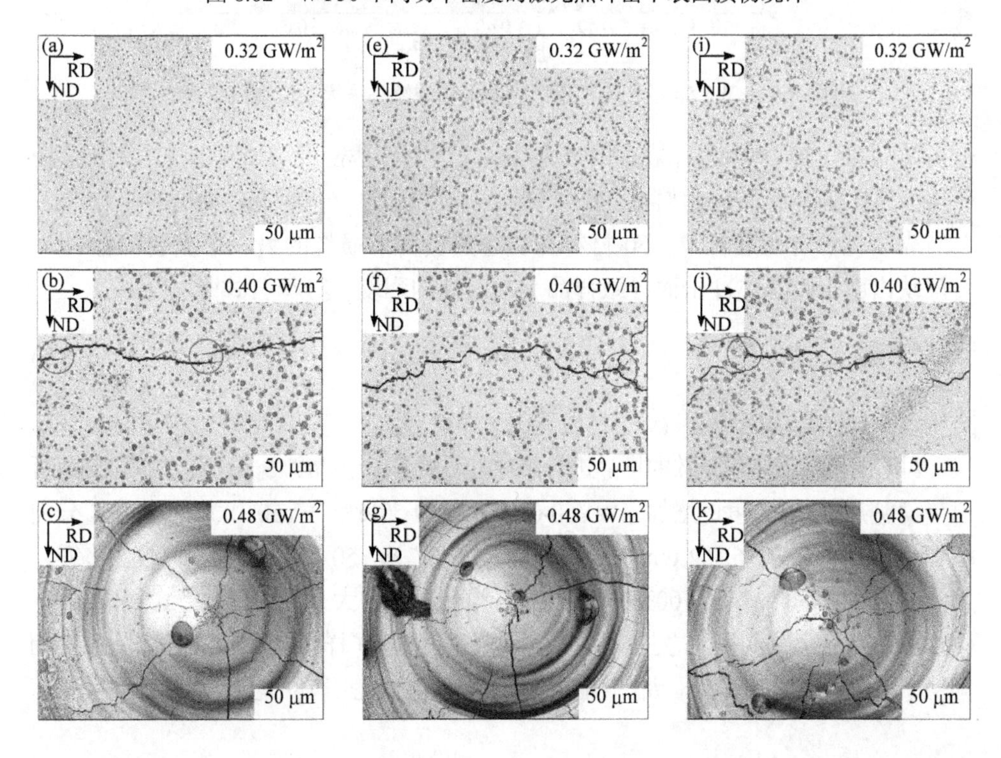

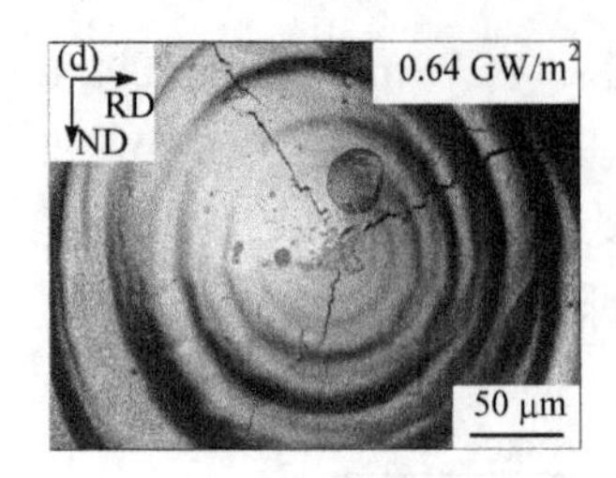

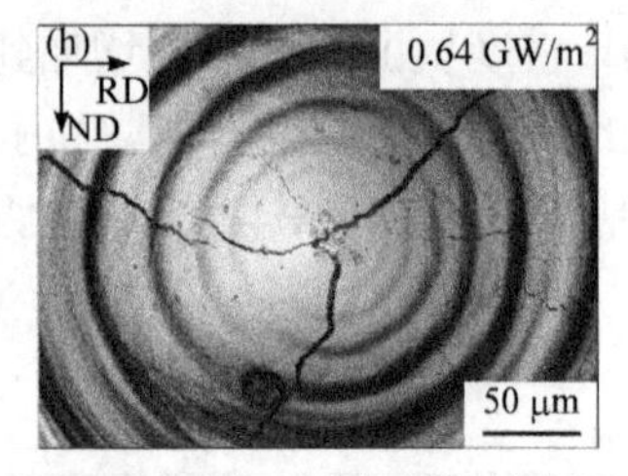

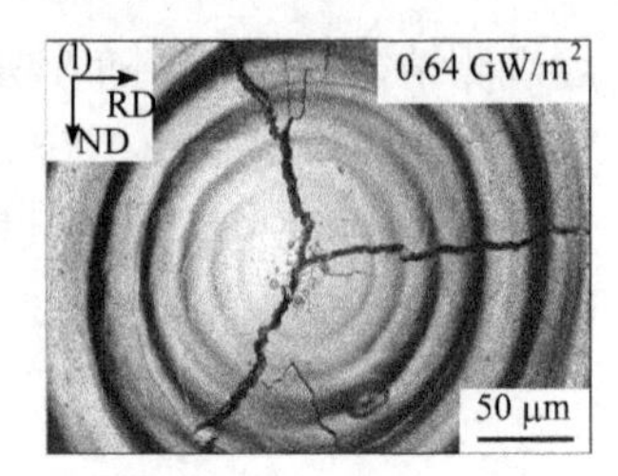

图 8.63　图 8.57 中局部放大图

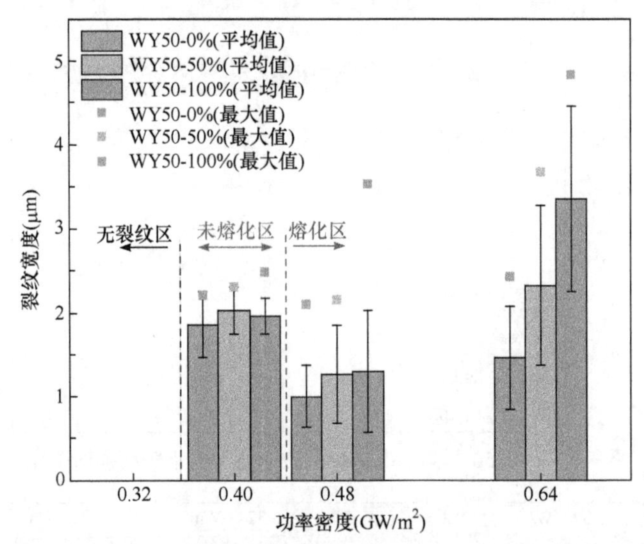

图 8.64　WY50 激光热冲击后表面平均裂纹和最大裂纹宽度统计

全再结晶 WY50-100%样品表面的最大裂纹宽度随功率密度增加而迅速增大，这证明再结晶脆性降低了晶界结合强度，降低了材料抵抗激光束瞬态热冲击的能力[16]。

表面粗糙度是表征 WY50 材料在瞬态热负荷下损伤的另一个重要指标[24]，可反映出由于瞬态热冲击而导致样品表面改性的程度。计算公式[25]如下：

$$S_a = \frac{1}{A}\iint_A |Z(x,y)|\mathrm{d}x\mathrm{d}y \tag{8.9}$$

式中，A 是样品的面积；$Z(x, y)$是位置(x, y)的高度。

对不同再结晶体积分数的样品进行热冲击后的表面粗糙度 S_a 分析，如图 8.65 所示，发现随着功率密度的增加，WY50-0%、WY50-50%和 WY50-100%合金的 S_a 分别增加了+5.388 μm、+6.362 μm、+5.945 μm。同时，WY50-0%样品的斜率较为平缓，而 WY50-50%和 WY50-100%样品的曲线斜率逐渐增大，特别是在大功率条件下(>0.48 GW/m^2)尤为明显，这进一步说明再结晶过程加速了样品表面的粗糙化。此外，相同功率密度条件下，随着样品由轧制态变为完全再结晶态，功率密度为 0.32 GW/m^2、

0.40 GW/m^2、0.48 GW/m^2 和 0.64 GW/m^2 时的 S_a 分别增加+0.958 μm、+0.646 μm、+0.939 μm、+1.515 μm，显然高功率和高再结晶体积分数会导致严重的表面改性。

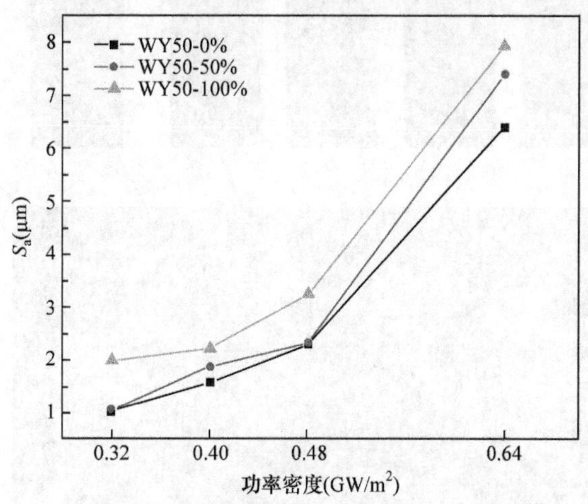

图 8.65　WY50 在不同功率密度激光热冲击后的表面粗糙度变化曲线

图 8.66 显示了不同损伤局部区域的 S_a，其中虚线框和实线框分别表示图 8.58 和图 8.63 表面计算而来的 S_a。由于中心区域的熔化，熔化区的 S_a 会迅速增大而整体区域的 S_a 增加相对较慢，说明激光热冲击下，中心熔化区域表面改性最严重，其他区域则相对较轻。

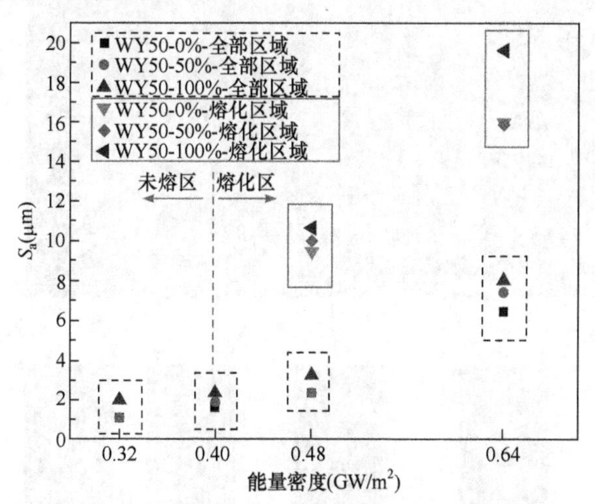

图 8.66　激光热冲击后 WY50 在不同区域的表面粗糙度图

图 8.67 和图 8.68 分别是 WY50-50%合金经受 0.40 GW/m^2 激光热冲击后的元素分布示意图及局部放大区域的 EDS 能谱。可发现，三晶交角位置常是裂纹源(黑色圆形区域)，此处明显有第二相 Y_2O_3 颗粒的影响。

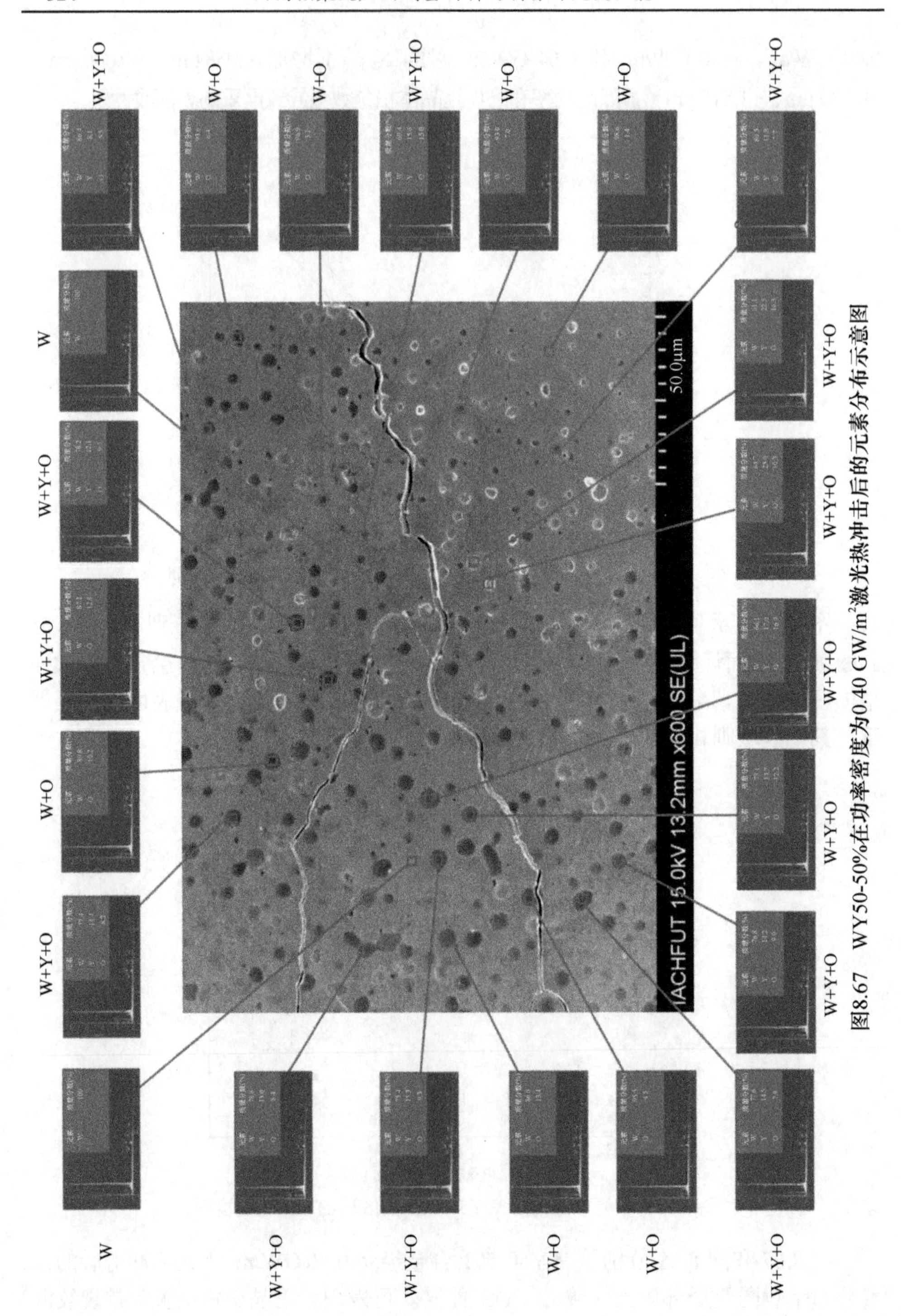

图8.67　WY50-50%在功率密度为0.40 GW/m^{2}激光热冲击后的元素分布示意图

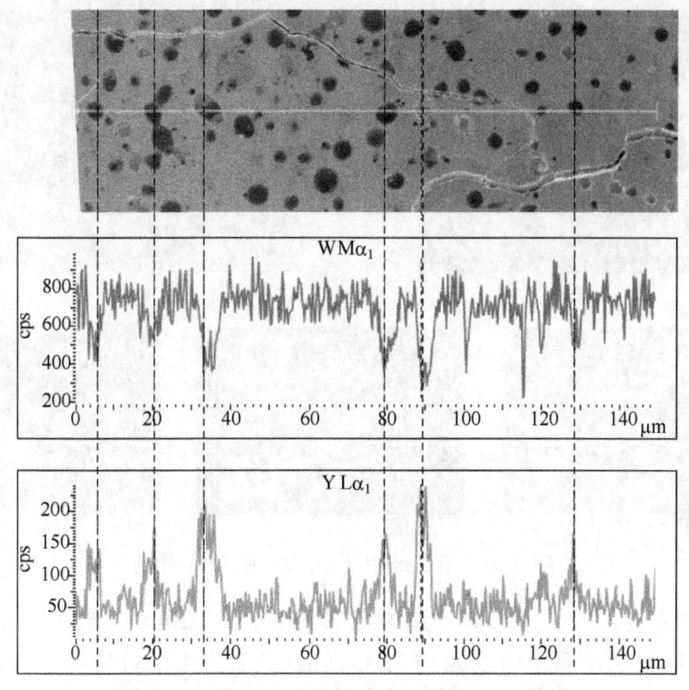

图 8.68 图 8.67 中局部放大区域的 EDS 能谱

图 8.69 和图 8.70 分别是 WY50 轧制态原始样品的元素分布图和第二相颗粒的 EDS 能谱，可看出晶体中的 W、Y 和 O 元素在基体不同区域的分布情况以及

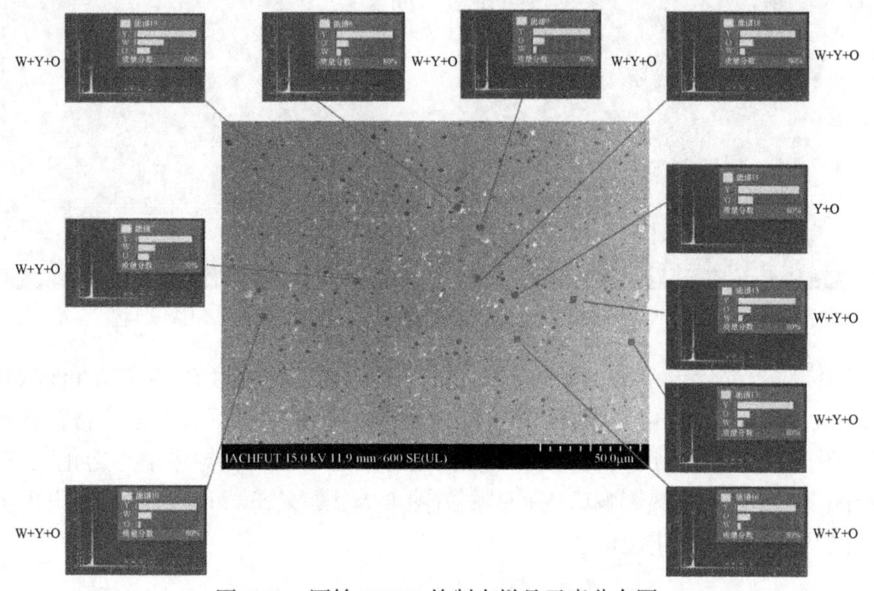

图 8.69 原始 WY50 轧制态样品元素分布图

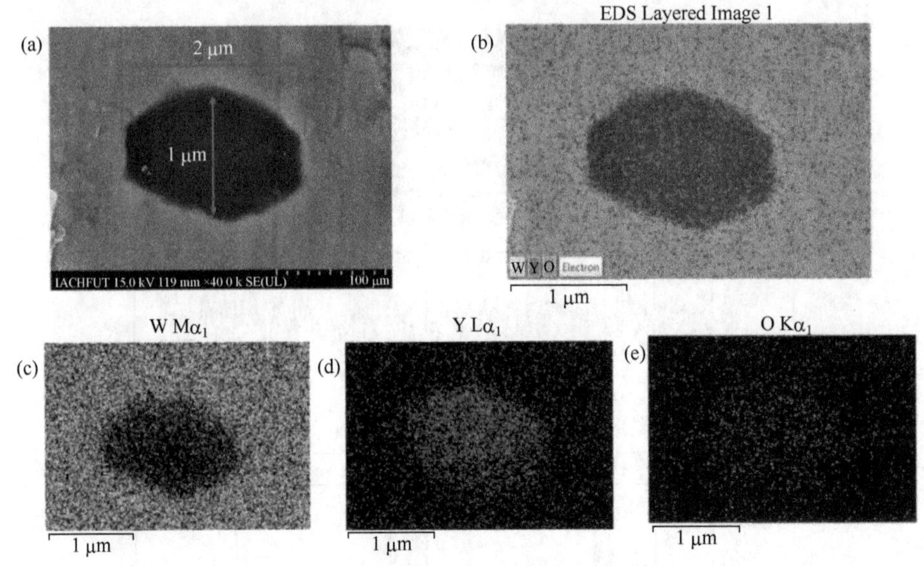

图 8.70　图 8.68 中 Y_2O_3 颗粒的 EDS 能谱

Y_2O_3 颗粒分布与尺寸大小，其中选中 Y_2O_3 颗粒长约 2 μm，宽约 1 μm。

图 8.71 是经过功率密度为 0.32 GW/m^2 的激光束热冲击之后，部分再结晶 WY50-50%合金的损伤形貌，可以看出由于功率密度相对较低，钨基体尚未出现明显损伤，反而 Y_2O_3 颗粒在激光束冲击下周围有黑圈覆盖，这可能主要归因于热负荷下，Y_2O_3 颗粒吸收了大部分冲击能量，保护钨基体不受到进一步损伤。

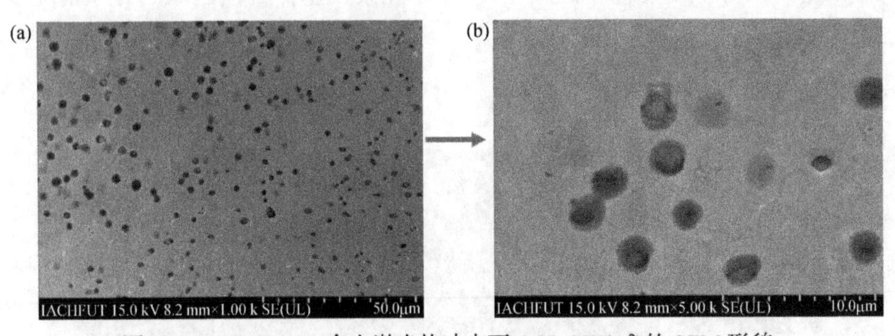

图 8.71　WY50-50%合金激光热冲击下(0.32 GW/m^2)的 SEM 形貌

同样对于部分再结晶 WY50-50%合金，在较大功率密度(0.64 GW/m^2)激光热冲击下，熔化区的熔化与开裂程度相较热影响区严重，且巨大冲击下材料熔化并溅射(图 8.72)，以至于大部分 Y_2O_3 颗粒溅射至热影响区，导致中心熔化区 Y_2O_3 颗粒减少(图 8.73)，热影响区 Y_2O_3 颗粒(图 8.74)增多，这可能是熔化区出现更多粗大网状裂纹的主要原因。

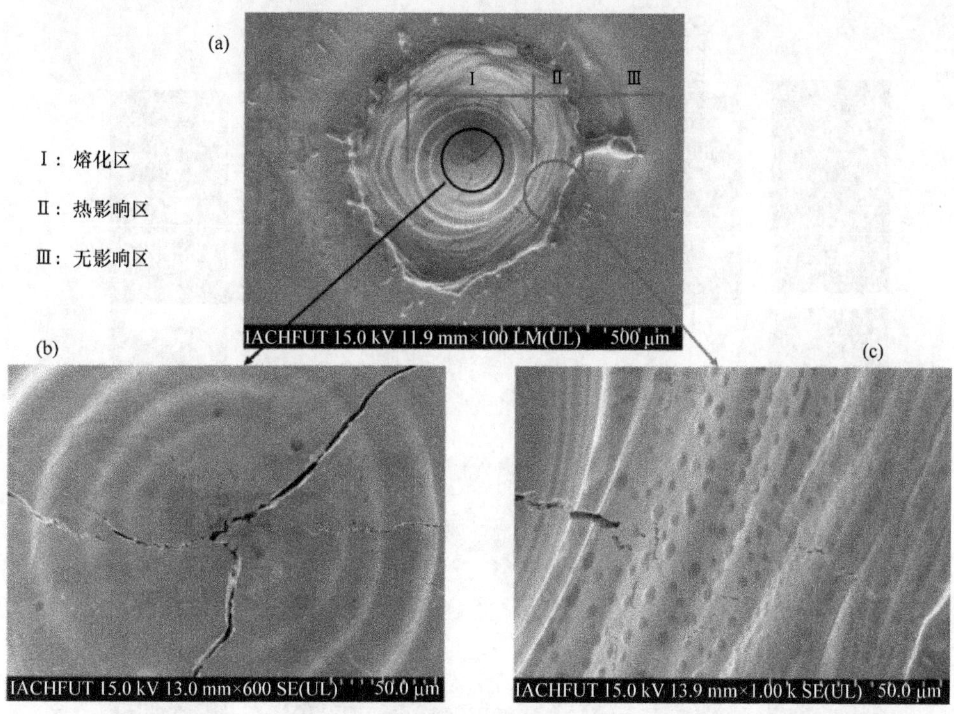

图 8.72　WY50-50%合金激光热冲击下(0.64 GW/m^2)的 SEM 形貌

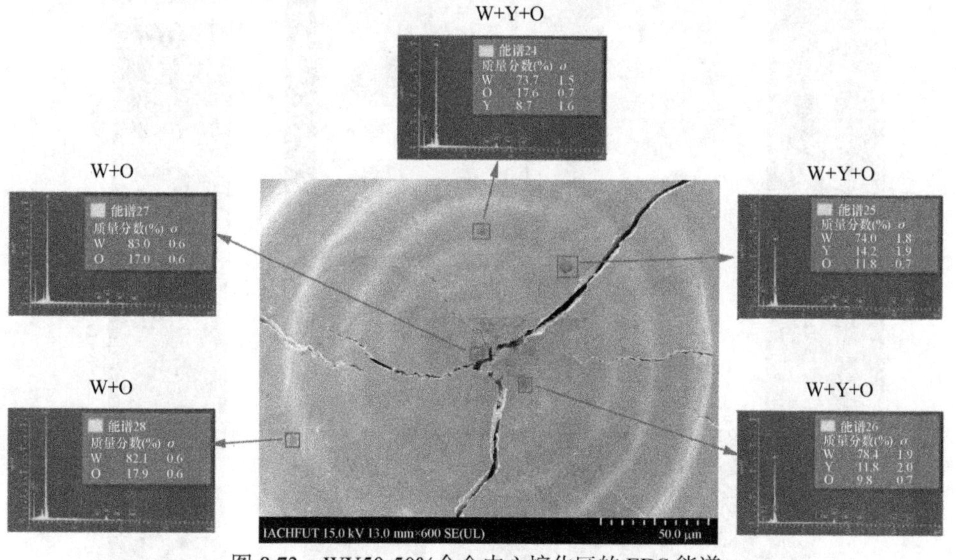

图 8.73　WY50-50%合金中心熔化区的 EDS 能谱

8.3.2.2　W-Y_2O_3 电子束瞬态热负荷损伤行为

图 8.75 给出了不同再结晶体积分数的 WY50 样品在不同电子束功率密度瞬

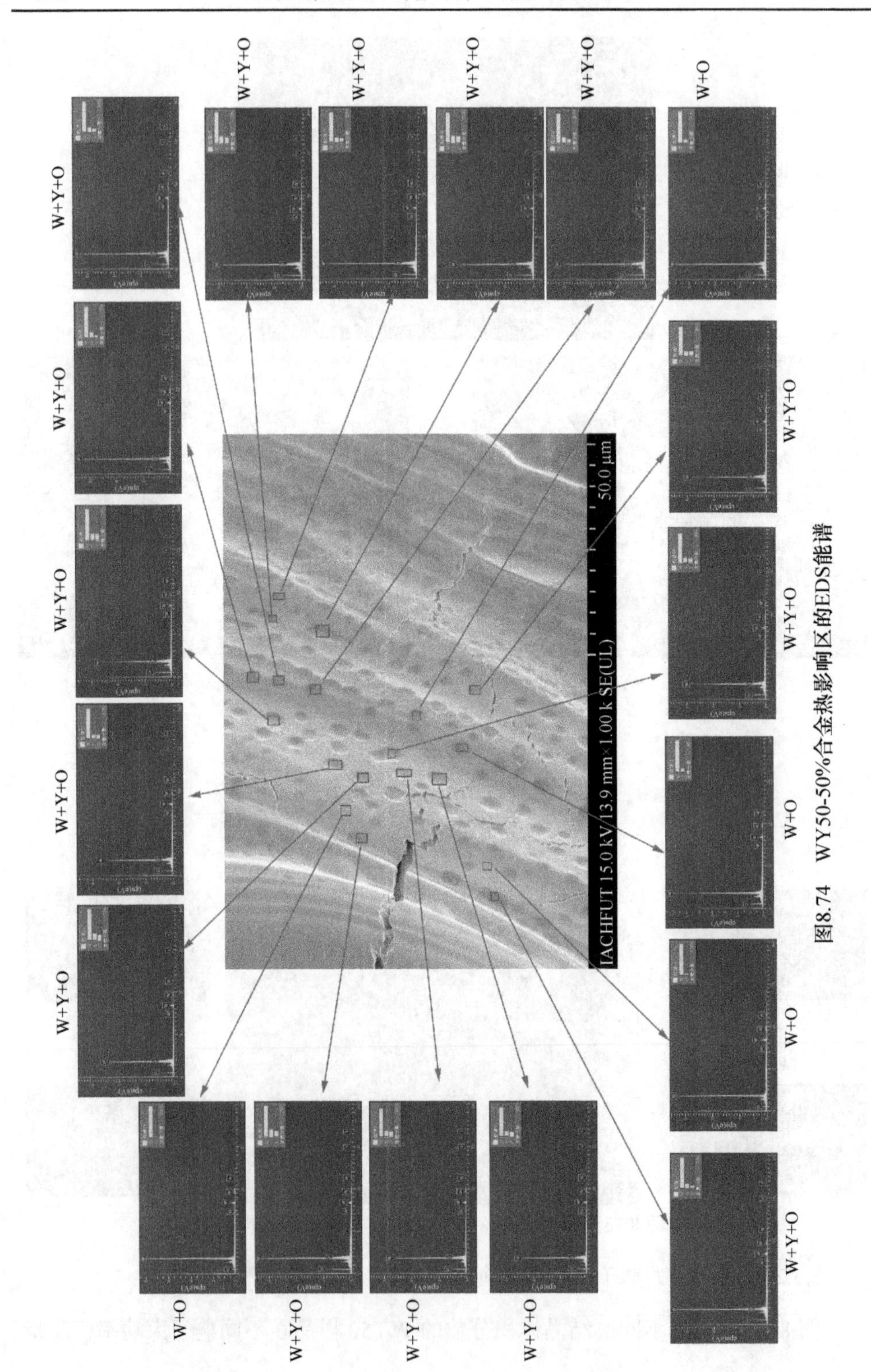

图8.74　WY50-50%合金热影响区的EDS能谱

态热负荷下(0.22 GW/m^2、0.33 GW/m^2 和 0.44 GW/m^2)的表面损伤形貌。可以看出，最小功率密度(0.22 GW/m^2)下，所有样品 RD-ND 表面均发现了众多细小裂纹，而相同测试条件下，样品的 TD-ND 和 RD-TD 表面均未发现有明显裂纹产生。由此可推断出，RD-ND 面抵抗电子束瞬态热冲击能力弱于其他两个面。对于 WY50-0%样品，随着功率密度从 0.22 GW/m^2 增加到 0.44 GW/m^2，裂纹数量逐渐增加，表面发现许多平行于 RD 方向的小裂纹，裂纹宽度相对均匀，既无网格状裂纹也无明显表面改性的情况出现；对于 WY50-50%样品，随着功率密度增加，网状裂纹逐渐出现，主要沿 RD 方向，且内部存在许多与 RD 方向平行的小裂纹。

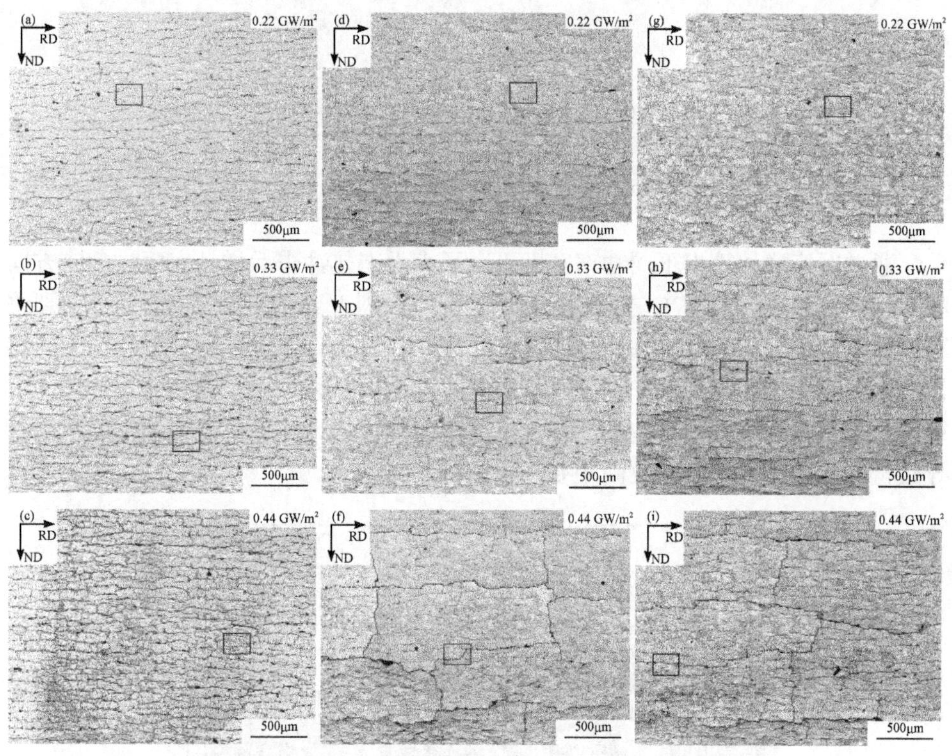

图 8.75　WY50 不同功率密度电子束热冲击后的表面形貌

(a)～(c) WY50-0%；(d)～(f) WY50-50%；(g)～(i) WY50-100%

WY50-100%具有与 WY50-50%相似热冲击损伤，但表面改性更加明显。最小功率密度(0.22 GW/m^2)下，小裂纹占据了大部分表面；功率密度增至 0.33 GW/m^2 时，还有沿 RD 方向的宽裂纹出现；功率密度增至最大 0.44 GW/m^2 时，样品表面出现了明显的网络状粗大裂纹。

三种具备不同再结晶体积分数的 WY50 样品经过不同功率密度电子束热冲击

后，表面损伤形貌特征分布如图 8.76 所示。可更直观地看出再结晶过程会导致明显的表面改性，当功率密度超过 0.33 GW/m^2 时会出现粗大的网络状裂纹。

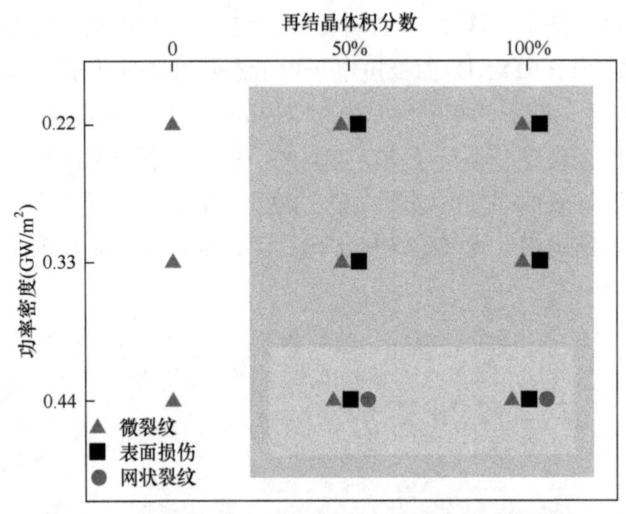

图 8.76　WY50 合金 RD-ND 面的电子束热冲击损伤分布

通过网格法计算出不同功率密度下电子束瞬态热冲击后样品表面沿 ND 方向的平均裂纹间距(图 8.77)，发现随着功率密度的增加，WY50-0%表面的平均裂纹距离显著降低，WY50-50%和 WY50-100%样品表面的平均裂纹间距要宽于轧态样品，同时并不明显受功率密度水平影响，这主要是因为再结晶脆化导致热冲击期间产生更宽裂纹，而这些裂纹释放了大部分热应力，从而使得裂纹密度减小，导致再结晶样品表面的裂纹间距要宽于轧制态材料。

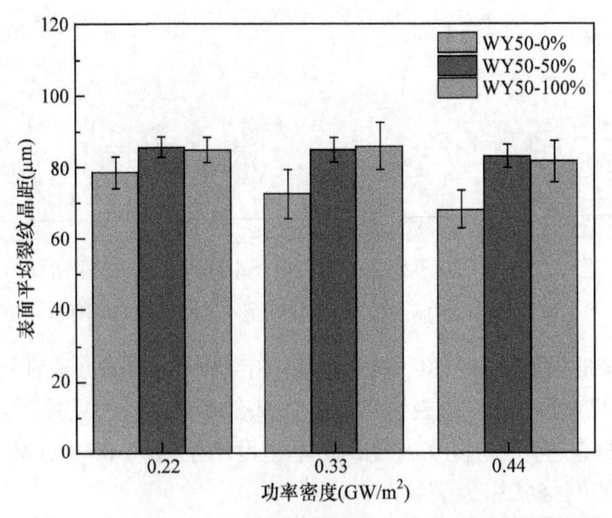

图 8.77　WY50 电子束热冲击后的合金表面平均裂纹间距

WY50 轧态样品沿 ND 方向进行切割以横截面裂纹深度，如图 8.78 所示，随着功率密度增加，裂纹数量和深度也随之增加。当功率密度为 0.22 GW/m^2 时，横截面仅观测出唯一裂纹，深度约为 10 μm；功率密度为 0.33 GW/m^2 时，不同深度裂纹数量增加，深度约为 70 μm；功率密度增至 0.44 GW/m^2 时，横截面上裂纹深度大大增加，最长裂纹深度可达到 250 μm。由此可见，电子束功率密度越高则裂纹深度越大。

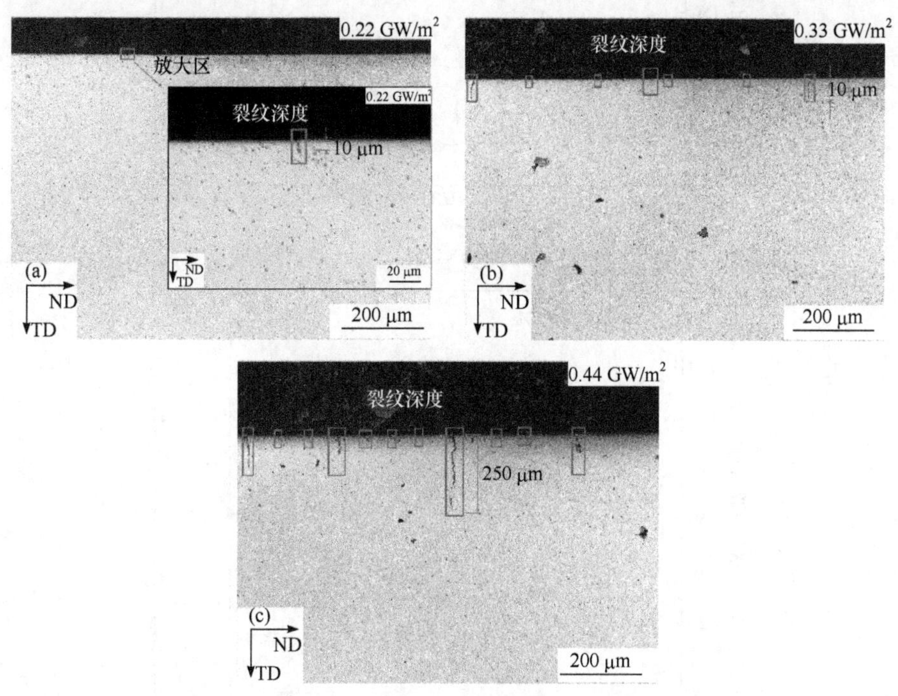

图 8.78　轧制态 WY50 样品电子束热冲击下的截面损伤形貌

(a) 0.22 GW/m^2；(b) 0.33GW/m^2；(c) 0.44 GW/m^2

轧态样品热冲击后的平均裂纹间距如图 8.79 所示，随着功率密度水平增加，表面平均裂纹间距从 78.47 μm 降至 68.23 μm；横截面则由 200.71 μm 降至 127.70 μm，显然宽于图 8.77 中样品表面计算数据，意味着小功率密度热冲击下，样品表面小裂纹非常浅，很难通过 CLSM 和 SEM 形貌观测辨别，由此可知，此处平均裂纹间距的减小可能是更高热冲击功率引起更多裂纹所致，也可能来源于热冲击过程中生成的细小再结晶晶粒某种程度上阻碍了裂纹扩展。

轧态 WY50 样品不同功率密度下的平均裂纹深度如图 8.80 所示，可以看出，随着功率密度从 0.22 GW/m^2 提高到 0.44 GW/m^2，平均裂纹深度明显增加，功率密度增至 0.44 GW/m^2 时，尽管样品表面小裂纹具有均匀裂纹宽度，但深度变化亦很大。

由图 8.77 可计算出轧态 WY50 试样在不同功率密度热冲击下的平均和最大

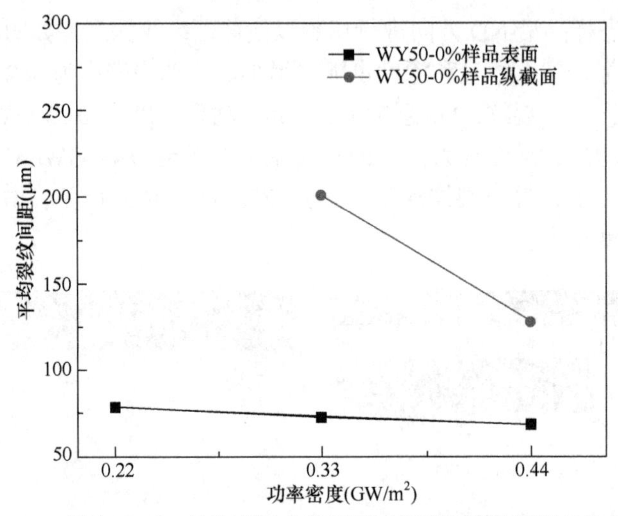

图 8.79　轧态 WY50 晶体不同功率密度下的平均裂纹间距对比曲线

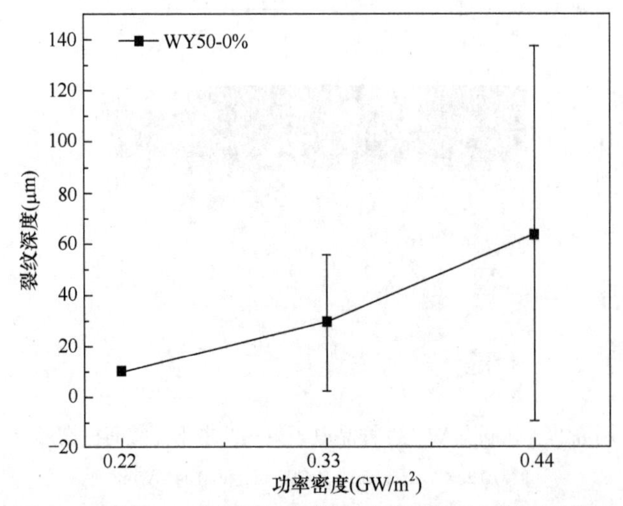

图 8.80　轧态 WY50 试样在不同功率密度下的平均裂纹深度

裂纹宽度(图 8.81)，可以看出，随着功率密度增加，晶体表面平均裂纹宽度随之增大。功率密度从 0.22 GW/m^2 增至 0.44 GW/m^2 时，WY50-0%、WY50-50% 和 WY50-100%三种晶体平均裂纹宽度的变化量分别为+0.46 μm、+1.00 μm 和 +1.59 μm；随着功率从 0.22 GW/m^2 增至 0.44 GW/m^2 时，三种晶体平均裂纹宽度的差值、最大裂纹宽度的差值分别由 0.554 μm 增加到 1.487 μm、由 1.195 μm 增加到 4.789 μm。此外，对于轧态 WY50-0%样品，最大裂纹宽度会随着功率密度水平的增加而受到限制。然而，随着功率密度水平增加和更宽网状裂纹的扩展，WY50-50%和 WY50-100%晶体的最大裂纹宽度迅速增加，进一步说明再结晶脆化大大降低了材料抵抗电子束瞬态热冲击的能力。

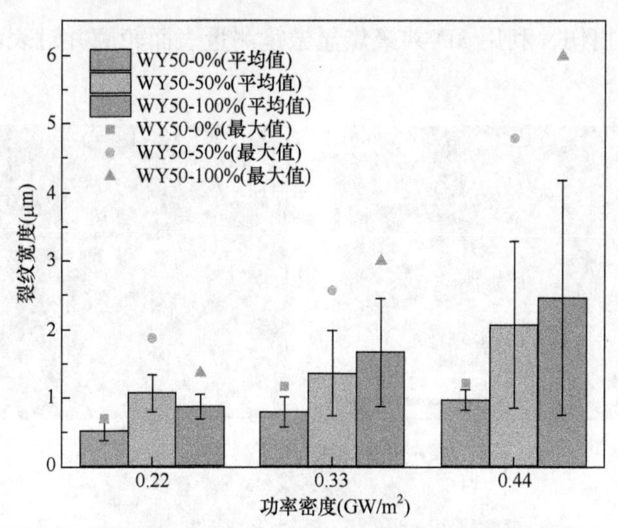

图 8.81　WY50 样品表面电子束热冲击后的平均和最大裂纹宽度

图 8.82 显示出 WY50 样品表面在瞬态电子束热载荷作用下的表面粗糙度分布，随着功率密度从 0.22 GW/m^2 增加到 0.44 GW/m^2，WY50-0%、WY50-50%和 WY50-100%的 S_a 分别增加了+1.40 μm、+1.96 μm 和+1.94 μm，可以看出功率密度的增加和再结晶过程的进行会加速样品表面的粗糙化程度。

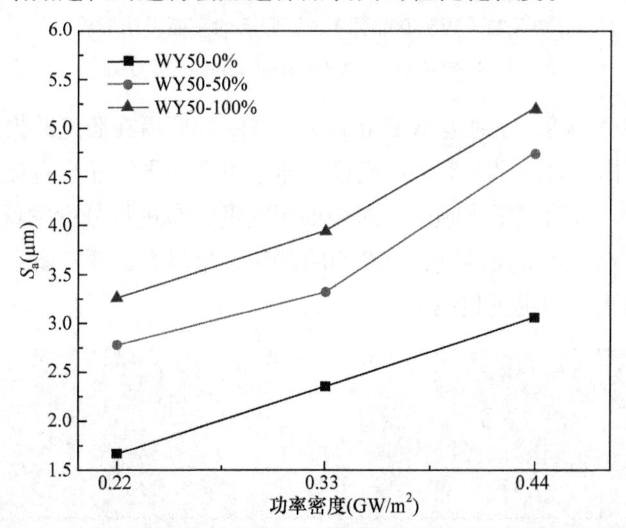

图 8.82　WY50 样品表面瞬态电子束热载荷作用下的表面粗糙度分布

8.3.3　W-Y_2O_3 氦离子辐照损伤行为及性能演变

图 8.83 为三种不同再结晶占比的 WY50 合金经受 He^+辐照后的表面形貌，所有样品中均出现明显 fuzz 结构，为了进一步分析再结晶过程对于 He^+辐照

后材料的表面损伤，利用 3D 共聚焦显微镜测量表面轮廓并对表面粗糙度进行表征。

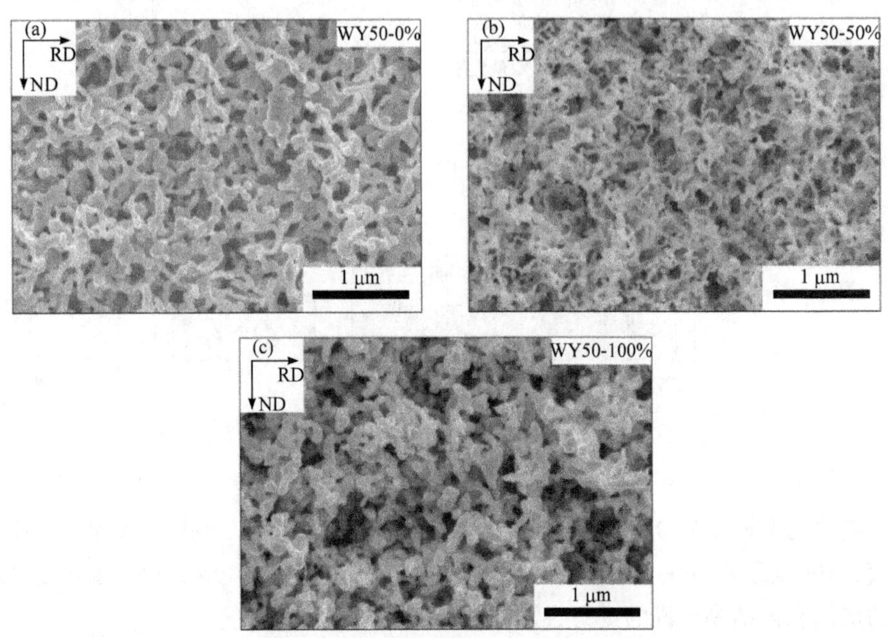

图 8.83　WY50 晶体 He^+辐照后的表面损伤形貌

(a) WY50-0%；(b) WY50-50%；(c) WY50-100%

图 8.84 和图 8.85 分别是 WY50 样品经 He^+辐照后在激光共聚焦显微镜下的图像显示以及相应表面 3D 形貌的高度分布，可看出再结晶会直接导致辐照样品表面高度增加，有明显粗化倾向。对表面粗糙度分布进行分析发现(图 8.86)，三种晶体中，WY50-0%的 S_a 最小，WY50-100%的 S_a 最大，意味着再结晶占比越多的 WY50 晶体表面粗糙度也越大。

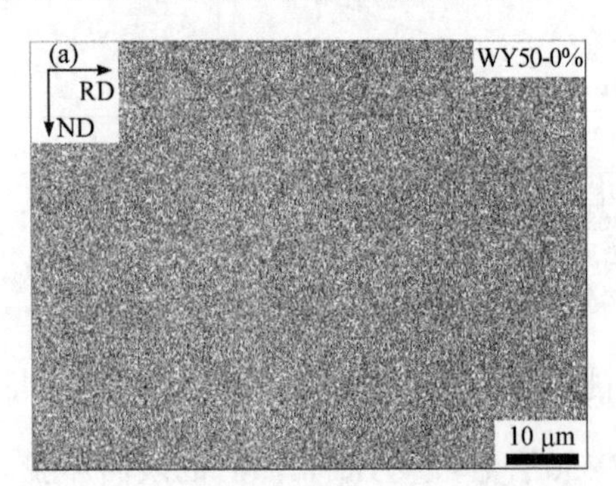

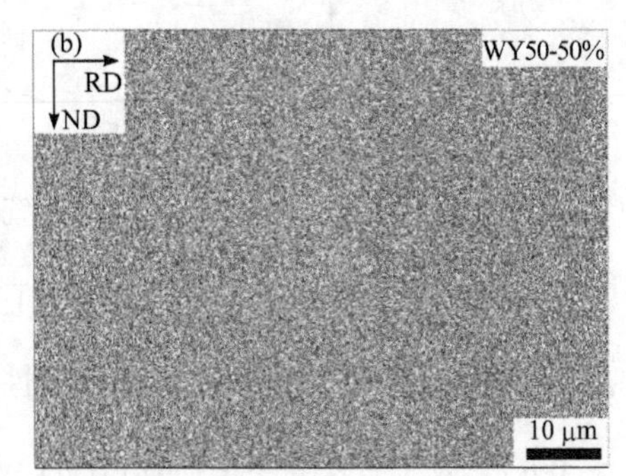

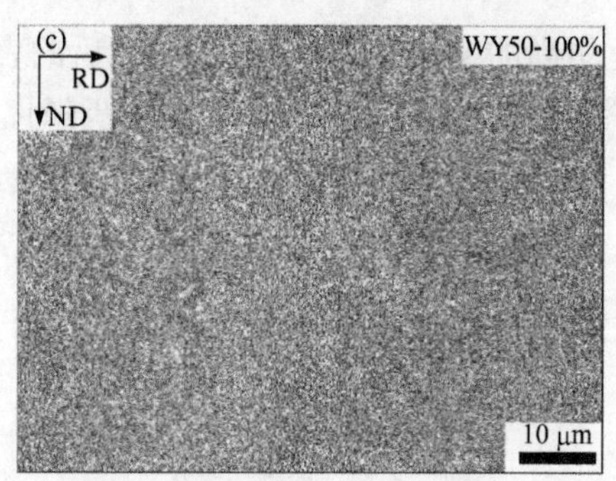

图 8.84　WY50 晶体 He^+辐照后的激光共聚焦图像
(a) WY50-0%；(b) WY50-50%；(c) WY50-100%

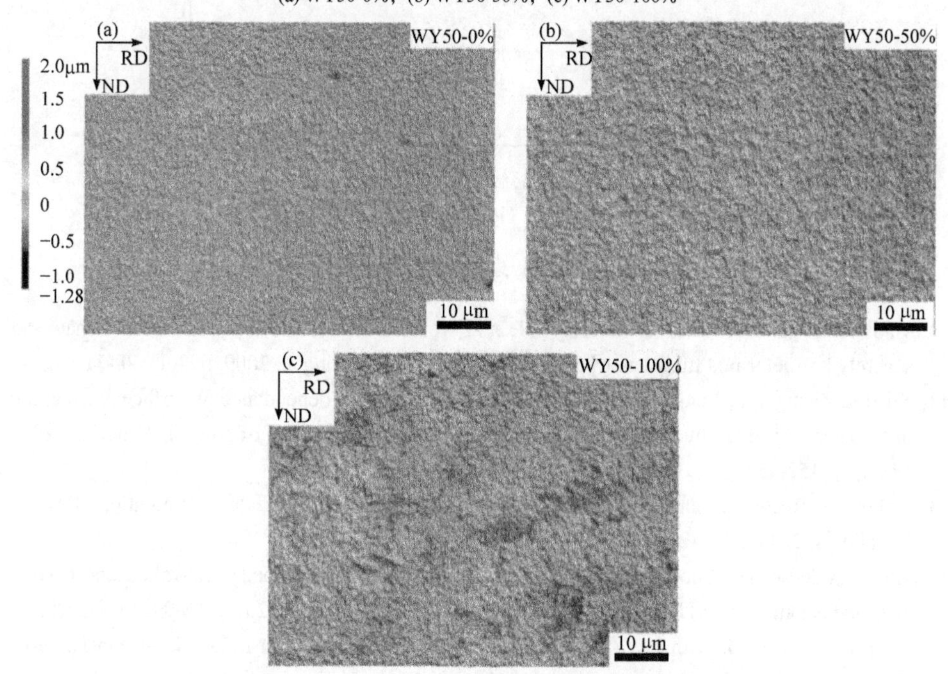

图 8.85　WY50 晶体 He^+辐照后的 3D 高度显示图
(a) WY50-0%；(b) WY50-50%；(c) WY50-100%

由此可推断，He^+辐照引起的表面应力可能是造成表面形貌粗化的主要原因。通常，He^+辐照会产生大孔洞和小氦泡，积聚材料表面时会显著降低热导率[26]，靠近表面受损层的晶粒倾向于在相对较高的温度下膨胀，由于晶界的限制作用，靠近表面损伤层晶粒内部产生较大的压缩热应力并引起塑性应变，进而导致表面起伏，形成表面粗糙(图 8.86)。特别是温度升高时，轧制钨材料的屈服应力要高于再结晶钨晶体[27, 28]，可更好地承受低于塑性变形临界应力的诱导应力，使其辐照后表面变得相对光滑，而再结晶钨合金则相对粗糙[29]。这样一来，样品表面的粗化可能会提高 He^+的捕获率，从而加速表面粗化和损伤积聚[29]。同时，这可能是导致再结晶占比更高的WY50晶体经He^+辐照后的表面S_a更大的原因。聚变环境中，He^+辐照和瞬态热冲击的耦合作用会进一步强化这种表面粗化现象。

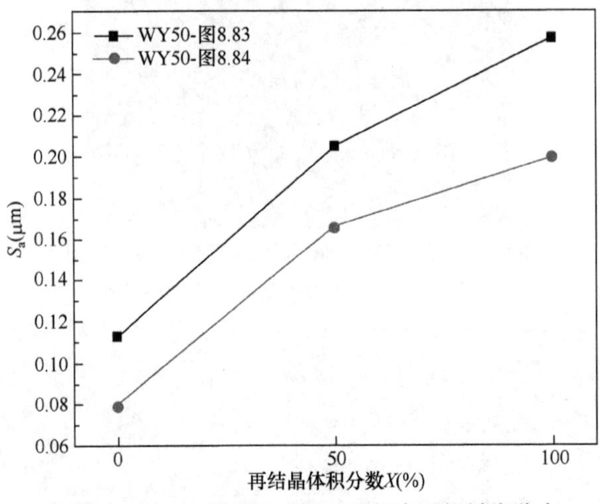

图 8.86　WY50 样品 He^+辐照后的表面粗糙度分布

参 考 文 献

[1] Mathaudhu S N, Derosset A J, Hartwig K T, et al. Microstructures and recrystallization behavior of severely hot-deformed tungsten. Materials Science & Engineering A, 2009, 503(1): 28-31.

[2] Xu H Y, Zhang Y B, Yuan Y, et al. Observations of orientation dependence of surface morphology in tungsten implanted by low energy and high flux D plasma. Journal of Nuclear Materials, 2013, 443(1-3): 452-457.

[3] Raabe D. Recovery and recrystallization: Phenomena, physics, models, simulation. Physical Metallurgy, 2014: 2291-2397.

[4] Alfonso A, Jensen D J, Luo G N, et al. Thermal stability of a highly-deformed warm-rolled tungsten plate in the temperature range 1100～1250℃. Fusion Engineering and Design, 2015, s98-99: 1924-1928.

[5] Jung Y I, Lee M H, Kim H G, et al. Behavior of a recrystallization in HANA-4 and HANA-6 zirconium-based alloys. Journal of Alloys and Compounds, 2009, 479(1-2): 423-426.

[6] Rollett A D, Srolovitz D J, Doherty R D, et al. Computer simulation of recrystallization in non-uniformly deformed metals. Acta Metallurgica, 1989, 37(2): 627-639.

[7] Lin F, Zhang Y, Tao N, et al. Effects of heterogeneity on recrystallization kinetics of nanocrystalline copper prepared by dynamic plastic deformation. Acta Materialia, 2014, 72: 252-261.

[8] Humphreys F J, Hatherly M. Recrystallization and Related Annealing Phenomena. Second Edition. Elsevier, 2004.

[9] Chao H Y, Sun H F, Chen W Z, et al. Static recrystallization kinetics of a heavily cold drawn AZ31 magnesium alloy under annealing treatment. Materials Characterization, 2011, 62(3): 312-320.

[10] Lassner E, Schubert W D. The Element Tungsten: Properties, Chemistry, Technology of the Element, Alloys, and Chemical Compounds. Boston, MA: Springer, 1999: 1-59.

[11] Hirschhorn J S. Stacking faults in the refractory metals and alloys: A review. Journal of the Less

Common Metals, 1963, 5(6): 493-509.

[12] Guttmann V. Keimbildung bei der Rekristallisation von Molybdän. Journal of the Less Common Metals, 1970, 21(1): 51-61.

[13] Primig S, Leitner H, Knabl W, et al. Static recrystallization of molybdenum after deformation below 0.5* T_m (K). Metallurgical & Materials Transactions A, 2012, 43(12): 4806-4818.

[14] Primig S, Leitner H, Knabl W, et al. Influence of the heating rate on the recrystallization behavior of molybdenum. Materials Science & Engineering A, 2012, 535(2): 316-324.

[15] Primig S, Leitner H, Knabl W, et al. Textural evolution during dynamic recovery and static recrystallization of molybdenum. Metallurgical & Materials Transactions A, 2012, 43(12): 4794-4805.

[16] 张晓新. 钨合金的塑性加工对组织和性能的影响研究. 北京: 北京科技大学, 2016.

[17] 侯增寿, 卢光熙. 金属学原理. 上海: 上海科学技术出版社, 1995: 197-213.

[18] Yao W Z, Krill C E, Albinski B, et al. Plastic material parameters and plastic anisotropy of tungsten single crystal: A spherical micro-indentation study. Journal of Materials Science, 2014, 49(10): 3705-3715.

[19] Kuhlmann D. Zur Theorie der Nachwirkungserscheinungen. Zeitschrift Für Physik, 1948, 124(7-12): 468-481.

[20] Kwieciński J, Wyrzykowski J W. Kinetics of recovery on grain boundaries in polycrystalline aluminium. Acta Metallurgica, 1989, 37(5): 1503-1507.

[21] Huang K, Marthinsen K, Zhao Q, et al. The double-edge effect of second-phase particles on the recrystallization behaviour and associated mechanical properties of metallic materials. Progress in Materials Science, 2018, 92: 284-359.

[22] Mcqueen H J, Blum W. Dynamic recovery: Sufficient mechanism in the hot deformation of Al (<99.99). Materials Science & Engineering A, 2000, 290(1): 95-107.

[23] Xie Z M, Miao S, Liu R, et al. Recrystallization and thermal shock fatigue resistance of nanoscale ZrC dispersion strengthened W alloys as plasma-facing components in fusion devices. Journal of Nuclear Materials, 2017, 496: 41-53.

[24] Xiao Y, Huang B, He B, et al. Surface morphology and microstructure evolution of trace titanium and yttrium in W-K-Mo-Ti-Y alloys under transient heat loads. International Journal of Refractory Metals and Hard Materials, 2018, 75: 299-305.

[25] Stout K J, Sullivan P J, McKeown P A. The use of 3-D topographic analysis to determine the microgeometric transfer characteristics of textured sheet surfaces through rolling. CIRP Annals, 1992, 41(1): 621-624.

[26] Cui S, Simmonds M, Qin W, et al. Thermal conductivity reduction of tungsten plasma facing material due to helium plasma irradiation in PISCES using the improved 3-omega method. Journal of Nuclear Materials, 2017, 486: 267-273.

[27] Raffo P L. Yielding and fracture in tungsten and tungsten-rhenium alloys. Journal of the Less Common Metals, 1969, 17(2): 133-149.

[28] Wronski A, Foukdeux A. The ductile-brittle transition in polycrystalline tungsten. Journal of the Less Common Metals, 1965, 8(3): 149-158.

[29] Wang K, Doerner R P, Baldwin M J, et al. Flux and fluence dependent helium plasma-materials interaction in hot-rolled and recrystallized tungsten. Journal of Nuclear Materials, 2018, 510: 80-92.